항공종사자
자격증명
시험대비

문제은행식 / 전문교재

항공법규

Aviation Law

항공 조종사 · 항공 관제사 · 항공 정비사 · 운항 관리사

양창호
전승준
임재환
정원경
박상용

북넷

들어가는 말

1961년에 제정된 항공법은 조항도 많고 이질적인 내용의 조항을 하나의 법률에 규정하였기 때문에, 개정하기도 어렵고 이해하기도 어려운 점이 많았다. 2016. 3. 29. 국제기준변화에 탄력적으로 대응하고 국민이 이해하기 쉽도록 하기 위하여 항공안전법, 공항시설법, 항공사업법으로 분법하였다.

이 책은 크게 항공안전법, 공항시설법, 항공사업법을 기본으로 하고, 항공보안법, 항공 · 철도 사고조사에 관한 법률, 기타 규정, 국제항공법 순으로 집필하였고 각 쟁점별로 처음에는 법률, 시행령, 시행규칙의 조문을 그대로 기재하였다. 기출문제를 분석하여 필요하지 않은 부분은 제외하였다. 특히 기술적으로 세부적인 내용이 포함되어 있는 별표는 필요한 내용만 요약하여 기재하였다. 그리고 각 분야별로 해당 분야에 대한 간략한 설명과 기출문제를 분석한 내용을 상세하게 서술하였다.

시험준비는 무엇보다도 시간배분이 중요하다. 기출문제에서 자주 출제되는 내용은 반드시 암기하고 시간을 들여 준비해야 하지만, 가끔 출제되거나 거의 출제되지 않는 내용에 많은 시간을 배분할 필요는 없을 것이다. 법규에 대한 문제이다 보니 관련 조항을 읽고 확인하는 것이 중요하지만, 출제되지 않는 부분까지 확인할 필요는 없을 것이다.

이 책에 기재되어 있는 법규 조항은 필요한 부분만 선별하였으니 이를 참고하면 될 것이다. 특히 기출문제 분석부분은 반드시 읽어 볼 것을 권하며, 한 번 읽는 것만으로 기출문제를 풀어본 것과 같은 효과가 있을 것으로 확신한다.

이 책이 항공종사자 자격증명시험을 준비하는 분들에게 도움이 되길 진심으로 바란다. 끝으로 이 책에 대한 오류부분은 전적으로 저자에게 있으며, 책을 출판해 주신 북넷 임직원에게도 감사의 말씀을 전한다.

2021년 3월

저자 일동

차 례

Ⅱ 공항시설법

Ⅲ 항공사업법

Ⅳ 기타 법률

V
국제법

I

항공안전법

제1장 총 칙

> 법 제1조(목적) 이 법은 「국제민간항공협약」 및 같은 협약의 부속서에서 채택된 표준과 권고되는 방식에 따라 항공기, 경량항공기 또는 초경량비행장치의 안전하고 효율적인 항행을 위한 방법과 국가, 항공사업자 및 항공종사자 등의 의무 등에 관한 사항을 규정함을 목적으로 한다.

항공안전법의 목적은 크게 2가지이다. 첫째, 비행기의 안전하고 효율적인 항행을 위한 방법을 규정하고, 둘째 국가, 항공사업자, 항공종사 등의 의무에 관한 사항을 규정하는 것이다. 그리고 근거는 '국제민간항공협약' 및 같은 협약의 부속서'에서 채택된 표준과 권고되는 방식에 따르는 것이다. 항공안전법은 그 명칭에서 알 수 있듯이 항행의 안전을 가장 중요한 목적으로 하고 있으며, 그 다음으로 효율적인 항행을 목적으로 하고 있으며, 이를 위해서 국제민간항공협약 및 부속서를 근거로 국가, 항공사업자, 항공종사자 등의 의무를 규정하고 있다.

위 제1조는 2020. 2. 28. 개정되어 시행되었다. 위와 같이 개정되기 전에는 아래와 같이 규정하고 있다.

> 이 법은 「국제민간항공협약」 및 같은 협약의 부속서에서 채택된 표준과 권고되는 방식에 따라 항공기, 경량항공기 또는 초경량비행장치가 안전하게 항행하기 위한 방법을 정함으로써 생명과 재산을 보호하고, 항공기술 발전에 이바지함을 목적으로 한다.

개정된 항공안전법의 목적은 '안전하고 효율적인 항행을 위한 방법'과 '국가 등의 의무'에 관한 사항을 규정함이다. 구법은 '안전하게 항행하기 위한 방법'을 정하여 '생명과 재산을 보호'하고, '항공기술 발전에 이바지함'을 목적으로 한다.

★ **21번이나 출제되었으며, 항공안전법의 국제법적 근거가 6번, 항공안전법의 목적이 15번 출제되었다. 항공안전법의 근거 국제법은 '국제민간항공협약'이다. 그리고 구법의 항공안전법의 목적은 생명과 재산의 보호, 항공기술 발전에 이바지함이다. 틀린 예제로 보통 '항공산업의 발전을 도모', '항공부서의 효율적인 업무향상'이 나온다. 그런데 2020년 2. 28. 제1조(목적)이 개정되었기 때문에 개정된 문구를 정확하게 인지하고 있어야 한다. 현재의 조항은 구 조항과 달리,**

안전한 항행뿐 아니라 효율적인 항행을 위한 방법을 규정함을 목적으로 추가하였고, '생명과 재산의 보호' 및 '항공기술의 발전'이라는 목적 대신에 국가, 항공사업자 및 항공종사자 등의 의무를 규정함을 목적으로 한다고 개정하였다.

문제 01 **항공안전법은 어떠한 국제조약에 따라 규정된 것인가?**

㉮ 국제민간항공 협약 ㉯ 파리국제항공 조약

㉰ 동경협약 ㉱ 몬트리올 협약

해설 법 제1조

문제 02 **항공안전법은 다음 중 어떠한 국제법에 따라 제정되었는가?**

㉮ 국제항공업무통과협정 ㉯ 미국의 연방항공규정

㉰ 국제민간항공 협약 ㉱ 국제항공운송협정

해설 법 제1조

문제 03 **항공안전법의 목적이 아닌 것은?**

㉮ 비행기의 안전한 항행을 위한 방법을 규정

㉯ 국가의 의무에 관한 사항을 규정

㉰ 비행기의 효율적인 항행을 위한 방법을 규정

㉱ 생명과 재산을 보호하고 항공기술 발전에 이바지함

해설 법 제1조 개정된 현재 규정에 따르면 '생명과 재산을 보호하고 항공기술 발전에 이바지함' 이라는 문구는 변경되었음.

문제 04 **항공안전법의 목적과 가장 관련이 없는 것은?**

㉮ 비행기의 안전하고 효율적인 항행을 위한 방법을 규정

㉯ 생명과 재산을 보호함

㉰ 항공기술 발전을 이바지함

㉱ 항공운송사업의 질서를 확립하여 항공의 발전에 이바지함

해설 개정된 현재 규정에 따르면 '생명과 재산을 보호하고 항공기술 발전에 이바지함' 이라는 문구는 삭제되었으므로, ㉮항 이외 ㉯, ㉰, ㉱항은 모두 현재 항공안전법 제1조의 목적과 관련이 없다. 그러나 ㉯, ㉰항은 구 항공안전법의 목적이므로 결국 항공안전법과 관련이 있는 것이므로, 가장 관련이 없는 것은 ㉱항이다. 실제문제에서는 '가장'이 생략되는 것이 일반적이다.

문제 05 **항공안전법의 목적이 아닌 것은?**

㉮ 국제민간항공 협약에 따라 항공기의 안전한 항행을 위한 방법을 규정
㉯ 국제민간항공 협약 부속서에서 채택된 방식에 따라 항공기의 효율적인 항행을 위한 방법을 규정
㉰ 항공산업의 발전
㉱ 항공종사자의 의무를 규정함

해설 법 제1조. ㉰항 공항시설법 제1조.

영 제1조(목적) 이 영은 **「항공안전법」에서** 위임된 사항과 그 시행에 필요한 사항을 규정함을 목적으로 한다.

규칙 제1조(목적) 이 규칙은 **「항공안전법」** 및 같은 법 **시행령**에서 위임된 사항과 그 시행에 필요한 사항을 규정함을 목적으로 한다.

법률은 국회에서 제정하고 그 하위법령인 시행령은 대통령이 제정하고 시행규칙은 각 부에서 제정한다. 항공안전법은 국회에서 제정된 법률이며 항공안전에 관한 모든 것을 규정할 수는 없으며 추상적으로 규정될 경우 하위법령에서 이를 구체화한다. 법령체계는 항공안전법 > 시행령(대통령) > 시행규칙(국토교통부) 순이다. 시행령은 법률에서 위임한 사항과 그 시행에 필요한 사항을 규정하는 것이고, 시행규칙은 법률 및 시행령에 위임한 사항과 그 시행에 필요한 사항을 규정함을 목적으로 한다.

★ **2번 출제되었다. 유의할 사항은 시행규칙은 시행령뿐 아니라 법률에서 위임한 사항 및 시행에 필요한 사항을 규정함을 목적으로 한다는 점이다.**

문제 06 **항공안전법 시행령의 목적은 무엇인가?**

㉮ 항공안전법에서 위임된 사항과 그 시행에 필요한 사항을 규정함을 목적으로 함
㉯ 항공안전법에서 위임한 사항을 규정함을 목적으로 함
㉰ 항공안전법의 시행에 필요한 사항을 규정함을 목적으로 함
㉱ 국제민간항공 협약 및 동협약의 부속서에서 위임된 사항과 그 시행에 필요한 사항을 규정함

해설 시행령 제1조

문제 07 **항공안전법 시행규칙의 목적은 무엇인가?**

㉮ 항공안전법 시행령에서 위임된 사항과 그 시행에 필요한 사항을 규정함
㉯ 항공안전법 및 같은 법 시행령에서 위임된 사항과 그 시행에 필요한 사항을 규정함
㉰ 항공안전법에서 위임된 사항과 그 시행에 필요한 사항을 규정함
㉱ 국제민간항공 협약 및 동협약의 부속서에서 위임된 사항과 그 시행에 필요한 사항을 규정함

해설 시행규칙 제1조. 시행령은 법률에서 위임 또는 시행에 필요한 사항을 규정하고, 시행규칙은 법률과 시행령에서 위임 또는 시행에 필요한 사항을 규정함.

문제 08 **항공안전법 시행규칙의 목적은 무엇인가?**

㉮ 항공안전법 시행령에서 위임된 사항과 그 시행에 필요한 사항을 규정함
㉯ 국제민간항공 협약에서 채택된 방식에 따라 항공기, 경량항공기 또는 초경량비행장치의 안전하고 효율적인 항행을 위한 방법을 규정함
㉰ 국제민간항공 협약 부속서에서 채택된 방식에 따라 항공기의 안전한 항행을 위한 방법을 규정함
㉱ 항공안전법 및 같은 법 시행령에서 위임된 사항과 그 시행에 필요한 사항을 규정함

해설 시행규칙 제1조

법 제2조(정의) 이 법에서 사용하는 용어의 뜻은 다음과 같다.

1. "항공기"란 공기의 반작용(지표면 또는 수면에 대한 공기의 반작용은 제외한다. 이하 같다)으로 뜰 수 있는 기기로서 최대이륙중량, 좌석 수 등 국토교통부령으로 정하는 기준에 해당하는 다음 각 목의 기기와 그 밖에 대통령령으로 정하는 기기를 말한다.
   가. 비행기
   나. 헬리콥터
   다. 비행선
   라. 활공기(滑空機)
2. "경량항공기"란 항공기 외에 공기의 반작용으로 뜰 수 있는 기기로서 최대이륙중량, 좌석 수 등 국토교통부령으로 정하는 기준에 해당하는 비행기, 헬리콥터, 자이로플레인(gyroplane) 및 동력패러슈트(powered parachute) 등을 말한다.
3. "초경량비행장치"란 항공기와 경량항공기 외에 공기의 반작용으로 뜰 수 있는 장치로서 자체

중량, 좌석 수 등 국토교통부령으로 정하는 기준에 해당하는 동력비행장치, 행글라이더, 패러글라이더, 기구류 및 무인비행장치 등을 말한다.

4. "국가기관등항공기"란 국가, 지방자치단체, 그 밖에 「공공기관의 운영에 관한 법률」에 따른 공공기관으로서 대통령령으로 정하는 공공기관(이하 "국가기관등"이라 한다)이 소유하거나 임차(賃借)한 항공기로서 다음 각 목의 어느 하나에 해당하는 업무를 수행하기 위하여 사용되는 항공기를 말한다. 다만, 군용·경찰용·세관용 항공기는 제외한다.
   가. 재난·재해 등으로 인한 수색(搜索)·구조
   나. 산불의 진화 및 예방
   다. 응급환자의 후송 등 구조·구급활동
   라. 그 밖에 공공의 안녕과 질서유지를 위하여 필요한 업무
5. "항공업무"란 다음 각 목의 어느 하나에 해당하는 업무를 말한다.
   가. 항공기의 운항(무선설비의 조작을 포함한다) 업무(제46조에 따른 항공기조종연습은 제외한다)
   나. 항공교통관제(무선설비의 조작을 포함한다) 업무(제47조에 따른 항공교통관제연습은 제외한다)
   다. 항공기의 운항관리 업무
   라. 정비·수리·개조(이하 "정비등"이라 한다)된 항공기·발동기·프로펠러(이하 "항공기등"이라 한다), 장비품 또는 부품에 대하여 안전하게 운용할 수 있는 성능(이하 "감항성"이라 한다)이 있는지를 확인하는 업무 및 경량항공기 또는 그 장비품·부품의 정비사항을 확인하는 업무
6. "항공기사고"란 사람이 비행을 목적으로 항공기에 탑승하였을 때부터 탑승한 모든 사람이 항공기에서 내릴 때까지[사람이 탑승하지 아니하고 원격조종 등의 방법으로 비행하는 항공기(이하 "무인항공기"라 한다)의 경우에는 비행을 목적으로 움직이는 순간부터 비행이 종료되어 발동기가 정지되는 순간까지를 말한다] 항공기의 운항과 관련하여 발생한 다음 각 목의 어느 하나에 해당하는 것으로서 국토교통부령으로 정하는 것을 말한다.
   가. 사람의 사망, 중상 또는 행방불명
   나. 항공기의 파손 또는 구조적 손상
   다. 항공기의 위치를 확인할 수 없거나 항공기에 접근이 불가능한 경우

(생략)

9. "항공기준사고"(航空機準事故)란 항공안전에 중대한 위해를 끼쳐 항공기사고로 이어질 수 있었던 것으로서 국토교통부령으로 정하는 것을 말한다.
10. "항공안전장애"란 항공기사고 및 항공기준사고 외에 항공기의 운항 등과 관련하여 항공안전에 영향을 미치거나 미칠 우려가 있는 것을 말한다.

10의2. "항공안전위해요인"이란 항공기사고, 항공기준사고 또는 항공안전장애를 발생시킬 수 있거나 발생 가능성의 확대에 기여할 수 있는 상황, 상태 또는 물적·인적요인 등을 말한다.

10의3. “위험도”(Safety risk)란 항공안전위해요인이 항공안전을 저해하는 사례로 발전할 가능성과 그 심각도를 말한다.

(생략)

11. “비행정보구역”이란 항공기, 경량항공기 또는 초경량비행장치의 안전하고 효율적인 비행과 수색 또는 구조에 필요한 정보를 제공하기 위한 공역(空域)으로서 「국제민간항공협약」 및 같은 협약 부속서에 따라 국토교통부장관이 그 명칭, 수직 및 수평범위를 지정·공고한 공역을 말한다.
12. “영공”(領空)이란 대한민국의 영토와 「영해 및 접속수역법」에 따른 내수 및 영해의 상공을 말한다.
13. “항공로”(航空路)란 국토교통부장관이 항공기, 경량항공기 또는 초경량비행장치의 항행에 적합하다고 지정한 지구의 표면상에 표시한 공간의 길을 말한다.
14. “항공종사자”란 제34조 제1항에 따른 항공종사자 자격증명을 받은 사람을 말한다.
15. “모의비행장치”란 항공기의 조종실을 모방한 장치로서 기계·전기·전자장치 등에 대한 통제기능과 비행의 성능 및 특성 등이 실제의 항공기와 동일하게 재현될 수 있게 고안된 장치를 말한다.
16. “운항승무원”이란 제35조 제1호부터 제6호까지의 어느 하나에 해당하는 자격증명을 받은 사람으로서 항공기에 탑승하여 항공업무에 종사하는 사람을 말한다.
17. “객실승무원”이란 항공기에 탑승하여 비상시 승객을 탈출시키는 등 승객의 안전을 위한 업무를 수행하는 사람을 말한다.
18. “계기비행”(計器飛行)이란 항공기의 자세·고도·위치 및 비행방향의 측정을 항공기에 장착된 계기에만 의존하여 비행하는 것을 말한다.
19. “계기비행방식”이란 계기비행을 하는 사람이 제84조 제1항에 따라 국토교통부장관 또는 제85조제1항에 따른 항공교통업무증명(이하 “항공교통업무증명”이라 한다)을 받은 자가 지시하는 이동·이륙·착륙의 순서 및 시기와 비행의 방법에 따라 비행하는 방식을 말한다.
20. “피로위험관리시스템”이란 운항승무원과 객실승무원이 충분한 주의력이 있는 상태에서 해당 업무를 할 수 있도록 피로와 관련한 위험요소를 경험과 과학적 원리 및 지식에 기초하여 지속적으로 감독하고 관리하는 시스템을 말한다.

(생략)

영 제2조(항공기의 범위) 「항공안전법」(이하 “법”이라 한다) 제2조 제1호 각 목 외의 부분에서 “대통령령으로 정하는 기기”란 다음 각 호의 어느 하나에 해당하는 기기를 말한다.

1. 최대이륙중량, 좌석 수, 속도 또는 자체중량 등이 국토교통부령으로 정하는 기준을 초과하는 기기
2. 지구 대기권 내외를 비행할 수 있는 항공우주선

법률에서 사용하는 용어에 대한 정의규정이다. 법률이란 추상적인 용어를 사용할 수밖에 없으므로, 구체적인 사안을 적용할 때 반드시 법률해석이 필요하다. 이때 중요하게 적용되는 조항이 제2조 정의규정이다. 일반적으로 사용되는 용어가 다양한 의미를 포함하고 있거나 명확하지 않는 경우가 많으나, 법률에서 사용되는 용어는 그 의미가 명확하여야 한다. 경우에 따라서 용어에 대한 해석이 필요한 경우도 있으나 이 경우에도 중요한 기준은 제2조에서 정의하고 있는 문언이라 할 것이다.

★ 39번 출제된 바 있다. 총 34개의 용어 중 자주 출제되는 용어로는 법률에서 규정하고 있는 관제권, 항공기준사고, 항공기사고, 항공로, 항공종사자, 시행규칙에서 규정하고 있는 초경량비행장치기준, 항공기사고의 중상)를 암기해야 할 것이고, 다른 용어와 혼동이 될 수 있는 용어(항공기 사고 v 항공기준사고, 관제권 v 관제구)가 출제되고 있다. 그리고 가끔 출제되고 있는 용어로는 일반적인 항공기 · 초경량비행장치의 구분, 항공안전장애이 있다. 아직 출제되지 않았지만 항공안전법을 이해하는데 필수적이거나 혼동될 수 있는 용어(비행정보구역, 영공, 항공업무, 승무원, 계기비행)의 정의에 대한 준비가 필요하다.

문제 09 **항공안전법에서 규율하고 있는 효율적인 항행의 대상으로 큰 분류에 해당하지 않는 것은?**

㉮ 항공기
㉯ 경량항공기
㉰ 초경량비행장치
㉱ 비행기

해설 항공안전법이 규율하고 있는 항행의 대상은 크게 항공기, 경량항공기, 초경량비행장치이다. 이에 대해 각각 제2조에서 정의하고 있다.

문제 10 **항공안전법에서 규정하고 있는 '항공기'의 의미는?**

㉮ 공기의 반작용으로 뜰 수 있는 모든 기기
㉯ 국토교통부령이 정하는 기준에 해당하는 비행기, 헬리콥터, 비행선, 활공기 그 밖의 대통령령이 정하는 기기
㉰ 지표면에 대한 공기의 반작용으로 뜰 수 있는 기기 중 국토교통부령이 정하는 기준에 해당하는 기기
㉱ 비행기, 헬리콥터, 비행선, 활공기, 우주비행선

해설 '항공기'란 공기의 반작용(지표면 또는 수면에 대한 공기의 반작용은 제외한다. 이하 같다)으로 뜰 수 있는 기기로서 최대이륙중량, 좌석 수 등 국토교통부령으로 정하는 기준에 해당하는 다음 각 목의 기기(비행기, 헬리콥터, 비행선, 활공기)와 그 밖에 대통령령으로 정하는 기기(국토교통부령으로 정하는 기준을 초과한 기기 및 항공우주선)를 말한다. '항공기'는 항공안전법에서 가장 중요한 용어이므로 정확하게 이해할 필요가 있다.
항공기 = 비행기, 헬리콥터, 비행선, 활공기, 대통령령이 정하는 기기 & 국토교통부령이 정하는 기준

에 해당
시행령 제2조 제2호에 의하면 지구대기권 내외를 비행할 수 있는 항공우주선도 항공기의 종류에 포함된다. 그리고 시행령 제2조 제1호 및 시행규칙 3조에 의하면, 기준을 초과하거나 제한요건을 벗어나는 경량항공기도 항공기에 포함되고, 기준을 초과하는 초경량비행장치 중 무인비행장치도 항공기에 포함된다.
정리하면, 항공기란 국토교통부령이 정하는 기준에 해당하는 비행기, 헬리콥터, 비행선, 활공기, 그리고 기준/제한을 초과한 경량항공기(비행기, 헬리콥터, 자이로플레인, 동력패러슈트), 그리고 기준을 초과한 무인비행장치를 의미한다.

문제 11 다음 항공기에 해당하는 것 중 시행령으로 규정한 것은?

㉮ 최대이륙중량, 좌석 수, 속도 또는 자체중량 등이 국토교통부령으로 정하는 범위 내의 기기
㉯ 지구대기권 내외를 비행할 수 있는 항공우주선
㉰ 초경량비행장치의 기준을 초과하거나 제한요건을 벗어나는 모든 초경량비행장치
㉱ 기준을 초과하는 무인비행장치 및 동력비행장치

해설 ㉮항 최대이륙중량, 좌석 수, 속도 또는 자체중량 등이 국토교통부령으로 정하는 기준을 초과하는 기기. ㉰항, ㉱항 기준을 초과하는 무인비행장치만.

문제 12 다음 중 항공안전법상 항공기의 범위에 포함될 수 없는 기기는?

㉮ 동력패러수트
㉯ 우주비행선
㉰ 행글라이더
㉱ 무인비행장치

해설 시행령 제2조 제2호에 의하면 지구 대기권 내외를 비행할 수 있는 항공우주선도 항공기의 종류에 포함된다. 그리고 시행령 제2조 제1호 및 시행규칙 3조에 의하면, 기준을 초과하거나 제한요건을 벗어나는 경량항공기도 항공기에 포함되고, 기준을 초과하는 초경량비행장치 중 무인비행장치도 항공기에 포함된다. 즉 항공기란 국토교통부령이 정하는 기준에 해당하는 비행기, 헬리콥터, 비행선, 활공기, 그리고 기준/제한을 초과한 경량항공기(비행기, 헬리콥터, 자이로플레인, 동력패러슈트), 그리고 기준을 초과한 무인비행장치를 의미한다. 국토교통부령이 정하는 기준을 초과하는 모든 초경량비행장치가 항공기에 해당되는 것이 아니라, 기준을 초과한 무인비행장치만이 항공기에 포함될 수 있다. 행글라이더는 초경량비행장치에 해당하지만 국토교통부령이 정하는 기준을 초과한다고 하더라도 항공기에 포함되지 않는다.

문제 13 항공안전법에서 규정하고 있는 경량항공기의 정의는?

㉮ 공기의 반작용으로 뜰 수 있는 기기 중에 최대이륙중량이 국토교통부령으로 정하는 기준에 미달하는 기기
㉯ 항공기에 해당하지 않는 비행기, 헬리콥터, 자이로플레인, 동력패러슈트

㉰ 항공기에 해당하지 않는 기기 중 국토교통부령이 정하는 기준에 해당하는 비행기, 헬리콥터, 자이로플레인, 동력패러슈트

해설 '경량항공기'란 항공기 외에 공기의 반작용으로 뜰 수 있는 기기로서 최대이륙중량, 좌석 수 등 국토교통부령으로 정하는 기준에 해당하는 비행기, 헬리콥터, 자이로플레인(gyroplane) 및 동력패러슈트(powered parachute) 등을 말한다. 법률규정에 '등'이라고 규정하고 있어 비행기, 헬리콥터, 자이로플레인, 동력패러슈트 이외에 기기가 국토교통부령에서 정하는 것으로 되어 있으나, 시행규칙 제4조에는 위 4가지 기기 외에 다른 기기를 추가하여 규정하지 않았다. 비행기, 헬리콥터의 경우에는 항공기에도 해당하고 경량항공기에도 해당한다. 그 기준은 국토교통부령이 정하고 있다. 따라서 경량항공기 = 국토교통부령이 정하는 기준에 해당 & 비행기, 헬리콥터, 자0 로플레인, 동력패러슈트 ※ 단, 항공기의 범위에 해당하지 않을 것, 초경량비행장치의 범위에 해당하지 않을 것

문제 14 **항공안전법이 규율하는 초경량비행장치의 정의에 대한 내용 중 맞는 것은?**

㉮ 초경량비행장치란 항공기와 경량항공기 외에 국토교통부령이 정하는 기준에 해당하는 동력비행장치 등으로 정의된다.

㉯ 초경량비행장치란 공기의 반작용으로 뜰 수 있는 기기 중 항공기 및 경량항공기에 해당되지 않는 기기로 정의된다.

㉰ 초경량비행장치의 종류에는 자이로플레인, 동력패러슈트도 포함된다.

㉱ 초경량비행장치에 해당하는 장치의 종류는 국토교통부장관의 고시로 정할 수 없다.

해설 '초경량비행장치'란 항공기와 경량항공기 외에 공기의 반작용으로 뜰 수 있는 장치로서 자체중량, 좌석 수 등 국토교통부령으로 정하는 기준에 해당하는 동력비행장치, 행글라이더, 패러글라이더, 기구류 및 무인비행장치 등을 말한다. 시행규칙 제5조는 초경량비행장치의 기준을 규정하면서, 동력비행장치, 행글라이더, 패러글라이더, 기구류, 무인비행장치, 회전익비행장치(헬리콥터, 자이로플레인), 동력패러글라이더, 낙하산류, 그 밖에 국토교통부장관이 고시하는 비행장치로 규정하고 있다.

문제 15 **다음 중 경량항공기가 될 수 없는 것은?**

㉮ 비행기 ㉯ 자이로플레인
㉰ 동력패러슈트 ㉱ 동력비행장치

해설 시행규칙 제4조. 국토교통부령으로 정하는 기준에 해당하는 비행기, 헬리콥터, 자이로플레인, 동력패러슈트가 경량항공기에 해당한다. 동력비행장치는 초경량비행장치에 해당한다.

문제 16 **다음 중 초경량비행장치가 될 수 없는 것은?**

㉮ 동력비행장치 ㉯ 유인비행장치
㉰ 헬리콥터 ㉱ 무인비행장치

해설 시행규칙 제5조 국토교통부령으로 정하는 기준에 해당하는 동력비행장치, 행글라이더, 패러글라이더, 기구류, 무인비행장치, 회전익비행장치(헬리콥터, 자이로플레인), 동력패러글라이더, 낙하산류 등이다. 헬리콥터는 회전익비행장치에 해당하면 기준에 충족하면 초경량비행장치가 될 수 있다.

문제 17 **다음 중 초경량비행장치가 될 수 없는 것은?**

㉮ 헬리콥터　　㉯ 패러글라이더
㉰ 자이로플레인　　㉱ 동력패러슈트

해설 시행규칙 제5조

문제 18 **항공안전법상 사람이 탑승하는 경우 비행기가 항공기의 기준에 충족되기 위해 갖추어야 하는 요건이 아닌 것은?**

㉮ 최대이륙중량이 600킬로그램을 초과할 것
㉯ 조종사 좌석을 포함한 탑승 좌석 수가 1개 이상일 것
㉰ 최소 정상비행속도가 45노트 이상일 것
㉱ 동력을 일으키는 기계장치가 1개 이상일 것

해설 시행규칙 제2조(항공기의 기준) 항공안전법 제2조 제1호 각 목 외의 부분에서 "최대이륙중량, 좌석 수 등 국토교통부령으로 정하는 기준"이란 다음 각 호의 기준을 말한다.
1. 비행기 또는 헬리콥터
가. 사람이 탑승하는 경우: 다음의 기준을 모두 충족할 것
1) 최대이륙중량이 600킬로그램(수상비행에 사용하는 경우에는 650킬로그램)을 초과 할 것
2) 조종사 좌석을 포함한 탑승 좌석 수가 1개 이상일 것
3) 동력을 일으키는 기계장치(이하 "발동기"라 한다)가 1개 이상일 것
비행속도 여부는 경량비행기의 정의와 관련이 있다.

문제 19 **사람이 탑승하는 경우 비행기 또는 헬리콥터가 항공기에 해당하기 위한 요건으로 옳은 것은?**

㉮ 수상비행에 사용하는 경우 최대이륙중량은 600킬로그램을 초과할 것
㉯ 육상비행에 사용하는 경우 최대이륙중량은 500킬로그램을 초과할 것
㉰ 조종사 좌석을 제외한 탑승 좌석 수가 1개 이상일 것
㉱ 동력을 일으키는 기계장치(발동기)가 1개 이상일 것

해설 시행규칙 제2조 최대이륙중량 600킬로그램 초과(수상비행은 650킬로그램), 조종사 좌석을 포함한 탑승 좌석 수가 1개 이상일 것, 발동기가 1개 이상일 것

문제 20 **항공안전법상 사람이 탑승하는 경우 비행기가 항공기의 기준에 충족되기 위해, 최대이륙중량이 (　) 킬로그램을 (　)하고, 조종사 좌석을 포함한 탑승 좌석 수가 ( )개 (　)이고, 발동기가 (　)개 (　)이여야 한다. (　)안에 알맞은 것은?**

㉮ 600, 초과, 1, 이상, 1, 이상　　　㉯ 600, 이상, 1, 이상, 1, 이상
㉰ 650, 초과, 2, 이상, 1, 초과　　　㉱ 650, 이상, 1, 초과, 2, 이상

해설 ① 최대이륙중량이 600킬로그램(수상비행에 사용하는 경우에는 650킬로그램)을 초과할 것, ② 조종사 좌석을 포함한 탑승 좌석 수가 1개 이상일 것, ③ 동력을 일으키는 기계장치(이하 "발동기"라 한다)가 1개 이상일 것(시행규칙 2조) / 최대이륙중량만 초과이다.

문제 21 **항공안전법상 비행기가 경량항공기의 범위에 해당하기 위한 요건 중 관련이 없는 것은?**

㉮ 최대이륙중량이 600킬로그램 이하일 것
㉯ 조종사 좌석을 포함한 탑승 좌석이 2개 이하일 것
㉰ 길이가 20미터 이하일 것
㉱ 비행 중에 프로펠러의 각도를 조절할 수 없을 것

문제 22 **항공안전법상 자이로플레인(또는 동력패러슈트)이 항공기의 범위에 해당하는 경우는?**

㉮ 조종사 좌석을 포함한 탑승좌석이 2개
㉯ 조종석은 여압이 되지 않을 것
㉰ 고정된 착륙장치가 있는 경우
㉱ 최대 실속속도 또는 최소 정상 비행속도가 45노트 초과

해설 시행규칙 제4조(경량항공기의 기준)는 법 제2조 제2호에서 "최대이륙중량, 좌석 수 등 국토교통부령으로 정하는 기준에 해당하는 비행기, 헬리콥터, 자이로플레인(gyroplane) 및 동력패러슈트(powered parachute) 등"이란 법 제2조 제3호에 따른 초경량비행장치에 해당하지 아니하는 것으로서 다음 각 호의 기준을 모두 충족하는 비행기, 헬리콥터, 자이로플레인 및 동력패러슈트를 말한다.

1. 최대이륙중량이 600킬로그램(수상비행에 사용하는 경우에는 650킬로그램) 이하일 것
2. 최대 실속속도 또는 최소 정상비행속도가 45노트 이하일 것
3. 조종사 좌석을 포함한 탑승 좌석이 2개 이하일 것
4. 단발(單發) 왕복발동기를 장착할 것
5. 조종석은 여압(與壓)이 되지 아니할 것
6. 비행 중에 프로펠러의 각도를 조정할 수 없을 것
7. 고정된 착륙장치가 있을 것. 다만, 수상비행에 사용하는 경우에는 고정된 착륙장치 외에 접을 수 있는 착륙장치를 장착할 수 있다.

그리고 시행규칙 제3조(항공기인 기기의 범위) 영 제2조 제1호에서 "최대이륙중량, 좌석 수, 속도 또는 자체중량 등이 국토교통부령으로 정하는 기준을 초과하는 기기"란 다음 각 호의 어느 하나에 해당하는 것을 말한다.

1. 제4조 제1호부터 제3호까지의 기준 중 어느 하나 이상의 기준을 초과하거나 같은 조 제4호부터 제7호까지의 제한요건 중 어느 하나 이상의 제한요건을 벗어나는 비행기, 헬리콥터, 자이로플레인 및 동력패러슈트

경량항공기의 기준을 초과하는 경우 항공기에 해당된다. 따라서 항공기의 기본적인 기준과 경량항공기의 기준을 정확하게 숙지해야 한다. 항공기의 최대이륙중량 기준이 600킬로그램 초과이므로, 경량항공기는 600킬로그램 이하이다. 그 밖에 항공기에 해당되는 경우는, 최대 실속속도 또는 최대 정상비행속도가 45노트 초과, 조종석 좌석을 포함한 탑승 좌석이 3개 초과, 쌍발 왕복발동기 장착, 여압이 되는 조종석, 비행 중에 프로펠러의 각도를 조정할 수 있는 경우, 고정된 착륙창지가 없는 경우이다.

문제 23 **초경량비행장치에 관한 설명 중 틀린 것은?**

㉮ 동력비행장치는 탑승자, 연료 및 비상용장비의 중량을 제외한 자체중량이 115킬로그램 이하이고 좌석이 1개일 것을 모두 충족하는 고정익비행장치이어야 한다.

㉯ 동력패러글라이더는 패러글라이더에 추진력을 얻은 장치를 부착한 것으로 반드시 착륙장치가 없어야 한다.

㉰ 무인비행장치 중 무인동력비행장치는 연료의 중량을 제외한 자체중량이 150킬로그램 이하인 무인비행기, 무인헬리콥터, 무인멀티콥터를 말한다.

㉱ 행글라이더 및 패러글라이더 모두 탑승자 및 비상용장비의 중량을 제외한 자체중량이 70킬로그램 이하여야 한다.

해설 시행규칙 제5조 동력패러글라이더는 착륙장치가 없거나, 착륙장치가 있는 것으로 탑승자, 연료 및 비상용장비의 중량을 제외한 자체중량이 115킬로그램 이하이고 좌석이 1개이어야 한다.

문제 24 **초경량비행장치에 대한 설명 중 틀린 것은?**

㉮ 무인동력비행장치는 무인비행기, 무인헬리콥터, 무인멀티콥터로 구분된다.

㉯ 무인동력비행장치는 연료의 중량을 제외한 자체중량이 150킬로그램을 초과하는 경우 항공안전법상 항공기에 해당된다.

㉰ 동력비행장치는 탑승자, 연료 및 비상용장비의 중량을 제외한 자체중량이 115킬로그램을 초과할 경우 항공안전법상 경량비행기에 해당된다.

㉱ 초경량비행장치에 해당하는 장치의 종류는 국토교통부장관의 고시로 정할 수 있다.

문제 25 **체중이동, 타면조종 등의 방법으로 조종하는 초경량비행장치는?**

㉮ 행글라이더
㉯ 패러글라이더
㉰ 유인자유기구
㉱ 동력비행장치

해설 시행규칙 제5조

문제 26 **날개에 부착된 줄을 이용하여 조종하는 초경량비행장치는?**

㉮ 행글라이더 ㉯ 패러글라이더
㉰ 유인자유기구 ㉱ 동력비행장치

해설 시행규칙 제5조

문제 27 **초경량비행장치에 대한 설명 중 옳은 것은?**

㉮ 회전익비행장치는 자체중량이 115킬로그램 이하이고 좌석이 1개인 회전익비행장치로서 헬리콥터 또는 자이로플레인을 말한다.
㉯ 패러글라이더는 자체중량이 70킬로그램 이하로서 체중이동, 타면조종 등의 방법으로 조종하는 비행장치를 말한다.
㉰ 행글라이더는 자체중량이 70킬로그램 이하로서 날개에 부착된 줄을 이용하여 조종하는 비행장치를 말한다.
㉱ 기구류는 항력을 발생시켜 대기 중을 낙하하는 사람 또는 물체의 속도를 느리게 하는 비행장치를 말한다.

해설 시행규칙 제5조. ㉯항 행글라이더에 대한 설명. ㉰항 패러글라이더에 대한 설명. ㉱항 낙하산류에 대한 설명.

문제 28 **드론의 경우 연료의 중량을 제외한 자체중량이 ( ) 킬로그램 ( )인 경우 항공안전법상 항공기에 해당한다. ( )안에 알맞은 말은?**

㉮ 150, 초과 ㉯ 200, 초과
㉰ 150, 이상 ㉱ 200, 이상

해설 무인비행장치는 사람이 탑승하지 않는 비행장치이며, 무인동력비행장치는 연료의 중량을 제외한 자체중량이 150킬로그램 이하인 무인비행기, 무인헬리콥터, 무인멀티콥터가 초경량비행장치에 해당한다(시행규칙 5조 제5호). 그리고 시행규칙 제3조 제2호에 따라, 위 기준을 초과하는 무인비행장치는 항공기의 범위에 속하게 된다. 따라서 자체중량이 150킬로그램 초과하는 드론은 항공안전법상 항공기에 해당된다.

문제 29 **항공안전법상 항공로의 정의로 알맞는 것은?**

㉮ 국토교통부장관이 항공기 등의 항행에 적합하다고 지정한 지구의 표면상에 표시한 공간의 길
㉯ 비행장 또는 공항과 그 주변의 공역에서 항공교통의 안전을 위하여 국토교통부장관이 지정·공고한 공간의 길

㉰ 지표면 또는 수면으로부터 200미터 이상 높이의 공역으로서 항공교통의 안전을 위하여 국토교통부장관이 지정·공고한 공간의 길

㉱ 항공기 등의 안전하고 효율적인 비행과 수색 또는 구조에 필요한 정보를 제공하기 위한 공간의 길

해설 항공안전법상 구역, 공역, 영공 등의 개념을 구분하는 것이 중요하다. 항공기가 날아다니는 곳은 하늘공간이며 이러한 공간을 항공기의 항공안전을 위해 일정한 구역으로 나누게 된다. 먼저 '구역'이란 지상, 해상, 공중을 모두 포함한 지역을 경계로 갈라 놓은 것을 의미한다. 반면에 '공역'이란 지상과 해상을 포함하지 않은 공중의 영역을 수평 또는 수직으로 경계를 나눈 것이라고 볼 수 있다. 그렇다면 구역이 공역보다 넓은 개념이다. 그리고 '영공'이란 국가의 주권이 미치는 장소를 의미한다.

※ 항공로, 관제권, 관제구의 개념이 유사하므로 이에 대한 정확한 숙지가 필요하다. '항공로'란 문언 자체로 알 수 있듯이 '길'을 의미하고, 관제권 및 관제구는 공간 즉 공역을 의미한다. 항공안전법상 '항공로'란 국토교통부장관이 항공기, 경량항공기 또는 초경량비행장치의 항행에 적합하다고 지정한 지구의 표면상에 표시한 공간의 길을 말한다. "관제권"(管制圈)이란 비행장 또는 공항과 그 주변의 공역으로서 항공교통의 안전을 위하여 국토교통부장관이 지정·공고한 공역을 말한다. "관제구"(管制區)란 지표면 또는 수면으로부터 200미터 이상 높이의 공역으로서 항공교통의 안전을 위하여 국토교통부장관이 지정·공고한 공역을 말한다.

※ 항공로란 국토교통부장관이 지정한 지구 표면상에 표시한 공간의 길이고, 관제권 및 관제구는 모두 국토교통부장관이 항공교통의 안전을 위해 지정한 공역이며, 관제권은 비행장/공항과 그 주변의 공역이고, 관제구란 지표면/수면으로부터 200미터 높이의 공역으로 이해하면 된다. 항공로란 국토교통부장관이 항행에 적합하다고 인정한 길이고, 관제권/관제구는 국토교통부장관이 항공교통의 안전을 위해서 지정한 공역이다.

문제 30 **항공안전법상 항공로란 ( )이 항공기의 ( ) 지정한 지구의 표면상에 표시한 공간의 길을 말한다. ( )안에 알맞은 말은?**

㉮ 항공안전본부장, 항행의 안전을 위하여

㉯ 지방항공청장, 항행에 적합하다고

㉰ 국토교통부장관, 항행에 적합하다고

㉱ 지방항공청장, 항행의 안전을 위하여

문제 31 **항공안전법상 '관제권'의 정의에 대해서 옳은 것은?**

㉮ 비행장 또는 공항과 그 주변의 공역으로서 항공교통의 안전을 위하여 국토교통부장관이 지정·공고한 공역

㉯ 지표면 또는 수면으로부터 200미터 이상 높이의 공역으로서 항공교통의 안전을 위하여 국토교통부장관이 지정·공고한 공역

㉰ 국토교통부장관이 항공기 등의 항행에 적합하다고 지정한 지구의 표면상에 표시한

공간의 구역

㉱ 항공기 등의 안전하고 효율적인 비행과 수색 또는 구조에 필요한 정보를 제공하기 위한 공역

해설 관제권과 관제구를 개념상 구분하여야 한다. 관제권은 비행장·공항과 그 주변의 공역을 의미하고, 관제구는 200미터 이상 높이의 공역을 의미한다.

문제 32

항공안전법상 '관제구'의 정의에 대해서 옳은 것은?

㉮ 국토교통부장관이 항공기 등의 항행에 적합하다고 지정한 지구의 표면상에 표시한 공간의 구역

㉯ 비행장 또는 공항과 그 주변의 공역으로서 항공교통의 안전을 위하여 국토교통부장관이 지정·공고한 공역

㉰ 지표면 또는 수면으로부터 200미터 이상 높이의 공역으로서 항공교통의 안전을 위하여 국토교통부장관이 지정·공고한 공역

㉱ 항공기 등의 안전하고 효율적인 비행과 수색 또는 구조에 필요한 정보를 제공하기 위한 공역

해설 관제권과 관제구를 개념상 구분하여야 한다. 관제권은 비행장·공항과 그 주변의 공역을 의미하고, 관제구는 200미터 이상 높이의 공역을 의미한다.

문제 33

다음 중 항공안전법상 항공기사고에 포함되지 않는 것은?

㉮ 발동기의 화재로 인한 항공기의 손상

㉯ 사람의 사망, 중상 또는 행방불명

㉰ 항공기의 파손 또는 구조적 손상

㉱ 항공기의 위치를 확인할 수 없거나 항공기에 접근이 불가능한 경우

해설 항공안전법 제2조 제6호 "항공기사고"란 사람이 비행을 목적으로 항공기에 탑승하였을 때부터 탑승한 모든 사람이 항공기에서 내릴 때까지[사람이 탑승하지 아니하고 원격조종 등의 방법으로 비행하는 항공기(이하 "무인항공기"라 한다)의 경우에는 비행을 목적으로 움직이는 순간부터 비행이 종료되어 발동기가 정지되는 순간까지를 말한다] 항공기의 운항과 관련하여 발생한 다음 각 목의 어느 하나에 해당하는 것으로서 국토교통부령으로 정하는 것을 말한다.

가. 사람의 사망, 중상 또는 행방불명

나. 항공기의 파손 또는 구조적 손상 (중대한 손상)

다. 항공기의 위치를 확인할 수 없거나 항공기에 접근이 불가능한 경우

위 3가지를 분명히 암기하여야 한다. 사람의 부상이나 상해는 여기에 포함되지 않으며, 항공기의 손상 또는 화재 등은 여기에 포함되지 않는다. 주로 항공기준사고의 범위에 속하는 사고와 비교한다.

문제 34 **다음 중 항공안전법상 항공기사고에 포함되지 않는 것은?**

㉮ 항공기의 파손 또는 구조적 손상

㉯ 사람의 사망 또는 행방불명

㉰ 사람의 부상 또는 골절

㉱ 항공기의 위치를 확인할 수 없거나 항공기에 접근이 불가능한 경우

해설 항공안전법 제2조 제6호

문제 35 **다음 중 항공안전법상 항공기사고에 해당하지 않는 것은?**

㉮ 한 개의 발동기의 고장 또는 손상

㉯ 플랩(flap), 슬랫(slat) 등 고양력장치 및 윙렛(winglet)이 손상된 경우

㉰ 항공기 내부의 감압 또는 여압을 조절하지 못하게 된 경우

㉱ 발동기 구성품이 발동기 덮개를 관통한 경우

해설 시행규칙 제8조(항공기의 파손 또는 구조적 손상의 범위) 법 제2조 제6호나목에서 "항공기의 파손 또는 구조적 손상"이란 별표 1의 항공기의 손상 · 파손 또는 구조상의 결함으로 항공기 구조물의 강도, 항공기의 성능 또는 비행특성에 악영향을 미쳐 대수리 또는 해당 구성품(component)의 교체가 요구되는 것을 말한다. 별표 1에 항공기의 파손 · 구조적 손상의 범위에 대해 구체적으로 규정하고 있다.

문제 36 **다음 중 항공안전법상 항공기사고에 해당하지 않는 것은?**

㉮ 사고로 인한 열상으로 인한 심한 출혈 또는 신경 · 근육 · 힘줄의 손상

㉯ 사고로 인해 내장의 손상을 입은 경우

㉰ 사고로 인해 코뼈가 골절된 경우

㉱ 사고가 발생한 날부터 30일 이내에 그 사고로 사망한 경우

해설 시행규칙 제7조(사망 · 중상의 범위) ① 법 제2조 제6호가목, 같은 조 제7호가목 및 같은 조 제8호가목에 따른 사람의 사망은 항공기사고, 경량항공기사고 또는 초경량비행장치사고가 발생한 날부터 30일 이내에 그 사고로 사망한 경우를 포함한다.

② 법 제2조 제6호가목, 같은 조 제7호가목 및 같은 조 제8호가목에 따른 중상의 범위는 다음 각 호와 같다.

1. 항공기사고, 경량항공기사고 또는 초경량비행장치사고로 부상을 입은 날부터 7일 이내에 48시간을 초과하는 입원치료가 필요한 부상
2. 골절(코뼈, 손가락, 발가락 등의 간단한 골절은 제외한다)
3. 열상(찢어진 상처)으로 인한 심한 출혈, 신경 · 근육 또는 힘줄의 손상
4. 2도나 3도의 화상 또는 신체표면의 5퍼센트를 초과하는 화상(화상을 입은 날부터 7일 이내에 48시간을 초과하는 입원치료가 필요한 경우만 해당한다)
5. 내장의 손상

6. 전염물질이나 유해방사선에 노출된 사실이 확인된 경우

문제 37 **다음 중 항공기사고에 해당하지 않은 것은?**

㉮ 골절(코뼈, 손가락, 발가락 등의 간단한 골절은 제외)

㉯ 열상으로 인한 심한 출혈, 신경 · 근육 또는 힘줄의 손상

㉰ 전염물질이나 유해방사선에 노출된 사실이 확인된 경우

㉱ 항공기사고로 부상을 입은 날부터 7일 이내에 24시간을 초과하는 입원치료가 필요한 부상

해설 시행규칙 제7조 제2항

문제 38 **다음 중 항공기사고에 해당하지 않는 것은?**

㉮ 2도나 3도의 화상

㉯ 신체표면의 5퍼센트를 초과하는 화상

㉰ 부상을 입은 날부터 10일 이내에 48시간을 초과하는 입원치료가 필요한 부상

㉱ 간단한 골절을 제외한 골절

해설 시행규칙 제7조 제2항

문제 39 **항공안전법상 항공기사고에 대한 설명 중 옳지 않은 것은?**

㉮ 항공기사고란 사람이 비행을 목적으로 탑승하였을 때부터 탑승한 모든 사람이 항공기에서 내릴 때까지 발생한 사고를 말한다.

㉯ 항공기의 운항과 관련되지 않은 사고는 항공기사고에 해당하지 않는다.

㉰ 무인항공기의 경우에는 비행을 목적으로 움직이는 순간부터 비행이 종료되어 발동기가 정지되는 순간까지의 사고를 말한다.

㉱ 항공기의 충돌 또는 화재의 발생은 항공기사고에 포함되지 않을 수 있다.

해설 항공안전법 제2조 제6호

문제 40 **항공안전법상 항공기준사고에 해당하지 않는 경우는?**

㉮ 다른 항공기와의 거리가 500피트 미만으로 근접한 경우

㉯ 다른 항공기가 사용중인 활주로에 착륙을 시도한 경우

㉰ 항공기가 이륙 또는 초기상승 중 규정된 성능에 도달하지 못한 경우

㉱ 비행금지구역 또는 비행제한구역에 허가없이 진입한 경우

해설 시행규칙 별표 2 항공기준사고의 범위

1. 항공기의 위치, 속도 및 거리가 다른 항공기와 충돌위험이 있었던 것으로 판단되는 근접비행이 발생한 경우(다른 항공기와의 거리가 500피트 미만으로 근접하였던 경우를 말한다) 또는 경미한 충돌이 있었으나 안전하게 착륙한 경우
2. 항공기가 정상적인 비행 중 지표, 수면 또는 그 밖의 장애물과의 충돌(Controlled Flight into Terrain)을 가까스로 회피한 경우
3. 항공기, 차량, 사람 등이 허가없이 또는 잘못된 허가로 항공기이륙・착륙을 위해 지정된 보호구역에 진입하여 다른 항공기와의 충돌을 가까스로 회피한 경우
4. 항공기가 다음 각 목의 장소에서 이륙하거나 이륙을 포기한 경우 또는 착륙하거나 착륙을 시도한 경우
   가. 폐쇄된 활주로 또는 다른 항공기가 사용 중인 활주로
   나. 허가받지 않은 활주로
   다. 유도로(헬리콥터가 허가를 받고 이륙하거나 이륙을 포기한 경우 또는 착륙하거나 착륙을 시도한 경우는 제외한다)
   라. 도로 등 착륙을 의도하지 않은 장소
5. 항공기가 이륙・착륙 중 활주로 시단(始端)에 못 미치거나(Undershooting) 또는 종단(終端)을 초과한 경우(Overrunning) 또는 활주로 옆으로 이탈한 경우(다만, 항공안전장애에 해당하는 사항은 제외한다)
6. 항공기가 이륙 또는 초기상승 중 규정된 성능에 도달하지 못한 경우
7. 비행 중 운항승무원이 신체, 심리, 정신 등의 영향으로 조종업무를 정상적으로 수행할 수 없는 경우(Pilot Incapacitation)
8. 조종사가 연료량 또는 연료배분이상으로 비상선언을 한 경우(연료의 불충분, 소진, 누유 등으로 인한 결핍 또는 사용가능한 연료를 사용할 수 없는 경우를 말한다)
9. 항공기 시스템의 고장, 항공기 동력 또는 추진력의 손실, 기상이상, 항공기 운용한계의 초과 등으로 조종상의 어려움(Difficulties in Controlling)이 발생했거나 발생할 수 있었던 경우
10. 다음 각 목에 따라 항공기에 중대한 손상이 발견된 경우(항공기사고로 분류된 경우는 제외한다)
    가. 항공기가 지상에서 운항 중 다른 항공기나 장애물, 차량, 장비 또는 동물과 접촉・충돌
    나. 비행 중 조류(鳥類), 우박, 그밖의 물체와 충돌 또는 기상이상 등
    다. 항공기 이륙・착륙 중 날개, 발동기 또는 동체와 지면의 접촉・충돌 또는 끌림(dragging). 다만, Tail-Skid의 경미한 접촉 등 항공기 이륙・착륙에 지장이 없는 경우는 제외한다.
    라. 착륙바퀴가 완전히 펴지지 않거나 올려진 상태로 착륙한 경우
11. 비행 중 운항승무원이 비상용산소 또는 산소마스크를 사용해야 하는 상황이 발생한 경우
12. 운항 중 항공기 구조상의 결함(Aircraft Structural Failure)이 발생한 경우 또는 터빈발동기의 내부부품이 외부로 떨어져 나간 경우를 포함하여 터빈발동기의 내부부품이 분해된 경우(항공기사고로 분류된 경우는 제외한다)
13. 운항 중 발동기에서 화재가 발생하거나 조종실, 객실이나 화물칸에서 화재・연기가 발생한 경우(소화기를 사용하여 진화한 경우를 포함한다)
14. 비행 중 비행 유도(Flight Guidance) 및 항행(Navigation)에 필요한 다중(多衆)시스템(Redundancy System) 중 2개 이상의 고장으로 항행에 지장을 준 경우
15. 비행 중 2개 이상의 항공기시스템 고장이 동시에 발생하여 비행에 심각한 영향을 미치는 경우
16. 운항 중 비의도적으로 항공기 외부의 인양물이나 탑재물이 항공기로부터 분리된 경우 또는 비상조치를 위해 의도적으로 항공기 외부의 인양물이나 탑재물이 항공기로부터 분리한 경우

※ 시행규칙 별표 2 항공기준사고의 범위와 별표 20-2 항공안전장애의 범위의 구분이 필요하다. 항공기준사고의 범위를 확실하게 암기하는 것이 필요하다.

문제 41 **항공안전법상 항공기준사고에 해당하지 않는 경우는?**

㉮ 다른 항공기와 경미한 충돌이 있었으나 안전하게 착륙한 경우
㉯ 정상적인 비행 중 지표, 수면 또는 그 밖의 장애물과의 충돌을 가까스로 회피한 경우
㉰ 항공기가 허가없이 또는 잘못된 허가로 항공기이륙・착륙을 위해 지정된 보호구역에 진입하여 다른 항공기와의 충돌을 가까스로 회피한 경우
㉱ 비행경로 또는 비행고도의 이탈 등 항공교통관제기관의 사전허가를 받지 아니하고 항행한 경우

해설 시행규칙 별표 2 항공기준사고의 범위와 별표 20-2 항공안전장애의 범위의 구분

문제 42 **항공안전법상 항공기준사고에 해당하지 않는 경우는?**

㉮ 항공기가 이륙・착륙 중 활주로 시단(始端)에 못 미치거나 또는 종단(終端)을 초과한 경우
㉯ 활주로에 항공기 동체꼬리, 날개끝, 엔진덮개, 착륙장치 등의 비정상적 접촉에 해당하는 형태의 착륙을 한 경우
㉰ 조종실, 객실이나 화물칸에서 화재・연기가 발생한 경우
㉱ 비행 중 운항승무원이 신체, 심리, 정신 등의 영향으로 조종업무를 정상적으로 수행할 수 없는 경우

해설 시행규칙 별표 2 항공기준사고의 범위와 별표 20-2 항공안전장애의 범위의 구분

문제 43 **항공안전법상 항공기준사고에 해당하지 않는 경우는?**

㉮ 항공기 이륙・착륙 중 날개, 발동기 또는 동체와 지면의 접촉・충돌 또는 끌림에 따라 항공기에 중대한 손상이 발견된 경우
㉯ 운항 중 발동기에서 화재가 발생한 경우
㉰ 운항 중 항공기 구조상의 결함이 발생한 경우
㉱ 항공기가 유도로를 이탈한 경우

해설 시행규칙 별표 2 항공기준사고의 범위와 별표 20-2 항공안전장애의 범위의 구분

문제 44 다음 중 항공안전법상 항공기준사고에 해당하지 않는 경우는?

㉮ 비행 중 운항승무원이 비상용산소 또는 산소마스크를 사용해야 하는 상황이 발생한 경우

㉯ 운항 중 항공기 구성품 또는 부품의 고장으로 인하여 조종석 또는 객실에 연기가 축적된 경우

㉰ 비행 중 조류(鳥類), 우박, 그 밖의 물체와 충돌 또는 기상 이상에 따라 항공기에 중대한 손상이 발견된 경우

㉱ 조종사가 연료량 또는 연료배분 이상으로 비상선언을 한 경우

해설 시행규칙 별표 2 항공기준사고의 범위와 별표 20-2 항공안전장애의 범위의 구분

문제 45 다음 중 항공안전법상 항공기준사고에 해당하는 것은?

㉮ 항공기가 자상운항 중 다른 항공기나 장애물과 접촉 · 충돌한 경우

㉯ 항공기가 허가없이 또는 잘못된 허가로 항공기의 이륙 · 착륙을 위해 지정된 보호구역에 진입한 경우

㉰ 운항 중 발동기의 연소정지로 발동기가 정지된 경우

㉱ 항공기가 이륙 또는 초기상승 중 규정된 성능에 도달하지 못한 경우

해설 시행규칙 별표 2

문제 46 다음 중 항공안전법상 항공기준사고의 범위에 포함되지 않는 것은?

㉮ 항공기시스템의 고장, 항공기운용한계의 초과 등으로 조종능력을 상실한 경우

㉯ 비행 중 신체, 심리, 정신 등의 영향으로 조종업무를 정상적으로 수행할 수 없는 경우

㉰ 비행 중 비행유도 및 항행에 필요한 다중시스템 중 2개 이상의 고장으로 항행에 지장을 준 경우

㉱ 비행 중 2개 이상의 항공기시스템 고장이 동시에 발생하여 비행에 심각한 영향을 미치는 경우

해설 시행규칙 별표 2 항공기준사고의 범위 9호 항공기시스템의 고장, 항공기동력 또는 추진력의 손실, 기상이상, 항공기운용한계의 초과 등으로 조종상의 어려움이 발생했거나 발생할 수 있었던 경우

문제 47 다음 중 항공안전장애의 범위에 속하지 않는 것은?

㉮ 활주로, 유도로 및 계류장이 항공기운항에 지장을 줄 정도로 중대한 손상을 입은 경우

㉯ 비행 중 비상용산소 또는 산소마스크를 사용해야 하는 상황이 발생한 경우
㉰ 활주로 또는 착륙표면에 항공기 동체꼬리, 날개끝, 엔진덮개, 착륙장치 등의 비정상적 접촉
㉱ 운항 중 엔진덮개가 풀리거나 이탈한 경우

해설 별표 20의2 의무보고대상 항공안전장애의 범위. ㉱항 별표 2 항공기준사고의 범위 11호.

문제 48 **다음 중 항공안전법상 항공기준사고에 해당하는 것은?**

㉮ 운항 중 비상조치를 하게 하는 항공기의 구성품 또는 시스템의 고장이 발생한 경우
㉯ 운항 중 항공기의 연료공급시스템과 연료덤핑시스템에 영향을 주는 고장이나 위험이 발생시킬 수 있는 연로누출이 발생한 경우
㉰ 항공기에 장착된 공중충돌경고장치 회피기동(ACAS RA)이 발생한 경우
㉱ 운항 중 터빈발동기의 내부부품이 외부로 떨어져 나간 경우를 포함하여 터빈발동기의 내부부품이 분해된 경우

해설 시행규칙 별표 2

문제 49 **항공안전법상 경량항공기 사고에 해당하지 않는 것은?**

㉮ 경량항공기에 의한 사람의 사망, 중상 또는 행방불명
㉯ 경량항공기의 추락, 충돌 또는 화재의 발생
㉰ 경량항공기의 파손 또는 구조적 손상
㉱ 경량항공기의 위치를 확인할 수 없는 경우

해설 제2조 7. "경량항공기사고"란 비행을 목적으로 경량항공기의 발동기가 시동되는 순간부터 비행이 종료되어 발동기가 정지되는 순간까지 발생한 다음 각 목의 어느 하나에 해당하는 것으로서 국토교통부령으로 정하는 것을 말한다.
가. 경량항공기에 의한 사람의 사망, 중상 또는 행방불명
나. 경량항공기의 추락, 충돌 또는 화재발생
다. 경량항공기의 위치를 확인할 수 없거나 경량항공기에 접근이 불가능한 경우
항공기사고와 달리 '추락, 충돌 또는 화재발생'도 경량항공기사고에 포함된다.

문제 50 **다음 중 비행정보구역의 정의에 대한 설명 중 맞는 것은?**

㉮ 항공기의 안전하고 효율적인 비행과 수색 또는 구조에 필요한 정보를 제공하기 위한 공역
㉯ 대한민국 영토와 내수 및 영해의 상공

㉰ 항공기의 항행에 적합하다고 지정한 공역

㉱ 지상과 해상을 포함하지 않은 공중의 영역을 수평 또는 수직으로 경계를 나눈 공간

해설 법 제2조 11. "비행정보구역"이란 항공기, 경량항공기 또는 초경량비행장치의 안전하고 효율적인 비행과 수색 또는 구조에 필요한 정보를 제공하기 위한 공역(空域)으로서 「국제민간항공협약」 및 같은 협약 부속서에 따라 국토교통부장관이 그 명칭, 수직 및 수평범위를 지정 · 공고한 공역을 말한다.

문제 51 **비행정보구역의 항공기의 안전하고 효율적인 ( )과 ( ) 또는 ( )에 필요한 정보를 제공하기 위한 공역을 의미한다. ( )안에 들어갈 알맞은 말은?**

㉮ 비행, 수색, 구조 ㉯ 비행, 이륙, 착륙

㉰ 운항, 정비, 개조 ㉱ 비행, 정비, 수색

해설 법 제2조 11. "비행정보구역"이란 항공기, 경량항공기 또는 초경량비행장치의 안전하고 효율적인 비행과 수색 또는 구조에 필요한 정보를 제공하기 위한 공역(空域)으로서 「국제민간항공협약」 및 같은 협약 부속서에 따라 국토교통부장관이 그 명칭, 수직 및 수평범위를 지정 · 공고한 공역을 말한다.

문제 52 **항공안전법상 '항공업무'에 해당하지 않는 업무는?**

㉮ 항공기의 운항 및 운항관리 업무

㉯ 항공교통관제 업무

㉰ 정비 · 수리 · 개조 이후 감항성 확인

㉱ 항공기 조종 및 항공교통관제 연습

해설 법 제2조 5. "항공업무"란 다음 각 목의 어느 하나에 해당하는 업무를 말한다.

가. 항공기의 운항(무선설비의 조작을 포함한다) 업무(제46조에 따른 항공기 조종연습은 제외한다)
나. 항공교통관제(무선설비의 조작을 포함한다) 업무(제47조에 따른 항공교통관제 연습은 제외한다)
다. 항공기의 운항관리 업무
라. 정비 · 수리 · 개조(이하 "정비등"이라 한다)된 항공기 · 발동기 · 프로펠러(이하 "항공기등"이라 한다), 장비품 또는 부품에 대하여 안전하게 운용할 수 있는 성능(이하 "감항성" 이라 한다)이 있는지를 확인하는 업무 및 경량항공기 또는 그 장비품 · 부품의 정비사항을 확인하는 업무

문제 53 **다음 중 항공안전법상 '항공업무'에 속하는 업무는?**

㉮ 정비된 초경량비행장치의 정비사항을 확인하는 업무

㉯ 정비된 경량항공기의 부품의 정비사항을 확인하는 업무

㉰ 승객의 안전을 위한 업무

㉱ 항공기조종연습

해설 법 제2조 5호

문제 54 **다음 중 항공안전법상 '항공종사자'의 정의로 옳은 것은?**

㉮ 항공종사자 자격증명을 받은 사람
㉯ 항공기에 탑승하여 항공업무에 종사하는 사람
㉰ 항공기에 탑승하여 승객의 안전을 위한 업무를 수행하는 사람
㉱ 항공업무에 종사하는 사람

해설 법 제2조 14. "항공종사자"란 제34조 제1항에 따른 항공종사자 자격증명을 받은 사람을 말한다. 즉 항공종사자는 업무의 내용에 따라 정의되지 않는다.

문제 55 **다음 중 항공안전법상 '항공종사자' 및 '승무원'에 대한 설명 중 틀린 것은?**

㉮ 운항승무원은 항공기에 탑승하여 항공업무에 종사하는 사람을 말한다.
㉯ 객실승무원이란 항공기에 탑승하여 승객의 안전을 위한 업무를 수행하는 사람을 말한다.
㉰ 운항승무원은 항공종사자에 해당하지만, 객실승무원은 항공종사자에 해당하지 않는다.
㉱ 항공정비사는 운항승무원에 해당하지 않는다.

해설 법 제2조 14. "항공종사자"란 제34조 제1항에 따른 항공종사자 자격증명을 받은 사람을 말한다. 16. "운항승무원"이란 제35조 제1호부터 제6호까지의 어느 하나에 해당하는 자격증명을 받은 사람으로서 항공기에 탑승하여 항공업무에 종사하는 사람을 말한다. 17. "객실승무원"이란 항공기에 탑승하여 비상시 승객을 탈출시키는 등 승객의 안전을 위한 업무를 수행하는 사람을 말한다. 제35조(자격증명의 종류) 자격증명의 종류는 다음과 같이 구분한다.
1. 운송용 조종사, 2. 사업용 조종사, 3. 자가용 조종사, 4. 부조종사, 5. 항공사, 6. 항공기관사
7. 항공교통관제사, 8. 항공정비사, 9. 운항관리사
항공종사자는 9가지 자격증명을 받은 것을 전제로 한다. 운항승무원은 이 중 1호부터 6호까지의 자격증명을 받을 것을 전제로 한다. 객실승무원은 법 제35조의 자격증명에 포함되어 있지 않으므로, 법률적으로 항공종사자에 해당하지 않는다.

문제 56 **다음 중 항공안전법상 '계기비행'이란 항공기의 (　　)·(　　)·(　　) 및 비행방향의 측정을 항공기에 장착된 계기에만 의존하여 비행하는 것을 말한다. (　　) 안에 알맞은 말은?**

㉮ 자세, 고도, 위치　　㉯ 속도, 고도, 위치
㉰ 자세, 속도, 위치　　㉱ 자세, 고도, 속도

해설 법 제2조 18. "계기비행"(計器飛行)이란 항공기의 자세·고도·위치 및 비행방향의 측정을 항공기에 장착된 계기에만 의존하여 비행하는 것을 말한다.

문제 57 다음 중 항공안전법상 '계기비행방식'이란 계기비행을 하는 사람이 항공교통업무증명을 받은 자가 지시하는 (   ) · (   ) · (   )의 순서 및 시기와 비행의 (   )에 따라 비행하는 방식을 말한다. (   ) 안에 알맞은 말은?

㉮ 자세, 고도, 위치, 방법　　㉯ 이동, 이륙, 착륙, 방법
㉰ 이동, 이륙, 착륙, 방향　　㉱ 자세, 고도, 위치, 방향

해설 법 제2조 19. "계기비행방식"이란 계기비행을 하는 사람이 제84조 제1항에 따라 국토교통부장관 또는 제85조 제1항에 따른 항공교통업무증명(이하 "항공교통업무증명"이라 한다)을 받은 자가 지시하는 이동 · 이륙 · 착륙의 순서 및 시기와 비행의 방법에 따라 비행하는 방식을 말한다.

문제 58 다음 설명 중 옳은 것은?

㉮ 항공안전장애란 항공안전에 중대한 위해를 끼쳐 항공기사고로 이어질 수 있었던 것으로 국토교통부령으로 정하는 것을 말한다.
㉯ 항공기준사고란 항공기사고 외에 항공기의 운항 등과 관련하여 항공안전에 영향을 미치거나 미칠 우려가 있는 것을 말한다.
㉰ 객실승무원이란 법 제35조의 어느 하나에 해당하는 자격증명을 받은 사람으로서 항공기에 탑승하여 항공업무에 종사하는 사람을 말한다.
㉱ 관제권이란 비행장 또는 공항과 그 주변의 공역으로서 항공교통의 안전을 위하여 국토교통부장관이 지정 · 공고한 공역을 말한다.

해설 법 제12조 9호, 10호, 16호, 17호, 25호

법 제3조(군용항공기 등의 적용 특례) ① 군용항공기와 이에 관련된 항공업무에 종사하는 사람에 대해서는 이 법을 적용하지 아니 한다.
② 세관업무 또는 경찰업무에 사용하는 항공기와 이에 관련된 항공업무에 종사하는 사람에 대하여는 이 법을 적용하지 아니 한다. 다만, 공중충돌 등 항공기사고의 예방을 위하여 제51조, 제67조, 제68조 제5호, 제79조 및 제84조 제1항을 적용한다.
③ 「대한민국과 아메리카합중국 간의 상호방위조약」 제4조에 따라 아메리카합중국이 사용하는 항공기와 이에 관련된 항공업무에 종사하는 사람에 대하여는 제2항을 준용한다.

제4조(국가기관등항공기의 적용 특례) ① 국가기관등항공기와 이에 관련된 항공업무에 종사하는 사람에 대해서는 이 법(제66조, 제69조부터 제73조까지 및 제132조는 제외한다)을 적용한다.
② 제1항에도 불구하고 국가기관등항공기를 재해 · 재난 등으로 인한 수색 · 구조, 화재의 진화, 응급환자 후송, 그밖에 국토교통부령으로 정하는 공공목적으로 긴급히 운항(훈련을 포함한다)하는 경우에는 제53조, 제67조, 제68조제1호부터 제3호까지, 제77조 제1항 제7호, 제79조 및 제84조 제1항을 적용하지 아니 한다.

③ 제59조, 제61조, 제62조 제5항 및 제6항을 국가기관등항공기에 적용할 때에는 "국토교통부장관"은 "소관 행정기관의 장"으로 본다. 이 경우 소관 행정기관의 장은 제59조, 제61조, 제62조 제5항 및 제6항에 따라 보고받은 사실을 국토교통부장관에게 알려야 한다.

먼저 개인 이외 소유권의 주체는 국가, 지방자치단체, 공공단체으로 구분한다는 점을 알아야 한다. 군부대, 경찰청, 관세청 등은 국가기관이므로 국가에 속한다고 봐야 한다. 그러나 '국가기관등항공기'의 정의는 국가, 지방자치단체, 그 밖에 대통령으로 정하는 공공기관이 소유하거나 임차한 항공기를 공공의 안녕과 질서유지를 위해서 필요한 업무에 사용하는 항공기를 말한다. 따라서 '군용·경찰용·세관용 항공기'는 '국가기관등항공기'에 포함되지 않고 구별해야 한다.

항공안전법 제3조에 따라, 군용항공기와 이와 관련된 항공업무에 종사하는 사람에 대해서는 항공안전법이 예외없이 적용되지 않는다. 세관업무 또는 경찰업무에 사용하는 항공기와 이와 관련된 항공업무에 종사하는 사람, 상호방위조약에 따라 미국이 사용하는 항공기와 이에 관련된 항공업무에 종사하는 사람에 대해서는 원칙적으로 항공안전법이 적용되지 않고 예외적으로 공중충돌 등 항공기사고의 예방을 위하여 일부 조항이 적용된다. 항공안전법 제4조에 따라 국가기관등항공기와 이에 관련된 항공업무에 종사하는 사람에 대해서는 항공안전법이 적용되는 것이 원칙이며 다만 일부 조항의 적용이 되지 않을 뿐이다. 그리고 국가기관등항공기 중 긴급히 운항(긴급운항)하는 경우에는 일부 조항이 더 적용되지 않는다.

※ 결국 항공안전법에서 말하는 항공기의 정의에는 군용항공기, 미군, 세관업무, 경찰업무에 사용하는 항공기는 포함되지 않는다. 위 4가지 항공기는 항공안전법이 적용되지 않기 때문이다. 국가기관등항공기는 항공안전법에서 말하는 항공기의 정의에 포함된다.

★ 제3조에 대해서는 한번 출제된 바 있다. 항공안전법에서 말하는 항공기에 포함되지 않는 항공기는 군용, 세관, 경찰, 미군이다. 간단히 암기하면, 군용항공기, 세관용·경찰용·미군항공기는 항공안전법이 적용되지 않고, 국가기관등항공기는 항공안전법이 적용된다.

★ 제4조에 대해서는 긴급운항에 대해서 한 번 출제된 바 있다. 긴급운항은 국가기관등항공기를 공공목적으로 긴급히 운항하는 것을 의미하며, 일반적으로 국가기관등항공기에는 적용이 되는 조항 중 일부조항이 적용되지 않는다. 출제된 문제는 긴급운항의 범위에 관한 것이며, 재해·재난 등으로 인한 수색·구조, 화재의 진화, 응급환자 후송, 재해·재난의 예방, 응급환자를 위한 장기이송, 산림방제·순찰, 산림보호사업을 위한 화물소송목적으로 긴급히 운항(훈련을 포함)하는 경우이다.

문제 59 다음 중 항공안전법의 적용에 대한 설명 중 옳은 것은?

㉮ 군용항공기와 이와 관련된 항공업무에 종사하는 사람에 대해서는 항공안전법이 예

외없이 적용되지 아니 한다.

㉯ 세관업무 또는 경찰업무에 사용하는 항공기와 이와 관련된 항공업무에 종사하는 사람에 대해서는 모든 항공안전법 규정이 적용되지 아니 한다.

㉰ 「대한민국과 아메리카합중국 간의 상호방위조약」 제4조에 따라 미국이 사용하는 항공기와 이에 관련된 항공업무에 종사하는 사람에 대해서는 항공안전법이 예외없이 적용되지 아니 한다.

㉱ 국가기관등항공기와 이에 관련된 항공업무에 종사하는 사람에 대해서는 항공안전법이 적용되지 아니 한다.

해설 항공안전법 제4조, 제5조

문제 60 **다음 중 항공안전법이 적용되는 항공기에 해당하는 것은?**

㉮ 공군소속 군용기

㉯ 미군소속 군용기

㉰ 국립공원공단소속 산불진화용 헬리콥터

㉱ 경찰청소속 경찰용 헬리콥터

해설 법 제2조 4. "국가기관등항공기"란 국가, 지방자치단체, 그 밖에 「공공기관의 운영에 관한 법률」에 따른 공공기관으로서 대통령령으로 정하는 공공기관(이하 "국가기관등"이라 한다)이 소유하거나 임차(賃借)한 항공기로서 다음 각 목의 어느 하나에 해당하는 업무를 수행하기 위하여 사용되는 항공기를 말한다. 다만, 군용·경찰용·세관용 항공기는 제외한다.

가. 재난·재해 등으로 인한 수색(搜索)·구조

나. 산불의 진화 및 예방

다. 응급환자의 후송 등 구조·구급활동

라. 그 밖에 공공의 안녕과 질서유지를 위하여 필요한 업무

항공안전법 제4조에 따라 군용항공기는 항공안전법이 전혀 적용되지 않고, 세관용·경찰용·미군항공기는 원칙적으로 항공안전법이 적용되지 않는다. 그리고 항공안전법 제5조에 따라 국가기관등항공기는 원칙적으로 항공안전법이 적용된다. ㉮ 공군소속 군용기는 군용이므로 항공안전법 제3조 제1항에 따라 항공안전법이 전혀 적용되지 않는다. ㉯ 미군소속 군용기는 항공안전법 제3조 제3항에 따라 항공안전법이 원칙적으로 적용되지 않는다. ㉰ 국립공원공단소속 헬리콥터는 항공안전법 제4조에 따른 국가기관등항공기이므로 원칙적으로 항공안전법이 적용된다. ㉱ 경찰청소속 경찰용 헬리콥터는 경찰용이므로 항공안전법 제3조 제2항에 따라 원칙적으로 항공안전법이 적용되지 않는다.

참고 만약 위 문제를 동일한 예제에 문제만 '다음 중 항공안전법이 적용되지 않는 항공기는'으로 바꾼다면, 정답은 ㉮항이다. 군용항공기는 항공안전법이 예외없이 적용되지 않기 때문이다. 나머지 항공기는 일부라도 항공안전법이 적용될 수 있기 때문이다.

문제 61 다음 중 항공안전법에서 규정하고 있는 '항공기'에 포함되지 않는 것은?

㉮ 우주왕복선　　㉯ 무인항공기
㉰ 경찰에서 사용하는 비행기　　㉱ 국토교통부소속 헬리콥터

해설 법제3조 2항. ㉰항은 경찰업무에 사용하는 항공기로서 원칙적으로 항공안전법의 적용을 받지 않고, ㉱항은 국가기관등항공기로서 항공안전법이 원칙적으로 적용된다. 정답은 ㉰항이다.

참고 엄격히 해석하면 위 문제는 ㉮항, ㉯항도 정답이 될 수 있다. 군용 무인항공기 또는 군용 우주왕복선이라면 항공안전법이 적용되지 않기 때문이다. 즉 문제는 항공기의 소유・점유 사용자에 따라 항공안전법의 적용이 달라지는 것이지, 항공기의 종류에 따라 항공안전법의 적용이 달라지지 않는 점을 무시한 것이다. 그런데 위와 같이 출제될 경우 정답은 국가기관등항공기를 선택하여야 한다.

문제 62 다음 중 긴급운항의 범위에 포함되지 않는 것은?

㉮ 소방항공기를 이용하여 재해・재난을 위한 수색・구조목적으로 긴급히 운항하는 경우
㉯ 소방항공기를 이용하여 화재의 진압목적으로 긴급히 운항하는 경우
㉰ 소방항공기를 이용하여 응급환자의 후송목적으로 긴급히 운항하는 경우
㉱ 경찰업무 항공기를 이용하여 범죄자의 추적목적으로 긴급히 운항하는 경우

해설 법제4조 제2항. ㉱항은 긴급한 경우이지만 경찰업무에 사용하는 항공기로서 항공안전법의 적용을 받지 않는다.

문제 63 다음 중 긴급운항의 범위에 포함되지 않는 것은?

㉮ 세관업무에 사용되는 항공기를 이용하여 밀수품 탐지목적으로 긴급히 운항하는 경우
㉯ 자연공원 업무에 사용되는 항공기를 이용하여 산림보호사업을 위한 화물소송목적으로 긴급히 운항하는 경우
㉰ 산림업무에 사용되는 항공기를 이용하여 산림방제 및 순찰목적으로 긴급히 운항하는 경우
㉱ 소방에 사용되는 항공기를 이용하여 응급환자를 위한 장기이송 목적으로 긴급히 운한하는 경우

해설 법 제4조 제2항, 시행규칙 제11조

문제 64 다음 중 긴급운항의 범위에 포함되지 않는 경우는?

㉮ 국립공원공단 소속 헬리콥터를 이용하여 산림방제 및 순찰목적으로 긴급히 운항하는 경우

㉯ 소방청소속 헬리콥터를 이용하여 화재의 진압훈련 목적으로 긴급히 운항하는 경우
㉰ 경찰청소속 헬리콥터를 이용하여 범죄자의 추적목적으로 긴급히 운항하는 경우
㉱ 소방청소속 헬리콥터를 이용하여 응급환자를 위한 심장의 이송목적으로 긴급히 운항하는 경우

해설 법 제4조 제2항, 시행규칙 제11조

제 2 장 항공기 등록

법 제7조(항공기 등록) 항공기를 소유하거나 임차하여 항공기를 사용할 수 있는 권리가 있는 자(이하 "소유자 등"이라 한다)는 항공기를 대통령령으로 정하는 바에 따라 국토교통부장관에게 등록을 하여야 한다. 다만, 대통령령으로 정하는 항공기는 그러하지 아니하다.

제8조(항공기 국적의 취득) 제7조에 따라 등록된 항공기는 대한민국의 국적을 취득하고, 이에 따른 권리와 의무를 갖는다.

제9조(항공기 소유권 등) ① 항공기에 대한 소유권의 취득・상실・변경은 등록하여야 그 효력이 생긴다.

② 항공기에 대한 임차권(賃借權)은 등록하여야 제3자에 대하여 그 효력이 생긴다.

제7조 항공기를 소유하거나 임차하여 항공기를 사용할 수 있는 권리가 있는 자는 항공기를 국토교통부장관에게 등록하여야 한다.

항공기를 등록해야 절차가 항공안전법에 규정하고 있는 필요성은 크게 2가지이다. 첫째 항공기라는 고가의 재산에 대한 소유권을 표시한다는 의미가 있다. 즉 누가 이 항공기의 소유자이며 현재 본래의 소유자가 이 항공기를 이용하고 있는지를 명확하게 표시함으로써 항공기의 재산권에 대한 법적 안전성을 확보할 수 있는 것이다. 민법의 일반원칙에 따르면 부동산은 원칙적으로 등기부등본으로 누구의 소유인지를 명확하게 공시하고 있다. 반면 동산 즉 물건은 원칙적으로 등기부등본이 없다. 그런데 예외적으로 자동차, 선박, 항공기 등이 경우에는 등록제도를 통해 공시하도록 하고 있다. 그 이유가 해당 물건이 고가이기도 하지만 명확하게 누구에게 소유권이 있는지 확정하여야만 책임의 소재가 분명해 질 수 있기 때문이다. 여기서 두 번째 이유가 나온다. 항공기의 등록을 통해 국적이 부여되며 이후에는 국가로부터 감항성 인증을 받아야 하는 등의 법적책임과 의무가 발생한다. 즉 국가가 소유자 등의 사용자에게 책임을 부여하여야 하는데 누가 책임을 져야 하는지 명확하게 하기 위해서 등록제도를 운영하는 것이다.

항공기를 사용하려는 자는 항공기를 등록하여야 한다. 항공기를 소유한 자뿐만 아니라 임차한 자도 등록하여야 한다. 다만 아래 시행령에서 정하는 항공기는 등록을 할 의무가 없다.

영 제4조(등록을 필요로 하지 아니하는 항공기의 범위) 법 제7조 단서에서 "대통령령으로 정하는 항공기"란 다음 각 호의 어느 하나에 해당하는 항공기를 말한다.
1. 군 또는 세관에서 사용하거나 경찰업무에 사용하는 항공기
2. 외국에 임대할 목적으로 도입한 항공기로서 외국국적을 취득할 항공기
3. 국내에서 제작한 항공기로서 제작자 외의 소유자가 결정되지 아니한 항공기
4. 외국에 등록된 항공기를 임차하여 법 제5조에 따라 운영하는 경우 그 항공기

시행령 제4조는 항공기 등록을 할 의무가 없는 항공기는 등록제도의 취지에 비추어 보면 등록이 필요하지 않은 이유가 있다. 항공안전법 제4조에 따라 항공안전법이 적용되지 않는 군용, 세관용, 경찰용 항공기는 등록할 필요가 없다. 그리고 항공기등록을 하면 대한민국 국적으로 취득하게 되는데, 외국국적을 취득할 항공기는 항공기 등록할 필요가 없다. 그리고 국내에서 제작한 항공기인데 아직 소유자가 결정되지 아니한 항공기는 항공기를 등록할 단계가 아니다. 그리고 이미 외국에 등록된 항공기를 임차하여 운영하는 경우에도 등록할 필요가 없다.

★ **3번 출제된 바 있다. 등록을 필요로 하지 아니하는 항공기의 범위에 대해서 출제되었다.**

문제 01　다음 중 등록이 필요한 항공기에 해당하는 것은?

㉮ 군 또는 세관에서 사용하는 항공기
㉯ 외국에 임대할 목적으로 도입한 항공기로서 외국국적을 취득할 항공기
㉰ 국내에서 제작한 항공기로서 제작자 외의 소유자가 결정되지 아니한 항공기
㉱ 소방청에서 화재진압목적으로 사용하는 항공기

해설 법 제7조, 시행령 제4조.

문제 02　다음 중 등록을 하여야 하는 항공기는?

㉮ 경찰업무에 사용하는 항공기
㉯ 국토교통부소속 항공기로서 시험비행 예정 항공기
㉰ 국내에서 제작한 항공기로서 제작자 외의 소유자가 결정되지 아니한 항공기
㉱ 외국에 임대할 목적으로 도입한 항공기로서 외국국적을 취득할 항공기

해설 법 제7조, 시행령 제4조

법 제8조(항공기 국적의 취득) 제7조에 따라 등록된 항공기는 대한민국의 국적을 취득하고, 이에 따른 권리와 의무를 갖는다.

제9조(항공기 소유권 등) ① 항공기에 대한 소유권의 취득 · 상실 · 변경은 등록하여야 그 효력이 생긴다.

② 항공기에 대한 임차권(賃借權)은 등록하여야 제3자에 대하여 그 효력이 생긴다.

항공안전법에 따라 등록된 항공기는 대한민국의 국적을 취득하고 이에 따른 권리와 의무를 갖는다. 항공기는 국가 간 이동하는 경우가 많으므로 항공기에 국적을 분명히 해야 그에 따른 법률관계를 명확히 할 수 있는 것이다.

항공기의 소유권에 대한 설명을 위해 일반적인 민법에 관한 설명을 한다. 민법상 소유권의 대상은 크게 부동산과 동산으로 구분된다. 부동산은 움직일 수 없는 토지, 건물 등을 의미하고 동산은 움직일 수 있는 물건을 의미한다. 부동산의 소유권은 등기되어야 효력이 생기는 것이고, 동산의 소유권은 이전되어야 효력이 생긴다. 항공기는 동산이므로 이전으로 인해 소유권의 취득 · 변경이 되는 것이다. 그런데 항공기는 고가의 중요한 동산이므로 민법 이외에 항공안전법에 소유권에 대해서 특별히 규정을 하고 있다. 제8조에 항공기에 대한 소유권의 취득 · 상실 · 변경은 등록하여야 그 효력이 생긴다. 따라서 항공기는 부동산과 동일하게 소유권의 법률관계가 규율된다. 항공기를 매매하더라도 등록을 하여야 취득 · 상실 · 변경의 효력이 발생하는 것이다.

일반 민법상 채권은 채권자와 채무자간의 법률관계이다. 채권은 채권자가 채무자에게 채무의이행을 청구할 수 있는 권리를 가지는 것이다. 따라서 항공기에 대해서 임대차계약을 체결하면 그에 따른 법률관계의 효력이 발생하는 것이지, 등록할 필요는 없다. 따라서 등록을 하지 않더라도 임대차계약으로 인해 임차인은 항공기를 사용할 권리가 있다. 이러한 임차인의 권리는 임대인에게 주장할 수 있을 뿐 제3자에게 주장할 수 없다. 그런데 항공안전법에 따르면 항공기의 임차권을 등록하면 제3자에 대하여 그 효력이 생긴다고 규정하고 있다. 따라서 임차인이 그 임차권을 등록한 경우 제3자에 대하여도 임차권을 주장할 수 있는 것이다.

★ 제7조, 8조, 9조에 대한 기출문제는 없었다.

문제 03 **다음 중 항공기 등록에 대한 설명 중 틀린 내용은?**

㉮ 항공기의 소유자만 항공기를 국토교통부장관에게 등록할 의무가 있고, 항공기의 임차권자는 등록할 의무가 없다.

㉯ 항공기를 등록할 경우 대한민국 국적을 취득한다.

㉰ 항공기에 대한 소유권의 취득·상실·변경은 등록하여야 그 효력이 생긴다.

㉱ 항공기에 대한 임차권은 등록하여야 제3자에게 그 효력이 생긴다.

해설 항공안전법 제8조, 제9조

문제 04 **다음 중 항공기의 등록에 대한 설명 중 옳은 내용은?**

㉮ 항공기를 등록한다고 하더라도 대한민국의 국적을 취득하는 것은 아니다.

㉯ 항공기에 대한 소유권은 매매계약을 체결한 날 즉시 매수인에게 이전된다.

㉰ 항공기에 대한 임차권은 등록하지 않더라도 제3자에 대하여 그 효력이 생긴다.

㉱ 군에서 사용하는 항공기는 등록할 필요가 없다.

해설 항공안전법 제7조, 제8조, 제9조. ㉯ 항공기에 대한 소유권의 변경은 등록하여야 효력이 생기므로, 매매계약을 체결한 날 소유권이 매수인에게 이전되는 것이 아니라, 소유권 변경에 대한 등록을 한 날 소유권이 매수인으로 이전된다.

문제 05 **등록을 필요로 하지 않는 항공기에 해당하는 것은?**

㉮ 경찰업무에 사용하는 항공기

㉯ 외국에 임대할 목적으로 도입한 항공기로서 외국국적을 취득할 항공기

㉰ 응급환자수송을 위해 지방자치단체가 소유한 항공기

㉱ 국내에서 제작한 항공기로서 제작자 외에 소유자가 결정되지 아니한 항공기

해설 항공안전법 시행령 제4조

법 제10조(항공기 등록의 제한) ① 다음 각 호의 어느 하나에 해당하는 자가 소유하거나 임차한 항공기는 등록할 수 없다. 다만, 대한민국의 국민 또는 법인이 임차하여 사용할 수 있는 권리가 있는 항공기는 그러하지 아니하다.

1. 대한민국 국민이 아닌 사람
2. 외국정부 또는 외국의 공공단체
3. 외국의 법인 또는 단체
4. 제1호부터 제3호까지의 어느 하나에 해당하는 자가 주식이나 지분의 2분의 1 이상을 소유

하거나 그 사업을 사실상 지배하는 법인
5. 외국인이 법인등기사항증명서상의 대표자이거나 외국인이 법인등기사항증명서상의 임원 수의 2분의 1 이상을 차지하는 법인
② 제1항 단서에도 불구하고 외국국적을 가진 항공기는 등록할 수 없다.

항공기를 소유하거나 임차하여 항공기를 사용하려는 자는 항공기를 등록하여야 한다. 그리고 등록된 항공기는 대한민국의 국적을 취득하고 이에 따른 권리와 의무를 갖게 된다. 따라서 외국인이 소유하거나 임차한 항공기는 등록이 제한된다. 제10조는 항공기 등록이 제한되는 항공기에 대해서 규정하고 있다. 외국의 사람 · 정부 · 공공단체 · 법인 · 단체 그리고 앞의 사람이 주식(지분)의 2분의 1 이상을 소유한 법인, 사업을 사실상 지배하는 법인, 외국인이 법인등기사항증명서상의 대표자 또는 임원수의 2분의 1 이상을 차지하는 법인

★ 항공기 등록제한에 대해서는 3번 출제된 바 있다. 지분의 2분의 1, 임원수의 2분의 1을 유의하고, 법인등기상 대표자이거나 법인등기상 임원수를 기준으로 한다는 점을 유의해야 한다. 그리고 추상적인 개념이지만 외국인이 그 사업을 사실상 지배하고 있는 법인도 항공기 등록이 제한된다. 그리고 항공기 등록의 대상은 소유권, 임차권이다.

★ 제10조에 대한 문제를 조금 깊이 들어가면, 등록이 제한되는 항공기라 하더라도 대한민국 국민(법인)이 임차한 항공기 & 외국국적이 아닌 항공기 = 항공기 등록이 가능하다.

문제 06 **다음 중 항공안전법상 항공기 등록을 할 수 있는 항공기는?**

㉮ 대한민국 국민이 아닌 사람이 소유한 항공기
㉯ 외국정부가 임차한 항공기
㉰ 외국인이 법인등기사항증명서상의 임원수의 3분의 1을 차지하는 법인이 소유한 항공기
㉱ 외국인이 사업을 사실상 지배하는 법인이 소유한 항공기

해설 항공안전법 제10조 제1항

문제 07 **다음 중 항공안전법상 항공기 등록을 할 수 있는 항공기는?**

㉮ 외국의 공공단체가 주식의 2분의 1을 소유하는 법인이 소유한 항공기
㉯ 외국인이 법인등기사항증명서상의 대표자인 법인이 소유한 항공기
㉰ 외국의 단체가 임차한 항공기
㉱ 외국인이 소유하는 항공기를 대한민국 국민이 임차한 항공기

해설 항공안전법 제10조 제1항 단서 및 제2항

문제 08 **다음 중 항공안전법상 항공기 등록에 관한 사항 중 틀린 것은?**

㉮ 외국인이 법인등기사항증명서상의 임원 수의 2분의 1 이상을 차지하는 법인이 소유한 항공기는 항공기 등록을 할 수 없다.

㉯ 외국인이 소유한 외국국적 항공기를 대한민국 국민이 임차한 항공기는 항공기 등록을 할 수 있다.

㉰ 외국의 법인이 지분의 2분의 1 미만을 소유한 법인이 임차한 항공기는 항공기 등록을 할 수 있다.

㉱ 외국인이 주식의 2분의 1 이상을 소유하고 있지 않지만 그 사업을 사실상 지배하는 법인이 임차한 항공기는 항공기 등록을 할 수 없다.

해설 항공안전법 제10조 1항 단서 및 제2항

법 제11조(항공기 등록 사항) ① 국토교통부장관은 제7조에 따라 항공기를 등록한 경우에는 항공기 등록원부(登錄原簿)에 다음 각 호의 사항을 기록하여야 한다.

1. 항공기의 형식
2. 항공기의 제작자
3. 항공기의 제작번호
4. 항공기의 정치장(定置場)
5. 소유자 또는 임차인・임대인의 성명 또는 명칭과 주소 및 국적
6. 등록 연월일
7. 등록 기호

② 제1항에서 규정한 사항 외에 항공기의 등록에 필요한 사항은 대통령령으로 정한다.

항공기를 등록할 경우 항공기 등록원부에 필수적으로 기록하여야 하는 사항에 관한 규정이다. 2항에는 필요한 사항은 대통령령으로 정한다고 규정하고 있지만, 이와 관련된 시행령은 없다.

★ **항공기 등록원부에 기재되어야 하는 사항은 7가지이며, 이에 대해서 확인하는 기출문제가 2문제 출제된 바 있다. 크게 항공기에 대한 사항, 소유자 등에 관한 사항, 등록에 관한 사항으로 나뉜다. 항공기의 형식, 제작자, 제작번호 그리고 정치장/소유자(임차인, 임대인)의 성명, 주소, 국적/등록기호와 등록일시**

문제 09 **항공기 등록원부에 기록되어야 하는 사항이 아닌 것은?**

㉮ 항공기의 정치장　　㉯ 임대인의 국적
㉰ 항공기의 제작자　　㉱ 항공기의 국적기호

해설 항공기를 등록하는 경우 등록기호표를 보기 쉬운 곳에 부착하여야 한다. 등록기호표는 국적기호 및 등록기호를 의미한다(시행규칙 12조 제2항). 항공기 등록원부에는 등록기호만이 기재사항이다.

문제 10 **항공기 등록원부에 기록되어야 하는 사항이 아닌 것은?**

㉮ 임차인의 주소　　㉯ 항공기의 설계자
㉰ 임대인의 성명　　㉱ 항공기의 제작번호

해설 법 제11조. ㉯ 항공기의 설계자는 형식증명서에 기재되어 있는 사항이다(시행규칙 별지 제3호 서식).

문제 11 **항공기 등록원부에 기록되어야 하는 사항이 아닌 것은?**

㉮ 임차인의 국적　　㉯ 항공기의 등록기호
㉰ 항공기의 정치장　　㉱ 항공기의 감항분류

해설 제11조. ㉱ 항공기의 감항분류는 표준감항증명서에 기재되어 있는 사항이다(시행규칙 별지15호 서식).

법 제13조(항공기 변경등록) 소유자등은 제11조 제1항 제4호 또는 제5호의 등록사항이 변경되었을 때에는 그 변경된 날부터 15일 이내에 대통령령으로 정하는 바에 따라 국토교통부장관에게 변경등록을 신청하여야 한다.

제14조(항공기 이전등록) 등록된 항공기의 소유권 또는 임차권을 양도·양수하려는 자는 그 사유가 있는 날부터 15일 이내에 대통령령으로 정하는 바에 따라 국토교통부장관에게 이전등록을 신청하여야 한다.

제15조(항공기 말소등록) ① 소유자등은 등록된 항공기가 다음 각 호의 어느 하나에 해당하는 경우에는 그 사유가 있는 날부터 15일 이내에 대통령령으로 정하는 바에 따라 국토교통부장관에게 말소등록을 신청하여야 한다.

1. 항공기가 멸실(滅失)되었거나 항공기를 해체(정비등, 수송 또는 보관하기 위한 해체는 제외한다)한 경우
2. 항공기의 존재여부를 1개월(항공기사고인 경우에는 2개월) 이상 확인할 수 없는 경우
3. 제10조 제1항 각 호의 어느 하나에 해당하는 자에게 항공기를 양도하거나 임대(외국국적을 취득하는 경우만 해당한다)한 경우
4. 임차기간의 만료 등으로 항공기를 사용할 수 있는 권리가 상실된 경우

② 제1항에 따라 소유자 등이 말소등록을 신청하지 아니하면 국토교통부장관은 7일 이상의

기간을 정하여 말소등록을 신청할 것을 최고(催告)하여야 한다.
③ 제2항에 따른 최고를 한 후에도 소유자 등이 말소등록을 신청하지 아니하면 국토교통부장관은 직권으로 등록을 말소하고, 그 사실을 소유자등 및 그 밖의 이해관계인에게 알려야 한다.

항공기 등록이후에 사정이 변경된 경우 이러한 변경사항을 등록원부에 기재하여야 한다. 이에 대해서 변경등록, 이전등록, 말소등록이 인정되며, 이 이외 다른 등록은 인정되지 아니 한다. 각 등록에 대한 사유를 명확히 알고 있어야 한다.

변경등록: 항공기의 신규 등록사항이 변경되었을 때 하는 등록이다. 항공기의 형식, 제작자, 제작번호, 등록기호, 등록 연월일은 변경될 수 없는 사항이다. 따라서 4항 항공기의 정치장은 등록이후 변경될 수 있는 사항이다. 그리고 제5항 중 소유자(임차인 · 임대인)의 주소와 국적은 변경될 수 있는 사항이다. 유의할 사항은 소유권 또는 임차권이 양도 · 양수되어 소유자(임차인 · 임대인)의 인적정보가 변경되는 경우는 변경등록이 아니라 이전등록사유에 해당된다는 점이다. 변경된 날로부터 15일 이내에 신청하여야 한다.

이전등록: 등록된 항공기의 소유권 또는 임차권을 양도 · 양수하려는 자는 이전등록을 하여야 한다. 항공기의 소유권 또는 임차권이 매매, 임차, 상속 기타의 사유로 이전될 수 있으며, 이러한 사유가 있은 날로부터 15일 이내에 이전등록을 신청하여야 한다.

말소등록: 규정에 따른 말소사유는, 항공기멸실, 항공기해체(정비등, 수송 또는 보관하기 위한 해체는 제외), 항공기의 존재여부를 1개월 이상 확인할 수 없는 경우(사람의 실종선고와 유사한 개념), 항공기 사고로 인해 항공기의 존재를 2개월 이상 확인할 수 없는 경우, 항공기 등록이 제한된 자에게 항공기를 양도하거나 임대하는 경우(외국국적을 취득하는 경우), 임차기간의 만료 등으로 항공기를 사용할 수 있는 권리가 상실된 경우. 위 사유가 있는 날부터 15일 이내에 말소등록을 신청하여야 한다. 소유자등이 말소등록을 신청하지 아니하면 국토교통부장관이 직권으로 말소하는 절차를 진행할 수 있다. 우선 국토교통부장관은 7일 이상의 기간을 정하여 말소등록을 신청할 것을 소유자 등에게 최고하여야 하고, 그래도 소유자등이 말소등록을 신청하지 아니하면 직권으로 등록을 말소하고 그 사실을 소유자등 및 그 밖의 이해관계인에게 알려야 한다.

★ **변경등록은 4문제, 이전등록은 3문제, 말소등록은 7문제 출제된 바 있다. 각 등록의 사유, 기간(15일내, 최고 7일)에 관한 암기가 필요하다. 변경등록은 정치장의 변경, 소유자(임대인, 임차인)의 개인정보의 변경사유, 이전등록은 소유권**

또는 임차권의 이전사유, 말소등기는 멸실, 해체(정비, 수송, 보관위한 해제는 제외), 1개월 이상 미확인(항공기 사고로 인한 경우는 2개월), 외국인에게 항공기를 양도, 임대(외국국적 취득), 임대기간의 만료사유이다. 멸실등기라는 용어는 없다. 15일 이내에 등록신청해야 한다. 멸실등록을 하지 않으면 7일 이상의 기간을 정하여 최고하고 안 하면 직권등록 말소한다.

★ 말소등록사유의 경우 원론적인지 구체적인지 구별하여 답을 찾아야 할 경우가 있다. 원칙과 예외를 정확하게 암기해야 한다.

문제 12 **다음 중 항공기 등록에 관한 사항 중 옳은 것은?**

㉮ 항공기 등록원부에 기록된 사항이 변경될 경우 모두 변경등록을 하여야 한다.

㉯ 등록된 항공기의 소유권 또는 임차권을 양도・양수하려는 자는 변경등록을 하여야 한다.

㉰ 법률이 규정된 등록은 변경등록, 이전등록, 멸실등록이다.

㉱ 항공기가 멸실되었을 경우 항공기말소 등록을 신청하여야 한다.

해설 법 13조, 제14조, 제15조. ㉮ 항공기 등록원부에 기록된 사항 중 4호(정치장), 5호(소유자・임차인・임대인 정보)만 변경되었을 때만 변경등록 사유이다. ㉯ 이전등록, ㉰ 멸실등록은 없고 말소등록

문제 13 **다음 중 항공기 등록에 관한 사항 중 틀린 것은?**

㉮ 항공기 등록원부에 기록된 사항이 변경될 경우 변경등록, 이전등록, 말소등록을 하여야 한다.

㉯ 변경등록의 사유는 항공기의 정치장이 변경되었을 경우 이외에는 없다.

㉰ 항공기가 멸실되었을 경우 항공기 멸실등록을 하여야 한다.

㉱ 항공기의 소유권이 변경되었을 경우에는 변경등록을 하여야 한다.

해설 ㉮ 일반적으로 옳은 설명이다. ㉯ 정치장 변경 이외에 소유자등 정보변경도 있다. ㉰ 말소등록, ㉱ 이전등록

문제 14 **다음 중 항공기를 변경등록하여야 하는 사유는?**

㉮ 항공기의 형식이 변경되었을 경우

㉯ 항공기의 소유권이 변경되었을 경우

㉰ 항공기의 정치장이 변경되었을 경우

㉱ 항공기의 등록기호가 변경되었을 경우

해설 법 제13조

문제 15 **다음 중 항공기에 대한 변경등록을 하여야 하는 경우는?**

㉮ 항공기의 소유자의 주소가 변경되었을 경우
㉯ 항공기의 제작자가 잘못 기재되었을 경우
㉰ 항공기가 멸실되었을 경우
㉱ 항공기의 임차권을 양도하였을 경우

해설 법 제13조

문제 16 **등록된 항공기의 소유권이 변경되었을 경우 해야 하는 등록은?**

㉮ 변경등록 ㉯ 이전등록
㉰ 수정등록 ㉱ 양도등록

해설 법 제14조

문제 17 **등록된 항공기의 임차권이 양도 · 양수하였을 경우 해야하는 등록은?**

㉮ 이전등록 ㉯ 변경등록
㉰ 수정등록 ㉱ 임차등록

해설 법 제14조

문제 18 **다음 중 항공기에 대한 이전등록 사유에 해당하지 않는 것은?**

㉮ 항공기에 대해서 매매계약을 체결하였을 경우
㉯ 항공기의 임차권에 대한 양도계약을 체결하였을 경우
㉰ 항공기에 대해서 상속을 받았을 경우
㉱ 항공기의 소유권에 대해 저당권을 설정받았을 경우

해설 법 제14조. 소유권 또는 임차권이 이전되는 경우로 매매계약, 양도계약, 상속 등이 있다. 저당권설정만으로 소유권 또는 임차권이 이전되지 않는다.

문제 19 **다음 중 항공기에 대한 말소등록 사유에 해당하는 것은?**

㉮ 항공기가 멸실되었을 경우
㉯ 항공기를 해체한 경우
㉰ 항공기의 존재여부를 1개월 확인할 수 없는 경우
㉱ 외국인에게 항공기를 양도한 경우

해설 법 제15조 제1항. 예시는 모두 말소등록 사유에 해당된다. 그러나 정확하게는 ㉯항은 정비 등, 수송 또는 보관하기 위한 항공기해체는 말소등록 사유가 아니고, ㉰항은 항공기 사고인 경우는 2개월 이상 항공기 존재여부를 확인할 수 없어야 말소등록 사유이고, ㉱항은 등록된 항공기를 외국인에게 양도한 경우라 하더라도 항공기가 외국국적을 취득하지 않는다면 말소등록 사유에 해당하지 않는다. 가장 올바른 답은 ㉮항이다.

문제 20 **다음 중 항공기에 대한 말소등록 사유에 해당하는 것은?**

㉮ 보관하기 위해 항공기를 해체한 경우

㉯ 등록된 항공기를 외국인에게 임대한 경우

㉰ 항공기의 존재여부를 2개월 확인할 수 없는 경우

㉱ 등록된 항공기를 외국인이 법인등기사항증명서상 임원수의 3분의 1을 차지하는 법인에게 양도한 경우

해설 법 제15조. ㉱ 법 제10조 제1항에 해당되지 않는다. 임원수의 2분의 1 이상

문제 21 **항공기의 변경등록, 이전등록, 말소등록은 (   )일 이내에 국토교통부장관에게 신청을 하여야 하나?**

㉮ 변경등록, 이전등록, 말소등록 모두 15일 이내

㉯ 변경등록, 이전등록은 10일 이내, 말소등록은 15일 이내

㉰ 변경등록, 이전등록, 말소등록 모두 10일 이내

㉱ 변경등록은 10일 이내, 이전등록 및 말소등록은 15일 이내

해설 법 제13조, 제14조, 제15조

문제 22 **다음 중 항공기 등록에 대한 사항 중 틀린 내용은?**

㉮ 말소등록 사유가 발생하였음에도 말소등록을 신청하지 않으면 국토교통부장관이 직권을 등록을 말소할 수 있는 절차가 있다.

㉯ 국토교통부장관은 7일 이상의 기간을 정하여 말소등록을 신청할 것을 최고하여야 한다.

㉰ 최고에도 말소등록을 신청하지 아니하면 국토교통부장관은 직권으로 등록을 말소한다.

㉱ 국토교통부장관이 직권으로 말소한 이후 소유자 및 임차권자에게만 그 사실을 알린다.

해설 법 제15조

문제 23 **말소등록 사유가 있음에도 소유자 등이 말소등록을 신청하지 아니하면 국토교통부장관은 (   )일 (   )의 기간을 정하여 말소등록을 할 것을 최고하여야 하는가?**

㉮ 7일, 이상　　㉯ 7일, 미만
㉰ 10일, 이상　　㉱ 10일, 미만

해설 법 제15조 제2항

문제 24 **다음 중 항공기 말소등록 사유가 아닌 것은?**

㉮ 항공기가 멸실되었거나 항공기를 해체한 경우
㉯ 항공기의 존재여부를 2개월 이상 확인할 수 없는 경우
㉰ 외국인에게 항공기를 양도하거나 임대한 경우
㉱ 임차기간의 만료 등으로 항공기를 사용할 수 있는 권리가 상실된 경우

해설 법 제15조. 위 예시는 모두 법 제15조 제1항에서 규정된 사유 중 원칙이 틀린 것은 ㉯항

문제 25 **다음 중 항공기 말소등록 사유가 아닌 것은?**

㉮ 수송을 위해 항공기를 해체하였을 경우
㉯ 항공기 사고로 항공기의 존재여부를 2개월 이상 확인할 수 없는 경우
㉰ 등록된 항공기를 외국인에게 양도하였는데 항공기의 외국국적을 취득하지 않는 경우
㉱ 임차기간이 만료되었을 경우

해설 법 제15조. 예시가 구체적이므로, 말소등록 사유를 엄격하게 적용하여 답을 찾아야 한다.

법 제16조(항공기 등록원부의 발급 · 열람) ① 누구든지 국토교통부장관에게 항공기 등록원부의 등본 또는 초본의 발급이나 열람을 청구할 수 있다.
② 제1항에 따라 청구를 받은 국토교통부장관은 특별한 사유가 없으면 해당 자료를 발급하거나 열람하도록 하여야 한다.

제17조(항공기 등록기호표의 부착) ① 소유자등은 항공기를 등록한 경우에는 그 항공기 등록기호표를 국토교통부령으로 정하는 형식 · 위치 및 방법 등에 따라 항공기에 붙여야 한다.
② 누구든지 제1항에 따라 항공기에 붙인 등록기호표를 훼손해서는 아니 된다.

규칙 제12조(등록기호표의 부착) ① 항공기를 소유하거나 임차하여 사용할 수 있는 권리가 있는 자(이하 "소유자등"이라 한다)가 항공기를 등록한 경우에는 법 제17조 제1항에 따라 강철 등 내화금속(耐火金屬)으로 된 등록기호표(가로 7센티미터 세로 5센티미터의 직사각형)를 다음 각 호의 구분에 따라 보기 쉬운 곳에 붙여야 한다.

1. 항공기에 출입구가 있는 경우: 항공기 주(主)출입구 윗부분의 안쪽
2. 항공기에 출입구가 없는 경우: 항공기 동체의 외부표면

② 제1항의 등록기호표에는 국적기호 및 등록기호(이하 "등록부호"라 한다)와 소유자 등의 명칭을 적어야 한다.

항공기에는 등록기호표를 부착하여야 하고 국적, 등록기호 및 소유자 등의 성명 또는 명칭을 표시하여야 한다. 구체적인 사항은 시행규칙에 규정하고 있다. 등록기호표에는 국적기호 및 등록기호와 소유자 등의 명칭을 적어야 하고(시행규칙 12조), 강철 등 내화금속으로 된 등록기호표를 항공기 주 출입구 윗부분의 안쪽(항공기에 출입구가 없는 경우 항공기 동체의 외부표면)에 붙여야 한다(시행규칙 제12조).

★ 제17조와 관련하여 등록기호표에 대하여 6번 출제된 바 있다. 등록기호표에 적어야 할 사항 4번, 등록기호표의 부착장소 1번, 등록기호표의 부착시 고려사항 1번 출제되었다. 등록기호표에는 3가지 내용(국적기호, 등록기호, 소유자 등의 명칭)이 기재되어야 한다는 사실을 암기한다. 그 외 오답을 유도하는 다른 내용(등록일시, 항공기 형식 등)은 등록기호표에 기재되지 않는다. 등록기호표의 부착위치는 항공기에 출입구가 있는 경우 항공기 주출입구 윗부분의 안쪽이고, 출입구가 없는 경우 항공기 동체의 외부표면이다. 등록기호표의 고려사항은 부착위치, 방법(내화금속), 형식(7센티×5센티)이나 색상에 관한 규제는 없다.

문제 26 **다음 중 등록기호표에 기재되어야 하는 사항이 아닌 것은?**

㉮ 국적기호 ㉯ 등록기호
㉰ 소유자의 명칭 ㉱ 항공기의 형식

해설 법 제17조, 시행규칙 제12조 제2항.

문제 27 **다음 중 항공기의 출입구가 없는 경우 등록기호표의 부착장소는?**

㉮ 항공기 동체의 외부표면
㉯ 항공기의 조종석 윗부분
㉰ 항공기 동체 안쪽의 창문 위쪽
㉱ 항공기 내부 보기 쉬운 곳

해설 법 제17조, 시행규칙 12조 제1항

문제 28 다음 중 항공기출입구가 있는 경우 등록기호표를 부착할 수 있는 장소는?

㉮ 항공기 동체의 외부표면
㉯ 주출입구 윗부분안쪽
㉰ 항공기의 조종실내 보기쉬운 곳
㉱ 항공기내 창문위쪽

해설 법 제17조, 시행규칙 12조 제1항

문제 29 다음 중 등록기호표에 대한 설명 중 옳은 것은?

㉮ 등록기호표에는 국적기호, 등록기호 그리고 항공기 형식을 적어야 한다.
㉯ 항공기에 출입구가 있는 경우 항공기의 주출입구 윗부분의 안쪽에 등록기호표를 부착하어야 한다.
㉰ 등록기호표에는 항공기의 소유자의 명칭을 적어야 하지만 임차인의 명칭은 적을 필요가 없다.
㉱ 등록기호표는 내화금속으로 된 가로 10센티미터 세로 5센티미터의 직사각형 모양이어야 한다.

해설 법 제17조, 시행규칙 제12조 제2항. ㉮항 등록기호표에는 국적기호, 등록기호, 소유자 등의 명칭을 적어야 한다. ㉰항 등록기호표에는 항공기를 소유하거나 임차하여 사용할 수 있는 권리가 있는자의 명칭을 기재하여야 한다. 임차하여 사용할 수 있는 권리가 있는 임차인의 명칭은 등록기호표에 적어야 한다. ㉱항 가로 7센티미터 세로 5센티미터의 직사각형 모양이어야 한다. 등록기호표의 가로, 세로의 크기가 중요한 것이 아니라 ㉯항을 정확하게 암기하여야 한다는 의미에서 만든 문제이다.

문제 30 다음 중 등록기호표에 대한 설명 중 옳은 것은?

㉮ 등록기호표에는 국적기호, 등록기호 및 등록연월일을 적어야 한다.
㉯ 등록기호표는 직사각형의 모양의 내화금속에 바탕은 하얀색상이고 글자는 검은색으로 기재되어야 한다.
㉰ 항공기에 출입구가 없는 경우 등록기호표는 항공기의 조종문 윗부분의 안쪽에 부착하어야 한다.
㉱ 항공기에 출입구가 있는 경우 등록기호표는 항공기 주출입구 안쪽보기 쉬운 곳에 부착하여야 한다.

해설 법 제17조 시행규칙 제12조. ㉮항 등록기호표에는 국적기호, 등록기호, 소유자 등의 명칭을 적어야 한다. ㉯항 등록기호표는 색상에 대한 규제는 없다. ㉰항 항공기에 출입구가 없는 경우 등록기호표는 항공기 동체의 외부표면에 부착하여야 한다.

법 제18조(항공기 국적 등의 표시) ① 누구든지 국적, 등록기호 및 소유자 등의 성명 또는 명칭을 표시하지 아니한 항공기를 운항해서는 아니 된다. 다만, 신규로 제작한 항공기 등 국토교통부령으로 정하는 항공기의 경우에는 그러하지 아니 하다.

② 제1항에 따른 국적등의 표시에 관한 사항과 등록기호의 구성 등에 필요한 사항은 국토교통부령으로 정한다.

규칙 제13조(국적등의 표시) ① 법 제18조 제1항 단서에서 "신규로 제작한 항공기 등 국토교통부령으로 정하는 항공기"란 다음 각 호의 어느 하나에 해당하는 항공기를 말한다.

1. 제36조 제2호 또는 제3호에 해당하는 항공기
2. 제37조 제1호가목에 해당하는 항공기

② 법 제18조 제2항에 따른 국적등의 표시는 국적기호, 등록기호 순으로 표시하고, 장식체를 사용해서는 아니되며, 국적기호는 로마자의 대문자 "HL"로 표시하여야 한다.

③ 등록기호의 첫 글자가 문자인 경우 국적기호와 등록기호 사이에 붙임표(-)를 삽입하여야 한다.

④ 항공기에 표시하는 등록부호는 지워지지 아니하고 배경과 선명하게 대조되는 색으로 표시하여야 한다.

⑤ 등록기호의 구성 등에 필요한 세부사항은 국토교통부장관이 정하여 고시한다.

제14조(등록부호의 표시위치 등) 등록부호의 표시위치 및 방법은 다음 각 호의 구분에 따른다.

1. 비행기와 활공기의 경우에는 주 날개와 꼬리 날개 또는 주 날개와 동체에 다음 각 목의 구분에 따라 표시하여야 한다.
   가. 주 날개에 표시하는 경우: 오른쪽 날개윗면과 왼쪽 날개 아랫면에 주 날개의 앞 끝과 뒤 끝에서 같은 거리에 위치하도록 하고, 등록부호의 윗부분이 주날개의 앞끝을 향하게 표시할 것. 다만, 각 기호는 보조날개와 플랩에 걸쳐서는 아니 된다.
   나. 꼬리날개에 표시하는 경우: 수직꼬리날개의 양쪽면에, 꼬리날개의 앞끝과 뒤끝에서 5센티미터 이상 떨어지도록 수평 또는 수직으로 표시할 것
   다. 동체에 표시하는 경우: 주날개와 꼬리날개 사이에 있는 동체의 양쪽면의 수평안정판 바로 앞에 수평 또는 수직으로 표시할 것
2. 헬리콥터의 경우에는 동체 아랫면과 동체 옆면에 다음 각 목의 구분에 따라 표시하여야 한다.
   가. 동체 아랫면에 표시하는 경우: 동체의 최대 횡단면 부근에 등록부호의 윗부분이 동체좌측을 향하게 표시할 것
   나. 동체 옆면에 표시하는 경우: 주 회전익축과 보조회전익 축 사이의 동체 또는 동력장치가 있는 부근의 양측면에 수평 또는 수직으로 표시할 것

3. 비행선의 경우에는 선체 또는 수평안정판과 수직안정판에 다음 각 목의 구분에 따라 표시하여야 한다.
가. 선체에 표시하는 경우: 대칭축과 직교하는 최대 횡단면부근의 윗면과 양옆면에 표시할 것
나. 수평안정판에 표시하는 경우: 오른쪽 윗면과 왼쪽 아랫면에 등록부호의 윗부분이 수평안정판의 앞끝을 향하게 표시할 것
다. 수직안정판에 표시하는 경우: 수직안정판의 양쪽면 아랫부분에 수평으로 표시할 것

제15조(등록부호의 높이) 등록부호에 사용하는 각 문자와 숫자의 높이는 같아야 하고, 항공기의 종류와 위치에 따른 높이는 다음 각 호의 구분에 따른다.
1. 비행기와 활공기에 표시하는 경우
가. 주 날개에 표시하는 경우에는 50센티미터 이상
나. 수직꼬리날개 또는 동체에 표시하는 경우에는 30센티미터 이상
2. 헬리콥터에 표시하는 경우
가. 동체 아랫면에 표시하는 경우에는 50센티미터 이상
나. 동체 옆면에 표시하는 경우에는 30센티미터 이상
3. 비행선에 표시하는 경우
가. 선체에 표시하는 경우에는 50센티미터 이상
나. 수평안정판과 수직안정판에 표시하는 경우에는 15센티미터 이상

제16조(등록부호의 폭·선 등) 등록부호에 사용하는 각 문자와 숫자의 폭, 선의 굵기 및 간격은 다음 각 호와 같다.
1. 폭과 붙임표(-)의 길이: 문자 및 숫자의 높이의 3분의 2. 다만 영문자 I와 아라비아 숫자 1은 제외한다.
2. 선의 굵기: 문자 및 숫자의 높이의 6분의 1
3. 간격: 문자 및 숫자의 폭이 4분의 1 이상 2분의 1 이하

제17조(등록부호표시의 예외) ① 국토교통부장관은 제14조부터 제16조까지의 규정에도 불구하고 부득이한 사유가 있다고 인정하는 경우에는 등록부호의 표시위치, 높이, 폭 등을 따로 정할 수 있다.
② 법 제2조 제4호에 따른 국가기관등항공기에 대해서는 제14조부터 제16조까지의 규정에도 불구하고 관계 중앙행정기관의 장이 국토교통부장관과 협의하여 등록부호의 표시위치, 높이, 폭 등을 따로 정할 수 있다.

항공기에는 국적, 등록기호, 소유자 등의 성명(명칭)을 표시하여야 한다. 순서는 국적기호, 등록기호 순으로 표시하고, 장식체를 사용해서는 아니되며, 국적기호는 로마자의 대문자 "HL"로 표시하여야 한다. 국적기호와 등록기호를 합하여 등록부호라고 칭한다. 등록부호는 주날개, 꼬리날개, 동체에 표시하여야 한다. 주날개에 표시하는 경우 오른쪽날개 윗면과 왼쪽날개 아랫

면에 표시하고, 꼬리날개에 표시하는 경우 수직꼬리 날개의 양쪽면에 표시하고, 동체에 표시하는 경우 주날개와 꼬리날개 사이에 있는 동체의 양쪽면에 표시한다.

간단히 하면, 등록기호표는 부착하고, 등록부호(국적기호, 등록기호) 및 소유자 등의 성명(명칭)은 표시한다. 주의해야 할 용어가 등록기호와 등록부호인데, 등록부호가 국적기호와 등록기호를 합하는 명칭이다.

★ **등록부호와 관련하여 총 19번 출제된 바 있다. 제18조 법률조항에 대해서 1문제 그 외 시행규칙 제13조, 제14조, 제15조, 제16조에 대해 출제되었다. 구체적인 수치와 관련되어서도 출제되므로 암기가 필요한 부분이다.**

★ 등록부호

등록부호 표시순서: 국적기호 → 등록기호
등록부호는 장식체 사용금지
국적기호는 로마자 대문자 HL
예) HL7611, HL—C799(등록기호 문자시작)
등록부호 색상(배경과 선명하게 대조 색)

★ 등록부호 위치

비행기와 활공기 (주날개&꼬리날개) or (주날개&동체)	주날개: 오른쪽 날개윗면 & 왼쪽날개 아랫면, 등록부호 윗 부분이 주날개의 앞끝을 향하게 표시
	꼬리날개: 수직꼬리날개의 양쪽면에, 수평 또는 수직으로 표시
	동체: 동체의 양쪽 면에, 수평안정판 바로 앞에 수평 또는 수직으로 표시
헬리콥터 (동체 아랫면&옆면)	동체 아랫면: 동체의 최대 횡단면부근, 등록기호 윗부분이 동체좌측향하게
	동체옆면: 주회전익 축과 보조회전익 축사이, 동력장치부근, 양측에 수평 또는 수직
비행선 (선체) or (수평안정판&수직안전판)	선체: 대칭축과 직교하는 최대 횡단면 부근의 윗면과 양 옆면
	수평안정판: 오른쪽 윗면과 왼쪽 아랫면, 등록부호 윗부분이 수평안정판의 앞끝을 향하게 표시
	수직안정판: 수직안정판의 양쪽면 아랫부분에 수평으로 표시

★ 등록부호의 높이

비행기와 활공기	주 날개: 50㎝
	수직꼬리날개, 동체: 30㎝
헬리콥터	동체 아랫면: 50㎝
	동체 옆면: 30㎝
비행선	선체: 50㎝
	수평안정판, 수직안정판: 15㎝

★ 등록부호의 폭 및 선 등

폭과 붙임표(—)의 길이	글자 높이의 2/3
선의 굵기	글자 높이의 1/6
간격	글자 폭의 1/4~1/2

문제 31 **항공기에 표시하여야 하는 사항이 아닌 것은?**

㉮ 국적　　㉯ 등록기호

㉰ 소유자의 성명 또는 명칭　　㉱ 항공기의 종류

해설 법 제18조

문제 32 **항공기에 표시하여야 하는 사항은?**

㉮ 항공기의 종류　　㉯ 국기

㉰ 항공기 임차인의 성명 또는 명칭　　㉱ 항공기 엔진의 종류 및 개수

해설 법 제18조. 등록기호는 항공기 종류, 엔진의 종류, 엔진의 개수를 의미하는 숫자로 이루어져 있으므로, ㉮항, ㉱항도 항공기에 표시하는 사항에 해당될 수 있으나, ㉰항이 정확한 정답이다.

문제 33 **다음 중 옳은 내용은?**

㉮ 누구든지 국적, 등록기호 및 소유자 등의 성명 또는 명칭을 표시하지 아니한 항공기를 운항해서는 아니 된다.

㉯ 소유자 등은 항공기를 등록한 경우에는 그 항공기 등록기호표를 항공기에 붙여야 한다.

㉰ 항공기에는 국적기호, 등록기호 순으로 표시한다.

㉱ 등록부호는 주날개와 꼬리날개에 표시할 수 있으며 동체에 표시하여서는 아니 된다.

해설 ㉮항은 법 제18조 제1항. ㉯항은 법 제17조 제1항. ㉰항은 시행규칙 제13조. ㉱항은 시행규칙 제14조에 따르면, 등록부호는 주날개, 꼬리날개, 또는 주날개와 꼬리날개 사이에 있는 동체에 표시할 수 있다. 참고로 등록부호는 국적기호와 등록기호로 이루어져 있다. 예컨대 등록부호가 HL1188이면 HL은 대한민국 국적기호이고, 1은 엔진의 종류가 피스톤엔진 1개이고 나머지 188은 일련번호이다. 등록부호가 HL8206이면 8은 엔진종류가 제트엔진이고 2는 엔진이 2개이며 나머지 06은 일련번호이다.

문제 34 **등록부호에 대한 설명 중 틀린 것은?**

㉮ 국적기호는 로마자의 대문자 "HL"로 표시하여야 한다.

㉯ 등록기호는 국적기호의 앞에 표시한다.

㉰ 등록부호는 장식체를 사용하여서는 안된다.

㉱ 등록부호는 지워지지 아니하고 배경과 선명하게 대조되는 색으로 표시하여야 한다.

해설 법 제18조, 시행규칙 제13조. ㉯항 등록부호는 국적기호, 등록기호의 순으로 표시한다.

문제 35 **등록부호에 대한 설명 중 옳은 것은?**

㉮ 국적기호는 장식체를 사용할 수는 없지만, 등록기호는 장식체를 사용할 수 있다.

㉯ 등록기호는 숫자 4자리로 이루어져야 한다.

㉰ 등록부호에 대해 법률, 시행령, 시행규칙에서 규정하지 않은 사항은 국토교통부장관이 고시한다.

㉱ 등록부호는 등록기호, 국적기호 순으로 표시한다.

해설 법 제18조, 시행규칙 제13조. 등록부호는 국적기호 및 등록기호를 의미한다. ㉮항 등록부호는 장식체를 사용해서는 아니된다. ㉯항 등록기호는 보통 4자리 숫자로 이루어졌지만 첫 글자가 문자인 경우도 있다(경량항공기 일부). ㉱항 등록부호는 국적기호, 등록기호 순으로 표시한다.

문제 36 **다음 중 등록부호에 대한 설명 중 틀린 것은?**

㉮ 등록기호는 국적기호의 앞에 표시한다.

㉯ 등록기호가 숫자인 경우에는 국적기호와 등록기호 사이에 붙임표(—)를 삽입하지 아니 한다.

㉰ 등록부호는 지워지지 아니하고 배경과 선명하게 대조되는 색이면 아무색으로 표시할 수 있다.

㉱ 국적기호는 장식체가 아닌 로마자의 대문자 “HL”로 표시하여야 한다.

해설 법 제18조, 시행규칙 제13조. ㉮항 등록부호는 국적기호, 등록기호 순으로 표시한다.

문제 37 **항공기별 등록부호의 표시방법에 대한 설명 중 틀린 것은?**

㉮ 비행기는 주날개와 꼬리날개에 표시하여야 한다.

㉯ 헬리콥터는 동체 아랫면과 동체옆면에 표시하여야 한다.

㉰ 비행선은 선체와 수평안정판에 표시하여야 한다.

㉱ 활공기는 주 날개와 동체에 표시하여야 한다.

해설 법 제18조, 시행규칙 제14조. 비행기·활공기: 주날개&꼬리날개 or 주날개&동체, 헬리콥터: 동체의 아랫면&옆면, 비행선: 선체 or 수직안정판 & 수평안전판. ㉰항 비행선은 선체 또는 수평안전판과 수직안정판에 표시하여야 한다.

문제 38 **항공기별 등록부호의 표시방법에 대한 설명 중 옳은 것은?**

㉮ 활공기는 주날개에만 표시하면 된다.

㉯ 헬리콥터는 동체의 아랫면, 옆면, 앞면에 표시하여야 한다.

㉰ 비행선은 수평안정판과 수직안정판에 표시하여야 한다.

㉱ 비행기는 동체와 꼬리날개에 표시하여야 한다.

해설 법 제18조, 시행규칙 제14조. 비행기・활공기: 주날개&꼬리날개 or 주날개&동체, 헬리콥터: 동체의 아랫면&옆면, 비행선: 선체 or 수직안정판&수평안전판. ㉰항 비행선은 선체 또는 수평안전판과 수직안정판에 표시하여야 한다.

문제 39 **다음 중 항공기별 등록부호를 표시할 수 있는 위치로 틀린 것은?**

㉮ 비행기: 주날개, 동체, 꼬리날개

㉯ 헬리콥터: 동체의 아랫면, 동체의 옆면

㉰ 비행선: 선체, 수평안정판, 수직안정판

㉱ 활공기: 동체의 아랫면, 주날개

해설 법 제18조, 시행규칙 제14조. 이 문제는 등록부호를 표시할 수 있는 위치에 관한 것이다. 항공기별 등록부호를 표시하여야 하는 위치에 관한 문제와 약간 다른 문제이다.

문제 40 **항공기의 등록부호의 위치에 대한 설명 중 틀린 것은?**

㉮ 비행기의 주날개에 표시하는 경우 오른쪽날개 아랫면과 왼쪽날개 윗면에 표시한다.

㉯ 비행기의 꼬리날개에 표시하는 경우 수직꼬리날개의 양쪽면에 표시한다.

㉰ 헬리콥터의 동체 아랫면에 표시하는 경우 동체의 최대 횡단면부근에 등록부호의 윗부분이 동체좌측을 향하게 표시한다.

㉱ 헬리콥터의 동체옆면에 표시하는 경우 동력장치가 있는 부근의 양측면에 표시한다.

해설 법 제18조, 시행규칙 제14조. ㉮항 비행기의 주날개에 표시하는 경우 오른쪽 날개윗면과 왼쪽날개 아랫면에 표시한다.

문제 41 **비행기의 등록부호의 표시위치 및 방법에 대한 설명 중 틀린 것은?**

㉮ 비행기의 오른쪽 날개윗면에 표시한다.

㉯ 비행기의 수직꼬리날개의 양쪽면에 표시한다.

㉰ 비행기 동체의 아랫면에 표시한다.

㉱ 비행기의 왼쪽날개 아랫면에 표시한다.

해설 법 제18조, 시행규칙 제14조. ㉮항 비행기의 주날개에 표시하는 경우 오른쪽 날개윗면과 왼쪽날개 아랫면에 표시한다.

문제 42 **등록부호에 사용하는 각 문자와 숫자의 높이에 대한 설명 중 틀린 것은?**

㉮ 비행기의 주날개에 표시하는 경우 50센티미터 이상이어야 한다.
㉯ 헬리콥터의 동체옆면에 표시하는 경우 30센티미터 이상이어야 한다.
㉰ 비행선의 선체에 표시하는 경우 50센티미터 이상이어야 한다.
㉱ 활공기의 주날개에 표시하는 경우 30센티미터 이상이어야 한다.

해설 법 제18조, 시행규칙 제15조. 비행기・활공기: 주날개(50) 그 외(30), 헬리콥터 동체 아랫면(50), 그 외 (30), 비행선 선체(50), 그 외 (15). ㉱항 50센티미터

문제 43 **등록부호에 사용하는 각 문자와 숫자의 높이에 대한 설명 중 틀린 것은?**

㉮ 비행기의 동체에 표시하는 경우 30센티미터 이상이어야 한다.
㉯ 헬리콥터의 동체 아랫면에 표시하는 경우 50센티미터 이상이어야 한다.
㉰ 비행선의 수평안정판에 표시하는 경우 30센티미터 이상이어야 한다.
㉱ 활공기의 꼬리날개에 표시하는 경우 30센티미터 이상이어야 한다.

해설 법 제18조, 시행규칙 제15조. ㉰항 15센티미터.

문제 44 **등록부호에 사용하는 각 문자와 숫자의 폭, 선의 굵기 및 간격에 대한 설명 중 틀린 것은?**

㉮ 글자의 폭은 그 높이의 3분의 2
㉯ 글자의 선의 굵기는 그 높이의 6분의 1
㉰ 글자의 간격은 그 높이의 4분의 1 이상 2분의 1 이하
㉱ 붙임표(—)의 길이는 글자의 높이의 3분의 2

해설 법 제18조 시행규칙 제16조. 폭, 붙임표길이는 높이의 2/3, 선의 굵기는 높이의 1/6, 간격은 폭의 1/4～1/2. ㉰항 높이가 아니라 폭

문제 45 **등록부호에 사용하는 글자에 관해 괄호 안에 들어갈 알맞은 말은?**

폭과 붙임표(—)의 길이: 문자 및 숫자의 (　)의 (　　) 선의 굵기: 문자 및 숫자의 (　)의 (　　) 간격: 문자 및 숫자의 (　)의 (　　) 이상 (　　) 이하

㉮ 높이, 3분의 2, 높이, 6분의 1, 폭, 4분의 1, 2분의 1
㉯ 높이, 3분의 2, 높이, 4분의 1, 높이, 4분의 1, 2분의 1
㉰ 높이, 2분의 1, 폭, 6분의 1, 높이, 4분의 1, 2분의 1
㉱ 높이, 3분의 2, 폭, 4분의 1, 폭, 4분의 1, 2분의 1

해설 법 제18조 시행규칙 제16조. 구체적인 수치까지 출제되고 있으므로 암기가 필요하다.

문제 46 등록부호의 표시위치 및 방법에 대한 설명 중 틀린 것은?

㉮ 비행기의 주날개에 표시하는 경우 오른쪽 날개윗면과 왼쪽날개 아랫면에 표시하고, 등록부호의 윗 부분이 주날개의 앞끝을 향하게 표시하여야 한다.
㉯ 헬리콥터의 동체 아랫면에 표시하는 경우 동체의 최대 횡단면에 등록부호의 윗부분이 동체우측을 향하게 표시하여야 한다.
㉰ 비행선의 수평안정판에 표시하는 경우 오른쪽 윗면과 왼쪽 아랫면에 등록부호의 윗부분이 수평안정판의 앞 끝을 향하게 표시하여야 한다.
㉱ 등록부호에 사용하는 각 문자와 숫자의 높이는 같아야 한다.

해설 법 제18조 시해규칙 제15조. ㉯항우측이 아니라 좌측이다.

문제 47 등록부호의 표시에 대한 설명 중 옳은 것은?

㉮ 비행선의 선체에 표시하는 경우 등록부호에 사용하는 각 문자와 숫자의 높이는 100 센티미터 넘어서는 아니된다.
㉯ 등록부호에 사용하는 각 문자와 숫자의 선의 굵기는 문자 및 숫자의 높이의 6분의 1 이상이어야 한다.
㉰ 비행선의 선체에 등록부호를 표시하는 경우 대칭축과 직교하는 최대 횡단면 부근의 윗면과 양 옆면에 표시하여야 한다.
㉱ 헬리콥터의 동체 옆면에 등록기호를 표시하는 경우 주 회전익축과 보조회전익축 사이의 동체 좌측에 수평 또는 수직으로 표시하여야 한다.

해설 법 제18조 시행규칙 제14조, 제15조, 제16조. ㉮항 50센티미터 이상이어야 한다. ㉯항 6분의1이어야 한다. ㉱항 동체 양측면에 표시하여야 한다.

제 3 장 항공기기술기준 및 형식증명 등

법 제20조(형식증명 등) ① 항공기등의 설계에 관하여 국토교통부장관의 증명을 받으려는 자는 국토교통부령으로 정하는 바에 따라 국토교통부장관에게 제2항 각 호의 어느 하나에 따른 증명을 신청하여야 한다. 증명받은 사항을 변경할 때에도 또한 같다.

② 국토교통부장관은 제1항에 따른 신청을 받은 경우 해당 항공기등이 항공기기술기준 등에 적합한지를 검사한 후 다음 각 호의 구분에 따른 증명을 하여야 한다.

1. 해당 항공기등의 설계가 항공기기술기준에 적합한 경우: 형식증명
2. 신청인이 다음 각 목의 어느 하나에 해당하는 항공기의 설계가 해당 항공기의 업무와 관련된 항공기기술기준에 적합하고 신청인이 제시한 운용범위에서 안전하게 운항할 수 있음을 입증한 경우: 제한형식증명
   가. 산불진화, 수색구조 등 국토교통부령으로 정하는 특정한 업무에 사용되는 항공기(나목의 항공기를 제외한다)
   나. 「군용항공기 비행안전성인증에 관한 법률」 제4조 제5항 제1호에 따른 형식인증을 받아 제작된 항공기로서 산불진화, 수색구조 등 국토교통부령으로 정하는 특정한 업무를 수행하도록 개조된 항공기

③ 국토교통부장관은 제2항 제1호의 형식증명(이하 "형식증명"이라 한다) 또는 같은 항 제2호의 제한형식증명(이하 "제한형식증명"이라 한다)을 하는 경우 국토교통부령으로 정하는 바에 따라 형식증명서 또는 제한형식증명서를 발급하여야 한다.

④ 형식증명서 또는 제한형식증명서를 양도·양수하려는 자는 국토교통부령으로 정하는 바에 따라 국토교통부장관에게 양도사실을 보고하고 해당 증명서의 재발급을 신청하여야 한다.

⑤ 형식증명, 제한형식증명 또는 제21조에 따른 형식증명승인을 받은 항공기등의 설계를 변경하기 위하여 부가적인 증명(이하 "부가형식증명"이라 한다)을 받으려는 자는 국토교통부령으로 정하는 바에 따라 국토교통부장관에게 부가형식증명을 신청하여야 한다.

⑥ 국토교통부장관은 부가형식증명을 하는 경우 국토교통부령으로 정하는 바에 따라 부가형식증명서를 발급하여야 한다.

⑦ 국토교통부장관은 다음 각 호의 어느 하나에 해당하는 경우 해당 항공기등에 대한 형식증명, 제한형식증명 또는 부가형식증명을 취소하거나 6개월 이내의 기간을 정하여 그 효력의 정지를 명할 수 있다. 다만, 제1호에 해당하는 경우에는 형식증명, 제한형식증명 또는 부가형식증명을 취소하여야 한다.

1. 거짓이나 그 밖의 부정한 방법으로 형식증명, 제한형식증명 또는 부가형식증명을 받은 경우
2. 항공기등이 형식증명, 제한형식증명 또는 부가형식증명 당시의 항공기기술기준 등에 적합

하지 아니하게 된 경우

제21조(형식증명승인) ① 항공기등의 설계에 관하여 외국정부로부터 형식증명을 받은 자가 해당 항공기등에 대하여 항공기기술기준에 적합함을 승인(이하 "형식증명승인"이라 한다)받으려는 경우 국토교통부령으로 정하는 바에 따라 항공기등의 형식별로 국토교통부장관에게 형식증명승인을 신청하여야 한다. 다만, 다음 각 호의 어느 하나에 해당하는 항공기의 경우에는 장착된 발동기와 프로펠러를 포함하여 신청할 수 있다.

1. 최대이륙중량 5천700킬로그램 이하의 비행기
2. 최대이륙중량 3천175킬로그램 이하의 헬리콥터

② 제1항에도 불구하고 대한민국과 항공기등의 감항성에 관한 항공안전협정을 체결한 국가로부터 형식증명을 받은 제1항 각 호의 항공기 및 그 항공기에 장착된 발동기와 프로펠러의 경우에는 제1항에 따른 형식증명승인을 받은 것으로 본다.

③ 국토교통부장관은 형식증명승인을 할 때에는 해당 항공기등(제2항에 따라 형식증명승인을 받은 것으로 보는 항공기 및 그 항공기에 장착된 발동기와 프로펠러는 제외한다)이 항공기기술기준에 적합한지를 검사하여야 한다. 다만, 대한민국과 항공기등의 감항성에 관한 항공안전협정을 체결한 국가로부터 형식증명을 받은 항공기등에 대해서는 해당 협정에서 정하는 바에 따라 검사의 일부를 생략할 수 있다.

④ 국토교통부장관은 제3항에 따른 검사결과 해당 항공기등이 항공기기술기준에 적합하다고 인정하는 경우에는 국토교통부령으로 정하는 바에 따라 형식증명승인서를 발급하여야 한다.

⑤ 국토교통부장관은 형식증명 또는 형식증명승인을 받은 항공기등으로서 외국정부로부터 그 설계에 관한 부가형식증명을 받은 사항이 있는 경우에는 국토교통부령으로 정하는 바에 따라 부가적인 형식증명승인(이하 "부가형식증명승인"이라 한다)을 할 수 있다.

⑥ 국토교통부장관은 부가형식증명승인을 할 때에는 해당 항공기등이 항공기기술기준에 적합한지를 검사한 후 적합하다고 인정하는 경우에는 국토교통부령으로 정하는 바에 따라 부가형식증명승인서를 발급하여야 한다. 다만, 대한민국과 항공기등의 감항성에 관한 항공안전협정을 체결한 국가로부터 부가형식증명을 받은 사항에 대해서는 해당 협정에서 정하는 바에 따라 검사의 일부를 생략할 수 있다.

⑦ 국토교통부장관은 다음 각 호의 어느 하나에 해당하는 경우에는 해당 항공기등에 대한 형식증명승인 또는 부가형식증명승인을 취소하거나 6개월 이내의 기간을 정하여 그 효력의 정지를 명할 수 있다. 다만, 제1호에 해당하는 경우에는 형식증명승인 또는 부가형식증명승인을 취소하여야 한다.

1. 거짓이나 그 밖의 부정한 방법으로 형식증명승인 또는 부가형식증명승인을 받은 경우
2. 항공기등이 형식증명승인 또는 부가형식증명승인 당시의 항공기기술기준에 적합하지 아니하게 된 경우

항공안전법은 항공기가 안전하게 항행하기 위한 방법을 정하는 것을 목적으로 제정되었다. 항공기는 하늘을 나는 고도의 기술 집체적인 운송수단이고, 사고가 발생할 경우 막대한 인명과 재산피해가 발생할 수 있다. 따라서 항공운항에 있어서 제일 중요한 목적은 안전성이라 할 수 있다. 국가가 항공운항의 안전성을 담보하기 위해 각종 규제를 하는 것이다. 각종 증명제도가 이러한 제도중의 하나이다. 즉 항공기의 안전을 보증할 수 있는 각종 증명을 받아야 항공기를 사용할 수 있도록 하는 것이다.

항공기는 설계과정, 제작과정을 거쳐 운용하게 된다. 국가는 항공기의 안전성을 위해 설계과정, 제작과정, 운영과정에 관여하여 각 단계별로 증명서를 발급하고 증명서가 없이는 항공기를 운항할 수 없도록 규정하고 있다. 설계과정에서 형식증명, 제작과정에서 제작증명, 운용과정에서 감항증명이 있는 것이다.

★ 형식증명의 정의에 대한 기출문제가 3번 나왔다. 모두 형식증명의 기본적인 정의에 관한 것으로, 제작증명, 감항증명과의 차이점에 대한 것이다. 형식증명은 해당 항공기의 설계가 항공기술기준에 적합하다는 증명이다. 제작증명은 항공기를 제작할 수 있는 기술, 설비, 인력 및 품질관리체계 등을 갖추고 있음을 인정하는 증명이다. 감항증명은 항공기가 안전하게 비행할 수 있는 성능이 있다는 증명이다. 3가지 증명에 대해 명확하게 구분하여 이해하여야 한다.

문제 01 **다음 중 형식증명의 정의로 옳은 것은?**

㉮ 항공기의 설계가 항공기술기준에 적합하다는 증명

㉯ 항공기를 제작할 수 있는 기술, 설비, 인력 및 품질관리체계 등을 갖추고 있음을 인정하는 증명

㉰ 항공기가 안전하게 비행할 수 있는 성능이 있다는 증명

㉱ 항공기가 형식증명에 따라 인가된 설계에 일치하게 제작되고 안전하게 운항할 수 있다는 증명

해설 ㉯항은 제작증명, ㉰항은 감항증명에 대해 감항성의 정의를 강조하여 설명한 것이고, ㉱항은 법 제23조 제3항 제1호의 표준감항증명을 정의한 내용이다.

문제 02 **다음 설명 중 형식증명에 관한 내용 중 틀린 것은?**

㉮ 특정한 업무에 사용되는 항공기의 설계가 해당 항공기의 업무와 관련된 항공기술기준에 적합하고 신청인이 제시한 운용범위에서 안전하게 운항할 수 경우 제한형식증명을 받아야 한다.

㉯ 형식증명서를 양도・양수하려는 자는 국토교통부장관에게 양도사실을 보고하고 해당 증명서의 재발급을 신청하여야 한다.

㉰ 형식증명을 받은 항공기의 설계를 변경하여야 할 경우 형식증명의 변경을 신청하여야 한다.

㉱ 거짓이나 그 밖의 부정한 방법으로 형식증명을 받은 경우 그 형식증명을 취소하여야 한다.

해설 형식증명은 형식증명, 제한형식증명, 부가형식증명으로 구분된다. ㉮항. 산불진화, 수색구조 등 국토교통부령으로 정하는 특정한 업무에 사용되는 항공기는 해당 항공기의 설계가 해당항공기의 업무와 관련된 항공기기술기준에 적합하고 해당 업무와 관련된 운영범위에서 안전하게 운항할 수 있음을 증명한 경우 제한형식증명을 받는다(법 제20조 제2항). ㉯항. 형식증명서를 양도・양수할 경우 양도사실을 보고하고 해당 증명서를 재발급받는다(법 제20조 제4항). ㉰항. 형식증명을 받은 항공기의 설계를 변경하기 위하여 부가적인 증명(부가형식증명)을 받아야 한다(법 제20조 제6항). 형식증명서의 내용을 변경하는 것이 아니라 부가형식증명을 받아야 한다. ㉱항. 법 제20조 제7항.

문제 03 다음 설명 중 형식증명의 내용으로 틀린 것은?

㉮ 형식증명을 받은 항공기의 설계를 변경하기 위하여 부가형식증명을 받아야 한다.

㉯ 형식증명을 받아야 하는 대상은 항공기, 발동기, 프로펠러이다.

㉰ 형식증명은 항공기에 장착된 발동기와 프로펠러를 포함하여 신청할 수 있다.

㉱ 항공기의 설계에 관하여 외국정부로부터 형식증명을 받았을 경우에는 해당 항공기에 대하여 형식증명승인을 받아야 한다.

해설 ㉮항. 법 제20조 제5항. ㉯항. 법 제20조 제1항, 법 제2조 제5호 '항공업무'의 정의를 하면서 '항공기 등'을 항공기, 발동기, 프로펠러로 정의하였다. 다. 형식증명은 항공기, 발동기, 프로펠러에 대해 각각 신청하여야 함이 원칙이다. 다만 형식증명승인의 경우 최대이륙중량이 5,700kg 이하의 비행기에 대해서는 항공기에 장착된 발동기, 프로펠러를 포함하여 신청할 수 있다(법 제21조 제1항). ㉱항. 법 제21조

문제 04 다음 중 형식증명에 관한 사항 중 틀린 사항은?

㉮ 항공기가 형식증명 당시 항공기기술기준에 적합하지 아니하게 되었을 경우 형식증명을 반드시 취소하여야 한다.

㉯ 거짓이나 그 밖의 부정한 방법으로 형식증명을 받은 경우 형식증명을 취소하거나 6개월 이내의 기간을 정하여 그 효력의 정지를 명할 수 있다.

㉰ 대한민국과 항공기 등의 감항성에 관한 항공안전협정을 체결한 국가로부터 형식증명을 받은 항공기 및 그 항공기에 장착된 발동기와 프로펠러의 경우에는 형식증명승인을 받은 것으로 본다.

㉱ 항공기에 대한 형식증명승인신청이 있어, 국토교통부장관은 해당 항공기가 항공기기술기준에 적합한지 검사할 경우, 대한민국과 항공기 등의 감항성에 관한 항공안전

협정을 체결한 국가로부터 형식증명을 받은 항공기에 대해서는 해당 협정에서 정하는 바에 따라 검사의 일부를 생략할 수 있다.

해설 ㉮항, ㉯항. 법 제20조 제7항. ㉰항. 법 제21조 제2항. ㉱항. 법 제21조 제3항

법 제22조(제작증명) ① 형식증명 또는 제한형식증명에 따라 인가된 설계에 일치하게 항공기등을 제작할 수 있는 기술, 설비, 인력 및 품질관리체계 등을 갖추고 있음을 증명(이하 "제작증명"이라 한다)받으려는 자는 국토교통부령으로 정하는 바에 따라 국토교통부장관에게 제작증명을 신청하여야 한다.

② 국토교통부장관은 제1항에 따른 신청을 받은 경우 항공기등을 제작하려는 자가 형식증명 또는 제한형식증명에 따라 인가된 설계에 일치하게 항공기등을 제작할 수 있는 기술, 설비, 인력 및 품질관리체계 등을 갖추고 있는지를 검사하여야 한다.

③ 국토교통부장관은 제1항에 따라 제작증명을 하는 경우 국토교통부령으로 정하는 바에 따라 제작증명서를 발급하여야 한다. 이 경우 제작증명서는 타인에게 양도·양수할 수 없다.

④ 제작증명을 받은 자는 항공기등, 장비품 또는 부품의 감항성에 영향을 미칠 수 있는 설비의 이전이나 증설 또는 품질관리체계의 변경 등 국토교통부령으로 정하는 사유가 발생하는 경우 이를 국토교통부장관에게 보고하여야 한다.

⑤ 국토교통부장관은 다음 각 호의 어느 하나에 해당하는 경우에는 제작증명을 취소하거나 6개월 이내의 기간을 정하여 그 효력의 정지를 명할 수 있다. 다만, 제1호에 해당하는 경우에는 제작증명을 취소하여야 한다.

1. 거짓이나 그 밖의 부정한 방법으로 제작증명을 받은 경우
2. 항공기등이 제작증명 당시의 항공기기술기준에 적합하지 아니하게 된 경우

제작증명은 형식증명(제한형식증명)에 따라 인가된 설계에 일치하게 항공기 등을 제작할 수 있는 기술, 설비, 인력 및 품질관리체계 등을 갖추고 있음을 증명하는 것이다.

★ 제작증명의 정의에 대한 기출문제는 5번 출제되었다. 법률에 정의된 바 그대로 출제되었다.

문제 05 **형식증명에 따라 인가된 설계에 일치하게 항공기등을 제작할 수 있는 기술, 설비, 인력 및 품질관리체계 등을 갖추고 있음을 증명하는 것은 무엇인가?**

㉮ 감항증명 ㉯ 형식증명

㉰ 제작증명 ㉱ 감항승인

해설 법 제22조 제1항

문제 06 **다음 중 제작증명에 대한 설명 중 틀린 것은?**

㉮ 형식증명에 따라 인가된 설계에 일치하게 항공기등을 제작할 수 있는 기술, 설비, 인력 및 품질관리체계 등을 갖추고 있음을 증명하는 것이 제작증명이다.

㉯ 국토교통부장관은 제작증명의 신청을 받은 경우, 항공기 등을 제작하려는 자가 형식증명 따라 인가된 설계에 일치하게 항공기 등을 제작할 수 있는 기술, 설비, 인력 및 품질관리체계 등을 갖추고 있는지를 검사하여야 한다.

㉰ 제작증명을 받은 자는 감항성에 영향을 미칠 수 있는 설비의 이전, 증설, 품질관리체계의 변경이 있을 경우 이를 국토교통부장관에게 보고하여야 한다.

㉱ 거짓이나 그 밖의 부정한 방법으로 제작증명을 받은 경우 그 제작증명을 취소하여야 한다.

해설 제작증명은 형식증명과 달리 한 가지 종류의 제작증명밖에 없다는 점에 유의해야 한다. 제한제작증명, 부가제작증명, 제작증명승인은 존재하지 않는다. 그리고 제작증명서는 타인에게 양도・양수할 수 없다(법 제22조 제3항). 그리고 제작증명을 받은 자가 감항성에 영향을 미칠 수 있는 설비의 이전, 증설, 품질관리체계의 변경이 있을 경우 이를 국토부장관에게 보고하여야 할 뿐(법 제22조 제4항), 제작증명의 내용을 변경하는 절차나 부가제작증명이 존재하지 않는다. 다만 제작증명 당시의 항공기 기술기준에 적합하지 아니하게 된 경우 그 제작증명을 취소하거나 6개월 이내의 기간을 정하여 그 효력의 정지를 명할 수 있다. ㉮항. 법 제22조 제1항. ㉯항. 법 제22조 제2항. ㉰항. 법 제22조 제4항. ㉱항 법 제22조 제5항.

문제 07 **다음 중 제작증명에 대한 설명 중 옳은 것은?**

㉮ 제작증명서를 양도・양수하려는 자는 국토교통부장관에게 양도사실을 보고하고 해당 증명서의 재발급을 신청하여야 한다.

㉯ 특정한 업무에 사용되는 항공기의 제작할 수 있는 기술, 설비, 인력 및 품질관리체계등을 갖추고 있음을 증명하는 것이 제한제작증명을 받아야 한다.

㉰ 항공기 등이 제작증명 당시의 항공기기술기준에 적합하지 아니하게 된 경우 그 제작증명을 취소하여야 한다.

㉱ 제작증명을 받은 자는 감항성에 영향을 미칠 수 있는 설비의 이전, 증설, 품질관리체계의 변경이 있을 경우 부가제작증명을 발급받아야 한다.

해설 ㉮항. 제작증명서는 타인에게 양도・양수할 수 없다(법 제22조 제3항). ㉮항의 내용은 형식증명의 내용이다(제20조 제4항). ㉯항. 제작증명은 제한제작증명이 존재하지 않는다. ㉯항 내용은 제한형식증명의 내용이다(제20조 제2항). ㉰항 법 제22조 제5항). ㉱항. 제작증명을 받은 자가 감항성에 영향을 미칠 수 있는 설비의 이전, 증설, 품질관리체계의 변경이 있을 경우 이를 국토부장관에게 보고하여야 할 뿐(법 제22조 제4항), 제작증명의 내용을 변경하는 절차나 부가제작증명이 존재하지 않는다. 다만 제작증명 당시의 항공기기술기준에 적합하지 아니하게 된 경우 그 제작증명을 취소하거나 6개월 이내의 기간을 정하여 그 효력의 정지를 명할 수 있다. ㉱항의 내용은 형식증명의 내용이다(제20조 제5항).

문제 08 **( )에 따라 인가된 ( )에 일치하게 항공기등을 제작할 수 있는 ( ), ( ), ( ) 및 품질관리체계등을 갖추고 있음을 증명하는 것이 제작증명의 정의인데 괄호 안에 알맞은 말은?**

㉮ 형식증명, 설계, 기술, 설비, 인력
㉯ 감항증명, 감항성, 기술, 설비, 인력
㉰ 형식증명, 설계, 장비, 자금, 인력
㉱ 감항증명, 설계, 기술, 설비, 인력

해설 법 제22조 제1항

법 제23조(감항증명 및 감항성 유지) ① 항공기가 감항성이 있다는 증명(이하 "감항증명"이라 한다)을 받으려는 자는 국토교통부령으로 정하는 바에 따라 국토교통부장관에게 감항증명을 신청하여야 한다.

② 감항증명은 대한민국 국적을 가진 항공기가 아니면 받을 수 없다. 다만, 국토교통부령으로 정하는 항공기의 경우에는 그러하지 아니하다.

③ 누구든지 다음 각 호의 어느 하나에 해당하는 감항증명을 받지 아니한 항공기를 운항하여서는 아니 된다.

1. 표준감항증명: 해당 항공기가 형식증명 또는 형식증명승인에 따라 인가된 설계에 일치하게 제작되고 안전하게 운항할 수 있다고 판단되는 경우에 발급하는 증명
2. 특별감항증명: 해당 항공기가 제한형식증명을 받았거나 항공기의 연구, 개발 등 국토교통부령으로 정하는 경우로서 항공기 제작자 또는 소유자등이 제시한 운용범위를 검토하여 안전하게 운항할 수 있다고 판단되는 경우에 발급하는 증명

④ 국토교통부장관은 제3항 각 호의 어느 하나에 해당하는 감항증명을 하는 경우 국토교통부령으로 정하는 바에 따라 해당 항공기의 설계, 제작과정, 완성후의 상태와 비행성능에 대하여 검사하고 해당 항공기의 운용한계(運用限界)를 지정하여야 한다. 다만, 다음 각 호의 어느 하나에 해당하는 항공기의 경우에는 국토교통부령으로 정하는 바에 따라 검사의 일부를 생략할 수 있다.

1. 형식증명, 제한형식증명 또는 형식증명승인을 받은 항공기
2. 제작증명을 받은 자가 제작한 항공기
3. 항공기를 수출하는 외국정부로부터 감항성이 있다는 승인을 받아 수입하는 항공기

⑤ 감항증명의 유효기간은 1년으로 한다. 다만, 항공기의 형식 및 소유자등(제32조 제2항에 따른 위탁을 받은 자를 포함한다)의 감항성 유지능력 등을 고려하여 국토교통부령으로 정하는

바에 따라 유효기간을 연장할 수 있다.

⑥ 국토교통부장관은 제4항에 따른 검사결과 항공기가 감항성이 있다고 판단되는 경우 국토교통부령으로 정하는 바에 따라 감항증명서를 발급하여야 한다.

⑦ 국토교통부장관은 다음 각 호의 어느 하나에 해당하는 경우에는 해당 항공기에 대한 감항증명을 취소하거나 6개월 이내의 기간을 정하여 그 효력의 정지를 명할 수 있다. 다만, 제1호에 해당하는 경우에는 감항증명을 취소하여야 한다.

1. 거짓이나 그 밖의 부정한 방법으로 감항증명을 받은 경우
2. 항공기가 감항증명 당시의 항공기기술기준에 적합하지 아니하게 된 경우

⑧ 항공기를 운항하려는 소유자등은 국토교통부령으로 정하는 바에 따라 그 항공기의 감항성을 유지하여야 한다.

⑨ 국토교통부장관은 제8항에 따라 소유자등이 해당 항공기의 감항성을 유지하는지를 수시로 검사하여야 하며, 항공기의 감항성유지를 위하여 소유자등에게 항공기등, 장비품 또는 부품에 대한 정비등에 관한 감항성개선 또는 그 밖의 검사·정비등을 명할 수 있다.

규칙 제35조(감항증명의 신청) ① 법 제23조 제1항에 따라 감항증명을 받으려는 자는 별지 제13호 서식의 항공기 표준감항증명 신청서 또는 별지 제14호 서식의 항공기 특별감항증명 신청서에 다음 각 호의 서류를 첨부하여 국토교통부장관 또는 지방항공청장에게 제출하여야 한다.

1. 비행교범
2. 정비교범
3. 그 밖에 감항증명과 관련하여 국토교통부장관이 필요하다고 인정하여 고시하는 서류

② 제1항 제1호에 따른 비행교범에는 다음 각 호의 사항이 포함되어야 한다.

1. 항공기의 종류·등급·형식 및 제원(諸元)에 관한 사항
2. 항공기 성능 및 운용한계에 관한 사항
3. 항공기 조작방법 등 그 밖에 국토교통부장관이 정하여 고시하는 사항

③ 제1항 제2호에 따른 정비교범에는 다음 각 호의 사항이 포함되어야 한다. 다만, 장비품·부품 등의 사용한계 등에 관한 사항은 정비교범외에 별도로 발행할 수 있다.

1. 감항성 한계범위, 주기적 검사방법 또는 요건, 장비품·부품 등의 사용한계 등에 관한 사항
2. 항공기 계통별 설명, 분해, 세척, 검사, 수리 및 조립절차, 성능점검 등에 관한 사항
3. 지상에서의 항공기취급, 연료·오일 등의 보충, 세척 및 윤활 등에 관한 사항

제36조(예외적으로 감항증명을 받을 수 있는 항공기) 법 제23조 제2항 단서에서 "국토교통부령으로 정하는 항공기"란 다음 각 호의 어느 하나에 해당하는 항공기를 말한다.

1. 법 제101조 단서에 따라 허가를 받은 항공기
2. 국내에서 수리·개조 또는 제작한 후 수출할 항공기
3. 국내에서 제작되거나 외국으로부터 수입하는 항공기로서 대한민국의 국적을 취득하기 전에 감항증명을 신청한 항공기

제37조(특별감항증명의 대상) 법 제23조 제3항 제2호에서 "항공기의 연구, 개발 등 국토교통부령으로 정하는 경우"란 다음 각 호의 어느 하나에 해당하는 경우를 말한다.

1. 항공기 및 관련기기의 개발과 관련된 다음 각 목의 어느 하나에 해당하는 경우
   가. 항공기제작자, 연구기관 등에서 연구 및 개발중인 경우
   나. 판매 등을 위한 전시 또는 시장조사에 활용하는 경우
   다. 조종사양성을 위하여 조종연습에 사용하는 경우
2. 항공기의 제작·정비·수리·개조 및 수입·수출 등과 관련한 다음 각 목의 어느 하나에 해당하는 경우
   가. 제작·정비·수리 또는 개조 후 시험비행을 하는 경우
   나. 정비·수리 또는 개조(이하 "정비등"이라 한다)를 위한 장소까지 승객·화물을 싣지 아니하고 비행하는 경우
   다. 수입하거나 수출하기 위하여 승객·화물을 싣지 아니하고 비행하는 경우
   라. 설계에 관한 형식증명을 변경하기 위하여 운용한계를 초과하는 시험비행을 하는 경우
3. 무인항공기를 운항하는 경우
4. 특정한 업무를 수행하기 위하여 사용되는 다음 각 목의 어느 하나에 해당하는 경우
   가. 재난·재해 등으로 인한 수색·구조에 사용되는 경우
   나. 산불의 진화 및 예방에 사용되는 경우
   다. 응급환자의 수송 등 구조·구급활동에 사용되는 경우
   라. 씨앗파종, 농약살포 또는 어군(魚群)의 탐지 등 농·수산업에 사용되는 경우
   마. 기상관측, 기상조절실험 등에 사용되는 경우
5. 제1호부터 제4호까지외에 공공의 안녕과 질서유지를 위한 업무를 수행하는 경우로서 국토교통부장관이 인정하는 경우

제38조(감항증명을 위한 검사범위) 국토교통부장관 또는 지방항공청장이 법 제23조 제4항 각 호 외의 부분본문에 따라 감항증명을 위한 검사를 하는 경우에는 해당 항공기의 설계·제작과정 및 완성후의 상태와 비행성능이 항공기기술기준에 적합하고 안전하게 운항할 수 있는지 여부를 검사하여야 한다.

제39조(항공기의 운용한계 지정) ① 국토교통부장관 또는 지방항공청장은 법 제23조 제4항 각 호 외의 부분본문에 따라 감항증명을 하는 경우에는 항공기기술기준에서 정한 항공기의 감항분류에 따라 다음 각 호의 사항에 대하여 항공기의 운용한계를 지정하여야 한다.

1. 속도에 관한 사항
2. 발동기 운용성능에 관한 사항
3. 중량 및 무게중심에 관한 사항
4. 고도에 관한 사항
5. 그 밖에 성능한계에 관한 사항

② 국토교통부장관 또는 지방항공청장은 제1항에 따라 운용한계를 지정하였을 때에는 별지

제18호서식의 운용한계 지정서를 항공기의 소유자 등에게 발급하여야 한다.

제40조(감항증명을 위한 검사의 일부생략) 법 제23조 제4항 단서에 따라 감항증명을 할 때 생략할 수 있는 검사는 다음 각 호의 구분에 따른다.

1. 법 제20조 제2항에 따른 형식증명 또는 제한형식증명을 받은 항공기: 설계에 대한 검사
2. 법 제21조 제1항에 따른 형식증명승인을 받은 항공기: 설계에 대한 검사와 제작과정에 대한 검사
3. 법 제22조 제1항에 따른 제작증명을 받은 자가 제작한 항공기: 제작과정에 대한 검사
4. 법 제23조 제4항 제3호에 따른 수입 항공기(신규로 생산되어 수입하는 완제기(完製機)만 해당한다): 비행성능에 대한 검사

제41조(감항증명의 유효기간을 연장할 수 있는 항공기) 법 제23조 제5항 단서에 따라 감항증명의 유효기간을 연장할 수 있는 항공기는 항공기의 감항성을 지속적으로 유지하기 위하여 국토교통부장관이 정하여 고시하는 정비방법에 따라 정비등이 이루어지는 항공기를 말한다.

감항성이란 항공기등, 장비품 또는 부품이 안전하게 운용할 수 있는 성능을 의미한다. 감항증명이란 항공기가 감항성이 있다는 증명이다. 일반적으로 형식증명에 따라 인가된 설계에 일치하게 제작되고 안전하게 운항할 수 있다는 증명을 의미한다(표준감항증명). 감항증명이란 항공기에 대한 증명이라는 점에 유의해야 한다. 감항증명은 대한민국 국적을 가진 항공기가 아니면 받을 수 없다(제23조 제2항). 다만 예외적으로 외국국적의 항공기로 대한민국 각 지역간의 운항을 허가받은 경우, 국내에서 수리·개조 또는 제작한 후 수출할 항공기, 국내에서 제작되거나 외국으로부터 수입하는 항공기로서 대한민국의 국적을 취득하기 전에 감항증명을 신청한 항공기에 대해서는 감항증명을 받을 수 있다. 표준감항증명이란 해당 항공기가 형식증명(형식증명승인)에 따라 인가된 설계에 일치하게 제작되고 안전하게 운항할 수 있다고 판단되는 경우 발급되는 증명이다. 특별감항증명이란 해당 항공기가 제한형식증명을 받았거나 항공기의 연구, 개발 등의 경우 항공기제작자 또는 소유자 등이 제시한 운용범위를 검토하여 안전하게 운용할 수 있다고 판단되는 경우 발급되는 증명이다(제23조 제3항). 국토교통부장관은 감항증명을 하는 경우 해당 항공기의 설계, 제작과정, 완성후의 상태와 비행성능에 대하여 검사하고 해당 항공기의 운용한계를 지정하여야 한다. 다만 예외적으로 형식증명, 제한형식증명, 또는 형식증명승인을 받은 항공기, 제작증명을 받은 자가 제작한 항공기, 항공기를 수출하는 외국정부로부터 감항성이 있다는 승인을 받아 수입하는 항공기의 경우에는 검사의 일부를 생략할 수 있다(제23조 제4항). 감항증명의 유효기간은 1년으로 한다(제23조 제5항). 다만 항공기의 형식 및 소유자 등의 감항성 유지능력 등을 고려하여 유효기간을 연장할 수 있다. 형식증명과 제작증명과 동일

하게 감항증명취소나 효력정지사유를 규정하고 있다(제23조 제7항). 그리고 항공기의 감항성을 유지하도록 규제하기 위한 규정을 추가로 두고 있다. 즉 항공기를 운항하려는 소유자 등은 국토교통부령을 정하는 바에 따라 그 항공기의 감항성을 유지하여야 한다는 의무규정을 두고(제23조 제8항), 국토교통부장관은 소유자 등이 해당 항공기의 감항성을 유지하는지 수실검사하여야 하며, 항공기의 감항성 유지를 위하여 소유자 등에게 항공기등, 정비품 또는 부품에 대한 정비등에 관한 감항성 개선 또는 그 밖의 검사·정비등을 명할 수 있다는 시정명령에 관한 규정을 두고 있다(제23조 제9항). 그리고 이러한 시정명령을 따르지 않을 경우 항공운송사업자의 운항증명을 취소 또는 정지하는 규정으로 시정명령을 강제하고 있다(법 제91조 제1항 제4호).

- 감항증명에 대해 36번 출제된 바 있다. 법률 규정뿐 아니라 세부적인 시행규칙이 대해 출제되고 있으므로 암기가 필요한 분야이다.

- 먼저 법 제23조에서 출제되는 기본적인 내용은, 감항증명은 원칙적으로 대한민국 국적을 가진 항공기가 대상이고, 표준감항증명과 특별감항증명이 있으며, 감항증명은 항공기를 검사를 하고 항공기의 운용한계를 지정해야 하고, 감항증명의 유효기간은 1년이다.

- 시행규칙 제35조에 대해서 11번 출제되었다. 신청서에 첨부되는 서류(비행교범, 정비교범, 기타 서류)에 대해서 2회 출제되었다. 대부분은 신청서에 첨부되는 비행교범에 포함되어야 하는 사항(항공기의 종류, 등급, 형식, 제원/성능, 운용한계/조작방법)에 대한 것이다.

- 시행규칙 제36조에 대해서 9회 출제되었다. 감항증명은 대한민국의 국적을 가진 항공기만이 대상임이 원칙이지만 예외가 있다. 법 제101조 단서(대한민국 각 지역 간 운항하도록 허가받은 외국국적 항공기), 국내에서 수리·개조·제작한 후 수출할 항공기, 국내에서 제작하거나 외국으로부터 수입하는 항공기로서 대한민국의 국적을 취득하기 전에 감항증명을 신청한 항공기.

- 시행규칙 제37조에 대해서 4회 출제되었다. 감항증명은 안전하게 운항할 수 있다고 판단되는 증명임. 표준감항증명은 형식증명된 설계대로 제작되었는지 확인, 특별감항증명은 제한형식증명 또는 연구개발의 경우로 제작자·소유자가 제시한 운용범위를 검토하여 감항증명하는 것임. 특별감항증명의 대상은, (연구개발, 전시·시장조사, 조종연습), (시험비행, 정비 등을 위한 장소로 승객·화물없이 비행, 수입·수출위해 승객·화물없이 비행), (무인항공기 운항), (수색·구조, 산불진화 및 예방, 응급환자구조·구급활동, 농수산업, 기상관측·조절). 정비등을 위한 장소로 비행 또는 수입·수출을 위한 경우에는 승객·화물을 싣지 않는 비행이어야 한다는 부분이 자주 출제가 되었음.

- 시행규칙 제39조에 대해서 2번 출제되었다. 감항증명은 항공기의 운용한계를 지정해야 한다. 속도, 발동기 운용성능, 중량 및 무게중심, 고도

- 법 제23조 제4항. 감항증명의 검사범위에 대해서 3번 출제되었다. 감항증명을 하는 경우 검사범위는 '설계', '제작과정', '완성후의 상태'와 '비행성능'이다.

- 시행규칙 제40조. 생략할 수 있는 검사는 형식증명(제한형식증명)을 받은 항공기는 설계에 대한 검사, 제작증명을 받은 자가 제작한 항공기는 제작과정에 대한 검사, 형식증명승인을 받은 항공기는 설계와 제작과정에 대한 검사를 생략할

수 있다.

문제 09 **해당 항공기가 형식증명에 따라 인가된 설계에 일치하게 제작되고 안전하게 운항할 수 있다고 판단되는 경우에 발급되는 증명은 무엇인가?**

㉮ 형식증명　　㉯ 제작증명
㉰ 감항증명　　㉱ 감항승인

해설 법 제23조 제1항, 제3항. 감항성이란 안전하게 항행할 수 있는 성능을 의미한다는 점을 이해한다.

문제 10 **감항증명에 대한 설명 중 틀린 사항은?**

㉮ 감항증명은 대한민국 국적을 가진 항공기가 아니면 받을 수 없다.
㉯ 연구개발중인 항공기의 경우 표준감항증명을 받지 않았더라도 특별감항증명을 발급받아 제한된 운용범위에서 항공기를 운항할 수 있다.
㉰ 감항증명을 하는 경우 항공기의 설계, 제작과정, 완성후의 상태와 비행성능에 대하여 검사하고 해당 항공기의 운용한계를 지정하여야 한다.
㉱ 감항증명의 유효기간은 2년으로 한다.

해설 ㉮항. 법 제23조 제2항. ㉯항. 법 제23조 제3항 제2호. ㉰항 법 제23조 제4항. ㉱항 법 제23조 제5항. 감항증명의 유효기간은 1년으로 한다.

문제 11 **감항증명을 하는 경우 항공기의 ( ), ( )과정, 완성후의 상태와 ( )에 대하여 검사하고 해당 항공기의 ( )를 지정하여야 한다.**

㉮ 설계, 제작, 비행성능, 운용한계
㉯ 설계, 제작, 감항성, 비행성능
㉰ 설계, 제작, 운용한계, 비행성능
㉱ 목적, 제작, 비행성능, 운용한계

해설 법 제23조 제4항

문제 12 **감항증명의 유효기간은?**

㉮ 6개월　　㉯ 1년
㉰ 2년　　㉱ 항공기별로 다르다.

해설 법 제23조 제5항

문제 13 감항증명을 받으려는 자는 신청서에 첨부하여야 하는 서류가 아닌 것은

㉮ 비행교범　　㉯ 정비교범
㉰ 고시에서 정한 서류　　㉱ 신청한 항공기에 대한 기술기준

해설 법 제23조, 시행규칙 제35조. 감항증명 신청서에 비행교범, 정비교범, 그 밖에 감항증명과 관련하여 국토교통부장관이 필요하다고 인정하여 고시하는 서류를 첨부한다.

문제 14 감항증명신청서에 첨부하여야 하는 서류가 아닌 것은?

㉮ 비행교범　　㉯ 정비교범
㉰ 고시에서 정한 서류　　㉱ 비행계획

해설 법 제23조, 시행규칙 제35조. 감항증명신청서에 비행교범, 정비교범, 그 밖에 감항증명과 관련하여 국토교통부장관이 필요하다고 인정하여 고시하는 서류를 첨부한다.

문제 15 감항증명신청서에 첨부되는 비행교범에 포함되어야 하는 사항이 아닌 것은?

㉮ 항공기의 종류, 등급, 형식 및 제원에 관한 사항
㉯ 항공기 성능, 운용한계에 관한 사항
㉰ 감항증명의 검사범위
㉱ 항공기조작방법

해설 법 제23조, 시행규칙 제35조. 비행교범에는 항공기의 종류・등급・형식 및 제원(諸元)에 관한 사항, 항공기 성능 및 운용한계에 관한 사항, 항공기조작방법 등 그 밖에 국토교통부장관이 정하여 고시하는 사항이 포함되어야 한다.

문제 16 감항증명신청서에 첨부되는 비행교범에 포함되어야 하는 사항이 아닌 것은?

㉮ 항공기의 종류, 등급, 형식 및 제원에 관한 사항
㉯ 항공기 성능, 운용한계에 관한 사항
㉰ 항공기조작방법
㉱ 감항증명의 종류 및 검사방법

해설 법 제23조, 시행규칙 제35조

문제 17 감항증명신청서에 첨부되는 비행교범에 포함되어야 하는 사항이 아닌 것은?

㉮ 항공기계통별 설명, 검사 및 성능점검에 관한 사항
㉯ 항공기 성능, 운용한계에 관한 사항

㉰ 항공기조작방법

㉱ 항공기의 종류, 등급, 형식 및 제원에 관한 사항

해설 법 제23조, 시행규칙 제35조. ㉮항은 정비교범에 포함되어야 하는 사항중의 하나이다.

문제 18 **감항증명신청서에 첨부되는 비행교범에 포함되어야 하는 사항이 아닌 것은?**

㉮ 항공기의 종류, 등급, 형식 및 제원에 관한 사항

㉯ 항공기 성능, 운용한계에 관한 사항

㉰ 항공기조작방법

㉱ 항공기의 소유자 또는 임차인의 인적사항

해설 법 제23조, 시행규칙 제35조

문제 19 **다음 중 예외적으로 감항증명을 받을 수 있는 항공기가 아닌 것은?**

㉮ 법 제101조 단서에 따라 허가를 받은 외국국적의 항공기

㉯ 국내에서 수리·개조 또는 제작한 후 수출할 항공기

㉰ 국내에서 정비·수리·개조를 위한 장소까지 승객·화물을 싣지 아니하고 비행하는 경우

㉱ 국내에서 제작되거나 외국으로부터 수입하는 항공기로서 대한민국 국적을 취득하기 전에 감항증명을 신청한 항공기

해설 법 제23조, 시행규칙 제36조. 감항증명은 원칙적으로 대한민국 국적을 가진 항공기가 대상이다. 그런데 예외적으로 법 제101조 단서, 수출할 항공기, 대한민국 국적을 취득할 항공기. ㉰항은 시행규칙 제37조 특별감항증명의 대상인 항공기이다. 원칙적으로 감항증명을 받을 수 있는 항공기이므로, 문제에서 '예외적으로 감항증명을 받을 수 있는 항공기'가 아니다.

문제 20 **다음 중 예외적으로 감항증명을 받을 수 있는 항공기가 아닌 것은?**

㉮ 대한민국 각 지역간 운항할 수 있도록 허가를 받은 외국국적의 항공기

㉯ 국내에서 수리·개조 또는 제작한 후 수출할 항공기

㉰ 국내에서 제작되거나 외국으로부터 수입하는 항공기로서 대한민국 국적을 취득하기 전에

㉱ 국내에서 제작·정비·수리 또는 개조후 시험비행을 하는 경우

해설 법 제23조, 시행규칙 제36조. 감항증명은 원칙적으로 대한민국 국적을 가진 항공기가 대상이다. 그런데 예외적으로 법 제101조 단서, 수출할 항공기, 대한민국 국적을 취득할 항공기. ㉮항은 법 제101조 단서를 풀어서 쓴 것이다. ㉱항은 시행규칙 제37조 특별감항증명의 대상인 항공기이다. 원칙

적으로 감항증명을 받을 수 있는 항공기이므로, 문제에서 '예외적으로 감항증명을 받을 수 있는 항공기'가 아니다.

문제 21 **다음 중 예외적으로 감항증명을 받을 수 있는 항공기가 아닌 것은?**

㉮ 국내에 정비・수리 또는 개조를 위한 장소까지 승객・화물을 싣지 아니하고 비행하는 외국국적 항공기

㉯ 국내에서 수리・개조 또는 제작한 후 수출할 항공기

㉰ 국내에서 제작되거나 외국으로부터 수입하는 항공기로서 대한민국 국적을 취득하기 전에 감항증명을 신청한 항공기

㉱ 항공안전법 제101조 단서에 따라 대한민국 각 지역 간 운항허가를 받은 외국국적의 항공기

해설 법 제23조, 시행규칙 제36조. 감항증명은 원칙적으로 대한민국 국적을 가진 항공기가 대상이다. 그런데 예외적으로 법 제101조 단서, 수출할 항공기, 대한민국 국적을 취득할 항공기. ㉮항은 외국국적 항공기는 원칙적으로 감항증명의 대상이 될 수 없으며, 예외적으로 시행규칙 제36조에서 규정한 경우만 가능하다.

문제 22 **다음 중 감항증명의 종류에 대한 설명 중 틀린 것은?**

㉮ 감항증명은 항공기가 안전하게 운항할 수 있다고 판단되는 경우에 발급하는 증명이라고 할 수 있다.

㉯ 감항증명은 표준감항증명과 특별감항증명으로 구분된다.

㉰ 감항증명을 받지 아니한 항공기를 운항할 수 없는 것이 원칙이나, 항공안전법에 예외사유를 규정하고 있다.

㉱ 표준감항증명은 해당 항공기가 형식증명에 따라 인가된 설계에 일치하게 제작되었음을 확인하여 발급하는 감항증명이다.

해설 법 제23조. ㉰항 법 제23조 제3항 누구든지 감항증명을 받지 아니한 항공기를 운항하여서는 아니된다. 예외가 항공안전법에 규정되어 있지 않다.

문제 23 **다음 중 특별감항증명의 종류에 대한 설명 중 틀린 것은?**

㉮ 특별감항증명은 항공기제작자 또는 소유자 등이 제시한 운영범위에서 안전하게 운항할 수 있다고 판단되는 경우에 발급하는 증명이다.

㉯ 감항증명의 유효기간은 1년이다.

㉰ 특별감항증명은 항공기가 제한형식증명을 받았거나 항공기의 연구, 개발 등 국토교통부령이 정하는 경우에 발급되는 감항증명이다.

㉱ 표준감항증명은 해당 항공기를 검사하고 항공기의 운용한계를 지정하여야 하지만, 특별감항증명은 항공기의 운용한계를 지정할 필요가 없다.

해설 법 제23조. ㉱항 법 제23조 제4항 표준 및 특별감항증명 모두 해당 항공기의 설계, 제작과정, 완성 후의 상태와 비행성능에 대하여 검사하고 해당 항공기의 운용한계(運用限界)를 지정하여야 한다.

문제 24 **다음 중 특별감항증명의 대상이 아닌 것은?**

㉮ 정비 · 수리후 시험비행을 하는 경우

㉯ 정비 · 수리를 위한 장소까지 승객 · 화물을 싣지 아니하고 비행하는 경우

㉰ 산불의 진화 및 예방에 사용되는 경우

㉱ 수입 또는 수출하기 위하여 승객 · 화물을 싣고 비행하는 경우

해설 법 제23조, 시행규칙 제37조 수입 또는 수출하기 위하여 승객 · 화물을 싣지 않고 비행하는 경우.

문제 25 **다음 중 특별감항증명의 대상이 아닌 것은?**

㉮ 설계에 관한 형식증명을 변경하기 위하여 운용한계를 초과하는 시험비행을 하는 경우

㉯ 정비 · 수리를 위한 장소까지 승객 · 화물을 싣고 비행하는 경우

㉰ 항공기제작자, 연구기관 등에서 연구 및 개발중인 경우

㉱ 판매 등을 위한 전시 또는 시장조사에 활용하는 경우

해설 법 제23조, 시행규칙 제37조 정비 · 수리를 위한 장소까지 승객 · 화물을 싣지 아니하고 비행하는 경우

문제 26 **다음 중 특별감항증명의 대상이 아닌 것은?**

㉮ 새로운 형식의 항공기 또는 장비를 도입하여 시험비행하는 경우

㉯ 씨앗파종, 농약살포, 어군의 탐지 등 농 · 수산업에 사용되는 경우

㉰ 항공기를 제작 또는 개조후 시험비행을 하는 경우

㉱ 무인항공기를 운항하는 경우

해설 법 제23조, 시행규칙 제37조. ㉮항은 시행규칙 제37조에 규정되지 않았다.

문제 27 **다음 중 특별감항증명의 대상이 아닌 것은?**

㉮ 응급환자의 수송 등 구조 · 구급활동에 사용되는 경우

㉯ 수입 또는 수출하기 위하여 승객 · 화물을 싣지 아니하고 비행하는 경우

㉰ 기상관측 또는 기상조절실험 등에 사용되는 경우
㉱ 국내에서 수리·개조 또는 제작한 후 수출할 항공기

해설 법 제23조, 시행규칙 제37조. ㉱항 시행규칙 제36조 제2호로 대한민국 국적이 아닌 항공기 중 예외적으로 감항증명을 받을 수 있는 항공기이다.

문제 28 **다음 중 감항증명으로 지정되는 항공기의 운용한계와 관련이 없는 사항은?**

㉮ 속도 및 고도
㉯ 수용인원
㉰ 중량 및 무게중심
㉱ 발동기운용 성능

해설 법 제23조, 시행규칙 제39조

문제 29 **다음 중 항공기의 운용한계와 관련이 없는 사항은?**

㉮ 발동기의 운용성능
㉯ 속도, 중량, 고도
㉰ 무게중심
㉱ 탑재장비의 개수

해설 법 제23조, 시행규칙 제39조

문제 30 **다음 중 감항증명에 대한 설명 중 틀린 것은?**

㉮ 감항증명을 위한 검사를 하는 경우에는 해당 항공기의 설계·제작과정, 완성후의 상태와 비행성능이 항공기기술기준에 적합하고 안전하에 운항할 수 있는지 여부를 검사하여야 한다.
㉯ 국내에서 수리·개조 또는 제작한 후 수출할 항공기에 대해서는 대한민국 국적이 아니더라도 감항증명을 받을 수 있다.
㉰ 감항증명을 위한 검사를 할 경우, 형식증명을 받은 항공기에 대해서는 제작과정에 대한 검사를 생략할 수 있다.
㉱ 항공기의 형식 및 소유자 등의 감항성유지능력 등을 고려하여 감항증명의 유효기간을 연장할 수 있다.

해설 ㉮항 시행규칙 38조. ㉯항 시행규칙 제36조. ㉰항 시행규칙 제40조 제1호. 형식증명(제한형식증명)을 받은 항공기에 대한 감항증명을 할 때 설계에 대한 검사를 생략할 수 있다. ㉱항 법 제23조 제5항

문제 31 **다음 중 감항증명에 대한 설명 중 틀린 것은?**

㉮ 거짓이나 그 밖의 부정한 방법으로 감항증명을 받은 경우 그 감항증명을 취소하여야 한다.

㉯ 형식증명을 받은 항공기에 대한 감항증명을 할 때 설계에 대한 검사는 생략할 수 있다.

㉰ 항공기의 감항성을 지속적으로 유지하기 위하여 국토교통부장관이 정하여 고시하는 정비방법에 따라 정비 등이 이루어지는 항공기에 대해서는 감항증명의 유효기간을 연장할 수 있다.

㉱ 외국으로부터 수입하는 항공기는 대한민국의 국적을 취득하기 전에 감항증명을 받을 수 없다.

해설 ㉮항 법 제23조 제7항. ㉯항 시행규칙 제40조 제1호. ㉰항 시행규칙 제41조. ㉱항 시행규칙 제36조 제3호. 국내에서 제작되거나 외국으로부터 수입하는 항공기로서 대한민국의 국적을 취득하기 전에 감항증명을 신청한 항공기에 대해서 감항증명을 할 수 있다.

※ 감항증명은 대한민국 국적을 가진 항공기가 아니면 받을 수 없다(제23조 제2항). 다만 예외적으로 외국국적의 항공기로 대한민국 각 지역 간의 운항을 허가받은 경우(외국국적의 항공기는 원칙적으로 대한민국 각 지역 간의 운항을 할 수 없지만 예외적으로 허가를 하는 경우 항행 안전성을 위해 감항증명을 허용한다), 국내에서 수리・개조 또는 제작한 후 수출할 항공기(국내에서 제작・수리・개조한 항공기를 외국에 수출하기 전에 감항성을 확인하기 위해 감항증명을 허용한다), 국내에서 제작되거나 외국으로부터 수입하는 항공기로서 대한민국의 국적을 취득하기 전에 감항증명을 신청한 항공기(대한민국 국적을 취득하려는 항공기에 대해서는 취득전에도 감항증명을 인정한다)에 대해서는 감항증명을 받을 수 있다.

문제 32 다음 중 감항증명에 대한 설명 중 틀린 것은?

㉮ 항공기가 감항증명 당시의 항공기기술기준에 적합하지 아니하게 된 경우 그 감항증명을 취소하거나 6개월 이내의 기간을 정하여 그 효력의 정지를 명할 수 있다.

㉯ 제작증명을 받은 자가 제작한 항공기에 대한 감항증명을 할 때 제작과정에 대한 검사는 생략할 수 있다.

㉰ 국토교통부장관은 항공기의 감항성유지를 위하여 소유자 등에게 항공기등, 장비품 또는 부품에 대한 정비 등에 관한 감항성 개선을 명할 수 있지만 그 밖의 검사・정비등을 명할 수는 없다.

㉱ 항공기를 운항하려는 소유자등은 그 항공기의 감항성을 유지하여야 하는 의무가 있다.

해설 ㉮항 법 제23조 제7항. ㉯항 법 제23조 제4항, 시행규칙 제40조. ㉰항 법 제23조 제9항. 국토교통부장관은 제8항에 따라 소유자등이 해당 항공기의 감항성을 유지하는지를 수시로 검사하여야 하며, 항공기의 감항성 유지를 위하여 소유자 등에게 항공기등, 장비품 또는 부품에 대한 정비등에 관한 감항성개선 또는 그 밖의 검사・정비등을 명할 수 있다. ㉱항 법 제23조 제8항.

※ 감항증명을 할 때 생략할 수 있는 검사는, 형식즘명(제한형식증명)을 받은 항공기는 설계에 대한 검사, 형식증명승인을 받은 항공기는 설계에 대한 검사와 제작과정에 대한 검사, 제작증명을 받은

자가 제작한 항공기는 제작과정에 대한 검사, 항공기를 수출하는 외국정부로부터 감항성이 있다는 승인을 받아 수입하는 항공기는 비행성능에 대한 검사.

문제 33 **감항증명에 대한 설명 중 옳은 것은?**

㉮ 항공기를 수출하는 외국정부로부터 감항성이 있다는 승인을 받아 수입하는 항공기에 대한 감항증명을 할 때 비행성능에 대한 검사를 생략할 수 있다.

㉯ 항공기를 운항하려는 소유자 등은 해당 항공기의 운용한계 범위에서 운항하여야 한다.

㉰ 국토교통부장관으로부터 감항성 개선 또는 검사·정비 등의 명령을 받은 소유자 등은 감항성 개선 또는 검사·정비 등을 완료한 후 그 이행 결과가 보고 대상인 경우에는 국토교통부장관에게 보고하여야 한다.

㉱ 감항성 개선 또는 검사·정비 등의 명령을 이행하지 아니하고 이를 운항 또는 항공기 등에 사용한 경우 감항증명을 취소하거나 6개월 이내의 기간을 정하여 그 효력의 정지를 명할 수 있다.

해설 ㉮항 시행규칙 제40조 제4호. ㉯항 시행규칙 제44조. ㉰항 시행규칙 제45조 제3항. ㉱항 법 제91조 제1항 제4호. 법 제23조 제9항에 따른 항공기의 감항성 유지를 위한 항공기등, 장비품 또는 부품에 대한 정비 등에 관한 감항성개선 또는 그 밖에 검사·정비 등의 명령을 이행하지 아니하고 이를 운항 또는 항공기 등에 사용한 경우 항공운송사업자 등이 운항증명을 취소하거나 6개월 이내의 기간을 정하여 항공기운항의 정지를 명할 수 있다.

※ 형식증명, 제작증명, 감항증명을 취소하거나 효력정지를 명하는 사유는 2가지밖에 없다. 거짓이나 그 밖의 부정한 방법으로 증명을 받은 경우(증명을 취소하여야 한다), 항공기가 증명당시의 항공기기술 기준에 적합하지 아니하게 된 경우(증명을 취소하거나 효력정지).

법 제24조(감항승인) ① 우리나라에서 제작, 운항 또는 정비 등을 한 항공기등, 장비품 또는 부품을 타인에게 제공하려는 자는 국토교통부령으로 정하는 바에 따라 국토교통부장관의 감항승인을 받을 수 있다.

② 국토교통부장관은 제1항에 따른 감항승인을 할 때에는 해당 항공기등, 장비품 또는 부품이 항공기기술기준 또는 제27조 제1항에 따른 기술표준품의 형식승인기준에 적합하고, 안전하게 운용할 수 있다고 판단하는 경우에는 감항승인을 하여야 한다.

③ 국토교통부장관은 다음 각 호의 어느 하나에 해당하는 경우에는 제2항에 따른 감항승인을 취소하거나 6개월 이내의 기간을 정하여 그 효력의 정지를 명할 수 있다. 다만, 제1호에 해당하는 경우에는 그 감항승인을 취소하여야 한다.

1. 거짓이나 그 밖의 부정한 방법으로 감항승인을 받은 경우
2. 항공기등, 장비품 또는 부품이 감항승인 당시의 항공기기술기준 또는 제27조 제1항에 따른 기술표준품의 형식승인기준에 적합하지 아니하게 된 경우

감항승인이란 우리나라에서 제작, 운항 또는 정비 등을 한 항공기, 발동기, 프로펠러, 장비품 또는 부품을 타인에게 제공하려는 경우에 받아야 하는 승인이다. 구체적으로 항공기는 외국으로 수출하려는 경우를 의미하고, 나머지는 타인에게 제공하려는 경우를 의미한다(시행규칙 제46조). 항공기 등은 항공기기술기준에 적합하여야 하고, 장비품 또는 부품은 기술표준품의 형식승인기준에 적합하여야 한다. 감항증명을 받지 아니한 자는 항공기를 운항할 수 없는 것인데, 감항승인을 받지 아니한 자는 항공기 등을 타인에게 제공할 수 없다. 항공기의 감항승인을 수출감항승인이라고 한다.

문제 34 **다음 중 틀린 설명은?**

㉮ 항공기가 형식증명에 따라 인가된 설계에 일치하게 제작되고 안전하게 운항할 수 있다고 판단되는 경우에 발급되는 증명은 감항증명이다.

㉯ 우리나라에서 제작한 항공기를 외국으로 수출하려는 경우 감항승인을 받아야 한다.

㉰ 외국으로 수출하기 위하여 승객·화물을 싣지 아니하고 비행하는 경우 특별감항증명을 받을 수 있다.

㉱ 감항증명을 받은 항공기를 중고로 수출하려는 경우에는 감항승인을 받을 필요가 없다.

해설 ㉮항 법 제23조. ㉯항 법 제24조. ㉰항 법 제23조 제3항, 시행규칙 제37조. ㉱항 법 제24조, 시행규칙 제46조 별지 제19호서식, 항공기 등의 감항승인 요령

법 제25조(소음기준적합증명) ① 국토교통부령으로 정하는 항공기의 소유자 등은 감항증명을 받는 경우와 수리·개조 등으로 항공기의 소음치(騷音値)가 변동된 경우에는 국토교통부령으로 정하는 바에 따라 그 항공기가 제19조 제2호의 소음기준에 적합한지에 대하여 국토교통부장관의 증명(이하 "소음기준적합증명"이라 한다)을 받아야 한다.

② 소음기준적합증명을 받지 아니하거나 항공기기술기준에 적합하지 아니한 항공기를 운항해서는 아니 된다. 다만, 국토교통부령으로 정하는 바에 따라 국토교통부장관의 운항허가를 받은 경우에는 그러하지 아니하다.

③ 국토교통부장관은 다음 각 호의 어느 하나에 해당하는 경우에는 소음기준적합증명을 취소하거나 6개월 이내의 기간을 정하여 그 효력의 정지를 명할 수 있다. 다만, 제1호에 해당하는 경우에는 소음기준적합증명을 취소하여야 한다.

1. 거짓이나 그 밖의 부정한 방법으로 소음기준적합증명을 받은 경우
2. 항공기가 소음기준적합증명 당시의 항공기기술기준에 적합하지 아니하게 된 경우

규칙 제49조(소음기준적합증명 대상 항공기) 법 제25조 제1항에서 "국토교통부령으로 정하는 항공기"란 다음 각 호의 어느 하나에 해당하는 항공기로서 국토교통부장관이 정하여 고시하는 항공기를 말한다.

1. 터빈발동기를 장착한 항공기
2. 국제선을 운항하는 항공기

제53조(소음기준적합증명의 기준에 적합하지 아니한 항공기의 운항허가) ① 법 제25조 제2항 단서에 따라 운항허가를 받을 수 있는 경우는 다음 각 호와 같다. 이 경우 국토교통부장관은 제한사항을 정하여 항공기의 운항을 허가할 수 있다.

1. 항공기의 생산업체, 연구기관 또는 제작자 등이 항공기 또는 그 장비품 등의 시험·조사·연구·개발을 위하여 시험비행을 하는 경우
2. 항공기의 제작 또는 정비등을 한 후 시험비행을 하는 경우
3. 항공기의 정비등을 위한 장소까지 승객·화물을 싣지 아니하고 비행하는 경우
4. 항공기의 설계에 관한 형식증명을 변경하기 위하여 운용한계를 초과하는 시험비행을 하는 경우

② 법 제25조 제2항 단서에 따른 운항허가를 받으려는 자는 별지 제25호 서식의 시험비행 등의 허가신청서를 국토교통부장관에게 제출하여야 한다.

항공기기술기준에는 항공기 등의 환경기준을 정하도록 되어 있으며, 환경기준에는 소음기준을 정하고 있다(법 제19조). '국토교통부령이 정하는 항공기'의 소유자 등은 감항증명을 받은 경우(수리·개조 등으로 소음치가 변동된 경우) 항공기기술기준에서 정하고 있는 소음기준에 적합한지에 대하여 증명을 받아야 하며, 이러한 증명을 소음기준적합증명이라고 한다. 소음기준적합증명은 국토교통부장관이 발급한다. 유의한 점은 모든 항공기가 소음기준적합증명을 받아야 하는 것은 아니며, 터빈발동기를 장착한 항공기, 국제선을 운항하는 항공기만이 소음기준적합증명을 받아야 한다(시행규칙 제49조). 다만 소음기준적합증명 대상 항공기가 아니더라도 항공기기술기준에서 정한 소음기준을 준수하여야 한다. 따라서 소음기준적합증명을 받지 아니하거나 항공기기술기준에 적합하지 아니한 항공기를 운항해서는 아니 된다. 이에 위반한 경우 항공운송 사업자의 운항증명을 취소할 수 있다(법 제91조 제5항). 소음기준적합증명을 받지 아니하는 경우 형사처벌의 대상이다(법 제144조 제1호).

예외적으로 소음기준적합증명의 대상 항공기라 하더라도 예외적인 경우 국토교통부장관의 운항허가를 받은 경우에는 운항이 가능하다.

★ **소음기준적합증명을 받기위한 기준이 국토교통부령에 근거한다는 기출문제가 한 번 출제된 바 있다.**

※ 항공안전법상 증명이나 승인을 받는 기준은 거의 대부분이 국토교통부령에 따라 국토교통부장관이 발급한다.

★ 시행규칙 제53조 소음기준적합증명을 받지 않고 운항할 수 있는 경우에 대해 3번 출제된 바 있다. 원칙적으로 소음기준적합증명을 받지 아니하거나 항공기기술기준(소음기준)에 적합하지 아니한 항공기는 운항해서는 아니된다. 다만 예외적으로 4가지 사유에 한해 국토교통부장관의 운항허가를 받은 경우에는 운항이 가능하다. 사유는 시험 · 조사 · 연구 · 개발을 위한 시험비행, 제작 · 정비 등을 한 후 시험비행, 정비등을 위한 장소까지 승객 · 화물 싣지 않고 비행, 형식증명을 변경하기 위해 운항한계를 초과하는 시험비행

문제 35 다음 설명 중 틀린 것은?

㉮ 모든 항공기는 국토교통부령에 따라 소음기준적합증명을 받아야 한다.

㉯ 소음기준적합증명을 받지 아니하거나 항공기기술기준에 적합하지 아니하는 항공기를 운항하여서는 아니 된다.

㉰ 항공기의 제작 또는 정비등을 한 후 시험비행을 하는 경우에는 소음기준적합증명의 기준에 적합하지 아니 하더라도 항공기의 운항을 허가할 수 있다.

㉱ 항공기가 소음기준적합증명 당시의 항공기기술기준에 적합하지 아니하게 된 경우에는 그 증명을 취소하거나 효력의 정지를 명할 수 있다.

해설 ㉮항 법 제25조, 시행규칙 제49조. 국토교통부령이 정하는 항공기의 소유자 등만이 소음기준적합증명을 받아야 한다. 터빈발동기를 장착한 항공기 또는 국제선을 운항하는 항공기만이 소음기준적합증명 대상 항공기이다. 나머지 항공기는 항공기기술기준에서 정한 소음기준을 준수하여야 할 의무를 부담할 뿐 별도의 소음기준적합증명을 받아야 하는 것은 아니다. ㉯항 법 제25조 제2항. ㉰항 법 제25조 제2항, 시행규칙 제53조. ㉱항 법 제25조 제4항

문제 36 다음 중 소음기준적합증명의 기준에 적합하지 아니한 항공기에 대해 운항허가를 할 수 있는 사유가 아닌 것은?

㉮ 항공기의 제작 또는 정비등을 한 후 시험비행을 하는 경우

㉯ 항공기의 설계에 관한 형식증명을 변경하기 위하여 운용한계를 초과하는 시험비행을 하는 경우

㉰ 항공기의 정비 등을 위한 장소까지 승객 · 화물을 싣지 아니하고 비행하는 경우

㉱ 터빈발동기를 장착한 항공기를 운항하는 경우

해설 법 제25조, 시행규칙 제53조. ㉱항은 법 제25조 시행규칙 제49조 제1호의 소음기준적합증명을 받아야 하는 항공기이다.

문제 37 **다음 중 소음기준적합증명의 기준에 적합하지 아니한 항공기를 운항할 수 있는 사유가 아닌 것은?**

㉮ 항공기의 연구기관이 항공기에 장착한 터빈발동기의 연구개발을 위하여 시험비행하는 경우

㉯ 항공기의 제작을 한 후 시험비행을 하는 경우

㉰ 항공기의 정비를 위한 장소까지 승객·화물을 싣고 비행하는 경우

㉱ 항공기의 생산업체가 항공기의 시험 및 조사를 위하여 시험비행하는 경우

해설 법 제25조, 시행규칙 제53조. ㉰항 승객·화물을 싣지 않고 비행하는 경우

문제 38 **다음 중 소음기준적합증명에 대한 설명 중 틀린 것은?**

㉮ 터빈발동기를 장착한 항공기의 소유자 등은 감항증명을 받는 경우와 항공기의 소음치가 변동된 경우에는 소음기준적합증명을 받아야 한다.

㉯ 터빈발동기를 장착하지 않은 항공기 또는 국내선을 운항하는 항공기는 소음기준적합증명을 받을 필요가 없지만, 항공기기술기준 중 소음기준에 적합하여야 한다.

㉰ 소음기준적합증명을 받지 아니하거나 항공기기술기준에 적합하지 아니한 항공기를 운항해서는 아니 된다.

㉱ 수입하거나 수출하기 위하여 승객·화물을 싣지 아니하고 비행하는 경우에는 소음기준적합증명의 기준에 적합하지 아니하더라도 항공기의 운항을 허가할 수 있다.

해설 법 제25조, 시행규칙 제53조. ㉱항은 특별감항증명의 대상에 해당하는 경우이다.

> **법 제26조(항공기기술기준 변경에 따른 요구)** 국토교통부장관은 항공기기술기준이 변경되어 형식증명을 받은 항공기가 변경된 항공기기술기준에 적합하지 아니하게 된 경우에는 형식증명을 받거나 양수한 자 또는 소유자등에게 변경된 항공기기술기준을 따르도록 요구할 수 있다. 이 경우 형식증명을 받거나 양수한 자 또는 소유자등은 이에 따라야 한다.

형식증명이란 항공기의 설계가 항공기술기준에 적합하다는 증명이다. 그리고 형식증명 당시의 항공기기술기준에 적합하지 아니하게 된 경우에는 그 증명을 취소하거나 효력정지명령을 할 수 있었다. 그런데 항공기술이 발달하여 항공안전기준이 상향되어 항공기기술기준이 변경된 경우에는, 이미 발급한 형식증명을 취소하거나 효력정지를 명할 수는 없다. 그렇다고 낮은 항공기기술기준을 충족한 항공기에 대해서 아무런 조치를 안 할 수는 없다. 그래서 국토교통부장

관은 항공기기술기준이 변경되어 형식증명을 받은 항공기가 변경된 항공기기술기준에 적합하지 아니하게 된 경우에는 형식증명을 받거나 양수한 자 또는 소유자 등에게 변경된 항공기기술기준을 따르도록 요구할 수 있다. 이 경우 형식증명을 받거나 양수한 자 또는 소유자 등은 이에 따라야 할 의무를 부담한다. 그리고 이러한 의무를 강제하기 위한 조치가 수반된다. 변경된 항공기기술기준을 따르도록 한 요구에 따르지 아니한 경우, 항공운송사업자의 운항증명을 취소하거나 항공기운항의 정지를 명할 수 있고(법 제91조 제1항 제6호), 과태료 200만원을 부과할 수 있다(법제166조 제3항 제3호).

문제 39 **항공기기술기준이 변경되어 형식증명을 받은 항공기가 변경된 항공기기술기준에 적합하지 아니하게 된 경우 국토교통부장관의 조치에 대한 설명 중 틀린 것은?**

㉮ 항공안전을 위하여 항공기기술기준에 적합하지 아니한 형식증명의 효력을 정지할 수 있다.

㉯ 형식증명을 받은 자에게 변경된 항공기기술기준을 따르도록 요구할 수 있다.

㉰ 형식증명을 받은 자는 국토교통부장관의 요구에 따라야 할 의무가 있다.

㉱ 국토교통부장관의 요구에 따르지 않는 항공운송사업자에 대해 운항증명을 취소하거나 항공기운항의 정지를 명할 수 있다.

해설 법 제26조

법 제27조(기술표준품 형식승인) ① 항공기 등의 감항성을 확보하기 위하여 국토교통부장관이 정하여 고시하는 장비품(시험 또는 연구・개발 목적으로 설계・제작하는 경우는 제외한다. 이하 "기술표준품"이라 한다)을 설계・제작하려는 자는 국토교통부장관이 정하여 고시하는 기술표준품의 형식승인기준(이하 "기술표준품형식승인기준"이라 한다)에 따라 해당 기술표준품의 설계・제작에 대하여 국토교통부장관의 승인(이하 "기술표준품형식승인"이라 한다)을 받아야 한다. 다만, 대한민국과 기술표준품의 형식승인에 관한 항공안전협정을 체결한 국가로부터 형식승인을 받은 기술표준품으로서 국토교통부령으로 정하는 기술표준품은 기술표준품형식승인을 받은 것으로 본다.

② 국토교통부장관은 기술표준품형식승인을 할 때에는 기술표준품의 설계・제작에 대하여 기술표준품형식승인기준에 적합한지를 검사한 후 적합하다고 인정하는 경우에는 국토교통부령으로 정하는 바에 따라 기술표준품형식승인서를 발급하여야 한다.

③ 누구든지 기술표준품형식승인을 받지 아니한 기술표준품을 제작・판매하거나 항공기등에 사용해서는 아니 된다.

④ 국토교통부장관은 다음 각 호의 어느 하나에 해당하는 경우에는 해당 기술표준품형식승인

을 취소하거나 6개월 이내의 기간을 정하여 그 효력의 정지를 명할 수 있다. 다만, 제1호에 해당하는 경우에는 기술표준품형식승인을 취소하여야 한다.

1. 거짓이나 그 밖의 부정한 방법으로 기술표준품형식승인을 받은 경우
2. 기술표준품이 기술표준품형식승인 당시의 기술표준품형식승인기준에 적합하지 아니하게 된 경우

법 **제28조(부품등제작자증명)** ① 항공기등에 사용할 장비품 또는 부품을 제작하려는 자는 국토교통부령으로 정하는 바에 따라 항공기기술기준에 적합하게 장비품 또는 부품을 제작할 수 있는 인력, 설비, 기술 및 검사체계 등을 갖추고 있는지에 대하여 국토교통부장관의 증명(이하 "부품등제작자증명"이라 한다)을 받아야 한다. 다만, 다음 각 호의 어느 하나에 해당하는 장비품 또는 부품을 제작하려는 경우에는 그러하지 아니하다.

1. 형식증명 또는 부가형식증명 당시 또는 형식증명승인 또는 부가형식증명승인 당시 장착되었던 장비품 또는 부품의 제작자가 제작하는 같은 종류의 장비품 또는 부품
2. 기술표준품형식승인을 받아 제작하는 기술표준품
3. 그 밖에 국토교통부령으로 정하는 장비품 또는 부품

② 국토교통부장관은 부품등제작자증명을 할 때에는 항공기기술기준에 적합하게 장비품 또는 부품을 제작할 수 있는지를 검사한 후 적합하다고 인정하는 경우에는 국토교통부령으로 정하는 바에 따라 부품등제작자증명서를 발급하여야 한다.

③ 누구든지 부품등제작자증명을 받지 아니한 장비품 또는 부품을 제작·판매하거나 항공기등 또는 장비품에 사용해서는 아니 된다.

④ 대한민국과 항공안전협정을 체결한 국가로부터 부품등제작자증명을 받은 경우에는 부품등제작자증명을 받은 것으로 본다.

⑤ 국토교통부장관은 다음 각 호의 어느 하나에 해당하는 경우에는 부품등제작자증명을 취소하거나 6개월 이내의 기간을 정하여 그 효력의 정지를 명할 수 있다. 다만, 제1호에 해당하는 경우에는 부품등제작자증명을 취소하여야 한다.

1. 거짓이나 그 밖의 부정한 방법으로 부품등제작자증명을 받은 경우
2. 장비품 또는 부품이 부품등제작자증명 당시의 항공기기술기준에 적합하지 아니하게 된 경우

법 **제30조(수리·개조승인)** ① 감항증명을 받은 항공기의 소유자 등은 해당 항공기등, 장비품 또는 부품을 국토교통부령으로 정하는 범위에서 수리하거나 개조하려면 국토교통부령으로 정하는 바에 따라 그 수리·개조가 항공기기술기준에 적합한지에 대하여 국토교통부장관의 승인(이하 "수리·개조승인"이라 한다)을 받아야 한다.

② 소유자 등은 수리·개조승인을 받지 아니한 항공기등, 장비품 또는 부품을 운항 또는 항공기 등에 사용해서는 아니 된다.

③ 제1항에도 불구하고 다음 각 호의 어느 하나에 해당하는 경우로서 항공기기술기준에 적합

한 경우에는 수리·개조승인을 받은 것으로 본다.

1. 기술표준품형식승인을 받은 자가 제작한 기술표준품을 그가 수리·개조하는 경우
2. 부품등제작자증명을 받은 자가 제작한 장비품 또는 부품을 그가 수리·개조하는 경우
3. 제97조 제1항에 따른 정비조직인증을 받은 자가 항공기등, 장비품 또는 부품을 수리·개조하는 경우

법 제32조(항공기 등의 정비등의 확인) ① 소유자등은 항공기등, 장비품 또는 부품에 대하여 정비등(국토교통부령으로 정하는 경미한 정비 및 제30조 제1항에 따른 수리·개조는 제외한다. 이하 이 조에서 같다)을 한 경우에는 제35조 제8호의 항공정비사 자격증명을 받은 사람으로서 국토교통부령으로 정하는 자격요건을 갖춘 사람으로부터 그 항공기등, 장비품 또는 부품에 대하여 국토교통부령으로 정하는 방법에 따라 감항성을 확인받지 아니하면 이를 운항 또는 항공기등에 사용해서는 아니 된다. 다만, 감항성을 확인받기 곤란한 대한민국 외의 지역에서 항공기등, 장비품 또는 부품에 대하여 정비등을 하는 경우로서 국토교통부령으로 정하는 자격요건을 갖춘 자로부터 그 항공기등, 장비품 또는 부품에 대하여 감항성을 확인받은 경우에는 이를 운항 또는 항공기등에 사용할 수 있다.

② 소유자등은 항공기등, 장비품 또는 부품에 대한 정비등을 위탁하려는 경우에는 제97조제1항에 따른 정비조직인증을 받은 자 또는 그 항공기등, 장비품 또는 부품을 제작한 자에게 위탁하여야 한다.

형식증명, 제작증명, 감항증명이 가장 중요한 증명이며 기타 증명 중 소음기준적합증명에 대한 설명을 했다. 그 외 항공안전법이 규정하고 있는 증명, 승인, 확인에 대해 설명한다.

(형식증명과 유사) 기술표준품이란 항공기 등의 감항성을 확보하기 위하여 국토교통부장관이 정하고 고시하는 장비품을 의미한다. 즉 장비품 중 감항성을 확보하기 위해 고시하는 품목이다. 이러한 기술표준품을 설계·제작하려는 자는 기술표준품형식승인기준에 따라 해당 기술표준품의 설계·제작에 대하여 국토교통부장관의 승인을 받아야 한다. 즉 간단히 말하면 기술표준품을 설계·제작하려면 승인을 받아야 하는데 기준은 기술표준품형식승인기준이다. 누구든지 기술표준품형식승인을 받지 아니한 기술표준폼을 제작·판매하거나 항공기 등에 사용해서는 아니 된다.

(제작증명과 유사) 항공기 등에 사용할 정비품 또는 부품을 제작하려는 자는 항공기기술기준에 적합하게 정비품 또는 부품을 제작할 수 있는 인력, 설비, 기술 및 검사체계 등을 갖추고 있는지에 대하여 국토교통부장관의 증명을 받아야 하며, 이를 부품등제작자증명이라고 한다. 예외적으로 형식증명 당시 장착되었던 장비품·부품의 제작자가 제작하는 같은 종류의 장비

품·부품, 기술표준품형식승인을 받아 제작하는 기술표준품 등은 부품등제작증명을 받지않고도 제작할 수 있다. 누구든지 부품등제작자증명을 받지 아니한 장비품 또는 부품을 제작·판매하거나 항공기등 또는 장비품에 사용해서는 아니 된다.

감항증명을 받은 항공기의 소유자 등은 해당 항공기등, 장비품 또는 부품을 국토교통부령이 정하는 범위에서 수리하거나 개조하려면 국토교통부령이 정하는 바에 따라 그 수리·개조가 항공기기술기준에 적합한지에 대하여 국토교통부장관의 승인을 받아야 하며, 이를 수리·개조승인이라고 한다. 수리·개조승인은 정비조직인증과 관련이 있다. 법 제97조에 따라 항공기정비업자는 국토교통부장관이 고시하는 인력, 설비 및 검사체계에 관한 기준(정비조직인증기준)에 적합한 인력, 설비 등을 갖추어 국토교통부장관의 인증을 받아야 하는데, 이를 정비조직인증이라고 한다. 수리·개조승인을 받아야 하는 수리·개조의 범위는 항공기의 소유자등이 정비조직인증을 받은 자에게 수리·개조를 위탁하는 경우로서 그 정비조직인증을 받은 범위를 초과하는 경우를 말한다(시행규칙 제65조). 그리고 제작한 자가 수리하는 경우에는 수리·개조승인을 받은 것으로 간주하는데, 3가지가 있다. 기술표준품형식 승인을 받은 자가 제작한 기술표준품을 그가 수리·개조하는 경우, 부품등제작자증명을 받은 자가 제작한 장비품 또는 부품을 그가 수리·개조하는 경우, 정비조직인증을 받은 자가 항공기등, 장비품 또는 부품을 수리·개조하는 경우이다.

수리·개조승인의 대상이 아니더라도, 소유자 등은 항공기등, 정비품 또는 부품에 대하여 정비등을 한 경우에는 항공정비사 자격증명을 받은 사람으로서 국토교통부령으로 정하는 자격요건을 갖춘 사람으로부터 그 항공기등, 장비품 또는 부품에 대하여 감항성을 확인받아야 이를 운항 또는 항공기등에 사용할 수 있다. 예외적으로 경미한 정비 또는 수리·개조승인을 받아 정비등을 한 경우에는 확인을 받지 않아도 된다. 경미한 정비란 간단한 보수를 하는 예방작업으로서 리깅(Rigging) 또는 간극의 조정작업 등 복잡한 결합작용을 필요로 하지 아니하는 규격장비품 또는 부품의 교환작업, 감항성에 미치는 영향이 경미한 범위의 수리작업으로서 그 작업의 완료 상태를 확인하는 데에 동력장치의 작동점검과 같은 복잡한 점검을 필요로 하지 아니하는 작업, 그 밖에 윤활유보충 등 비행전후에 실시하는 단순하고 간단한 점검작업이다(시행규칙 제68조).

★ 기타 증명·승인·확인부분에 대해 기출된 적은 없다. 다만 중요내용에 대해 간략하게 정리한다.

문제 40 다음 설명 중 틀린 것은?

㉮ 기술표준품을 설계・제작하려는 경우에는 국토교통부장관으로 기술표준품형식증명을 받아야 한다.

㉯ 항공기 등에 사용할 장비품 또는 부품을 제작하려는 자는 국토교통부장관으로부터 부품등제작증명을 받아야 한다.

㉰ 감항증명을 받은 항공기의 소유자 등은 해당 항공기를 수리 또는 개조하는 경우 반드시 국토교통부장관으로부터 수리・개조승인을 받아야 한다.

㉱ 소유자 등은 항공기에 대하여 정비등을 한 경우 국토교통부령으로 자격요건을 갖춘 사람으로부터 그 항공기에 대하여 감항성을 확인받아야 이를 운항할 수 있다.

해설 ㉮항. 기술표준품형식승인을 받아야 한다. 법 제27조. ㉯항 법 제28조. ㉰항 법 제30조. ㉱항 법 제32조.

문제 41 다음 설명 중 틀린 것은?

㉮ 항공기의 소유자 등이 정비조직인증을 받은 자에게 수리・개조를 위탁하는 경우 그 정비조직인증을 받은 범위를 초과하지 않는 경우에는, 국토교통부장관으로부터 수리・개조승인을 받지 않고 수리・개조를 할 수 있다.

㉯ 복잡한 결합작용을 필요로 하지 아니하는 규격장비품 또는 부품의 교환작업의 경우 그 정비품 또는 부품에 대하여 감항성을 확인받지 않아도 된다.

㉰ 누구든지 부품등제작자증명을 받지 아니한 장비품 또는 부품을 제작・판매하거나 항공기등 또는 장비품에 사용해서는 아니 된다.

㉱ 부품등제작자증명을 받은 자가 제작한 장비품 또는 부품을 그가 수리・개조하는 경우에도 국토교통부장관으로부터 수리・개조승인을 받아야 한다.

해설 ㉮항 법 제30조 제1항, 시행규칙 제65조. ㉯항 법 제32조, 시행규칙 제68조. ㉰항 법 제28조 제3항. ㉱항 법 제30조 제3항 제2호 수리・개조승인으로 간주된다.

문제 42 다음 중 틀린 것은?

㉮ 윤활유보충 등 비행전후에 실시하는 단순하고 간단한 점검작업의 경우 그 정비품 또는 부품에 대하여 감항성을 확인받지 않아도 된다.

㉯ 기술표준품형식승인을 받은 자가 제작한 기술표준품을 그가 수리・개조하는 경우 국토교통부장관으로부터 수리・개조승인을 받은 것으로 간주한다.

㉰ 소유자 등은 수리・개조승인을 받지 아니한 항공기등, 장비품 또는 부품을 운항 또는 항공기 등에 사용해서는 아니 된다.

㉱ 기술표준품형식승인을 받지 아니한 기술표준품을 제작・판매해서는 아니되지만 항공기 등에 사용할 수 있다.

해설 ㉮항 법 제32조, 시행규칙 제68조. ㉯항 법 제30조 제3항 제1호. ㉰항 법 제30조 제2항. ㉱항 법 제27조 제3항. 누구든지 기술표준품형식승인을 받지 아니한 기술표준품을 제작・판매하거나 항공기 등에 사용할 수 없다.

법 제33조(항공기 등에 발생한 고장, 결함 또는 기능장애보고의무) ① 형식증명, 부가형식증명, 제작증명, 기술표준품형식승인 또는 부품등제작자증명을 받은 자는 그가 제작하거나 인증을 받은 항공기등, 장비품 또는 부품이 설계 또는 제작의 결함으로 인하여 국토교통부령으로 정하는 고장, 결함 또는 기능장애가 발생한 것을 알게 된 경우에는 국토교통부령으로 정하는 바에 따라 국토교통부장관에게 그 사실을 보고하여야 한다.

② 항공운송사업자, 항공기사용사업자 등 대통령령으로 정하는 소유자등 또는 제97조 제1항에 따른 정비조직인증을 받은 자는 항공기를 운영하거나 정비하는 중에 국토교통부령으로 정하는 고장, 결함 또는 기능장애가 발생한 것을 알게 된 경우에는 국토교통부령으로 정하는 바에 따라 국토교통부장관에게 그 사실을 보고하여야 한다.

문제 43 **다음 설명 중 맞으면 ○ 틀리면 ×를 하시오**

㉮ 형식증명을 받은 자는 증명을 받은 항공기가 고장이 발생한 것을 안 경우에는 항상 국토교통부장관에게 그 사실을 보고하여야 한다. (　　)

해설 × 설계의 결함으로 인하여 고장, 결함 또는 기능장애가 발생하였을 경우에만 보고 한다(법 제33조 제1항).

㉯ 항공운송사업자는 항공기를 운항하거나 정비하는 중에 고장, 결함 또는 기능장애가 발생한 것을 알게 된 경우에는 국토교통부장관에게 그 사실을 보고하여야 한다. (　　)

해설 ○ 법 제33조 제2항

제 4 장 항공종사자 등

> **법 제35조(자격증명의 종류)** 자격증명의 종류는 다음과 같이 구분한다.
> 1. 운송용 조종사
> 2. 사업용 조종사
> 3. 자가용 조종사
> 4. 부조종사
> 5. 항공사
> 6. 항공기관사
> 7. 항공교통관제사
> 8. 항공정비사
> 9. 운항관리사

먼저 항공종사자의 정의부터 정리한다. 항공종사자, 운항승무원, 객실승무원의 개념을 정확하게 구분한다. 항공종사자는 법 제31조 제1항에 다른 항공종사자 자격증명을 받은 사람을 말한다(법 제2조 제14호). 따라서 운송용 조종사, 사업용 조종사, 자가용 조종사, 부조종사, 항공사, 항공기관사, 항공교통관제사, 항공정비사, 운항관리사를 말한다. 운항승무원은 법 제35조 제1호부터 제6호까지의 어느 하나에 해당하는 자격증명을 받은 사람으로서 항공기에 탑승하여 항공업무에 종사하는 사람을 말한다(법 제2조 제16호). 즉 운송용 조종사, 사업용 조종사, 자가용 조종사, 부조종사, 항공사, 항공기관사 중 항공기에 탑승하여 항공업무에 종사하는 사람을 말한다. 객실승무원은 항공기에 탑승하여 비상시승객을 탈출시키는 등 승객의 안전을 위한 업무를 수행하는 사람을 말한다.

★ **항공종사자의 종류에 대해 1회 출제되었다. 항공종사자에 대해서는 출제가 많이 되고 있으므로 기본개념에 대해서는 명확히 이해하여야 한다. 항공종사는 9개 자격증을 가진 자를 말하고, 운항승무원은 이 중 조종사, 항공사, 항공기관사 중 항공기에 탑승하여 항공업무에 종사하는 자를 말하고, 객실승무원은 항공종사자가 아니다.**

문제 01 **항공종사자는 운항승무원과 객실승무원으로 구분한다. ( )**

해설 (×) 법 제2조 제14호. 객실승무원은 항공종사자가 아니다.

문제 02 항공기에 탑승하여 항공업무에 종사하는 각종 조종사는 항공종사자이자 운항승무원에 해당한다. (　)

해설 (○) 법 제2조 제14호, 제16호, 법 제31조 제1항

문제 03 조종사의 자격증명을 가진 자만이 운항승무원에 해당한다. (　)

해설 (×) 법 제2조 제16호, 법 제31조 제1항. 운항승무원은 각종 조종사 그리고 항공사, 항공기관사도 포함한다.

문제 04 다음 중 항공종사자 자격증명의 종류에 해당하지 않는 것은?

㉮ 항공사　　㉯ 운항관리사
㉰ 자가용 조종사　　㉱ 객실승무원

해설 법 제35조

문제 05 다음 중 항공종사자 자격증명에 해당하지 않는 것은?

㉮ 헬리콥터 자가용 조종사　　㉯ 경량항공기 조종사
㉰ 훈련교관　　㉱ 항공기관사

해설 법 제35조

법 제34조(항공종사자 자격증명 등) ① 항공업무에 종사하려는 사람은 국토교통부령으로 정하는 바에 따라 국토교통부장관으로부터 항공종사자 자격증명(이하 "자격증명"이라 한다)을 받아야 한다. 다만, 항공업무 중 무인항공기의 운항업무인 경우에는 그러하지 아니 하다.

② 다음 각 호의 어느 하나에 해당하는 사람은 자격증명을 받을 수 없다.

1. 다음 각 목의 구분에 따른 나이 미만인 사람
   가. 자가용 조종사자격: 17세(제37조에 따라 자가용 조종사의 자격증명을 활공기에 한정하는 경우에는 16세)
   나. 사업용 조종사, 부조종사, 항공사, 항공기관사, 항공교통관제사 및 항공정비사 자격: 18세
   다. 운송용 조종사 및 운항관리사 자격: 21세
2. 제43조 제1항에 따른 자격증명취소처분을 받고 그 취소일부터 2년이 지나지 아니한 사람(취소된 자격증명을 다시 받는 경우에 한정한다)

③ 제1항 및 제2항에도 불구하고 「군사기지 및 군사시설보호법」을 적용받는 항공작전기지에서 항공기를 관제하는 군인은 국방부장관으로부터 자격인정을 받아 항공교통관제업무를 수행할 수 있다.

규칙 제75조(응시자격) 법 제34조 제1항에 따른 항공종사자 자격증명(이하 "자격증명"이라 한다) 또는 법 제37조 제1항에 따른 자격증명의 한정을 받으려는 사람은 법 제34조 제2항 각 호의 어느 하나에 해당되지 아니하는 사람으로서 별표 4에 따른 경력을 가진 사람이어야 한다.

항공업무에 종사하려는 사람은 항공종사자 자격증명을 받아야 한다. 즉 '항공업무에 종사하는 사람'과 항공종사자는 같은 개념을 볼 수 있다. 항공종사자의 자격은 제35조에서 정한 9개이다. 항공종사자의 자격증명은 국토교통부령이 정하는 바에 따라야 하고, 시행규칙 제75조에 따르면 항공종사자의 자격증명을 받으려는 사람은 별표 4에 따른 경력을 가진 사람이어야 할 것을 요구하고 있다. 별표 4에서 구체적으로 경력에 관한 사항을 규정하고 있다.

법 제34조 제2항은 항공종사의 자격증명을 받을 수 없는 제한요건에 관한 것으로 나이제한, 취소처분을 받은 경우의 제한이다. 나이제한은 단순암기사항이다. 해당 구분에 따른 나이미만인 사람은 자격증명을 받을수 없다고 규정되어 있음에 유의한다. 자가용 조종사는 17세 미만은 자격증명을 받을 수 없으므로 17세부터 자격증명을 받을 수 있다. 운송용 조종사 및 운항관리사는 21세, 나머지는 18세 나이제한으로 본다면 운송용 조종사와 운항관리사가 경험을 요하는 자격이라고 볼 수 있다.

그리고 취소처분을 받고 그 취소일로부터 2년이 지나지 아니한 사람은 자격증명을 받을 수 없다. 여기서 '취소된 그 자격증명'을 다시 받는 경우에 한정한다. 예컨대 자가용 조종사 자격증명에 대한 취처분을 받은 경우 자가용 조종사 자격증명을 받으려면 취소처분 이후 2년이 경과되어야 하지만, 운항관리사자격은 취소일에 따른 제한이 없다.

★ **응시자격제한에 대해서 5번 출제된 바 있다. 자격증명 취소처분을 받고 그 취소일로부터 2년이 지나야 한다. 자가용 조종사는 17세, 운송용 조종사 및 운항관리사는 21세, 나머지는 18세.**

★ **구체적인 응시경력에 대해 19번 출제되었다. 주로 출제된 부분에서 반복적으로 출제되고 있다. 자가용 조종사(헬리콥터, 단독비행경력), 사업용 조종사(최소비행경력, 야간비행), 계기비행증명, 운송용 조종사(계기비행경력).**

※ 최소비행경력

- 운송용: 1,500시간 & 계기비행증명 75시간(30시간 모의인정)
- 사업용: 200시간(이착륙 5회 이상 포함된 5시간 이상 기장으로서 야간비행경력)
- 자가용: 40시간

  (비행기: 5시간 이상 단독 야외비행경력 포함 10시간 이상 단독 비행경력(270킬로 이상 구간비행 중 2개의 다른 비행장에서 이착륙경력포함해야)

  (헬리콥터: 상동. 180킬로 착륙비행과정경력포함해야)

• 계기비행증명: 50시간 이상 야외비행경력 & 교육훈련이수[지상교육 & 40시간 이상 계기비행훈련(20시간 모의인정)]

문제 06 **항공종사자 자격증명취소처분을 받고 그 취소일로부터 (　)년이 지나야 자격증명을 받을 수 있나?**

㉮ 1년　　㉯ 2년
㉰ 3년　　㉱ 4년

해설 법 제34조 제2항 제2호

문제 07 **자가용 조종사는 (　)세 이상이면 자격증명을 받을 수 있다. 괄호 안에 알맞은 말은?**

㉮ 16세　　㉯ 17세
㉰ 18세　　㉱ 21세

해설 법 제34조 제2항 제1호

문제 08 **다음 중 괄호 안에 알맞은 말은?**

(　)세 미만인 사람은 (　　　)의 자격증명을 받을 수 없다.

㉮ 16, 자가용 조종사　　㉯ 18, 부조종사
㉰ 19, 사업용 조종사　　㉱ 20, 운송용 조종사

참고 법 제34조 제2항 제2호. 자가용 조종사 17세, (운)송용 조종사, (운)항관리사 21세, 나머지 18세.

문제 09 **다음 중 틀린 것은?**

㉮ 20세 미만의 사람은 운항관리사의 자격증명을 받을 수 없다.
㉯ 법에 따른 항공작전기지에서 항공기를 관제하는 군인은 18세 미만이라 하더라도 국방부장관으로 자격인정을 받아 항공교통관제 업무를 수행할 수 있다.
㉰ 자격증명취소처분을 받고 그 취소일로부터 2년이 지나지 아니한 사람은 그 취소된 자격증명을 받을 수 없다.
㉱ 항공업무 중 무인항공기의 운항업무는 항공종사자 자격증명을 받지 않아도 항공업무에 종사할 수 있다.

해설 ㉮항 법 제34조 제2항 제1호. ㉯항 법 제34조 제3항. ㉰항 법 제34조 제2항 제2호. ㉱항 법 제34조 제1항 단서. 자격증명이 제한되는 나이를 분명히 암기하면 ㉱항을 모르더라도 답을 고를 수 있다.

문제 10 **다음 중 옳은 것은**

㉮ 항공교통관제사의 자격증명이 취소된 경우 그 취소일로부터 2년이 지나지 않더라도 자가용 조종사의 자격증명을 받을 수 있다.

㉯ 18세 미만의 사람은 자가용 조종사 자격증명을 받을 수 없다.

㉰ 운송용 조종사 및 항공정비사의 자격제한 나이가 항공종사자 자격 중 제일 많다.

㉱ 항공작전기지에서 항공기를 관제하는 18세 미만의 군인은 국토교통부장관으로부터 자격인정을 받아 항공교통관제 업무를 수행할 수 있다.

해설 ㉮항 법 제34조 제2항 제2호. ㉯항 법 제34조 제2항 제1호, 17세는 자가용 조종사 자격증명을 받을 수 있다. ㉰항 운송용 조종사 및 운항관리사가 자격제한 나이가 항공종사자격 중 제일 많다. ㉱항 법 제34조 제3항, 국토교통부장관이 아니라 국방부장관이다.

문제 11 **헬리콥터에 대하여 자가용 조종사 자격증명을 신청하는 경우 ( )시간 이상의 단독 야외비행 경력을 포함한 ( )시간 이상의 단독 비행경력이 필요하며, 이 경우 출발지점으로부터 ( )킬로미터 이상의 구간 비행 중 2개의 다른 지점에서의 ( )비행과정경력을 포함하여야 한다. 괄호 안에 알맞은 말은?**

㉮ 5, 10, 270, 이륙·착륙　　㉯ 10, 20, 180, 착륙

㉰ 5, 10, 180, 착륙　　㉱ 5, 10, 180, 이륙·착륙

해설 법 제34조, 시행규칙 제75조 별표 4. 단순암기사항이다. 비행기에 대한 자가용 조종사의 경력은 5, 10, 270, 이륙·착륙인 점을 비교해서 암기한다.

문제 12 **비행기에 대하여 자가용 조종사 자격증명을 신청하는 경우 ( )시간 이상의 단독 야외비행경력을 포함한 ( )시간 이상의 단독 비행경력이 필요하며, 이 경우 ( )킬로미터 이상의 구간 비행 중 2개의 다른 비행장에서의 ( )경력을 포함하여야 한다. 괄호 안에 알맞은 말은?**

㉮ 5, 10, 180, 착륙　　㉯ 10, 20, 180, 착륙

㉰ 5, 10, 270, 이륙·착륙　　㉱ 5, 10, 180, 이륙·착륙

해설 법 제34조, 시행규칙 제75조 별표 4. 단순암기사항이다. 헬리콥터에 대한 자가용 조종사의 경력은 5, 10, 180, 착륙인 점을 비교해서 암기한다.

문제 13 **비행기에 대하여 사업용 조종사의 자격증명을 신청하는 경우 총 몇 시간 이상의 비행경력이 있어야 하는가?**

㉮ 200시간　　㉯ 150시간

㉰ 100시간　　㉱ 70시간

해설 법 제34조, 시행규칙 제75조 별표 4.

문제 14 비행기에 대하여 운송용 조종사의 자격증명을 신청하는 경우 총 몇 시간 이상의 비행경력이 있어야 하는가?

㉮ 1,500시간 ㉯ 1,000시간
㉰ 250시간 ㉱ 400시간

해설 법 제34조, 시행규칙 제75조 별표 4.

문제 15 비행기에 대하여 운송용 조종사의 자격증명을 신청하는 경우 요구되는 계기비행경력은?

㉮ 100시간 이상 ㉯ 75시간 이상
㉰ 40시간 이상 ㉱ 30시간 이상

해설 법 제34조, 시행규칙 제75조 별표 4.

문제 16 비행기에 대하여 운송용 조종사의 자격증명시험을 응시하는 경우 요구되는 계기비행경력에 대한 설명으로 옳은 것은?

㉮ 75시간 이상의 기장 또는 기장외의 조종사로서의 계기비행경력
㉯ 20시간의 범위내에서 지방항공청장이 지정한 모의비행장치를 이용한 계기비행경력은 인정한다.
㉰ 50시간 이상의 기장의 조종사로서의 계기비행경력
㉱ 운송용 조종사의 경우 모의비행장치를 이용한 계기비행경력은 인정하지 않는다.

해설 법 제34조, 시행규칙 제75조 별표 4.

문제 17 조종사가 비행기에 대한 계기비행증명 한정심사를 받기 위해 필요한 요건으로 틀린 것은?

㉮ 해당 비행기에 대한 운송용 조종사, 사업용 조종사 또는 자가용 조종사 자격증명이 있을 것
㉯ 비행기의 기장으로서 해당 항공기 종류에 대한 총 50시간 이상의 야외비행경력을 보유할 것
㉰ 계기비행과정의 지상교육훈련을 이수할 것
㉱ 35시간 이상의 계기비행훈련을 이수할 것

해설 법 제34조, 시행규칙 제75조 별표 4.

문제 18 **계기비행증명 한정심사에 대한 응시요건으로 옳은 것은?**

㉮ 30시간 이상의 계기비행훈련을 이수할 것

㉯ 20시간의 범위내에서 모의비행장치로 실시한 계기비행훈련시간을 인정할 수 있다.

㉰ 75시간 이상의 야외비행경력

㉱ 부조종사 자격증명이 있는 사람도 응시할 수 있다.

해설 법 제34조, 시행규칙 제75조 별표 4.

문제 19 **사업용 조종사의 자격증명에 응시하기 위해서 필요한 야간비행경력은 이륙과 착륙이( )회 이상 포함된 ( )시간 이상의 ( )(으)로서의 야간비행경력이다. 괄호 안에 알맞은 말은?**

㉮ 각각 5, 5, 기장

㉯ 5, 5, 기장

㉰ 각각 5, 5, 기장 또는 기장외의 조종사

㉱ 10, 10, 기장

해설 법 제34조, 시행규칙 제75조 별표 4.

법 제36조(업무범위) ① 자격증명의 종류에 따른 업무범위는 별표와 같다.
② 자격증명을 받은 사람은 그가 받은 자격증명의 종류에 따른 업무범위 외의 업무에 종사해서는 아니 된다.
③ 다음 각 호의 어느 하나에 해당하는 경우에는 제1항 및 제2항을 적용하지 아니 한다.
1. 국토교통부령으로 정하는 항공기에 탑승하여 조종(항공기에 탑승하여 그 기체 및 발동기를 다루는 것을 포함한다. 이하 같다)하는 경우
2. 새로운 종류, 등급 또는 형식의 항공기에 탑승하여 시험비행 등을 하는 경우로서 국토교통부령으로 정하는 바에 따라 국토교통부장관의 허가를 받은 경우

자격	업무 범위
운송용 조종사	항공기에 탑승하여 다음 각 호의 행위를 하는 것 1. 사업용 조종사의 자격을 가진 사람이 할 수 있는 행위 2. 항공운송사업의 목적을 위하여 사용하는 항공기를 조종하는 행위
사업용 조종사	항공기에 탑승하여 다음 각 호의 행위를 하는 것 1. 자가용 조종사의 자격을 가진 사람이 할 수 있는 행위 2. 무상으로 운항하는 항공기를 보수를 받고 조종하는 행위 3. 항공기 사용사업에 사용하는 항공기를 조종하는 행위 4. 항공운송사업에 사용하는 항공기(1명의 조종사가 필요한 항공기만 해당한다)를 조종하는 행위 5. 기장외의 조종사로서 항공운송사업에 사용하는 항공기를 조종하는 행위

자가용 조종사	무상으로 운항하는 항공기를 보수를 받지 아니하고 조종하는 행위
부조종사	비행기에 탑승하여 다음 각 호의 행위를 하는 것 1. 자가용 조종사의 자격을 가진 사람이 할 수 있는 행위 2. 기장외의 조종사로서 비행기를 조종하는 행위
항공사	항공기에 탑승하여 그 위치 및 항로의 측정과 항공상의 자료를 산출하는 행위
항공기관사	항공기에 탑승하여 발동기 및 기체를 취급하는 행위(조종장치의 조작은 제외한다)
항공교통관제사	항공교통의 안전·신속 및 질서를 유지하기 위하여 항공기운항을 관제하는 행위
항공정비사	다음 각 호의 행위를 하는 것 1. 제32조 제1항에 따라 정비등을 한 항공기등, 장비품 또는 부품에 대하여 감항성을 확인하는 행위 2. 제108조 제4항에 따라 정비를 한 경량항공기 또는 그 장비품·부품에 대하여 안전하게 운용할 수 있음을 확인하는 행위
운항관리사	항공운송사업에 사용되는 항공기 또는 국외운항 항공기의 운항에 필요한 다음 각 호의 사항을 확인하는 행위 1. 비행계획의 작성 및 변경 2. 항공기 연료소비량의 산출 3. 항공기운항의 통제 및 감시

자격증명의 업무범위는 항공안전법 별표에 규정되어 있다. 이 중 운송용 조종사 ⊃ 사업용 조종사 ⊃ 자가용 조종사의 관계에 있다. 그리고 부조종사 ⊃ 자가용 조종사의 관계에 있다. 부조종사와 운송용·사업용 조종사와는 명확한 포함관계에 있지않음을 유의해야 한다.

자가용 조종사가 가장 좁은 업무범위(무상으로 운항하는 항공기를 보수를 받지 아니하고 조종하는 행위)이다. 무상운항항공기를 무상으로 조종하는 것이다. 그리고 운송용 조종사는 사업용 조종사의 업무범위를 모두 포함하고 '항공운송사업의 목적을 위하여 사용하는 항공기를 조종하는 행위'를 추가하고 있다. '항공운송사업의 목적을 위하여 사용하는 항공기'와 아래 '항공운송사업에 사용하는 항공기'는 같은 개념이다. 사업용 조종사의 업무범위는 자가용 조종사의 자격을 가진 사람이 할 수 있는 행위(무상으로 운항하는 항공기를 보수를 받지 아니하고 조종하는 행위), 무상으로 운항하는 항공기를 보수를 받고 조종하는 행위, 항공기사용사업(항공운송사업이 아니다)에 사용하는 항공기를 조종하는 행위, 항공운송사업에 사용하는 항공기(1명의 조종사가 필요한 항공기만 해당)를 조종하는 행위, 기장 외의 조종사로서 항공운송사업에 사용하는 항공기를 조종하는 행위이다. 부조종사는 자가용 조종사의 자격을 가진 사람이 할 수 있는 행위(무상으로 운항하는 항공기를 보수를 받지 아니하고 조종하는 행위), 기장외의 조종사로서 비행기를 조종하는 행위(비행기에 제한이 없으므로, 항공운송사업을 목적으로 사용하는 항공기도 포함된다)이다.

항공사는 항공기에 탑승하여 그 위치 및 항로의 측정과 항공상의 자료를 산출하는 행위가 업무범위이다. 항공기관사는 항공기에 탑승하여 발동기 및 기체를 취급하는 행위(조종장치의 조작은 제외)를 한다. 항공교통관제사는 항공교통의 안전 · 신속 및 질서를 유지하기 위하여 항공기운항을 관제하는 행위를 한다. 항공정비사는 정비등을 한 항공기등, 장비품 또는 부품에 대하여 감항성을 확인하는 행위, 정비를 한 경량항공기 또는 그 장비품 · 부품에 대하여 안전하게 운용할 수 있음을 확인하는 행위를 한다. 운항관리사는 비행계획의 작성 및 변경, 항공기연료 소비량산출, 항공기운항의 통제 및 감시업무를 한다.

항공기에 탑승하는 항공종사자는 조종사, 항공사, 항공기관사이다. 항공기운항의 관제는 항공교통관제사의 업무이고, 항공기운항의 통제와 감시는 운항관리상의 업무이다. 부조종사만 비행기이고 나머지 조종사는 모두 항공기이다.

★ **자격증명의 업무범위에 대해 8번 출제되었다. 주로 조종사의 업무범위에 대해 출제되었다. 운항관리사의 업무범위에 대해서 1번 출제된 바 있으므로, 다른 자격증명의 업무범위도 숙지해야 한다.**

자가용 조종사	무상운항 항공기를 무상조종
부조종사	자가용 조종사 + 기장 외 조종사로 비행기 조종
운송용 조종사	사업용 조종사 + 항공운송사업 조종
사업용 조종사	자가용 조종사 + 무상운항 항공기를 유상조종 + 항공기사용사업 항공기 조종 + 항공운송사업 항공기 중 1인 조종사 항공기 조종 + 항공운송사업 항공기를 기장 외의 조종사로 조종
항공사	탑승하여 항공기 위치, 항로측정, 항공상 자료산출
항공기관사	탑승하여 발동기 및 기체취급(조종장치 조작제외)
항공교통관제사	운항관제
항공정비사	정비등을 한 항공기등, 장비품, 부품에 대한 감항성 확인
운항관리사	비행계획, 연료소비량, 운항통제감시

문제 20 **다음 중 사업용 조종사의 업무범위에 해당하지 않는 업무는?**

㉮ 기장으로 항공운송사업에 사용하는 항공기를 조종하는 행위
㉯ 기장으로 항공기사용사업에 사용하는 항공기를 조종하는 행위
㉰ 무상으로 운항하는 항공기를 보수를 받고 조종하는 행위
㉱ 무상으로 운항하는 항공기를 보수를 받지 아니하고 조종하는 행위

해설 법 제36조 제1항, 별표.

문제 21 **다음 중 사업용 조종사의 업무범위에 해당하지 않는 업무는?**

㉮ 자가용 조종사의 자격을 가진 사람이 할 수 있는 모든 행위
㉯ 1명의 조종사가 필요한 항공운송사업에 사용하는 항공기를 조종하는 행위
㉰ 기장 외의 조종사로서 항공운송사업에 사용하는 항공기를 조종하는 행위
㉱ 기장으로 항공운송사업에 사용하는 항공기를 조종하는 행위

해설 법 제36조 제1항, 별표.

문제 22 **다음 중 자가용 조종사의 업무범위에 해당하는 업무는?**

㉮ 무상으로 운항하는 항공기를 보수를 받지 아니하고 조종하는 행위
㉯ 자기소유의 항공기를 조종하는 행위
㉰ 기장 외의 조종사로서 비행기를 조종하는 행위
㉱ 무상으로 운항하는 항공기를 보수를 받고 조종하는 헝위

해설 법 제36조 제1항, 별표.

문제 23 **다음 중 부조종사의 자격증명을 가진 자가 할 수 없는 업무는?**

㉮ 무상으로 운항하는 항공기를 보수를 받지 아니하고 기장으로 조종하는 행위
㉯ 자가용 조종사의 자격을 가진 사람이 할 수 있는 모든 행위
㉰ 기장 외의 조종사로서 항공운송사업에 사용하는 항공기를 조종하는 행위
㉱ 무상으로 운항하는 항공기를 보수를 받고 기장으로 조종하는 행위

해설 법 제36조 제1항, 별표.

문제 24 **무상으로 운항하는 항공기를 보수를 받고 조종할 수 없는 자격은 (　　)이다. 괄호 안에 알맞은 말은?**

㉮ 운송용 조종사　　㉯ 사업용 조종사
㉰ 자가용 조종사　　㉱ 부조종사

해설 법 제36조제1항, 별표.

문제 25 **다음 중 자격증명의 종류와 업무범위에 관한 설명으로 틀린 것은?**

㉮ 운송용 조종사 : 사업용 조종사의 자격을 가진 사람이 할 수 있는 모든 행위
㉯ 사업용 조종사 : 부조종사의 자격을 가진 사람이 할 수 있는 모든 행위

㉰ 부조종사 : 자가용 조종사의 자격을 가진 사람이 할 수 있는 모든 행위
㉱ 자가용 조종사 : 무상으로 운항하는 항공기를 보수를 받지 아니하고 조종하는 행위

해설 법 제36조 제1항, 별표.

문제 26 **다음 중 자격증명의 종류와 업무범위에 관한 설명으로 틀린 것은?**

㉮ 부조종사 : 기장 외의 조종사로서 항공기를 조종하는 행위
㉯ 운송용 조종사 : 항공운송사업에 사용하는 헬리콥터를 조종하는 행위
㉰ 사업용 조종사 : 항공기사용사업에 사용하는 항공기를 기장으로 조종하는 행위
㉱ 자가용 조종사 : 무상으로 운항하는 항공기를 보수를 받지 아니하고 조종하는 행위

해설 법 제36조 제1항, 별표. ㉮항 부조종사는 '비행기'를 조종하는 행위이다. ㉯항 헬리콥터는 항공기에 포함된다. ㉰항 사업용 조종사는 항공기사용사업에 사용하는 항공기를 조종하는 행위이므로 기장도 포함한다. 다만 항공운송사업에 사용하는 항공기를 기장으로 조종하는 행위는 사업용 조종사는 할 수 없고 운송용 조종사만이 할 수 있는 업무이다.

문제 27 **항공운송사업에서 사용하는 항공기의 비행계획의 작성 및 변경을 확인하는 자는 누구인가?**

㉮ 운항관리사 ㉯ 항공사
㉰ 항공교통관제사 ㉱ 운송용 조종사

해설 법 제36조 제1항, 별표.

문제 28 **국외운항 항공기의 연료소비량을 산출하는 업무를 하는 자격증명은?**

㉮ 항공사 ㉯ 운항관리사
㉰ 항공교통관제사 ㉱ 운송용 조종사

해설 법 제36조 제1항, 별표.

문제 29 **다음 중 틀린 것은?**

㉮ 항공사는 항공기에 탑승하여 그 위치 및 항로의 측정과 항공상의 자료를 산출한다.
㉯ 항공기관사는 항공기에 탑승하여 발동기 및 기체를 취급하는 행위를 한다.
㉰ 항공교통관제사는 항공기에 탑승하여 항공기운항을 통제하고 감시한다.
㉱ 항공정비사는 정비를 한 항공기의 감항성을 확인한다.

해설 법 제36조 제1항, 별표. ㉰항 항공교통관제사는 항공기에 탑승하지 않으며, 항공기운항을 관제하는 행위를 한다. 항공기에 탑승하는 자는 조종사 이외 항공사, 항공기관사이다.

문제 30 다음 중 옳은 것은?

㉮ 항공기에 탑승하여 업무를 수행하는 자는 항공사 및 운항관리사, 객실승무원이다.
㉯ 항공운송사업에 사용되는 항공기의 비행계획의 작성 및 변경하는 업무를 수행하는 자는 항공사이다.
㉰ 항공기관사는 항공기에 탑승하여 발동기 및 기체를 취급하며, 조종장치의 조작도 포함되지 않는다.
㉱ 항공교통관제사의 업무는 항공기운항을 통제하고 감시하는 것이다.

해설 법 제36조 제1항, 별표. ㉮항 조종사, 항공사 및 항공기관사의 자격증명을 받은 사람으로서 항공기에 탑승하여 항공업무에 종사하는 사람을 운항승무원이라고 한다. ㉯항 항공사는 항공기에 탑승하여 항공기의 위치 및 항로측정과 항공상의 자료를 산출하는 행위를 한다. 항공운송사업에 사용되는 항공기의 비행계획의 작성 및 변경, 항공기 연료 소비량의 산출, 항공기운항의 통제 및 감시업무는 운항관리사의 업무이다. ㉱항 항공교통관제사는 항공기운항을 관제하는 행위를 한다. 항공기의 운항을 통제하고 감시하는 업무는 운항관리사이다. 항공기운항에 대해 "관제"하는 업무는 항공교통관제사이고, "통제 및 감시"하는 업무는 운항관리사이다.

법 제37조(자격증명의 한정) ① 국토교통부장관은 다음 각 호의 구분에 따라 자격증명에 대한 한정을 할 수 있다.
1. 운송용 조종사, 사업용 조종사, 자가용 조종사, 부조종사 또는 항공기관사 자격의 경우: 항공기의 종류, 등급 또는 형식
2. 항공정비사 자격의 경우: 항공기·경량항공기의 종류 및 정비분야

② 제1항에 따라 자격증명의 한정을 받은 항공종사자는 그 한정된 종류, 등급 또는 형식 외의 항공기·경량항공기나 한정된 정비분야 외의 항공업무에 종사해서는 아니 된다.
③ 제1항에 따른 자격증명의 한정에 필요한 세부사항은 국토교통부령으로 정한다.

규칙 제81조(자격증명의 한정) ① 국토교통부장관은 법 제37조 제1항 제1호에 따라 항공기의 종류·등급 또는 형식을 한정하는 경우에는 자격증명을 받으려는 사람이 실기시험에 사용하는 항공기의 종류·등급 또는 형식으로 한정하여야 한다.
② 제1항에 따라 한정하는 항공기의 종류는 비행기, 헬리콥터, 비행선, 활공기 및 항공우주선으로 구분한다.
③ 제1항에 따라 한정하는 항공기의 등급은 다음 각 호와 같이 구분한다. 다만, 활공기의 경우에는 상급(활공기가 특수 또는 상급활공기인 경우) 및 중급(활공기가 중급 또는 초급활공기인 경우)으로 구분한다.
1. 육상항공기의 경우: 육상단발 및 육상다발
2. 수상항공기의 경우: 수상단발 및 수상다발

④ 제1항에 따라 한정하는 항공기의 형식은 다음 각 호와 같이 구분한다.
1. 조종사 자격증명의 경우에는 다음 각 목의 어느 하나에 해당하는 형식의 항공기
  가. 비행교범에 2명 이상의 조종사가 필요한 것으로 되어 있는 항공기
  나. 가목 외에 국토교통부장관이 지정하는 형식의 항공기
2. 항공기관사자격증명의 경우에는 모든 형식의 항공기
⑤ 국토교통부장관이 법 제37조 제1항 제2호에 따라 항공정비사의 자격증명을 한정하는 항공기의 종류는 제2항과 같다.
⑥ 국토교통부장관이 법 제37조 제1항 제2호에 따라 항공정비사의 자격증명을 한정하는 정비분야 범위는 다음 각 호와 같다.
1. 기체(機體) 관련 분야
2. 왕복발동기 관련 분야
3. 터빈발동기 관련 분야
4. 프로펠러 관련 분야
5. 전자・전기・계기 관련 분야

운송용 조종사, 사업용 조종사, 자가용 조종사, 부조종사, 항공기관사 자격의 경우 항공기의 종류, 등급 또는 형식에 따라 한정할 수 있다. 항공정비사 자격의 경우 항공기・경량항공기의 종류 및 정비분야로 한정할 수 있다. 그렇다면 항공종사자 자격증명 중 항공사, 항공교통관제사, 운항관리사는 한정할 수 없다. 자격증명의 한정을 받은 항공종사자는 그 한정된 종류, 등급 또는 형식 외의 항공기・경량항공기나 한정된 정비분야 외의 항공업무에 종사해서는 아니된다.

자격증명의 한정에 필요한 세부사항은 시행규칙 제81조에서 규정하고 있다. 항공기의 종류・등급 또는 형식을 한정하는 경우에는 자격증명을 받으려는 사람이 실기시험에 사용하는 항공기의 종류・등급 또는 형식으로 한정하여야 한다. 한정하는 항공기의 종류는 비행기, 헬리콥터, 비행선, 활공기, 항공우주선으로 한다. 한정하는 항공기의 등급은 육상 항공기의 경우 육상단발 및 육상다발로 한다. 다만 활공기는 상급 및 중급으로 구분한다. 한정되는 항공기의 형식은 조종사 자격증명의 경우 비행교범에 2명 이상의 조종사가 필요한 것으로 되어 있는 항공기, 항공기관사는 모든 형식의 항공기로 구분한다.

★ 28번 출제된 바 있다. 가장 기본적인 문제(3번출제)로 한정할 수 있는 자격증명에 대해 묻는 문제이다. 한정할 수 있는 자격증명은 각종 조종사, 항공기관사, 항공정비사이다. 항공기의 종류, 등급, 형식으로 한정하는 자격증명은 조종사, 항공기관사이고 항공기의 종류 및 정비분야로 한정하는 자격증명은 항공정비사이다. 한정할 수 있는 항공기의 종류는 비행기, 헬리콥터, 비행선, 활공기, 항공우주선이다. 기출문제는 '자격증명을 한정하는 경우 한정하는 항공기의 종류는'이라고 구체적으로 질문하지 않고 단순히 '항공기의 종류는'이라고 질문한다(7번출제). 오답으로 수상기, 화물기, 우

주선, 우주왕복선, 초경량비행장치, 동력비행장치가 출제되었다. 한정할 수 있는 항공기의 형식에 대해서는 10번 출제되었다. 조종사는 비행교범에 2명 이상의 조종사가 필요한 것으로 되어 있는 항공기 또는 국토교통부장관이 지정하는 형식의 항공기이고, 항공기관사는 모든 형식의 항공기이다. 한정할 수 있는 항공기의 등급은 일반적으로 육상단발, 육상다발, 수상단발, 수상다발이다(3번출제). 활공기의 등급은 상급 및 중급이고, 종류는 특수, 상급, 중급, 초급이다(3회출제).

★ 항공기의 종류, 등급, 형식 종합문제가 3번 출제되었다.

문제 31 한정을 할 수 없는 자격증명은?

㉮ 항공정비사　　㉯ 운송용 조종사
㉰ 항공교통관제사　　㉱ 항공기관사

해설 법 제37조 제1항

문제 32 항공기의 종류, 등급 또는 형식으로 한정할 수 있는 자격증명은?

㉮ 사업용 조종사　　㉯ 항공정비사
㉰ 항공사　　㉱ 운항관리사

해설 법 제37조 제1항

문제 33 항공기의 종류로 한정할 수 있는 자격증명은?

㉮ 항공교통관제사　　㉯ 항공정비사
㉰ 항공사　　㉱ 운항관리사

해설 법 제37조 제1항

문제 34 모든 형식의 항공기로 한정할 수 있는 자격증명은?

㉮ 항공교통관제사　　㉯ 항공정비사
㉰ 항공기관사　　㉱ 운항관리사

해설 법 제37조 제1항, 시행규칙 제81조 제4항 제2호

문제 35 자격증명을 한정할 경우 한정되는 항공기의 종류는?

㉮ 비행선, 활공기　　㉯ 비행기, 초경량비행장치
㉰ 활공기, 경량항공기　　㉱ 헬리콥터, 수상기

해설 법 제37조 제1항, 시행규칙 제81조 제2항. 항공기의 종류는 비행기, 헬리콥터, 비행선, 활공기, 항공우주선이다.

문제 36 다음 중 항공기의 종류가 아닌 것은?

㉮ 비행선　　㉯ 활공기
㉰ 항공우주선　　㉱ 동력비행장치

해설 법 제37조 제1항, 시행규칙 제81조 제2항. 항공기의 종류는 비행기, 헬리콥터, 비행선, 활공기, 항공우주선이다.

문제 37 자격증명을 한정하는 경우 항공기의 ( )는 비행기, 헬리콥터, 비행선, 활공기, 항공우주선으로 구분한다. 괄호 안에 알맞은 말은?

㉮ 종류　　㉯ 형식
㉰ 등급　　㉱ 기종

해설 법 제37조 제1항, 시행규칙 제81조 제2항. 항공기의 종류는 비행기, 헬리콥터, 비행선, 활공기, 항공우주선이다.

문제 38 항공종사자의 자격증명 중 항공기 모든 형식으로 제한할 수 있는 자격증명은?

㉮ 항공기관사　　㉯ 업무용 조종사
㉰ 항공정비사　　㉱ 항공사

해설 법 제37조 제1항, 시행규칙 제81조 제4항. 항공기형식으로 제한하는 경우 조종사는 '비행교범에 2명 이상의 조종사가 필요로 하는 것으로 되어 있는 항공기'이고, 항공기관사는 '모든 형식의 항공기'이다.

문제 39 모든 형식의 항공기로 한정할 수 있는 자격증명은?

㉮ 자가용 조종사　　㉯ 항공기관사
㉰ 항공관제사　　㉱ 사업용 조종사

해설 법 제37조 제1항, 시행규칙 제81조 제4항. 항공기형식으로 제한하는 경우 조종사는 '비행교범에 2명 이상의 조종사가 필요로 하는 것으로 되어 있는 항공기'이고, 항공기관사는 '모든 형식의 항공기'이다.

문제 40 조종사 자격증명의 경우 한정할 수 있는 항공기의 형식은?

㉮ 국제선에 사용되는 일정한 최대이륙중량을 초과하는 항공기
㉯ 모든 형식의 항공기
㉰ 터빈발동기가 장착된 항공기
㉱ 비행교범에 2명 이상의 조종사가 필요한 것으로 되어 있는 항공기

해설 법 제37조 제1항, 시행규칙 제81조 제4항. 항공기형식으로 제한하는 경우 조종사는 '비행교범에 2명

이상의 조종사가 필요로 하는 것으로 되어 있는 항공기'이고, 항공기관사는 '모든 형식의 항공기'이다.

문제 41 **조종사가 자격증명을 받을 경우 형식한정을 받아야 하는 항공기는?**

㉮ 비행교범에 2명 이상의 조종사가 필요한 것으로 되어 있는 항공기
㉯ 지방항공청장이 지정하는 형식의 항공기
㉰ 비행교범에 1명의 조종사로 운항이 허가된 헬리콥터
㉱ 일정한 최대이륙중량을 초과하는 항공기

해설 법 제37조 제1항, 시행규칙 제81조 제4항. 항공기형식으로 제한하는 경우 조종사는 '비행교범에 2명 이상의 조종사가 필요로 하는 것으로 되어 있는 항공기' 또는 국토교통부장관이 지정하는 형식의 항공기이다.

문제 42 **자격증명을 한정할 수 있는 항공기의 등급은?**

㉮ 동력항공기, 무동력항공기
㉯ 고정익항공기, 회전익항공기
㉰ 육상단발항공기, 수상다발항공기
㉱ 비행기, 헬리콥터

해설 법 제37조 제1항, 시행규칙 제81조 제3항. 한정할 수 있는 항공기의 등급은 육상단발, 육상다발, 수상단발, 수상다발이다.

문제 43 **자격증명을 한정할 수 있는 항공기의 등급은?**

㉮ 육상단발항공기, 수상다발항공기
㉯ 고정익항공기, 회전익항공기
㉰ 비행선, 항공우주선
㉱ 조종사가 2명 필요한 항공기

해설 법 제37조 제1항, 시행규칙 제81조 제3항. 한정할 수 있는 항공기의 등급은 육상단발, 육상다발, 수상단발, 수상다발이다.

문제 44 **다음 중 항공기의 종류, 등급, 형식에 대한 조합 중 옳은 것은?**

㉮ C172, 육상단발, 비행기
㉯ 비행기, C172, 육상단발
㉰ 육상단발, C172, 비행기
㉱ 비행기, 육상단발, C172

해설 법 제37조 제1항, 시행규칙 제81조

문제 45 **다음 중 항공기의 종류, 등급, 형식에 대한 조합 중 옳은 것은?**

㉮ 비행기, 육상다발, B747
㉯ 비행기, B747, 육상다발
㉰ 육상다발, B747, 비행기
㉱ B747, 육상다발, 비행기

해설 법 제37 조제1항, 시행규칙 제81조

문제 46 **자격증명의 한정에 대한 설명 중 옳은 것은?**

㉮ 모든 항공종사자의 자격증명은 항공기의 종류에 따라 한정할 수 있다.
㉯ 항공정비사는 항공기의 종류, 등급 또는 형식으로 한정할 수 있다.
㉰ 자가용 조종사는 항공기의 종류, 등급 또는 형식으로 한정할 수 있다.
㉱ 항공기관사는 항공기의 종류 및 등급으로 한정할 수 있지만 형식으로 한정할 수는 없다.

해설 법 제37조 제1항. ㉮항 항공종사자의 자격증명 중 항공사, 항공교통관제사, 운항관리사는 한정할 수 없다. ㉯항 항공정비사는 항공기(경량)의 종류 및 정비분야로 한정할 수 있다. ㉱항 항공기관사는 항공기의 종류, 등급 또는 형식으로 한정할 수 있다.

문제 47 **자격증명의 한정에 관한 설명 중 틀린 것은?**

㉮ 자격증명의 한정을 받은 항공종사는 그 한정된 종류, 등급 또는 형식 외의 항공기・경량항공기나 한정된 정비분야 외의 항공업무에 종사해서는 아니된다.
㉯ 항공기의 종류・등급 또는 형식을 한정하는 경우 자격증명을 받으려는 사람이 실기시험에 사용하는 항공기의 종류・등급 또는 형식으로 한정할 필요는 없다.
㉰ 조종사 자격증명에 한정하는 항공기의 형식으로 '비행교범에 2명 이상의 조종사가 필요한 것으로 되어 있는 항공기'로 한정할 수 있다.
㉱ 한정하는 항공기의 등급은 육상항공기의 경우 육상단발 및 육상다발로 한정한다.

해설 ㉮항 법 제37조 제2항. ㉯항 시행규칙 제81조 제1항 항공기의 종류・등급 또는 형식을 한정하는 경우에는 자격증명을 받으려는 사람이 실기시험에 사용하는 항공기의 종류・등급 또는 형식으로 한정하여야 한다. ㉰항 시행규칙 제81조 제4항. ㉱항 시행규칙 제81조 제3항.

문제 48 **자격증명의 한정에 관한 설명 중 틀린 것은?**

㉮ 항공기관사의 자격증명은 기체, 왕복발동기, 터빈발동기, 프로펠러 관련 분야로 한정할 수 있다.
㉯ 한정하는 항공기의 등급으로 단발 및 다발로 한정할 수 있다.
㉰ 항공기의 종류・등급 또는 형식을 한정하는 경우에는 자격증명을 받으려는 사람이

실기시험에 사용하는 항공기의 종류·등급 또는 형식으로 한정하여야 한다.
㉣ 모든 조종사 자격증명은 항공기의 종류, 등급 또는 형식으로 한정할 수 있다.

해설 ㉮항 시행규칙 제81조 제6항. 항공정비사 자격증명을 한정할 수 있는 정비분야에 대한 설명이다. ㉯항 시행규칙 제81조 제3항 일반적으로 항공기의 등급은 단발 및 다발로 한정할 수 있다. ㉰항 시행규칙 제81조 제1항. ㉣항 법 제37조 제1항.
항공기의 종류(비행기, 헬리콥터, 비행선, 활공기, 항공우주선) v 등급 (단발, 다발) v 형식(2명의 조종사 필요한 항공기) v 정비분야(기체, 왕복발동기, 터빈발동기, 프로펠러)

문제 49 **활공기의 경우 한정하는 등급의 구분은?**

㉮ 상급, 중급, 하급　　㉯ 대형, 소형
㉰ 상급, 중급　　㉣ 육상, 해상

해설 법 제37조제1항, 시행규칙 제81조 제3항. 활공기의 등급은 상급(특수, 상급), 중급(중급, 초급).

문제 50 **활공기에 대한 자격증명을 한정하는 경우 활공기의 종류는?**

㉮ 특수, 상급, 중급, 초급　　㉯ 특수, 상급, 중급, 하급
㉰ 특수, 대형, 중형, 소형　　㉣ 상급, 중급, 초급, 기초

해설 법 제37조 제1항, 시행규칙 제81조 제3항. 활공기의 등급은 상급(특수, 상급), 중급(중급, 초급).

법 제38조(시험의 실시 및 면제) ① 자격증명을 받으려는 사람은 국토교통부령으로 정하는 바에 따라 항공업무에 종사하는 데 필요한 지식 및 능력에 관하여 국토교통부장관이 실시하는 학과시험 및 실기시험에 합격하여야 한다.
② 국토교통부장관은 제37조에 따라 자격증명을 항공기·경량항공기의 종류, 등급 또는 형식별로 한정(제44조에 따른 계기비행증명 및 조종교육증명을 포함한다)하는 경우에는 항공기·경량항공기 탑승경력 및 정비경력 등을 심사하여야 한다. 이 경우 항공기·경량항공기의 종류 및 등급에 대한 최초의 자격증명의 한정은 실기시험으로 심사할 수 있다.
③ 국토교통부장관은 다음 각 호의 어느 하나에 해당하는 사람에게는 국토교통부령으로 정하는 바에 따라 제1항 및 제2항에 따른 시험 및 심사의 전부 또는 일부를 면제할 수 있다.
1. 외국정부로부터 자격증명을 받은 사람
2. 제48조에 따른 전문교육기관의 교육과정을 이수한 사람
3. 항공기·경량항공기 탑승경력 및 정비경력 등 실무경험이 있는 사람
4. 「국가기술자격법」에 따른 항공기술분야의 자격을 가진 사람
④ 국토교통부장관은 제1항에 따라 학과시험 및 실기시험에 합격한 사람에 대해서는 자격증명서를 발급하여야 한다.

규칙 제77조(비행경력의 증명) ① 제76조 제1호에 따른 경력 중 비행경력은 다음 각 호의 구분에 따라 증명된 것이어야 한다.

1. 자격증명을 받은 조종사의 비행경력: 비행이 끝날 때마다 해당 기장이 증명한 것
2. 법 제46조 제2항의 허가를 받은 사람의 비행경력: 조종연습비행이 끝날 때마다 그 조종교관이 증명한 것
3. 제1호 및 제2호 외의 비행경력: 비행이 끝날 때마다 그 사용자, 감독자 또는 그 밖에 이에 준하는 사람이 증명한 것

② 제1항에 따른 비행경력의 증명은 별지 제36호 서식의 비행경력증명서에 따른다.

규칙 제78조(비행시간의 산정) 제77조에 따른 비행경력을 증명할 때 그 비행시간은 다음 각 호의 구분에 따라 산정(算定)한다.

1. 조종사 자격증명이 없는 사람이 조종사 자격증명시험에 응시하는 경우: 법 제46조 제2항의 허가를 받은 사람이 단독 또는 교관과 동승하여 비행한 시간
2. 자가용 조종사 자격증명을 받은 사람이 사업용 조종사 자격증명시험에 응시하는 경우(사업용 조종사 또는 부조종사 자격증명을 받은 사람이 운송용 조종사 자격증명시험에 응시하는 경우를 포함한다): 다음 각 목의 시간을 합산한 시간
   가. 단독 또는 교관과 동승하여 비행하거나 기장으로서 비행한 시간
   나. 비행교범에 따라 항공기운항을 위하여 2명 이상의 조종사가 필요한 항공기의 기장 외의 조종사로서 비행한 시간
   다. 기장 외의 조종사로서 기장의 지휘·감독 하에 기장의 임무를 수행한 경우 그 비행시간. 다만, 한 사람이 조종할 수 있는 항공기에 기장 외의 조종사가 탑승하여 비행하는 경우 그 기장 외의 조종사에 대해서는 그 비행시간의 2분의 1
3. 항공사 또는 항공기관사 자격증명시험에 응시하는 경우: 별표 4에서 정한 실제 항공기에 탑승하여 해당 항공사 또는 항공기관사에 준하는 업무를 수행한 경우 그 비행시간

규칙 제85조(과목합격의 유효) 자격증명시험 또는 한정심사의 학과시험의 일부 과목 또는 전 과목에 합격한 사람이 같은 종류의 항공기에 대하여 자격증명시험 또는 한정심사에 응시하는 경우에는 제83조 제1항에 따른 통보가 있는 날(전 과목을 합격한 경우에는 최종과목의 합격통보가 있는 날)부터 2년 이내에 실시(자격증명시험 또는 한정심사 접수마감일을 기준으로 한다)하는 자격증명시험 또는 한정심사에서 그 합격을 유효한 것으로 한다.

규칙 제87조(항공종사자 자격증명서의 발급 및 재발급 등) ① 한국교통안전공단의 이사장은 자격증명시험 또는 한정심사의 학과시험 및 실시시험의 전 과목을 합격한 사람이 별지 제37호서식의 자격증명서 (재)발급신청서(전자문서로 된 신청서를 포함한다)를 제출한 경우 별지 제38호서식의 항공종사자 자격증명서를 발급하여야 한다. 다만, 법 제35조 제1호부터 제7호까지

의 자격증명의 경우에는 법 제40조에 따른 항공신체검사증명서를 제출받아 이를 확인한 후 자격증명서를 발급하여야 한다.

규칙 제88조(자격증명시험의 면제) ① 법 제38조 제3항 제1호에 따라 외국정부로부터 자격증명(임시 자격증명을 포함한다)을 받은 사람에게는 다음 각 호의 구분에 따라 자격증명시험의 일부 또는 전부를 면제한다.

1. 다음 각 목의 어느 하나에 해당하는 항공업무를 일시적으로 수행하려는 사람으로서 해당 자격증명시험에 응시하는 경우: 학과시험 및 실기시험의 면제
   가. 새로운 형식의 항공기 또는 장비를 도입하여 시험비행 또는 훈련을 실시할 경우의 교관요원 또는 운용요원
   나. 대한민국에 등록된 항공기 또는 장비를 이용하여 교육훈련을 받으려는 사람
   다. 대한민국에 등록된 항공기를 수출하거나 수입하는 경우 국외 또는 국내로 승객·화물을 싣지 아니하고 비행하려는 조종사
2. 일시적인 조종사의 부족을 충원하기 위하여 채용된 외국인 조종사로서 해당 자격증명시험에 응시하는 경우: 학과시험(항공법규는 제외한다)의 면제
3. 모의비행장치 교관요원으로 종사하려는 사람으로서 해당 자격증명시험에 응시하는 경우: 학과시험(항공법규는 제외한다)의 면제
4. 제1호부터 제3호까지의 규정 외의 경우로서 해당 자격증명시험에 응시하는 경우: 학과시험(항공법규는 제외한다)의 면제

② 법 제38조 제3항 제2호 또는 제3호에 해당하는 사람이 해당 자격증명시험에 응시하는 경우에는 별표 7 제1호에 따라 실기시험의 일부를 면제한다.

규칙 제89조(한정심사의 면제) ① 법 제38조 제3항 제1호에 따라 외국정부로부터 자격증명의 한정(임시 자격증명의 한정을 포함한다)을 받은 사람이 해당 한정심사에 응시하는 경우에는 학과시험과 실기시험을 면제한다.

② 법 제38조 제3항 제2호에 따라 국토교통부장관이 지정한 전문교육기관에서 항공기에 관한 전문교육을 이수한 조종사 또는 항공기관사가 교육이수 후 180일 이내에 교육받은 것과 같은 형식의 항공기에 관한 한정심사에 응시하는 경우에는 국토교통부장관이 정하는 바에 따라 실기시험을 면제한다. 다만, 항공기의 소유자등이 새로운 형식의 항공기를 도입하는 경우 그 항공기의 조종사 또는 항공기관사에 관한 한정심사에서는 그 응시자가 외국정부가 인정한 외국의 전문교육기관(항공기 제작사 소속 훈련기관을 포함한다)에서 항공기에 관한 전문교육을 이수한 경우에는 국토교통부장관이 정하는 바에 따라 학과시험과 실기시험을 면제한다.

③ 법 제38조 제3항 제3호에 따른 실무경험이 있는 사람이 한정심사에 응시하는 경우에는 별표 7 제2호에 따라 실기시험의 일부를 면제한다.

규칙 제90조(조종사 등이 받은 자격증명의 효력) ① 자가용 조종사 자격증명을 받은 사람이 같은 종류의 항공기에 대하여 부조종사 또는 사업용 조종사의 자격증명을 받은 경우에는 종전의 자가용 조종사 자격증명에 관한 항공기형식의 한정 또는 계기비행증명에 관한 한정은 새로 받은 자격증명에도 유효하다.

② 부조종사 또는 사업용 조종사의 자격증명을 받은 사람이 같은 종류의 항공기에 대하여 운송용 조종사 자격증명을 받은 경우에는 종전의 자격증명에 관한 항공기 형식의 한정 또는 계기비행증명 · 조종교육증명에 관한 한정은 새로 받은 자격증명에도 유효하다.

③ 항공정비사 자격증명을 받은 사람이 비행기 한정을 받은 경우에는 활공기에 대한 한정을 함께 받은 것으로 본다.

자격증명을 받으려는 사람은 국토교통부령이 정하는 바에 따라 항공업무에 필요한 지식 및 능력에 관하여 학과시험 및 실시시험에 합격하여야 한다. 시행규칙 제76조에 따른 별표 4에 의하면 시험에 응시하기 위해서는 일정한 경력이 있어야 한다. 이중 비행경력에 대해서 시행규칙 제77조에서 증명방법(해당 기장, 조종교관, 사용자 · 감독자)에 대해서 규정하고 있다. 비행경력을 증명할 때 그 비행시간에 관한 산정방법은 비행규칙 제78조에서 규정하고 있다. 조종연습생은 단독(허가) 또는 교관동승, 상급조종사 응시생은 기장, 2명 이상 필요 항공기기장 외 조종사, 기장 외 조종사로서 기장의 지휘감독 기장임무수행, 한 사람 조종가능 항공기에 기장 외의 조종은 1/2 인정. 시행규칙 제82조는 자격증명시험의 학과시험 및 실기시험의 과목과 범위를 별표 5에서 규정하고 있다. 이중 조종사의 실기시험의 범위는 조종기술, 계기비행절차(운송용, 부조종사), 무선기기 취급법, 공지통신연락, 항법기술, 해당 자격의 수행에 필요한 기술이다. 시행규칙 제82조는 시험의 학과시험에 합격한 사람이 같은 종류의 항공기에 대하여 시험에 응시하는 경우 최종과목의 합격통보가 있은 날부터 2년 이내에 실시하는 시험에서 그 합격을 유효한 것으로 본다. 시행규칙 제87조는 자격증명서의 발급주체는 한국교통안전공단의 이사장이며, 법 제35조 제1호부터 7호 자격증명의 경우(항공정비사, 운항관리사 제외) 항공신체검사 증명서를 제출받아 확인한 후 자격증명서를 발급하여야 한다.

법 제38조 및 시행규칙 제88조는 다음 각호에 해당하는 사람에게는 시험 및 심사의 전부 또는 일부를 면제할 수 있다. 외국정부로부터 자격증명(임시자격증명 포함)을 받은 사람(시험의 일부 또는 전부면제), 전문교육기관의 교육과정을 이수한 사람, 항공기 및 경량항공기 탑승경력 및 정비경력 등 실무경험이 있는 사람(실기시험 중 구술시험만 실시), 국가기술자격법에 따른 항공기술분야의 자격을 가진 사람. 별표 7에서 구체적으로 규정하고 있다.

시행규칙 제89조. 한정시험의 경우 외국정부로부터 자격증명의 한정(임시자격증명의 한정을 포함)을 받은 사람은 해당 한정심사에 응시하는 경우 학과시험과 실기시험을 면제한다. 그리고 전문교육기관에서 항공기에 관한 전문교육을 이수한 조종사 또는 항공기관사가 교육이수 후 180일 이내에 교육받은 것과 같은 형식의 항공기에 관한 한정심사에 응하는 경우에는 실기시험을 면제한다. 실무경험이 있는 사람이 한정심사에 응시하는 경우 별표 7에 따라 실기시험 중 구술시험만 실시한다. 별표 7에서 구체적으로 규정한다.

시행규칙 제90조. 자가용 조종사가 같은 종류의 항공기에 대해서 부조종사, 사업용 조종사 자격증명을 받은 경우 종전의 자가용 조종사 자격증명에 관한 항공기의 형식, 계기비행증명의 한정은 새로 받은 자격증명에도 유효하다. 부조종사, 사업용 조종사가 운송용 조종사 자격증명을 받은 경우 항공기의 형식, 계기비행증명, 조종교육증명에 관한 한정은 새로 받은 자격증명에도 유효하다.

- 시험 및 심사를 면제할 수 있는 4가지 경우에 대해 2번 출제된 바 있다. 외국정부로부터 임시 자격증명을 받은 경우와 정식자격증명을 받은 경우는 동일하게 시험 및 심사를 면제할 수 있다. 180일은 전문교육을 이수한 경우와 관련된 것임을 유의한다.

- 비행경력증명(시행규칙 제77조)에 관해 3번 출제되었다. 해당기장, 조종교관, 사용자 · 감독자의 증명이 필요하다. 이 중 자격증명을 받은 조종사의 비행경력은 비행이 끝날 때 마다 해당 기장이 증명해야 한다. '해당 기장' 대신 '해당 조종사'가 오답으로 자주 출제되었다.

- 비행경력을 증명할 때 비행시간의 산정방법(시행규칙 제78조)에 대해 5번 출제되었다. 기장 외의 조종사로 조종한 경우 1/2 인정된다는 내용, 기장의 지휘감독 하에 기장의 임무를 수행하는 경우 전부 인정

- 조종사의 실기시험의 범위(시행규칙 제82조, 별표 5)는 1번 출제되었다. 조종기술, 계기비행절차(경량항공기, 자가용 조종사, 사업용 조종사는 제외), 무선기기취급법, 공지통신연락, 항법기술, 해당 자격의 수행에 필요한 기술.

- 과목합격의 유효기간(시행규칙 제85조)는 4번 출제되었다. 학과시험의 일부 · 전부 합격한 경우 최종과목의 합격통보가 있는 날부터 2년 이내에 실시하는 같은 종류의 항공기에 대한 시험에서 그 합격을 유효한 것으로 본다. 응시한 날이 아니라 통보한 날, 2년, 같은 종류 항공기.

- (1번 출제) 자격증명서의 발급주체는 한국교통안전공단 이사장이고 항공신체검사증명서를 제출받아 확인한 후 발급하여야 한다(시행규칙 제87조).

- (9번 출제) 법 제38조 제3항 및 시행규칙 제88조를 합하면, 외국정부로부터 자격증명을 받은 사람은 시험의 일부 또는 전부 면제가능하고(학과 또는 실기시험으로 특정되지 않음), 전문교육기관의 교육과정을 이수했거나 경력 등 실무경험이 있는 사람은 실기시험 중 구술시험만 실시한다(모든 실기시험이 면제되는 것은 아니다). 별표 7 중 자가용 조종사는 비행경력 300시간 또는 전문교육기관에서 과정이수한 사람은 실기시험 중 구술시험만 실시. 사업용 조종사는 비행경력 1,500시간 또는 전문교육기관에서 과정이수한 사람은 실기시험 중 구술시험만 실시. 운송용 조종사는, 사업용 조종사로 계기비행증명 및 형식에 대한 한정자격증명을 받은 사람 또는 부조종사 자격증명을 받은 사람은 실기시험 중 구술시험만 실시한다.

★ (10번 출제, 간단한 별표 7 비행시간에 관해서 5번, 시행규칙 제89조에 관해서 5번) 시행규칙 제89조. 한정시험의 경우 외국정부로부터 한정자격증명을 받은 사람이 해당 한정심사에 응시하는 경우 학과시험 및 실기시험 모두 면제, 전문교육기관에서 이수한 후 180일 이내에 교육받은 것과 같은 형식의 항공기에 관한 한정심사에 응시하는 경우 실기시험을 면제, 비행경력이 있는 경우 별표 7에 따라 실기시험 일부 면제. 실기시험 중 구술시험만 실시하는 면제대상은, 형식을 추가하는 경우 비행시간이 200시간 이상(훈련비행시간 제외) 종류 또는 등급을 추가하는 경우 해당 종류 또는 등급의 비행경력이 1,500시간 이상.

★ (12번 출제) 시행규칙 제90조. 구체적인 규정에 대해서 출제되므로 그대로 암기해야 함. 자가용 조종사가 부조종사, 사업용 조종사 자격증명을 받은 경우 형식, 계기비행증명의 한정은 그대로 유효. 부조종사, 사업용 조종사가 운송용 조종사 자격증명을 받은 경우 형식, 계기비행증명, 조종교육증명의 한정은 그대로 유효. 주로 출제되는 문제는, 상급조종사 자격증명을 받은 경우 한정된 것은 어떻게 되는지(정답은 그대로 유효), 유효하게 한정되는 것은 무엇인지(항공기의 종류, 등급은 유효하지 않음), 자가용이 부조종사, 사업용취득시 형식, 계기비행증명/사업용, 부조종사가 운송용 취득시 형식, 계기비행, 조종교육증명

문제 51 **다음 중 비행경력의 증명방법에 대해서 틀린 것은?**

㉮ 자격증명을 받은 조종사의 비행경력은 비행이 끝날 때마다 해당 기장에 의해 증명된 것이어야 한다.

㉯ 법 제46조 제2항의 허가를 받은 사람의 비행경력은 조종연습비행이 끝날 때마다 그 조종교관에 의해 증명된 것이어야 한다.

㉰ 기타의 경우 비행이 끝날 때마다 그 사용자, 감독자 또는 그 밖에 이에 준하는 사람에 의해 증명된 것어야 한다.

㉱ 자격증명을 받은 조종사의 비행경력은 비행이 끝날 때마다 해당 조종사가 직접 비행경력증명서로 증명할 수 있다.

해설 법 제38조 제1항, 시행규칙 제77조. 자격증명을 받은 조종사의 비행경력은 비행이 끝날 때마다 해당 기장에 의해 증명된 것이어야 한다. 시행규칙 제77조 제4항 비행경력의 증명은 비행경력증명서에 따르지만, 발급자는 해당 기장이어야 한다.

문제 52 **다음 중 비행경력의 증명방법에 대해서 틀린 것은?**

㉮ 자격증명을 받은 조종사의 비행경력은 비행이 끝날 때마다 해당 기장에 의해 증명된 것이어야 한다.

㉯ 법 제46조 제2항의 허가를 받은 사람의 비행경력은 조종연습비행이 끝날 때마다 그 조종교관에 의해 증명된 것이어야 한다.

㉰ 위 두 가지 경우 이외의 비행경력은 비행이 끝날 때마다 반드시 감독자에 의해 증명된 것이어야 한다.

㉱ 비행경력의 증명은 비행경력증명서에 따른다.

해설 법 제38조 제1항, 시행규칙 제77조. 기타의 경우 비행이 끝날 때마다 그 사용자, 감독자 또는 그 밖에 이에 준하는 사람에 의해 증명된 것이어야 한다.

문제 53 **다음 중 비행경력을 증명할 때 그 비행시간을 산정하는 방법에 관한 설명 중 틀린 것은?**

㉮ 조종연습생은 단독 또는 교관과 동승하여 비행한 시간 전부

㉯ 조종사 자격증명을 받은 사람이 단독 또는 교관과 동승하여 비행한 시간 전부

㉰ 조종사 자격증명을 받은 사람이 기장 외의 조종사로서 기장의 지휘·감독 하에 기장의 임무를 수행한 경우 그 비행시간 전부

㉱ 조종사 자격증명을 받은 사람이 기장 외의 조종사로 비행한 경우 그 비행시간의 전부

해설 법 제37조 제1항, 시행규칙 제78조 단독 또는 교관과 동승하여 비행하거나 기장으로서 비행한 시간, 비행교범에 따라 항공기운항을 위하여 2명 이상의 조종사가 필요한 항공기의 기장 외의 조종사로서 비행한 시간, 기장 외의 조종사로서 기장의 지휘·감독 하에 기장의 임무를 수행한 경우 그 비행시간. 다만, 한 사람이 조종할 수 있는 항공기에 기장 외의 조종사가 탑승하여 비행하는 경우 그 기장 외의 조종사에 대해서는 그 비행시간의 2분의 1.

※ 기장 외의 조종사로서 비행한 시간은, 2명 이상의 조종사가 필요한 항공기의 경우에는 전부 인정, 한 사람이 조종할 수 있는 항공기의 경우에는 1/2 인정. 문제에서는 다른 보기가 정확하므로 ㉱항이 정답이다.

문제 54 **기장 외의 조종사로서 기장의 지휘·감독 하에 기장의 임무를 수행한 경우 그 비행시간이 비행경력으로 인정되는 범위는?**

㉮ 비행시간 전부
㉯ 비행시간의 1/2
㉰ 비행시간의 1/3
㉱ 비행시간의 2배

해설 법 제37조 제1항, 시행규칙 제78조 기장 외의 조종사로서 기장의 지휘·감독 하에 기장의 임무를 수행한 경우 그 비행시간

문제 55 **한 사람이 조종할 수 있는 항공기에 기장 외의 조종사가 탑승하여 비행하는 경우 그 기장 외의 조종사에 대해서는 그 비행시간이 비행경력으로 인정되는 범위는?**

㉮ 비행시간 전부
㉯ 비행시간의 1/2
㉰ 비행시간의 1/3
㉱ 비행시간의 2배

해설 법 제37조 제1항, 시행규칙 제78조 한 사람이 조종할 수 있는 항공기에 기장 외의 조종사가 탑승하여 비행하는 경우 그 기장 외의 조종사에 대해서는 그 비행시간의 2분의 1

문제 56 **비행교범에 따라 항공기운항을 위하여 2명 이상의 조종사가 필요한 항공기의 기장 외의 조종사로서 비행한 시간이 비행경력으로 인정되는 범위는?**

㉮ 비행시간 전부
㉯ 비행시간의 1/2
㉰ 비행시간의 1/3
㉱ 비행시간의 2배

해설 법 제37조 제1항, 시행규칙 제78조 비행교범에 따라 항공기운항을 위하여 2명 이상의 조종사가 필요한 항공기의 기장 외의 조종사로서 비행한 시간

문제 57 **비행경력을 증명할 때 그 비행시간의 산정방법으로 옳은 것은?**

㉮ 조종사 자격증명이 없는 사람이 조종사 자격증명시험에 응시하는 경우 허가를 받은 사람이 단독 또는 교관과 동승하여 비행한 시간 전부
㉯ 자가용 조종사 자격증명을 받은 사람이 사업용 조종사 자격증명시험에 응시하는 경우 단독 또는 교관으로 동승하여 비행한 시간의 1/2
㉰ 사업용 조종사 자격증명을 받은 사람이 운송용 조종사 자격증명시험에 응시하는 경우 기장 외의 조종사로서 비행한 시간의 전부
㉱ 부조종사 자격증명을 받은 사람이 운송용 조종사 자격증명시험에 응시하는 경우 부기장으로서 비행한 시간의 전부

해설 법 제37조 제1항, 시행규칙 제78조. ㉯항 비행시간 전부 인정. ㉰항 및 ㉱항 기장 외의 조종사로서 비행한 시간은, 2명 이상의 조종사가 필요한 항공기의 경우에는 전부 인정, 한 사람이 조종할 수 있는 항공기의 경우에는 1/2 인정. 문제에서는 ㉮항이 명확하게 정답이므로 ㉮항이 정답임.

문제 58 **다음 중 조종사 자격증명이 있는 사람의 비행시간이 비행경력으로 인정되는 기준에 대해서 틀린 것은?**

㉮ 단독으로 비행한 시간
㉯ 기장이 아닌 조종사로서 비행한 시간의 1/2
㉰ 기장 외의 조종사로서 기장의 지휘・감독 하에 기장의 임무를 수행한 경우 그 비행시간의 1/2
㉱ 교관과 동승하여 비행한 시간

해설 법 제37조 제1항, 시행규칙 제78조 단독 또는 교관과 동승하여 비행하거나 기장으로서 비행한 시간, 기장 외의 조종사로서 기장의 지휘・감독 하에 기장의 임무를 수행한 경우 그 비행시간. 다만, 한 사람이 조종할 수 있는 항공기에 기장 외의 조종사가 탑승하여 비행하는 경우 그 기장 외의 조종사에 대해서는 그 비행시간의 2분의 1

※ 기장이 아닌 조종사로서 비행한 시간의 1/2 인정된다는 보기는 옳은 것으로 출제되었다.

문제 59 **자가용 조종사의 자격증명의 실기시험의 범위에 해당하지 않는 것은?**

㉮ 조종기술 ㉯ 무선기기취급법
㉰ 공지통신연락 ㉱ 계기비행절차

해설 시행규칙 제82조, 별표 5. 조종사의 실기시험의 범위는 조종기술, 계기비행절차, 무선기기취급법, 공지통신연락, 항법기술, 해당 자격의 수행에 필요한 기술이다. 이중 계기비행절차는 경량항공기 조종사, 자가용 조종사 및 사업용 조종사의 경우는 제외한다.

문제 60 **경량항공기 조종사의 자격증명의 실기시험의 범위에 해당하지 않는 것은?**

㉮ 조종기술 ㉯ 무선기기취급법
㉰ 계기비행절차 ㉱ 공지통신연락

해설 시행규칙 제82조, 별표 5. 조종사의 실기시험의 범위는 조종기술, 계기비행절차, 무선기기취급법, 공지통신연락, 항법기술, 해당 자격의 수행에 필요한 기술이다. 이중 계기비행절차는 경량항공기 조종사, 자가용 조종사 및 사업용 조종사의 경우는 제외한다.

문제 61 **자격증명시험의 학과시험에 합격한 경우 그 합격의 유효기간은?**

㉮ 합격통보가 있는 날부터 2년 이내에 실시하는 시험
㉯ 합격한 시험에 응시한 날부터 2년 이내에 실시하는 시험
㉰ 합격통보가 있는 날부터 1년 이내에 실시하는 시험
㉱ 합격한 시험에 응시한 날부터 1년 이내에 실시하는 시험

해설 시행규칙 제85조 학과시험의 일부 · 전부 합격한 경우 최종과목의 합격통보가 있는 날부터 2년 이내에 실시하는 같은 종류의 항공기에 대한 시험에서 그 합격을 유효한 것으로 본다.

문제 62 **자격증명시험 또는 한정심사의 과목합격의 유효기간은?**

㉮ 최종과목의 합격통보가 있는 날부터 2년 이내에 실시하는 시험
㉯ 최종과목을 합격한 시험에 응시한 날부터 2년 이내에 실시하는 시험
㉰ 최종과목의 합격통보가 있는 날부터 1년 이내에 실시하는 시험
㉱ 최종과목을 합격한 시험에 응시한 날부터 1년 이내에 실시하는 시험

해설 시행규칙 제85조 학과시험의 일부 · 전부합격한 경우 최종과목의 합격통보가 있는 날부터 2년 이내에 실시하는 같은 종류의 항공기에 대한 시험에서 그 합격을 유효한 것으로 본다.

문제 63 **자격증명시험의 과목합격의 유효기간에 대한 설명 중 틀린 것은?**

㉮ 자격증명시험의 학과시험의 전 과목에 합격한 사람은 합격통보가 있는 날부터 2년 이

내에 실시하는 모든 종류의 항공기에 대한 시험에서 그 합격을 유효한 것으로 본다.

㉯ 자격증명시험의 학과시험의 일부과목에 합격한 경우에는 합격통보가 있는 날부터 1년 이내에 실시하는 시험에서 그 합격을 유효한 것으로 본다.

㉰ 한정심사의 학과시험의 일부과목에 합격한 경우에는 합격통보가 있는 날부터 1년 이내에 실시하는 시험에서 그 합격을 유효한 것으로 본다.

㉱ 자격증명시험의 학과시험의 일부과목에 합격한 경우 다른 종류의 항공기에 대한 시험에는 그 합격이 유효하지 않다.

해설 시행규칙 제85조 학과시험의 일부 · 전부합격한 경우 최종과목의 합격통보가 있는 날부터 2년 이내에 실시하는 같은 종류의 항공기에 대한 시험에서 그 합격을 유효한 것으로 본다.

문제 64 **자격증명시험의 학과시험 및 실기시험을 합격한 사람이 발급신청서를 제출한 경우 항공종사자 자격증명서를 발급하는 주체는 누구인가?**

㉮ 국토교통부장관
㉯ 한국교통안전공단의 이사장
㉰ 지방항공청장
㉱ 항공교통본부장

해설 법 제38조 시행규칙 제87조 한국교통안전공단의 이사장은 자격증명시험 또는 한정심사의 학과시험 및 실시시험의 전 과목을 합격한 사람이 자격증명서 (재)발급신청서를 제출한 경우 항공종사자 자격증명서를 발급하여야 한다. 다만, 법 제35조 제1호부터 제7호까지의 자격증명의 경우에는 항공신체검사증명서를 제출받아 이를 확인한 후 자격증명서를 발급하여야 한다.

문제 65 **항공종사자 자격증명서의 발급과 관련한 설명 중 틀린 것은?**

㉮ 자가용 조종사의 자격증명서를 발급받기 위해서는 항공신체검사 증명서를 먼저 발급받아야 한다.

㉯ 항공종사자 자격증명서는 한국교통안전공단의 이사장이 발급한다.

㉰ 항공기관사의 자격증명서를 발급받기 위해서는 항공신체검사 증명서를 같이 제출할 필요가 없다.

㉱ 운항관리사의 자격증명서를 발급받기 위해서는 항공신체검사 증명서를 같이 제출할 필요가 없다.

해설 법 제38조 시행규칙 제87조 한국교통안전공단의 이사장은 자격증명시험 또는 한정심사의 학과시험 및 실시시험의 전 과목을 합격한 사람이 자격증명서 (재)발급신청서를 제출한 경우 항공종사자 자격증명서를 발급하여야 한다. 다만, 법 제35조 제1호부터 제7호까지의 자격증명의 경우에는 항공신체검사 증명서를 제출받아 이를 확인한 후 자격증명서를 발급하여야 한다. 항공정비사 및 운항관리사의 경우 항공신체검사 증명서를 제출할 필요가 없다.

문제 66 **사업용 조종사의 자격증명시험의 경우 비행경력이 (　　)시간 이상인 사람은 실기시험 중 일부 면제된다. 괄호 안에 알맞은 말은?**

㉮ 1,500　　　　㉯ 1,200

㉰ 500　　　　㉱ 300

해설 법 제38조 시행규칙 제88조 별표 7. 사업용 조종사는 1,500시간, 자가용 조종사는 300시간. 실기시험 중 구술시험만 실시.

문제 67 **자가용 조종사의 자격증명시험의 경우 비행경력이 (　　)시간 이상인 사람은 실기시험 중 구술시험만 실시한다. 괄호 안에 알맞은 말은?**

㉮ 1,500　　　　㉯ 1,200

㉰ 500　　　　㉱ 300

해설 법 제38조 시행규칙 제88조 별표 7. 사업용 조종사는 1,500시간, 자가용 조종사는 300시간. 실기시험 중 구술시험만 실시.

문제 68 **다음 중 자격증명을 위한 시험 및 심사의 전부 또는 일부를 면제할 수 있는 사람은?**

㉮ 외국정부로부터 자격증명을 받은 사람

㉯ 전문교육기관의 교육과정을 이수한 사람

㉰ 외국정부로부터 받은 임시자격증명을 받은 후 6개월 이내에 시험에 응시한 사람

㉱ 탑승경력 및 정비경력 등 실무경험이 있는 사람

해설 법 제38조 제3항. ㉰항 외국정부로부터 임시 자격증명을 받은 경우와 정식 자격증명을 받은 경우는 동일하다.

문제 69 **다음 중 자격증명을 시험 및 심사의 면제와 관련되어 틀린 것은?**

㉮ 자격증명을 받으려는 사람은 항공업무에 종사하는데 필요한 지식 및 능력에 관하여 학과시험과 실시시험에 합격하여야 한다.

㉯ 자격증명을 항공기·경량항공기의 종류, 등급 또는 형식별로 한정하는 경우에는 항공기·경량항공기 탑승경력 및 정비경력 등을 심사하여야 한다.

㉰ 자격증명을 항공기·경량항공기의 종류, 등급 또는 형식별로 최초의 자격증명의 한정은 실기시험으로 심사할 수 있다.

㉱ 외국정부로부터 임시자격증명을 받은 사람은 시험 및 심사의 전부 또는 일부를 면제할 수 없다.

해설 ㉮항 법 제38조 제1항. ㉯항 · ㉰항 법 제38조 제2항. ㉱항 법 제38조 제3항, 시행규칙 제88조 제1항.

문제 70 **다음 중 자가용 조종사의 실기시험면제에 관한 설명 중 옳은 것은?**

㉮ 비행경력이 300시간 이상인 사람은 실기시험을 면제한다.

㉯ 외국정부가 발생한 자가용 조종사 자격증명을 받은 사람은 실기시험 중 구술시험만 실시한다.

㉰ 외국정부가 발행한 자가용 조종사 자격증명을 받은 사람이 비행경력이 300시간 이상이면 학과 및 실기시험을 모두 면제한다.

㉱ 국토교통부장관이 지정한 전문교육기관에서 자가용 조종사에게 필요한 과정을 모두 이수한 자는 실기시험 중 일부를 면제한다.

해설 법 제38조 제3항 및 시행규칙 제88조를 합하면, 외국정부로부터 자격증명을 받은 사람은 시험의 일부 또는 전부 면제가능하고(학과 또는 실기시험으로 특정되지 않음), 전문교육기관의 교육과정을 이수했거나 경력 등 실무경험이 있는 사람은 실기시험 중 구술시험만 실시한다(모든 실기시험이 면제되는 것은 아니다). 별표 7 중 자가용 조종사는 비행경력 300시간 또는 전문교육기관에서 과정 이수한 사람은 실기시험 중 구술시험만 실시. 사업용 조종사는 비행경력 1,500시간 또는 전문교육기관에서 과정 이수한 사람은 실기시험 중 구술시험만 실시.
㉮항 실기시험 중 구술시험만 실시한다. ㉯항 실기시험이라고 특정하지 않고 시험의 일부 또는 전부를 면제할 수 있다. ㉰항 외국정부가 발행한 자격증명을 받은 사람은 시험의 일부 또는 전부를 면제할 수 있다.

문제 71 **다음 중 사업용 조종사의 시험면제에 관한 설명 중 틀린 것은?**

㉮ 국토교통부장관이 지정한 전문교육기관에서 사업용 조종사에게 필요한 과정을 모두 이수한 사람은 실기시험 중 구술시험만 실시한다.

㉯ 비행경력이 1,500시간 이상인 사람은 실기시험 중 구술시험만 실시한다.

㉰ 외국정부가 발행한 사업용 조종사의 자격증명을 받은 사람이 비행경력이 1,500시간 이상이면 실기시험을 면제한다.

㉱ 외국정부가 발행한 사업용 조종사의 자격증명을 받은 사람이 해당 자격증명시험에 응시하는 경우 학과시험(항공법규는 제외한다)은 면제된다.

해설 법 제38조 시행규칙 제88조 별표 7. ㉰항 시행규칙 제88조 제1항 외국정부로부터 자격증명을 받은 사람은 일정한 경우 학과시험 및 실기시험이 모두 면제되거나 학과시험(항공법규는 제외)이 면제된다.

문제 72 **다음 중 항공종사자 자격증명시험의 면제에 대한 설명 중 옳은 것은?**

㉮ 사업용 조종사로서 계기비행증명 및 형식에 대한 한정자격증명을 받은 사람이 운송용 조종사 자격증명시험에 응시하는 경우 실기시험 중 구술시험만 실시한다.

㉯ 비행경력이 1,200시간 이상인 사람이 사업용 조종사 시험에 응시하는 경우 실기시험 중 구술시험만 실시한다.

㉰ 부조종사자격증명을 받은 사람이 사업용 조종사 시험에 응시하는 경우 실기시험 중 일부가 면제된다.

㉱ 국토교통부장관이 지정한 전문교육기관에서 항공기관사에게 필요한 과정을 이수한 사람이 항공기관사 자격시험에 응시한 경우 항공법규를 제외한 학과시험을 면제한다.

해설 법 제38조 시행규칙 제88조 별표 7. ㉯항 1,500시간. ㉰항 사업용 조종사 시험이 아니라 운송용 조종사 시험. ㉱항 학과시험이 아니라 실기시험 일부가 면제된다.

문제 73 **한정된 형식의 조종사 자격증명을 가진 사람이 '형식'을 추가하는 한정심사에 응시하려고 하는데, 실기시험의 일부 면제대상에 해당하려면 해당 형식의 비행시간이 몇 시간 이상이어야 하는가?**

㉮ 200시간 이상　　㉯ 500시간 이상

㉰ 1,200시간 이상　　㉱ 1,500시간 이상

해설 시행규칙 제89조, 별표 7.

문제 74 **한정된 종류의 조종사 자격증명을 가진 사람이 '종류'를 추가하는 한정심사에 응시하려고 하는데, 실기시험의 일부 면제대상에 해당하려면 해당 종류의 비행시간이 몇 시간 이상이어야 하는가?**

㉮ 200시간 이상　　㉯ 500시간 이상

㉰ 1,200시간 이상　　㉱ 1,500시간 이상

해설 시행규칙 제89조, 별표 7.

문제 75 **한정된 등급의 조종사 자격증명을 가진 사람이 '등급'를 추가하는 한정심사에 응시하려고 하는데, 실기시험의 일부 면제대상에 해당하려면 해당 등급의 비행시간이 몇 시간 이상이어야 하는가?**

㉮ 200시간 이상　　㉯ 500시간 이상

㉰ 1,500시간 이상 ㉱ 1,200시간 이상

해설 시행규칙 제89조, 별표 7.

문제 76 국토교통부장관이 지정한 전문교육기관에서 전문교육을 이수한 조종사가 교육이수 후 ( )일 이내에 교육받은 것과 같은 ( )의 항공기에 관한 한정심사에 응시하는 경우 ( )을 면제한다. 괄호 안에 들어갈 알맞은 말은?

㉮ 180, 형식, 실기시험 ㉯ 180, 형식, 학과시험

㉰ 90, 종류, 실기시험 ㉱ 90, 형식, 실기시험

해설 시행규칙 제89조

문제 77 외국정부로부터 자격증명의 한정을 받은 사람이 해당 한정심사에 응시하는 경우 면제되는 시험의 범위는?

㉮ 항공법규시험을 제외한 학과시험면제, 실기시험은 실시

㉯ 학과시험 및 실기시험 모두 면제

㉰ 학과시험실시, 실기시험 중 구술시험만 실시

㉱ 학과시험면제, 실기시험 중 구술시험 실시

해설 시행규칙 제89조 제1항. 학과시험 및 실기시험 모두 면제

문제 78 다음 중 한정심사의 시험면제에 대한 설명 중 옳은 것은?

㉮ 외국정부로부터 한정자격증명을 받은 사람이 해당 한정심사에 응시하는 경우 학과시험(항공법규시험 제외)과 실기시험을 모두 면제한다.

㉯ 전문교육기관에서 전문교육을 이수한 조종사는 교육이수 후 180일 이내에 교육받은 것과 같은 형식의 항공기에 관한 한정심사에 응시하는 경우 실기시험을 면제한다.

㉰ 실무경험이 있는 사람이 한정시험에 응시하는 경우 실기시험을 면제한다.

㉱ 해당 형식의 비행시간이 500시간 이상인 사람이 형식을 추가하는 한정시험에 응시하는 경우 실기시험 중 일부를 면제한다.

해설 시행규칙 제89조. ㉮항 학과시험 및 실기시험 모두 면제. ㉰항 실기시험 중 일부면제. ㉱항 200시간.

문제 79 다음 중 한정심사의 시험면제에 대한 설명 중 옳은 것은?

㉮ 해당 종류의 비행시간이 1,500시간 이상(훈련비행시간 제외)인 사람이 '종류'를 추가

하는 한정시험에 응시하는 경우 실기시험 중 구술시험만 실시한다.

㉯ 해당 형식의 비행시간이 200시간 이상(훈련비행시간 포함)인 사람이 '형식'을 추가하는 한정시험에 응시하는 경우 실기시험 일부를 면제한다.

㉰ 외국정부로부터 한정자격증명을 받은 사람이 해당 한정심사에 응시하는 경우 학과시험과 실기시험을 모두 면제한다.

㉱ 전문교육기관에서 전문교육을 이수한 조종사는 교육이수 후 90일 이내에 교육받은 것과 같은 형식의 항공기에 관한 한정심사에 응시하는 경우 실기시험을 면제한다.

해설 시행규칙 제89조 별표 7. ㉮항 훈련비행시간 포함. ㉯항 훈련비행시간 제외. ㉱항 180일.

문제 80 **항공기의 종류 · 등급 · 형식을 한정하는 자가용 조종사 자격증명을 받은 사람이 같은 종류의 항공기에 대하여 사업용 조종사의 자격증명을 받은 경우 종전 자가용 조종사에 관한 한정의 효력은?**

㉮ 종전 자가용 조종사에 관한 모든 한정은 사업용 조종사의 자격증명에도 유효하다.

㉯ 종전 자가용 조종사에 관한 한정은 해당 자격증명에만 유효하다.

㉰ 항공기의 형식에 관한 한정은 상급의 자격증명에 유효하다.

㉱ 계기비행증명 및 조종교육증명에 관한 한정은 새로받은 상급의 자격증명에도 유효하다.

해설 법 제38조 시행규칙 제90조. ① 자가용 조종사 자격증명을 받은 사람이 같은 종류의 항공기에 대하여 부조종사 또는 사업용 조종사의 자격증명을 받은 경우에는 종전의 자가용 조종사 자격증명에 관한 항공기 형식의 한정 또는 계기비행증명에 관한 한정은 새로받은 자격증명에도 유효하다. ② 부조종사 또는 사업용 조종사의 자격증명을 받은 사람이 같은 종루의 항공기에 대하여 운송용 조종사 자격증명을 받은 경우에는 종전의 자격증명에 관한 항공기형식의 한정 또는 계기비행증명 · 조종교육증명에 관한 한정은 새로받은 자격증명에도 유효하다.

문제 81 **한정된 조종사 자격증명을 받은 사람이 상급 조종사 자격증명을 취득했을 경우 계속 유효하지 않은 자격한정은 무엇인가?**

㉮ 항공기형식의 한정 ㉯ 항공기종류의 한정

㉰ 계기비행증명 ㉱ 조종교육증명

해설 법 제38조 시행규칙 제90조. 자가용 조종사가 부조종사, 사업용 조종사 자격증명을 받은 경우 형식, 계기비행증명의 한정은 그대로 유효. 부조종사, 사업용 조종사가 운송용 조종사 자격증명을 받은 경우 형식, 계기비행증명, 조종교육증명의 한정은 그대로 유효.

문제 82 **한정된 자가용 조종사 자격증명을 받은 사람이 사업용 조종사 자격증명을 취득했을 경우 유효한 자격한정은 무엇인가?**

㉮ 항공기의 형식 또는 계기비행증명에 관한 한정
㉯ 항공기의 종류 또는 형식에 관한 한정
㉰ 계기비행증명 또는 조종교육증명에 관한 한정
㉱ 항공기의 형식 또는 계기비행증명·조종교육증명에 관한 한정

해설 법 제38조 시행규칙 제90조. 자가용 조종사가 부조종사, 사업용 조종사 자격증명을 받은 경우 형식, 계기비행증명의 한정은 그대로 유효. 부조종사, 사업용 조종사가 운송용 조종사 자격증명을 받은 경우 형식, 계기비행증명, 조종교육증명의 한정은 그대로 유효.

문제 83 **한정된 부조종사 자격증명을 받은 사람이 운송용 조종사 자격증명을 받은 경우 유효한 종전 자격한정은?**

㉮ 항공기의 형식 또는 계기비행증명에 관한 한정
㉯ 항공기의 종류 또는 형식에 관한 한정
㉰ 계기비행증명 또는 조종교육증명에 관한 한정
㉱ 항공기의 형식 또는 계기비행증명·조종교육증명에 관한 한정

해설 법 제38조 시행규칙 제90조. 자가용 조종사가 부조종사, 사업용 조종사 자격증명을 받은 경우 형식, 계기비행증명의 한정은 그대로 유효. 부조종사, 사업용 조종사가 운송용 조종사 자격증명을 받은 경우 형식, 계기비행증명, 조종교육증명의 한정은 그대로 유효.

문제 84 **한정된 조종사 자격증명을 받은 사람이 상급 조종사 자격증명을 취득했을 경우 계속 유효한 자격한정은 무엇인가?**

㉮ 항공기 형식 또는 등급의 한정
㉯ 항공기 종류 또는 형식의 한정
㉰ 항공기의 형식의 한정
㉱ 항공기의 등급의 한정

해설 법 제38조 시행규칙 제90조. 자가용 조종사가 부조종사, 사업용 조종사 자격증명을 받은 경우 형식, 계기비행증명의 한정은 그대로 유효. 부조종사, 사업용 조종사가 운송용 조종사 자격증명을 받은 경우 형식, 계기비행증명, 조종교육증명의 한정은 그대로 유효.

문제 85 **다음 중 자격증명의 효력에 관한 설명 중 틀린 것은?**

㉮ A 기종의 항공기로 한정된 자가용 조종사가 B 기종의 항공기에 대하여 사업용 조종사 한정증명을 받은 경우 A 기종의 한정을 받은 것으로 본다.
㉯ A 기종의 항공기로 한정된 부조종사가 B 기종의 항공기에 대하여 운송용 조종사 한

정증명을 받은 경우 A 기종의 한정을 받은 것으로 본다.

㉰ A 기종의 항공기로 한정된 사업용 조종사가 B 기종의 항공기에 대하여 운송용 조종사 한정증명을 받은 경우 A 기종의 한정을 받은 것으로 본다.

㉱ A 기종의 항공기로 한정된 부조종사가 B 기종의 항공기에 대하여 사업용 조종사 한정증명을 받은 경우 A 기종의 한정을 받은 것으로 본다.

해설 법 제38조 시행규칙 제90조

문제 86 **자가용 조종사 자격증명을 받은 사람이 같은 종류의 항공기에 대하여 사업용 조종사의 자격증명을 받은 경우에는 종전의 자가용 조종사 자격증명에 관한 ( )의 한정 또는 ( )에 관한 한정은 새로 받은 자격증명에도 유효하다. 괄호 안에 알맞은 말은?**

㉮ 항공기의 형식, 계기비행증명

㉯ 항공기의 형식·등급, 계기비행증명

㉰ 항공기의 형식, 조종교육증명

㉱ 항공기의 형식, 계기비행증명·조종교육증명

해설 법 제38조 시행규칙 제90조

문제 87 **사업용 조종사의 자격증명을 받은 사람이 같은 종류의 항공기에 대하여 운송용 조종사 자격증명을 받은 경우에는 종전의 자격증명에 관한 ( )의 한정 또는 ( )에 관한 한정은 새로 받은 자격증명에도 유효하다. 괄호 안에 알맞은 말은?**

㉮ 항공기의 형식, 계기비행증명

㉯ 항공기의 형식·등급, 계기비행증명

㉰ 항공기의 형식, 조종교육증명

㉱ 항공기의 형식, 계기비행증명·조종교육증명

해설 법 제38조 시행규칙 제90조.

법 제40조(항공신체검사증명) ① 다음 각 호의 어느 하나에 해당하는 사람은 자격증명의 종류별로 국토교통부장관의 항공신체검사증명을 받아야 한다.

1. 운항승무원
2. 제35조 제7호의 자격증명을 받고 항공교통관제 업무를 하는 사람

② 제1항에 따른 자격증명의 종류별 항공신체검사증명의 기준, 방법, 유효기간 등에 필요한 사항은 국토교통부령으로 정한다.

③ 국토교통부장관은 제1항에 따른 자격증명의 종류별 항공신체검사증명을 받으려는 사람이 제2항에 따른 자격증명의 종류별 항공신체검사증명의 기준에 적합한 경우에는 항공신체검사증명서를 발급하여야 한다.

④ 국토교통부장관은 제1항에 따른 자격증명의 종류별 항공신체검사증명을 받으려는 사람이 제2항에 따른 자격증명의 종류별 항공신체검사증명의 기준에 일부 미달한 경우에도 국토교통부령으로 정하는 바에 따라 항공신체검사를 받은 사람의 경험 및 능력을 고려하여 필요하다고 인정하는 경우에는 해당 항공업무의 범위를 한정하여 항공신체검사증명서를 발급할 수 있다.

⑤ 제1항에 따른 자격증명의 종류별 항공신체검사증명 결과에 불복하는 사람은 국토교통부령으로 정하는 바에 따라 국토교통부장관에게 이의신청을 할 수 있다.

⑥ 국토교통부장관은 제5항에 따른 이의신청에 대한 결정을 한 경우에는 지체없이 신청인에게 그 결정내용을 알려야 한다.

제41조(항공신체검사명령) 국토교통부장관은 특히 필요하다고 인정하는 경우에는 항공신체검사증명의 유효기간이 지나지 아니한 운항승무원 및 항공교통관제사에게 제40조에 따른 항공신체검사를 받을 것을 명할 수 있다.

제42조(항공업무 등에 종사제한) 제40조 제2항에 따른 자격증명의 종류별 항공신체검사증명의 기준에 적합하지 아니한 운항승무원 및 항공교통관제사는 종전 항공신체검사증명의 유효기간이 남아 있는 경우에도 항공업무(제46조에 따른 항공기조종연습 및 제47조에 따른 항공교통관제연습을 포함한다)에 종사해서는 아니 된다.

법 제49조(항공전문의사의 지정 등) ① 국토교통부장관은 제40조에 따른 자격증명의 종류별 항공신체검사증명을 효율적이고 전문적으로 하기 위하여 국토교통부령으로 정하는 바에 따라 항공의학에 관한 전문교육을 받은 전문의사(이하 "항공전문의사"라 한다)를 지정하여 제40조에 따른 항공신체검사증명에 관한 업무를 대행하게 할 수 있다.

② 교육이수실적, 경력 등 항공전문의사의 지정기준은 국토교통부령으로 정한다.

③ 항공전문의사는 국토교통부령으로 정하는 바에 따라 국토교통부장관이 정기적으로 실시하는 전문교육을 받아야 한다.

규칙 제92조(항공신체검사증명의 기준 및 유효기간 등) ① 법 제40조 제1항에 따른 자격증명의 종류별 항공신체검사증명의 종류와 그 유효기간은 별표 8과 같다.

② 항공신체검사증명의 종류별 항공신체검사기준은 별표 9와 같다.

③ 법 제49조 제1항에 따라 지정된 항공전문의사(이하 "항공전문의사"라 한다)는 법 제40조제4항에 따라 항공신체검사증명을 받으려는 사람이 자격증명별 항공신체검사기준에 일부 미달한 경우에도 별표 8에 따른 유효기간을 단축하여 항공신체검사증명서를 발급할 수 있다. 다만, 단축되는 유효기간은 별표 8에 따른 유효기간의 2분의 1을 초과할 수 없다.

④ 제88조 제1항에 따라 자격증명시험을 면제받은 사람이 외국정부 또는 외국정부가 지정한 민간의료기관이 발급한 항공신체검사증명을 받은 경우에는 그 항공신체검사증명의 남은 유효기간까지는 법 제40조 제1항에 따른 항공신체검사증명을 받은 것으로 본다.

⑤ 별표 8에 따른 제1종의 항공신체검사증명을 받은 사람은 같은 별표에 따른 제2종 및 제3종의 항공신체검사증명을 함께 받은 것으로 본다.

⑥ 자가용 조종사 자격증명을 받은 사람이 법 제44조에 따른 계기비행증명을 받으려는 경우에는 별표 9에 따른 제1종 신체검사기준을 충족하여야 한다.

⑦ 이 규칙에서 정한 사항 외에 항공신체검사증명의 기준에 관한 세부적인 사항은 국토교통부장관이 정하여 고시한다.

규칙 제94조(항공신체검사증명의 유효기간 연장) ① 법 제40조 제1항 제1호에 따른 항공신체검사증명을 받은 운항승무원이 외국에 연속하여 6개월 이상 체류하면서 외국정부 또는 외국정부가 지정한 민간의료기관의 항공신체검사증명을 받은 경우에는 다음 각 호의 구분에 따른 기간을 넘지 아니하는 범위에서 외국에서 받은 해당 항공신체검사증명의 유효기간까지 그 유효기간을 연장 받을 수 있다.

1. 항공운송사업・항공기사용사업에 사용되는 항공기 및 비사업용으로 사용되는 항공기의 운항승무원은 6개월
2. 자가용 조종사는 24개월

규칙 제96조(이의신청 등) ① 법 제40조 제5항에 따라 항공신체검사증명의 결과에 대하여 이의가 있는 사람은 그 결과를 통보받은 날부터 30일 이내에 별지 제48호서식의 항공신체검사증명 이의신청서(전자문서로 된 신청서를 포함한다)를 국토교통부장관에 제출하여야 한다.

항공기에 탑승하여 항공업무에 종사하기 위해서는 신체가 건강하여야 할 것이며, 이에 대한 증명이 항공신체검사증명이다. 따라서 모든 항공종사가 항공신체검사증명이 필요한 것이 아니라 항공기에 탑승하여 항공업무에 종사하는 운항승무원에게 요구되는 증명이다. 여기에 추가하여 항공교통관제 업무의 중요성으로 인해 업무를 하는 항공교통관제사에게도 항공신체검사증명을 요구하고 있다. 운항승무원은 조종사, 항공사, 항공기관사의 자격증명을 받은 사람으로서 항공기에 탑승하여 항공업무에 종사하는 사람이므로, 그 개념상 업무에 종사한다는 의미가 있다. 항공교통관제사만 규정하면 항공교통관제업무에 종사하는지를 포함하지 않으므로, 법률 조항에 항공교통관제사의 자격증명을 받고 항공교통관제 '업무를 하는 사람'이라고 규정한 것이다.

항공신체검사증명은 자격증명에 비해 기준을 엄격하게 운영하지 않는다. 필요에 따라서 일부 신체검사기준에 미달하더라도 필요한 경우에 예외적으로 증명을 발급할 수 있다. 즉 항공신체검사증명의 기준에 일부 미달한 경우에도 항공신체검사를 받은 사람의 경험 및 능력을 고려하여 필요하다고 인정하는 경우에는 해당 항공업무의 범위를 한정하여 항공신체검사 증명서를 발급할 수 있다(법 제40조 제4항).

항공신체검사증명은 검사일의 신체의 상태에 대한 증명이므로, 검사증명을 받았다고 하더라도 실제신체의 상태가 항공업무를 종사하는데 중요한 의미를 갖는다. 즉 국토교통부장관은 항공신체검사증명의 유효기간이 지나지 아니하더라도 필요한 경우에 항공신체검사를 다시 받으라고 명할 수 있다(제41조). 이를 위반할 경우 항공신체검사증명을 취소하거나 효력정지를 명할 수 있다(법 제43조 제2항 제4호). 시행규칙 제92조 제3항은 항공전문의사는 항공신체검사증명을 받으려는 사람이 자격증명별 항공신체검사기준에 일부 미달한 경우에도 유효기간을 단축하여 항공신체검사증명서를 발급할 수 있다. 이 경우 단축되는 유효기간은 별표에서 정한 유효기간의 2분의 1을 초과할 수 없다. 외국정부로부터 자격증명을 받은 사람은 자격증명시험의 일부 또는 전부를 면제받는데, 이 경우 외국정부(외국정부가 지정한 민간의료기관)가 발급한 항공신체검사증명이 있는 경우 그 항공신체검사증명의 남은 유효기간까지는 항공신체검사증명을 받은 것으로 본다. 즉 외국정부발행의 항공신체검사증명을 한국정부발행으로 유효하게 인정하는 것이다.

그리고 증명을 받을 당시의 신체의 상태를 유지해야 하는 의무를 항공신체검사증명을 받은 사람에게 부여한다. 즉 항공신체검사증명의 기준에 적합하지 아니한 운항승무원 및 항공교통관제사는 종전 항공신체검사증명의 유효기간이 남아있는 경우에도 항공업무에 종사해서는 아니된다. 실제조종이나 항공교통관제 업무가 아니라 연습이라 하더라도 종사하여서는 아니 된다. 이를 위반할 경우 해당 항공신체검사증명을 취소하거나 효력정지를 명할 수 있을 뿐만 아니라(법 제43조 제2항 제5호), 자격증명도 취소하거나 효력정지를 명할 수 있다(법 제43조 제1항 제8호).

★ 법 제40조. 가장 기본적인 문제로, 항공신체검사증명을 받아야 하는 자격증명이 무엇인지 출제된다(3번출제). 모든 항공종사자가 아니라 운항승무원(조종사, 항공사, 항공기관사)과 (업무하는)항공교통관제사이다.

★ 법 제40조. 증명의 발급권자에 대해서 3번 출제되었다. 항공안전법상 거의 대부분은 '국토교통부장관'이 권한을 가지고 있다. 이러한 이유로 국토교통부장관의 권한을 지방자치단체의 장이나 지방항공청장 등에게 위임 · 위탁을 한다는 규정이 있지만, 문제를 풀 때에는 권한의 위임 · 위탁에 관한 문제가 아닌 이상 '국토교통부장관'이 권한을 가지고 있다고 보더라도 무방하다. 항공신체검사증명은 국토교통부장관이 '항공전문의사'에게 대행하게 하였다. 기출문제는 '항공전문병원'에서 항공신체검사증명을 발급한다고 현혹하지만, 항공안전법에서는 '항공전문병원'이란 개념은 없다. 즉 항공신체

검사증명은 '항공전문의사'가 발급을 대항한다. 그리고 국토교통부장관의 업무 중 '항공신체검사증명의 적합성 심사에 관한 업무'는 '한국항공우주의학협회'에 위탁되었다(시행령 제26조 제7항).

★ 시행규칙 제92조 제3항(4번 출제). 법 제40조 제4항에는 기준에 미달한 경우 항공업무의 범위를 한정할 수 있다고 규정하고 있고, 시행규칙은 유효기간을 단축하여 발급할 수 있다(2분의 1을 초과금지)고 규정하고 있음. 유효기간을 단축할 경우 2분의1을 초과할 수 없다는 것이 주로 출제됨. 기준에 미달할 경우 유효기간을 단축하여 증명서를 발급할 수 있는 것이 정답이므로, 항공업무의 범위를 한정하고 동시에 유효기간을 단축할 수 있다는 것은 오답임.

★ 시행규칙 제92조 제4항(1번 출제). 외국정부로부터 자격증명도 받아 시험의 전부 또는 일부를 면제받은 경우 외국정부가 발급한 항공신체검사증명서의 "남은 유효기간까지"는 항공신체검사증명을 받은 것으로 본다. 주된 오답은 남은 '유효기간의 1/2'이다.

★ 시행규칙 제92조 제6항(1번 출제) 자가용 조종사 자격증명을 받은 사람이 계기비행증명을 받으려는 경우 제1종 신체검사기준을 충족해야 한다.

★ 항공신체검사증명의 종류와 그 유효기간은 별표 8에서 규정하고 있으며, 이에 대한 구체적인 내용이 출제되어 있으므로 모두 암기해야 한다(22번 출제). 유효기간에 대해서 15번 출제, 증명의 종류에 대해서 3번 출제, 유효기간의 시작일과 종료일 등 전체에 대해서는 4번 출제되었다.

★ 항공신체검사증명 유효기간의 연장(시행규칙 제94조 제1항)에 대해 1번 출제. 항공신체검사증명을 받은 운항승무원이 외국에 연속하여 6개월 이상 체류하면서 외국정부(민간)의 항공신체검사증명을 받은 경우 자가용 조종사는 24개월, 그 외는 6개월의 범위 내에서 해당 항공신체검사증명의 유효기간까지 연장받을 수 있다.

★ 항공신체검사증명의 결과에 대하여 이의가 있는 경우 그 결과를 통보받은 날부터 30일 이내에 이의신청서를 제출하여야 한다(시행규칙 제96조). 30일이 4번 출제되었다.

<table>
<tr><th rowspan="2">자격증명의 종류</th><th rowspan="2">항공신체검사증명의 종류</th><th colspan="3">유효기간</th></tr>
<tr><th>40세 미만</th><th>40세 이상
50세 미만</th><th>50세 이상</th></tr>
<tr><td>운송용 조종사
사업용 조종사
(활공기 제외)
부조종사</td><td>제1종</td><td colspan="3">12개월. 다만, 항공운송사업에 종사하는 60세 이상인 사람과 1명의 조종사로 승객을 수송하는 항공운송사업에 종사하는 40세 이상인 사람은 6개월</td></tr>
<tr><td>항공기관사
항공사</td><td>제2종</td><td colspan="3">12개월</td></tr>
<tr><td>자가용 조종사
사업용 활공기 조종사
조종연습생
경량항공기 조종사</td><td>제2종
(경량 제2종 또는 자동차운전면허증)</td><td>60개월</td><td>24개월</td><td>12개월</td></tr>
<tr><td>항공교통관제사
항공교통관제연습생</td><td>제3종</td><td>48개월</td><td>24개월</td><td>12개월</td></tr>
</table>

1. 위 표에 따른 유효기간의 시작일은 항공신체검사를 받는 날로 하며, 종료일이 매달 말일이 아닌 경우에는 그 종료일이 속하는 달의 말일에 항공신체검사증명의 유효기간이 종료하는 것으로 본다.
2. 경량항공기 조종사의 항공신체검사 유효기간은 제2종 항공신체검사증명을 보유하고 있는 경우에는 그 증명의 연령대별 유효기간으로 하며, 자동차운전면허증을 적용할 경우에는 그 자동차운전면허증의 유효기간으로 한다.

문제 88 **운항승무원이 항공기에 탑승하여 항공업무에 종사하기 위해서는 항공신체검사증명을 받아야 하는데, 누가 발급하는 것인가?**

㉮ 국토교통부장관
㉯ 지방항공청장
㉰ 지방자치단체의 장
㉱ 국가가 지정한 항공전문병원

해설 법 제40조 제3항

문제 89 **항공업무종사자 중 항공신체검사증명을 받지 않아도 업무를 할 수 있는 자격은 무엇인가?**

㉮ 사업용 조종사
㉯ 항공사
㉰ 항공교통관제사
㉱ 운항관리사

해설 법 제40조 제1항

문제 90 **항공신체검사증명에 관한 설명 중 옳은 것은?**

㉮ 항공신체검사증명의 기준에 일부 미달한 경우, 항공안전을 위해 어떠한 경우라 하더라도 항공신체검사증명서를 발급하여서는 아니 된다.
㉯ 모든 운항승무원은 반드시 항공신체검사증명을 받아야 한다.
㉰ 항공정비사도 중요한 정비분야를 정비하는 업무에 종사하는 경우에는 항공신체검사증명을 받아야 한다.
㉱ 항공신체검사증명은 국토교통부장관이 지정한 항공전문병원에서 발급할 수 있다.

해설 ㉮항 법 제40조 제4항 항공신체검사증명을 받으려는 사람이 항공신체검사증명의 기준에 일부 미달한 경우에도 항공신체검사를 받은 사람의 경험 및 능력을 고려하여 필요하다고 인정하는 경우에는 해당 항공업무의 범위를 한정하여 항공신체검사증명을 발급할 수 있다. ㉯항 법 제40조 제1항 모든 운항승무원은 반드시 항공신체검사증명을 받아야 한다. ㉰항 법 제40조 제1항 항공정비사는 운항승무원이 아니기 때문에 항공신체검사증명을 받을 필요가 없다. ㉱항 법 제40조 제1항, 제49조 제1항 국토교통부장관은 항공전문의사를 지정하여 항공신체검사증명에 관한 업무를 대행하게 할 수 있다.

문제 91 **항공신체검사증명을 발급하는 곳은 어디인가?**

㉮ 항공전문병원
㉯ 항공전문의사
㉰ 한국항공우주의학협회
㉱ 지방항공청장

해설 법 제49조 제1항 국토교통부장관이 예시에 없으므로 항공전문의사가 정답이다. 엄격히 말하면 국토교통부장관의 업무를 대행하는 것이지만 발급한다고 보더라도 무방하다.

문제 92 **항공신체검사증명에 관한 설명 중 틀린 것은?**

㉮ 국토교통부장관은 필요하다고 인정하는 경우에는 항공신체검사증명의 유효기간이 지나지 아니한 운항승무원 및 항공교통관제사에게 항공신체검사를 받을 것을 명할 수 있다.

㉯ 가항의 명령을 따르지 아니한 경우, 국토교통부장관은 항공신체검사증명을 취소하거나 효력정지를 명할 수 있다.

㉰ 항공신체검사증명을 받은 사람이 이후 항공신체검사증명의 기준에 맞지 아니하게 되어 항공업무를 수행하기에 부적합하다고 인정되는 경우에는, 항공신체검사증명을 취소하거나 효력정지를 명할 수 있다.

㉱ 항공신체검사증명의 기준에 적합하지 아니한 운항승무원 및 항공교통관제사는 종전 항공신체검사증명의 유효기간이 남아 있는 경우에는 항공업무를 한정하여 종사할 수 있다.

해설 ㉮항 법 제43조. ㉯항 법 제43조 제2항 제4호. ㉰항 법 제43조 제2항 제3호. ㉱항 법 제42조 항공신체검사증명의 기준에 적합하지 아니한 운항승무원 및 항공교통관제사는 종전 항공신체검사증명의 유효기간이 남아 있는 경우에도 항공업무에 종사해서는 아니된다.

문제 93 **항공신체검사증명에 관한 설명 중 틀린 것은?**

㉮ 항공신체검사증명은 국토교통부장관이 발급한다.

㉯ 항공정비사는 항공신체검사증명을 받지 않더라도 항공업무에 종사할 수 있다.

㉰ 항공신체검사증명의 기준에 적합하지 아니한 사업용 조종사가 항공업무에 종사할 경우 사업용 조종사 자격증명이 취소되거나 효력이 정지될 수 있다.

㉱ 국토교통부장관으로부터 항공신체검사를 받으라는 명령을 받은 항공교통관제사가 그 명령에 따르지 않을 경우 항공교통관제사의 자격증명이 취소되거나 효력이 정지될 수 있다.

해설 ㉮항 법 제40조 제3항. ㉯항 법 제40조 제1항. ㉰항 법 제42조, 법 제43조 제1항 제8호. ㉱항 법 제41조, 법 제43조 제2항 제4호. 법 제41조에 따른 항공신체검사경령에 위반한 경우에는 항공신체검사증명만 취소되거나 정지되는데 반해, 법 제42조에 따른 의무를 위반한 경우에는 항공신체검사증명 뿐 아니라 해당 자격증명도 취소되거나 정지된다.

문제 94 **항공신체검사증명을 받으려는 사람이 자격증명별 기준에 일부 미달한 경우 항공전문의사는 규정된 유효기간의 얼마 이상을 초과하여 발급하여서는 안되는가?**

㉮ 1/2　　㉯ 1/3

㉰ 1/4　　㉱ 1/5

해설 시행규칙 제92조 제3항 법 제49조 제1항에 따라 지정된 항공전문의사(이하 "항공전문의사"라 한다)는 법 제40조 제4항에 따라 항공신체검사증명을 받으려는 사람이 자격증명별 항공신체검사기준에 일부 미달한 경우에도 별표 8에 따른 유효기간을 단축하여 항공신체검사 증명서를 발급할 수 있다. 다만, 단축되는 유효기간은 별표 8에 따른 유효기간의 2분의 1을 초과할 수 없다.

문제 95 항공신체검사증명서의 발급에 관한 규정은 유효기간을 단축할 경우 얼마 이상을 초과하여서는 안되는가?

㉮ 1/2 ㉯ 1/3
㉰ 1/4 ㉱ 1/5

해설 시행규칙 제92조 제3항. 검사기준에 일부 미달한 경우라는 전제가 없더라도 있다고 가정하고 문제를 풀어야 한다. 지정된 항공전문의사(이하 "항공전문의사"라 한다)는 법 제40조 제4항에 따라 항공신체검사증명을 받으려는 사람이 자격증명별 항공신체검사기준에 일부 미달한 경우에도 별표 8에 따른 유효기간을 단축하여 항공신체 검사증명서를 발급할 수 있다. 다만, 단축되는 유효기간은 별표 8에 따른 유효기간의 2분의 1을 초과할 수 없다.

문제 96 외국정부로부터 자격증명을 받아 한국의 항공종사자 자격증명시험을 면제받은 경우, 항공신체검사증명에 관한 설명 중 틀린 것은?

㉮ 외국정부로부터 항공신체검사증명을 받은 경우 그 항공신체검사증명의 남은 유효기간까지는 항공신체검사증명을 받은 것으로 본다.
㉯ 외국정부로부터 항공신체검사증명을 받은 경우 그 항공신체검사증명의 남은 유효기간의 1/2까지는 항공신체검사증명을 받은 것으로 본다.
㉰ 외국정부로부터 항공신체검사증명을 받은 경우 그 항공신체검사증명은 항공안전법상 항공신체검사증명을 받은 것으로 볼 수 없다.
㉱ 외국정부로부터 항공신체검사증명을 받은 경우 항공전문의사의 승인을 받으면 그 항공신체검사증명의 남은 유효기간까지는 항공신체검사증명을 받은 것으로 볼 수 있다.

해설 시행규칙 제92조 제4항. 제88조 제1항에 따라 자격증명시험을 면제받은 사람이 외국정부 또는 외국정부가 지정한 민간의료기관이 발급한 항공신체검사증명을 받은 경우에는 그 항공신체검사증명의 남은 유효기간까지는 법 제40조 제1항에 따른 항공신체검사증명을 받은 것으로 본다.

문제 97 자가용 조종사의 나이와 항공신체검사증명의 유효기간의 조합으로 틀린 것은?

㉮ 35세 : 60개월 ㉯ 45세 : 24개월
㉰ 50세 : 12개월 ㉱ 60세 : 6개월

해설 시행규칙 별표 8.

40세 미만	40세 이상~50세 미만	50세 이상
60개월	24개월	12개월

문제 98 **사업용 활공기 조종사의 나이와 항공신체검사증명의 유효기간의 조합으로 틀린 것은?**

㉮ 30세 : 60개월 ㉯ 40세 : 24개월
㉰ 50세 : 12개월 ㉱ 61세 : 6개월

해설 시행규칙 별표 8. ㉱항 12개월

40세 미만	40세 이상~50세 미만	50세 이상
60개월	24개월	12개월

문제 99 **운송용 조종사의 나이와 항공신체검사증명의 유효기간의 조합으로 틀린 것은?**

㉮ 30세 : 12개월
㉯ 40세 : 12개월
㉰ 항공운송사업에 종사하는 60세 : 6개월
㉱ 1명의 조종사로 승객을 수송하는 항공운송사업에 종사하는 30세 : 6개월

해설 시행규칙 별표 8. ㉱항 12개월

40세 미만	40세 이상 50세 미만	50세 이상
12개월. 다만, 항공운송사업에 종사하는 60세 이상인 사람과 1명으 조종사로 승객을 수송하는 항공운송사업에 종사하는 40세 이상인 사람은 6개월		

문제 100 **사업용 헬리콥터 조종사의 나이와 항공신체검사증명의 유효기간의 조합으로 틀린 것은?**

㉮ 30세 : 12개월
㉯ 40세 : 12개월
㉰ 60세 : 6개월
㉱ 1명의 조종사로 승객을 수송하는 항공운송사업에 종사하는 40세 : 6개월

해설 시행규칙 별표 8. ㉰항 항공운송사업에 종사하는 60세 이상인 사람은 6개월이므로, ㉰항은 항공운송사업에 종사하지 않는 사람의 경우에는 틀린다. 다른 예제가 모두 맞으므로 ㉰항이 정답이다.

문제 101 **45세의 항공교통관제사가 항공신체검사증명을 받을 경우 그 유효기간은?**

㉮ 60개월 ㉯ 48개월
㉰ 24개월 ㉱ 12개월

해설 시행규칙 별표 8

40세 미만	40세 이상 50세 미만	50세 이상
48개월	24개월	12개월

문제 102 운송용 조종사 자격증명의 항공신체검사증명의 등급은?

㉮ 제1종 ㉯ 제2종
㉰ 제3종 ㉱ 제4종

해설 시행규칙 별표 8. 제1종: 운송용 조종사, 사업용 조종사/2종: 자가용 조종사, 항공기관사, 항공사/3종: 항공교통관제사 (활공기사업용 조종사는 2종) (조종연습생은 2종)

문제 103 사업용 비행기조종사 자격증명의 항공신체검사증명의 등급은?

㉮ 제1종 ㉯ 제2종
㉰ 제3종 ㉱ 제4종

해설 시행규칙 별표 8. 제1종: 운송용 조종사, 사업용 조종사/2종: 자가용 조종사, 항공기관사, 항공사/3종: 항공교통관제사(활공기 사업용 조종사는 2종) (조종연습생은 2종)

문제 104 자가용 조종사 자격증명을 받은 사람이 계기비행증명을 받으려는 경우 받아야 하는 신체검사기준의 등급은?

㉮ 제1종 ㉯ 제2종
㉰ 제3종 ㉱ 제4종

해설 시행규칙 제92조 제6항 자가용 조종사 자격증명을 받은 사람이 법 제44조에 따른 계기비행증명을 받으려는 경우에는 별표 9에 따른 제1종 신체검사기준을 충족하여야 한다.

문제 105 항공신체검사증명 제2종에 해당하는 자격증명은?

㉮ 운송용 조종사 ㉯ 항공교통관제사
㉰ 사업용 비행기 조종사 ㉱ 자가용 조종사

해설 시행규칙 별표 8. 제1종: 운송용 조종사, 사업용 조종사/2종: 자가용 조종사, 항공기관사, 항공사/3종: 항공교통관제사(활공기 사업용 조종사는 2종) (조종연습생은 2종)

문제 106 항공신체검사 증명의 등급과 해당 자격증명의 종류의 조합으로 틀린 것은?

㉮ 제1종: 운송용 조종사 ㉯ 제2종: 자가용 조종사
㉰ 제3종: 항공기관사 ㉱ 제2종: 사업용 조종사

해설 시행규칙 별표 8. 제1종: 운송용 조종사, 사업용 조종사/2종: 자가용 조종사, 항공기관사, 항공사/3종: 항공교통관제사(활공기 사업용 조종사는 2종) (조종연습생은 2종) ㉣항 사업용 활공기 조종사는 제2종이므로 일부 맞지만 항공기관사는 제2종이어서 ㉢항은 전혀 틀리므로 정답.

문제 107 **항공신체검사증명 제3종에 해당하는 자격증명은?**

㉮ 항공교통관제사 ㉯ 항공사
㉰ 항공기관사 ㉱ 경량항공기 조종사

해설 시행규칙 별표 8.

문제 108 **항공신체검사증명에 관한 설명 중 틀린 것은?**

㉮ 제1종의 항공신체검사증명을 받은 사람은 제2종 및 제3종의 항공신체검사증명을 함께 받은 것으로 본다.
㉯ 자가용 조종사 자격증명을 받은 사람이 계기비행증명을 받으려는 경우에는 제1종 신체검사기준을 충족하여야 한다.
㉰ 항공신체검사기준에 일부 미달한 경우에는 업무범위를 한정하고 유효기간을 단축하여 발급할 수 있다.
㉱ 외국정부가 발급한 항공신체검사증명을 받은 경우 그 항공신체검사증명의 남은 유효기간까지 항공신체검사증명을 받은 것으로 본다.

해설 시행규칙 제92조. ㉰항 항공신체검사기준에 일부 미달한 경우 유효기간을 단축하여 발급할 수 있다. 법 제40조 제4항은 항공신체검사증명의 기준에 일부 미달한 경우 국토교통부령이 정하는 바에 따라 항공업무의 범위를 한정하여 증명서를 발급받을 수 있다고 규정하고 있으므로, 항공업무를 한정하고 유효기간을 단축하여 발급할 수는 없다.

문제 109 **항공신체검사증명에 관한 설명 중 틀린 것은?**

㉮ 항공신체검사증명 유효기간의 시작일은 항공신체검사를 받는 날이다.
㉯ 항공신체검사증명 유효기간의 종료일은 그 종료일이 속하는 달의 말일이다.
㉰ 자가용 조종사가 받아야 하는 항공신체검사증명은 제2종이다.
㉱ 항공사 및 운항관리사가 받아야 하는 항공신체검사증명은 제2종이다.

해설 시행규칙 별표 8.

문제 110 **항공신체검사증명에 관한 설명 중 옳은 것은?**

㉮ 항공신체검사증명 유효기간의 시작일은 항공신체검사를 받는 다음 날이다.

㉯ 항공신체검사증명 유효기간의 종료일은 그 종료일이 속하는 달의 말일이다.
㉰ 사업용 활공기 조종사가 받아야 하는 항공신체검사증명은 제1종이다.
㉱ 항공교통관제사 및 운항관리사가 받아야 하는 항공신체검사증명은 제3종이다.

해설 시행규칙 별표 8. ㉮항 항공신체검사를 받는 날. ㉰항 제2종. ㉱항 운항관리사는 항공신체검사증명을 받는 대상이 아니다.

문제 111 **항공운송사업에 종사는 60세 운송용 조종사가 2020년 1월 15일에 항공신체검사증명을 받았다면 유효기간은 언제까지인가?**

㉮ 2020년 7월 31일 ㉯ 2020년 7월 14일
㉰ 2021년 1월 15일 ㉱ 2021년 1월 31일

해설 시행규칙 별표 8. 항공신체검사증명 유효기간의 종료일은 그 종료일이 속하는 달의 말일이다.

문제 112 **1명의 조종사로 승객을 수송하는 항공운송사업에 종사는 45세 운송용 조종사가 2020년 1월 15일에 항공신체검사증명을 받았다면 유효기간은 언제까지인가?**

㉮ 2020년 7월 31일 ㉯ 2020년 7월 14일
㉰ 2021년 1월 15일 ㉱ 2021년 1월 31일

해설 시행규칙 별표 8. 항공신체검사증명 유효기간의 종료일은 그 종료일이 속하는 달의 말일이다.

문제 113 **45세의 사업용 비행기 조종사가 2020년 1월 15일에 항공신체검사증명을 받았다면 유효기간은 언제까지인가?**

㉮ 2020년 7월 31일 ㉯ 2020년 7월 14일
㉰ 2021년 1월 15일 ㉱ 2021년 1월 31일

해설 시행규칙 별표 8. 항공신체검사증명 유효기간의 종료일은 그 종료일이 속하는 달의 말일이다.

문제 114 **35세의 자가용 조종사가 2020년 1월 15일에 항공신체검사증명을 받았다면 유효기간은 언제까지인가?**

㉮ 2022년 7월 31일 ㉯ 2022년 7월 14일
㉰ 2025년 1월 15일 ㉱ 2025년 1월 31일

해설 시행규칙 별표 8. 항공신체검사증명 유효기간의 종료일은 그 종료일이 속하는 달의 말일이다.

문제 115 **운항승무원이 외국에 연속하여 6개월 이상 체류하면서 외국정부 또는 외국정부가 지정한 민간의료기관의 항공신체검사증명을 받은 경우 한국에서 받은 항공신체검사증명의 유효기간을 언제까지 연장할 수 있는가?**

㉮ 자가용 조종사의 경우 24개월의 범위에서 외국에서 받은 항공신체검사증명의 유효기간까지 연장받을 수 있다.

㉯ 사업용 조종사의 경우 12개월의 범위에서 외국에서 받은 항공신체검사증명의 유효기간까지 연장받을 수 있다.

㉰ 운송용 조종사의 경우 일괄적으로 6개월 연장된다.

㉱ 자가용 조종사의 경우 일괄적으로 12개월 연장된다.

해설 시행규칙 제94조. 법 제40조 제1항 제1호에 따른 항공신체검사증명을 받은 운항승무원이 외국에 연속하여 6개월 이상 체류하면서 외국정부 또는 외국정부가 지정한 민간의료기관의 항공신체검사증명을 받은 경우에는 다음 각 호의 구분에 따른 기간을 넘지 아니하는 범위에서 외국에서 받은 해당 항공신체검사증명의 유효기간까지 그 유효기간을 연장 받을 수 있다.

1. 항공운송사업・항공기사용사업에 사용되는 항공기 및 비사업용으로 사용되는 항공기의 운항승무원은 6개월
2. 자가용 조종사는 24개월

문제 116 **항공신체검사증명의 결과에 대하여 이의가 있는 사람은 그 결과를 통보받은 날부터 ( )일 이내에 이의를 제기할 수 있다. 괄호 안에 알맞은 말은?**

㉮ 30일　　㉯ 15일

㉰ 10일　　㉱ 45일

해설 시행규칙 제96조 제1항 법 제40조 제5항에 따라 항공신체검사증명의 결과에 대하여 이의가 있는 사람은 그 결과를 통보받은 날부터 30일 이내에 별지 제48호 서식의 항공신체검사증명 이의신청서(전자문서로 된 신청서를 포함한다)를 국토교통부장관에 제출하여야 한다.

※ 법 제43조는 자격증명 및 항공신체검사증명의 취소 및 효력정지사유에 관한 규정인데, 그 사유가 전체법률이 포함되어 뒤에 설명하기로 한다.

법 제44조(계기비행증명 및 조종교육증명) ① 운송용 조종사(헬리콥터를 조종하는 경우만 해당한다), 사업용 조종사, 자가용 조종사 또는 부조종사의 자격증명을 받은 사람은 그가 사용할 수 있는 항공기의 종류로 다음 각 호의 비행을 하려면 국토교통부령으로 정하는 바에 따라 국토교통부장관의 계기비행증명을 받아야 한다.

1. 계기비행
2. 계기비행방식에 따른 비행

② 다음 각 호의 조종연습을 하는 사람에 대하여 조종교육을 하려는 사람은 비행시간을 고려하여 그 항공기의 종류별 · 등급별로 국토교통부령으로 정하는 바에 따라 국토교통부장관의 조종교육증명을 받아야 한다.

1. 제35조 제1호부터 제4호까지의 자격증명을 받지 아니한 사람이 항공기(제36조 제3항에 따라 국토교통부령으로 정하는 항공기는 제외한다)에 탑승하여 하는 조종연습
2. 제35조 제1호부터 제4호까지의 자격증명을 받은 사람이 그 자격증명에 대하여 제37조에 따라 한정을 받은 종류 외의 항공기에 탑승하여 하는 조종연습

③ 제2항에 따른 조종교육증명에 필요한 사항은 국토교통부령으로 정한다.

④ 제1항에 따른 계기비행증명 및 제2항에 따른 조종교육증명의 시험 및 취소 등에 관하여는 제38조 및 제43조 제1항 · 제3항을 준용한다.

법 제46조(항공기의 조종연습) ① 다음 각 호의 조종연습을 위한 조종에 관하여는 제36조 제1항 · 제2항 및 제37조 제2항을 적용하지 아니 한다.

1. 제35조 제1호부터 제4호까지에 따른 자격증명 및 제40조에 따른 항공신체검사증명을 받은 사람이 한정받은 등급 또는 형식 외의 항공기(한정받은 종류의 항공기만 해당한다)에 탑승하여 하는 조종연습으로서 그 항공기를 조종할 수 있는 자격증명 및 항공신체검사증명을 받은 사람(그 항공기를 조종할 수 있는 지식 및 능력이 있다고 인정하여 국토교통부장관이 지정한 사람을 포함한다)의 감독으로 이루어지는 조종연습
2. 제44조 제2항 제1호에 따른 조종연습으로서 그 조종연습에 관하여 국토교통부장관의 허가를 받고 조종교육증명을 받은 사람의 감독으로 이루어지는 조종연습
3. 제44조 제2항 제2호에 따른 조종연습으로서 조종교육증명을 받은 사람의 감독으로 이루어지는 조종연습

② 국토교통부장관은 제1항 제2호에 따른 조종연습의 허가신청을 받은 경우 신청인이 항공기의 조종연습을 하기에 필요한 능력이 있다고 인정되는 경우에는 국토교통부령으로 정하는 바에 따라 그 조종연습을 허가하여야 한다.

③ 제1항 제2호에 따른 허가는 신청인에게 항공기 조종연습 허가서를 발급함으로써 한다.

④ 제1항 제2호에 따른 허가를 받은 사람의 항공신체검사증명, 그 허가의 취소 등에 관하여는 제40조부터 제43조까지의 규정을 준용한다.

⑤ 제3항에 따른 항공기조종연습 허가서를 받은 사람이 조종연습을 할 때에는 항공기조종연습허가서와 항공신체검사 증명서를 지녀야 한다.

'계기비행'이란 항공기의 자세 · 고도 · 위치 및 비행방향의 측정을 항공기에 장착된 계기에만 의존하여 비행하는 것을 말한다(법 제2조 제18호). '계기비행방식'이란 계기비행을 하는 사람이 항공교통업무증명을 받은 자가 지시하는 이동 · 이륙 · 착륙의 순서 및 시기와 비행의 방

법에 따라 비행하는 방식을 말한다. 즉 계기비행방식은 계기비행+항공교통업무증명을 받은 자의 지시에 따른 비행이라 할 수 있다.

조종사가 계기비행을 하려면 계기비행증명을 받아야 한다. 유일하게 계기비행증명을 받지 않더라도 계기비행을 할 수 있는 자격증명이 비행기 운송용 조종사이다. 헬리콥터를 조종하는 운송용 조종사는 계기비행을 할 경우 계기비행증명을 받아야 한다.

조종교육을 하려는 사람은 비행시간을 고려하여 그 항공기의 종류별·등급별로 조종교육증명을 받아야 한다. 조종교육의 대상은 조종사 자격증명을 받지 아니한 사람이 항공기에 탑승하여 하는 조종연습, 한정된 조종사 자격증명을 받은 사람이 한정을 받은 종류 이외의 항공기에 탑승하여 하는 조종연습의 경우이다. 그렇다면 조종사 자격증명을 받은 사람이 하는 조종연습 또는 한정된 조종사 자격증명을 받은 사람은 한정을 받은 종류의 항공기에 탑승하여 하는 조종연습에 대한 조종교육은 조종교육증명이 없더라도 가능하다.

(조종교육이 아니라) 조종연습을 하는 경우에는 별도의 증명이 필요없다. 다만 국토교통부장관의 허가가 필요한 경우와 필요하지 않은 경우로 구분된다. 국토교통부장관의 허가가 필요하지 않은 경우는, 조종연습을 하려는 사람이 자격증명뿐 아니라 항공신체검사증명도 받고 & 그 항공기를 조종할 수 있는 지식이나 능력이 있는 사람의 감독으로 이루어져야 하고 & 한정된 조종사 자격증명의 경우에는 한정받은 종류의 항공기(한정받은 등급 또는 형식 외 항공기 가능)에 탑승하여야 한다. 또는 조종사 자격증명을 받은 사람이 한정받은 종류 외의 항공기에 탑승하여 하는 조종연습으로서 조종교육증명을 받은 사람의 감독으로 이루어지는 조종연습은 국토교통부장관의 허가가 필요하지 않다. 국토교통부장관의 허가가 필요한 경우는, 조종사자격증명을 받지 아니한 사람이 항공기에 탑승하여 하는 조종연습으로 조종교육증명을 받은 사람의 감독으로 이루어지는 조종연습의 경우이다.

★ 계기비행증명에 대해서 5번 출제되었는데, 4번은 계기비행증명이 없이 계기비행을 할 수 있는 자격증명에 관한 것이었다. 정답은 운송용 조종사(비행기)다. 1번은 조종교육증명을 받아야 하는 조종교육은 항공기에 대한 이륙조작, 착륙조작, 공중조작이다(시행규칙 제98조 제2항).

★ 조종연습허가에 대해서 법 제46조는 출제된 바 없고 시행규칙 제101조 제1항 관련 1번 출제되었다. 조종연습허가 신청시 신청서와 항공신체검사증명서를 첨부하여 지방항공청장에게 제출한다.

문제 117 **국토교통부장관으로부터 계기비행증명을 받지 않더라도 계기비행을 할 수 있는 조종사 자격증명은 무엇인가?**

㉮ 운송용 조종사(비행기) ㉯ 운송용 조종사(헬리콥터)

㉰ 사업용 조종사　　　　　　　　　　㉱ 부조종사

해설 법 제44조 제1항

문제 118 **계기빙행증명을 받지 않더라도 계기비행방식에 따른 비행을 할 수 있는 자격증명은?**

㉮ 사업용 조종사(비행기)　　　　　　㉯ 운송용 조종사(헬리콥터)
㉰ 운송용 조종사(비행기)　　　　　　㉱ 사업용 조종사(헬리콥터)

해설 법 제44조 제1항

문제 119 **계기비행증명에 관한 설명 중 옳은 것은?**

㉮ 모든 운송용 조종사의 자격증명을 받은 사람은 계기비행증명을 받지 않더라도 계기비행을 할 수 있다.
㉯ 자가용 조종사의 자격증명을 받은 사람은 국토교통부장관으로부터 계기비행증명을 받을 경우 계기비행은 가능하나 계기비행방식에 따른 비행은 할 수 없다.
㉰ '계기비행'과 '계기비행방식에 따른 비행'의 개념은 다르지 않다.
㉱ 사업용 조종사는 계기비행 또는 계기비행방식에 따른 비행을 하려면 계기비행증명을 받아야 한다.

해설 법 제44조 제1항. ㉮항 비행기를 조종하는 운송용 조종사는 계기비행증명을 받지 않더라도 계기비행을 할 수 있지만, 헬리콥터를 조종하는 운송용 조종사는 계기비행증명을 받아야 계기비행을 할 수 있다. ㉯항 계기비행증명을 받으면 계기비행뿐 아니라 계기비행방식에 따른 비행을 할 수 있다. ㉰항 법 제2조 제18호. 계기비행과 계기비행방식에 따른 비행은 동일한 개념이 아니다. ㉱항 법 제44조 제1항.

문제 120 **다음 중 조종교육증명을 받아야 하는 조종교육이 아닌 것은?**

㉮ 이륙조작　　　　　　　　　　　　㉯ 착륙조작
㉰ 공중조작　　　　　　　　　　　　㉱ 비상조작

해설 시행규칙 제98조 제2항. 조종교육증명을 받아야 하는 조종교육은 항공기에 대한 이륙조작·착륙조작 또는 공중조작의 실기교육으로 한다.

문제 121 **조종연습의 허가를 받으려는 사람은 조종연습허가 신청서에 (　　)를 첨부하여 (　　)에게 제출하여야 한다. 괄호 안에 알맞은 말은?**

㉮ 항공신체검사 증명서, 지방항공청장
㉯ 비행경력증명서, 지방항공청장

㉰ 항공신체검사 증명서, 국토교통부장관

㉱ 비행경력증명서, 지방항공청장

해설 시행규칙 제101조 제1항. 법 제46조 제1항 제2호에 따른 조종연습의 허가를 받으려는 사람은 별지 제52호서식의 항공기조종연습허가 신청서에 항공신체검사 증명서를 첨부하여 지방항공청장에게 제출하여야 한다.

문제 122 다음 중 조종교육증명에 관한 설명 중 틀린 것은?

㉮ 조종사 자격증명을 받지 아니한 사람이 하는 조종연습에 대하여 조종교육을 하려는 사람은 국토교통부장관의 조종교육증명을 받아야 한다.

㉯ 한정된 조종사 자격증명을 받은 사람이 한정을 받은 종류 외의 항공기에 탑승하여 하는 조종연습에 대하여 조종교육을 하려는 사람은 국토교통부장관의 조종교육증명을 받아야 한다.

㉰ 국토교통부장관은 비행시간을 고려하여 그 항공기의 종류별 · 등급별로 초급 또는 선임 조종교육증명을 발급한다.

㉱ 한정된 조종사 자격증명을 받은 사람이 한정을 받은 등급 또는 형식 외의 항공기(한정받은 종류의 항공기)에 탑승하여 하는 조종연습에 대하여 조종교육을 하려는 사람은 국토교통부장관으로부터 조종교육허가를 받아야 한다.

해설 ㉮항 · ㉯항 법 제44조 제2항. ㉰항 법 제44조 제2항, 시행규칙 제98조 제3항. ㉱항 법 제46조 제1항제1호는 국토교통부장관의 허가가 필요하지 않다. 조종교육증명이 필요한 경우는 2가지이다. 조종사 자격증명이 없는 사람의 조종연습, 한정된 조종사 자격증명이 있는 사람이 한정받은 종류 외의 항공기 조종연습.

문제 123 다음 중 조종연습에 관한 설명 중 틀린 것은?

㉮ 조종사 자격증명 및 항공신체검사증명을 받은 사람이 한정받은 등급 또는 형식 외의 항공기에 탑승하여 하는 조종연습의 경우, 그 항공기를 조종할 수 있는 자격증명 및 항공신체검사증명을 받은 사람의 감독으로 이루어지는 경우 국토교통부장관의 허가가 필요하지 않다.

㉯ 조종사의 자격증명을 받지 아니한 사람이 하는 조종연습의 경우 조종교육증명을 받은 사람의 감독으로 이루어지는 경우 국토교통부장관의 허가가 필요하지 않다.

㉰ 한정된 조종사의 자격증명을 받은 사람이 한정을 받은 종류 외의 항공기에 탑승하여 하는 조종연습의 경우 조종교육증명을 받은 사람의 감독으로 이루어지는 경우 국토교통부장관의 허가가 필요하지 않다.

㉱ 조종연습의 허가는 신청인에게 조종연습허가서를 발급함으로써 하며, 조종연습허가

서를 받은 사람은 조종연습을 할 때 항공기 조종연습허가서와 항공신체검사증명서를 지녀야 한다.

해설 조종연습은 국토교통부장관의 허가가 필요한 경우 1. 필요하지 않은 경우 2. ㉮항 법 제46조 제1항 제1호. ㉯항 법 제46조 제1항 제2호, 조종사의 자격증명을 받지 아니한 사람이 하는 조종연습은 사고위험으로 인해 엄격한 규제가 필요하다. 교육하는 사람은 조종교육증명을 받아야 하고 연습하는 사람은 국토교통부장관의 허가를 받아야 한다. ㉰항 법 제46조 제1항 제3호. ㉱항 법 제46조 제3항, 5항.

문제 124 항공기조종교육 및 조종연습에 관한 설명 중 옳은 것은?

㉮ 조종사 자격증명을 받지 아니한 사람에 대한 조종연습의 경우, 교육을 하는 사람은 조종교육증명을 받아야 하고, 조종연습을 하는 사람은 국토교통부장관의 조종연습허가를 받아야 한다.

㉯ 한정된 조종사 자격증명을 받은 사람이 한정된 종류 외의 항공기에 탑승하여 하는 조종연습의 경우, 교육을 하는 사람은 조종교육증명을 받아야 하고, 조종연습을 하는 사람은 국토교통부장관의 조종연습허가를 받아야 한다.

㉰ 한정된 조종사 자격증명을 받은 사람이 한정된 등급이나 형식 외의 항공기에 탑승하여 하는 조종연습의 경우, 교육을 하는 사람이 그 항공기를 조종할 수 있는 자격증명 및 항공신체검사증명을 받은 사람이어야 하고, 조종연습을 하는 사람은 국토교통부장관의 연습허가를 받아야 한다.

㉱ 다항의 경우, 교육을 하는 사람이 그 항공기를 조종할 수 있는 자격증명 및 항공신체검사증명을 받지 않았지만, 그 항공기를 조종할 수 있는 지식 및 능력이 있다고 국토교통부장관이 지정한 사람이 감독하는 조종교육은 국토교통부장관의 허가를 받아야 한다.

해설 ㉮항 법 제44조 제2항 제1호, 법 제46조 제1항 제2호. 자격증명이 없는 사람이 하는 조종연습은 엄격하게 감독하여야 하므로, 조종교육증명도 받고 조종연습허가도 받아야 한다. ㉯항 법 제44조 제2항 제2호, 법 제46조 제1항 제3호. 한정된 종류 외의 항공기에 탑승하여 하는 조종연습은 조종교육증명은 받아야 하지만 조종연습허가는 필요하지 않다. ㉰항 법 제46조 제1항 제1호. 한정된 종류의 항공기이지만 한정된 등급이나 형식 외의 항공기에 탑승하여 하는 조종연습은 자격증명 및 항공신체검사증명을 받은 사람의 감독만 있다면 국토교통부장관의 연습허가가 필요하지 않다. ㉱항 법 제46조 제1항 제1호, 자격증명 및 항공신체검사증명이 없더라도 국토교통부장관이 지정한 사람의 감독하에 이루어지는 한정된 등급이나 형식 외의 항공기에 탑승하여 하는 조종연습은 국토교통부장관의 연습허가가 필요하지 않다.

법 제45조(항공영어구술능력증명) ① 다음 각 호의 어느 하나에 해당하는 업무에 종사하려는 사람은 국토교통부장관의 항공영어구술능력증명을 받아야 한다.

1. 두 나라 이상을 운항하는 항공기의 조종
2. 두 나라 이상을 운항하는 항공기에 대한 관제
3. 「공항시설법」 제53조에 따른 항공통신업무 중 두 나라 이상을 운항하는 항공기에 대한 무선통신

규칙 제99조(항공영어구술능력증명시험의 실시 등)

③ 법 제45조 제2항에 따른 항공영어구술능력증명의 등급별 유효기간은 다음 각 호의 구분에 따른 기준일부터 계산하여 4등급은 3년, 5등급은 6년, 6등급은 영구로 한다.

1. 최초 응시자(항공영어구술능력증명의 유효기간이 지난 사람을 포함한다): 합격통지일
2. 4등급 또는 5등급의 항공영어구술능력증명을 받은 사람이 유효기간이 끝나기 전 6개월 이내에 항공영어구술능력증명시험에 합격한 경우: 기존 증명의 유효기간이 끝난 다음 날

★ 항공영어구술능력증명은 갱신시 유효기간에 대해 5번 출제되었다. 유효기간이 끝나기 전 6개월 이내에 시험에 합격한 경우, 기존 증명의 유효기간이 끝난 다음날이 기준일이다. 주요 오답으로 합격일, 합격통지일, 기존 유효기간 만료 후 새로운 유효기간 적용 등.

문제 125 **4등급 또는 5등급의 항공영어구술능력증명을 받은 사람이 유효기간이 끝나기 전 6개월 이내에 항공영어구술능력증명시험에 합격한 경우 그 유효기간의 기산일은?**

㉮ 기존 증명의 유효기간이 끝난 다음 날
㉯ 합격통지일
㉰ 합격일
㉱ 기존 증명의 유효기간이 끝난 날

해설 시행규칙 제99조. 기존 증명의 유효기간이 끝난 다음 날

문제 126 **항공영어구술능력증명을 받아야 하는 경우가 아닌 것은?**

㉮ 두 나라 이상을 운항하는 항공기의 조종
㉯ 두 나라 이상을 운항하는 항공기의 관제
㉰ 항공통신업무 중 두 나라 이상을 운항하는 항공기에 대한 무선통신
㉱ 두 나라 이상을 운항하는 항공기에 대한 정비

해설 법 제45조 제1항. 다음 각 호의 어느 하나에 해당하는 업무에 종사하려는 사람은 국토교통부장관의

항공영어구술능력증명을 받아야 한다.

1. 두 나라 이상을 운항하는 항공기의 조종
2. 두 나라 이상을 운항하는 항공기에 대한 관제
3. 「공항시설법」 제53조에 따른 항공통신업무 중 두 나라 이상을 운항하는 항공기에 대한 무선 통신

문제 127 **다음 중 항공영어구술능력증명에 관한 설명 중 틀린 것은?**

㉮ 항공영어구술능력증명의 유효기간은 4등급은 3년, 5등급은 6년, 6등급은 10년으로 한다.

㉯ 최초 응시자의 유효기간의 기준일은 합격통지일이다.

㉰ 4등급 또는 5등급의 항공영어구술능력증명을 받은 사람이 유효기간이 끝나기 전 6개월 이내에 항공영어구술능력증명시험에 합격한 경우 그 유효기간의 기산일은 기존증명의 유효기간이 끝난 다음 날이다.

㉱ 외국정부로부터 항공영어구술능력증명을 받은 사람은 해당 등급별 유효기간의 범위 내에서 항공영어구술능력증명을 위한 시험이 면제된다.

해설 시행규칙 제99조 제3항. ㉮항 6등급의 유효기간은 영구이다. ㉱항 법 제45조 제5항.

법 제43조(자격증명 · 항공신체검사증명의 취소 등) ① 국토교통부장관은 항공종사자가 다음 각 호의 어느 하나에 해당하는 경우에는 그 자격증명이나 자격증명의 한정(이하 이 조에서 "자격증명등"이라 한다)을 취소하거나 1년 이내의 기간을 정하여 자격증명등의 효력정지를 명할 수 있다. 다만, 제1호 또는 제31호에 해당하는 경우에는 해당 자격증명등을 취소하여야 한다.

1. 거짓이나 그 밖의 부정한 방법으로 자격증명등을 받은 경우
2. 이 법을 위반하여 벌금이상의 형을 선고받은 경우
3. 항공종사자로서 항공업무를 수행할 때 고의 또는 중대한 과실로 항공기사고를 일으켜 인명피해나 재산피해를 발생시킨 경우

(생략)

31. 이 조에 따른 자격증명등의 정지명령을 위반하여 정지기간에 항공업무에 종사한 경우

② 국토교통부장관은 항공종사자가 다음 각 호의 어느 하나에 해당하는 경우에는 그 항공신체검사증명을 취소하거나 1년 이내의 기간을 정하여 항공신체검사증명의 효력정지를 명할 수 있다. 다만, 제1호에 해당하는 경우에는 항공신체검사증명을 취소하여야 한다.

1. 거짓이나 그밖의 부정한 방법으로 항공신체검사증명을 받은 경우

(생략)

③ 자격증명 등의 시험에 응시하거나 심사를 받는 사람 또는 항공신체검사를 받는 사람이 그 시험이나 심사 또는 검사에서 부정한 행위를 한 경우에는 그 부정한 행위를 한 날부터 각각

2년간 이 법에 따른 자격증명등의 시험에 응시하거나 심사를 받을 수 없으며, 이 법에 따른 항공신체검사를 받을 수 없다.
④ 제1항 및 제2항에 따른 처분의 기준 및 절차와 그 밖에 필요한 사항은 국토교통부령으로 정한다.

자격증명의 취소 · 효력정지사유에 관한 규정이 법 제43조 제1항이고, 항공신체검사증명의 취소 · 효력정지사유에 관한 규정이 법 제43조 제2항이다.

★ 총 24회 출제되었다.

★ 법 제43조에 관해 10회 출제되었다. 부정행위를 한 경우 2년간 시험응시가 제한된다. 자격증명효력정지는 최대 1년이다. '거짓이나 부정한 방법으로 증명을 받은 경우', '자격정지기간에 항공업무에 종사한 경우'에는 필요적 취소사유이다.

★ 고 별표 10에 관해 14회 출제되었다. 자격증명 및 항공신체검사증명 미소지(10, 30, 90), 고의중과실로 항공기준사고 초래(30, 60, 150), 기장의 보고의무 미이행(30, 60, 150).

문제 128 자격증명시험에서 부정한 행위를 한 경우에는 그 부정한 행위를 한 날로부터 몇 년간 자격증명의 시험에 응시할 수 없는가?

㉮ 1년 ㉯ 2년
㉰ 3년 ㉱ 5년

해설 법 제43조 제3항

문제 129 항공신체검사에서 부정한 행위를 한 경우에는 그 부정한 행위를 한 날로부터 몇 년간 항공신체검사를 받을 수 없는가?

㉮ 1년 ㉯ 2년
㉰ 3년 ㉱ 5년

해설 법 제43조 제3항

문제 130 항공종사자로서 항공업무를 수행할 때 고의 또는 중대한 과실로 항공기사고를 일으켜 인명피해나 재산피해를 발생시킨 경우의 처분의 내용은?

㉮ 자격증명취소 또는 1년 이내 자격증명효력정지
㉯ 자격증명취소

㉰ 1년 이내의 자격증명효력정지

㉱ 자격증명취소 또는 6개월 이내 자격증명효력정지

해설 법 제43조 제1항 제3호

문제 131 **항행 중에 항공기를 추락 · 전복 또는 파괴하거나, 비행장, 이륙장, 공항시설 또는 항행안전시설을 파손하거나 그 밖의 방법으로 항공상의 위험을 발생시킨 사람에 대한 자격증명의 효력정지는 몇 년인가?**

㉮ 5년 ㉯ 3년

㉰ 2년 ㉱ 1년

해설 법 제43조 제1항 제2호 이 법을 위반하여 벌금이상의 형을 선고받은 경우 자격증명을 취소하거나 1년 이내의 기간을 정하여 자격증명의 효력을 정지할 수 있다. 질문의 범죄행위로 벌금형 이상의 선고를 받은 경우를 전제하여 풀어야 한다. 아무리 범죄의 법정형이 중하다고 하더라도 행정처분은 동일하다.

문제 132 **다음 중 자격증명을 취소하여야 하는 경우는?**

㉮ 거짓이나 그 밖의 부정한 방법으로 자격증명을 받은 경우

㉯ 항공안전법을 위반하여 벌금이상의 형을 선고받은 경우

㉰ 항공업무를 수행할 때 고의 또는 중대한 과실로 항공기준사고, 항공안전장애를 발생시킨 경우

㉱ 비행장, 이륙장, 공항시설 또는 항행안전시설을 파손하거나 그 밖의 방법으로 항공상의 위험을 발생시킨 경우

해설 법 제43조 제1항 단서 제1호 또는 제31호에 해당하는 경우에는 해당 자격증명을 취소하여야 한다. ㉱항 법 제140조 벌칙

문제 133 **다음 중 자격증명을 취소하여야 하는 경우는?**

㉮ 자격증명의 정지기간 중에 항공업무에 종사한 경우

㉯ 자격증명의 종류에 따른 업무범위 외의 업무에 종사한 경우

㉰ 항공업무에 종사하는 동안에 주류 등을 섭취하거나 사용한 경우

㉱ 기장의 의무를 이행하지 아니한 경우

해설 법 제43조 제1항 단서 제1호 또는 제31호에 해당하는 경우에는 해당 자격증명을 취소하여야 한다.

문제 134 항공종사자가 자격증명서 및 항공신체검사증명서를 지니지 아니하고 항공업무를 수행하는 경우 행정처분은?

㉮ 1차 위반 : 효력정지 10일　　㉯ 1차 위반 : 효력정지 30일
㉰ 2차 위반 : 효력정지 50일　　㉱ 2차 위반 : 효력정지 60일

해설 별표 10 2-가-25호. 1차 위반: 효력정지 10일/2차 위반: 효력정지 30일/3차 위반: 효력정지 90일.

문제 135 항공종사자가 자격증명서 및 항공신체검사증명서를 지니지 아니하고 항공업무를 수행하는 경우 행정처분은 1차 위반 ( )일, 2차 위반 ( )일, 3차 위반 ( )일이다. 괄호 안에 알맞은 말은?

㉮ 10, 30, 90　　㉯ 10, 30, 60
㉰ 30, 90, 150　　㉱ 30, 60, 90

해설 별표 10 2-가-25호. 1차 위반: 효력정지 10일/2차 위반: 효력정지 30일/3차 위반: 효력정지 90일.

문제 136 항공업무를 수행할 때 고의 또는 중대한 과실로 항공기준사고, 의무보고대상 항공안전장애 또는 항공안전위해요인을 발생시킨 경우 행정처분은?

㉮ 1차 위반 : 효력정지 30일　　㉯ 1차 위반 : 효력정지 60일
㉰ 2차 위반 : 효력정지 90일　　㉱ 3차 위반 : 효력정지 120일

해설 별표 10 2-가-17호. 1차 위반: 효력정지 30일/2차 위반: 효력정지 60일/3차 위반: 효력정지 150일.

문제 137 항공관제업무를 수행할 때 고의 또는 중대한 과실로 항공기준사고를 발생시킨 경우 행정처분은 1차 위반 ( )일, 2차 위반 ( )일, 3차 위반 ( )일이다. 괄호 안에 알맞은 말은?

㉮ 10, 30, 60　　㉯ 30, 60, 90
㉰ 30, 60, 120　　㉱ 30, 60, 150

해설 별표 10 2-가-17호. 1차 위반: 효력정지 30일/2차 위반: 효력정지 60일/3차 위반: 효력정지 150일.

문제 138 기장이 항공기사고, 항공기준사고 등 보고의무를 3번 위반하였을 경우 행정처분은?

㉮ 효력정지 60일　　㉯ 효력정지 120일
㉰ 효력정지 150일　　㉱ 자격증명취소

해설 별표 10 2-가-18호. 1차 위반: 효력정지 30일/2차 위반: 효력정지 60일/3차 위반: 효력정지 150일.

문제 139 **다음 중 행정처분의 기준에 관한 설명 중 틀린 것은?**

㉮ 자격증명 등의 취소란, 항공종사자 자격증명, 자격증명의 한정, 계기비행증명, 조종교육증명, 항공기조종연습허가, 항공교통관제연습허가 또는 항공영어구술능력증명을 취소하는 것을 말한다.

㉯ 효력의 정지란, 일정기간 항공업무에 종사할 수 있는 자격을 정지하는 것을 말한다.

㉰ 하나의 행위로 둘 이상의 위반행위가 발생한 경우 그 중 무거운 처분의 기준에 따르되 2분의 1의 범위에서 가중하여 처분한다.

㉱ 위반행위의 차수에 따른 행정처분의 기준은 위반행위를 한 날로부터 최근 1년 이내 같은 위반행위로 행정처분을 받은 경우에 적용한다.

해설 별표 10 1. 일반기준. ㉱항 나-5) '1년'이 아니라 '2년'이다.

문제 140 **다음 중 행정처분의 기준에 관한 설명 중 틀린 것은?**

㉮ 같은 위반행위가 연속하여 2회 이상 발생한 경우 1회의 위반행위로 보아 처분하되, 2분의 1의 범위에서 가중하여 처분한다.

㉯ 위반행위가 기장을 보조하는 운항승무원의 잘못으로 발생한 경우에는 기장에 대한 처분 외에 그 운항승무원에 대해서도 처분할 수 있다.

㉰ 나항의 경우 그 운항승무원에 대한 처분은 처분기준에 따라 처분한다.

㉱ 하나의 비행편에서 둘 이상의 위반행위가 발생한 경우 그 중 무거운 처분의 기준에 따르되 2분의 1의 범위에서 가중하여 처벌한다.

해설 별표 10 1. 일반기준. ㉰항 나-4) 그 운항승무원에 대한 처분은 처분기준의 2분의 1 범위에서 줄여 처분할 수 있다.

제 5 장 항공기의 운항

법 제51조(무선설비의 설치 · 운용의무) 항공기를 운항하려는 자 또는 소유자 등은 해당 항공기에 비상위치 무선표지설비, 2차 감시레이더용 트랜스폰더 등 국토교통부령으로 정하는 무선설비를 설치 · 운용하여야 한다.

규칙 제107조(무선설비) ① 법 제51조에 따라 항공기에 설치 · 운용하여야 하는 무선설비는 다음 각 호와 같다. 다만, 항공운송사업에 사용되는 항공기 외의 항공기가 계기비행방식 외의 방식(이하 "시계비행방식"이라 한다)에 의한 비행을 하는 경우에는 제3호부터 제6호까지의 무선설비를 설치 · 운용하지 아니할 수 있다.

1. 비행 중 항공교통관제기관과 교신할 수 있는 초단파(VHF) 또는 극초단파(UHF)무선전화 송수신기 각 2대. 이 경우 비행기[국토교통부장관이 정하여 고시하는 기압고도계의 수정을 위한 고도(이하 "전이고도"라 한다) 미만의 고도에서 교신하려는 경우만 해당한다]와 헬리콥터의 운항승무원은 붐(Boom) 마이크로폰 또는 스롯(Throat) 마이크로폰을 사용하여 교신하여야 한다.
2. 기압고도에 관한 정보를 제공하는 2차감시 항공교통관제 레이더용 트랜스폰더(Mode 3/A 및 Mode C SSR transponder. 다만, 국외를 운항하는 항공운송사업용 항공기의 경우에는 Mode S transponder) 1대
3. 자동방향탐지기(ADF) 1대[무지향표지시설(NDB) 신호로만 계기접근절차가 구성되어 있는 공항에 운항하는 경우만 해당한다]
4. 계기착륙시설(ILS) 수신기 1대(최대이륙중량 5천 700킬로그램 미만의 항공기와 헬리콥터 및 무인항공기는 제외한다)
5. 전방향표지시설(VOR) 수신기 1대(무인항공기는 제외한다)
6. 거리측정시설(DME) 수신기 1대(무인항공기는 제외한다)
7. 다음 각 목의 구분에 따라 비행 중 뇌우 또는 잠재적인 위험 기상조건을 탐지할 수 있는 기상레이더 또는 악기상 탐지장비

   가. 국제선 항공운송사업에 사용되는 비행기로서 여압장치가 장착된 비행기의 경우: 기상레이더 1대

   나. 국제선 항공운송사업에 사용되는 헬리콥터의 경우: 기상레이더 또는 악기상 탐지장비 1대

   다. 가목 외에 국외를 운항하는 비행기로서 여압장치가 장착된 비행기의 경우: 기상레이더 또는 악기상 탐지장비 1대

8. 다음 각 목의 구분에 따라 비상위치지시용 무선표지설비(ELT). 이 경우 비상위치지시용 무선표지설비의 신호는 121.5메가헤르츠(MHz) 및 406메가헤르츠(MHz)로 송신되어야 한다.
  가. 2대를 설치하여야 하는 경우: 다음의 어느 하나에 해당하는 항공기. 이 경우 비상위치지시용 무선표지설비 2대 중 1대는 자동으로 작동되는 구조여야 하며, 2)의 경우 1대는 구명보트에 설치해야 한다.
    1) 승객의 좌석 수가 19석을 초과하는 비행기(항공운송사업에 사용되는 비행기만 해당한다)
    2) 비상착륙에 적합한 육지(착륙이 가능한 섬을 포함한다)로부터 순항속도로 10분의 비행거리 이상의 해상을 비행하는 제1종 및 제2종 헬리콥터, 회전날개에 의한 자동회전(autorotation)에 의하여 착륙할 수 있는 거리 또는 안전한 비상착륙(safe forced landing)을 할 수 있는 거리를 벗어난 해상을 비행하는 제3종 헬리콥터
  나. 1대를 설치하여야 하는 경우: 가목에 해당하지 아니하는 항공기. 이 경우 비상위치지시용 무선표지설비는 자동으로 작동되는 구조여야 한다.

항공기를 운항하려는 자 또는 소유자 등은 해당 항공기에 국토교통부령이 정하는 무선설비를 설치 · 운영하여야 한다(법 제51조). 시행규칙 제107조는 항공기에 설치 · 운용하여야 하는 무선설비는 8개이다.

초단파(VHF) 또는 극초단파(UHF) 무선전화 송수신기, 2차감시 항공교통관제 레이더용 트랜스폰더(Mode 3/A 및 Mode C SSR transponder), 자동방향탐지기(ADF), 계기착륙시설(ILS) 수신기, 전방향 표지시설(VOR) 수신기, 거리측정시설(DME) 수신기, 기상레이더 또는 악기상 탐지장비, 비상위치지시용 무선표지설비(ELT)

이 중 항공운송사업에 사용되는 항공기 외의 항공기가 계기비행방식 외의 방식에 의한 비행을 하는 경우 제3호부터 제6호까지(자동방향탐지기(ADF), 계기착륙시설(ILS) 수신기, 전방향표지시설(VOR) 수신기, 거리측정시설(DME) 수신기의 무선설비를 설치 · 운용하지 않을 수 있다.

★ 시행규칙 제107조에 대해서 17번 출제되었다. 장비 한글 및 영어명칭까지 암기해야 한다. 주로 시계비행방식의 항공기가 필수적으로 갖추어야 하는 무선설비 또는 설치하지 않을 수 있는 무선설비에 관해 15번 출제되었다. 기상레이더 또는 악기상 탐지장비의 설치에 대해서 1번 출제, 트랜스폰더의 Mode에 대해서 1번 출제되었다. VHF/UHF, Mode 3/A 및 Mode C SSR transponder, ADF, ILS, VOR, MDE, 기상레이더/악기상 탐지장비,ELT

문제 01 **항공기의 무선설비의 설치 및 운용의무에 관한 설명 중 틀린 것은?**

㉮ 항공기를 운항하려는 자 또는 소유자 등은 해당 항공기에 국토교통부령이 정하는

무선설비를 설치 · 운용하여야 한다.

㉯ 항공기에 설치 · 운용하여야 하는 무선설비는 비행장에서 관제를 목적으로 한 양방향 통신이 가능해야 한다.

㉰ 항공기에 설치 · 운용하여야 하는 무선설비는 비행 중 계속하여 기상정보를 수신할 수 있어야 한다.

㉱ 항공기에 설치 · 운용하여야 하는 무선전화 송수신기 각 2대 중 1대가 고장이 나더라도 나머지 각 1대는 고장이 나지 아니하도록 결합하여 설치하여야 한다.

해설 ㉮항 법 제51조. ㉯항 시행규칙 제107조 제2항 제1호. ㉰항 시행규칙 제107조 제2항 제2호. ㉱항 시행규칙 제107조 제2항 제5호. 무선전화 송수신기 각 2대 중 각 1대가 고장이 나더라도 나머지 각 1대는 고장이 나지 아니하도록 각각 독립적으로 설치할 것

문제 02 **항공기에 설치하여야 하는 무선설비에 대한 설명 중 틀린 것은?**

㉮ 항공운송사업에 사용되는 항공기가 시계비행방식에 의한 비행을 하는 경우 ILS를 설치하지 않아도 된다.

㉯ 항공운송사업에 사용되는 항공기 외의 항공기가 시계비행방식에 의한 비행을 하는 경우 ADF는 설치하지 않아도 된다.

㉰ 항공운송사업에 사용되는 항공기 외의 항공기가 계기비행방식에 의한 비행을 하는 경우 VOR을 설치하여야 한다.

㉱ 항공운송사업에 사용되는 항공기가 계기비행방식에 의한 비행을 하는 경우 DME를 설치하여야 한다.

해설 시행규칙 제107조 제1항 다만, 항공운송사업에 사용되는 항공기 외의 항공기가 계기비행방식 외의 방식(이하 "시계비행방식"이라 한다)에 의한 비행을 하는 경우에는 제3호부터 제6호까지의 무선설비를 설치 · 운용하지 아니할 수 있다.

문제 03 **항공기가 계기비행방식 외의 방식에 의한 비행을 하는 경우 설치해야 하는 장비는?**

㉮ Mode 3/A　　㉯ ADF

㉰ ILS　　㉱ GPS

해설 시행규칙 제107조 제1항. VHF/UHF, Mode 3/A 및 Mode C SSR transponder, ADF, ILS, VOR, MDE, 기상레이더/악기상 탐지장비,ELT

※ 엄밀히 말하면 항공운송사업에 사용되는 항공기 외의 항공기라는 전제가 있어야 하지만 이러한 문구가 없더라도 전제하고 풀어야 한다.

문제 04 **항공기가 시계비행방식에 의한 비행을 하는 경우 설치해야 하는 장비는?**

㉮ Mode C SSR transponder ㉯ ADF

㉰ ILS ㉱ MDE

해설 시행규칙 제107조 제1항. VHF/UHF, Mode 3/A 및 Mode C SSR transponder, ADF, ILS, VOR, MDE, 기상레이더/악기상 탐지장비,ELT

문제 05 **항공운송사업에 사용되는 항공기 외의 항공기가 시행비행방식에 의한 비행을 하는 경우 반드시 설치해야 하는 무선설비는?**

㉮ 자동방향 탐지기

㉯ 계기착륙시설 수신기

㉰ 초단파 또는 극초단파 무선전화 송수신기

㉱ 거리측정시설 수신기

해설 시행규칙 제107조 제1항. 초단파/극초단파 무선전화 송수신기, 2차감시 항공교통관제 레이더용 트랜스폰더, 자동방향 탐지기, 계기착륙시설 수신기, 전방향 표지시설 수신기, 거리측정시설 수신기, 기상레이더/악기상 탐지장비, 비상위치지시용 무선표지설비

문제 06 **항공운송사업에 사용되는 항공기 외의 항공기 계기비행방식 외의 방식에 의한 비행을 하는 경우 반드시 설치할 필요가 없는 무선설비는?**

㉮ 초단파 또는 극초단파 무선전화 송수신기

㉯ 악기상 탐지장비

㉰ 2차감시 레이더용 트랜스폰더

㉱ 거리측정시설 수신기

해설 시행규칙 제107조 제1항. 초단파/극초단파 무선전화 송수신기, 2차감시 항공교통관제 레이더용 트랜스폰더, 자동방향 탐지기, 계기착륙시설 수신기, 전방향 표지시설 수신기, 거리측정시설 수신기, 기상레이더/악기상 탐지장비, 비상위치지시용 무선표지설비

문제 07 **기상레이더 또는 악기상 탐지장비의 설치에 관한 설명 중 틀린 것은?**

㉮ 국제선 항공운송사업에 사용되는 비행기로서 여압장치가 장착된 비행기의 경우 : 기상레이더 1대

㉯ 국제선 항공운송사업에 사용되는 헬리콥터의 경우 : 기상레이더 또는 악기상 탐지장비 1대

㉰ 국제선 항공운송사업 외에 국외를 운항하는 항공기로서 여압장치가 장착된 비행기

의 경우 : 기상레이더 또는 악기상 탐지장비 1대

㉱ 국내선 항공운송사업에 사용되는 비행기의 경우 : 악기상 탐지장비 1대

해설 시행규칙 제107조 제1항 제7호. 국제선 여압장치는 기상레이더/국제선 헬리콥터, 국외운항 여압장치는 기상레이더 또는 악기상 탐지장비

문제 08 **기압고도에 관한 정보를 제공하는 2차감시 항공교통관제 레이더용 트랜스폰더는 무엇인가?**

㉮ Mode 3/A　　㉯ Mode 1

㉰ Mode 2　　㉱ Mode 3

해설 시행규칙 제107조 제1항

법 제52조(항공계기 등의 설치 · 탑재 및 운용 등) ① 항공기를 운항하려는 자 또는 소유자 등은 해당 항공기에 항공기안전운항을 위하여 필요한 항공계기(航空計器), 장비, 서류, 구급용구 등(이하 "항공계기등"이라 한다)을 설치하거나 탑재하여 운용하여야 한다. 이 경우 최대이륙중량이 600킬로그램 초과 5천 700킬로그램 이하인 비행기에는 사고예방 및 안전운항에 필요한 장비를 추가로 설치할 수 있다.

② 제1항에 따라 항공계기등을 설치하거나 탑재하여야 할 항공기, 항공계기등의 종류, 설치 · 탑재기준 및 그 운용방법 등에 필요한 사항은 국토교통부령으로 정한다.

규칙 제108조(항공일지) ① 법 제52조 제2항에 따라 항공기를 운항하려는 자 또는 소유자 등은 탑재용 항공일지, 지상비치용 발동기 항공일지 및 지상비치용 프로펠러 항공일지를 갖추어 두어야 한다. 다만, 활공기의 소유자 등은 활공기용 항공일지를, 법 제102조 각 호의 어느 하나에 해당하는 항공기의 소유자 등은 탑재용 항공일지를 갖춰 두어야 한다.

② 항공기의 소유자 등은 항공기를 항공에 사용하거나 개조 또는 정비한 경우에는 지체 없이 다음 각 호의 구분에 따라 항공일지에 적어야 한다.

항공기를 운항하려는 자 또는 소유자 등은 해당 항공기에 항공기 안전운항을 위하여 필요한 항공계기, 장비, 서류, 구급용구 등을 설치하거나 탑재하여 운용하여야 한다.

서류에 해당하는 항공일지에 대해서, 항공기를 운항하려는 자 또는 소유자 등은 탑재용 항공일지, 지상 비치용 발동기항공일지, 지상 비치용 프로펠러 항공일지를 갖추어 두어야 한다. 탑재용 항공일지에 적어야 하는 사항은, 항공기의 등록부호 및 등록 연월일, 항공기의 종류 · 형식 및 형식증명번호, 감항분류 및 감항증명번호, 항공기의 제작자 · 제작번호 및 제작 연월일,

발동기 및 프로펠러의 형식, 비행에 관한 기록(비행 연월일, 승무원의 성명 및 업무, 비행목적 또는 편명, 출발지 및 출발시각, 도착지 및 도착시각, 비행시간, 항공기의 비행안전에 영향을 미치는 사항, 기장의 서명), 제작후의 총 비행시간과 오버홀을 한 항공기의 경우 최근의 오버홀 후의 총 비행시간, 발동기 및 프로펠러의 장비교환에 관한 다음의 기록(장비교환의 연월일 및 장소, 발동기 및 프로펠러의 부품번호 및 제작 일련번호, 장비가 교환된 위치 및 이유), 수리·개조 또는 정비의 실시에 관한 다음의 기록(실시 연월일 및 장소, 실시이유, 수리·개조 또는 정비의 위치 및 교환부품명, 확인 연월일 및 확인자의 서명 또는 날인)

★ **항공일지에 대해서 3번 출제되었다. 항공일지의 종류는 탑재용, 지상비치용 발동기, 지상비치용 프로펠러 3가지이다. 탑재용 항공일지에 적어야 할 사항에 관해 출제되었다.**

문제 09 **항공기를 운항하려는 자가 반드시 갖추어야 하는 항공일지가 아닌 것은?**

㉮ 탑재용 항공일지

㉯ 지상 비치용 발동기 항공일지

㉰ 지상 비치용 프로펠러 항공일지

㉱ 헬리콥터용 항공일지

해설 법 제52조 시행규칙 제108조 제1항. 항공기를 운항하려는 자 또는 소유자 등은 탑재용 항공일지, 지상 비치용 발동기 항공일지 및 지상 비치용 프로펠러 항공일지를 갖추어 두어야 한다. 다만, 활공기의 소유자 등은 활공기용 항공일지를, 법 제102조 각 호의 어느 하나에 해당하는 항공기의 소유자 등은 탑재용 항공일지를 갖춰 두어야 한다. ㉱항 활공기용 항공일지는 규정하고 있지만 그 외는 규정하지 않는다.

문제 10 **다음 중 항공일지에 관한 설명 중 틀린 것은?**

㉮ 항공기를 운항하려는 자는 탑재용 항공일지, 지상 비치용 발동기·프로펠러 항공일지를 갖추어 두어야 한다.

㉯ 활공기의 소유자 등은 활공기용 항공일지를 갖추어 두어야 한다.

㉰ 항공기의 소유자 등은 항공기를 항공에 사용하거나 개조 또는 정비한 경우에는 지체없이 항공일지에 그 내용을 적어야 한다.

㉱ 발동기 및 프로펠러의 장비교환에 관한 기록은 지상 비치용 발동기·프로펠러 항공일지에는 적어야 하지만, 탑재용 항공일지에는 반드시 적어야 하는 사항이 아니다.

해설 법 제52조 시행규칙 제108조 제1항. 탑재용 항공일지에도 발동기 및 프로펠러의 장비교환에 관한 기록은 적어야 하는 사항이다.

문제 11 **탑재용 항공기록에 기재하여야 하는 사항이 아닌 것은?**

㉮ 항공기의 등록부호 및 등록 연월일
㉯ 출발지 및 출발시각, 탑승객 수, 도착지 및 도착시각
㉰ 발동기 및 프로펠러의 형식
㉱ 비행목적 또는 편명

해설 탑승객에 관한 사항은 항공기록에 포함되지 않는다.

문제 12 **다음 중 탑재용 항공기록에 기재하여야 하는 사항이 아닌 것은?**

㉮ 승무원의 성명 및 임무
㉯ 항공기의 비행안전에 영향을 미치는 사항
㉰ 기장의 서명
㉱ 무선설비목록

해설 발동기 및 프로펠러에 관한 사항은 기재하여야 하지만 기타 설비에 관한 내용은 항공기록에 포함되지 않는다.

문제 13 **다음 중 탑재용 항공기록에 반드시 기재하여야 하는 사항이 아닌 것은?**

㉮ 항공기 정비이유, 정비의 위치 및 교환부품명
㉯ 발동기 및 프로펠러가 교환된 위치 및 이유
㉰ 감항분류 및 감항증명번호
㉱ 기장의 조종사 자격증명의 자격번호

해설 승무원의 성명 및 임무, 기장의 서명은 항공일지에 기록하여야 하지만, 그 외 자격증명에 관한 사항은 항공일지에 포함되지 않는다.

규칙 제109조(사고예방장치 등) ① 법 제52조 제2항에 따라 사고예방 및 사고조사를 위하여 항공기에 갖추어야 할 장치는 다음 각 호와 같다. 다만, 국제항공노선을 운항하지 아니하는 헬리콥터의 경우에는 제2호 및 제3호의 장치를 갖추지 아니할 수 있다.

1. 다음 각 목의 어느 하나에 해당하는 비행기에는 「국제민간항공협약」 부속서 10에서 정한 바에 따라 운용되는 공중충돌경고장치(Airborne Collision Avoidance System, ACAS Ⅱ) 1기 이상
   가. 항공운송사업에 사용되는 모든 비행기. 다만, 소형항공운송사업에 사용되는 최대이륙중량이 5천 700킬로그램 이하인 비행기로서 그 비행기에 적합한 공중충돌경고장치가 개발되지 아니하거나 공중충돌경고장치를 장착하기 위하여 필요한 비행기 개조 등의 기

술이 그 비행기의 제작자 등에 의하여 개발되지 아니한 경우에는 공중충돌경고장치를 갖추지 아니 할 수 있다.

나. 2007년 1월 1일 이후에 최초로 감항증명을 받는 비행기로서 최대이륙중량이 1만 5천 킬로그램을 초과하거나 승객 30명을 초과하여 수송할 수 있는 터빈발동기를 장착한 항공운송사업 외의 용도로 사용되는 모든 비행기

다. 2008년 1월 1일 이후에 최초로 감항증명을 받는 비행기로서 최대이륙중량이 5,700킬로그램을 초과하거나 승객 19명을 초과하여 수송할 수 있는 터빈발동기를 장착한 항공운송사업 외의 용도로 사용되는 모든 비행기

2. 다음 각 목의 어느 하나에 해당하는 비행기 및 헬리콥터에는 그 비행기 및 헬리콥터가 지표면에 근접하여 잠재적인 위험상태에 있을 경우 적시에 명확한 경고를 운항승무원에게 자동으로 제공하고 전방의 지형지물을 회피할 수 있는 기능을 가진 지상접근경고장치(Ground Proximity Warning System) 1기 이상

가. 최대이륙중량이 5,700킬로그램을 초과하거나 승객 9명을 초과하여 수송할 수 있는 터빈발동기를 장착한 비행기

나. 최대이륙중량이 5,700킬로그램 이하이고 승객 5명 초과 9명 이하를 수송할 수 있는 터빈발동기를 장착한 비행기

다. 최대이륙중량이 5,700킬로그램을 초과하거나 승객 9명을 초과하여 수송할 수 있는 왕복발동기를 장착한 모든 비행기

라. 최대이륙중량이 3,175킬로그램을 초과하거나 승객 9명을 초과하여 수송할 수 있는 헬리콥터로서 계기비행방식에 따라 운항하는 헬리콥터

3. 다음 각 목의 어느 하나에 해당하는 항공기에는 비행자료 및 조종실 내 음성을 디지털 방식으로 기록할 수 있는 비행기록장치 각 1기 이상

가. 항공운송사업에 사용되는 터빈발동기를 장착한 비행기. 이 경우 비행기록장치에는 25시간 이상 비행자료를 기록하고, 2시간 이상 조종실 내 음성을 기록할 수 있는 성능이 있어야 한다.

나. 승객 5명을 초과하여 수송할 수 있고 최대이륙중량이 5,700킬로그램을 초과하는 비행기 중에서 항공운송사업 외의 용도로 사용되는 터빈발동기를 장착한 비행기. 이 경우 비행기록장치에는 25시간 이상 비행자료를 기록하고, 2시간 이상 조종실 내 음성을 기록할 수 있는 성능이 있어야 한다.

다. 1989년 1월 1일 이후에 제작된 헬리콥터로서 최대이륙중량이 3천 180킬로그램을 초과하는 헬리콥터. 이 경우 비행기록장치에는 10시간 이상 비행자료를 기록하고, 2시간 이상 조종실 내 음성을 기록할 수 있는 성능이 있어야 한다.

라. 그 밖에 항공기의 최대이륙중량 및 제작 시기 등을 고려하여 국토교통부장관이 필요하다고 인정하여 고시하는 항공기

4. 최대이륙중량이 5,700킬로그램을 초과하거나 승객 9명을 초과하여 수송할 수 있는 터빈발

동기(터보프롭발동기는 제외한다)를 장착한 항공운송사업에 사용되는 비행기에는 전방돌풍경고장치 1기 이상. 이 경우 돌풍경고장치는 조종사에게 비행기전방의 돌풍을 시각 및 청각적으로 경고하고, 필요한 경우에는 실패접근(missed approach), 복행(go-around) 및 회피기동(escape manoeuvre)을 할 수 있는 정보를 제공하는 것이어야 하며, 항공기가 착륙하기 위하여 자동착륙장치를 사용하여 활주로에 접근할 때 전방의 돌풍으로 인하여 자동착륙장치가 그 운용한계에 도달하고 있는 경우에는 조종사에게 이를 알릴 수 있는 기능을 가진 것이어야 한다.

5. 최대이륙중량 2만 7천킬로그램을 초과하고 승객 19명을 초과하여 수송할 수 있는 항공운송사업에 사용되는 비행기로서 15분 이상 해당 항공교통관제기관의 감시가 곤란한 지역을 비행하는 하는 경우 위치추적 장치 1기 이상

② 제1항 제2호에 따른 지상접근경고장치는 다음 각 호의 구분에 따라 경고를 제공할 수 있는 성능이 있어야 한다.

1. 제1항 제2호 가목에 해당하는 비행기의 경우에는 다음 각 목의 경우에 대한 경고를 제공할 수 있을 것
   가. 과도한 강하율이 발생하는 경우
   나. 지형지물에 대한 과도한 접근율이 발생하는 경우
   다. 이륙 또는 복행 후 과도한 고도의 손실이 있는 경우
   라. 비행기가 다음의 착륙형태를 갖추지 아니한 상태에서 지형지물과의 안전거리를 유지하지 못하는 경우
      1) 착륙바퀴가 착륙위치로 고정
      2) 플랩의 착륙위치
   마. 계기활공로 아래로의 과도한 강하가 이루어진 경우
2. 제1항 제2호 나목 및 다목에 해당하는 비행기와 제1항 제2호 라목에 해당하는 헬리콥터의 경우에는 다음 각 목의 경우에 대한 경고를 제공할 수 있을 것
   가. 과도한 강하율이 발생되는 경우
   나. 이륙 또는 복행후에 과도한 고도의 손실이 있는 경우
   다. 지형지물과의 안전거리를 유지하지 못하는 경우

③ 제1항 제3호에 따른 비행기록장치의 종류, 성능, 기록하여야 하는 자료, 운영방법, 그 밖에 필요한 사항은 법 제77조에 따라 고시하는 운항기술기준에서 정한다.

④ 제1항 제3호에도 불구하고 다음 각 호의 어느 하나에 해당하는 경우에는 비행기록장치를 장착하지 아니할 수 있다.

1. 제3항에 따른 운항기술기준에 적합한 비행기록장치가 개발되지 아니하거나 생산되지 아니하는 경우
2. 해당 항공기에 비행기록장치를 장착하기 위하여 필요한 항공기 개조 등의 기술이 그 항공기의 제작사 등에 의하여 개발되지 아니한 경우

법 제52조 제2항에 따라 항공기에 탑재하여야 하는 장비 중 사고예방 및 사고조사를 위하여 항공기에 갖추어야 하는 장치는 시행규칙 제109조에서 규정하고 있다. 공중충돌경고장치(ACAS Ⅱ), 지상접근경고장치(GPWS), 비행기록장치(Flight Data Recorder, FDR), 전방돌풍경고장치, 위치추적장치가 규정되어 있다. 위 장치를 모든 항공기에 장착하여야 하는 것이 아니고, 장치별로 탑재해야 하는 항공기의 범위를 시행규칙 제109조 제1항에 규정하고 있다. 시행규칙 제109조 제2항에는 지상접근경고장치가 제공해야 하는 경고에 관한 성능을 규정하고 있다.

- 사고예방 및 사고조사장치에 대해 전체적으로 9번 출제되었다. 시행규칙 제109조의 구체적인 규정에 관해 출제되었다. 규정된 장치의 이름과 영문을 암기해야 한다(1번 출제). 공중충돌경고장치(ACAS), 지상접근경고장치(GPWS), 비행기록장치(FDR), 전방돌풍경고장치, 위치추적장치. 공중충돌경고장치(ACAS)는 항공운송사업에 사용되는 모든 비행기에 장착해야 한다.
- 공중충돌경고장치(ACAS)를 탑재해야 하는 항공기의 범위에 대해서 2번 출제되고 종합적으로 2번 더 출제되었다. 공중충돌경고장치는 항공운송사업에 사용되는 "모든" 비행기에 장착하여야 한다. 최대이륙중량 또는 수용할 수 있는 승객수로 혼동을 주는 오답을 예시하고 있지만 정답은 명확히 간단하다. '항공운송사업에 사용되는 모든 비행기'
- 지상접근경고장치를 탑재해야 하는 항공기의 범위에 대해 2번 출제되고 종합적으로 2번 더 출제되었다. 지상접근경고장치는 최대이륙중량 및 승객 수, 발동기 종류, 항공기 종류로 특정하고 있다. 최대이륙중량이 5,700kg을 초과하거나 승객 9명을 초과하여 수송할 수 있는 터빈발동기를 장착한 비행기, 최대이륙중량이 5,700kg 이하이고 승객 5명 초과 9명 이하를 수송할 수 있는 터빈발동기를 장착한 비행기, 최대이륙중량이 5,700kg을 초과하거나 승객 9명을 초과하여 수송할 수 있는 왕복발동기를 장착한 모든 비행기, 최대이륙중량이 3,175kg을 초과하거나 승객 9명을 초과하여 수송할 수 있는 헬리콥터로서 계기비행방식에 따라 운항하는 헬리콥터.
- 음성비행기록장치에 대해서 2번 출제되었다. 2시간 이상 조종실 내 음성을 기록할 수 있는 성능에 대해서 출제되었다. 탑재해야 하는 항공기는, 항공운송사업에 사용되는 터빈발동기를 장착한 비행기, 승객 5명을 초과하여 수송할 수 있고 최대이륙중량이 5,700kg을 초과하는 비행기 중에서 항공운송사업 외의 용도로 사용되는 터빈발동기를 장착한 비행기, 최대이륙중량이 3,180kg을 초과하는 헬리콥터
- 지상접근경고장치가 제공하는 경고에 대해서 1번 출제되었다. 지상접근경고장치는 항공기가 지표면에 근접하여 잠재적인 위험상태에 있을 경우 적시에 명확한 경고를 운항승무원에게 자동으로 제공하고 전방의 지형지물을 회피할 수 있는 기능이 있어야 한다. 구체적으로 과도한 강하율이 발생하는 경우, 지형지물에 대한 과도한 접근율이 발생하는 경우, 이륙 또는 복행 후 과도한 고도의 손실이 있는 경우, 비행기가 착륙형태(착륙바퀴가 착륙위치에 고정, 플랩의 착륙위치)를 갖추지 아니한 상태에서 지형지물과의 안전거리를 유지하지 못하는 경우, 계기활공로 아래로의 과도한 강하가 이루어지는 경우이다.

※ 여압장치가 있는 비행기로서 기내의 대기압이 376hPa 미만인 비행고도로 비행하려는 비행기는 기내의 압력이 떨어질 경우 운항승무원에게 이를 경고할 수 있는 기압저하경보장치 1기를 장착하여야 한다(시행규칙 제114조).

문제 14 다음 중 사고예방 및 사고조사를 위해서 항공기에 갖추어야 할 장치가 아닌 것은?

㉮ ACAS ㉯ GPWS

㉰ FDR ㉱ VHMS

해설 시행규칙 제109조 공중충돌경고장치(ACAS II), 지상접근경고장치(GPWS), 비행기록장치(Flight Data Recorder, FDR), 전방돌풍경고장치, 위치추적 장치가 규정되어 있다. ㉱항 VHMS는 Vibration Health Monitoring System 진동감시시스템으로 헬리콥터에 장착하는 장비이다(시행규칙 제115조).

문제 15 다음 중 사고예방 및 사고조사를 위해서 항공기에 갖추어야 할 장치가 아닌 것은?

㉮ 공중충돌경고장치 ㉯ 지상접근경고장치

㉰ 기압저하경보장치 ㉱ 비행기록장치

해설 시행규칙 제109조 사고예방 및 사고조사를 위한 장치로 공중충돌경고장치(ACAS II), 지상접근경고장치(GPWS), 비행기록장치(Flight Data Recorder, FDR), 전방돌풍경고장치, 위치추적 장치가 규정되어 있다. ㉰항 기압저하경보장치는 산소 저장 및 분배장치로 시행규칙 제114조에서 규정하고 있다.

문제 16 다음 중 사고예방 및 사고조사를 위해서 항공기에 갖추어야 할 장치가 아닌 것은?

㉮ 전방돌풍경고장치 ㉯ 위치추적장치

㉰ 비행기록장치 ㉱ 기압저하경보장치

해설 시행규칙 제109조 사고예방 및 사고조사를 위한 장치로 공중충돌경고장치(ACAS II), 지상접근경고장치(GPWS), 비행기록장치(Flight Data Recorder, FDR), 전방돌풍경고장치, 위치추적 장치가 규정되어 있다. ㉱항 기압저하경보장치는 산소저장 및 분배장치로 시행규칙 제114조에서 규정하고 있다.

문제 17 다음 중 공중충돌경고장치를 1기 이상 탑재해야 하는 항공기는?

㉮ 항공운송사업에 사용되는 모든 비행기

㉯ 최대이륙중량이 5,700kg을 초과하거나 승객 30명을 초과하여 수송할 수 있는 터빈발동기를 장착한 항공운송사업 외의 용도로 사용되는 모든 비행기

㉰ 최대이륙중량이 5,700kg을 초과하거나 승객 19명을 초과하여 수송할 수 있는 터빈발동기를 장착한 항공운송사업에 사용되는 모든 비행기

㉱ 최대이륙중량이 5,700kg을 초과하거나 승객 9명을 초과하여 수송할 수 있는 왕복발동기를 장착한 모든 비행기

해설 시행규칙 제109조 제1항 다음 각 목의 어느 하나에 해당하는 비행기에는 「국제민간항공협약」 부속서 10에서 정한 바에 따라 운용되는 공중충돌경고장치(Airborne Collision Avoidance System, ACAS II) 1기 이상을 탑재하여야 한다. 가. 항공운송사업에 사용되는 모든 비행기.

문제 18 다음 중 공중충돌경고장치를 1기 이상 탑재해야 하는 항공기는?

㉮ 항공운송사업에 사용되는 모든 비행기
㉯ 최대이륙중량이 15,000kg을 초과하거나 승객 30명을 초과하여 수송할 수 있는 모든 항공기
㉰ 최대이륙중량이 5,700kg을 초과하거나 승객 19명을 초과하여 수송할 수 있는 터빈 발동기를 장착한 모든 비행기
㉱ 최대이륙중량이 5,700kg을 초과하거나 승객 9명을 초과하여 수송할 수 있는 왕복발동기를 장착한 모든 비행기

해설 시행규칙 제109조 제1항 다음 각 목의 어느 하나에 해당하는 비행기에는 「국제민간항공협약」 부속서 10에서 정한 바에 따라 운용되는 공중충돌경고장치(Airborne Collision Avoidance System, ACAS II) 1기 이상을 탑재하여야 한다. 가. 항공운송사업에 사용되는 모든 비행기.

문제 19 다음 중 지상접근경고장치를 탑재해야 하는 항공기에 해당하지 않는 것은?

㉮ 최대이륙중량이 5,700kg을 초과하거나 승객 9명을 초과하여 수송할 수 있는 터빈발동기를 장착한 비행기
㉯ 최대이륙중량이 5,700kg을 초과하거나 승객 9명을 초과하여 수송할 수 있는 왕복발동기를 장착한 모든 비행기
㉰ 최대이륙중량이 5,700kg 이하이고 승객 5명 초과 9명 이하를 수송할 수 있는 터빈 발동기를 장착한 비행기
㉱ 항공운송사업에 사용되는 모든 비행기

해설 지상접근경고장치를 탑재해야 하는 항공기는, 최대이륙중량이 5,700kg을 초과하거나 승객 9명을 초과하여 수송할 수 있는 터빈발동기를 장착한 비행기, 최대이륙중량이 5,700kg 이하이고 승객 5명 초과 9명 이하를 수송할 수 있는 터빈발동기를 장착한 비행기, 최대이륙중량이 5,700kg을 초과하거나 승객 9명을 초과하여 수송할 수 있는 왕복발동기를 장착한 모든 비행기, 최대이륙중량이 3,175kg을 초과하거나 승객 9명을 초과하여 수송할 수 있는 헬리콥터로서 계기비행방식에 따라 운항하는 헬리콥터이다. ㉱항은 공중충돌경고장치를 탑재해야 하는 항공기이다.

문제 20 다음 중 지상접근경고장치를 탑재해야 하는 항공기에 해당하지 않는 것은?

㉮ 최대이륙중량이 5,700kg을 초과하거나 승객 9명을 초과하여 수송할 수 있는 터빈발동기를 장착한 비행기
㉯ 최대이륙중량이 5,700kg을 초과하거나 승객 9명을 초과하여 수송할 수 있는 왕복발동기를 장착한 모든 비행기
㉰ 최대이륙중량이 5,700kg 이하이고 승객 5명 초과 9명 이하를 수송할 수 있는 터빈

발동기를 장착한 비행기

㉣ 최대이륙중량이 3,175kg을 초과하거나 승객 9명을 초과하여 수송할 수 있는 모든 헬리콥터

해설 지상접근경고장치를 탑재해야 하는 헬리콥터는, 최대이륙중량다 3,175kg을 초과하거나 승객 9명을 초과하여 수송할 수 있는 헬리콥터로서 계기비행방식에 따라 운항하는 헬리콥터이다.

문제 21 **다음 중 지상접근경고장치를 탑재해야 하는 항공기에 해당하지 않는 것은?**

㉮ 최대이륙중량이 5,700kg을 초과하거나 승객 9명을 초과하여 수송할 수 있는 터빈발동기를 장착한 비행기

㉯ 최대이륙중량이 3,175kg을 초과하거나 승객 9명을 초과하여 수송할 수 있는 헬리콥터로서 계기비행방식에 따라 운항하는 헬리콥터

㉰ 최대이륙중량이 5,700kg 이하이고 승객 5명 초과 9명 이하를 수송할 수 있는 터빈발동기를 장착한 비행기

㉣ 최대이륙중량이 5,700kg을 초과하거나 승객 19명을 초과하여 수송할 수 있는 터빈발동기를 장착한 항공운송사업 외의 용도로 사용되는 모든 비행기

해설 ㉣항은 공중충돌경고장치를 탑재해야 하는 항공기이다.

문제 22 **다음 중 지상접근경고장치를 탑재해야 하는 항공기는?**

㉮ 항공운송사업에 사용되는 모든 비행기

㉯ 최대이륙중량이 5,700kg을 초과하거나 승객 9명을 초과하여 수송할 수 있는 터빈발동기를 장착한 비행기

㉰ 최대이륙중량이 5,700kg을 초과하거나 승객 9명을 초과하여 수송할 수 있는 터빈발동기를 장착한 항공운송사업에 사용되는 비행기

㉣ 최대이륙중량이 5,700kg을 초과하는 항공운송사업 외에 사용되는 터빈발동기를 장착한 비행기

해설 지상접근경고장치를 탑재해야 하는 항공기의 범위는 항공운송사업 여부와 관련이 없다. 공중충돌경고장치는 항공운송사업 여부와 관련이 있다.

문제 23 **비행자료 및 조종실 내 음성을 디지털방식으로 기록할 수 있는 비행기록장치를 탑재해야 하는 항공기는?**

㉮ 항공운송사업에 사용되는 터빈발동기를 장착한 비행기

㉯ 최대이륙중량이 5,700kg을 초과하고 승객 5명을 초과하여 수송할 수 있는 비행기

㉰ 최대이륙중량이 3,180kg을 초과하는 헬리콥터로서 계기비행방식에 따라 운항하는 헬리콥터

㉱ 최대이륙중량이 5,700kg을 초과하거나 승객 9명을 초과하여 수송할 수 있는 터빈발동기를 장착한 항공운송사업에 사용되는 비행기

해설 비행기록장치를 탑재해야 하는 항공기는, 항공운송사업에 사용되는 터빈발동기를 장착한 비행기, 승객 5명을 초과하여 수송할 수 있고 최대이륙중량이 5,700kg을 초과하는 비행기 중에서 항공운송사업 외의 용도로 사용되는 터빈발동기를 장착한 비행기, 최대이륙중량이 3,180kg을 초과하는 헬리콥터이다.

문제 24 **항공운송사업에 사용되는 터빈발동기를 장착한 비행기에 탑재하는 비행기록장치에는 (　　) 시간 이상 비행자료를 기록하고, (　　)시간 이상 조종실 내 음성을 기록할 수 있는 성능이 있어야 한다. 괄호 안에 알맞은 말은?**

㉮ 24, 2　　㉯ 25, 2

㉰ 15, 3　　㉱ 10, 2

해설 시행규칙 109조 제1항. 비행기록장치에는 25시간 이상 비행자료를 기록하고, 2시간 이상 조종실 내 음성을 기록할 수 있는 성능이 있어야 한다.

문제 25 **사고예방 및 사고조사를 위하여 항공기에 갖추어야 하는 장치에 관한 설명 중 틀린 것은?**

㉮ 항공운송사업에 사용되는 모든 비행기에는 공중충돌장치 1기 이상을 탑재해야 한다.

㉯ 최대이륙중량이 5,700kg을 초과하거나 승객 9명을 초과하여 수송할 수 있는 터빈발동기를 장착한 비행기에는 지상접근경고장치 1개 이상을 탑재해야 한다.

㉰ 항공운송사업에 사용되는 터빈발동기를 장착한 비행기는 비행기록장치 1기 이상을 탑재해야 한다.

㉱ 최대이륙중량이 5,700kg을 초과하거나 승객 9명을 초과하여 수송할 수 있는 터빈발동기를 장착한 비행기에는 전방돌풍경고장치 1기 이상을 탑재하여야 한다.

해설 ㉱항 최대이륙중량이 5,700kg을 초과하거나 승객 9명을 초과하여 수송할 수 있는 터빈발동기를 장착한 항공운송사업에 사용되는 비행기에는 전방돌풍경고장치 1기 이상을 탑재하여야 한다.

문제 26 **다음 중 비행기 또는 헬리콥터가 지표면에 근접하여 잠재적인 위험상태에 있을 경우 적시에 명확한 경고를 운항승무원에게 자동으로 제공하고 전방이 지형지물을 회피할 수 있는 기능을 가진 장비는?**

㉮ ACAS　　㉯ GPWS

㉰ FDR　　㉱ VHMS

해설 시행규칙 제109조 공중충돌경고장치(ACAS II), 지상접근경고장치(GPWS), 비행기록장치(Flight Data Recorder, FDR), 전방돌풍경고장치, 위치추적 장치가 규정되어 있다. ㉣항 VHMS는 Vibration Health Monitoring System 진동감시시스템으로 헬리콥터에 장착하는 장비이다(시행규칙 제115조).

문제 27 **다음 중 지상접근경고장치가 경고를 제공할 수 있는 상황이 아닌 것은?**

㉮ 지형지물에 대한 과도한 접근율이 발생하는 경우

㉯ 비행기가 착륙형태를 갖춘 상태에서 지형지물과의 안전거리를 유지하지 못하는 경우

㉰ 이륙 또는 복행 후 과도한 고도의 손실이 있는 경우

㉱ 과도한 강하율이 발생하는 경우

해설 지상접근경고장치는, 과도한 강하율이 발생하는 경우, 지형지물에 대한 과도한 접근율이 발생하는 경우, 이륙 또는 복행 후 과도한 고도의 손실이 있는 경우, 비행기가 착륙형태(착륙바퀴가 착륙위치에 고정, 플랩의 착륙위치)를 갖추지 아니한 상태에서 지형지물과의 안전거리를 유지하지 못하는 경우, 계기활공로 아래로의 과도한 강하가 이루어지는 경우에 경고를 제공할 수 있는 성능을 갖추어야 한다. ㉯항 착륙형태를 갖추지 아니한 상태여야 한다.

규칙 제110조(구급용구 등) 법 제52조 제2항에 따라 항공기의 소유자 등이 항공기(무인항공기는 제외한다)에 갖추어야 할 구명동의, 음성신호발생기, 구명보트, 불꽃조난신호장비, 휴대용 소화기, 도끼, 메가폰, 구급의료용품 등은 별표 15와 같다.

별표15 항공기에 장비하여야 할 구급용구 등

2. 소화기

가. 항공기에는 적어도 조종실 및 조종실과 분리되어 있는 객실에 각각 한 개 이상의 이동이 간편한 소화기를 갖춰 두어야 한다. 다만, 소화기는 소화액을 방사 시 항공기 내의 공기를 해롭게 오염시키거나 항공기의 안전운항에 지장을 주는 것이어서는 안 된다.

나. 항공기의 객실에는 다음 표의 소화기를 갖춰 두어야 한다.

승객 좌석 수	소화기의 수량
1) 6석부터 30석까지	1
2) 31석부터 60석까지	2
3) 61석부터 200석까지	3
4) 201석부터 300석까지	4
5) 301석부터 400석까지	5
6) 401석부터 500석까지	6
7) 501석부터 600석까지	7
8) 601석 이상	8

3. 항공운송사업용 및 항공기사용사업용 항공기에는 사고 시 사용할 도끼 1개를 갖춰 두어야 한다.
4. 항공운송사업용 여객기에는 다음 표의 메가폰을 갖춰 두어야 한다.

승객 좌석 수	메가폰의 수
61석부터 99석까지	1
100석부터 199석까지	2
200석 이상	3

5. 구명보트의 수는 탑승자전원을 수용할 수 있는 수량이어야 한다. 이 경우 구명보트는 비상시 사용하기 쉽도록 적재되어야 하며, 각 구명보트에는 비상신호등 · 방수휴대 등이 각 1개씩 포함된 구명용품 및 불꽃조난신호장비 1기를 갖춰야 한다. 다만, 구명용품 및 불꽃조난신호장비는 구명보트에 보관할 수 있다.

※ **구명보트가 필요한 경우**

1. 장거리 해상을 비행하는 비행기

① 비상착륙에 적합한 육지로부터 120분 또는 740킬로미터(400해리) 중 짧은 거리 이상의 해상을 비행하는 다음의 경우

- 쌍발비행기가 임계발동기가 작동하지 않아도 최저안전고도 이상으로 비행하여 교체비행장에 착륙할 수 있는 경우
- 3발 이상의 비행기가 2개의 발동기가 작동하지 않아도 항로상 교체비행장에 착륙할 수 있는 경우

② ①외의 비행기가 30분 또는 185킬로미터(100해리) 중 짧은 거리 이상의 해상을 비행하는 경우

③ 비상착륙에 적합한 육지로부터 단발기는 185킬로미터(100해리), 다발기는 1개의 발동기가 작동하지 않아도 370킬로미터(200해리) 이상의 해상을 비행하는 경우

2. 헬리콥터

① 제1종 또는 제2종 헬리콥터가 육지(비상착륙에 적합한 섬을 포함한다)로부터 순항속도로 10분거리 이상의 해상을 비행하는 경우

② 제2종 및 제3종 헬리콥터가 이륙경로나 착륙접근경로가 수상에 서의 사고시에 착수가 예상되는 경우

항공기에 갖추어야 할 구명동의, 음성신호발생기, 구명보트, 불꽃조난신호장비, 휴대용소화기, 도끼, 메가폰, 구급의료용품 등은 별표 15에서 자세히 규정하고 있다.

★ 구급용구 등 별표 15에 대해서 20번 출제되었다. 별표 15를 전부 암기하는 것은 불가능하므로 자주 출제되는 부분만 암기하여 준비하면 충분하다. 항공운송사업용 여객기에는 승객 좌석수에 따라 메가폰을 갖춰두어야 한다(5번 출제). 61석~99석(1개), 100석~199석(2개), 200석이상(3개). 소화기는 승객 좌석 수에 따라 소화기를 갖추어야 한다(3번 출제). 6석~30석(1개), 31석~60석(2개), 61석~200석(3개), 201석~300석(4개), 301석~400석(5개), 401석~500석(6개), 501석~600석(7개), 601석이상(8개). 구명보트에 대해서는 12번 출제되었다. 장거리 해상을 비행하는 경우 구명보트를 갖추어야 한다. 구명보트가 필요한 경우는(11번 출제), 비상착륙에 적합한 육지로부터 120분 또는 740km(400해리) 중 짧은 거리 이상의 해상을 비행하는 경우(쌍발비행기가 임계발동기가 작동하지 않아 최저안전고도 이상으로 비행하여 교체비행장에 착륙할 수 있는 경우, 3발 이상의 비행기가 2개의 발동기가 작동하지 않아도 항로상 교체비행장에 착륙할 수 있는 경우), 그 외 비행기가 30분 또는 185km(100해리) 중 짧은 거리 이상의 해상을 비행하는 경우. 비상착륙에 적합한 육지로부터 단발기는 185km(100해리), 다발기는 1개 발동기가 작동하지 않아도 370km(200해리) 이상의 해상을 비행하는 경우이다. 헬리콥터의 경우 구명보트가 필요한 경우는, 제1종 또는 제2종 헬리콥터가 육지로부터 순항속도로 10분거리 이상의 해상을 비행하는 경우, 제2종 및 제3종 헬리콥터가 이륙 경로나 착륙접근 경로가 수상에서의 사고시에 착수가 예상되는 경우이다. 갖추어야 하는 구명보트의 수량에 대해 1번 출제되었다.

문제 28 항공운송사업용 여객기에 승객의 좌석수가 150석인 경우 항공기에 갖추어야 하는 메가폰의 수는?

㉮ 1개　　㉯ 2개
㉰ 3개　　㉱ 4개

해설 시행규칙 제110, 별표 15. 항공운송사업용 여객기에는 승객 좌석수에 따라 메가폰을 갖춰두어야 한다. 61석~99석(1개), 100석~199석(2개), 200석 이상(3개)

문제 29 여객기 승객의 수가 290명인 경우 몇 개의 메가폰을 탑재하여야 하는가?

㉮ 1개　　㉯ 2개
㉰ 3개　　㉱ 4개

해설 시행규칙 제110, 별표 15. 항공운송사업용 여객기에는 승객 좌석수에 따라 메가폰을 갖춰두어야 한다. 61석~99석(1개), 100석~199석(2개), 200석이상(3개)

문제 30 승객 좌석수가 401석인 항공기에 갖추어야 하는 소화기의 수량은?

㉮ 4개　　㉯ 6개
㉰ 8개　　㉱ 9개

해설 시행규칙 110, 별표 15. 소화기는 승객 좌석수에 따라 소화기를 갖추어야 한다. 6석~30석(1개), 31석~60석(2개), 61석~200석(3개), 201석~300석(4개), 301석~400석(5개), 401석~500석(6개), 501석~600석(7개), 601석 이상(8개)

문제 31 **승객이 250명일 때 항공기에 갖추어야 하는 소화기의 수는?**

㉮ 3개　　㉯ 4개
㉰ 5개　　㉱ 7개

해설 시행규칙 110, 별표 15. 소화기는 승객 좌석수에 따라 소화기를 갖추어야 한다. 6석~30석(1개), 31석~60석(2개), 61석~200석(3개), 201석~300석(4개), 301석~400석(5개), 401석~500석(6개), 501석~600석(7개), 601석 이상(8개)

문제 32 **항공기에 탑재하여야 하는 구명보트의 수량을 결정하는 기준으로 옳은 것은?**

㉮ 구명보트의 수는 탑승자전원을 수용할 수 있는 수량이어야 한다.
㉯ 구명보트의 수는 승객 좌석수의 1/2 이상을 수용할 수 있는 수량이어야 한다.
㉰ 구명보트의 수는 승객 좌석수의 3/4 이상을 수용할 수 있는 수량이어야 한다.
㉱ 구명보트의 수는 탑승자전원의 1.5배를 수용할 수 있는 수량이어야 한다.

해설 시행규칙 110 별표 15. 구명보트의 수는 탑승자전원을 수용할 수 있는 수량이어야 한다.

문제 33 **쌍발비행기가 임계발동기가 작동하지 않아도 최저안전고도 이상으로 비행하여 교체비행장에 착륙할 수 있는 경우로서, 비상착륙에 적합한 육지로부터 ( ) 이상의 장거리 해상을 비행하는 경우 구명보트를 갖추어야 하는가?**

㉮ 740km　　㉯ 185km
㉰ 93km　　㉱ 1,000km

해설 시행규칙 110 별표 15. 비상착륙에 적합한 육지로부터 120분 또는 740km(400해리) 중 짧은 거리 이상의 해상을 비행하는 경우(쌍발비행기가 임계발동기가 작동하지 않아 최저안전고도 이상으로 비행하여 교체비행장에 착륙할 수 있는 경우

문제 34 **비상착륙에 적합한 육지로부터 ( ) 이상의 해상을 비행하는 쌍발비행기가 임계발동기가 작동하지 않아도 최저안전고도 이상으로 비행하는 교체비행장에 착륙할 수 있는 경우 비행기에 구명보트를 탑재하여야 한다.**

㉮ 400해리　　㉯ 300해리
㉰ 200해리　　㉱ 100해리

해설 시행규칙 110 별표 15. 비상착륙에 적합한 육지로부터 120분 또는 740km(400해리) 중 짧은 거리 이상의 해상을 비행하는 경우(쌍발비행기가 임계발동기가 작동하지 않아 최저안전고도 이상으로 비행하여 교체비행장에 착륙할 수 있는 경우

문제 35 **3발 이상의 비행기가 2개의 발동기가 작동하지 않아도 항로상 교체비행장에 착륙할 수 있는 경우로서, 비상착륙에 적합한 육지로부터 (　　)분 또는 (　　)km 중 짧은 거리 이상의 해상을 비행하는 경우 구명보트를 탑재하여야 한다. 괄호 안에 알맞은 말은?**

㉮ 740km　　㉯ 185km
㉰ 93km　　㉱ 1,000km

해설 시행규칙 110 별표 15. 비상착륙에 적합한 육지로부터 120분 또는 740km(400해리) 중 짧은 거리 이상의 해상을 비행하는 경우(쌍발비행기가 임계발동기가 작동하지 않아 최저안전고도 이상으로 비행하여 교체비행장에 착륙할 수 있는 경우

문제 36 **단발기 비행기는 비상착륙에 적합한 육지로부터 몇 km 이상의 장거리 해상을 비행하는 경우 구명보트를 탑재해야 하는가?**

㉮ 185km　　㉯ 370km
㉰ 740km　　㉱ 150km

해설 시행규칙 110 별표 15. 비상착륙에 적합한 육지로부터 단발기는 185km(100해리), 단발기는 1개 발동기가 작동하지 않아도 370km(200해리) 이상의 해상을 비헝하는 경우이다.

문제 37 **다음 중 구명보트가 필요한 경우가 아닌 경우는?**

㉮ 단발기 비행기가 비상착륙에 적합한 육지로부터 370km 이상의 장거리 해상을 비행하는 경우
㉯ 3발 이상의 비행기가 2개의 발동기가 작동하지 않아도 항로상 교체비행장에 착륙할 수 있는 경우로서, 비상착륙에 적합한 육지로부터 740km 이상의 해상을 비행하는 경우
㉰ 이륙경로나 착륙접근경로가 수상에서의 사고시에 착수가 예상되는 경우
㉱ 비상착륙에 적합한 육지로부터 120분 이상의 해상을 비행하는 쌍발비행기가 임계발동기가 작동하지 않아도 최저안전고도 이상으로 비행하는 교체비행장에 착륙할 수 있는 경우

해설 ㉰항 헬리콥터에 관한 규정이다. 헬리콥터의 경우 구명보트가 필요한 경우는, 제1종 또는 제2종 헬리콥터가 육지로부터 순항속도로 10분거리 이상의 해상을 비행하는 경우, 제2종 및 제3종 헬리콥터가 이륙 경로나 착륙접근경로가 수상에서의 사고시에 착수가 예상되는 경우이다.

문제 38 **다음 중 구명보트가 필요한 경우가 아닌 경우는?**

㉮ 단발기 비행기가 100해리 이상의 장거리 해상을 비행하는 경우
㉯ 3발 이상의 비행기가 2개의 발동기가 작동하지 않아도 항로상 교체비행장에 착륙할

수 있는 경우로서, 비상착륙에 적합한 육지로부터 120분 이상의 해상을 비행하는 경우

㉰ 비상착륙에 적합한 섬으로부터 순항속도로 10분거리 이상의 해상을 비행하는 경우

㉱ 비상착륙에 적합한 육지로부터 400해리 이상의 해상을 비행하는 쌍발비행기가 임계 발동기가 작동하지 않아도 최저 안전고도 이상으로 비행하는 교체비행장에 착륙할 수 있는 경우

해설 ㉰항 헬리콥터에 관한 규정이다. 헬리콥터의 경우 구명보트가 필요한 경우는, 제1종 또는 제2종 헬리콥터가 육지로부터 순항속도로 10분거리 이상의 해상을 비행하는 경우, 제2종 및 제3종 헬리콥터가 이륙 경로나 착륙접근 경로가 수상에서의 사고시에 착수가 예상되는 경우이다.

문제 39 **다음 중 항공기의 구명보트의 탑재에 대한 설명 중 틀린 것은?**

㉮ 구명보트의 수는 탑승자전원을 수용할 수 있는 수량이어야 한다.

㉯ 구명보트에는 구명용품 및 불꽃조난신호장비 1기를 갖추어야 한다.

㉰ 구명용품은 비상신호등 및 방수휴대등 각 1개씩을 포함하여야 한다.

㉱ 구명용품 및 불꽃조난신호장비는 구명보트 이외의 다른 곳에 보관하어야 한다.

해설 시행규칙 별표 15 구명용품 및 불꽃조난신호장비는 구명보트에 보관할 수 있다.

문제 40 **다음 중 항공기의 구명동의의 탑재에 대한 설명 중 틀린 것은?**

㉮ 구명동의는 탑승객 한 명당 1개 이상 수량을 탑재하여야 한다.

㉯ 구명동의는 생존위치표시등이 부착되어야 한다.

㉰ 헬리콥터가 해상비행을 하는 경우 탑승자는 헬리콥터가 수면 위에서 비행하는 동안 구명동의를 계속 착용하고 있어야 한다.

㉱ 헬리콥터가 해상운항을 하는 경우 해수온도가 섭씨 0도 이하일 경우에는 탑승자 모두 구명동의를 착용해야 한다.

해설 별표 15. ㉱항 섭씨 10도이다.

규칙 제113조(항공기에 탑재하는 서류) 법 제52조 제2항에 따라 항공기(활공기 및 법 제23조 제3항 제2호에 따른 특별감항증명을 받은 항공기는 제외한다)에는 다음 각 호의 서류를 탑재하여야 한다.

1. 항공기등록증명서
2. 감항증명서

3. 탑재용 항공일지
4. 운용한계지정서 및 비행교범
5. 운항규정(별표 32에 따른 교범 중 훈련교범 · 위험물교범 · 사고절차교범 · 보안업무교범 · 항공기탑재 및 처리교범은 제외한다)
6. 항공운송사업의 운항증명서 사본(항공당국의 확인을 받은 것을 말한다) 및 운영기준 사본(국제운송사업에 사용되는 항공기의 경우에는 영문으로 된 것을 포함한다)
7. 소음기준적합증명서
8. 각 운항승무원의 유효한 자격증명서 및 조종사의 비행기록에 관한 자료
9. 무선국허가증명서(radio station license)
10. 탑승한 여객의 성명, 탑승지 및 목적지가 표시된 명부(passenger manifest)(항공운송사업용 항공기만 해당한다)
11. 해당 항공운송사업자가 발행하는 수송화물의 화물목록(cargo manifest)과 화물운송장에 명시되어 있는 세부 화물신고서류(detailed declarations of the cargo)(항공운송사업용 항공기만 해당한다)
12. 해당 국가의 항공당국 간에 체결한 항공기 등의 감독의무에 관한 이전협정서 사본(법 제5조에 따른 임대차 항공기의 경우만 해당한다)
13. 비행 전 및 각 비행단계에서 운항승무원이 사용해야 할 점검표
14. 그 밖에 국토교통부장관이 정하여 고시하는 서류

항공기는 법규에 규정된 서류를 탑재해야 할 의무가 있다. 탑재서류의 항목은 시행규칙 제113조에 규정하고 있다.

★ **항공기에 탑재해야 하는 서류에 대해서 11번 출제되었다. 탑재서류는, 항공기등록증명서, 감항증명서, 탑재용 항공일지, 운용한계지정서 및 비행교범, 운항규정(훈련교범, 위험물교범, 사고절차교범, 보안업무교범, 항공기탑재 및 처리교범은 제외), 항공운송사업의 운항증명서 사본 및 운영기준 사본, 소음기준적합증명서, 운항승무원의 유효한 자격증명서 및 조종사의 비행기록에 관한 자료, 무선국 허가증명서, 탑승한 여객의 성명, 탑승지 및 목적지가 표시된 명부, 화물목록과 세부 화물신고서류, 감독의무에 관한 이전협정서 사본, 운항승무원이 사용해야 할 점검표이다. 주된 오답은 '형식증명서', '운용규범', '간행물', '예비품 목록/증명서'이다.**

문제 41 **다음 중 항공기에 탑재해야 하는 서류가 아닌 것은?**

㉮ 항공기 등록증명서　　㉯ 감항증명서
㉰ 형식증명서　　㉱ 소음기준적합증명서

해설 시행규칙 제113조. 감항증명서 및 소음기준적합증명서는 탑재서류이지만 형식증명서, 제작증명서는 탑재서류가 아니다.

문제 42 다음 중 항공기에 탑재해야 하는 서류는?

㉮ 비행교범 ㉯ 위험물교범
㉰ 운용규범 ㉱ 사고절차교범

해설 시행규칙 제113조. 운항규정은 탑재서류에 해당되나, 운항규정 중 훈련·위험물·사고절차·보안업무·항공기탑재 및 처리교범은 탑재서류에 해당하지 않는다.

문제 43 다음 중 항공기에 탑재해야 하는 서류가 아닌 것은?

㉮ 항공운송사업의 운항증명서 사본 및 운영기준 사본
㉯ 운항승무원의 유효한 자격증명서
㉰ 조종사의 비행기록에 관한 자료
㉱ 항공정보간행물

해설 시행규칙 제113조

문제 44 다음 중 항공기에 탑재해야 하는 서류가 아닌 것은?

㉮ 수송화물의 화물목록
㉯ 수송화물의 세부 화물신고 서류
㉰ 탑승한 여객의 성명, 탑승지 및 목적지가 표시된 명부
㉱ 예비품 목록

해설 시행규칙 제113조

문제 45 다음 중 항공기에 탑재해야 하는 서류가 아닌 것은?

㉮ 항공운송사업의 운영기준 사본
㉯ 해당 국가의 항공당국 간에 체결한 항공기 등의 감독의무에 관한 이전협정서 사본
㉰ 운항승무원이 사용해야 할 점검표
㉱ 항공기의 형식증명서 및 제작증명서

해설 시행규칙 제113조

문제 46 다음 중 항공기에 탑재해야 하는 서류는?

㉮ 항공기 감항증명서
㉯ 예비품증명서
㉰ 항공기 형식증명서

㉣ 운항승무원의 자격증명서 및 항공신체검사증명서

해설 시행규칙 제113조

규칙 제114조(산소 저장 및 분배장치 등) ① 법 제52조 제2항에 따라 고고도(高高度) 비행을 하는 항공기(무인항공기는 제외한다. 이하 이 조에서 같다)는 다음 각 호의 구분에 따른 호흡용 산소의 양을 저장하고 분배할 수 있는 장치를 장착하여야 한다.

1. 여압장치가 없는 항공기가 기내의 대기압이 700헥토파스칼(hPa) 미만인 비행고도에서 비행하려는 경우에는 다음 각 목에서 정하는 양
   가. 기내의 대기압이 700헥토파스칼(hPa) 미만 620헥토파스칼(hPa) 이상인 비행고도에서 30분을 초과하여 비행하는 경우에는 승객의 10퍼센트와 승무원전원이 그 초과되는 비행시간 동안 필요로 하는 양
   나. 기내의 대기압이 620헥토파스칼(hPa) 미만인 비행고도에서 비행하는 경우에는 승객전원과 승무원전원이 해당 비행시간 동안 필요로 하는 양
2. 기내의 대기압을 700헥토파스칼(hPa) 이상으로 유지시켜 줄 수 있는 여압장치가 있는 모든 비행기와 항공운송사업에 사용되는 헬리콥터의 경우에는 다음 각 목에서 정하는 양
   가. 기내의 대기압이 700헥토파스칼(hPa) 미만인 동안 승객전원과 승무원전원이 비행고도 등 비행환경에 따라 적합하게 필요로 하는 양
   나. 기내의 대기압이 376헥토파스칼(hPa) 미만인 비행고도에서 비행하거나 376헥토파스칼(hPa) 이상인 비행고도에서 620헥토파스칼(hPa)인 비행고도까지 4분 이내에 강하할 수 없는 경우에는 승객전원과 승무원전원이 최소한 10분 이상 사용할 수 있는 양

② 여압장치가 있는 비행기로서 기내의 대기압이 376헥토파스칼(hPa) 미만인 비행고도로 비행하려는 비행기에는 기내의 압력이 떨어질 경우 운항승무원에게 이를 경고할 수 있는 기압저하경보장치 1기를 장착하여야 한다.

③ 항공운송사업에 사용되는 항공기로서 기내의 대기압이 376헥토파스칼(hPa) 미만인 비행고도로 비행하거나 376헥토파스칼(hPa) 이상인 비행고도에서 620헥토파스칼(hPa)의 비행고도까지 4분 이내에 안전하게 강하할 수 없는 경우에는 승객 및 객실승무원 좌석 수를 더한 수보다 최소한 10퍼센트를 초과하는 수의 자동으로 작동되는 산소분배장치를 장착하여야 한다.

④ 여압장치가 있는 비행기로서 기내의 대기압이 376헥토파스칼(hPa) 미만인 비행고도에서 비행하려는 비행기의 경우 운항승무원의 산소마스크는 운항승무원이 산소의 사용이 필요할 때에 비행임무를 수행하는 좌석에서 즉시 사용할 수 있는 형태여야 한다.

⑤ 비행 중인 비행기의 안전운항을 위하여 조종업무를 수행하고 있는 모든 운항승무원은 제1항에 따른 산소공급이 요구되는 상황에서는 언제든지 산소를 계속 사용할 수 있어야 한다.

⑥ 제1항에 따라 항공기에 장착하여야 할 호흡용 산소의 저장·분배장치에 대한 비행고도별 세부장착요건 및 산소의 양, 그밖에 필요한 사항은 국토교통부장관이 정하여 고시한다.

고고도 비행을 하는 항공기는 호흡용 산소의 양을 저장하고 분배할 수 있는 장치를 장착하여야 한다. 구체적인 기준은 시행규칙 제114조에서 규정하고 있다.

★ **항공기가 필요한 호흡용 산소의 양에 대해서 11번 출제된 바 있다. [여압장치가 없는 항공기가] 기내 대기압이 700hPa 미만 620hPa 이상인 비행고도에서 30분을 초과하여 비행하는 경우, 승객의 10%와 승무원전원이 그 초과되는 비행시간 동안 필요로 하는 양, 기내 대기압이 620hPa 미만 비행고도에서 비행하는 경우, 승객전원과 승무원전원이 해당 비행시간 동안 필요로 하는 양. [기내기압을 700hPa 이상으로 유지할 수 있는 여압장치가 있는 모든 비행기와 항공운송사업에 사용되는 헬리콥터가] 기내 대기압이 700hPa 미만인 동안 승객전원과 승무원전원이 비행고도 등 비행환경에 따라 적합하게 필요로 하는 양, 기내 대기압이 376hPa 미만인 비행고도에서 비행 or 376hPa 이상인 비행고도에서 620hPa인 비행고도까지 4분 이내에 강하할 수 없는 경우에는 승객전원과 승무원전원이 최소한 10분 이상 사용할 수 있는 양**

여압장치 無	620~700	30분 초과	승객 10% 승무원전원	초과 비행시간
	620미만		승객전원, 승무원전원	해당 비행시간

여압장치 有	700 미만		승객전원, 승무원전원	적합한 양
	376 미만		승객전원, 승무원전원	10분 이상 사용

문제 47 **기내의 대기압을 700hPa 이상으로 유지시켜 줄 수 있는 여압장치가 있는 비행기가, 기내의 대기압이 700hPa 미만인 경우 필요한 산소의 양은?**

㉮ 승객전원과 승무원전원이 비행고도 등 비행환경에 따라 적합하게 필요로 하는 양
㉯ 승객전원과 승무원전원이 최소한 10분 이상 사용할 수 있는 양
㉰ 승객의 10퍼센트와 승무원전원이 비행시간 동안 필요로 하는 양
㉱ 승객전원과 승무원전원이 해당 비행시간 동안 필요로 하는 양

해설 시행규칙 제114조 [기내기압을 700hPa 이상으로 유지할 수 있는 여압장치가 있는 모든 비행기와 항공운송사업에 사용되는 헬리콥터가] 기내 대기압이 700hPa 미만인 동안 승객전원과 승무원전원이 비행고도 등 비행환경에 따라 적합하게 필요로 하는 양을 저장하고 분배할 수 있는 장치를 장착하여야 한다.

문제 48 **여압장치가 없는 항공기가 기내의 대기압이 700hPa 미만 620hPa 이상인 비행고도에서 30분을 초과하여 비행하는 경우 필요한 산소의 양은?**

㉮ 승객전원과 승무원전원이 비행고도 등 비행환경에 따라 적합하게 필요로 하는 양
㉯ 승객전원과 승무원전원이 최소한 10분 이상 사용할 수 있는 양
㉰ 승객의 10퍼센트와 승무원전원이 그 초과되는 비행시간 동안 필요로 하는 양
㉱ 승객전원과 승무원전원이 해당 비행시간 동안 필요로 하는 양

해설 시행규칙 제114조 [여압장치가 없는 항공기가] 기내 대기압이 700hPa 미만 620hPa 이상인 비행고도에서 30분을 초과하여 비행하는 경우, 승객의 10%와 승무원전원이 그 초과되는 비행시간 동안 필요로 하는 양을 저장하고 분배할 수 있는 장치를 장착하여야 한다.

문제 49 **여압장치가 없는 항공기가 기내의 대기압이 620hPa 미만인 비행고도에서 비행하는 경우 필요한 산소의 양은?**

㉮ 승객전원과 승무원전원이 비행고도 등 비행환경에 따라 적합하게 필요로 하는 양
㉯ 승객전원과 승무원전원이 최소한 10분 이상 사용할 수 있는 양
㉰ 승객의 10퍼센트와 승무원전원이 그 초과되는 비행시간 동안 필요로 하는 양
㉱ 승객전원과 승무원전원이 해당 비행시간 동안 필요로 하는 양

해설 시행규칙 제114조 [여압장치가 없는 항공기가] 기내 대기압이 620hPa 미만 비행고도에서 비행하는 경우, 승객전원과 승무원전원이 해당 비행시간 동안 필요로 하는 양을 저장하고 분배할 수 있는 장치를 장착하여야 한다.

문제 50 **기내의 대기압을 700hPa 이상으로 유지시켜 줄 수 있는 여압장치가 있는 비행기가, 기내의 대기압이 376hPa 미만인 비행고도에서 비행하는 경우 필요한 산소의 양은?**

㉮ 승객전원과 승무원전원이 비행고도 등 비행환경에 따라 적합하게 필요로 하는 양
㉯ 승객전원과 승무원전원이 최소한 10분 이상 사용할 수 있는 양
㉰ 승객의 10퍼센트와 승무원전원이 그 초과되는 비행시간 동안 필요로 하는 양
㉱ 승객전원과 승무원전원이 해당 비행시간 동안 필요로 하는 양

해설 시행규칙 제114조 [기내기압을 700hPa 이상으로 유지할 수 있는 여압장치가 있는 모든 비행기와 항공운송사업에 사용되는 헬리콥터가] 기내 대기압이 376hPa 미만인 비행고도에서 비행 or 376hPa 이상인 비행고도에서 620hPa인 비행고도까지 4분 이내에 강하할 수 없는 경우에는 승객전원과 승무원전원이 최소한 10분 이상 사용할 수 있는 양을 저장하고 분배할 수 있는 장치를 장착하여야 한다.

문제 51 **기내의 대기압을 700hPa 이상으로 유지시켜 줄 수 있는 여압장치가 있는 비행기가 승객전원과 승무원전원이 비행환경에 따라 적합하게 필요로 하는 산소의 양을 저장하고 분배할 수 있는 장치를 장착하여야 하는 경우는?**

㉮ 기내의 대기압이 700헥토파스칼(hPa) 미만 620헥토파스칼(hPa) 이상인 비행고도에서 30분을 초과하여 비행하는 경우
㉯ 기내의 대기압이 620헥토파스칼(hPa) 미만인 비행고도에서 비행하는 경우
㉰ 기내의 대기압이 700헥토파스칼(hPa) 미만인 비행고도에서 비행하는 경우
㉱ 기내의 대기압이 376헥토파스칼(hPa) 미만인 비행고도에서 비행

해설 시행규칙 제114조

문제 52 **기내의 대기압을 700hPa 이상으로 유지시켜 줄 수 있는 여압장치가 있는 비행기가 승객전원과 승무원전원이 최소한 10분 이상 사용할 수 있는 산소의 양을 저장하고 분배할 수 있는 장치를 장착하여야 하는 경우는?**

㉮ 기내의 대기압이 700헥토파스칼(hPa) 미만 620헥토파스칼(hPa) 이상인 비행고도에서 30분을 초과하여 비행하는 경우
㉯ 기내의 대기압이 620헥토파스칼(hPa) 미만인 비행고도에서 비행하는 경우
㉰ 기내의 대기압이 700헥토파스칼(hPa) 미만인 비행고도에서 비행하는 경우
㉱ 기내의 대기압이 376헥토파스칼(hPa) 미만인 비행고도에서 비행

해설 시행규칙 제114조

문제 53 **여압장치가 없는 항공기가 승객의 10퍼센트와 승무원전원이 그 초과되는 비행시간 동안 필요로 하는 산소의 양을 저장하고 분배할 수 있는 장치를 장착하여야 하는 경우는?**

㉮ 기내의 대기압이 700헥토파스칼(hPa) 미만 620헥토파스칼(hPa) 이상인 비행고도에서 30분을 초과하여 비행하는 경우
㉯ 기내의 대기압이 620헥토파스칼(hPa) 미만인 비행고도에서 비행하는 경우
㉰ 기내의 대기압이 700헥토파스칼(hPa) 미만인 비행고도에서 비행하는 경우
㉱ 기내의 대기압이 376헥토파스칼(hPa) 미만인 비행고도에서 비행

해설 시행규칙 제114조

문제 54 **여압장치가 없는 항공기가 승객전원과 승무원전원이 해당 비행시간 동안 필요로 하는 산소의 양을 저장하고 분배할 수 있는 장치를 장착하여야 하는 경우는?**

㉮ 기내의 대기압이 700헥토파스칼(hPa) 미만 620헥토파스칼(hPa) 이상인 비행고도에서 30분을 초과하여 비행하는 경우
㉯ 기내의 대기압이 620헥토파스칼(hPa) 미만인 비행고도에서 비행하는 경우
㉰ 기내의 대기압이 700헥토파스칼(hPa) 미만인 비행고도에서 비행하는 경우
㉱ 기내의 대기압이 376헥토파스칼(hPa) 미만인 비행고도에서 비행

해설 시행규칙 제114조

문제 55 **다음 중 고고도 비행을 하는 항공기에 산소저장 및 분배장치의 탑재에 관한 설명 중 틀린 것은?**

㉮ 여압장치가 있는 비행기로서 기내의 대기압이 376hPa 미만인 비행고도로 비행하려는 비행기는 기내의 압력이 떨어질 경우 운항승무원에게 이를 경고할 수 있는 기압저하경보장치 1기를 장착하여야 한다.

㉯ 항공운송사업에 사용되는 항공기로서 기내의 대기압이 376hPa 미만인 비행고도로 비행하는 경우에는 승객 및 객실승무원 좌석수를 더한 수를 초과하는 수의 자동으로 작동되는 산소분배장치를 장착하여야 한다.

㉰ 여압장치가 있는 비행기로서 기내의 대기압이 376hPa 미만인 비행고도에서 비행하려는 비행기의 경우 운항승무원의 산소마스크는 운항승무원이 산소의 사용이 필요할 때 비행임무를 수행하는 좌석에서 즉시 사용할 수 있는 형태여야 한다.

㉱ 조종업무를 수행하고 있는 모든 운항승무원은 산소공급이 요구되는 상황에서는 언제든지 산소를 계속 사용할 수 있어야 한다.

해설 ㉮항 시행규칙 제114조 제2항. ㉯항 동조 제3항, ㉯ 항공운송사업에 사용되는 항공기로서 기내의 대기압이 376hPa 미만인 비행고도로 비행하는 경우에는 승객 및 객실승무원 좌석수를 더한 수보다 최소한 10퍼센트를 초과하는 수의 자동으로 작동되는 산소분배장치를 장착하여야 한다. ㉰항 동조 제4항. ㉱항 동조 제5항.

규칙 제116조(방사선투사량계기) ① 법 제52조 제2항에 따라 항공운송사업용 항공기 또는 국외를 운항하는 비행기가 평균해면으로부터 1만 5천미터(4만 9천피트)를 초과하는 고도로 운항하려는 경우에는 방사선투사량계기(Radiation Indicator) 1기를 갖추어야 한다.

② 제1항에 따른 방사선투사량계기는 투사된 총 우주방사선의 비율과 비행 시마다 누적된 양을 계속적으로 측정하고 이를 나타낼 수 있어야 하며, 운항승무원이 측정된 수치를 쉽게 볼 수 있어야 한다.

항공운송사업용 항공기 또는 국외를 운항하는 비행기가 평균해면으로부터 15,000km(49,000ft)를 초과하는 고도로 운항하려는 경우에는 방사선투사량계기 1기를 갖추어야 한다. 방사선투사량계기는 투사된 총 우주방사선의 비율과 비행시 마다 누적된 양을 계속적으로 측정하고 이를 나타낼 수 있어야 한다.

★ 방사선투사량계기에 대해서 5번 출제되었다. 얼마를 초과하는 고도로 운항하는 경우 방사선투사량계기를 설치해야 하는지 3번 출제되었다. 정답은 15,000km(49,000ft). 항공운송사업용 항공기 뿐만 아니라 국외를 운항하는 비행기도 적용대상이다(2번출제).

문제 56 **국외를 운항하는 항공기가 평균해면으로부터 얼마를 초과하는 고도로 운항하려는 경우 방사선투사량계기 1기를 갖추어야 하는가?**

㉮ 15,000km ㉯ 10,000km
㉰ 20,000km ㉱ 49,000km

해설 시행규칙 제116조 제1항 항공운송사업용 항공기 또는 국외를 운항하는 비행기가 평균해면으로부터 15,000km(49,000ft)를 초과하는 고도로 운항하려는 경우에는 방사선투사량계기 1기를 갖추어야 한다.

문제 57 **국외를 운항하는 항공기가 평균해면으로부터 얼마를 초과하는 고도로 운항하려는 경우 방사선투사량계기 1기를 갖추어야 하는가?**

㉮ 49,000ft ㉯ 10,000ft
㉰ 45,000ft ㉱ 40,000ft

해설 시행규칙 제116조 제1항 항공운송사업용 항공기 또는 국외를 운항하는 비행기가 평균해면으로부터 15,000km(49,000ft)를 초과하는 고도로 운항하려는 경우에는 방사선투사량계기 1기를 갖추어야 한다.

문제 58 **다음 중 방사선투사량계기에 대한 설명 중 틀린 것은?**

㉮ 항공운송사업용 항공기만 설치대상이다.
㉯ 1기만 갖추면 된다.
㉰ 평균해면으로부터 49,000피트를 초과하는 경우에 설치하여야 한다.
㉱ 투사된 총 우주방사선의 비율과 비행 시마다 누적된 양을 계속적으로 측정하고 이를 나타낼 수 있어야 한다.

해설 시행규칙 제116조 제1항 항공운송사업용 항공기 또는 국외를 운항하는 비행기가 평균해면으로부터 15,000km (49,000ft)를 초과하는 고도로 운항하려는 경우에는 방사선투사량계기 1기를 갖추어야 한다. ㉮항 국외를 운항하는 비행기도 설치대상이다.

문제 59 **방사선투사량계기를 설치해야 하는 항공기는?**

㉮ 항공운송사업용 항공기가 49,000피트를 초과하는 고도로 운항하려는 경우
㉯ 국외를 운항하는 비행기가 15,000km를 초과하는 고도로 운항하려는 경우
㉰ 항공운송사업용 항공기 또는 국외를 운항하려는 비행기가 15,000km를 초과하는 고도로 운항하려는 경우

㉣ 항공운송사업용 항공기가 15,000km를 초과하는 고도로 운항하려는 경우

해설 시행규칙 제116조 제1항

규칙 제117조(항공계기장치 등) ① 법 제52조 제2항에 따라 시계비행방식 또는 계기비행방식(계기비행 및 항공교통관제 지시하에 시계비행방식으로 비행을 하는 경우를 포함한다)에 의한 비행을 하는 항공기에 갖추어야 할 항공계기 등의 기준은 별표 16과 같다.

② 야간에 비행을 하려는 항공기에는 별표 16에 따라 계기비행방식으로 비행할 때 갖추어야 하는 항공계기 등 외에 추가로 다음 각 호의 조명설비를 갖추어야 한다. 다만, 제1호 및 제2호의 조명설비는 주간에 비행을 하려는 항공기에도 갖추어야 한다.

1. 항공운송사업에 사용되는 항공기에는 2기 이상, 그 밖의 항공기에는 1기 이상의 착륙등. 다만, 헬리콥터의 경우 최소한 1기의 착륙등은 수직면으로 방향전환이 가능한 것이어야 한다.
2. 충돌방지등 1기
3. 항공기의 위치를 나타내는 우현등, 좌현등 및 미등
4. 운항승무원이 항공기의 안전운항을 위하여 사용하는 필수적인 항공계기 및 장치를 쉽게 식별할 수 있도록 해주는 조명설비
5. 객실조명설비
6. 운항승무원 및 객실승무원이 각 근무위치에서 사용할 수 있는 손전등(flashlight)

③ 마하 수(Mach number) 단위로 속도제한을 나타내는 항공기에는 마하 수 지시계(Mach number Indicator)를 장착하여야 한다. 다만, 마하 수 환산이 가능한 속도계를 장착한 항공기의 경우에는 그러하지 아니하다.

④ 제2항 제1호에도 불구하고 소형항공운송사업에 사용되는 항공기로서 해당 항공기에 착륙등을 추가로 장착하기 위한 기술이 그 항공기제작자 등에 의해 개발되지 아니한 경우에는 1기의 착륙등을 갖추고 비행할 수 있다.

시계비행방식 또는 계기비행방식에 의한 비행을 하는 항공기에 갖추어야 할 항공계기기준은 별표 16에서 규정하고 있다.

★ 항공계기에 관해서는 시계비행방식 또는 계기비행방식, 항공운송사업 또는 그 외, 비행기 또는 헬리콥터 별로 13번 출제된 바 있다. 주로 "(시계 or 계기) 비행방식에 의한 비행을 하는 경우 (항공운송사업 또는 그 외) (비행기 또는 헬리콥터)에 갖추어야 할 항공계기가 아닌 것은"으로 출제되었다. 시계비행방식의 경우 나침반, 시계, 속도계, 정밀기압고도계(항공운송사업 외 비행기만 기압고도계)를 갖추어야 한다. 계기비행방식의 경우, 나침반, 시계, 정밀기압고도계(항공운송용만 2개), 동결방지장치가 되어 있는 속도계, 자이로식 기수방향지시계, 외기온도계, 승강계, 인공수평자세지시계, 기압고도계는 항공운송사업외 비행기가 추가로 설치, 선회 및 경사지시계는 비행기만 필요하고 경사지시계는 헬리콥터만 필요하고, 안정성유지시스템은 헬리콥터만 필요하다.

문제 60 **시계비행방식을 하는 항공기가 갖추어야 하는 항공계기가 아닌 것은?**

㉮ 나침반 ㉯ 시계
㉰ 동결방지장치가 되어 있는 속도계 ㉱ 정밀기압고도계

해설 별표 16 시계비행방식의 경우 나침반, 시계, 속도계, 정밀기압고도계 (항공운송사업 외 비행기만 기압고도계)를 갖추어야 한다.

문제 61 **항공운송사업용이 아닌 비행기의 경우 갖추어야 하는 항공계기가 아닌 것은? 시계비행방식을 하는 항공기가 갖추어야 하는 항공계기가 아닌 것은?**

㉮ 나침반 ㉯ 시계
㉰ 속도계 ㉱ 정밀기압고도계

해설 별표 16 시계비행방식의 경우 나침반, 시계, 속도계, 정밀기압고도계 (항공운송사업 외 비행기만 기압고도계)를 갖추어야 한다.

문제 62 **시계비행방식을 하는 항공기가 갖추어야 하는 항공계기가 아닌 것은?**

㉮ 나침반 ㉯ 시계
㉰ 승강계 ㉱ 정밀기압고도계

해설 별표 16 시계비행방식의 경우 나침반, 시계, 속도계, 정밀기압고도계 (항공운송사업 외 비행기만 기압고도계)를 갖추어야 한다.

문제 63 **시계비행방식을 하는 항공기가 갖추어야 하는 항공계기는?**

㉮ 승강계 ㉯ 경사지시계
㉰ 온도계 ㉱ 정밀기압고도계

해설 별표 16 시계비행방식의 경우 나침반, 시계, 속도계, 정밀기압고도계 (항공운송사업 외 비행기만 기압고도계)를 갖추어야 한다.

문제 64 **항공운송사업용 헬리콥터가 시계비행방식의 비행을 할 경우 갖추어야 하는 항공계기가 아닌 것은?**

㉮ 나침반 ㉯ 시계
㉰ 기압고도계 ㉱ 정밀기압고도계

해설 별표 16 시계비행방식의 경우 나침반, 시계, 속도계, 정밀기압고도계 (항공운송사업 외 비행기만 기압고도계)를 갖추어야 한다.

문제 65 항공운송사업용 외 헬리콥터가 계기비행방식의 비행을 할 경우 갖추어야 하는 항공계기가 아닌 것은?

㉮ 기압고도계　　㉯ 경사지시계

㉰ 나침반　　㉱ 외기온도계

해설 별표 16 계기비행방식의 경우, 나침반, 시계, 정밀기압고도계, 동결방지장치가 되어 있는 속도계, 자이로식 기수방향지시계, 외기온도계, 승강계, 인공수평자세지시계, 기압고도계는 항공운송사업외 비행기가 추가로 설치, 선회 및 경사지시계는 비행기만 필요하고 경사지시계는 헬리콥터만 필요하고, 안정성유지시스템은 헬리콥터만 필요하다.

문제 66 계기비행방식의 비행을 하는 비행기가 갖추어야 하는 항공계기가 아닌 것은?

㉮ 동결방지장치가 되어 있는 속도계

㉯ 인공수평자세지시계

㉰ 자이로식 기수방향지시계

㉱ 안정성유지시스템

해설 별표 16 계기비행방식의 경우, 나침반, 시계, 정밀기압고도계, 동결방지장치가 되어 있는 속도계, 자이로식 기수방향지시계, 외기온도계, 승강계, 인공수평자세지시계, 기압고도계는 항공운송사업외 비행기가 추가로 설치, 선회 및 경사지시계는 비행기만 필요하고 경사지시계는 헬리콥터만 필요하고, 안정성유지시스템은 헬리콥터만 필요하다.

문제 67 항공운송사업용 비행기가 계기비행방식의 비행을 할 경우 갖추어야 하는 항공계기의 종류 및 개수로 맞는 것은?

㉮ 정밀기압고도계 1기　　㉯ 시계 1기

㉰ 승강계 1기　　㉱ 자이로식 기수방향지시계 1기

해설 별표 16 계기비행방식 및 항공운송사업용 비행기 및 헬리콥터의 경우 정밀기압고도계는 2기 설치하여야 한다. 나머지 항공계기는 모두 1기.

문제 68 계기비행방식의 비행을 하는 비행기가 갖추어야 하는 항공계기가 아닌 것은?

㉮ 동결방지장치가 되어 있는 속도계

㉯ 인공수평자세지시계

㉰ 자이로식 기수방향지시계

㉱ FMS

해설 별표 16 FMS는 운항관리시스템으로 항공계기에 포함되지 않는다.

문제 69 **계기비행방식의 비행을 하는 비행기가 갖추어야 하는 항공계기가 아닌 것은?**

㉮ 선회 및 경사지시계 ㉯ 정밀기압고도계

㉰ FMS ㉱ 승강계

해설 별표 16 FMS는 운항관리시스템으로 항공계기에 포함되지 않는다.

법 제53조(항공기의 연료) 항공기를 운항하려는 자 또는 소유자 등은 항공기에 국토교통부령으로 정하는 양의 연료를 싣지 아니하고 항공기를 운항해서는 아니 된다.

시행규칙 제119조(항공기의 연료와 오일) 법 제53조에 따라 항공기에 실어야 하는 연료와 오일의 양은 별표 17과 같다.

항공기를 운항하려는 자 또는 소유자 등은 항공기에 국토교통부령으로 정하는 양의 연료를 싣지 아니하고 항공기를 운항해서는 아니된다. 항공기에 실어야 하는 연료와 오일의 양은 별표 17로 구체적으로 정하고 있다.

★ **항공기의 연료에 대해서는 23번 출제되었다. 가장 기본적으로 항공기에 실어야 하는 연료의 양은 "국토교통부령"으로 정한다(1번 출제). 국토교통부령인 시행규칙 별표 17에서는 구체적으로 "운항기술기준"에서 정한 연료의 양이라고 규정하고 있다(3번 출제). 나머지는 아래 표에 근거하여 출제되었다.**

분류	상황	왕복	터빈
사업 비행기	계기비행	순항속도/고도로 45분 + 多	450m(1,500ft) 상공, 30분 + 多
	시계비행	순항속도 45분	
외 비행기	계기비행	순항고도 45분	
	주간 시계비행	순항고도 30분	
	야간 시계비행	순항고도 45분	
사업 및 외 헬기	시계비행	최대항속속도 20분 + 이상	
	계기비행	450m(1,500ft) 상공 30분 + 이상 + (교체비행장)	
	계기비행 적당한 교체비행장 무	상공에서 체공속도 2시간	

문제 70 **항공기를 운항하려는 자는 항공기에 ( )이 정하는 양의 연료를 싣지 아니하고 항공기를 운항해서는 아니된다. 괄호 안에 알맞은 말은?**

㉮ 국토교통부령 ㉯ 시행령

㉰ 지방항공청장 ㉱ 항공안전기술원장

해설 법 제53조(항공기의 연료) 항공기를 운항하려는 자 또는 소유자 등은 항공기에 국토교통부령으로 정하는 양의 연료를 싣지 아니하고 항공기를 운항해서는 아니 된다.

문제 71 비행 중 이상사태가 발생하여 연료소모가 증가할 것을 대비하여 추가할 연료의 양을 정하는 기준은 무엇인가?

㉮ 비행교범　㉯ 항공기기술기준
㉰ 운항규정　㉱ 운항기술기준

해설 별표 17

문제 72 항공기의 예비연료의 양을 정하는 기준은 무엇인가?

㉮ 운항기술기준　㉯ 항공기운영교범
㉰ 감항기준　㉱ 항공기탑재 및 처리교범

해설 별표 17

문제 73 비행기에 실어야 하는 연료의 양의 기준이 되는 교체비행장의 홀딩고도의 높이는 얼마인가?

㉮ 450미터　㉯ 400미터
㉰ 2,000피트　㉱ 1,000피트

해설 별표 17. 교체비행장에 도착 시 예상되는 비행기의 중량상태에서 표준대기상태에서의 체공속도로 교체비행장의 450미터(1,500피트)의 상공에서 30분간 더 비행할 수 있는 연료의 양

※ 항공운송사업용 및 항공기사용사업용인지 비행기인지 헬리콥터인지 계기비행으로 교체비행장이 요구되는지 요구되지 않는지와 무관하게, 별표 17에서 추가하여야 하는 연료의 양의 기준이 되는 것은, 교체비행장의 450미터(1,500피트)의 상공에서 30분간 더 비행할 수 있는 것이다.

문제 74 항공운송사업용 터빈발동기를 장착한 비행기가 계기비행으로 교체비행장이 요구될 경우, 교체비행장의 (　)미터의 상공에서 (　)분간 더 비행할 수 있는 연료의 양을 추가로 실어야 한다. 괄호 안에 알맞은 말은?

㉮ 450, 30　㉯ 1,500, 30
㉰ 500, 30　㉱ 400, 30

해설 별표 17. 교체비행장에 도착 시 예상되는 비행기의 중량상태에서 표준대기 상태에서의 체공속도로 교체비행장의 450미터(1,500피트)의 상공에서 30분간 더 비행할 수 있는 연료의 양

문제 75 **항공운송사업용 비행기가 시계비행을 할 경우 실어야 하는 연료의 양은?**

㉮ 최초 착륙예정 비행장까지 비행에 필요한 양

㉯ 최초 착륙예정 비행장까지 비행에 필요한 양+순항속도로 45분간 더 비행할 수 있는 양

㉰ 최초 착륙예정 비행장까지 비행에 필요한 양+순항고도로 계획된 비행시간의 15퍼센트의 시간을 더 비행할 수 있는 양

㉱ 최초 착륙예정 비행장까지 비행에 필요한 양+이상사태발생 시 연료소모가 증가할 것에 대비하기 위한 것으로 운항기술기준에서 정한 연료의 양

해설 별표 17. 다음 각 호의 양을 더한 양. 1. 최초 착륙예정 비행장까지 비행에 필요한 양
2. 순항속도로 45분간 더 비행할 수 있는 양

문제 76 **비행기가 시계비행을 할 경우 실어야 하는 연료의 양에 관한 설명 중 틀린 것은?**

㉮ 항공운송사업용 및 항공기사용사업용 비행기가 실어야 하는 연료의 양이 그 외 비행기가 실어야 하는 연료의 양보다 많다.

㉯ 실어야 하는 연료의 양은 최초 착륙예정 비행장까지 비행에 필요한 양에 순항속도로 45분간 더 비행할 수 있는 양을 추가한 양이다.

㉰ 일반적으로 계기비행으로 교체비행장이 요구되는 경우가 시계비행의 경우보다 실어야 하는 연료의 양이 많다.

㉱ 시계비행의 경우 헬리콥터는 비행기에 실어야 하는 연료의 양에 관한 기준과 다르다.

해설 별표 17. 동일하다.

문제 77 **항공기사용사업용으로 사용하는 비행기가 아래의 조건에서 비행할 경우 실어야 하는 연료의 양은?**

- 터빈발동기를 장착하였다.
- 계기비행으로 교체비행장이 요구되었다.
- 착륙예정 비행장에 도착할 당시 시계비행으로 착륙할 것이 예상되었다.

㉮ 최초 착륙예정 비행장까지 비행에 필요한 양

㉯ 최초 착륙예정 비행장까지 비행에 필요한 양+순항속도로 45분간 더 비행할 수 있는 양

㉰ 최초 착륙예정 비행장까지 비행에 필요한 양+순항속도로 30분간 더 비행할 수 있는 양

㉱ 최초 착륙예정 비행장까지 비행에 필요한 양+순항속도로 45분간 더 비행할 수 있는 양+이상사태발생 시 연료소모가 증가할 것에 대비하기 위한 것으로 운항기술기준에서 정한 연료의 양

해설 별표 17. 다음 각 호의 양을 더한 양. 1. 최초 착륙예정 비행장까지 비행에 필요한 양
2. 순항속도로 45분간 더 비행할 수 있는 양

문제 78 **항공기사용사업용으로 사용하는 비행기가 아래의 조건에서 비행할 경우 실어야 하는 연료의 양은?**

- 왕복발동기를 장착하였다.
- 계기비행으로 교체비행장이 요구되지 않았다.
- 착륙예정 비행장에 도착할 당시 시계비행으로 착륙할 것이 예상되었다.

㉮ 최초 착륙예정 비행장까지 비행에 필요한 양
㉯ 최초 착륙예정 비행장까지 비행에 필요한 양+순항속도로 45분간 더 비행할 수 있는 양
㉰ 최초 착륙예정 비행장까지 비행에 필요한 양+순항속도로 30분간 더 비행할 수 있는 양
㉱ 최초 착륙예정 비행장까지 비행에 필요한 양+순항속도로 45분간 더 비행할 수 있는 양+이상사태발생 시 연료소모가 증가할 것에 대비하기 위한 것으로 운항기술기준에서 정한 연료의 양

해설 별표 17. 다음 각 호의 양을 더한 양. 1. 최초 착륙예정 비행장까지 비행에 필요한 양
2. 순항속도로 45분간 더 비행할 수 있는 양

문제 79 **항공운송사업용 및 항공기사용사업용 외의 비행기가 계기비행으로 교체비행장이 요구될 경우, 최초 착륙예정 비행장까지 비행에 필요한 양의 연료에 추가하여 실어야 하는 연료의 양은?**

㉮ 교체비행장까지 비행을 마친 후 순항고도로 45분간 더 비행할 수 있는 양
㉯ 교체비행장까지 비행을 마친 후 순항고도로 30분간 더 비행할 수 있는 양
㉰ 이상사태발생 시 연료소모가 증가할 것에 대비하기 위한 것으로 운항기술기준에서 정한 연료의 양
㉱ 최초 착륙예정 비행장의 상공에서 체공속도로 2시간 동안 체공하는 데 필요한 양

해설 별표 17. 다음 각 호의 양을 더한 양. 1. 최초 착륙예정 비행장까지 비행에 필요한 양, 2. 그 교체비행장까지 비행을 마친 후 순항고도로 45분간 더 비행할 수 있는 양

문제 80 **항공운송사업용 및 항공기사용사업용 외의 비행기가 계기비행으로 교체비행장이 요구되지 않는 경우, 최초 착륙예정 비행장까지 비행에 필요한 양의 연료에 추가하여 실어야 하는 연료의 양은?**

㉮ 순항고도로 45분간 더 비행할 수 있는 양

㉯ 순항고도로 30분간 더 비행할 수 있는 양

㉰ 이상사태발생 시 연료소모가 증가할 것에 대비하기 위한 것으로 운항기술기준에서 정한 연료의 양

㉱ 최초 착륙예정 비행장의 상공에서 30분간 더 비행할 수 있는 양

해설 별표 17. 다음 각 호의 양을 더한 양. 1. 제186조 제3항 단서에 따라 교체비행장이 요구되지 않는 경우 최초 착륙예정 비행장까지 비행에 필요한 양, 2. 순항고도로 45분간 더 비행할 수 있는 양

문제 81 **항공운송사업용 및 항공기사용사업용 외의 비행기가 시계비행을 할 경우, 최초 착륙예정 비행장까지 비행에 필요한 양의 연료에 추가하여 실어야 하는 연료의 양은?**

㉮ 순항고도로 45분간 더 비행할 수 있는 양

㉯ 주간에 시계비행을 할 경우 순항고도로 45분간 더 비행할 수 있는 양이고, 야간에 시계비행을 할 경우 순항고도로 30분간 더 비행할 수 있는 양

㉰ 순항고도로 30분간 더 비행할 수 있는 양

㉱ 최초 착륙예정 비행장의 상공에서 30분간 더 비행할 수 있는 양

해설 별표 17. 항공운송사업용 및 항공기사용사업용 외의 비행기가 주간 시계비행을 할 경우와 야간 시계비행을 할 경우 연료의 양이 다르다. 순항고도로 45분 v 30분. 참고로 항공운송사업용 및 항공기사용사업용 비행기가 시계비행을 할 경우에는 주간 및 야간 동일하게 순항속도 40분간 더 비행할 수 있는 양이다.

문제 82 **헬리콥터가 시계비행을 할 경우 실어야 하는 연료의 양이 아닌 것은?**

㉮ 최초 착륙예정 비행장까지 비행에 필요한 양

㉯ 최대항속속도로 20분간 더 비행할 수 있는 양

㉰ 이상사태발생 시 연료소모가 증가할 것에 대비하기 위한 것으로 운항기술기준에서 정한 연료의 양

㉱ 착륙예정 비행장의 450미터의 상공에서 30분간 체공하는데 필요한 양에 그 비행장에 접근하여 착륙하는 데 필요한 양을 더한 양

해설 별표 17. ㉱항은 계기비행의 경우

문제 83 **헬리콥터가 계기비행으로 적당한 교체비행장이 없을 경우, 최초 착륙예정 비행장까지 비행에 필요한 양에 추가하여 실어야 하는 연료의 양은?**

㉮ 최초 착륙예정 비행장의 상공에서 체공속도로 2시간 동안 체공하는데 필요한 양

㉯ 이상사태발생 시 연료소모가 증가할 것에 대비하기 위한 것으로 운항기술기준에서 정한 연료의 양

㉰ 착륙예정 비행장의 450미터의 상공에서 30분간 체공하는데 필요한 양

㉱ 최대항속속도로 20분간 더 비행할 수 있는 양

해설 별표 17

문제 84 **헬리콥터가 시계비행을 할 경우 추가하여야 하는 연료의 양의 기준이 되는 것은 (　　)속도로 (　　)분간 더 비행할 수 있는 양이다. 괄호 안에 알맞은 말은?**

㉮ 최대항속, 20　　㉯ 순항, 20

㉰ 순항, 45　　㉱ 최대항속, 45

해설 별표 17. 다음 각 호의 양을 더한 양. 1. 최초 착륙예정 비행장까지 비행에 필요한 양, 2. 최대항속속도로 20분간 더 비행할 수 있는 양, 3. 이상사태발생 시 연료 소모가 증가할 것에 대비하여 소유자등이 정한 추가의 양

법 제54조(항공기의 등불) 항공기를 운항하거나 야간(해가 진 뒤부터 해가 뜨기 전까지를 말한다. 이하 같다)에 비행장에 주기(駐機) 또는 정박(碇泊)시키는 사람은 국토교통부령으로 정하는 바에 따라 등불로 항공기의 위치를 나타내야 한다.

규칙 제120조(항공기의 등불) ① 법 제54조에 따라 항공기가 야간에 공중·지상 또는 수상을 항행하는 경우와 비행장의 이동지역 안에서 이동하거나 엔진이 작동중인 경우에는 우현등, 좌현등 및 미등(이하 "항행등"이라 한다)과 충돌방지등에 의하여 그 항공기의 위치를 나타내야 한다.

② 법 제54조에 따라 항공기를 야간에 사용되는 비행장에 주기(駐機) 또는 정박시키는 경우에는 해당 항공기의 항행등을 이용하여 항공기의 위치를 나타내야 한다. 다만, 비행장에 항공기를 조명하는 시설이 있는 경우에는 그러하지 아니하다.

③ 항공기는 제1항 및 제2항에 따라 위치를 나타내는 항행등으로 잘못 인식될 수 있는 다른 등불을 켜서는 아니 된다.

④ 조종사는 섬광등이 업무를 수행하는 데 장애를 주거나 외부에 있는 사람에게 눈부심을 주어 위험을 유발할 수 있는 경우에는 섬광등을 끄거나 빛의 강도를 줄여야 한다.

항공기를 운항하거나 야간에 비행장에 주기 또는 정박시키는 사람은, 등불로 항공기의 위치를 나타내야 한다. 항공기의 등불은 항행등(우현등, 좌현등, 미등), 충돌방지등, 섬광등이 있으며, 구체적으로 시행규칙 제120조에서 규정하고 있다. 법 제54조에 야간의 정의에 대해 규정하고 있다. “해가 진 뒤부터 해가 뜨기 전까지”

★ 등불에 대해선 17번 출제되었다. 이중 야간에 항행하는 경우 등불을 켜야 하는 항공기는 모든 항공기라고 1번 출제된 바 있고, 야간비행의 기준(해가 진 뒤부터 해가 뜨기 전까지)에 대해 1번 출제된 바 있다. 나머지는 항행등만 필요한 경우, 항행등과 충돌방지등을 모두 필요한 경우, 항행등의 정의에 대해서 출제되었다. 항해등은 좌현등, 우현등, 미등 암기. 항행등 및 충돌방지등: 야간비행 or 비행장 안 이동 또는 엔진작동 중/항행등: 야간에 비행장에 주기 또는 정박 & 조명시설이 없음/항행등을 잘못 인식될 수 있는 등불은 꺼야/타 업무장애 또는 눈부심 위험유발: 섬광등 끄거나 빛의 강도 줄여야.

문제 85 **항공안전법상 야간비행은 어느 때 비행하는 것을 의미하는가?**

㉮ 해가 진 뒤부터 해가 뜨기 전까지
㉯ 오후 10시부터 오전 6시까지
㉰ 일몰 1시간 전부터 일출 1시간 이후까지
㉱ 일몰 30분 전부터 일출 30분 이후까지

해설 시행규칙 제120조. 야간(해가 진 뒤부터 해가 뜨기 전까지를 말한다)

문제 86 **야간에 하행하는 경우 항행등과 충돌방지등에 의하여 그 항공기의 위치를 나타내야 하는 항공기는?**

㉮ 모든 항공기
㉯ 최대 이륙중량이 5,700kg을 초과하는 항공기
㉰ 모든 비행기
㉱ 동체의 길이가 20미터 이상인 항공기

해설 시행규칙 제120조. 항공기를 운항하는 사람 또는 야간에 비행기에 주기 또는 정박시키는 사람이 적용대상이며, 항공기에 대한 제한은 없다.

문제 87 **항공기가 야간에 항행하는 경우 그 항공기의 위치를 나타내기 위해 사용하는 등불이 아닌 것은?**

㉮ 항행등 ㉯ 충돌방지등
㉰ 미등 ㉱ 착륙등

해설 시행규칙 제120조 제1항 항공기가 야간에 공중・지상 또는 수상을 항행하는 경우와 비행장의 이동지역 안에서 이동하거나 엔진이 작동중인 경우에는 우현등, 좌현등 및 미등(이하 "항행등"이라 한다)과 충돌방지등에 의하여 그 항공기의 위치를 나타내야 한다.

문제 88 **항공기가 비행장의 이동지역 안에서 이동하거나 엔진이 작동중인 경우에 그 항공기의 위치를 나타내기 위해 사용하는 등불은?**

㉮ 항행등 ㉯ 충돌방지등
㉰ 미등 ㉱ 위치지시등

해설 시행규칙 제120조 제1항 항공기가 야간에 공중・지상 또는 수상을 항행하는 경우와 비행장의 이동지역 안에서 이동하거나 엔진이 작동 중인 경우에는 우현등, 좌현등 및 미등(이하 "항행등"이라 한다)과 충돌방지등에 의하여 그 항공기의 위치를 나타내야 한다.

문제 89 **항공기를 야간에 사용되는 비행장에 주기 또는 정박시키는 경우에 항공기의 위치를 나타내기 위해 사용하는 등불이 아닌 것은?**

㉮ 우현등 ㉯ 미등
㉰ 항행등 ㉱ 충돌방지등

해설 시행규칙 제120조 제2항 항공기를 야간에 사용되는 비행장에 주기(駐機) 또는 정박시키는 경우에는 해당 항공기의 항행등을 이용하여 항공기의 위치를 나타내야 한다.

문제 90 **야간에 조명시설이 없는 비행장에 항공기를 주기 또는 정박시키는 경우 해당 항공기의 위치를 나타내기 위해 사용하는 등불은?**

㉮ 항행등 ㉯ 우현등, 좌현등
㉰ 착륙등 ㉱ 항행등, 충돌방지등

해설 시행규칙 제120조 제2항 항공기를 야간에 사용되는 비행장에 주기(駐機) 또는 정박시키는 경우에는 해당 항공기의 항행등을 이용하여 항공기의 위치를 나타내야 한다.

문제 91 **항공기를 야간에 사용되는 비행장에 주기(駐機) 또는 정박시키는 경우에는 해당 항공기의 (　　)을 이용하여 항공기의 위치를 나타내야 한다. 괄호 안에 알맞은 말은?**

㉮ 우현등, 좌현등, 미등 ㉯ 항행등, 충돌방지등
㉰ 우현등, 좌현등, 기수등 ㉱ 미등, 충돌방지등

해설 시행규칙 제120조 제2항 항공기를 야간에 사용되는 비행장에 주기(駐機) 또는 정박시키는 경우에는 해당 항공기의 항행등을 이용하여 항공기의 위치를 나타내야 한다.

문제 92 **조종사는 엄무를 수행하는데 장애를 주거나 외부에 있는 사람에게 눈부심을 주어 위험을 유발할 수 있는 경우에는 빛의 강도를 줄여야 하는 등불은?**

㉮ 항행등 ㉯ 섬광등

㉰ 충돌방지등 ㉱ 미등

해설 시행규칙 제120조 제4항 조종사는 섬광등이 업무를 수행하는 데 장애를 주거나 외부에 있는 사람에게 눈부심을 주어 위험을 유발할 수 있는 경우에는 섬광등을 끄거나 빛의 강도를 줄여야 한다.

문제 93 **항공기의 항행등에 관한 설명 중 틀린 것은?**

㉮ 항행등은 우현등, 좌현등, 미등을 의미한다.

㉯ 항공기가 야간에 공중을 항행하는 경우 항행등과 충돌방지등에 의하여 그 항공기의 위치를 나타내야 한다.

㉰ 조명시설이 없는 비행장에서 항공기를 주기 또는 정박시키는 경우에는 항행등 및 충돌방지등을 이용하여 항공기의 위치를 나타내야 한다.

㉱ 항공기가 비행장의 이동지역 안에서 이동하거나 엔진이 작동 중인 경우에는 항행등과 충돌방지등에 의하여 그 항공기의 위치를 나타내야 한다.

해설 시행규칙 제120조 제2항 항공기를 야간에 사용되는 비행장에 주기(駐機) 또는 정박시키는 경우에는 해당 항공기의 항행등을 이용하여 항공기의 위치를 나타내야 한다.

문제 94 **다음 중 항공기의 등불에 관한 설명 중 틀린 것은?**

㉮ 항공기가 야간에 공중·지상 또는 수상을 항행하거나 비행장의 이동지역 안에서 이동하거나 엔진이 작동중인 경우에는 우현등, 좌현등 및 미등과 충돌방지등에 의하여 그 항공기의 위치는 나타내야 한다.

㉯ 비행장에 항공기를 조명하는 시설이 있는 경우라 하더라도, 항공기의 안전을 위하여 항공기를 야간에 사용되는 비행장에 주기 또는 정박시키는 경우에는 해당 항공기의 항행등을 이용하여 항공기의 위치를 나타내야 한다.

㉰ 항공기는 위치를 나타내는 항행등으로 잘못 인식될 수 있는 다른 등불을 켜서는 아니 된다.

㉱ 조종사는 섬광등이 업무를 수행하는 데 장애를 주거나 외부에 있는 사람에게 눈부심을 주어 위험을 유발할 수 있는 경우에는 섬광등을 끄거나 빛의 강도를 줄여야 한다.

해설 시행규칙 제120조 제2항, 비행장에 항공기를 조명하는 시설이 있는 경우 예외이다.

문제 95 **항공기의 등불에 관한 설명 중 틀린 것은?**

㉮ 항공기가 야간에 공중을 항행하는 경우 항행등과 충돌방지등에 의하여 그 항공기의 위치를 나타내야 한다.

㉯ 항공기가 비행장의 이동지역 안에서 이동하거나 엔진이 작동중인 경우에는 항행등과 충돌방지등에 의하여 그 항공기의 위치를 나타내야 한다.

㉰ 야간에 조명시설이 없는 비행장에 항공기를 주기 또는 정박시키는 경우 좌현등, 우현등, 미등을 이용하여 해당 항공기의 위치를 나타내야 한다.

㉱ 야간에 항공기의 위치를 정확하게 나타내기 위해 유도로에 조명을 설치할 수 있다.

해설 유도로안내등은 지상 주행중인 항공기에 목적지, 경로 및 분기점을 알려주기 위해 설치하는 등화이다. 항공기의 위치를 나타내기 위한 등불은 항행등, 충돌방지등이다.

문제 96 **항공기의 등불에 대한 설명 중 틀린 것은?**

㉮ 항공기가 야간에 비행장의 이동지역 안에서 이동하는 경우에는 항행등과 충돌방지등을 켜야 한다.

㉯ 항공기를 야간에 비행장에 주기시키는 경우에는 항행등으로 잘못 인식될 수 있는 다른 등불을 켜서는 아니된다.

㉰ 항공기를 야간에 비행장에 주기시키는 경우 비행장에 항공기를 조명하는 시설이 있는 경우에는 항행등을 더 밝게 켜야 한다.

㉱ 조종사는 섬광등이 업무를 수행하는 데 장애를 주거나 외부에 있는 사람에게 눈부심을 주어 위험을 유발할 수 있는 경우에는 섬광등을 끄거나 빛의 강도를 줄여야 한다.

해설 시행규칙 제120조. ㉰항 제2항 비행장에 항공기를 조명하는 시설이 있는 경우에는 항행등을 켜지 않을 수 있다.

법 제55조(운항승무원의 비행경험) 다음 각 호의 어느 하나에 해당하는 항공기를 운항하려고 하거나 계기비행·야간비행 또는 제44조 제2항에 따른 조종교육업무에 종사하려는 운항승무원은 국토교통부령으로 정하는 비행경험(모의비행장치를 이용하여 얻은 비행경험을 포함한다)이 있어야 한다.

1. 항공운송사업 또는 항공기사용사업에 사용되는 항공기
2. 항공기중량, 승객 좌석수 등 국토교통부령으로 정하는 기준에 해당하는 항공기로서 국외운항에 사용되는 항공기(이하 "국외운항항공기"라 한다)

규칙 제126조(국외운항항공기의 기준) 법 제55조 제2호에서 "항공기 중량, 승객 좌석수 등 국토교통부령으로 정하는 기준에 해당하는 항공기"란 다음 각 호의 어느 하나에 해당하는 항공기를 말한다.

1. 최대이륙중량이 5천700킬로그램을 초과하는 비행기
2. 1개 이상의 터빈발동기(터보제트발동기 또는 터보팬발동기를 말한다)를 장착한 비행기
3. 승객 좌석 수가 9석을 초과하는 비행기
4. 3대 이상의 항공기를 운용하는 법인 또는 단체의 항공기

규칙 제121조(조종사의 최근의 비행경험) ① 법 제55조에 따라 다음 각 호의 어느 하나에 해당하는 조종사는 해당 항공기를 조종하고자 하는 날부터 기산하여 그 이전 90일까지의 사이에 조종하려는 항공기와 같은 형식의 항공기에 탑승하여 이륙 및 착륙을 각각 3회 이상 행한 비행경험이 있어야 한다.

1. 항공운송사업 또는 항공기사용사업에 사용되는 항공기를 조종하려는 조종사
2. 제126조 각 호의 어느 하나에 해당하는 항공기를 소유하거나 운용하는 법인 또는 단체에 고용된 조종사. 다만, 기장 외의 조종사는 이륙 또는 착륙 중 항공기를 조종하고자 하는 경우에만 해당한다.

② 제1항에 따른 조종사가 야간에 운항업무에 종사하고자 하는 경우에는 제1항의 비행경험 중 적어도 야간에 1회의 이륙 및 착륙을 행한 비행경험이 있어야 한다. 다만, 교육훈련, 기종운영의 특성 등으로 국토교통부장관의 인가를 받은 조종사에 대해서는 그러하지 아니 하다.
③ 제1항 또는 제2항의 비행경험을 산정하는 경우 제91조 제2항에 따라 지방항공청장의 지정을 받은 모의비행장치를 조작한 경험은 제1항 또는 제2항의 비행경험으로 본다.

규칙 제124조(계기비행의 경험) ① 법 제55조에 따라 계기비행을 하려는 조종사는 계기비행을 하려는 날부터 계산하여 그 이전 6개월까지의 사이에 6회 이상의 계기접근과 6시간 이상의 계기비행(모의계기비행을 포함한다)을 한 경험이 있어야 한다.
② 제1항의 비행경험을 산정하는 경우 제91조 제2항에 따라 지방항공청장의 지정을 받은 모의비행장치를 조작한 경험은 제1항의 비행경험으로 본다.
③ 제1항에도 불구하고 국토교통부장관이 제1항의 비행경험과 같은 수준 이상의 비행경험이 있다고 인정하는 조종사는 계기비행업무에 종사할 수 있다.

규칙 제125조(조종교육비행경험) ① 법 제55조에 따라 법 제44조 제2항의 조종교육업무에 종사하려는 조종사는 조종교육을 하려는 날부터 계산하여 그 이전 1년까지의 사이에 10시간 이상의 조종교육을 한 경험이 있어야 한다. 다만, 조종교육증명을 최초로 취득한 조종사에 대해서는 그 조종교육증명을 취득한 날부터 1년까지는 그러하지 아니 하다.
② 조종교육업무에 종사하려는 조종사가 조종교육업무에 사용할 항공기에 제1항 본문에 따른

경험을 갖춘 자와 동승하여 야간에 1회 이상의 이륙 및 착륙을 포함한 10시간 이상의 비행을 한 경우에는 제1항 본문에 따른 조종교육을 한 경험으로 본다.

항공운송사업 또는 항공기사용사업에 사용되는 항공기(최대이륙중량이 5,700kg 초과, 터빈 발동기 장착, 승객 좌석 수 9석 초과, 3대 이상의 항공기를 운용하는 법인・단체의 항공기 중 하나에 해당), 국외운항항공기를 운항하려고 하거나, 계기비행, 야간비행, 조종교육업무에 종사하려는 운항승무원은 비행경험이 있어야 한다. 구체적으로 요구되는 비행경험은 시행규칙으로 규정하고 있다.

※ 비행경력에 대해서는 총 14번 출제되었다. 그 중 조종사의 최근 비행경험에 대해서 9번, 계기비행경험에 대해서 5번, 조종교육경험에 대해서 1번 출제되었다.

★ 항공운송사업 또는 항공기사용사업에 사용되는 항공기를 조종하려는 조종사는 조종하고자 하는 날부터 기산하여 그 이전 90일까지의 사이에 조종하려는 항공기와 같은 형식의 항공기에 탑승하여 이륙 및 착륙을 각각 3회 이상 행한 비행경험이 있어야 한다. 여기서 주간인지 야간인지 불문한다. 자가용 조종사는 항공운송사업 또는 항공기사용사업에 사용되는 항공기를 조종하는 것이 아니므로 위 비행경험이 없어도 조종할 수 있다. 지방항공청장의 지정을 받은 모의비행장치를 조작한 경험은 전부 비행경험으로 인정된다.

★ 계기비행을 하려는 조종사는 계기비행을 하려는 날부터 계산하여 그 이전 6개월까지의 사이에 6회 이상의 계기접근과 6시간 이상의 계기비행을 한 경험이 있어야 한다. 모의계기비행도 전부 인정된다.

★ 조종교육업무에 종사하려는 조종사는 조종교육을 하려는 날부터 계산하여 그 이전 1년까지의 사이에 10시간 이상의 조종교육을 한 경험이 있어야 한다.

※ 최근비행경험을 요구하는 경우는 항공운송사업 또는 항공기사용사업에 사용되는 항공기, 일정한 규모의 국외운항 항공기의 경우만이다.

문제 97 **항공운송사업에 사용되는 항공기를 조종하려는 조종사는 최근 조종하려는 항공기와 같은 형식의 항공기에 탑승하여 이륙 및 착륙을 각각 3회 이상 행한 비행경험이 있어야 한다. 이때 지방항공청장의 지정을 받은 모의비행장치를 조작한 경험을 최근 비행경험으로 인정하는 기준은 무엇인가?**

㉮ 모의비행시간 전부 최근 비행경험으로 인정된다.
㉯ 모의비행시간의 1/2만 최근 비행경험으로 인정된다.
㉰ 모의비행시간의 1/3만 최근 비행경험으로 인정된다.
㉱ 모의비행시간은 최근 비행경험으로 인정되지 않는다.

해설 법 제55조 시행규칙 제121조, ③ 제1항 또는 제2항의 비행경험을 산정하는 경우 제91조 제2항에 따라 지방항공청장의 지정을 받은 모의비행장치를 조작한 경험은 제1항 또는 제2항의 비행경험으로 본다.

문제 98 **조종사가 장기간 조종을 하지 못하다가 최근에 지방항공청장의 지정을 받은 모의비행장치를 조작하는 훈련을 하였을 경우, 최근 비행경험으로 인정되는 비행시간은?**

㉮ 모의비행시간 전부 최근 비행경험으로 인정된다.
㉯ 모의비행시간의 1/2만 최근 비행경험으로 인정된다.
㉰ 모의비행시간의 1/3만 최근 비행경험으로 인정된다.
㉱ 모의비행시간은 최근 비행경험으로 인정되지 않는다.

해설 법 제55조 시행규칙 제121조, ③ 제1항 또는 제2항의 비행경험을 산정하는 경우 제91조 제2항에 따라 지방항공청장의 지정을 받은 모의비행장치를 조작한 경험은 제1항 또는 제2항의 비행경험으로 본다.

문제 99 **항공운송사업에 사용되는 항공기를 조종하려는 조종사는 최근 조종하려는 항공기와 같은 형식의 항공기에 탑승한 비행경험이 있어야 한다. 요구되는 비행경험의 내용은 무엇인가?**

㉮ 조종하고자 하는 날 이전 90일까지 사이에 이륙 및 착륙을 각각 3회 이상 행한 경험
㉯ 조종하고자 하는 날 이전 90일까지 사이에 이륙 및 착륙을 각각 6회 이상 행한 경험
㉰ 조종하고자 하는 날 이전 60일까지 사이에 이륙 및 착륙을 각각 3회 이상 행한 경험
㉱ 조종하고자 하는 날 이전 60일까지 사이에 이륙 및 착륙을 각각 6회 이상 행한 경험

해설 법 제55조 시행규칙 제121조 제1항 조종사는 해당 항공기를 조종하고자 하는 날부터 기산하여 그 이전 90일까지의 사이에 조종하려는 항공기와 같은 형식의 항공기에 탑승하여 이륙 및 착륙을 각각 3회 이상 행한 비행경험이 있어야 한다.

문제 100 **항공운송사업에 사용되는 항공기를 조종하려는 조종사는 최근 조종하려는 항공기와 같은 형식의 항공기에 탑승한 비행경험이 있어야 한다. 요구되는 비행경험의 내용은 무엇인가?**

㉮ 이전 90일까지 사이에 주간에 이륙 및 착륙을 각각 3회 이상 행한 경험
㉯ 이전 90일까지 사이에 이륙 및 착륙을 주간에 각각 3회 이상, 야간에 각각 3회 이상 행한 경험
㉰ 이전 90일까지 사이에 이륙 및 착륙을 각각 3회 이상 행한 경험
㉱ 이전 90일까지 사이에 이륙 및 착륙을 각각 6회 이상 행한 경험

해설 법 제55조 시행규칙 제121조 제1항 조종사는 해당 항공기를 조종하고자 하는 날부터 기산하여 그 이전 90일까지의 사이에 조종하려는 항공기와 같은 형식의 항공기에 탑승하여 이륙 및 착륙을 각각 3회 이상 행한 비행경험이 있어야 한다. 최근 비행경험은 주간 또는 야간을 불문한다.

문제 101 **항공운송사업에 사용되는 항공기를 야간에 조종하려는 조종사는 최근 조종하려는 항공기와 같은 형식의 항공기에 탑승한 비행경험이 있어야 한다. 요구되는 비행경험의 내용은?**

㉮ 이전 90일까지 사이에 야간에 이륙 및 착륙을 각각 3회 이상 행한 경험

㉯ 이전 90일까지 사이에 이륙 및 착륙을 각각 3회 이상 행한 경험. 3회 중 1회의 이륙 및 착륙은 야간에 행한 비행경험이어야 한다.

㉰ 이전 90일까지 사이에 야간에 이륙 및 착륙을 각각 1회 이상 행한 경험

㉱ 이전 90일까지 사이에 이륙 및 착륙을 각각 6회 이상 행한 경험 6회 중 3회의 이륙 및 착륙은 야간에 행한 비행경험이어야 한다.

해설 시행규칙 121조 ① (항공운송사업 등) 조종사는 해당 항공기를 조종하고자 하는 날부터 기산하여 그 이전 90일까지의 사이에 조종하려는 항공기와 같은 형식의 항공기에 탑승하여 이륙 및 착륙을 각각 3회 이상 행한 비행경험이 있어야 한다. ② 제1항에 따른 조종사가 야간에 운항업무에 종사하고자 하는 경우에는 제1항의 비행경험 중 적어도 야간에 1회의 이륙 및 착륙을 행한 비행경험이 있어야 한다. 다만, 교육훈련, 기종운영의 특성 등으로 국토교통부장관의 인가를 받은 조종사에 대해서는 그러하지 아니 하다.

문제 102 **다음 중 조종사의 최근 비행경험에 관한 설명 중 옳은 것은?**

㉮ 지방항공청장의 지정을 받은 모의비행장치로 훈련한 비행시간은 최근 비행경험으로 볼 수 없다.

㉯ 이전 90일까지의 사이에 조종하려는 항공기와 같은 종류의 항공기에 탑승하여 이륙 및 착륙을 각각 3회 이상 행한 비행경험이 이어야 한다.

㉰ 모든 국외운항항공기를 조종하려는 조종사의 경우 최근 비행경험이 요구된다.

㉱ 항공운송사업에 사용되는 항공기를 조종하려는 조종사가 야간에 운항업무에 종사하고자 하는 경우에는 90일까지 이륙 및 착륙을 각각 3회 이상 행한 비행경험이 있어야 하며, 이중 1회 이상은 야간에 행한 경험이 있어야 한다.

해설 ㉮항 시행규칙 제121조 제3항. ㉯항 동조 제1항 '같은 종류의 항공기'가 아니라 '같은 형식의 항공기'이다. ㉰항 '모든 국외운송항공기'가 아니라 '국토교통부령으로 정하는 기준에 해당하는 국외운송항공기'이다.

문제 103 **자가용 조종사가 항공기를 운항하려는 경우 항공안전법상 요구되는 최근 비행경험의 내용은 무엇인가?**

㉮ 최근 비행경험이 요구되지 않는다.

㉯ 90일 이전에 같은 형식의 항공기에 탑승하여 이륙 및 착륙을 각각 3회 이상 행한 비행경험이 있어야 한다.

㉰ 60일 이전에 같은 형식의 항공기에 탑승하여 이륙 또는 착륙을 3회 이상 행한 비행경험이 있어야 한다.

㉱ 90일 이전에 같은 형식의 항공기에 탑승하여 이륙 및 착륙을 각각 6회 이상 행한 비행경험이 있어야 한다.

해설 최근 비행경험은 항공운송사업 또는 항공기사용사업에 사용되는 항공기를 조종하려는 조종사에게 요구되는 것이다. 법 제36조 별표에 따르면 자가용 조종사의 업무범위는 무상으로 운항하는 항공기를 보수를 받지 아니하고 조종하는 행위이므로, 항공운송사업 또는 항공기사용사업에 사용하는 항공기를 조종할 수 없다. 따라서 자가용 조종사의 업무범위는 법 제55조의 최근 비행경험이 요구되지 않는다.

문제 104 **계기비행을 하려는 조종사에게 요구되는 계기비행의 경험은, 계기비행을 하려는 날부터 계산하여 그 이전 (　)까지의 사이에 (　) 이상의 계기접근과 (　) 이상의 계기비행을 한 경험이 있어야 한다. 괄호 안에 알맞은 말은?**

㉮ 6개월, 6회, 6시간　　㉯ 6개월, 6회, 3시간

㉰ 3개월, 6회, 6시간　　㉱ 3개월, 3회, 3시간

해설 시행규칙 제124조 제1항 계기비행을 하려는 조종사는 계기비행을 하려는 날부터 계산하여 그 이전 6개월까지의 사이에 6회 이상의 계기접근과 6시간 이상의 계기비행(모의계기비행을 포함한다)을 한 경험이 있어야 한다.

문제 105 **계기비행을 하려는 조종사에게 요구되는 계기비행의 기준으로 맞는 것은?**

㉮ 이전 6개월 동안 6회 이상의 계기접근과 6시간 이상의 계기비행(모의계기비행 포함)을 한 경험

㉯ 이전 6개월 동안 6회 이상의 계기접근과 6시간 이상의 계기비행(모의계기비행 불포함)을 한 경험

㉰ 이전 90일 동안 6회 이상의 계기접근과 6시간 이상의 계기비행(모의계기비행 포함)을 한 경험

㉱ 이전 90일 동안 6회 이상의 계기접근과 6시간 이상의 계기비행(모의계기비행 불포함)을 한 경험

해설 시행규칙 제124조 제1항 계기비행을 하려는 조종사는 계기비행을 하려는 날부터 계산하여 그 이전 6개월까지의 사이에 6회 이상의 계기접근과 6시간 이상의 계기비행(모의계기비행을 포함한다)을 한 경험이 있어야 한다.

문제 106 **조종교육업무에 종사하려는 조종사에게 요구되는 최근 비행경험의 기준은 무엇인가?**

㉮ 1년 이내에 10시간 이상의 조종교육을 한 경험

㉯ 6개월 이내에 6시간 이상의 조종교육을 한 경험
㉰ 1년 이내에 6시간 이상의 조종교육을 한 경험
㉱ 6개월 이내에 10시간 이상의 조종교육을 한 경험

해설 시행규칙 제125조 제1항 조종교육업무에 종사하려는 조종사는 조종교육을 하려는 날부터 계산하여 그 이전 1년까지의 사이에 10시간 이상의 조종교육을 한 경험이 있어야 한다.

문제 107 **다음 중 항공운송사업용 항공기를 조종하거나 조종연습업무에 종사하려는 조종사에 요구되는 비행경험의 내용으로 맞는 것은?**

㉮ 90일 이내 실제이륙 및 착륙을 각각 3회 이상 행한 비행경험
㉯ 90일 이내 모의비행경험을 포함한 야간이륙 및 착륙을 각각 2회 이상 행한 비행경험
㉰ 6개월 이내 모의계기비행을 포함한 6회 이상의 계기접근과 6시간 이상의 계기비행을 한 경험
㉱ 최근 6개월 이내 10시간 이상의 조종교육을 한 경험

해설 ㉮항 시행규칙 제121조 제1항 '실제'가 아니라 '모의비행경험을 포함'이다. ㉯항 야간에 조종하려는 경우에도 모의비행경험을 포함한 이륙 및 착륙을 각각 3회 이상 행항 경험(이 중 1회 이상은 야간에 행함)이 기준이다. ㉱항 '6개월'이 아니라 '1년'이다.

법 제56조(승무원 피로관리) ① 항공운송사업자, 항공기사용사업자 또는 국외운항항공기 소유자 등은 다음 각 호의 어느 하나 이상의 방법으로 소속 운항승무원 및 객실승무원(이하 "승무원"이라 한다)의 피로를 관리하여야 한다.

1. 국토교통부령으로 정하는 승무원의 승무시간, 비행근무시간, 근무시간 등(이하 "승무시간 등"이라 한다)의 제한기준을 따르는 방법
2. 피로위험관리시스템을 마련하여 운용하는 방법

② 항공운송사업자, 항공기사용사업자 또는 국외운항항공기 소유자 등이 피로위험관리시스템을 마련하여 운용하려는 경우에는 국토교통부령으로 정하는 바에 따라 국토교통부장관의 승인을 받아 운용하여야 한다. 승인받은 사항 중 국토교통부령으로 정하는 중요사항을 변경하는 경우에도 또한 같다.

③ 항공운송사업자, 항공기사용사업자 또는 국외운항항공기 소유자 등은 제1항 제1호에 따라 승무원의 피로를 관리하는 경우에는 승무원의 승무시간 등에 대한 기록을 15개월 이상 보관하여야 한다.

항공운송사업자, 항공기사용사업자, 국외운항항공기 소유자 등은 소속 운항승무원 및 객실 승무원의 피로를 관리하여야 한다. 그 방법으로 국토교통부령으로 정하는 승무원의 승무시간, 비행근무시간, 근무시간 등의 제한기준을 따르거나, 피로위험관리시스템을 마련하여 운용하여야 한다. 운항승무원의 승무시간등 기준은 별표 18에서 구체적으로 규정하고 있다.

★ 국토교통부령으로 정하는 승무시간등을 따라 승무원의 피로를 관리하는 경우 그 기록은 15개월 이상 보관하여야 한다. "15개월 이상"이 정답인 문제가 12번 동일하게 출제되었다.

★ 별표 18 운항승무원의 승무시간등에 관해서는 13번 출제되었다. 비행근무시간 및 승무시간의 정의에 대해서 3번 출제되었으나, 현재는 비행근무시간이 개정되어 과거와 동일하게 출제되지는 않을 것이다. '승무시간'은 이륙을 목적으로 비행기가 최초로 움직이기 시작한 때부터 비행이 종료되어 최종적으로 비행기가 정지한 때까지의 총 시간을 의미한다(움직이고 멈춤). '비행근무시간'은 1개 구간 또는 연속되는 2개 구간 이상의 비행이 포함된 근무의 시작을 보고한 때부터 마지막 비행이 종료되어 최종적으로 항공기의 발동기가 정지된 때까지의 총시간을 말한다(시작보고 움직이고 멈추고 발동기정지). 휴식시설에 대해서 1번 출제되었다. 연속되는 24시간 동안 12시간을 초과하여 승무할 경우 항공기에는 휴식시설이 있어야 한다. 운항승무원의 연속 24시간 동안 최대 승무시간 및 비행근무시간의 기준에 대하여 6번 출제되었다.

운항승무원 편성	최대 승무시간	최대 비행근무시간
기장 1명	8	13
기장 1명, 기장 외의 조종사 1명	8	13
기장 1명, 기장 외의 조종사 1명, 항공기관사 1명	12	15
기장 1명, 기장 외의 조종사 2명	12	16
기장 2명, 기장 외의 조종사 1명	13	16.5
기장 2명, 기장 외의 조종사 2명	16	20
기장 2명, 기장 외의 조종사 2명, 항공기관사 2명	16	20

운항승무원이 연속되는 28일 및 365일 동안의 최대 승무시간의 기준은 3번 출제되었다.

운항승무원 편성	연속 28일	연속 365일
기장 1명	100	1,000
기장 1명, 기장 외의 조종사 1명	100	1,000
기장 1명, 기장 외의 조종사 1명, 항공기관사 1명	120	1,000
기장 1명, 기장 외의 조종사 2명	120	1,000
기장 2명, 기장 외의 조종사 1명	120	1,000
기장 2명, 기장 외의 조종사 2명	120	1,000
기장 2명, 기장 외의 조종사 2명, 항공기관사 2명	120	1,000

문제 108 **항공운송사업자 및 항공기사용사업자는 승무원의 승무시간, 비행근무시간 등에 대한 기록을 얼마동안 보관할 의무가 있는가?**

㉮ 15개월 이상 ㉯ 12개월 이상
㉰ 5개월 이상 ㉱ 3개월 이상

해설 법 제56조 제3항 항공운송사업자, 항공기사용사업자 또는 국외운항항공기 소유자 등은 제1항 제1호에 따라 승무원의 피로를 관리하는 경우에는 승무원의 승무시간 등에 대한 기록을 15개월 이상 보관하여야 한다.

문제 109 **항공운송사업자 및 항공기사용사업자가 소속 승무원의 피로를 관리하기 위해 기록한 것은 몇 개월 이상 보관하여야 하는가?**

㉮ 15개월 이상 ㉯ 12개월 이상
㉰ 5개월 이상 ㉱ 3개월 이상

해설 법 제56조 제3항 항공운송사업자, 항공기사용사업자 또는 국외운항항공기 소유자 등은 제1항 제1호에 따라 승무원의 피로를 관리하는 경우에는 승무원의 승무시간 등에 대한 기록을 15개월 이상 보관하여야 한다.

문제 110 **다음 중 승무원의 피로에 관한 설명 중 맞는 것은?**

㉮ 모든 항공기의 소유자 등은 승무원의 피로를 관리하여야 한다.
㉯ 승무원의 피로를 관리하기 위해서는 반드시 국토교통부령이 정하는 승무시간 등의 제한기준을 따라야 한다.
㉰ 승무원의 승무시간 등에 대한 기록은 15개월 이상 보관하여야 한다.
㉱ 항행의 안전을 위하여 피로를 관리하여야 하는 승무원에는 운항승무원만 포함되며 객실승무원은 포함되지 않는다.

해설 법 제56조. ㉮항 '모든 항공기의 소유자등'이 아니라 '항공운송사업자, 항공기사용사업자, 국외운항항공기 소유자등'이다. ㉯항 피로위험관리시스템을 마련하여 운용하는 방법도 있다. ㉱항 운항승무원 및 객실승무원도 포함된다.

문제 111 **다음 중 비행근무시간에 포함되지 않는 것은?**

㉮ 승무시간 ㉯ 지상휴식시간
㉰ 기내휴식시간 ㉱ 근무시작보고를 위한 준비시간

해설 시행규칙 제127조 별표 18. "비행근무시간(Flight Duty Period)"이란 운항승무원이 1개 구간 또는 연속되는 2개 구간 이상의 비행이 포함된 근무의 시작을 보고한 때부터 마지막 비행이 종료되어 최종적으로 항공기의 발동기가 정지된 때까지의 총 시간을 말한다.

문제 112 **다음 중 승무시간의 정의에 대한 설명 중 옳은 것은?**

㉮ 이륙을 목적으로 비행기가 최초로 움직이기 시작한 때부터 비행이 종료되어 최종적으로 비행기가 정지한 때까지의 총 시간

㉯ 근무의 시작을 보고한 때부터 최종적으로 항공기의 발동기가 정지된 때까지의 총 시간

㉰ 이륙을 목적으로 비행기가 최초로 움직이기 시작한 때부터 최종적으로 항공기의 발동기가 정지된 때까지의 총 시간

㉱ 항공기에 탑승한 후 항공기의 모든 문이 닫힌 때부터 내리기 위하여 문을 열 때까지의 총 시간

해설 시행규칙 제127조 별표 18. ㉯항 비행근무시간에 대한 정의이다. ㉱항 항공보안법상 '운항중'에 대한 정의이다.

문제 113 **비행근무시간은 (　) 부터 (　) 까지의 총 시간을 말한다. 괄호 안에 알맞은 말은?**

㉮ 근무의 시작을 보고한 때, 항공기의 발동기가 정지된 때

㉯ 비행기가 최초로 움직이기 시작한 때, 최종적으로 비행기가 정지한 때

㉰ 헬리콥터의 주회전익이 회전하기 시작한 때, 주회전익이 정지된 때

㉱ 승무원이 탑승한 때, 내리기 위해 문을 열 때

해설 시행규칙 제127조 별표 18. "비행근무시간(Flight Duty Period)"이란 운항승무원이 1개 구간 또는 연속되는 2개 구간 이상의 비행이 포함된 근무의 시작을 보고한 때부터 마지막 비행이 종료되어 최종적으로 항공기의 발동기가 정지된 때까지의 총 시간을 말한다. ㉯항, ㉰항 승무시간에 대한 정의이다. ㉱항 항공보안법상 '운항중'에 대한 정의이다.

문제 114 **연속되는 24시간 동안 (　) 시간을 초과하여 승무할 경우 항공기에는 휴식시설을 설치하여야 한다. 괄호 안에 알맞은 말은?**

㉮ 10시간　　㉯ 12시간

㉰ 15시간　　㉱ 16시간

해설 시행규칙 제127조 별표 18. 연속되는 24시간 동안 12시간을 초과하여 승무할 경우 항공기에는 휴식시설이 있어야 한다.

문제 115 **운항승무원이 기장 1명, 기장 외의 조종사 1명으로 편성되어 있을 경우, 운항승무원이 연속 24시간 동안 최대 승무시간 및 비행근무시간은?**

㉮ 8시간, 13시간　　㉯ 12시간, 15시간

㉰ 8시간, 15시간 ㉱ 12시간, 16시간

해설 별표 18

문제 116 운항승무원이 기장 1명, 부기장 2명으로 편성되어 있을 경우, 운항승무원이 연속 24시간 동안 최대 승무시간 및 비행근무시간은?

㉮ 8시간, 13시간 ㉯ 12시간, 15시간
㉰ 8시간, 15시간 ㉱ 12시간, 16시간

해설 별표 18

문제 117 운항승무원이 기장 1명, 기장 외의 조종사 1명, 항공기관사 1명으로 편성되어 있을 경우, 운항승무원이 연속 24시간 동안 최대 승무시간 및 비행근무시간은?

㉮ 8시간, 13시간 ㉯ 12시간, 15시간
㉰ 8시간, 15시간 ㉱ 12시간, 16시간

해설 별표 18

문제 118 운항승무원이 기장 1명, 기장 외의 조종사 1명으로 편성되었을 경우, 운항승무원이 연속되는 28일 동안의 최대 승무시간은?

㉮ 80시간 ㉯ 100시간
㉰ 120시간 ㉱ 150시간

해설 별표 18

문제 119 운항승무원이 기장 1명, 부기장 2명으로 편성되었을 경우, 운항승무원이 연속되는 28일 동안의 최대 승무시간은?

㉮ 80시간 ㉯ 100시간
㉰ 120시간 ㉱ 150시간

해설 별표 18

법 제57조(주류등의 섭취 · 사용제한) ① 항공종사자(제46조에 따른 항공기조종연습 및 제47조에 따른 항공교통관제연습을 하는 사람을 포함한다. 이하 이 조에서 같다) 및 객실승무원은 「주세법」 제3조 제1호에 따른 주류, 「마약류관리에 관한 법률」 제2조 제1호에 따른 마약류 또는

「화학물질관리법」 제22조 제1항에 따른 환각물질 등(이하 "주류등"이라 한다)의 영향으로 항공업무(제46조에 따른 항공기조종연습 및 제47조에 따른 항공교통관제연습을 포함한다. 이하 이 조에서 같다) 또는 객실승무원의 업무를 정상적으로 수행할 수 없는 상태에서는 항공업무 또는 객실승무원의 업무에 종사해서는 아니 된다.

② 항공종사자 및 객실승무원은 항공업무 또는 객실승무원의 업무에 종사하는 동안에는 주류등을 섭취하거나 사용해서는 아니 된다.

③ 국토교통부장관은 항공안전과 위험방지를 위하여 필요하다고 인정하거나 항공종사자 및 객실승무원이 제1항 또는 제2항을 위반하여 항공업무 또는 객실승무원의 업무를 하였다고 인정할 만한 상당한 이유가 있을 때에는 주류등의 섭취 및 사용 여부를 호흡측정기 검사 등의 방법으로 측정할 수 있으며, 항공종사자 및 객실승무원은 이러한 측정에 응하여야 한다.

④ 국토교통부장관은 항공종사자 또는 객실승무원이 제3항에 따른 측정결과에 불복하면 그 항공종사자 또는 객실승무원의 동의를 받아 혈액채취 또는 소변검사 등의 방법으로 주류등의 섭취 및 사용여부를 다시 측정할 수 있다.

⑤ 주류등의 영향으로 항공업무 또는 객실승무원의 업무를 정상적으로 수행할 수 없는 상태의 기준은 다음 각 호와 같다.

1. 주정성분이 있는 음료의 섭취로 혈중 알코올농도가 0.02퍼센트 이상인 경우
2. 「마약류관리에 관한 법률」 제2조 제1호에 따른 마약류를 사용한 경우
3. 「화학물질관리법」 제22조 제1항에 따른 환각물질을 사용한 경우

⑥ 제1항부터 제5항까지의 규정에 따라 주류등의 종류 및 그 측정에 필요한 세부절차 및 측정기록의 관리 등에 필요한 사항은 국토교통부령으로 정한다.

규칙 제129조(주류등의 종류 및 측정 등) ① 법 제57조 제3항 및 제4항에 따라 국토교통부장관 또는 지방항공청장은 소속 공무원으로 하여금 항공종사자 및 객실승무원의 주류등의 섭취 또는 사용여부를 측정하게 할 수 있다.

② 제1항에 따라 주류등의 섭취 또는 사용여부를 적발한 소속 공무원은 별지 제61호서식의 주류등 섭취 또는 사용적발보고서를 작성하여 국토교통부장관 또는 지방항공청장에게 보고하여야 한다.

모든 항공종사자와 객실승무원은 주류등에 관한 3가지 의무가 있다. ① 주류, 마약류, 환각물질 등의 영향으로 항공업무(객실승무원의 업무)를 정상적으로 수행할 수 없는 상태에서는 항공업무(객실승무원의 업무)에 종사해서는 아니된다. 그리고 ② 항공종사자 및 객실승무원은 항공업무(객실승무원 업무)에 종사하는 동안에는 주류등을 섭취하거나 사용해서는 아니 된다.

국토교통부장관은 항공안전과 위험방지를 위하여 필요하다고 인정하거나 항공종사자 및 객

실승무원이 위 의무를 위반하였다고 인정할 만한 상당한 이유가 있을 때에는, 주류등의 섭취 및 사용여부를 호흡측정기검사 등의 방법으로 측정할 수 있다. ③ 이 경우 항공종사자 및 객실승무원은 이러한 측정에 응하여야 한다. 측정결과 주류등을 섭취하였다는 결과가 나왔을 경우 항공종사자 및 객실승무원은 이에 불복하면, 그 항공종사자 및 객실승무원의 동의를 받아 혈액채취 또는 소변검사 등의 방법으로 다시 측정할 수 있다.

시행규칙 제129조에는 국토교통부장관 또는 지방항공청장은 소속 공무원으로 하여금 항공종사 자 및 객실승무원의 주류등의 섭취 또는 사용여부를 측정하게 할 수 있다.

※ 구 항공법시행규칙 제143조의3 제2항은 국토교통부장관, 지방항공청장, 항공교통센터장을 규정되어 있던 것이 개정되었다.

'주류등'이라 함은 주세법 제3조 제1호에 따른 주류(희석하여 음료로 할 수 있는 에틸알코올 또는 알코올분 1도 이상의 음료 등), 마약류관리에 관한 법률 제2조 제1호에 따른 마약류(마약·향정신성의약품 및 대마), 화학물질관리법 제22조 제1항에 따른 환각물질 등(흥분·환각 또는 마취의 작용을 일으키는 화학물질)을 의미한다.

'주류등의 영향으로 항공업무(객실승무원의 업무)를 정상적으로 수행할 수 없는 상태의 기준은 주정성분이 있는 음료의 섭취로 혈중 알콜농도가 0.02퍼센트 이상인 경우, 마약류 또는 환각물질을 사용한 경우이다.

※ ① 의무에 관한 규정임에 유의해야 한다. 즉 ② 의무에 관한 규정과 관련이 없으므로, 임무중에는 혈중알코올농도와 무관하게 조금이라도 음주하여서는 아니된다.

위 3가지 의무규정를 지켜야 하는 대상은 모든 항공종사자(조종사, 항공사, 항공교통관제사, 항공정비사, 운항관리사) 및 객실승무원이다.

위 3가지 의무를 위반한 항공종사자 또는 객실승무원은 3년이하 징역 또는 3천만원 이하 벌금에 처할 수 있는 형사처벌의 대상이다(법 제146조). 그리고 자격증명의 취소 또는 효력정지 사유에 해당한다(법 제43조). 그리고 항공운송사업자가 항공종사자 또는 객실승무원이 주류등의 영향으로 항공업무(객실승무원 업무)를 정상적으로 수행할 수 없는 상태에서 항공업무(객실승무원 업무)에 종사하게 한 경우 운항증명을 취소하거나 정지사유에 해당한다(법 제91조).

★ 주류등에 대해서는 19번 출제된 바 있다. 주로 주류등의 섭취·사용여부를 측정할 수 있는 주체에 관해 10번 출제되었다. 현재 개정된 측정주체는 국토교통부장관 및 지방항공청장이므로, 주된 오답은 항공교통센터장이 될 것이다. 항공업무를 정상적으로 수행할 수 없는 상태의 기준으로 혈중알코올농도 0.02%인 점에 관해 4번 출제되었다. 음주운전으

로 형사처벌되는 혈중 알코올농도는 0.03%(개정 전 0.05%)인 점과 비교하여 출제되므로 정확하게 암기해야 한다. 주류등의 정의에 관해 3번 출제되었다. 주류등은 주류, 마약류, 환각물질을 의미한다. 주류등에 대한 설명에 관해 2번 출제되었다.

문제 120 항공안전과 위험방지를 위하여 필요하다고 인정할 경우 항공종사자 및 객실승무원의 주류등의 섭취 및 사용여부를 측정할 수 있는 사람은?

㉮ 국토교통부장관, 지방항공청장 ㉯ 국토교통부장관, 항공교통센터장
㉰ 지방항공청장, 항공교통센터장 ㉱ 국토교통부장관, 항공전문의사

해설 시행규칙 제129조(주류등의 종류 및 측정 등) ① 법 제57조 제3항 및 제4항에 따라 국토교통부장관 또는 지방항공청장은 소속 공무원으로 하여금 항공종사자 및 객실승무원의 주류등의 섭취 또는 사용여부를 측정하게 할 수 있다.

문제 121 항공안전과 위험방지를 위하여 필요하다고 인정할 경우 항공종사자 및 객실승무원의 주류등의 섭취 및 사용여부를 측정할 수 있는 사람은?

㉮ 항공안전감독관 ㉯ 항공교통센터장
㉰ 지방항공청장 ㉱ 항공안전본부장

해설 시행규칙 제129조(주류등의 종류 및 측정 등) ① 법 제57조 제3항 및 제4항에 따라 국토교통부장관 또는 지방항공청장은 소속 공무원으로 하여금 항공종사자 및 객실승무원의 주류등의 섭취 또는 사용여부를 측정하게 할 수 있다.

문제 122 항공안전과 위험방지를 위하여 필요하다고 인정할 경우 항공종사자 및 객실승무원의 주류등의 섭취 및 사용여부를 측정할 수 있는 사람은?

㉮ 국토교통부장관 ㉯ 항공교통센터장
㉰ 한국교통안전공단 이사장 ㉱ 공항관리운영기관

해설 시행규칙 제129조(주류등의 종류 및 측정 등) ① 법 제57조 제3항 및 제4항에 따라 국토교통부장관 또는 지방항공청장은 소속 공무원으로 하여금 항공종사자 및 객실승무원의 주류등의 섭취 또는 사용여부를 측정하게 할 수 있다.

문제 123 혈중 알코올농도가 얼마 이상인 경우 항공업무를 정상적으로 수행할 수 없는 상태로 판단하는가?

㉮ 0.02% ㉯ 0.03%
㉰ 0.05% ㉱ 0.2%

해설 법 제57조 제5항 주류등의 영향으로 항공업무 또는 객실승무원의 업무를 정상적으로 수행할 수 없는 상태의 기준은 다음 각 호와 같다. 1. 주정성분이 있는 음료의 섭취로 혈중 알코올농도가 0.02퍼센트 이상인 경우

문제 124 **조종사는 혈중 알코올농도가 (　) 이상인 경우에 조종을 하여서는 아니되고, 객실승무원은 혈중 알코올농도가 (　) 이상인 경우에 객실승무원의 업무를 수행하여서는 아니 된다. 괄호 안에 알맞은 말은?**

㉮ 0.02%, 0.02%
㉯ 0.02%, 0.05%
㉰ 0.03%, 0.05%
㉱ 0.05%, 0.05%

해설 법 제57조 제5항 주류등의 영향으로 항공업무 또는 객실승무원의 업무를 정상적으로 수행할 수 없는 상태의 기준은 다음 각 호와 같다. 1. 주정성분이 있는 음료의 섭취로 혈중 알코올농도가 0.02퍼센트 이상인 경우

문제 125 **항공종사자 및 객실승무원은 그 업무에 종사하는 동안에 섭취할 수 있는 것은?**

㉮ 주류
㉯ 마약류
㉰ 환각물질
㉱ 약물

해설 법 제57조 제1항 「주세법」 제3조 제1호에 따른 주류, 「마약류관리에 관한 법률」 제2조 제1호에 따른 마약류 또는 「화학물질관리법」 제22조 제1항에 따른 환각물질 등(이하 "주류등"이라 한다)

문제 126 **항공종사자 및 객실승무원은 그 업무에 종사하는 동안에 섭취할 수 있는 것은?**

㉮ 주류
㉯ 마약류
㉰ 환각물질
㉱ 화학물질

해설 환각물질이 정답이다. 환각물질이란 흥분・환각 또는 마취의 작용을 일으키는 화학물질을 의미한다. 즉 환각물질은 화학물질의 일부이다.

문제 127 **항공업무 또는 객실승무원의 업무를 정상적으로 수행할 수 없는 상태의 기준으로 틀린 것은?**

㉮ 술을 마신 경우
㉯ 대마를 소량피운 경우
㉰ 부탄가스를 마신 경우
㉱ 향정신성의약품을 섭취한 경우

해설 단순히 음주를 한 경우가 아니라 혈중 알코올농도가 0.02%이상이어야 한다.

문제 128 **항공종사자 및 객실승무원의 주류등에 관한 설명 중 틀린 것은?**

㉮ 항공종사자 및 객실승무원은 항공업무 또는 객실승무원의 업무에 종사하는 동안에

는 절대로 주류등을 섭취하거나 사용해서는 아니된다.

㉯ 국토교통부장관은 항공안전과 위험방지를 위하여 필요하다고 인정할 경우 항공종사자 및 객실승무원의 주류등의 섭취 및 사용여부를 호흡측정기검사 등의 방법으로 측정할 수 있다.

㉰ 항공종사자 또는 객실승무원은 주류등의 섭취 및 사용여부에 대한 측정요구에 대해 정당한 이유가 있는 경우 거부할 수 있다.

㉱ 주정성분이 있는 음료의 섭취로 혈중 알코올농도가 0.02% 이상인 경우 업무를 정상적으로 수행할 수 없는 상태로 판단할 수 있다.

해설 법 제57조 제3항 국토교통부장관은 항공안전과 위험방지를 위하여 필요하다고 인정하거나 항공종사자 및 객실승무원이 제1항 또는 제2항을 위반하여 항공업무 또는 객실승무원의 업무를 하였다고 인정할 만한 상당한 이유가 있을 때에는 주류등의 섭취 및 사용여부를 호흡측정기 검사 등의 방법으로 측정할 수 있으며, 항공종사자 및 객실승무원은 이러한 측정에 응하여야 한다.

문제 129 **항공안전법상 주류등에 관한 설명 중 틀린 것은?**

㉮ 국토교통부장관은 항공종사자가 주류등 섭취 및 사용여부에 관한 측정결과에 불복하면 그 항공종사자의 동의를 받지 않더라도 소변검사의 방법으로 다시 측정할 수 있다.

㉯ 국토교통부장관은 항공종사자가 주류등 섭취 및 사용여부에 관한 측정결과에 불복하면 그 항공종사자의 동의를 받아 혈액채취의 방법으로 다시 측정할 수 있다.

㉰ 환각물질의 양이나 강도를 불문하고 사용만 하면 항공업무를 정상적으로 수행할 수 없는 상태로 본다.

㉱ 조종사가 조종업무 중 주류등을 섭취할 경우에는 형사처벌대상이 된다.

해설 법 제57조 제4항 국토교통부장관은 항공종사자 또는 객실승무원이 제3항에 따른 측정결과에 불복하면 그 항공종사자 또는 객실승무원의 동의를 받아 혈액채취 또는 소변검사 등의 방법으로 주류등의 섭취 및 사용여부를 다시 측정할 수 있다. ㉰항 법 제57조 제5항. ㉱항 법 제146조.

문제 130 **다음 중 항공종사자가 혈중 알코올농도가 0.02%인 상태로 항공업무를 수행하였을 경우 틀린 설명은?**

㉮ 항공종사자 자격증명이 취소되거나 효력정지가 될 수 있다.

㉯ 3년이하 징역 또는 3천만원 이하 벌금에 처해질 수 있다.

㉰ 항공신체검사증명이 취소되거나 효력정지가 될 수 있다.

㉱ 항공운송사업자의 운항증명이 취소되거나 효력정지사유에 해당될 수 있다.

해설 ㉮항 법 제43조. ㉯항 법 제146조. ㉱항 법 제91조

문제 131 다음 설명 중 맞는 것은?

㉮ 항공종사자는 업무에 종사하는 동안에 혈중 알코올농도가 0.02% 미만이 되기 전까지는 주류를 섭취할 수 있다.

㉯ 항공정비사는 정비업무에 종사하는 동안 업무에 지장을 주지 않을 만큼의 음주섭취는 가능하다.

㉰ 객실승무원은 항공종사자가 아니므로 주류등 섭취 및 사용여부에 관한 측정요구에 응하지 않더라도 제재 또는 처벌을 할 수 없다.

㉱ 항공종사자는 항공업무시작 전에 음주를 할 수 있지만 혈중 알코올농도가 0.02% 이상인 상태로 항공업무에 종사하여서는 아니 된다.

해설 ㉮항 법 제57조 제2항 항공종사자 및 객실승무원은 항공업무 또는 객실승무원의 업무에 종사하는 동안에는 주류등을 섭취하거나 사용해서는 아니 된다. 혈중 알코올농도 0.02%는 항공업무를 정상적으로 수행할 수 없는지 기준에 관한 것이며, 업무중에는 주류등을 섭취할 수 없다. ㉯항 항공정비사도 항공종사자이므로 주류등에 관한 규정이 적용된다. ㉰항 객실승무원은 항공종사자가 아니지만 주류등에 관한 규정이 적용된다.

법 제59조(항공안전 의무보고) ① 항공기사고, 항공기준사고 또는 항공안전장애 중 국토교통부령으로 정하는 사항(이하 "의무보고 대상 항공안전장애"라 한다)을 발생시켰거나 항공기사고, 항공기준사고 또는 의무보고 대상 항공안전장애가 발생한 것을 알게 된 항공종사자 등 관계인은 국토교통부장관에게 그 사실을 보고하여야 한다. 다만, 제33조에 따라 고장, 결함 또는 기능장애가 발생한 사실을 국토교통부장관에게 보고한 경우에는 이 조에 따른 보고를 한 것으로 본다.

② 국토교통부장관은 제1항에 따른 보고(이하 "항공안전 의무보고"라 한다)를 통하여 접수한 내용을 이 법에 따른 경우를 제외하고는 제3자에게 제공하거나 일반에게 공개해서는 아니 된다.

③ 누구든지 항공안전 의무보고를 한 사람에 대하여 이를 이유로 해고·전보·징계·부당한 대우 또는 그 밖에 신분이나 처우와 관련하여 불이익한 조치를 취해서는 아니 된다.

④ 제1항에 따른 항공종사자 등 관계인의 범위, 보고에 포함되어야 할 사항, 시기, 보고방법 및 절차 등은 국토교통부령으로 정한다.

규칙 제134조(항공안전의무보고의 절차 등) ① 법 제59조 제1항 및 법 제62조 제5항에 따라 다음 각 호의 어느 하나에 해당하는 사람은 별지 제65호서식에 따른 항공안전의무보고서 또는 국토교통부장관이 정하여 고시하는 전자적인 보고방법에 따라 국토교통부장관 또는 지방항공

청장에게 보고하여야 한다.

1. 항공기사고를 발생시켰거나 항공기사고가 발생한 것을 알게 된 항공종사자 등 관계인
2. 항공기준사고를 발생시켰거나 항공기준사고가 발생한 것을 알게 된 항공종사자 등 관계인
3. 항공안전장애를 발생시켰거나 항공안전장애가 발생한 것을 알게 된 항공종사자 등 관계인(법 제33조에 따른 보고의무자는 제외한다)

② 법 제59조 제1항에 따른 항공종사자 등 관계인의 범위는 다음 각 호와 같다.

1. 항공기기장(항공기기장이 보고할 수 없는 경우에는 그 항공기의 소유자 등을 말한다)
2. 항공정비사(항공정비사가 보고할 수 없는 경우에는 그 항공정비사가 소속된 기관・법인 등의 대표자를 말한다)
3. 항공교통관제사(항공교통관제사가 보고할 수 없는 경우 그 관제사가 소속된 항공교통관제기관의 장을 말한다)
4. 「공항시설법」에 따라 공항시설을 관리・유지하는 자
5. 「공항시설법」에 따라 항행안전시설을 설치・관리하는 자
6. 법 제70조 제3항에 따른 위험물취급자

③ 제1항에 따른 보고서의 제출시기는 다음 각 호와 같다.

1. 항공기사고 및 항공기준사고: 즉시
2. 항공안전장애:
   가. 별표 3 제1호부터 제4호까지, 제6호 및 제7호에 해당하는 항공안전장애를 발생시켰거나 항공안전장애가 발생한 것을 알게 된 자: 인지한 시점으로부터 72시간 이내(해당 기간에 포함된 토요일 및 법정공휴일에 해당하는 시간은 제외한다). 다만, 제6호 가목, 나목 및 마목에 해당하는 사항은 즉시 보고하여야 한다.
   나. 별표 3 제5호에 해당하는 항공안전장애를 발생시켰거나 항공안전장애가 발생한 것을 알게 된 자: 인지한 시점으로부터 96시간 이내. 다만, 해당 기간에 포함된 토요일 및 법정공휴일에 해당하는 시간은 제외한다.

항공기사고란 사람이 비행을 목적으로 항공기에 탑승하였을 때부터 탑승한 모든 사람이 항공기에서 내릴 때까지 항공기의 운항과 관련하여 발생한 다음 어느 하나(사람의 사망, 중상 또는 행방불명, 항공기의 파손 또는 구조적 손상, 항공기의 위치를 확인할 수 없거나 항공기에 접근이 불가능한 경우)에 해당하는 것으로서 국토교통부령으로 정하는 것을 말한다. 항공기준사고란 항공안전에 중대한 위해를 끼쳐 항공기사고로 이어질 수 있었던 것으로서 국토교통부령으로 정하는 것을 말한다. 항공안전장애란 항공기사고 및 항공기준사고 외에 항공기운항 등과 관련하여 항공안전에 영향을 미치거나 미칠 우려가 있는 것을 말한다. 항공기사고>항공기준사고>항공안전장애

법 제59조는 항공안전에 관한 보고의무에 관한 규정이고, 법 제61조는 자율보고에 관한 규정이다. 보고내용은 항공기사고, 항공기준사고, 항공안전장애 중 국토교통부령으로 정하는 사항이며, 보고의무자는 이러한 사고(장애)를 발생시켰거나 발생한 것을 알게 된 항공종사 등 관계인이고, 국토교통부장관에게 보고하여야 한다. 보고의무자에 대해서는 시행규칙에서 구체적으로 규정하고 있다. 기장, 항공정비사, 항공교통관제사, 공항시설관리유지자, 항행안전시설 설치관리자, 위험물취급자

★ 보고의무자의 범위에 대하여 1번 출제된 바 있다. 기장의 보고의무에 관한 법 제62조 제5항에 동일한 규정이 있다. 보고의무자는 1순위는 기장, 2순위는 그 항공기의 소유자등이다.

문제 132 기장은 항공기사고, 항공기준사고 또는 항공안전장애가 발생하였을 때에는 국토교통부장관에게 그 사실을 보고하여야 한다. 만약 기장이 보고할 수 없는 경우에는 누가 보고하여야 하는가?

㉮ 항공기의 소유자등
㉯ 항공기의 항공정비사
㉰ 항공기의 항공교통관제사
㉱ 공항시설을 관리·유지하는 자

해설 법 제57조 제1항 항공기사고, 항공기준사고 또는 항공안전장애 중 국토교통부령으로 정하는 사항(이하 "의무보고 대상 항공안전장애"라 한다)을 발생시켰거나 항공기사고, 항공기준사고 또는 의무보고 대상 항공안전장애가 발생한 것을 알게 된 항공종사자 등 관계인은 국토교통부장관에게 그 사실을 보고하여야 한다. 시행규칙 제134조 제2항 법 제59조 제1항에 따른 항공종사자 등 관계인의 범위는 다음 각 호와 같다. 1. 항공기기장(항공기기장이 보고할 수 없는 경우에는 그 항공기의 소유자등을 말한다). 법 제62조 제5항도 동일하게 규정.

문제 133 항공기사고, 항공기준사고 또는 항공안전장애를 발생시켰거나 이를 알게 된 항공종사자 등 관계인은 국토교통부장관에게 보고할 의무가 있다. 항공종사자 등 관계인의 범위에 포함되지 않는 사람은?

㉮ 항공정비사
㉯ 항공교통관제사
㉰ 공항시설을 관리·유지하는 자
㉱ 운항관리사

해설 시행규칙 제134조 제2항 법 제59조 제1항에 따른 항공종사자 등 관계인의 범위는 다음 각 호와 같다. 1. 항공기 기장, 2. 항공정비사, 3. 항공교통관제사, 4. 「공항시설법」에 따라 공항시설을 관리·유지하는 자, 5. 「공항시설법」에 따라 항행안전시설을 설치·관리하는 자, 6. 법 제70조 제3항에 따른 위험물취급자.

문제 134 **항공정비사가 항공기사고를 알게 되었으나 이를 보고할 수 없게 되었다. 이 때 보고하여야 하는 자는?**

㉮ 그 항공정비사가 소속된 기관・법인 등의 대표자
㉯ 공항시설을 관리・유지하는 자
㉰ 항행안전시설을 설치・관리하는 자
㉱ 그 항공기의 기장

해설 시행규칙 제134조 제2항 1. 항공기기장(항공기기장이 보고할 수 없는 경우에는 그 항공기의 소유자 등을 말한다) 2. 항공정비사(항공정비사가 보고할 수 없는 경우에는 그 항공정비사가 소속된 기관・법인 등의 대표자를 말한다) 3. 항공교통관제사(항공교통관제사가 보고할 수 없는 경우 그 관제사가 소속된 항공교통관제기관의 장을 말한다) (이하 생략)

법 제61조(항공안전자율보고) ① 누구든지 제59조 제1항에 따른 의무보고대상 항공안전장애 외의 항공안전장애(이하 "자율보고 대상 항공안전장애"라 한다)를 발생시켰거나 발생한 것을 알게 된 경우 또는 항공안전위해요인이 발생한 것을 알게되거나 발생이 의심되는 경우에는 국토교통부령으로 정하는 바에 따라 그 사실을 국토교통부장관에게 보고할 수 있다.
② 국토교통부장관은 제1항에 따른 보고(이하 "항공안전자율보고"라 한다)를 통하여 접수한 내용을 이 법에 따른 경우를 제외하고는 제3자에게 제공하거나 일반에게 공개해서는 아니 된다.
③ 누구든지 항공안전자율보고를 한 사람에 대하여 이를 이유로 해고・전보・징계・부당한 대우 또는 그 밖에 신분이나 처우와 관련하여 불이익한 조치를 해서는 아니 된다.
④ 국토교통부장관은 자율보고대상 항공안전장애 또는 항공안전위해요인을 발생시킨 사람이 그 발생일부터 10일 이내에 항공안전자율보고를 한 경우에는 고의 또는 중대한 과실로 발생시킨 경우에 해당하지 않는 한 이 법 및 「공항시설법」에 따른 처분을 하여서는 아니 된다.
⑤ 제1항부터 제4항까지에서 규정한 사항 외에 항공안전자율보고에 포함되어야 할 사항, 보고방법 및 절차 등은 국토교통부령으로 정한다.

규칙 제135조(항공안전자율보고의 절차 등) ① 법 제61조 제1항에 따라 항공안전자율보고를 하려는 사람은 별지 제66호서식의 항공안전자율보고서 또는 국토교통부장관이 정하여 고시하는 전자적인 보고방법에 따라 한국교통안전공단의 이사장에게 보고할 수 있다.
② 제1항에 따른 항공안전자율보고의 접수・분석 및 전파 등에 관하여 필요한 사항은 국토교통부장관이 정하여 고시한다.

항공기사고란 사람이 비행을 목적으로 항공기에 탑승하였을 때부터 탑승한 모든 사람이 항공기에서 내릴 때까지 항공기의 운항과 관련하여 발생한 다음 어느 하나(사람의 사망, 중상 또는 행방불명, 항공기의 파손 또는 구조적 손상, 항공기의 위치를 확인할 수 없거나 항공기에 접근이 불가능한 경우)에 해당하는 것으로서 국토교통부령으로 정하는 것을 말한다. 항공기준사고란 항공안전에 중대한 위해를 끼쳐 항공기사고로 이어질 수 있었던 것으로서 국토교통부령으로 정하는 것을 말한다. 항공안전장애란 항공기사고 및 항공기준사고 외에 항공기운항 등과 관련하여 항공안전에 영향을 미치거나 미칠 우려가 있는 것을 말한다. 항공안전위해요인이란 항공기사고, 항공기준사고 또는 항공안전장애를 발생시킬 수 있거나 발생 가능성의 확대에 기여할 수 있는 상황, 상태 또는 물적 · 인적요인 등을 말한다. 항공기사고 > 항공기준사고 > 항공안전장애 > 항공안전위해요인

보고내용은 의무보고대상 외의 항공안전장애, 항공안전위해요인이고, 보고의무자는 누구든지 의무보고대상 외의 항공안전장애를 발생시켰거나 발생한 것을 알게 된 자, 항공안전위해요인이 발생한 것을 알게 되거나 발생이 의심한 자이다. 보고대상은 법률상으로는 국토교통부장관으로 규정하고 있지만 시행규칙에는 한국항공안전공단 이사장으로 되어 있다.

※ 개정전에는 자율보고를 한 사람의 의사에 반하여 보고자의 신분을 공개해서는 아니 된다고 명시적으로 규정하였다. 현재는 모든 접수한 내용을 이 법에 따른 경우를 제외하고 공개하지 안 된다고 규정하였다.

★ **자율보고에 대해서는 14번 출제되었다. 보고대상에 대해서 3번 출제되었다. 국토교통부장관 또는 한국교통안전공단 이사장이 정답이다(3차례 출제). 자율보고 대상을 발생시킨 사람이 10일 이내에 보고를 하면 고의 또는 중대한 과실에 해당하지 않는 이상 면책한다. 10일을 묻는 문제가 5번 출제되었다. 개정 전 보고자 신분 미공개에 대해 4번 출제되었다. 구체적인 자율보고를 부령으로 위임한다는 문제 1번 출제, 항공안전위해요인의 정의에 대해 1번 출제되었다.**

문제 135 항공안전위해요인이 발생한 것을 알게 되었을 경우 누구에게 보고를 할 수 있는가?

㉮ 한국교통안전공단 이사장 ㉯ 항공안전본부장
㉰ 항공교통본부장 ㉱ 항공안전감독관

해설 시행규칙 제135조(항공안전 자율보고의 절차 등) ① 법 제61즈 제1항에 따라 항공안전 자율보고를 하려는 사람은 별지 제66호서식의 항공안전 자율보고서 또는 국토교통부장관이 정하여 고시하는 전자적인 보고방법에 따라 한국교통안전공단의 이사장에게 보고할 수 있다.

문제 136 항공안전위해 요인이 발생한 것을 알게 되었을 경우 누구에게 보고를 할 수 있는가?

㉮ 항공교통본부장 ㉯ 항공안전본부장
㉰ 국토교통부장관 ㉱ 항공안전감독관

해설 법 제61조(항공안전자율보고) ① 누구든지 제59조 제1항에 따른 의무보고 대상 항공안전장애 외의 항공안전장애(이하 "자율보고 대상 항공안전장애"라 한다)를 발생시켰거나 발생한 것을 알게 된 경우

또는 항공안전위해요인이 발생한 것을 알게 되거나 발생이 의심되는 경우에는 국토교통부령으로 정하는 바에 따라 그 사실을 국토교통부장관에게 보고할 수 있다. 법률에는 국토교통부장관이고 시행규칙에는 국토교통부장관의 위임을 받은 한국교통안전공단 이사장이다.

문제 137 **항공안전위해 요인을 발생시킨 사람이 그 발생일로부터 며칠 이내에 자율보고를 하면 면책을 할 수 있는가?**

㉮ 10일　　　㉯ 15일

㉰ 20일　　　㉱ 한달

해설 법 제61조 ④ 국토교통부장관은 자율보고 대상 항공안전장애 또는 항공안전위해 요인을 발생시킨 사람이 그 발생일부터 10일 이내에 항공안전자율보고를 한 경우에는 고의 또는 중대한 과실로 발생시킨 경우에 해당하지 않는 한 이 법 및 「공항시설법」에 따른 처분을 하여서는 아니 된다.

문제 138 **항공안전위해 요인을 발생시킨 사람이 그 발생일로부터 10일 이내에 누구한테 보고를 하면 면책이 되는가?**

㉮ 한국교통안전공단 이사장　　　㉯ 항공안전본부장

㉰ 항공교통본부장　　　㉱ 항공안전감독관

해설 시행규칙 제135조(항공안전 자율보고의 절차 등) ① 법 제61조 제1항에 따라 항공안전자율보고를 하려는 사람은 별지 제66호서식의 항공안전자율보고서 또는 국토교통부장관이 정하여 고시하는 전자적인 보고방법에 따라 한국교통안전공단의 이사장에게 보고할 수 있다.

문제 139 **항공안전위해 요인의 자율보고에 대한 설명 중 틀린 것은?**

㉮ 자율보고를 통하여 접수된 내용은 보고자의 신분 이외에 일반에게 공개할 수 있다.

㉯ 자율보고를 한 사람에 대하여 이를 이유로 징계 등 불이익한 조치를 해서는 아니 된다.

㉰ 항공안전위해요인을 발생시킨 사람이 그 발생일부터 10일 이내에 자율보고를 한 경우에는 자격증명취소처분을 하여서는 아니 된다.

㉱ 자율보고의 구체적인 절차 등에 대해서는 국토교통부령으로 정한다.

해설 법 제61조 제2항 국토교통부장관은 제1항에 따른 보고(이하 "항공안전자율보고"라 한다)를 통하여 접수한 내용을 이 법에 따른 경우를 제외하고는 제3자에게 제공하거나 일반에게 공개해서는 아니 된다. ㉯항 동조 제3항. ㉰항 동조 제4항(고의 또는 중과실로 항공안전위해 요인을 발생시킨 사람은 자격증명 취소처분을 할 수 있으므로 완전히 옳다고 볼 수 없지만 ㉮항이 명백히 틀렸기 때문에 ㉮항이 정답이다). ㉱항 동조 제5항.

문제 140 **항공안전위해 요인 자율보고에 대한 설명 중 틀린 것은?**

㉮ 자율보고를 통하여 접수된 내용은 보고자의 신분을 포함한 모든 내용을 일반에게

공개할 수 없다.

㉯ 자율보고는 전자적인 보고방법에 따라 한국교통안전공단의 이사장에게 보고할 수 있다.

㉰ 항공안전위해요인을 중과실로 발생시킨 사람이 그 발생일부터 10일 이내에 자율보고한 경우 자격증명 취소처분을 할 수 없다.

㉱ 자율보고에 포함되어야 할 사항, 보고방법 및 절차 등은 국토교통부령으로 정한다.

해설 ㉮항 법 제61조 제2항. ㉯항 시행규칙 제135조 제1항. ㉰항 법 제61조 제4항 고의 또는 중과실인 경우 처분을 할 수 있다. ㉱항 법 제61조 제5항.

문제 141 **다음 중 누구든지 항공안전위해 요인이 발생한 것을 알게 되거나 발생이 의심되는 경우에는 국토교통부장관에게 보고할 수 있다. 여기서 항공안전위해 요인이란 무엇인가?**

㉮ 사람이 항공기에 탑승하였을 때부터 내릴 때까지 항공기의 운항과 관련하여 항공기의 파손 또는 구조적 손상과 관련된 요인

㉯ 항공안전에 중대한 위해를 끼쳐 항공기사고로 이어질 수 있었던 요인

㉰ 항공기운항 등과 관련하여 항공안전에 영향을 미치거나 미칠 우려가 있는 요인

㉱ 항공안전장애를 발생시킬 수 있거나 발생 가능성의 확대에 기여할 수 있는 요인

해설 ㉮항 법 제2조 제6호 항공기사고. ㉯항 제9호 항공기준사고. ㉰항 제10호 항공안전장애. ㉱항 제10의2호 항공안전위해 요인

문제 142 **항공안전자율보고에서 공개를 금지하는 것은?**

㉮ 보고자의 신분　　㉯ 사고의 발생일시

㉰ 사고발생장소 또는 공항　　㉱ 위 3항 전부

해설 개정전에는 보고자의 신분을 공개해서 아니 된다고만 규정하고 있었지만 개정후에는 자율보고를 통하여 접수한 내용을 공개하지 아니 한다고 규정하고 있다. 시행규칙상 별지 제66호 서식 '항공안전자율보고서'에는 보고자 성명, 직책, 소지자격, 발생일시, 발생장소, 발생단계 등이 포함되어 있으므로, 접수한 내용전체를 공개하지 아니 한다.

문제 143 **항공안전위해 요인이 발생한 것을 알게 되어 보고하였을 경우 일반에게 공개해서는 아니되는 내용은?**

㉮ 보고자의 성명　　㉯ 보고자의 직책

㉰ 사고의 발생일시, 장소, 단계　　㉱ 보고를 통해 접수한 내용

해설 ㉮항, ㉯항, ㉰항 모두 개별적으로 공개하여서는 아니할 내용이지만, ㉱항이 가장 옳다.

문제 144 **항공안전자율보고에 대한 설명 중 옳은 것은?**

㉮ 경미한 항공안전장애 및 전체 항공안전위해 요인을 보고대상으로 한다.

㉯ 항공안전위해요인의 발생한 날부터 10일 이내에 지방항공청장에게 보고를 할 경우 면책된다.

㉰ 항공안전위해 요인은 전자적인 방법으로 보고를 할 수 없다.

㉱ 항공종사자 등 관련자가 자율보고를 할 수 있다.

해설 ㉮항 법 제61조 제1항 의무보고 대상 항공안전장애 이외의 항공안전장애 및 항공안전위해 요인이므로 경미한 항공안전장애 및 전체 항공안전위해 요인이 보고대상이다. ㉯항 시행규칙 제135조 제1항 한국교통안전공단 이사장. ㉰항 시행규칙 제135조 제1항 전자적인 방법으로 보고하 수 있다. ㉱항 법 제61조 제1항 '누구든지' 자율보고할 수 있다. 항공종사자 등 관련자는 법 제59조 의무보고의 보고의무자이다.

법 제62조(기장의 권한 등) ① 항공기의 운항안전에 대하여 책임을 지는 사람(이하 "기장"이라 한다)은 그 항공기의 승무원을 지휘・감독한다.

② 기장은 국토교통부령으로 정하는 바에 따라 항공기의 운항에 필요한 준비가 끝난 것을 확인한 후가 아니면 항공기를 출발시켜서는 아니 된다.

③ 기장은 항공기나 여객에 위난(危難)이 발생하였거나 발생할 우려가 있다고 인정될 때에는 항공기에 있는 여객에게 피난방법과 그 밖에 안전에 관하여 필요한 사항을 명할 수 있다.

④ 기장은 운항 중 그 항공기에 위난이 발생하였을 때에는 여객을 구조하고, 지상 또는 수상(水上)에 있는 사람이나 물건에 대한 위난방지에 필요한 수단을 마련하여야 하며, 여객과 그 밖에 항공기에 있는 사람을 그 항공기에서 나가게 한 후가 아니면 항공기를 떠나서는 아니 된다.

⑤ 기장은 항공기사고, 항공기준사고 또는 의무보고대상 항공안전장애가 발생하였을 때에는 국토교통부령으로 정하는 바에 따라 국토교통부장관에게 그 사실을 보고하여야 한다. 다만, 기장이 보고할 수 없는 경우에는 그 항공기의 소유자등이 보고를 하여야 한다.

⑥ 기장은 다른 항공기에서 항공기사고, 항공기준사고 또는 의무보고대상 항공안전장애가 발생한 것을 알았을 때에는 국토교통부령으로 정하는 바에 따라 국토교통부장관에게 그 사실을 보고하여야 한다. 다만, 무선설비를 통하여 그 사실을 안 경우에는 그러하지 아니 하다.

⑦ 항공종사자 등 이해관계인이 제59조 제1항에 따라 보고한 경우에는 제5항 본문 및 제6항 본문은 적용하지 아니 한다.

규칙 제136조(출발전의 확인) ① 법 제62조 제2항에 따라 기장이 확인하여야 할 사항은 다음 각 호와 같다.

1. 해당 항공기의 감항성 및 등록여부와 감항증명서 및 등록증명서의 탑재

2. 해당 항공기의 운항을 고려한 이륙중량, 착륙중량, 중심위치 및 중량분포
3. 예상되는 비행조건을 고려한 의무무선설비 및 항공계기 등의 장착
4. 해당 항공기의 운항에 필요한 기상정보 및 항공정보
5. 연료 및 오일의 탑재량과 그 품질
6. 위험물을 포함한 적재물의 적절한 분배여부 및 안정성
7. 해당 항공기와 그 장비품의 정비 및 정비결과
8. 그 밖에 항공기의 안전운항을 위하여 국토교통부장관이 필요하다고 인정하여 고시하는 사항
② 기장은 제1항 제7호의 사항을 확인하는 경우에는 다음 각 호의 점검을 하여야 한다.
1. 항공일지 및 정비에 관한 기록의 점검
2. 항공기의 외부점검
3. 발동기의 지상 시운전점검
4. 그 밖에 항공기의 작동사항점검

기장이란 항공기의 운항안전에 대하여 책임을 지는 사람을 의미한다. 그리고 기장은 항공기의 승무원을 지휘·감독한다. 기장은 항공기의 운항에 필요한 준비가 끝난 것을 확인한 후가 아니면 항공기를 출발시켜서는 아니 된다. 기장이 항공기를 출발하기 전에 확인하거나 점검해야 하는 구체적인 사항은 시행규칙 제136조로 규정하고 있다. 기장은 승무원을 지휘·감독할 뿐만 아니라 여객에게도 일정한 경우(항공기나 여객에 위난이 발생하였거나 발생할 우려가 있다고 인정될 때) 항공기에 있는 여객에게 피난방법과 그 밖에 안전에 관하여 필요한 사항을 명할 수 있다. 기장은 운항 중 그 항공기에 위난이 발생하였을 때에는 여객을 구조하고, 지상 또는 수상에 있는 사람이나 물건에 대한 위난방지에 필요한 수단을 마련하여야 하고, 여객 그 밖에 항공기에 있는 사람을 그 항공기에서 나가게 한 후가 아니면 항공기를 떠나서는 아니 된다. 기장은 자신이 운항하는 항공기뿐 아니라 다른 항공기에 사고 등이 발생하였을 때에도 국토교통부장관에게 보고하여야 할 의무가 있다. 기장은 항공기사고, 항공기준사고, 의무보고 대상 항공안전장애가 발생하였을 때에는 국토교통부장관에게 그 사실을 보고하여야 한다. 다만 기장이 보고할 수 없는 경우에는 그 항공기의 소유자 등이 보고하여야 한다. 기장은 다른 항공기에서 항공기사고, 항공기준사고 또는 의무보고 대상 항공안전장애가 발생한 것을 알았을 때에는 국토교통부장관에게 보고하여야 한다. 다만 무선설비를 통하여 그 사실을 안 경우에는 보고할 의무가 없다.

★ 기장의 권한 및 의무에 관해 24번 출제되었다.

★ 기장이 확인 및 점검하여야 할 사항(시행규칙 제136조)에 관해 9번 출제되었다. 주된 오답으로 '승무원과 탑승승객의 명단확인', '장비품의 품질'(cf. 연료 · 오일의 품질, 장비품의 정비 · 정비결과는 확인사항), '정밀 계기점검'(cf. 항공계기 등의 장착은 확인사항) 등이다.

★ 기장의 보고의무에 관해서 13번 출제되었다. 해당 항공기에 대한 보고의무는 기장이 아니면 항공기의 소유자 등이 보고해야 하고, 다른 항공기에 대한 보고의무는 무선설비를 통해 알았을 경우 보고의무가 없다.

★ 기타 기장의 권한 및 의무전체의 설명에 관해 2번 출제되었다. '항공기 내의 범죄에 대해 기장이 사법권을 가진다', '기장이 먼저 탈출할 수 있다'는 주요 오답이다.

문제 145 기장은 항공기의 운항에 필요한 준비가 끝난 것을 확인한 후가 아니면 항공기를 출발시켜서는 아니 된다. 이 때 기장이 확인해야 하는 사항이 아닌 것은?

㉮ 해당 항공기의 감항성 및 등록여부와 감항증명서 및 등록증명서의 탑재

㉯ 해당 항공기의 운항을 고려한 이륙중량, 착륙중량, 중심위치 및 중량분포

㉰ 예상되는 비행조건을 고려한 의무무선설비 및 항공계기 등의 장착

㉱ 탑승승객의 수 및 중량분포

해설 시행규칙 제136조 제1항 ① 법 제62조 제2항에 따라 기장이 확인하여야 할 사항은 다음 각 호와 같다. 1. 해당 항공기의 감항성 및 등록여부와 감항증명서 및 등록증명서의 탑재, 2. 해당 항공기의 운항을 고려한 이륙중량, 착륙중량, 중심위치 및 중량분포, 3. 예상되는 비행조건을 고려한 의무무선설비 및 항공계기 등의 장착, 4. 해당 항공기의 운항에 필요한 기상정보 및 항공정보, 5. 연료 및 오일의 탑재량과 그 품질, 6. 위험물을 포함한 적재물의 적절한 분배여부 및 안정성, 7. 해당 항공기와 그 장비품의 정비 및 정비결과

문제 146 기장이 항공기를 출발하기 전에 확인하여야 할 사항이 아닌 것은?

㉮ 해당 항공기의 운항에 필요한 기상정보 및 항공정보

㉯ 연료 및 오일의 탑재량과 그 품질

㉰ 위험물을 포함한 적재물의 적절한 분배여부 및 안전성

㉱ 해당 항공기의 장비품의 정비결과 및 그 품질

해설 시행규칙 제136조 제1항 ① 법 제62조 제2항에 따라 기장이 확인하여야 할 사항은 다음 각 호와 같다. 1. 해당 항공기의 감항성 및 등록여부와 감항증명서 및 등록증명서의 탑재, 2. 해당 항공기의 운항을 고려한 이륙중량, 착륙중량, 중심위치 및 중량분포, 3. 예상되는 비행조건을 고려한 의무무선설비 및 항공계기 등의 장착, 4. 해당 항공기의 운항에 필요한 기상정보 및 항공정보, 5. 연료 및 오일의 탑재량과 그 품질, 6. 위험물을 포함한 적재물의 적절한 분배여부 및 안정성, 7. 해당 항공기와 그 장비품의 정비 및 정비결과

문제 147 기장이 항공기를 출발하기 전에 확인 및 점검하여야 할 사항이 아닌 것은?

㉮ 항공계기 등의 장착 및 정밀계기점검

㉯ 항공기의 외부점검

㉰ 발동기의 지상 시 운전점검

㉱ 항공일지 및 정비에 관한 기록의 점검

해설 시행규칙 제136조 제2항 기장은 제1항 제7호의 사항을 확인하는 경우에는 다음 각 호의 점검을 하여야 한다. 1. 항공일지 및 정비에 관한 기록의 점검, 2. 항공기의 외부점검, 3. 발동기의 지상 시 운전점검, 4. 그 밖에 항공기의 작동사항 점검

문제 148 기장이 항공기를 출발하기 전에 확인하여야 할 사항이 아닌 것은?

㉮ 해당 항공기와 그 장비품의 정비 및 정비결과

㉯ 발동기의 지상 시 운전점검

㉰ 항공기의 내부점검

㉱ 해당 항공기의 이륙중량

해설 시행규칙 제136조 제2항 기장은 제1항 제7호의 사항을 확인하는 경우에는 다음 각 호의 점검을 하여야 한다. 1. 항공일지 및 정비에 관한 기록의 점검, 2. 항공기의 외부점검, 3. 발동기의 지상 시 운전점검, 4. 그 밖에 항공기의 작동사항 점검

문제 149 기장이 항공기를 출발하기 전에 확인하여야 하는 사항이 아닌 것은?

㉮ 해당 항공기의 감항증명서 및 형식증명서의 탑재

㉯ 의무무선설비 및 항공계기 등의 장착

㉰ 기상정보 및 항공정보

㉱ 해당 항공기와 그 장비품의 정비 및 정비결과

해설 시행규칙 제136조 제1항. ㉮항 감항증명서의 탑재는 확인사항이나 형식증명서의 탑재는 확인사항이 아니다.

문제 150 기장이 항공기를 출발하기 전에 확인하여야 하는 사항이 아닌 것은?

㉮ 발동기의 지상 시 운전점검

㉯ 적재물의 적절한 분배여부 및 안정성

㉰ 운항승무원의 자격증명서 및 항공신체검사증명서의 탑재

㉱ 항공일지의 점검

해설 시행규칙 제136조 제1항. ㉮항 감항증명서의 탑재는 확인사항이나 운항승무원의 자격증명서 및 항공신체검사증명서의 탑재는 확인사항이 아니다.

문제 151 항공기사고가 발생하였을 경우 기장이 국토교통부장관에게 보고를 하여야 한다. 만약 기장이 보고할 수 없는 경우에는 누가 보고를 하여야 하는가?

㉮ 해당 항공기의 소유자
㉯ 해당 항공기의 부기장
㉰ 해당 항공기의 운항관리사
㉱ 해당 항공기의 항공관제사

해설 법 제62조 제5항 기장은 항공기사고, 항공기준사고 또는 의무보고대상 항공안전장애가 발생하였을 때에는 국토교통부령으로 정하는 바에 따라 국토교통부장관에게 그 사실을 보고하여야 한다. 다만, 기장이 보고할 수 없는 경우에는 그 항공기의 소유자 등이 보고를 하여야 한다.

문제 152 항공안전장애가 발생하였을 경우, 기장이 보고를 할 수 없는 경우 (　　)가/이 (　　)에게 보고를 하여야 한다. 괄호 안에 알맞은 말은?

㉮ 해당 항공기의 임차인, 국토교통부장관
㉯ 해당 항공기의 소유자, 지방항공청장
㉰ 해당 항공기의 임차인, 항공안전본부장
㉱ 해당 항공기의 항공관제사, 국토교통부장관

해설 법 제62조 제5항 기장은 항공기사고, 항공기준사고 또는 의무보고 대상 항공안전장애가 발생하였을 때에는 국토교통부령으로 정하는 바에 따라 국토교통부장관에게 그 사실을 보고하여야 한다. 다만, 기장이 보고할 수 없는 경우에는 그 항공기의 소유자 등이 보고를 하여야 한다.

문제 153 다른 항공기에서 항공기사고 등이 발생한 것을 알았을 경우 기장의 보고의무에 관한 설명 중 맞는 것은?

㉮ 기장이 보고를 할 수 없는 경우에는 그 항공기의 소유자 등이 보고를 하여야 한다.
㉯ 무선설비를 통하여 그 사실을 안 경우에는 보고할 의무가 없다.
㉰ 지방항공청장에게 그 사실을 보고하여야 한다.
㉱ 항공기사고 및 항공기준사고의 경우에만 보고할 의무가 있다.

해설 시행규칙 제132조 제6항 기장은 다른 항공기에서 항공기사고, 항공기준사고 또는 의무보고대상 항공안전장애가 발생한 것을 알았을 때에는 국토교통부령으로 정하는 바에 따라 국토교통부장관에게 그 사실을 보고하여야 한다. 다만, 무선설비를 통하여 그 사실을 안 경우에는 그러하지 아니 하다.

문제 154 다음 중 기장의 권한 및 의무에 관한 설명 중 틀린 것은?

㉮ 기장은 그 항공기의 승무원을 지휘 및 감독한다.

㉯ 기장은 어떠한 경우에도 항공기에 있는 여객에게 명령을 할 수 없다.

㉰ 기장은 운항 중 그 항공기에 위난이 발생하였을 때에는 여객을 구조하여야 할 의무가 있다.

㉱ 기장은 그 항공기에 위난이 발생하였을 때 항공기에 있는 사람이 그 항공기에 나가게 한 후가 아니면 항공기를 떠나서는 아니 된다.

해설 ㉮항 법 제62조 제1항. ㉯항 제3항 기장은 항공기나 여객에 위난(危難)이 발생하였거나 발생할 우려가 있다고 인정될 때에는 항공기에 있는 여객에게 피난방법과 그 밖에 안전에 관하여 필요한 사항을 명할 수 있다. ㉰항 및 ㉱항 제4항.

문제 155 다음 중 기장의 권한 및 의무에 관한 설명 중 틀린 것은?

㉮ 항공기사고 등이 발생하였을 경우 기장이 보고를 할 수 없는 경우 그 항공기의 소유자 등이 국토교통부장관에게 보고를 하여야 한다. 그 항공기의 소유자 등이 항공운송사업자인 경우 보고의무를 위반한 경우 운항증명의 취소 또는 효력이 정지될 수 있다.

㉯ 기장은 그 항공기에 위난이 발생하였을 때 제일 마지막에 항공기를 떠나야 한다. 이러한 의무를 위반하였을 경우 형사적으로 처벌될 수 있다.

㉰ 항공안전법 제62조에 규정된 기장의 의무를 이행하지 아니한 경우 조종사 자격증명이 취소될 수 있다.

㉱ 다른 항공기에 항공기사고 등이 발생한 사실을 알았음에도 국토교통부장관에게 보고를 하지 않은 기장은 자격증명이 취소될 수 있을 뿐 형사처벌의 대상이 아니다.

해설 ㉮ 법 제91조 제1항(항공운송사업자의 운항증명취소) 21호. 제62조 제5항 단서를 위반하여 항공기사고, 항공기준사고 또는 의무보고 대상 항공안전장애가 발생한 경우에 국토교통부령으로 정하는 바에 따라 발생사실을 보고하지 아니한 경우. ㉯ 법 제143조 제143조(기장의 항공기 이탈의 죄) 제62조 제4항을 위반하여 항공기를 떠난 기장(기장의 임무를 수행할 사람을 포함한다)은 5년 이하의 징역에 처한다. ㉰ 법 제43조 제1항(자격증명 취소) 제17호. 제62조 제2항 또는 제4항부터 제6항까지에 따른 기장의 의무를 이행하지 아니한 경우. ㉱ 법 제158조 158조(기장 등의 보고의무 등의 위반에 관한 죄) 다음 각 호의 어느 하나에 해당하는 자는 500만원 이하의 벌금에 처한다. 1. 제62조 제5항 또는 제6항을 위반하여 항공기사고·항공기준사고 또는 의무보고 대상 항공안전장애에 관한 보고를 하지 아니하거나 거짓으로 한 자. 보고의무를 위반하였을 경우 벌금형에 해당한다.

※ 기장의 의무를 위반하였을 경우 자격증명취소 및 효력정지사유에 해당하고, 항공기를 마지막으로 떠나지 않았을 경우에는 징역형, 보고의무를 위반했을 경우 벌금형의 형사처벌사유에 해당한다.

법 제63조(기장 등의 운항자격) ① 다음 각 호의 어느 하나에 해당하는 항공기의 기장은 지식 및 기량에 관하여, 기장 외의 조종사는 기량에 관하여 국토교통부장관의 자격인정을 받아야 한다.

1. 항공운송사업에 사용되는 항공기
2. 항공기사용사업에 사용되는 항공기 중 국토교통부령으로 정하는 업무에 사용되는 항공기
3. 국외운항항공기

② 국토교통부장관은 제1항에 따른 자격인정을 받은 사람에 대하여 그 지식 또는 기량의 유무를 정기적으로 심사하여야 하며, 특히 필요하다고 인정하는 경우에는 수시로 지식 또는 기량의 유무를 심사할 수 있다.

③ 국토교통부장관은 제1항에 따른 자격인정을 받은 사람이 제2항에 따른 심사를 받지 아니하거나 그 심사에 합격하지 못한 경우에는 그 자격인정을 취소하여야 한다.

④ 국토교통부장관은 필요하다고 인정할 때에는 국토교통부령으로 정하는 바에 따라 지정한 항공운송사업자 또는 항공기사용사업자에게 소속 기장 또는 기장 외의 조종사에 대하여 제1항에 따른 자격인정 또는 제2항에 따른 심사를 하게 할 수 있다.

⑤ 제4항에 따라 자격인정을 받거나 그 심사에 합격한 기장 또는 기장 외의 조종사는 제1항에 따른 자격인정 및 제2항에 따른 심사를 받은 것으로 본다. 이 경우 제3항을 준용한다.

⑥ 국토교통부장관은 제4항에도 불구하고 필요하다고 인정할 때에는 국토교통부령으로 정하는 기장 또는 기장 외의 조종사에 대하여 제2항에 따른 심사를 할 수 있다.

⑦ 항공운송사업에 종사하는 항공기의 기장은 운항하려는 지역, 노선 및 공항(국토교통부령으로 정하는 지역, 노선 및 공항에 관한 것만 해당 한다)에 대한 경험요건을 갖추어야 한다.

⑧ 제1항부터 제7항까지의 규정에 따른 자격인정·심사 또는 경험요건 등에 필요한 사항은 국토교통부령으로 정한다.

규칙 제138조(기장의 운항자격인정을 위한 지식요건) 법 제63조 제1항에 따라 같은 항 각 호의 어느 하나에 해당하는 항공기의 기장은 다음 각 호의 구분에 따른 지식이 있어야 한다.

1. 법 제63조 제1항 제1호·제2호에 해당하는 항공기의 기장: 운항하려는 지역, 노선 및 공항에 대한 다음 각 목의 지식
   가. 지형 및 최저안전고도
   나. 계절별 기상 특성
   다. 기상, 통신 및 항공교통시설 업무와 그 절차
   라. 수색 및 구조절차
   마. 운항하려는 지역 또는 노선과 관련된 장거리 항법절차가 포함된 항행안전시설 및 그 이용절차
   바. 인구밀집지역 상공 및 항공교통량이 많은 지역상공의 비행경로에서 적용되는 비행절차
   사. 장애물, 등화시설, 접근을 위한 항행안전시설, 목적지 공항혼잡지역 및 그 도면
   아. 항공로절차, 목적지상공 도착절차, 출발절차, 체공절차 및 공항이 포함된 인가된 계기접

근 절차

자. 공항운영 최저기상치(공항에서 항공기가 이·착륙할 수 있는 최저 시정과 구름높이를 정한 값을 말한다)

차. 항공고시보

카. 운항규정

2. 법 제63조 제1항 제3호에 해당하는 항공기의 기장: 해당 형식의 항공기에 대한 정상상태에서의 조종기술과 비정상상태에서의 조종기술 및 비상절차에 관한 지식

제139조(기장 등의 운항자격인정을 위한 기량요건) 법 제63조 제1항에 따라 같은 항 각 호의 어느 하나에 해당하는 항공기의 기장 또는 기장 외의 조종사는 다음 각 호의 구분에 따른 기량이 있어야 한다.

1. 법 제63조 제1항 제1호·제2호에 해당하는 항공기의 기장 또는 기장 외의 조종사: 운항하려는 지역, 노선 및 공항에 대해 해당 형식의 항공기에 대한 정상상태에서의 조종기술과 비정상상태에서의 조종기술 및 비상절차수행능력
2. 법 제63조 제1항 제3호에 해당하는 항공기기장 또는 기장 외의 조종사: 해당 형식의 항공기에 대한 정상상태에서의 조종기술과 비정상상태에서의 조종기술 및 비상절차수행능력

제143조(기장 등의 운항자격의 정기심사) ① 국토교통부장관은 법 제63조 제2항에 따라 같은 조 제1항에 따른 자격인정을 받은 기장 또는 기장 외의 조종사에 대해 다음 각 호의 구분에 따라 정기심사를 실시한다.

1. 법 제63조 제1항 제1호 또는 같은 항 제2호에 해당하는 항공기의 기장 또는 기장외의 조종사: 운항하려는 지역, 노선 및 공항에 따라 기장의 경우에는 제138조 제1호 및 제139조 제1호에 따른 지식 및 기량의 유지에 관하여, 기장외의 조종사의 경우에는 제139조 제1호에 따른 기량의 유지에 관하여 다음 각 목의 구분에 따른 심사실시

   가. 정상상태에서의 조종기술: 매년 1회 이상 국토교통부장관이 정하는 방법에 따른 심사

   나. 비정상상태에서의 조종기술 및 비상절차수행능력: 매년 2회 이상 국토교통부장관이 정하는 방법에 따른 심사
2. 법 제63조 제1항 제3호에 따른 항공기 기장 또는 기장외의 조종사: 운항하려는 항공기 형식에 따라 기장의 경우에는 제138조 제2호 및 제139조 제2호에 따른 지식 및 기량의 유지에 관하여, 기장 외의 조종사의 경우에는 제139조 제2호에 따른 기량의 유지에 관하여 2년마다 1회 이상 국토교통부장관이 정하는 방법에 따른 심사실시

② 제1항의 정기심사는 운항자격심사관 또는 위촉심사관이 실시한다.

③ 제1항의 정기심사에 관하여는 제141조 제1항·제3항 및 제4항을 준용한다.

④ 제1항 제1호 나목에도 불구하고 다음 각 호의 어느 하나에 해당하는 조종사에 대한 심사는 기장의 경우에는 지식 및 기량의 유지에 관하여, 기장외의 조종사의 경우에는 기량의 유지에 관하여 각각 매년 1회 이상 국토교통부장관이 정하는 방법에 따라 실시한다. 다만, 2개 이상의 기종을 조종하는 조종사인 경우에는 기종별 격년으로 심사한다.

1. 「항공사업법」 제10조에 따른 소형항공운송사업에 사용되는 항공기를 조종하는 조종사
2. 제137조에 따른 업무를 하는 항공기사용사업에 사용되는 항공기를 조종하는 조종사
3. 삭제

제144조(기장 등의 운항자격의 수시심사) 법 제63조 제2항에 따라 국토교통부장관은 다음 각 호의 어느 하나에 해당하는 기장 또는 기장 외의 조종사에 대해서는 수시로 지식 또는 기량의 유무를 심사할 수 있다.

1. 항공기사고 또는 비정상운항을 발생시킨 기장 또는 기장외의 조종사
2. 제138조 각 호의 사항에 중요한 변경이 있는 지역, 노선 및 공항을 운항하는 기장 또는 기장외의 조종사
3. 항공기의 성능·장비 또는 항법에 중요한 변경이 있는 경우 해당 항공기를 운항하는 기장 또는 기장외의 조종사
4. 6개월 이상 운항업무에 종사하지 아니한 기장 또는 기장외의 조종사
5. 항공관련법규 위반으로 처분을 받은 기장 또는 기장외의 조종사
6. 항공기의 이륙·착륙에 특별한 주의가 필요한 공항으로서 국토교통부장관이 지정한 공항에 운항하는 기장 또는 기장외의 조종사
7. 해당 운항자격경력이 1년 미만인 기장 또는 기장외의 조종사
8. 새로운 공항을 운항한지 6개월이 지나지 아니한 기장 또는 기장외의 조종사
9. 취항중인 공항에 항공기형식을 변경하여 운항한 지 6개월이 지나지 아니한 기장 또는 기장외의 조종사

규칙 제155조(기장의 지역, 노선 및 공항에 대한 경험요건) ① 법 제63조 제7항에서 "국토교통부령으로 정하는 지역, 노선 및 공항"이란 주변의 지형, 장애물 및 진입·출발방식 등을 고려하여 법 제77조에 따라 국토교통부장관이 고시하는 운항기술기준에서 정한 지역, 노선 및 공항을 말한다.

② 법 제63조 제7항에 따라 항공운송사업에 사용되는 항공기의 기장은 법 제77조에 따라 국토교통부장관이 고시하는 운항기술기준에서 정한 경험이 있어야 한다.

제156조(기장의 경험요건의 면제) 국토교통부장관은 신규로 개설되는 노선을 운항하려는 기장이 다음 각 호의 어느 하나에 해당하는 경우에는 제155조 제2항에 따른 경험요건을 면제할 수 있다.

1. 운항하려는 지역, 노선 및 공항에 대한 시각장비 또는 비행장도면이 포함된 운항절차에 대한 교육을 받고 위촉심사관 등으로부터 확인을 받은 경우
2. 위촉심사관 또는 운항하려는 해당 형식항공기의 기장으로서 비행한 시간이 1천시간 이상인 경우

일정한 항공기의 조종사는 운항자격인정을 받아야 한다. 기장은 지식 및 기량, 기장 외 조종사는 기량에 관해서 국토교통부장관으로부터 운항자격인정을 받아야 한다. 운항자격이 필요한 항공기는 항공운송사업에 사용되는 항공기, 항공기사용사업에 사용하는 항공기 중 국토교통부령으로 정하는 항공기, 국외운항항공기이다. 운항자격인정을 받은 사람에 대해서 그 지식 또는 기량의 유무를 정기적으로 심사하여야 하며, 특히 필요하다고 인정하는 경우에는 수시로 지식 또는 기량의 유무를 심사할 수 있다. 기장은 운항자격인정을 받는 것에 더하여 운항하려는 지역, 노선 및 공항에 대한 경험요건을 갖추어야 한다.

※ 기장: 운항자격인정(지식, 기량), 경험요건/기장 이외 조종사: 운항자격인정(기량), 경험요건 불요

운항자격인정을 받은 사람이 정기 또는 수시심사를 받지 아니하거나 그 심사에 합격하지 못한 경우에는 그 자격인정을 취소하여야 한다. 국토교통부장관은 항공운송사업자(항공기사용사업자)에게 소속기장(기장 외 조종사)에 대한 운항자격인정 및 심사권한을 위임할 수 있다. 이때 위임받은 항공운송사업자로부터 자격인정 · 심사를 받으면 국토교통부장관으로부터 자격인정 · 심사를 받은 것으로 간주한다. 자격인정 · 심사권한을 위임하더라도 국토교통부장관은 필요하다고 인정하는 경우 심사를 할 수 있다.

기장의 운항자격인정을 위한 지식요건은 시행규칙 제138조에서 구체적으로 규정하고 있다. 기장 또는 기장 외 조종사의 운항자격인정을 위한 기량요건은 시행규칙 제139조에서 규정하고 있다. 운항자격의 정기심사는 시행규칙 제143조가 규정하고 있고, 수시심사는 시행규칙 제144조가 규정하고 있다. 기장의 경험요건에 관해서 시행규칙 제155조, 제156조에서 규정하고 있다.

- 조종사의 운항자격 및 경험요건에 관하여 총 33번 출제되었다.
- 조종사의 운항자격의 심사항목에 대해서 15번 출제되었다. 기장은 지식 및 기량, 기장 외 조종사는 기량이다.
- 기장의 운항자격인정을 위한 지식요건 및 조종사의 기량요건에 관하여 2번 출제되었다.
- 조종사 운항자격의 심사권자에 대해서 3번 출제되었다. 정답은 국토교통부장관. '조종사의 운항자격인정을 위한 공항 및 노선에 대한 심사권자가 누구인지'라는 표현으로 질문되기도 한다.
- 조종사의 운항자격의 정기심사 및 수시심사에 관해 10번 출제되었다. 주로 2개 이상의 기종을 조종하려는 조종사의 정기심사기준(정답은 기종별 격년제)이 6번 출제되었고, 수시심사 대상에 관해 3번 출제되었다.
- 조종사의 경험요건에 관해서는 4번 출제되었다. 면제조건에 관해 4번 출제되었다.

문제 156 **항공운송사업에 사용되는 항공기의 기장은 (　　)에 관하여, 기장외의 조종사는 (　　)에 관하여 (　　)의 자격인정을 받아야 한다. 괄호 안에 알맞은 말은?**

㉮ 지식 및 기량, 기량, 국토교통부장관
㉯ 지식 및 기량, 지식 및 기량, 국토교통부장관
㉰ 지식, 지식 및 기량, 국토교통부장관
㉱ 지식 및 기량, 기량, 지방항공청장

해설 제63조 제1항 (항공운송사업에 사용되는) 항공기의 기장은 지식 및 기량에 관하여, 기장외의 조종사는 기량에 관하여 국토교통부장관의 자격인정을 받아야 한다.

문제 157 **항공기기장의 운항자격인정을 위한 심사항목은 무엇인가?**

㉮ 지식 및 경험　　㉯ 지식 및 기량
㉰ 경험 및 기량　　㉱ 기량

해설 제63조 제1항 (항공운송사업에 사용되는) 항공기의 기장은 지식 및 기량에 관하여, 기장외의 조종사는 기량에 관하여 국토교통부장관의 자격인정을 받아야 한다.

문제 158 **항공기의 기장 외 조종사의 운항자격인정을 위한 심사항목은 무엇인가?**

㉮ 지식 및 기량　　㉯ 지식 및 경험
㉰ 경험 및 기량　　㉱ 기량

해설 제63조 제1항 (항공운송사업에 사용되는) 항공기의 기장은 지식 및 기량에 관하여, 기장외의 조종사는 기량에 관하여 국토교통부장관의 자격인정을 받아야 한다.

문제 159 **항공기조종사의 운항자격에 관한 설명 중 틀린 것은?**

㉮ 모든 항공기의 조종사는 운항자격의 인정을 받아야 한다.
㉯ 기장의 운항자격은 지식 및 기량에 관한 것이고, 부기장의 운항자격은 기량에 관한 것이다.
㉰ 조종사의 운항자격은 국토교통부장관이 인정한다.
㉱ 국토교통부장관은 운항자격인정을 받은 사람에 대하여 정기적으로 심사하여야 한다.

해설 법 제63조 제1항. 항공운송사업에 사용되는 항공기, 항공기사용사업에 사용되는 항공기 중 국토교통부령으로 정하는 업무에 사용되는 항공기, 국외운항항공기

문제 160 **항공기조종사의 운항자격에 관한 설명 중 맞는 것은?**

㉮ 항공운송사업 및 항공기사용사업에 사용되지 않는 국내운항항공기의 조종사는 운항자격인정을 받을 필요가 없다.

㉯ 국토교통부장관은 운항자격인정을 받은 사람에 대하여 그 지식 또는 기량의 유무를 정기적으로 심사하여야 하지만, 수시로 지식 또는 기량의 유무를 심사할 수 없다.

㉰ 국토교통부장관은 운항자격인정을 받은 사람이 심사에 합격하지 못한 경우에는 그 자격인정을 취소할 수 있다.

㉱ 국토교통부장관은 항공운송사업자에게 소속 조종사에 대하여 운항자격을 위한 심사를 하게 할 수 있지만, 운항자격에 대해 인정하게 할 수는 없다.

해설 법 제62조 제1항. ㉯항 정기 및 수시심사를 할 수 있다. ㉰항 심사에 합격하지 못한 경우에는 자격인정을 취소할 수 있는 것이 아니라 취소하여야 한다. ㉱항 운항자격에 대해 심사뿐만 아니라 자격인정도 하게 할 수 있다.

문제 161 **기장은 새로운 지역에 대한 지식이 있어야 운항자격을 인정받을 수 있다. 이 때 지식의 내용에 포함되지 않는 것은?**

㉮ 지형 및 최저안전고도　　㉯ 계절별 기상 특성

㉰ 수색 및 구조절차　　㉱ 비행교범

해설 시행규칙 제138조 항공기의 기장은 다음 각 호의 구분에 따른 지식이 있어야 한다. 1. 법 제63조 제1항 제1호·제2호에 해당하는 항공기의 기장: 운항하려는 지역, 노선 및 공항에 대한 다음 각 목의 지식: 지형 및 최저안전고도, 계절별 기상 특성, 기상, 통신 및 항공교통시설 업무와 그 절차, 수색 및 구조절차, 운항하려는 지역 또는 노선과 관련된 장거리 항법절차가 포함된 항행안전시설 및 그 이용절차, 인구밀집지역 상공 및 항공교통량이 많은 지역상공은 비행경로에서 적용되는 비행절차, 장애물, 등화시설, 접근을 위한 항행안전시설, 목적지 공항혼잡지역 및 그 도면, 항공로절차, 목적지 상공 도착절차, 출발절차, 체공절차 및 공항이 포함된 인가된 계기접근절차, 공항운영 최저기상치(공항에서 항공기가 이·착륙할 수 있는 최저시정과 구름높이를 정한 값을 말한다), 항공고시보, 운항규정

문제 162 **항공운송사업에 사용되는 국내항공기의 기장이 새로운 노선을 운항하려면 운항자격을 인정받아야 하는데, 이 때 갖추어야 하는 지식에 해당하지 않는 것은?**

㉮ 항행안전시설 및 그 이용절차　　㉯ 공항운영 최저기상치

㉰ 항공고시보　　㉱ 해당 형식의 항공기에 대한 비상절차

해설 ㉱항 시행규칙 제132조 제2호 국외운항공기에 사용되는 항공기의 기장이 운항증명을 받을 경우 갖추어야 하는 지식요건에 관한 내용이다.

문제 163 항공기의 기장이 운항자격을 인정받기 위해서 갖추어야 하는 기량의 요건은 무엇인가?

㉮ 정상상태에서의 조종기술과 비정상상태에서의 조종기술 및 비상절차수행능력
㉯ 정상상태에서의 조종기술과 비정상상태에서의 조종기술
㉯ 비정상상태에서의 조종기술 및 비상절차수행능력
㉱ 정상상태에서의 조종기술과 비상절차수행능력

해설 시행규칙 제139조

문제 164 조종사의 운항자격을 인정하는 자는 누구인가?

㉮ 항공교통본부장
㉯ 지방항공청장
㉰ 국토교통부장관
㉱ 항공안전본부장

해설 법 제63조(기장 등의 운항자격) ① 다음 각 호의 어느 하나에 해당하는 항공기의 기장은 지식 및 기량에 관하여, 기장 외의 조종사는 기량에 관하여 국토교통부장관의 자격인정을 받아야 한다.

문제 165 새롭게 운항하려는 지역, 노선 및 공항에 대한 운항자격을 얻으려는 조종사는 누구에게 신청하여야 하는가?

㉮ 국토교통부장관
㉯ 지방항공청장
㉰ 항공교통본부장
㉱ 항공교통안전공단 이사장

해설 법 제63조(기장 등의 운항자격) ① 다음 각 호의 어느 하나에 해당하는 항공기의 기장은 지식 및 기량에 관하여, 기장 외의 조종사는 기량에 관하여 국토교통부장관의 자격인정을 받아야 한다.

문제 166 (항공기사용사업에 사용되는 항공기) 2개 이상의 기종을 조종하는 조종사의 운항자격에 대한 정기심사의 기준은?

㉮ 기종별 매년 1회 이상
㉯ 기종별 매년 2회 이상
㉰ 기종별 격년
㉱ 정상상태에서의 조종기술은 매년 1회 이상, 비정상상태에서의 조종기술 및 비상절차수행능력은 매년 2회 이상

해설 시행규칙 제143조 제4항 다만, 2개 이상의 기종을 조종하는 조종사인 경우에는 기종별 격년으로 심사한다.

※ 법률을 엄격히 해석하면 위 질문은 '항공기사용사업에 사용되는 항공기'로 한정해야 하지만 기출문제는 위 내용으로 제한되지 않더라도 이를 전제하여 문제를 풀어야 한다.

문제 167 **소형항공운송사업에 사용되는 항공기를 조종하는 조종사가 2개 이상의 기종을 조종하려는 경우 정기심사의 기준은?**

㉮ 기종별 매년 1회 이상

㉯ 기종별 매년 2회 이상

㉰ 기종별 격년

㉱ 정상상태에서의 조종기술은 매년 1회 이상, 비정상상태에서의 조종기술 및 비상절차수행능력은 매년 2회 이상

해설 시행규칙 제143조 제4항 다만, 2개 이상의 기종을 조종하는 조종사인 경우에는 기종별 격년으로 심사한다.

문제 168 **조종사의 운항자격에 대한 수시심사의 대상이 아닌 것은?**

㉮ 항공기사고 또는 비정상운항을 발생시킨 조종사

㉯ 중요한 변경이 있는 지역, 노선 및 공항을 운항하는 조종사

㉰ 성능・장비 또는 항법에 중요한 변경이 있는 항공기를 운항하는 조종사

㉱ 5개월 이상 운항업무에 종사하지 아니한 조종사

해설 시행규칙 제144조 국토교통부장관은 다음 각 호의 어느 하나에 해당하는 기장 또는 기장 외의 조종사에 대해서는 수시로 지식 또는 기량의 유무를 심사할 수 있다. 1. 항공기사고 또는 비정상운항을 발생시킨 기장 또는 기장 외의 조종사, 2. 제138조 각 호의 사항에 중요한 변경이 있는 지역, 노선 및 공항을 운항하는 기장 또는 기장 외의 조종사, 3. 항공기의 성능・장비 또는 항법에 중요한 변경이 있는 경우 해당 항공기를 운항하는 기장 또는 기장 외의 조종사, 4. 6개월 이상 운항업무에 종사하지 아니한 기장 또는 기장 외의 조종사, 5. 항공관련 법규위반으로 처분을 받은 기장 또는 기장 외의 조종사, 6. 항공기의 이륙・착륙에 특별한 주의가 필요한 공항으로서 국토교통부장관이 지정한 공항에 운항하는 기장 또는 기장 외의 조종사, 7. 해당 운항자격 경력이 1년 미만인 기장 또는 기장 외의 조종사, 8. 새로운 공항을 운항한지 6개월이 지나지 아니한 기장 또는 기장 외의 조종사, 9. 취항중인 공항에 항공기형식을 변경하여 운항한 지 6개월이 지나지 아니한 기장 또는 기장 외의 조종사

문제 169 **조종사의 운항자격에 대한 수시심사의 대상이 아닌 것은?**

㉮ 항공관련 법규위반으로 처분을 받은 조종사

㉯ 항공기의 이착륙에 특별한 주의가 필요한 공항에 운항하는 조종사

㉰ 새로운 공항을 운항한지 6개월이 지나지 아니한 조종사

㉱ 해당 운항자격경력이 6개월 미만인 조종사

해설 시행규칙 제144조. ㉱항은 6개월이 아니라 1년이다.

문제 170 **조종사의 운항자격에 대한 수시심사의 대상이 아닌 것은?**

㉮ 6개월 이상 운항업무에 종사하지 아니한 조종사

㉯ 해당 운항자격경력이 6월 미만인 조종사

㉰ 새로운 공항을 운항한지 6개월이 지나지 아니한 조종사

㉱ 취항중인 공항에 항공기형식을 변경하여 운항한지 6개월이 지나지 아니한 조종사

해설 시행규칙 제144조. ㉮항은 6개월이 아니라 1년이다.

문제 171 **(　　)는/은 운항자격인정을 받은 조종사에 대하여 그 지식 또는 기량의 유무를 정기적으로 심사하여야 하고, (　　)가/이 특별히 필요하다고 인정하는 경우에는 수시로 지식 또는 기량의 유무를 심사할 수 있다. 괄호 안에 알맞은 말은?**

㉮ 국토교통부장관, 국토교통부장관

㉯ 국토교통부장관. 지방항공청장

㉰ 지방항공청장, 국토교통부장관

㉱ 지방항공청장, 지방항공청장

해설 시행규칙 제63조 제2항 국토교통부장관은 제1항에 따른 자격인정을 받은 사람에 대하여 그 지식 또는 기량의 유무를 정기적으로 심사하여야 하며, 특히 필요하다고 인정하는 경우에는 수시로 지식 또는 기량의 유무를 심사할 수 있다.

문제 172 **다음 중 조종사의 경험요건에 관한 설명 중 틀린 것은?**

㉮ 항공운송사업에 종사하는 항공기의 기장은 운항하려는 모든 지역, 노선 및 공항에 대한 경험요건을 갖추어야 한다.

㉯ 조종사는 국토교통부장관이 고시하는 운항기술기준에서 정한 경험이 있어야 한다.

㉰ 운항하려는 지역, 노선 및 공항에 대한 시각장비 또는 비행장도면이 포함된 운항절차에 대한 교육을 받고 확인을 받은 경우 경험요건을 면제할 수 있다.

㉱ 운항하려는 해당 형식항공기의 기장으로서 비행한 시간이 1,000시간 이상인 경우 경험요건을 면제할 수 있다.

해설 법 제63조 제7항 항공운송사업에 종사하는 항공기의 기장은 운항하려는 지역, 노선 및 공항(국토교통부령으로 정하는 지역, 노선 및 공항에 관한 것만 해당 한다)에 대한 경험요건을 갖추어야 한다.

문제 173 **다음 중 조종사의 경험요건을 면제받을 수 있는 경우가 아닌 것은?**

㉮ 운항하려는 지역, 노선 및 공항에 대한 시각장비에 대한 교육을 받고 위촉심사관 등으로부터 확인을 받은 경우

㉯ 운항하려는 비행장도면이 포함된 운항절차에 대한 교육을 받고 위촉심사관 등으로부터 확인을 받은 경우

㉰ 위촉심사관으로서 비행한 시간이 1,000시간 이상인 경우

㉱ 운항하려는 해당 형식항공기를 비행한 시간이 1,000시간 이상인 경우

해설 시행규칙 제156조 국토교통부장관은 신규로 개설되는 노선을 운항하려는 기장이 다음 각 호의 어느 하나에 해당하는 경우에는 제155조 제2항에 따른 경험요건을 면제할 수 있다. 1. 운항하려는 지역, 노선 및 공항에 대한 시각장비 또는 비행장도면이 포함된 운항절차에 대한 교육을 받고 위촉심사관 등으로부터 확인을 받은 경우, 2. 위촉심사관 또는 운항하려는 허당 형식항공기의 기장으로서 비행한 시간이 1천시간 이상인 경우

문제 174 **다음 중 조종사의 경험요건에 관한 설명 중 맞는 것은?**

㉮ 모든 항공기의 기장은 운항하려는 지역, 노선 및 공항(국토교통부령으로 정하는 지역, 노선, 공항에 관한 것만 해당)에 대한 경험요건을 갖추어야 한다.

㉯ 운항하려는 해당 형식 및 등급의 항공기를 1,000시간 이상 비행한 경력이 있는 조종사는 경험요건을 면제받을 수 있다.

㉰ 위촉심사관으로서 비행한 시간이 1,200시간 이상인 조종사는 경험요건을 면제받을 수 있다.

㉱ 조종사의 경험요건이란 운항기술기준에서 정한 경험을 의미한다.

해설 시행규칙 제156조. ㉮항 '모든 항공기'가 아니라 '항공운송사업에 사용되는 항공기'이다. ㉯항 기장으로서 1,000시간 비행경력이 있어야 경험요건을 면제받을 수 있다. ㉰항 1,200시간이 아니라 1,000시간이다.

법 제65조(운항관리사) ① 항공운송사업자와 국외운항항공기 소유자 등은 국토교통부령으로 정하는 바에 따라 운항관리사를 두어야 한다.
② 제1항에 따라 운항관리사를 두어야 하는 자가 운항하는 항공기의 기장은 그 항공기를 출발시키거나 비행계획을 변경하려는 경우에는 운항관리사의 승인을 받아야 한다.
③ 제1항에 따라 운항관리사를 두어야 하는 자는 국토교통부령으로 정하는 바에 따라 운항관리사가 해당 업무를 원활하게 수행하는 데 필요한 지식 및 경험을 갖출 수 있도록 필요한 교육훈련을 하여야 한다.

운항관리사를 두어야 하는 의무가 있는 자는 항공운송사업자와 국외운항항공기 소유자 등이다. 이 경우 운항하는 항공기의 기장은 그 항공기를 출발시키거나 비행계획을 변경하려는 경우에는 운항관리사의 승인을 받아야 한다.

★ 운항관리사에 대하여 10회 출제되었다. 운항관리사를 둬야하는 경우에 관해 8번 출제되었고, 비행계획의 변경의 승인권자가 운항관리사라는 문제가 2번 출제되었다.

문제 175 **운항관리사를 두어야 하는 의무가 있는 자는 누구인가?**

㉮ 항공운송사업자와 국외운항항공기 소유자등
㉯ 2개의 발동기를 가진 항공기를 소유한 항공운송사업자
㉰ 최대이륙중량이 5,700k을 초과하는 항공기를 소유한 항공운송사업자
㉱ 승객 좌석 수가 9석을 초과하는 항공기를 소유한 국외운항항공기의 소유자등

해설 법 제65조(운항관리사) ① 항공운송사업자와 국외운항항공기 소유자 등은 국토교통부령으로 정하는 바에 따라 운항관리사를 두어야 한다.

문제 176 **다음 중 운항관리사가 반드시 필요한 경우가 아닌 것은?**

㉮ 항공운송사업의 면허를 받은 자
㉯ 국외운항에 사용되는 항공기의 소유자
㉰ 국외운항에 사용되는 항공기의 임차인
㉱ 항공기사용사업을 등록한 자

해설 법 제65조(운항관리사) ① 항공운송사업자와 국외운항항공기 소유자 등은 국토교통부령으로 정하는 바에 따라 운항관리사를 두어야 한다. ㉮항 항공사업 제2조 제10호, 12호 항공운송사업자의 정의. ㉯항, ㉰항 법 제55조 국외운항항공기의 정의

문제 177 **항공운송사업에 사용되는 항공기의 기장이 비행계획을 변경하려는 경우에 누구의 승인을 받아야 하는가?**

㉮ 운항관리사 ㉯ 국토교통부장관
㉰ 지방항공청장 ㉱ 항공교통관제사

해설 법 제65조 제2항 운항관리사를 두어야 하는 자가 운항하는 항공기의 기장은 그 항공기를 출발시키거나 비행계획을 변경하려는 경우에는 운항관리사의 승인을 받아야 한다.

문제 178 **항공운송사업에 사용되는 항공기의 기장이 항공기를 출발시킬 경우 누구의 승인을 받아야 하는가?**

㉮ 국토교통부장관 ㉯ 운항관리사
㉰ 지방항공청장 ㉱ 항공교통관제사

해설 법 제65조 제2항 운항관리사를 두어야 하는 자가 운항하는 항공기의 기장은 그 항공기를 출발시키거나 비행계획을 변경하려는 경우에는 운항관리사의 승인을 받아야 한다.

법 제66조(항공기 이륙 · 착륙의 장소) ① 누구든지 항공기(활공기와 비행선은 제외한다)를 비행장이 아닌 곳(해당 항공기에 요구되는 비행장기준에 맞지 아니하는 비행장을 포함한다)에서 이륙하거나 착륙하여서는 아니 된다. 다만, 각 호의 경우에는 그러하지 아니하다.

1. 안전과 관련한 비상상황 등 불가피한 사유가 있는 경우로서 국토교통부장관의 허가를 받은 경우
2. 제90조 제2항에 따라 국토교통부장관이 발급한 운영기준에 따르는 경우

② 제1항 제1호에 따른 허가에 필요한 세부기준 및 절차와 그 밖에 필요한 사항은 대통령령으로 정한다.

영 제9조(항공기 이륙 · 착륙장소 외에서의 이륙 · 착륙허가 등) ① 법 제66조 제1항 제1호에 따른 안전과 관련한 비상상황 등 불가피한 사유가 있는 경우는 다음 각 호의 어느 하나에 해당하는 경우로 한다.

1. 항공기의 비행 중 계기고장, 연료부족 등의 비상상황이 발생하여 신속하게 착륙하여야 하는 경우
2. 응급환자 또는 수색인력 · 구조인력 등의 수송, 비행훈련, 화재의 진화, 화재예방을 위한 감시, 항공촬영, 항공방제, 연료보급, 건설자재운반 또는 헬리콥터를 이용한 사람의 수송 등의 목적으로 항공기를 비행장이 아닌 장소에서 이륙 또는 착륙하여야 하는 경우

② 제1항 제1호에 해당하여 법 제66조 제1항 제1호에 따라 착륙의 허가를 받으려는 자는 무선통신 등을 사용하여 국토교통부장관에게 착륙허가를 신청하여야 한다. 이 경우 국토교통부장관은 특별한 사유가 없으면 허가하여야 한다.

③ 제1항 제2호에 해당하여 법 제66조 제1항 제1호에 따라 이륙 또는 착륙의 허가를 받으려는 자는 국토교통부령으로 정하는 허가신청서를 국토교통부장관에게 제출하여야 한다. 이 경우 국토교통부장관은 그 내용을 검토하여 안전에 지장이 없다고 인정되는 경우에는 6개월 이내의 기간을 정하여 허가하여야 한다.

누구든지 항공기를 비행장이 아닌 곳에서 이륙 · 착륙하여서는 아니된다. 예외적으로 활공기와 비행선은 적용되지 아니하므로 비행장이 아닌 곳에서 이륙 · 착륙이 허용된다. '비행장 아닌 곳'에는 해당 항공기에 요구되는 비행장기준에 맞지 아니하는 비행장을 포함한다.

예외적으로 안전과 관련한 비상상황 등 불가피한 사유가 있는 경우로서 국토교통부장관의 허가를 받은 경우, 국토교통부장관이 발급한 운영기준을 따른 경우에는 비행장이 아닌 곳에서 이륙 · 착륙을 할 수 있다. 불가피한 사유 및 예외적으로 이륙 · 착륙의 허가를 받는 절차에 대해서는 시행령 제9조에서 구체적으로 규정하고 있다.

★ 이착륙장소에 대해서는 5차례 출제되었다. 예외적으로 비행장이 아닌 곳에서 이착륙을 할 것을 허가하는 자는 국토교통부장관이고, 허가신청서를 제출하는 곳은 국토교통부장관이다(3번 출제). 위 규정을 적용하지 않는 항공기는 활공기와 비행선이다(2번 출제).

※ 2014. 1. 14. 이전 구 항공법에는 활공기만 제외한다고 규정하고 있었다. 따라서 비행장이 아닌 곳에 국토교통부장관의 허가가 없어도 이착륙할 수 항공기는 과거 기출문제는 활공기만 정답이었지만 현재는 활공기와 비행선도 정답이다.

문제 179 응급환자 또는 화재의 진화를 목적으로 항공기를 비행장이 아닌 장소에서 이륙 또는 착륙하여야 하는 경우 누구로부터 허가를 받아야 하는가?

㉮ 국토교통부장관　㉯ 지방항공청장
㉰ 항공교통본부장　㉱ 항공안전본부장

해설 법 제66조(항공기 이륙 · 착륙의 장소) ① 누구든지 항공기(활공기와 비행선은 제외한다)를 비행장이 아닌 곳(해당 항공기에 요구되는 비행장 기준에 맞지 아니하는 비행장을 포함한다)에서 이륙하거나 착륙하여서는 아니 된다. 다만, 각 호의 경우에는 그러하지 아니하다. 1. 안전과 관련한 비상상황 등 불가피한 사유가 있는 경우로서 국토교통부장관의 허가를 받은 경우

문제 180 항공기의 비행 중 계기고장, 연료부족 등 비상상황에 발생하여 신속하게 비행장이 아닌 곳에 착륙하여야 하는 경우 누구에게 착륙허가를 신청하여야 하는가?

㉮ 항공교통본부장　㉯ 지방항공청장
㉰ 국토교통부장관　㉱ 항공안전본부장

해설 시행령 제9조(항공기 이륙 · 착륙장소 외에서의 이륙 · 착륙허가 등) ① 법 제66조 제1항 제1호에 따른 안전과 관련한 비상상황 등 불가피한 사유가 있는 경우는 다음 각 호의 어느 하나에 해당하는 경우로 한다. 1. 항공기의 비행 중 계기고장, 연료부족 등의 비상상황이 발생하여 신속하게 착륙하여야 하는 경우
② 제1항 제1호에 해당하여 법 제66조 제1항 제1호에 따라 착륙의 허가를 받으려는 자는 무선통신 등을 사용하여 국토교통부장관에게 착륙허가를 신청하여야 한다. 이 경우 국토교통부장관은 특별한 사유가 없으면 허가하여야 한다.

문제 181 수색인력 · 구조인력 등의 수송 또는 비행훈련 등의 목적으로 항공기를 비행장이 아닌 장소에서 이륙 또는 착륙하여야 하는 경우 허가신청서를 누구에게 제출하여야 하는가?

㉮ 국토교통부장관　㉯ 지방항공청장
㉰ 항공교통본부장　㉱ 항공안전본부장

해설 시행령 제9조(항공기 이륙 · 착륙장소 외에서의 이륙 · 착륙허가 등) ① 법 제66조 제1항 제1호에 따른 안전과 관련한 비상상황 등 불가피한 사유가 있는 경우는 다음 각 호의 어느 하나에 해당하는 경우로 한다. 2. 응급환자 또는 수색인력 · 구조인력 등의 수송, 비행훈련, 화재의 진화, 화재예방을

위한 감시, 항공촬영, 항공방제, 연료보급, 건설자재 운반 또는 헬리콥터를 이용한 사람의 수송 등의 목적으로 항공기를 비행장이 아닌 장소에서 이륙 또는 착륙하여야 하는 경우

③ 제1항 제2호에 해당하여 법 제66조 제1항 제1호에 따라 이륙 또는 착륙의 허가를 받으려는 자는 국토교통부령으로 정하는 허가신청서를 국토교통부장관에게 제출하여야 한다. 이 경우 국토교통부장관은 그 내용을 검토하여 안전에 지장이 없다고 인정되는 경우에는 6개월 이내의 기간을 정하여 허가하여야 한다.

문제 182 다음 중 국토교통부장관의 허가가 없더라도 비행장이 아닌 곳에서 이륙 또는 착륙할 수 있는 항공기는?

㉮ 헬리콥터　　㉯ 활공기
㉰ 항공우주선　　㉱ 150kg 초과 무인비행기

해설 법 제66조(항공기 이륙・착륙의 장소) ① 누구든지 항공기(활공기와 비행선은 제외한다)를 비행장이 아닌 곳(해당 항공기에 요구되는 비행

문제 183 다음 중 국토교통부장관의 허가가 없더라도 비행장이 아닌 곳에서 이륙 또는 착륙할 수 있는 항공기는?

㉮ 헬리콥터　　㉯ 비행선
㉰ 항공우주선　　㉱ 150kg 초과 무인비행기

해설 법 제66조(항공기 이륙・착륙의 장소) ① 누구든지 항공기(활공기와 비행선은 제외한다)를 비행장이 아닌 곳(해당 항공기에 요구되는 비행

문제 184 다음 중 항공기의 이륙 및 착륙장소에 대한 설명 중 틀린 것은?

㉮ 누구든지 항공기를 해당 항공기에 요구되는 비행장기준에 맞지 아니하는 비행장에서 이륙하거나 착륙하여서는 아니 된다.
㉯ 활공기와 비행선은 비행장이 아닌 곳에서 이륙하거나 착륙할 수 있다.
㉰ 안전과 관련한 비상상황 등 불가피한 사유가 있는 경우로서 국토교통부장관의 허가를 받은 경우에는 비행장이 아닌 곳에서 이륙 또는 착륙을 할 수 있다.
㉱ 항공촬영, 연료보급, 건설자재운반의 목적으로 항공기를 비행장이 아닌 장소에서 이륙 또는 착륙은 국토교통부장관의 허가대상이 아니다.

해설 시행령 제9조(항공기 이륙・착륙장소 외에서의 이륙・착륙허가 등) ① 법 제66조 제1항 제1호에 따른 안전과 관련한 비상상황 등 불가피한 사유가 있는 경우는 다음 각 호의 어느 하나에 해당하는 경우로 한다. 2. 응급환자 또는 수색인력・구조인력 등의 수송, 비행훈련, 화재의 진화, 화재예방을 위한 감시, 항공촬영, 항공방제, 연료보급, 건설자재운반 또는 헬리콥터를 이용한 사람의 수송 등의 목적으로 항공기를 비행장이 아닌 장소에서 이륙 또는 착륙하여야 하는 경우

문제 185 다음 중 항공기의 이륙 및 착륙장소에 대한 설명 중 맞는 것은?

㉮ 항공기의 비행 중 비상상황이 발생하여 신속하게 착륙하여야 하는 경우 착륙의 허가를 받으려는 자는 허가신청서를 국토교통부장관에게 제출하여야 한다.

㉯ 헬리콥터를 이용한 사람의 수송의 목적으로 헬리콥터를 비행장이 아닌 곳에서 이륙 또는 착륙하여야 하는 경우 허가신청서를 지방항공청장에게 제출하여야 한다.

㉰ 응급환자의 수송을 목적으로 항공기를 비행장이 아닌 곳에 이착륙하여야 하는 경우 허가신청서를 국토교통부장관에게 제출하여야 하고, 이 경우 국토교통부장관은 6개월 이내의 기간을 정하여 허가하여야 한다.

㉱ 활공기를 비행장이 아닌 곳에서 이착륙을 하려는 경우에는 무선통신을 사용하여 국토교통부장관에게 허가신청을 하여야 한다.

해설 시행령 제9조. ㉮항 허가신청서가 아니라 무선통신 등을 사용하여 착륙허가를 신청하여야 한다. ㉯항 지방항공청장이 아니라 국토교통부장관이다. ㉱항 활공기는 국토교통부장관의 허가를 받지 않더라도 비행장이 아닌 곳에서 이착륙이 가능하다.

법 제67조(항공기의 비행규칙) ① 항공기를 운항하려는 사람은 「국제민간항공협약」 및 같은 협약 부속서에 따라 국토교통부령으로 정하는 비행에 관한 기준・절차・방식 등(이하 "비행규칙"이라 한다)에 따라 비행하여야 한다.
② 비행규칙은 다음 각 호와 같이 구분한다.
1. 재산 및 인명을 보호하기 위한 비행절차 등 일반적인 사항에 관한 규칙
2. 시계비행에 관한 규칙
3. 계기비행에 관한 규칙
4. 비행계획의 작성・제출・접수 및 통보 등에 관한 규칙
5. 그 밖에 비행안전을 위하여 필요한 사항에 관한 규칙

규칙 제161조(비행규칙의 준수 등) ① 기장은 법 제67조에 따른 비행규칙에 따라 비행하여야 한다. 다만, 안전을 위하여 불가피한 경우에는 그러하지 아니하다.
② 기장은 비행을 하기 전에 현재의 기상관측보고, 기상예보, 소요연료량, 대체비행경로 및 그 밖에 비행에 필요한 정보를 숙지하여야 한다.
③ 기장은 인명이나 재산에 피해가 발생하지 아니하도록 주의하여 비행하여야 한다.
④ 기장은 다른 항공기 또는 그 밖의 물체와 충돌하지 아니하도록 비행하여야 하며, 공중충돌경고장치의 회피지시가 발생한 경우에는 그 지시에 따라 회피기동을 하는 등 충돌을 예방하기 위한 조치를 하여야 한다.

비행규칙이란 국제민간항공협약 및 그 부속서에 따라 국토교통부령으로 정하는 비행에 관한 기준・절차・방식 등을 의미한다. 항공기를 운항하는 사람은 비행규칙에 따라 비행하여야 한다. 비행규칙은 재산 및 인명을 보호하기 위한 비행절차 등 일반적인 사항, 시계비행, 계기비행, 비행계획의 작성・제출・접수 및 통보 등 그 밖에 비행안전을 위하여 필요한 사항에 관한 규칙으로 구분된다. 시행규칙은 비행규칙을 구체적으로 규정하고 있다.

시행규칙 제161조는 항공기를 운항하는 사람 중 특히 기장의 비행규칙 준수 의무를 규정하고 있다.

★ 기장의 비행규칙 준수에 관해 2번 출제되었다. 주요 오답은 공중충돌경고장치의 회피지시가 발생한 경우 그 지시에 따라 조치를 취하여야 하는 것이지, 기장의 판단에 따라 조치를 취하는 것이 아니라는 문제, 기장은 인명이나 재산에 피해가 발생하지 않도록 비행하여야 하는 것이며, 이 때 승객의 인명이나 재산만을 의미하는 것이 아니라는 문제가 출제되었다.

문제 186 다음 중 기장의 비행규칙준수에 관한 설명 중 틀린 것은?

㉮ 기장은 비행규칙에 따라 비행하여야 한다. 다만 안전을 위하여 불가피한 경우에는 그러하지 아니 하다.

㉯ 기장은 비행을 하기전에 현재의 기상관측보고, 기상예보, 소요연료량, 대체비행경로 및 그 밖에 비행에 필요한 정보를 숙지하여야 한다.

㉰ 기장은 인명이나 재산에 피해가 발생하지 아니하도록 주의하여 비행하여야 한다.

㉱ 기장은 다른 항공기 또는 그 밖의 물체와 충돌하지 아니하도록 비행하여야 하며, 공중충돌경고장치의 회피지시가 발생한 경우에는 기장의 지식과 경험에 따라 충돌을 예방하기 위한 적절한 조치를 하여야 한다.

해설 ㉮항 시행규칙 제161조 제1항. ㉯항 제2항. ㉰항 제3항. ㉱항 제4항 '기장의 판단'이 아니라 공중충돌경고장치의 회피지시이다.

문제 187 다음 중 기장이 지켜야 하는 비행규칙준수의무에 관한 설명 중 옳은 것은?

㉮ 기장은 어떠한 경우에도 비행규칙을 준수하여야 한다.

㉯ 기장은 비행을 하기전에 비행에 필요한 정보를 숙지하여야 한다.

㉰ 기장은 승객의 인명이나 재산에 피해가 발생하지 아니하도록 주의하여 비행하여야 한다.

㉱ 기장은 공중충돌경고장치의 회피지시가 발생한 경우에 기장의 판단에 따라 충돌을 예방하기 위한 조치를 하여야 한다.

해설 ㉮항 안전을 위하여 불가피한 경우에는 비행규칙을 지키지 않을 수 있다. ㉯항 시행규칙 제161조 제2항. ㉰항 제3항 틀린 예제는 아니지만 규정은 명확하게 '승객'으로 한정하지 않았으므로 ㉯항이 더 정확한 정답이다. ㉱항 제4항 '기장의 판단'이 아니라 공중충돌경고장치의 '회피지시'이다.

규칙 제162조(항공기의 지상이동) 법 제67조에 따라 비행장 안의 이동지역에서 이동하는 항공기는 충돌예방을 위하여 다음 각 호의 기준에 따라야 한다.

1. 정면 또는 이와 유사하게 접근하는 항공기 상호간에는 모두 정지하거나 가능한 경우에는 충분한 간격이 유지되도록 각각 오른쪽으로 진로를 바꿀 것
2. 교차하거나 이와 유사하게 접근하는 항공기 상호간에는 다른 항공기를 우측으로 보는 항공기가 진로를 양보할 것
3. 추월하는 항공기는 다른 항공기의 통행에 지장을 주지 아니하도록 충분한 분리간격을 유지할 것
4. 기동지역에서 지상이동하는 항공기는 관제탑의 지시가 없는 경우에는 활주로진입전대기지점(Runway Holding Position)에서 정지·대기할 것
5. 기동지역에서 지상이동하는 항공기는 정지선등(Stop Bar Lights)이 켜져있는 경우에는 정지·대기하고, 정지선 등이 꺼질 때에 이동할 것

시행규칙 제162조는 항공기의 지상이동에 관한 규칙이다.

★ **총 6번 출제되었다. 주된 오답은 기동지역에서 정지선 등이 켜져 있으면 정지대기이고 꺼질 때에 이동, 운항관리사의 지시와 관계없다. 항공기의 규모와 관계없다. 정면으로 접근하는 항공기 상호간 가능한 경우 각각 오른쪽으로 진로를 바꾼다. '기수'가 아니라 '진로'이다.**

문제 188 **항공기가 비행장 안의 이동지역에서 이동하는 경우 지켜야 하는 비행규칙으로 틀린 것은?**

㉮ 정면 또는 유사하게 접근하는 항공기 상호간에는 모두 정지하거나 가능한 경우에는 충분한 간격이 유지되도록 각각 오른쪽으로 진로를 바꿔야 한다.

㉯ 교차하거나 이와 유사하게 접근하는 항공기 상호간에는 다른 항공기를 좌측으로 보는 항공기가 진로를 양보하여야 한다.

㉰ 추월하는 항공기는 다른 항공기의 통행에 지장을 주지 아니하도록 충분한 분리간격을 유지하여야 한다.

㉱ 기동지역에서 지상이동하는 항공기는 관제탑의 지시가 없는 경우에는 활주로진입전대기지점에서 정지·대기하여야 한다.

해설 시행규칙 제162조 ㉯항 '좌측'이 아니라 '우측'이 정답이다.

문제 189 **항공기의 지상이동에 관한 규칙으로 틀린 것은?**

㉮ 기동지역에서 지상이동하는 항공기는 관제탑의 지시가 없는 경우에는 활주로진입전 대기지점에서 정지 및 대기하여야 한다.

㉯ 기동지역에서 지상이동하는 항공기는 정지선 등이 켜져있는 경우에는 정지・대기하고 항공기유도원의 지시가 있을 때 이동하여야 한다.

㉰ 교차하여 접근하는 항공기 상호간에는 다른 항공기를 우측으로 보는 항공기가 진로를 양보하여야 한다.

㉱ 정면으로 접근하는 항공기 상호간에는 진로를 바꾸더라도 충분한 간격을 유지할 수 없다면 모두 정지하는 것이 원칙이다.

해설 시행규칙 제162조 5. 기동지역에서 지상이동하는 항공기는 정지선등(Stop Bar Lights)이 켜져있는 경우에는 정지・대기하고, 정지선등이 꺼질 때에 이동할 것

문제 190 **항공기의 지상이동에 관한 비행규칙으로 옳은 것은?**

㉮ 정면으로 접근하는 항공기 상호간에는 규모가 작은 항공기가 진로를 양보하여야 한다.

㉯ 기동지역에서 지상이동하는 항공기는 관제탑의 지시가 없는 경우에는 활주로진입전 대기지점에서 정지・대기하여야 한다.

㉰ 교차하는 항공기 상호간에는 다른 항공기를 좌측으로 보는 항공기가 진로를 양보하여야 한다.

㉱ 기동지역에서 지상이동하는 항공기는 정지선 등이 꺼져있는 경우에는 정지・대기하고, 정지선 등이 켜질 때 이동하여야 한다.

해설 ㉮항 제162조 항공기의 지상이동에 관한 규칙에는 항공기의 규모는 무관하다. ㉰항 '좌측'이 아니라 '우측'이다. ㉱항 정지선 등은 정지하라는 의미이므로 켜져있는 경우 정지・대기하고 꺼질 때 이동하여야 한다.

규칙 제163조(비행장 또는 그 주변에서의 비행) ① 법 제67조에 따라 비행장 또는 그 주변을 비행하는 항공기의 조종사는 다음 각 호의 기준에 따라야 한다.

1. 이륙하려는 항공기는 안전고도미만의 고도 또는 안전속도미만의 속도에서 선회하지 말 것
2. 해당 비행장의 이륙기상최저치미만의 기상상태에서는 이륙하지 말 것
3. 해당 비행장의 시계비행착륙기상최저치 미만의 기상상태에서는 시계비행방식으로 착륙을 시도하지 말 것
4. 터빈발동기를 장착한 이륙항공기는 지표 또는 수면으로부터 450미터(1,500피트)의 고도까지 가능한 한 신속히 상승할 것. 다만, 소음감소를 위하여 국토교통부장관이 달리 비행방법

을 정한 경우에는 그러하지 아니 하다.

5. 해당 비행장을 관할하는 항공교통관제기관과 무선통신을 유지할 것
6. 비행로, 교통장주(交通長周), 그 밖에 해당 비행장에 대하여 정하여진 비행방식 및 절차에 따를 것
7. 다른 항공기 다음에 이륙하려는 항공기는 그 다른 항공기가 이륙하여 활주로의 종단을 통과하기 전에는 이륙을 위한 활주를 시작하지 말 것
8. 다른 항공기 다음에 착륙하려는 항공기는 그 다른 항공기가 착륙하여 활주로 밖으로 나가기 전에는 착륙하기 위하여 그 활주로 시단을 통과하지 말 것
9. 이륙하는 다른 항공기 다음에 착륙하려는 항공기는 그 다른 항공기가 이륙하여 활주로의 종단을 통과하기 전에는 착륙하기 위하여 해당 활주로의 시단을 통과하지 말 것
10. 착륙하는 다른 항공기 다음에 이륙하려는 항공기는 그 다른 항공기가 착륙하여 활주로 밖으로 나가기 전에 이륙하기 위한 활주를 시작하지 말 것
11. 기동지역 및 비행장주변에서 비행하는 항공기를 관찰할 것
12. 다른 항공기가 사용하고 있는 교통장주를 회피하거나 지시에 따라 비행할 것
13. 비행장에 착륙하기 위하여 접근하거나 이륙 중 선회가 필요할 경우에는 달리 지시를 받은 경우를 제외하고는 좌선회할 것
14. 비행안전, 활주로의 배치 및 항공교통상황 등을 고려하여 필요한 경우를 제외하고는 바람이 불어오는 방향으로 이륙 및 착륙할 것

② 제1항 제6호부터 제14호까지의 규정에도 불구하고 항공교통관제기관으로부터 다른 지시를 받은 경우에는 그 지시에 따라야 한다.

비행장 또는 그 주변을 비행하는 항공기의 조종사가 따라야 하는 비행규칙에 관한 규정이다.

★ 총 14번 출제되었다. 주로 터빈발동기를 장착한 이륙항공기는 지표 또는 수면으로부터 450미터(1,500피트)의 고도까지 가능한 한 신속히 상승하여야 한다. 구체적인 수치 450미터 또는 1,500피트에 관해 출제되었다(9회 출제). 착륙하는 다른 항공기 다음에 이륙하려는 항공기는 그 다른 항공기가 착륙하여 활주로 밖으로 나가기 전에 이륙하기 위한 활주를 시작하지 말아야 한다. 비행장에 착륙하기 위하여 접근하거나 이륙 중 선회가 필요할 경우에는 달리 지시를 받은 경우를 제외하고는 좌선회하여야 한다. '좌선회'에 대해 2회 출제되었다. 그리고 다른 항공기 다음에 이륙하는 항공기의 경우, 다른 항공기 다음에 착륙하는 항공기의 경우, 이륙하는 다른 항공기 다음에 착륙하는 항공기의 경우, 착륙하는 다른 항공기 다음에 이륙하려는 항공기의 경우는 구분하여 암기할 필요가 있다(3회 출제)

※ 선행 항공기가 이륙하여 활주로의 종단을 통과하기 전에는 이륙을 위한 활주시작금지
선행 항공기가 착륙하여 활주로 밖으로 나가기 전에는 착륙을 위한 활주로 시단통과금지
선행 항공기가 이륙하여 활주로의 종단을 통과하기 전에는 착륙위한 활주로 시단통과금지
선행 항공기가 착륙하여 활주로 밖으로 나가기 전에는 이륙하기 위한 활주시작금지

문제 191 비행장주변을 비행하는 항공기의 조종사가 따라야 하는 비행규칙으로 틀린 것은?

㉮ 이륙하려는 항공기는 안전고도미만의 고도 또는 안전속도미만의 속도에서 선회하지 말아야 한다.

㉯ 해당 비행장의 이륙기상최저치미만의 기상상태에서는 이륙하여서는 아니된다.

㉰ 해당 비행장의 시계비행착륙기상최저치 미만의 기상상태에서는 시계비행방식으로 착륙을 시도하여서는 아니 된다.

㉱ 터빈발동기를 장착한 이륙항공기는 지표 또는 수면으로부터 400미터의 고도까지 가능한 한 신속히 상승하여야 한다.

해설 시행규칙 제163조. ㉱항 450미터(1,500피트)이다.

문제 192 터빈발동기를 장착한 항공기가 이륙하는 경우 지표 또는 수면으로부터 몇 미터 고도까지 신속히 상승하여야 하는가?

㉮ 400미터　　㉯ 450미터

㉰ 500미터　　㉱ 750미터

해설 시행규칙 제163조 4호. 터빈발동기를 장착한 이륙항공기는 지표 또는 수면으로부터 450미터(1,500피트)의 고도까지 가능한 한 신속히 상승할 것. 다만, 소음감소를 위하여 국토교통부장관이 달리 비행방법을 정한 경우에는 그러하지 아니 하다.

문제 193 터빈발동기를 장착한 항공기의 조종사가 이륙하는 경우 지표 또는 수면으로부터 (　) 고도까지 신속히 상승하여야 한다. 괄호 안에 알맞은 말은?

㉮ 400미터　　㉯ 1,000피트

㉰ 450피트　　㉱ 1,500피트

해설 시행규칙 제163조 4호. 450미터, 1,500피트

문제 194 다음 중 비행장 또는 그 주변에서의 비행규칙에 관한 설명 중 틀린 것은?

㉮ 비행장에 착륙하기 위하여 접근하거나 이륙 중 선회가 필요한 경우에는 달리 지시를 받은 경우를 제외하고는 우선회하여야 한다.

㉯ 비행안전, 활주로의 배치 및 항공교통상황 등을 고려하여 필요한 경우를 제외하고는 바람이 불어오는 방향으로 이륙 및 착륙하지 말아야 한다.

㉰ 다른 항공기 다음에 이륙하려는 항공기는 그 다른 항공기가 이륙하여 활주로의 종단을 통과하기 전에는 이륙을 위한 활주를 시작하지 말아야 한다.

㉱ 다른 항공기 다음에 착륙하려는 항공기는 그 다른 항공기가 착륙하여 활주로 밖으로 나가기 전에는 착륙하기 위하여 그 활주로 시단을 통과하지 말아야 한다.

해설 시행규칙 제163조 13. 비행장에 착륙하기 위하여 접근하거나 이륙 중 선회가 필요할 경우에는 달리 지시를 받은 경우를 제외하고는 좌선회할 것

문제 195 다음 중 비행장주변에서 비행규칙에 관한 설명 중 틀린 것은?

㉮ 다른 항공기 다음에 이륙하려는 항공기는 그 다른 항공기가 이륙하여 활주로의 종단을 통과하기 전에는 이륙을 위한 활주를 시작하지 말아야 한다.

㉯ 다른 항공기 다음에 착륙하려는 항공기는 그 다른 항공기가 착륙하여 활주로 밖으로 나가기 전에는 착륙하기 위하여 그 활주로 시단을 통과하지 말아야 한다.

㉰ 이륙하는 다른 항공기 다음에 착륙하려는 항공기는 그 다른 항공기가 이륙하여 활주로종단을 통과하기 전에는 착륙하기 위하여 해당 활주로의 시단을 통과하지 말아야 한다.

㉱ 착륙하는 다른 항공기 다음에 이륙하려는 항공기는 그 다른 항공기가 착륙하여 활주로 종단을 통과하기 전에는 이륙하기 위한 활주를 하여서는 아니 된다.

해설 시행규칙 제163조 10. 착륙하는 다른 항공기 다음에 이륙하려는 항공기는 그 다른 항공기가 착륙하여 활주로 밖으로 나가기 전에 이륙하기 위한 활주를 시작하지 말 것
※ 이륙: (선행) 활주로 종단 통과 (후행) 이륙하기 위한 활주
※ 착륙: (선행) 활주로 밖으로 통과 (후행) 활주로 시단통과

문제 196 다음 중 비행장 또는 그 주변에서 비행하는 조종사가 지켜야 하는 비행규칙으로 옳은 것은?

㉮ 비행장에 착륙하기 위하여 접근하거나 이륙 중 선회가 필요한 경우에는 달리 지시를 받은 경우를 제외하고는 우선회하여야 한다.

㉯ 이륙하는 다른 항공기 다음에 착륙하려는 항공기는 그 다른 항공기가 이륙하여 활주로 종단을 통과하기 전에는 착륙하기 위하여 해당 활주로의 종단을 통과하지 말아야 한다.

㉰ 다른 항공기 다음에 착륙하려는 항공기는 그 다른 항공기가 착륙하여 활주로종단을 통과하기 전에는 착륙하기 위하여 그 활주로 시단을 통과하지 말아야 한다.

㉱ 다른 항공기 다음에 이륙하려는 항공기는 그 다른 항공기가 이륙하여 활주로의 종단을 통과하기 전에는 이륙을 위한 활주를 시작하지 말아야 한다.

해설 시행규칙 제163조 ㉮항 우선회가 아니라 좌선회이다. ㉯항 착륙하기 위하여 해당 활주로의 시단을 통과하지 말아야 한다. ㉰항 다른 항공기가 착륙하여 활주로 밖으로 나가기 전이다.

문제 197 **비행장주변에서 터빈발동기를 장착한 이륙항공기는 지표 또는 수면으로부터 (　　)의 고도까지 가능한 한 신속히 상승하여야 하고, 선회가 필요한 경우에는 달리 지시를 받은 경우를 제외하고 (　　) 하여야 한다. 괄호 안에 알맞은 말은?**

㉮ 450미터, 좌선회　　㉯ 400미터, 우선회
㉰ 1,000피트, 좌선회　　㉱ 1,500피트, 우선회

해설 시행규칙 제163조

문제 198 **다음 중 비행장 및 그 주변에서의 비행규칙으로 틀린 것은?**

㉮ 소음감소를 위하여 국토교통부장관이 달리 비행방법을 정한 경우에는 터빈발동기를 장착한 이륙항공기는 지표 또는 수면으로부터 450미터의 고도까지 상승하지 않아도 된다.
㉯ 선회가 필요한 경우에는 지시에 따라 우선회할 수 있다.
㉰ 항공교통관제기관의 지시에 따라 바람이 불어오는 반대방향으로 이륙 및 착륙할 수 있다.
㉱ 항공교통관제기관의 지시에 따라 해당 비행장의 이륙기상최저치미만의 기상상태에서 이륙할 수 있다.

해설 ㉮항 시행규칙 제163조 4. 터빈발동기를 장착한 이륙항공기는 지표 또는 수면으로부터 450미터(1,500피트)의 고도까지 가능한 한 신속히 상승할 것. 다만, 소음감소를 위하여 국토교통부장관이 달리 비행방법을 정한 경우에는 그러하지 아니하다. ㉯항 13. ㅂ 행장에 착륙하기 위하여 접근하거나 이륙 중 선회가 필요할 경우에는 달리 지시를 받은 경우를 제외하고는 좌선회할 것. ㉰항, ㉱항 제2항 제1항 제6호부터 제14호까지의 규정에도 불구하고 항공교통관제기관으로부터 다른 지시를 받은 경우에는 그 지시에 따라야 한다.

규칙 제164조(순항고도) ① 법 제67조에 따라 비행을 하는 항공기의 순항고도는 다음 각 호와 같다.

1. 항공기가 관제구 또는 관제권을 비행하는 경우에는 항공교통관제기관이 법 제84조 제1항에 따라 지시하는 고도
2. 제1호 외의 경우에는 별표 21 제1호에서 정한 순항고도
3. 제2호에도 불구하고 국토교통부장관이 수직분리축소공역(RVSM)으로 정하여 고시한 공역의 경우에는 별표 21 제2호에서 정한 순항고도

② 제1항에 따른 항공기의 순항고도는 다음 각 호의 구분에 따라 표현되어야 한다.

1. 순항고도가 전이고도를 초과하는 경우: 비행고도(Flight Level)
2. 순항고도가 전이고도 이하인 경우: 고도(Altitude)

항공기의 비행방향, 비행방식, 고도에 따른 순항고도는 시행규칙 별표 21에서 구체적으로 규정하고 있다.

※ '전이고도'란 국토교통부장관이 정하여 고시하는 기압고도계의 수정을 위한 고도를 의미한다(시행규칙 제107조 제1항 제1호).

★ 단순계산문제로 29번 출제되었다. 수직분리축소구역에서 순항고도에 대해서는 10번 출제되었는데 모두 정답은 30,000ft였다. 그 외 구역에서 순항고고에 관한 문제가 19번 출제되었다. 매년 무조건출제되는 것으로 계산식을 암기해야 한다.

고도	0-179 동향		180-359 서향	
	계기	시계	계기	시계
29,000미만	1000×홀수	+500	2000×짝수배	+500
29,000이상	29,000+4000×	30,000+4000×	31,000+4000×	32,000+4000×

문제 199 29,000피트 이상 41,000피트 이하의 고도에서 1,000피트의 수직분리최저치가 적용되는 수직분리축소공역(RVSM)에서 비행하는 경우 180도에서 359도 이하의 비행방향으로 계기비행하는 경우 최저 순항고도는 얼마인가?

㉮ 29,000피트 ㉯ 30,000피트
㉰ 31,000피트 ㉱ 32,000피트

해설 시행규칙 제164조 별표 21

문제 200 FL290 이상의 고도의 수직분리축소공역에서 200도로 계기비행할 경우 최저 순항고도는 얼마인가?

㉮ 29,000피트 ㉯ 30,000피트
㉰ 31,000피트 ㉱ 32,000피트

해설 시행규칙 제164조 별표 21

문제 201 29,000ft 이상 고도의 RVSM에서 300°의 heading으로 비행할 경우 제일 낮게 비행할 수 있는 순항고도는 얼마인가?

㉮ 29,000피트 ㉯ 30,000피트
㉰ 31,000피트 ㉱ 32,000피트

해설 시행규칙 제164조 별표 21

문제 202 1,000ft의 분리가 적용되는 FL290 이상 고도의 수직분리축소공역에서 서쪽으로 계기비행을 할 경우 최저 순항고도는?

㉮ 29,000피트　　㉯ 30,000피트
㉰ 31,000피트　　㉱ 32,000피트

해설 시행규칙 제164조 별표 21

문제 203 29,000피트 이상 41,000피트 이하의 고도에서 1,000피트의 수직분리최저치가 적용되는 수직분리축소공역(RVSM)에서 비행하는 경우 0도에서 179도 이하의 비행방향으로 계기비행하는 경우 최저 순항고도는 얼마인가?

㉮ 29,000피트　　㉯ 30,000피트
㉰ 31,000피트　　㉱ 32,000피트

해설 시행규칙 제164조 별표 21. 위에 문제들과 달리 비행방향이 0도에서 179도인 경우에는 최저 순항고도가 29,000피트이다.

문제 204 수직분리축소공역 이외에 구역에서 동쪽으로 계기비행하는 경우 비행할 수 있는 순항고도는 얼마인가?

㉮ 7,000피트　　㉯ 9,500피트
㉰ 10,000피트　　㉱ 12,500피트

해설 시행규칙 제164조 별표 21

문제 205 자방위 160도 방향으로 시계비행하는 경우 비행할 수 있는 고도는?

㉮ 7,000피트　　㉯ 9,500피트
㉰ 10,000피트　　㉱ 12,500피트

해설 시행규칙 제164조 별표 21

문제 206 서쪽방향으로 계기비행하는 경우 사용가능한 공역은?

㉮ 7,000피트　　㉯ 9,500피트
㉰ 10,000피트　　㉱ 12,500피트

해설 시행규칙 제164조 별표 21

문제 207 29,000피트 이하 고도에서 190도로 시계비행하는 경우 순항고도는?

㉮ 7,000피트
㉯ 9,500피트
㉰ 10,000피트
㉱ 12,500피트

해설 시행규칙 제164조 별표 21

문제 208 29,000피트 이상의 고도에서 자방위 160도로 계기비행하는 경우 유지해야 하는 고도는?

㉮ 30,000피트
㉯ 31,000피트
㉰ 32,000피트
㉱ 33,000피트

해설 시행규칙 제164조 별표 21

문제 209 시계비행항공기가 29,000피트 이상의 고도에서 동쪽으로 비행하는 경우 순항고도는?

㉮ 30,000피트
㉯ 31,000피트
㉰ 32,000피트
㉱ 33,000피트

해설 시행규칙 제164조 별표 21

문제 210 자방위 250도로 계기비행하는 경우 순항고도는?

㉮ FL300
㉯ FL310
㉰ FL320
㉱ FL330

해설 시행규칙 제164조 별표 21

문제 211 29,000ft 이상의 고도에서 자방위 350도로 시계비행하는 항공기의 조종사가 유지해야 하는 순항고도로 맞는 것은?

㉮ 30,000피트
㉯ 31,000피트
㉰ 32,000피트
㉱ 33,000피트

해설 시행규칙 제164조 별표 21

문제 212 자방위 180도 이상 359도 이하로 비행시 비행고도로 틀린 것은?

㉮ 계기비행으로 비행할 경우 28,000피트
㉯ 시계비행으로 비행할 경우 24,500피트
㉰ 계기비행으로 비행할 경우 39,000피트

㉱ 시계비행으로 비행할 경우 30,500피트

해설 시행규칙 제164조 별표 21

문제 213 자방위 100도로 비행할 경우 유지해야 하는 순항고도로 맞는 것은?

㉮ 계기비행으로 비행할 경우 26,000피트
㉯ 시계비행으로 비행할 경우 28,500피트
㉰ 계기비행으로 비행할 경우 33,000피트
㉱ 시계비행으로 비행할 경우 33,500피트

해설 시행규칙 제164조 별표 21

문제 214 동쪽으로 계기비행으로 비행할 경우 유지해야 하는 순항고도로 틀린 것은?

㉮ 27,000피트 ㉯ 29,000피트
㉰ 31,000피트 ㉱ 33,000피트

해설 시행규칙 제164조 별표 21

문제 215 자방위 185도로 계기비행할 경우 유지해야 하는 순항고도로 틀린 것은?

㉮ 28,000피트 ㉯ 30,00피트
㉰ 31,000피트 ㉱ 35,000피트

해설 시행규칙 제164조 별표 21

문제 216 다음 중 비행을 하는 항공기의 순항고도에 관한 설명 중 틀린 것은?

㉮ 항공기가 관제구를 비행하는 경우에는 항공교통관제기관이 지시하는 고도를 유지하여야 한다.
㉯ 항공기가 관제권을 비행하는 경우에는 항공교통관제기관이 지시하는 고도를 유지하여야 한다.
㉰ 수직분리축소공역으로 정하여 고시한 공역에서 비행하는 항공기의 순항고도와 그 외 공역에서 비행항하는 항공기의 순항고도는 일치한다.
㉱ 순항고도가 전이고도를 초과하는 경우에는 비행고도로 표현하고, 전이고도이하인 경우에는 고도로 표현되어야 한다.

해설 시행규칙 제164조 별표 21. ㉰항 일반공역과 수직분리축소공역에서의 순항고도는 서로 다르다.

규칙 제165조(기압고도계의 수정) 법 제67조에 따라 비행을 하는 항공기의 기압고도계는 다음 각 호의 기준에 따라 수정하여야 한다.

1. 전이고도이하의 고도로 비행하는 경우에는 비행로를 따라 185킬로미터(100해리) 이내에 있는 항공교통관제기관으로부터 통보받은 QNH[185킬로미터(100해리) 이내에 항공교통관제기관이 없는 경우에는 제227조 제1호에 따른 비행정보기관 등으로부터 받은 최신 QNH를 말한다]로 수정할 것
2. 전이고도를 초과한 고도로 비행하는 경우에는 표준기압치(1,013.2 헥토파스칼)로 수정할 것

항공기의 기압고도계의 수정에 대하여 시행규칙 제165조에서 구체적으로 규정하고 있다.

전이고도 이하의 고도를 비행하는 경우 185km(100해리) 이내에 있는 항공교통관제기관으로부터 통제받은 QNH로 수정하고, 185km(100해리) 이내에 항공교통관제기관이 없는 경우에는 비행정보기관으로부터 받은 최신 QNH로 수정한다.

전이고도를 초과하는 비행하는 경우에는 표준기압치(1,013.2헥토파스칼=QNE)로 수정한다.

★ **지금까지 8번 출제되었다. 전이고도 이하는 185km 이내 항공교통관제기관이 알려주는 QNH로 수정 또는 비행정보기관이 알려주는 최신 QNH로 수정하고 전이고도 이상인 경우 표준기압치(1,032.2헥토파스칼)로 수정한다. 주요 오답은 185km 대신 185마일, 항공교통관제기관 대신 비행정보기관, QNH 대신 QNE이다.**

문제 217 전이고도 이하로 비행하는 항공기의 기압고도계를 수정하는 방법으로 맞는 것은?

㉮ 비행로를 따라 185킬로미터 이내에 있는 항공교통관제기관으로부터 통보받은 QNH로 수정한다.

㉯ 표준기압치로 수정한다.

㉰ 1,013.2 헥토파스칼로 수정한다.

㉱ 비행로를 따라 185킬로미터 이내에 있는 비행정보기관으로 받은 최신 QNH로 수정한다.

해설 시행규칙 제165조 1. 전이고도 이하의 고도로 비행하는 경우에는 비행로를 따라 185킬로미터(100해리) 이내에 있는 항공교통관제기관으로부터 통보받은 QNH[185킬로미터(100해리) 이내에 항공교통관제기관이 없는 경우에는 제227조 제1호에 따른 비행정보기관 등으로부터 받은 최신 QNH를 말한다]로 수정할 것. 2. 전이고도를 초과한 고도로 비행하는 경우에는 표준기압치(1,013.2 헥토파스칼)로 수정할 것.

문제 218 **전이고도를 초과하는 고도로 비행하는 항공기의 기압고도계를 수정하는 방법으로 맞는 것은?**

㉮ 비행로를 따라 185킬로미터 이내에 있는 항공교통관제기관으로부터 통보받은 QNH로 수정한다.

㉯ 표준기압치로 수정한다.

㉰ 비행로를 따라 185킬로미터 이내에 있는 비행정보기관으로부터 통보받은 최신 QNH로 수정한다.

㉱ 29.92hPa로 수정한다.

해설 시행규칙 제165조 2. 전이고도를 초과한 고도로 비행하는 경우에는 표준기압치(1,013.2 헥토파스칼)로 수정할 것. ㉱항은 29.92inHg = 1013.2hPa

※ 표준기압치 = 1,013.2hPa(헥토파스칼) = 29.92inHg(수은주인치)

문제 219 **전이고도 이하의 고도로 비행하는 항공기의 기압고도계를 수정하는 방법으로 맞는 것은?**

㉮ 비행로를 따라 185마일 이내에 있는 항공교통관제기관으로부터 통보받은 QNH로 수정한다.

㉯ 비행로를 따라 185킬로미터 이내에 있는 항공교통관제기관으로부터 통보받은 QNE로 수정한다.

㉰ 비행로를 따라 185킬로미터 이내에 있는 항공교통관제기관으로부터 통보받은 QNH 또는 비행정보기관으로부터 받은 최신 QNH 중 하나로 수정한다.

㉱ 비행로를 따라 185킬로미터 이내에 있는 항공교통관제기관으로부터 통보받은 QNH로 수정한다.

해설 시행규칙 제165조. ㉮항 마일이 아니라 킬로미터이다. ㉯항 QNE가 아니라 QNH이다. ㉰항 비행로를 따라 185킬로미터 이내에 항공교통관제기관이 없는 경우 비항정보기관으로부터 받은 최신 QNH로 수정한다.

문제 220 **전이고도 이하의 고도로 비행하는 항공기의 기압고도계는 (　　)로 수정한다. 괄호 안에 알맞은 말은?**

㉮ QNH　　㉯ QNE

㉰ QFE　　㉱ 표준기압치

해설 시행규칙 제165조. ㉮항 QNH(Q–CODE Nautical Height) 현지공항기압을 해수면 높이에서의 기압으로 변환해준 수치를 의미한다. ㉯항 QNE 해당 지역의 기압치와는 상관없이 무조건 표준기압치인 29.92inHg (1013.2hPa)로 고도계를 셋팅하는 것을 의미한다. ㉰항 QFE(Q–CODE Field Elevation) 실제 공항표고에서의 기압치를 의미한다.

문제 221 **전이고도 이상의 고도에서 비행하는 항공기의 기압고도계는 (　　)로 수정한다. 괄호 안에 알맞은 말은?**

㉮ 1013.2hPa　　　　㉯ 29.92hPa

㉰ 1013.2inHg　　　　㉱ 29.92mb

해설 시행규칙 제165조. 1013.2hPa = 1013.2mb = 29.92inHg

규칙 제166조(통행의 우선순위) ① 법 제67조에 따라 교차하거나 그와 유사하게 접근하는 고도의 항공기 상호간에는 다음 각 호에 따라 진로를 양보하여야 한다.

1. 비행기・헬리콥터는 비행선, 활공기 및 기구류에 진로를 양보할 것
2. 비행기・헬리콥터・비행선은 항공기 또는 그 밖의 물건을 예항(曳航)하는 다른 항공기에 진로를 양보할 것
3. 비행선은 활공기 및 기구류에 진로를 양보할 것
4. 활공기는 기구류에 진로를 양보할 것
5. 제1호부터 제4호까지의 경우를 제외하고는 다른 항공기를 우측으로 보는 항공기가 진로를 양보할 것

② 비행중이거나 지상 또는 수상에서 운항중인 항공기는 착륙중이거나 착륙하기 위하여 최종 접근중인 항공기에 진로를 양보하여야 한다.

③ 착륙을 위하여 비행장에 접근하는 항공기 상호간에는 높은 고도에 있는 항공기가 낮은 고도에 있는 항공기에 진로를 양보하여야 한다. 이 경우 낮은 고도에 있는 항공기는 최종 접근단계에 있는 다른 항공기의 전방에 끼어들거나 그 항공기를 추월해서는 아니 된다.

④ 제3항에도 불구하고 비행기, 헬리콥터 또는 비행선은 활공기에 진로를 양보하여야 한다.

⑤ 비상착륙하는 항공기를 인지한 항공기는 그 항공기에 진로를 양보하여야 한다.

⑥ 비행장 안의 기동지역에서 운항하는 항공기는 이륙중이거나 이륙하려는 항공기에 진로를 양보하여야 한다.

교차하거나 그와 유사하게 접근하는 고도의 항공기 상호간의 우선순위에 관해 시행규칙 제166조가 구체적으로 규정하고 있다.

※ 우선순위: 비행기・헬리콥터＜비행선＜예항항공기＜활공기＜기구류 (기타는 다른 항공기를 우측으로 보는 항공기가 진로를 양보할 것)/비행중(지상・해상운항중)＜착륙중(최종 접근중)/높은 고도착륙중＜낮은 고도착륙중＜최종 접근중 (예외 비행기・헬리콥터・비행선＜활공기)/기도지역 운항＜이륙중(이륙하려는)

★ **총 6회 출제된 바 있다. 일반적으로 긴급항공기가 우선하는 것은 아니고, 비상착륙하는 항공기가 우선하는 것이다. 좌측 항공기가 우선권 있는 것은 아니고 우측 항공기에 양보해야 한다. 결국 우선하는 항공기는 기구류 또는 착륙하기 위해 최종 접근중 항공기이다.**

문제 222 **교차하거나 그와 유사하게 접근하는 고도의 항공기 상호간에 우선순위에 관한 설명 중 틀린 것은?**

㉮ 비행기 및 헬리콥터는 비행선, 활공기, 기구류에 진로를 양보하여야 한다.
㉯ 비행선은 활공기 및 기구류에 진로를 양보하여야 한다.
㉰ 일반적으로 다른 항공기를 좌측으로 보는 항공기가 진로를 양보하여야 한다.
㉱ 착륙을 위하여 비행장에 접근하는 항공기 상호 간에는 높은 고도의 항공기가 낮은 고도에 있는 항공기에 진로를 양보하여야 한다.

해설 시행규칙 제166조 제1항 제5호 다른 항공기를 우측으로 보는 항공기가 진로를 양보할 것

문제 223 **항공기 상호간 우선순위에 관한 설명 중 옳은 것은?**

㉮ 기구류는 활공기에 진로를 양보하여야 한다.
㉯ 착륙을 위하여 비행장에 접근하는 항공기 상호간에는 높은 고도에 있는 활공기는 낮은 고도에 있는 비행기에 진로를 양보하여야 한다.
㉰ 비행장 안의 기동지역에서 운항하는 항공기는 이륙하려는 항공기에 진로를 양보하여야 한다.
㉱ 긴급히 운항하는 항공기는 다른 항공기보다 우선권을 가진다.

해설 시행규칙 제166조 ㉮항 기구류가 최우선권을 가진다. ㉯항 저3항, 제4항 일반적으로 착륙을 위해 비행장에 접근하는 항공기 상호간에는 높은 고도에 있는 항공기가 낮은 고도에 있는 항공기에 진로를 양보하여야 한다. 다만 비행기 · 헬리콥터 · 비행선은 활공기에 진로를 양보하여야 한다. ㉰항 제6항. ㉱항 제5항 비상착륙하는 항공기를 인지하는 항공기는 그 항공기에 진로를 양보하여야 한다. 긴급운항항공기의 우선권에 대한 규정은 없다.

문제 224 **항공기의 종류에 따른 통행의 우선순위로 맞는 것은? (예컨대 'A < B'는 B가 우선한다는 의미이다)**

㉮ 비행기<비행선<활공기<기구류
㉯ 기구류<활공기<비행선<비행기
㉰ 비행선<헬리콥터<활공기<기구류
㉱ 비행기<비행선<기구류<활공기

해설 시행규칙 제166조 비행기 · 헬리콥터<비행선<예항항공기<활공기<기구류

문제 225 **착륙중인 항공기와 관련된 통행의 우선순위에 대한 설명 중 틀린 것은?**

㉮ 비행중이거나 지상 또는 수상에서 운항중인 항공기는 착륙중이거나 착륙하기 위하여 최종 접근중인 항공기에 진로를 양보하여야 한다.

㉯ 착륙을 위하여 비행장에 접근하는 항공기 상호간에는 높은 고도에 있는 항공기가 낮은 고도에 있는 항공기에 진로를 양보하여야 한다.

㉰ 낮은 고도에 있는 항공기는 최종 접근단계에 있는 다른 항공기를 추월할 수는 있다.

㉱ ㉯항에도 불구하고 비행기, 헬리콥터 또는 비행선은 활공기에 진로를 양보하여야 한다.

해설 시행규칙 제166조 제3항 ③ 착륙을 위하여 비행장에 접근하는 항공기 상호간에는 높은 고도에 있는 항공기가 낮은 고도에 있는 항공기에 진로를 양보하여야 한다. 이 경우 낮은 고도에 있는 항공기는 최종 접근단계에 있는 다른 항공기의 전방에 끼어들거나 그 항공기를 추월해서는 아니 된다.

문제 226 **교차하거나 그와 유사하게 접근하는 고도의 항공기 상호간에 통행의 우선순위의 일반적인 원칙은?**

㉮ 다른 항공기를 우측으로 보는 항공기가 진로를 양보하여야 한다.

㉯ 우측에 있는 항공기가 좌측에 있는 항공기에 진로를 양보하여야 한다.

㉰ 다른 항공기의 후방을 보는 항공기가 진로를 양보하여야 한다.

㉱ 항공기의 종류가 아니라 위치에 따라 우선순위가 결정된다.

해설 시행규칙 제166조 제1항 제5호. ㉱항 항공기의 종류 및 위치에 따라 우선순위가 결정된다.

문제 227 **항공기의 우선순위에 관한 설명 중 맞는 것은?**

㉮ 특별시계비행(SVFR) 항공기는 계기비행(IFR) 항공기보다 우선권을 가진다.

㉯ 조난항공기는 다른 모든 항공기보다 우선권을 가진다.

㉰ 환자를 수송하는 민간항공기는 다른 모든 항공기보다 우선권을 가진다.

㉱ 수색구조업무를 수행하는 항공기에게 우선권을 부여하여야 한다.

해설 항공교통관제절차(국토교통부 고시). ㉮항 계기비행항공기는 특별시계비행항공기보다 우선권을 가진다. ㉰항 환자를 수송하는 민간항공기에게 우선권을 부여하여야 한다. ㉱항 수색구조업무를 수행하는 항공기에 편의를 제공하여야 한다. 우선권부여는 없다.
※ ICAO 기준. 항공안전법규와 다른 문제이다.

규칙 제167조(진로와 속도 등) ① 법 제67조에 따라 통행의 우선순위를 가진 항공기는 그 진로와 속도를 유지하여야 한다.
② 다른 항공기에 진로를 양보하는 항공기는 그 다른 항공기의 상하 또는 전방을 통과해서는 아니 된다. 다만, 충분한 거리 및 항적난기류(航跡亂氣流)의 영향을 고려하여 통과하는 경우에는 그러하지 아니 하다.
③ 두 항공기가 충돌할 위험이 있을 정도로 정면 또는 이와 유사하게 접근하는 경우에는 서로 기수(機首)를 오른쪽으로 돌려야 한다.
④ 다른 항공기의 후방 좌・우 70도 미만의 각도에서 그 항공기를 추월(상승 또는 강하에 의한 추월을 포함한다)하려는 항공기는 추월당하는 항공기의 오른쪽을 통과하여야 한다. 이 경우 추월하는 항공기는 추월당하는 항공기와 간격을 유지하며, 추월당하는 항공기의 진로를 방해해서는 아니 된다.

항공기의 진로와 속도에 대해 시행규칙 제167조가 구체적으로 규정하고 있다. 통행의 우선순위를 가진 항공기는 그 진로와 속도를 유지하여야 한다. 진로를 변경할 수 없고, 우선순위가 상황에 따라 변경되지 않는다. 다른 항공기에 진로를 양보한 항공기는 그 다른 항공기의 상하 또는 전방을 통과해서는 아니 된다. 후방통과는 가능하고, 예외적으로 충분한 거리 및 항적난기류의 영향을 고려하여 상하 또는 전방을 통과할 수 있다. 정면 또는 이와 유사하게 접근하는 경우 서로 기수를 오른쪽으로 돌려야 한다. 다른 항공기의 후방좌우 70도 미만의 각도에서 그 항공기를 추월하려는 항공기는 추월당하는 항공기의 오른쪽을 통과하여야 한다.

★ **총 6회 출제되었다. 주로 추월당하는 항공기의 오른쪽으로 추월해야 한다. 우선순위를 가진 항공기는 진로를 변경해서는 아니 된다. 우선순위 결정되면 이후 상황에 따라 변경되지 않는다.**

문제 228 항공기의 통행우선권에 대한 설명 중 틀린 것은?

㉮ 통행의 우선순위를 가진 항공기는 그 진로와 속도를 유지하여야 한다.
㉯ 다른 항공기에 진로를 양보한 항공기는 그 다른 항공기의 상하 또는 전방을 통과해서는 아니 된다.
㉰ 두 항공기가 충돌할 위험이 있을 정도로 전방 또는 이와 유사하게 접근하는 경우 서로 기수를 오른쪽으로 돌려야 한다.
㉱ 다른 항공기의 후방에서 그 항공기를 추월하려는 항공기는 추월당하는 항공기의 왼쪽을 통과하여야 한다.

해설 시행규칙 제167조 제4항 다른 항공기의 후방 좌・우 70도 미만의 각도에서 그 항공기를 추월(상승 또는 강하에 의한 추월을 포함한다)하려는 항공기는 추월당하는 항공기의 오른쪽을 통과하여야 한다.

문제 229 항공기의 통행 우선권에 대한 설명 중 옳은 것은?

㉮ 통행의 우선순위가 결정된 이후에는 상황에 따라 우선순위가 변경될 수 없다.
㉯ 다른 항공기에 진로를 양보하는 항공기가 그 다른 항공기의 상하 또는 전방을 통과할 경우에는 충분한 거리 및 항적난기류의 영향을 고려하여야 한다.
㉰ 정면으로 접근하는 두 항공기는 서로 기수를 왼쪽으로 돌려야 한다.
㉱ 추월하는 항공기는 추월당하는 항공기와 간격을 유지하며, 추월당하는 항공기의 진로를 방해해서는 아니 된다.

해설 시행규칙 제167조 제3항 '왼쪽'이 아니라 '오른쪽'이다.

문제 230 다른 항공기에 진로를 양보하는 항공기는 그 다른 항공기의 ( )을 통과해서는 아니 되고, 정면으로 접근하는 두 항공기는 서로 기수를 ( )으로 돌려야 하고, 후방에서 추월하려는 항공기는 추월당하는 항공기의 ( )을 통과하여야 한다. 괄호 안에 알맞은 말은?

㉮ 상하 또는 전방, 오른쪽, 오른쪽　　㉯ 전방, 오른쪽, 오른쪽
㉰ 상하 또는 전방, 왼쪽, 왼쪽　　㉱ 상하, 왼쪽, 오른쪽

해설 시행규칙 제167조

규칙 제169조(비행속도의 유지 등) ① 법 제67조에 따라 항공기는 지표면으로부터 750미터(2,500피트)를 초과하고, 평균해면으로부터 3,050미터(1만피트) 미만인 고도에서는 지시대기속도 250노트 이하로 비행하여야 한다. 다만, 관할 항공교통관제기관의 승인을 받은 경우에는 그러하지 아니 하다.

② 항공기는 별표 23 제1호에 따른 C 또는 D등급 공역에서는 공항으로부터 반지름 7.4킬로미터(4해리) 내의 지표면으로부터 750미터(2,500피트)의 고도 이하에서는 지시대기속도 200노트 이하로 비행하여야 한다. 다만, 관할 항공교통관제기관의 승인을 받은 경우에는 그러하지 아니하다.

③ 항공기는 별표 23 제1호에 따른 B등급 공역 중 공항별로 국토교통부장관이 고시하는 범위와 고도의 구역 또는 B등급 공역을 통과하는 시계비행로에서는 지시대기속도 200노트 이하로 비행하여야 한다.

④ 최저안전속도가 제1항부터 제3항까지의 규정에 따른 최대속도보다 빠른 항공기는 그 항공기의 최저안전속도로 비행하여야 한다.

항공기의 비행속도에 관해 시행규칙 제169조에서 구체적으로 규정하고 있다. 지표면으로부터 750m(2500ft)~평균해면으로부터 3050m(10000ft) 고도에서 지시대기속도 250노트(kn) 이하로 비행하여야 한다. C, D등급 공역에서 공항으로부터 반지름 7.5km=4해리(NH) 내 지표면으로부터 750m(2500ft)의 고도 이하에서는 지시대기속도 200노트(kn) 이하로 비행하여야 한다. B등급 공역을 통과하는 시계비행로에서는 지시대기속도 200노트(kn) 이하로 비행하여야 한다.

※ 최저안전속도가 규정에 따른 최대속도보다 빠른 항공기는 그 항공기의 최저안전속도로 비행하여야 한다. 비행이 금지되는 것은 아니다.

참고 Air Speed(대기속도, 항공기가 실제로 느끼는 공기의 속도) v Ground Speed(지상속도=지면속도=대지속도, 지표면상에서 봤을 때의 항공기의 속도) Air Speed는 IAS, CAS, EAS, TAS 등이 있지만 IAS(지시대기속도, Indicated Air Speed)는 피토관이라는 장치가 항공기가 앞으로 나아가면서 진행방향으로 유입되는 공기를 측정하여 전면의 압력과 측면의 압력의 차이를 이용해 계산된 속도를 의미한다. CAS(수정대기속도, Calibrated Air Speed)는 피토관이 설치된 위치에 따른 오차와 계기 오차를 수정한 속도이다. EAS(등가대기속도, Equivalent Air Speed)는 고속에서 피고관 안으로 원활한 공기가 안들어가게 되는데 CAS에서 이러한 압축효과를 보정한 속도를 의미한다. TAS(진대기속도, True Air Speed)는 항공기가 실제로 나는 속도를 의미한다.

★ **총 29번 출제된 바 있다. 구체적인 단위 및 수치에 관해 출제된다. 지표면 750m(2500ft)-평균해면 3050m(10000ft) 지시대기속도 250kn/C,D등급 공항반지름 7.4km(4NH) 지표면 750m(2500ft) 지시대기속도 200kn/B등급 시계비행로 지시대기속도 200kn/최저안전속도가 위 속도보다 빠르면 최저안전속도 가능**

문제 231 지표면으로부터 750미터를 초과하고 평균해면으로부터 3,050미터 미만인 고도에서 비행하는 항공기의 최대 비행속도는?

㉮ 지시대기속도 250노트　　㉯ 지시대기속도 200노트
㉰ 대지속도 250노트　　㉱ 대지속도 200노트

해설 시행규칙 제169조 제1항 법 제67조에 따라 항공기는 지표면으로부터 750미터(2,500피트)를 초과하고, 평균해면으로부터 3,050미터(1만피트) 미만인 고도에서는 지시대기속도 250노트 이하로 비행하여야 한다.

문제 232 항공기가 지시대기속도 250노트 이하로 비행하여야 하는 공역은?

㉮ 지표면으로부터 2,500피트를 초과하고, 평균해면으로부터 10,000피트 미만인 고도
㉯ 지표면으로부터 2,500피트를 초과하고, 지표면으로부터 10,000피트 미만인 고도
㉰ 지표면으로부터 2,000피트를 초과하고, 평균해면으로부터 15,000피트 미만인 고도
㉱ 평균해면으로부터 2,500피트를 초과하고, 지표면으로부터 10,000피트 미만인 고도

해설 시행규칙 제169조 제1항

문제 233 항공기는 C 또는 D등급 공역에서는 공항으로부터 반지름 7.4킬로미터 내의 지표면으로부터 750미터의 고도 이하에서 최대 비행속도는?

㉮ IAS 250kn
㉯ IAS 200kn
㉰ GS 250kn
㉱ TAS 200kn

해설 시행규칙 제169조 제2항. 항공기는 C 또는 D등급 공역에서는 공항으로부터 반지름 7.4킬로미터(4해리) 내의 지표면으로부터 750미터(2,500피트)의 고도 이하에서는 지시대기속도 200노트 이하로 비행하여야 한다. / IAS(Indicated Air Speed 지시대기속도), GS(Ground Speed 대지속도 = 지상속도 = 지면속도), TAS(True Air Speed 진대기속도)

문제 234 C 또는 D등급 공역에서 항공기가 지시대기속도 200노트 이하로 비행하여야 하는 경우는?

㉮ 공항으로부터 7.7킬로미터 내의 지표면으로부터 750미터의 고도이하에서 비행할 경우
㉯ 공역을 통과하는 시계비행로에서 비행할 경우
㉰ 지표면으로부터 750미터를 초과하고 평균해면으로부터 3,050미터 미만인 고도에서 비행할 경우
㉱ 관할교통관제기관의 승인을 받은 경우

해설 시행규칙 제169조 제2항

문제 235 항공기는 C 또는 D등급 공역에서 공항으로부터 반지름 (　　) 내의 지표면으로부터 (　　)의 고도이하에서는 (　　) 이하로 비행하여야 한다. 괄호 안에 알맞은 말은?

㉮ 4NH, 2,500ft, IAS 200kn
㉯ 4NH, 2,000ft, IAS 250kn
㉰ 2NH, 2,500ft, TAS 200kn
㉱ 2NH, 2,500ft, IAS 200kn

해설 시행규칙 제169조 제2항

문제 236 항공기가 B등급 공역을 통과하는 시계비행로에서 비행할 경우 최고 비행속도는?

㉮ 지시대기속도 200노트
㉯ 지시대기속도 250노트
㉰ 진대기속도 250노트
㉱ 대지속도 200노트

해설 시행규칙 제169조 제3항 항공기는 B등급 공역 중 공항별로 국토교통부장관이 고시하는 범위와 고도의 구역 또는 B등급 공역을 통과하는 시계비행로에서는 지시대기속도 200노트 이하로 비행하여야 한다.

문제 237 **항공기가 지시대기속도 200노트 이하로 비행하여야 하는 공역은?**

㉮ 지표면으로부터 750미터를 초과하고 평균해면으로부터 3,050미터 미만인 고도에서 비행할 경우

㉯ C 또는 D등급 공역에서 지표면으로부터 2,500피트의 고도이하에서 비행할 경우

㉰ B등급 공역을 통과하는 시계비행로에서 비행할 경우

㉱ 지표면으로부터 2,500피트를 초과하고 평균해면으로부터 10,000피트 미만인 고도에서 비행할 경우

해설 시행규칙 제169조 ㉮항 제1항 지시대기속도 250노트, ㉯항은 공항으로부터 반지름 4해리 조건이 빠져 있다. ㉰항 제3항. ㉱항 제1항 지시대기속도 250노트.

규칙 제170조(편대비행) ① 법 제67조에 따라 2대 이상의 항공기로 편대비행(編隊飛行)을 하려는 기장은 미리 다음 각 호의 사항에 관하여 다른 기장과 협의하여야 한다.

1. 편대비행의 실시계획
2. 편대의 형(形)
3. 선회 및 그 밖의 행동요령
4. 신호 및 그 의미
5. 그 밖에 필요한 사항

② 제1항에 따라 법 제78조 제1항 제1호에 따른 관제공역 내에서 편대비행을 하려는 항공기의 기장은 다음 각 호의 사항을 준수하여야 한다.

1. 편대책임기장은 편대비행항공기들을 단일 항공기로 취급하여 관할 항공교통관제기관에 비행위치를 보고할 것
2. 편대책임기장은 편대내의 항공기들을 집결 또는 분산 시 적절하게 분리할 것
3. 편대를 책임지는 항공기로부터 편대내의 항공기들을 종적 및 횡적으로는 1킬로미터, 수직으로는 30미터 이내의 분리를 할 것

2대 이상의 항공기로 편대비행을 하려는 기장은 다른 기장과 협의해야 하는 사항 및 준수사항은 시행규칙 제170조에서 구체적으로 규정하고 있다.

★ **총 3회 출제된 바 있다. 편대비행을 하려는 기장이 다른 기장과 협의해야 하는 사항은 실시계획, 편대의 형, 선회 및 행동요령, 신호 및 그 의미이다. 주요 오답은 '유도로의 통행우선순위', '탑재장비'이다. 편대를 책임지는 항공기로부터 편대내의 항공기들을 종적 · 횡적으로 1km, 수직으로 30m 이내의 분리를 해야 한다.**

문제 238 **2대 이상의 항공기로 편대비행을 하려는 기장이 다른 기장과 협의하여야 하는 사항이 아닌 것은?**

㉮ 편대의 형　　㉯ 선회 및 행동요령

㉰ 신호 및 그 의미　　㉱ 항공교통관제기관에 보고 내용

해설 시행규칙 제170조 제1항 2대 이상의 항공기로 편대비행(編隊飛行)을 하려는 기장은 미리 다음 각 호의 사항에 관하여 다른 기장과 협의하여야 한다. 1. 편대비행의 실시계획 2. 편대의 형(形) 3. 선회 및 그 밖의 행동요령 4. 신호 및 그 의미 5. 그 밖에 필요한 사항

문제 239 **관제공역 내에서 편대비행을 하려는 항공기의 기장은 편대를 책임지는 항공기로부터 편대 내의 항공기들을 분리하는 기준은?**

㉮ 종적 및 횡적으로는 1킬로미터, 수직으로는 30미터 이내의 분리를 해야 한다.

㉯ 종적 및 횡적으로는 1.5킬로미터, 수직으로는 30미터 이내의 분리를 해야 한다.

㉰ 종적 및 횡적으로는 1킬로미터, 수직으로는 50미터 이내의 분리를 해야 한다.

㉱ 종적 및 횡적으로는 1.5킬로미터, 수직으로는 50미터 이내의 분리를 해야 한다.

해설 시행규칙 제170조 제2항 3. 편대를 책임지는 항공기로부터 편대내의 항공기들을 종적 및 횡적으로는 1킬로미터, 수직으로는 30미터 이내의 분리를 할 것

규칙 제171조(활공기 등의 예항) ① 법 제67조에 따라 항공기가 활공기를 예항하는 경우에는 다음 각 호의 기준에 따라야 한다.

1. 항공기에 연락원을 탑승시킬 것(조종자를 포함하여 2명 이상이 탈 수 있는 항공기의 경우만 해당하며, 그 항공기와 활공기 간에 무선통신으로 연락이 가능한 경우는 제외한다)
2. 예항하기 전에 항공기와 활공기의 탑승자 사이에 다음 각 목에 관하여 상의할 것
   가. 출발 및 예항의 방법
   나. 예항줄이탈의 시기·장소 및 방법
   다. 연락신호 및 그 의미
   라. 그 밖에 안전을 위하여 필요한 사항
3. 예항줄의 길이는 40미터 이상 80미터 이하로 할 것
4. 지상연락원을 배치할 것
5. 예항줄길이의 80퍼센트에 상당하는 고도이상의 고도에서 예항줄을 이탈시킬 것
6. 구름속에서나 야간에는 예항을 하지 말것(지방항공청장의 허가를 받은 경우는 제외한다)

② 항공기가 활공기 외의 물건을 예항하는 경우에는 다음 각 호의 기준에 따라야 한다.

1. 예항줄에는 20미터 간격으로 붉은색과 흰색의 표지를 번갈아 붙일 것
2. 지상연락원을 배치할 것

항공기가 활공기를 예항하는 경우에 관해 시행규칙 제171조가 구체적으로 규정하고 있다.

★ 총 7번 출제된 바 있다. 주로 예항줄 길이의 "80%"에 상당하는 고도 "이상"의 고도에서 예항줄을 이탈시켜야 한다.

문제 240 다음 중 항공기가 활공기를 예항하는 경우 따라야 하는 기준에 관한 설명 중 틀린 것은?

㉮ 예항줄의 길이는 40미터 이상 80미터 이하로 할것
㉯ 지상연락원을 배치할 것
㉰ 예항줄 길이의 80퍼센트에 상당하는 고도이하의 고도에서 예항줄을 이탈시킬 것
㉱ 구름속에서나 야간에는 예항을 하지 말것

해설 시행규칙 제171조 제1항 5. 예항줄길이의 "80퍼센트"에 상당하는 고도 "이상"의 고도에서 예항줄을 이탈시킬 것

문제 241 다음 중 항공기가 활공기를 예항하는 방법에 관한 비행규칙으로 옳은 것은?

㉮ 활공기를 예항하는 항공기에는 연락원이 탑승하여야 하므로, 조종사 1명만 탑승할 수 있는 항공기는 활공기를 예항할 수 없다.
㉯ 예항줄에는 20미터 간격으로 붉은색과 흰색의 표지를 번갈아 붙여야 한다.
㉰ 항공기에 연락원이 탑승한 경우 지상연락원은 배치할 필요가 없다.
㉱ 예항줄길이의 80퍼센트에 상당하는 고도이상의 고도에서 예항줄을 이탈시켜야 한다.

해설 시행규칙 제171조. ㉮항 조종사 1명만 탑승할 수 있는 항공기의 경우 그 항공기와 활공기 간에 무선연락이 가능한 경우에는 항공기에 연락원을 탑승시키지 않아도 된다. ㉯항 제2항 활공기 외의 물건을 예항하는 경우에 관한 기준이다. ㉰항 지상연락원의 배치는 필수적이다. ㉱항 제1항 제5호.

문제 242 다음 중 활공기이외 물건을 예항하는 경우 따라야 하는 기준으로 옳은 것은?

㉮ 예항줄에는 20미터 간격으로 붉은색과 흰색의 표지를 번갈아 붙일 것
㉯ 예항줄의 길이는 40미터 이상 80미터 이하로 할 것
㉰ 항공기에 연락원을 탑승시킬 것
㉱ 구름속에서나 야간에는 예항을 하지 말 것

해설 시행규칙 제171조 ㉮항 제2항. ㉯항, ㉰항, ㉱항은 활공기를 예항하는 경우에 지켜야 하는 비행기준에 해당한다.

규칙 제172조(시계비행의 금지) ① 법 제67조에 따라 시계비행방식으로 비행하는 항공기는 해당 비행장의 운고(Ceiling)가 450미터(1,500피트) 미만 또는 지상시정이 5킬로미터 미만인 경우에는 관제권 안의 비행장에서 이륙 또는 착륙을 하거나 관제권 안으로 진입할 수 없다. 다만, 관할 항공교통관제기관의 허가를 받은 경우에는 그러하지 아니하다.

② 야간에 시계비행방식으로 비행하는 항공기는 지방항공청장 또는 해당 비행장의 운영자가 정하는 바에 따라야 한다.

③ 항공기는 다음 각 호의 어느 하나에 해당되는 경우에는 기상상태에 관계없이 계기비행방식에 따라 비행하여야 한다. 다만, 관할 항공교통관제기관의 허가를 받은 경우에는 그러하지 아니 하다.

1. 평균해면으로부터 6,100미터(2만피트)를 초과하는 고도로 비행하는 경우
2. 천음속(遷音速) 또는 초음속(超音速)으로 비행하는 경우

④ 항공기를 운항하려는 사람은 300미터(1천피트) 수직분리최저치가 적용되는 8,850미터(2만9천피트) 이상 1만2,500미터(4만1천피트) 이하의 수직분리축소공역에서는 시계비행방식으로 운항하여서는 아니 된다.

⑤ 시계비행방식으로 비행하는 항공기는 제199조 제1호 각 목에 따른 최저비행고도 미만의 고도로 비행하여서는 아니 된다. 다만, 다음 각 호의 어느 하나에 해당하는 경우에는 그러하지 아니 하다.

1. 이륙하거나 착륙하는 경우
2. 항공교통업무기관의 허가를 받은 경우
3. 비상상황의 경우로서 지상의 사람이나 재산에 위해를 주지 아니하고 착륙할 수 있는 고도인 경우

규칙 제173조(시계비행방식에 의한 비행) ① 법 제67조에 따라 시계비행방식으로 비행하는 항공기는 지표면 또는 수면상공 900미터(3천피트) 이상을 비행할 경우에는 별표 21에 따른 순항고도에 따라 비행하여야 한다. 다만, 관할 항공교통업무기관의 허가를 받은 경우에는 그러하지 아니하다.

② 시계비행방식으로 비행하는 항공기는 다음 각 호의 어느 하나에 해당하는 경우에는 항공교통관제기관의 지시에 따라 비행하여야 한다.

1. 별표 23 제1호에 따른 B, C 또는 D등급의 공역내에서 비행하는 경우
2. 관제비행장의 부근 또는 기동지역에서 운항하는 경우
3. 특별시계비행방식에 따라 비행하는 경우

③ 관제권 안에서 시계비행방식으로 비행하는 항공기는 비행정보를 제공하는 관할 항공교통업무기관과 공대지통신(空對地通信)을 유지・경청하고, 필요한 경우에는 위치보고를 하여야 한다.

④ 시계비행방식으로 비행중인 항공기가 계기비행방식으로 변경하여 비행하려는 경우에는 그 비행계획의 변경사항을 관할 항공교통관제기관에 통보하여야 한다.

규칙 제174조(특별시계비행) ① 법 제67조에 따라 예측할 수 없는 급격한 기상의 악화 등 부득이한 사유로 관할 항공교통관제기관으로부터 특별시계비행허가를 받은 항공기의 조종사는 제163조 제1항 제3호에도 불구하고 다음 각 호의 기준에 따라 비행하여야 한다.

1. 허가받은 관제권 안을 비행할 것
2. 구름을 피하여 비행할 것
3. 비행시정을 1,500미터 이상 유지하며 비행할 것
4. 지표 또는 수면을 계속하여 볼 수 있는 상태로 비행할 것
5. 조종사가 계기비행을 할 수 있는 자격이 없거나 제117조 제1항에 따른 항공계기를 갖추지 아니한 항공기로 비행하는 경우에는 주간에만 비행할 것. 다만, 헬리콥터는 야간에도 비행할 수 있다.

② 특별시계비행을 하는 경우에는 다음 각 호의 조건에서만 제1항에 따른 기준에 따라 이륙하거나 착륙할 수 있다.

1. 지상시정이 1,500미터 이상일 것
2. 지상시정이 보고되지 아니한 경우에는 비행시정이 1,500미터 이상일 것

시계비행방식과 관련된 비행규칙에 대해서는 시행규칙 제172조부터 제175조까지 구체적으로 규정하고 있다. 시행규칙 제172조는 시계비행이 금지되는 기준을, 제173조는 시계비행방식으로 비행할 경우 비행규칙을, 제174조는 특별시계비행을 할 경우 비행규칙을, 제175조는 비행시정 및 구름으로부터의 거리를 규정하고 있다.

(시행규칙 제172조) 시계비행방식으로 관제권 안의 비행장에서 이륙 또는 착륙을 하거나 관제권 안으로 진입할 수 없는 공역은, 해당 비행장의 운고가 450미터(1,500피트) 미만 또는 지상시정이 5킬로미터 미만인 경우이다. 기상상태에 관계없이 계기비행방식에 따라 비행하여야 하는 경우는, 평균해면으로부터 6,100미터(20,000피트)를 초과하는 고도로 비행하는 경우 및 초(천)음속으로 비행하는 경우이다. 시계비행방식으로 운항하여서는 아니되는 공역은, 수직부리축소공역으로 300미터(1,000피트) 수직분리최저치가 적용되는 8,500미터(29,000피트) 이상 12,500미터(41,000피트) 이하의 공역이다.

(시행규칙 제173조) 시계비행방식으로 비행하는 항공기는 지표면 또는 수면상공 900미터(3,000피트) 이상을 비행하는 경우 순항고도를 유지하여야 한다. 항공교통관제기관의 지시에 따라야 하는 경우는 B, C, D등급의 공역내에서 비행, 관제비행장의 부근 또는 기동지역에서 운항, 특별시계비행방식으로 비행하는 경우이다. 계기비행방식으로 변경하여 비행하려는 경우 그 비행계획의 변경사항을 관할 항공교통관제기관에 통보하여야 한다.

(시행규칙 제174조) 특별시계비행허가를 받은 항공기는 해당 비행장의 시계비행착륙기상최저치 미만의 기상상태에서도 비행할 수 있다. 그 요건은 허가받은 관제권 안을 비행, 구름을 피하여 비행, 비행시정을 1,500미터 이상 유지하며 비행, 조종사가 계기비행을 할 수 있는 자격이 없거나 항공계기를 갖추지 아니한 항공기로 비행하는 경우 주간에만 비행할 것이다. 위 조건에 추가하여 지상시정이 1,500미터 이상(지상시정이 보고되지 아니한 경우에는 비행시정이 1,500미터 이상)인 경우 이륙·착륙할 수 있다.

★ 지금까지 15번 출제되었다. 주로 특별시계비행에 관해서 12번 출제되었고, 일반적인 시계비행방식의 설명 1회, 계기비행방식으로 변경하는 사유 및 보고기관에 대해 각 1회 출제되었다.

문제 243 다음 중 시계비행방식으로 비행하는 항공기의 운항이 금지되는 경우가 아닌 것은?

㉮ 비행장의 운고가 450미터(1,500피트) 미만인 경우 관제권 안의 비행장에서 이륙 또는 착륙하는 경우

㉯ 비행장의 지상시정이 5킬로미터 미만인 경우 관제권 안으로 진입하는 경우

㉰ 300미터 수직분리최저치가 적용되는 8,8500미터 이상 12,500미터 이하의 수직분리축소공역에서 비행하는 경우

㉱ 야간에 비행하는 경우

해설 ㉮항, ㉯항 시행규칙 제172조 제1항. ㉰항 제4항. ㉱항 제2항 야간에 시계비행방식으로 비행하는 항공기는 지방항공청장 또는 해당 비행장의 운영자가 정하는 바에 따라야 한다. 야간시계비행이 금지되는 것은 아니다.

문제 244 다음 중 기상상태에 관계없이 계기비행방식에 따라 비행하여야 하는 경우가 아닌 것은?

㉮ 평균해면으로부터 6,100미터(20,000피트)를 초과하는 고도로 비행하는 경우

㉯ 천음속으로 비행하는 경우

㉰ 초음속으로 비행하는 경우

㉱ 지상시정이 보고되지 아니하는 경우

해설 시행규칙 제172조 제3항 항공기는 다음 각 호의 어느 하나에 해당되는 경우에는 기상상태에 관계없이 계기비행방식에 따라 비행하여야 한다. 다만, 관할 항공교통관제기관의 허가를 받은 경우에는 그러하지 아니하다. 1. 평균해면으로부터 6,100미터(2만피트)를 초과하는 고도로 비행하는 경우 2. 천음속(遷音速) 또는 초음속(超音速)으로 비행하는 경우

문제 245 **시계비행방식으로 비행하는 항공기가 따라야 하는 비행규칙으로 틀린 것은?**

㉮ 최저비행고도 미만의 고도로 비행하여서는 아니 된다.

㉯ 지표면 또는 수면상공 900미터(3,000피트) 이상을 비행할 경우 규정된 순항고도에 따라 비행하여야 한다.

㉰ B, C 또는 D등급의 공역내에서 비행하는 경우 항공교통관제기관의 지시에 따라 비행하여야 한다.

㉱ 관제권 안에서 시계비행방식으로 비행하는 항공기는 수시로 위치를 관할 항공교통관제기관에게 보고하여야 한다.

해설 ㉮항 시행규칙 제172조 제5항. ㉯항 제173조 제1항. ㉰항 제173조 제2항. ㉱항 제173조 제3항 관제권 안에서 시계비행방식으로 비행하는 항공기는 비행정보를 제공하는 관할 항공교통업무기관과 공대지통신(空對地通信)을 유지・경청하고, "필요한 경우"에는 위치보고를 하여야 한다. "수시로", "항공교통관제기관"에게 보고가 아니다.

문제 246 **시계비행방식에 따른 비행에 관한 설명으로 틀린 것은?**

㉮ 관제비행장의 부근 또는 기동지역에서는 계기비행방식으로 변경하여야 한다.

㉯ 시계비행방식으로 비행 중인 항공기가 계기비행방식으로 변경하여 비행하려는 경우에는 그 비행계획의 변경사항을 관할 항공교통관제기관에 통보하여야 한다.

㉰ B, C 또는 D등급의 공역 내에서 비행하는 경우 항공교통관제기관의 지시에 따라 비행하여야 한다.

㉱ 특별시계비행방식에 따라 비행하는 경우 항공교통관제기관의 지시에 따라 비행하여야 한다.

해설 시행규칙 제171조, 제172조. ㉮항 관제비행장의 부근 또는 기동지역에서 운항하는 경우에는 항공교통관제기관의 지시에 따라 시계비행방식으로 비행할 수 있다. 시계비행방식의 비행이 금지되는 것이 아니다.

문제 247 **시계비행방식으로 비행 중인 항공기가 계기비행방식으로 변경하여 비행하려는 경우에는 그 비행계획의 변경사항을 누구에게 통보하여야 하는가?**

㉮ 항공교통업무기관

㉯ 지방항공청장

㉰ 운항관리사

㉱ 항공교통관제기관

해설 시행규칙 제173조 제4항 시계비행방식으로 비행 중인 항공기가 계기비행방식으로 변경하여 비행하려는 경우에는 그 비행계획의 변경사항을 관할 항공교통관제기관에 통보하여야 한다.

문제 248 **특별시계비행허가를 받은 항공기의 조종사가 따라야 하는 비행규칙으로 틀린 것은?**

㉮ 허가받은 관제권 안을 비행할 것
㉯ 구름을 피하여 비행할 것
㉰ 비행시정을 1,600미터 이상 유지하며 비행할 것
㉱ 지표 또는 수면을 계속하여 볼 수 있는 상태에서 비행할 것

해설 시행규칙 제174조 제1항 ㉰항 '1000미터'가 아니고 '1500미터'이다.

문제 249 **특별시계비행(SVFR)의 요건 중 틀린 것은?**

㉮ 지상시정을 1,500미터 이상 유지하며 비행할 것
㉯ 조종사가 계기비행을 할 수 있는 자격이 없는 헬리콥터의 경우에는 주간 및 야간에도 비행할 수 있다.
㉰ 항공계기를 갖추지 아니한 비행기로 비행하는 경우에는 주간에만 비행할 것
㉱ 구름을 피하여 비행할 것

해설 시행규칙 제174조 제1항. ㉮항 '지상시정'이 아니라 '비행시정'이다.

문제 250 **특별시계비행(SVFR)의 조건에 관할 설명 중 틀린 것은?**

㉮ 구름과의 거리를 수평으로 1,500미터, 수직으로 300미터를 유지하며 비행하여야 한다.
㉯ 조종사가 계기비행을 할 수 있는 자격이 없는 비행기의 경우에는 야간에 비행할 수 없다.
㉰ 특별시계비행으로 이륙·착륙을 할 경우에는 지상시정이 1,500미터 이상이어야 한다.
㉱ 지표 또는 수면을 계속하여 볼 수 있는 상태로 비행하여야 한다.

해설 시행규칙 제175조 구름으로부터 거리미만인 기상상태에서 비행하여서는 아니된다. 다만 특별시계비행방식에 따라 비행하는 항공기는 그러하지 아니히다.

문제 251 **SVFR의 조건에 관한 설명 중 옳은 것은?**

㉮ 비행시정을 1,500피트 이상 유지하며 비행하여야 한다.
㉯ 구름과의 거리를 1,500미터 이상 유지하며 비행하여야 한다.
㉰ 지상시정이 보고되지 아니한 경우에는 특별시계비행으로 이륙 또는 착륙할 수 없다.
㉱ 계기비행을 할 수 있는 자격이 없는 조종사가 운항하는 헬리콥터는 야간에도 특별시계비행을 할 수 있다.

해설 시행규칙 제174조. ㉮항 '1,500피트'가 아니라 '1,500미터'이다. ㉯항 구름을 피하며 비행할 뿐 구름

간 거리에 관한 요건은 없다. ㉰항 제2항 지상시정이 보고되지 아니한 경우에는 비행시정이 1,500미터 이상일 경우에 특별시계비행으로 이륙·착륙할 수 있다.

문제 252 **특별시계비행을 하는 조종사는 (　　)시정을 (　　)이상 유지하여 비행하여야 한다. 괄호 안에 알맞은 말은?**

㉮ 비행, 1,500미터　　㉯ 비행, 1,500피트
㉰ 지상, 1,500미터　　㉱ 비행, 1,000피트

해설 비행규칙 제174조 제1항

문제 253 **SVFR의 시정은?**

㉮ 지상시정 1,500미터 이상
㉯ 비행시정 1,600미터 이상
㉰ 비행시정 1,500미터 이상, 지상시정 1,000미터 이상
㉱ 비행시정 1,600미터 이상, 지상시정 1,600미터 이상

해설 특별시계비행은 비행시정 1,500미터 이상 유지하여 비행하여야 한다. 시행규칙 제174조 제2항. 특별시계비행으로 이륙 또는 착륙을 할 경우 지상시정이 1,500미터 이상이거나, 지상시정이 보고되지 아니한 경우에는 비행시정이 1,500미터 이상이어야 한다.

※ 문제에 특별한 설명이 없으면 비행시정 1,500미터 이상 지상시정 1,500미터가 정답이지만 가장 옳은 답은 ㉮항이다. 항공교통관제사의 입장에서는 이륙·착륙을 전제로 한다면 지상시정 1,500미터 이상이 정답에 가깝다.

규칙 제175조(비행시정 및 구름으로부터의 거리) 법 제67조에 따라 시계비행방식으로 비행하는 항공기는 별표 24에 따른 비행시정 및 구름으로부터의 거리 미만인 기상상태에서 비행하여서는 아니 된다. 다만, 특별시계비행방식에 따라 비행하는 항공기는 그러하지 아니 하다.

시계비행방식으로 비행하는 항공기는 별표 24에 따른 비행시정 및 구름으로부터의 거리미만인 기상상태에서 비행하여서는 아니된다. 다만 특별시계비행방식에 따라 비행하는 항공기는 이러한 의무가 없다.

★ 총 15회 출제되었다. 3050m(10000ft) 이상 비행시정은 8000m, 구름수평으로 1500m, 수직으로 300m/나머지는 비행시정은 5000m, 구름거리는 동일/주로 BCDE 등급에 관해 출제

<table>
<tr><th>고 도</th><th>공 역</th><th>비행시정</th><th>구름으로부터의 거리</th></tr>
<tr><td>해발 3,050m(10,000ft) 이상</td><td rowspan="2">BCDEFG</td><td>8000m</td><td rowspan="3">수평으로 1,500m, 수직으로 300m(1,000ft)</td></tr>
<tr><td>해발 3,050m(10,000ft) 미만에서 해발 900m(3,000ft) 또는 장애물 상공 300m(1,000ft) 중 높은 고도초과</td><td rowspan="3">5000m</td></tr>
<tr><td rowspan="2">해발 900m(3,000ft) 또는 장애물 상공 300m(1,000ft) 중 높은 고도이하</td><td>BCDE</td></tr>
<tr><td>FG</td><td>지표면 육안식별 및 구름을 피할 수 있는 거리</td></tr>
</table>

문제 254 해발 3,050미터 이상의 고도에서 시계비행방식으로 비행하는 항공기가 운항하기 위한 기상상태는?

㉮ 비행시정 8,000미터, 구름으로부터의 거리수평으로 1,500미터, 수직으로 300미터
㉯ 비행시정 5,000미터, 구름으로부터의 거리수평으로 1,500미터, 수직으로 300미터
㉰ 비행시정 8,000미터, 지표면 육안식별 및 구름을 피할 수 있는 거리
㉱ 비행시정 5,000미터, 구름으로부터의 거리수평으로 1,500미터, 수직으로 350미터

해설 시행규칙 제175조 별표 24

문제 255 해발 10,000피트 이상 D등급 공역에서 시계비행방식으로 비행하는 항공기가 운항하기 위한 기상상태는?

㉮ 비행시정 8,000미터, 구름으로부터의 거리수평으로 1,500미터, 수직으로 300미터
㉯ 비행시정 5,000미터, 구름으로부터의 거리수평으로 1,500미터, 수직으로 300미터
㉰ 비행시정 8,000미터, 지표면 육안식별 및 구름을 피할 수 있는 거리
㉱ 비행시정 5,000미터, 구름으로부터의 거리수평으로 1,500미터, 수직으로 350미터

해설 시행규칙 제175조 별표 24

문제 256 B등급 공역에서 해발 10,000피트 이상의 고도에서 VFR 비행하기 위한 비행시정의 상태는?

㉮ 8,000 미터　　㉯ 5,000 미터
㉰ 10,000 미터　　㉱ 13,000 미터

해설 시행규칙 제175조 별표 24

문제 257 **D등급 공역에서 시계비행방식으로 비행하는 항공기가 운항하기 위한 구름과의 거리는?**

㉮ 수평으로부터 1,500미터, 수직으로 300미터
㉯ 수평으로부터 1,500미터, 수직으로 350미터
㉰ 수평으로부터 2,000피트, 수직으로 1,000피트
㉱ 수평으로부터 1,200미터, 수직으로 300미터

해설 시행규칙 제175조 별표 24. F 및 G등급 공역이 아니라면 고도와 상관없이 구름으로부터의 거리는 동일하다.

문제 258 **B등급 공역에서 해발 3,050미터 미만에서 해발 900미터 또는 장애물 상공 300미터 중 높은 고도를 초과할 때 시계비행 상의 양호한 기상상태는?**

㉮ 비행시정 8,000미터, 구름으로부터의 거리수평으로 1,500미터, 수직으로 300미터
㉯ 비행시정 5,000미터, 구름으로부터의 거리수평으로 1,500미터, 수직으로 300미터
㉰ 비행시정 8,000미터, 지표면 육안식별 및 구름을 피할 수 있는 거리
㉱ 비행시정 8,000미터, 구름으로부터의 거리수평으로 1,500미터, 수직으로 350미터

해설 시행규칙 제175조 별표 24

문제 259 **B등급 공역에서 해발 10,000 피트 미만에서 해발 3,000피트 또는 장애물 상공 1,000피트 중 높은 고도를 초과할 때 시계비행 상의 양호한 기상상태는?**

㉮ 비행시정 8,000미터, 구름으로부터의 거리수평으로 1,500미터, 수직으로 300미터
㉯ 비행시정 5,000미터, 구름으로부터의 거리수평으로 1,500미터, 수직으로 300미터
㉰ 비행시정 8,000미터, 지표면 육안식별 및 구름을 피할 수 있는 거리
㉱ 비행시정 8,000미터, 구름으로부터의 거리수평으로 1,500미터, 수직으로 350미터

해설 시행규칙 제175조 별표 24

문제 260 **D등급 공역에서 해발 900미터(3,000피트) 또는 장애물 상공 300미터(1,000피트) 중 높은 고도를 초과할 때 시계비행 상의 양호한 기상상태는?**

㉮ 비행시정 8,000미터, 구름으로부터의 거리수평으로 1,500미터, 수직으로 300미터
㉯ 비행시정 5,000미터, 구름으로부터의 거리수평으로 1,500미터, 수직으로 300미터
㉰ 비행시정 8,000미터, 지표면 육안식별 및 구름을 피할 수 있는 거리
㉱ 비행시정 8,000미터, 구름으로부터의 거리수평으로 1,500미터, 수직으로 350미터

해설 시행규칙 제175조 별표 24

문제 261 **F 또는 G등급 공역에서 해발 900미터(3,000피트) 또는 장애물 상공 300미터(1,000피트) 중 높은 고도를 초과할 때 시계비행 상의 양호한 기상상태는?**

㉮ 비행시정 8,000미터, 구름으로부터의 거리수평으로 1,500미터, 수직으로 300미터
㉯ 비행시정 5,000미터, 구름으로부터의 거리수평으로 1,500미터, 수직으로 300미터
㉰ 비행시정 5,000미터, 지표면 육안식별 및 구름을 피할 수 있는 거리
㉱ 비행시정 8,000미터, 구름으로부터의 거리수평으로 1,500미터, 수직으로 350미터

해설 시행규칙 제175조 별표 24

문제 262 **다음 중 시계비행방식으로 비행하는 항공기의 비행시정 및 구름으로부터의 거리에 관한 설명 중 틀린 것은?**

㉮ A등급 공역에서는 시계비행이 허용되지 않는다.
㉯ B,C,D,E등급 공역에서는 해발고도와 무관하게 시계비행방식으로 비행을 할 수 있는 구름으로부터 거리는 수평으로 1,500미터, 수직으로 300미터로 동일하다.
㉰ 해발 3,050미터 미만 고도에서 시계비행방식으로 비행할 수 있는 비행시정은 5,000미터이다.
㉱ 특별시계비행방식에 따라 비행하는 항공기도 규정된 비행시정 및 구름으로부터 거리미만인 상태에서 비행해서는 아니된다.

해설 시행규칙 제175조 별표 24. ㉱항 시행규칙 제175조 단서. 다만, 특별시계비행방식에 따라 비행하는 항공기는 그러하지 아니 하다.

규칙 제176조(모의계기비행의 기준) 법 제67조에 따라 모의계기비행을 하려는 자는 다음 각 호의 기준에 따라야 한다.
1. 완전하게 작동하는 이중비행조종장치(Dual Control)를 장착하고 있을 것
2. 안전감독조종사(Safety Pilot)가 조종석에 타고 있을 것
3. 안전감독조종사가 항공기의 전방 및 양 측면에 대하여 적절한 시야를 확보하고 있거나 항공기내에 관숙승무원(Observer)이 있어 안전감독조종사의 시야를 보완할 수 있을 것

★ **총 5번 출제되었다. 주된 오답으로 '기장급 안전감독조종사'는 요건이 아니고, 반드시 탑승해야 하는 자는 '안전감독조종사'이다.**

문제 263 **다음 중 모의계기비행을 하려는 자가 따라야 하는 규칙에 해당하지 않는 것은?**

㉮ 완전하게 작동하는 이중비행조종장치(Dual Control)를 장착하고 있을 것
㉯ 기장급 안전감독조종사(Safety Pilot)가 조종석에 타고있을 것
㉰ 안전감독조종사가 항공기의 전방 및 양 측면에 대하여 적절한 시야를 확보하고 있을 것
㉱ 항공기 내에 관숙승무원(Observer)이 있어 안전감독조종사의 시야를 보완할 수 있을 것

해설 시행규칙 제176조. ㉯항 '안전감독조종사'가 기장급이어야 하는 요건은 없다.

문제 264 **다음 중 모의계기비행을 할 경우 반드시 탑승하여야 하는 자는?**

㉮ 안전감독조종사 ㉯ 관숙승무원
㉰ 항공안전감독관 ㉱ 비행감독관

해설 시행규칙 제176조. ㉯항 안전감독조종사가 적절한 시야를 확보할 수 있으면 관숙승무원은 탑승하지 않아도 된다.

문제 265 **다음 중 모의계기비행을 하려는 자가 따라야 하는 규칙에 해당하지 않는 것은?**

㉮ 완전하게 작동하는 이중비행조종장치(Dual Control)를 장착하고 있을 것
㉯ 안전감독조종사(Safety Pilot)가 조종석에 타고있을 것
㉰ 안전감독조종사가 항공기의 전・후방 및 양 측면에 대하여 적절한 시야를 확보하고 있을 것
㉱ 항공기 내에 관숙승무원(Observer)이 있어 안전감독조종사의 시야를 보완할 수 있을 것

해설 시행규칙 제176조. ㉰항 시야확보는 전방 및 양 측면이다. 후방은 아니다.

규칙 제177조(계기 접근 및 출발절차 등) ① 법 제67조에 따라 계기비행의 절차는 다음 각 호와 같이 구분한다.

1. 비정밀접근절차: 전자적인 활공각(滑空角) 정보를 이용하지 아니하고 활주로방위각 정보를 이용하는 계기접근절차로서 최저강하고도(Minimum Descent Altitude/MDA: 비정밀접근절차별, 기장별 또는 항공기별로 인가된 강하고도 중 가장 높은 고도를 말한다. 이하 같다) 또는 결심고도(Decision Height/DH: 접근절차별, 기장별 또는 항공기별로 인가된 결심고도 중 가장 높은 고도를 말한다. 이하 같다)가 75미터(250피트) 이상으로 설계된 계기접근절차

2. 정밀접근절차: 계기착륙시설(Instrument Landing System/ILS, Microwave Landing System/MLS, GPS Landing System/GLS) 또는 위성항법시설(Satellite Based Augmentation System/SBAS Cat Ⅰ)을 기반으로 하여 활주로방위각 및 활공각 정보를 이용하는 계기접근절차
3. 수직유도정보에 의한 계기접근절차: 활공각 및 활주로방위각 정보를 제공하며, 최저강하고도 또는 결심고도가 75미터(250피트) 이상으로 설계된 성능기반항행(Performance Based Navigation/PBN) 계기접근절차
4. 표준계기도착절차: 항공로에서 제1호부터 제3호까지의 규정에 따른 계기접근절차로 연결하는 계기도착절차
5. 표준계기출발절차: 비행장을 출발하여 항공로를 비행할 수 있도록 연결하는 계기출발절차

★ 계기비행절차의 종류에 대해서 1번 출제되었고, 계기접근절차의 구체적인 수치에 대해서 3번 출제되었다. 그리 많이 출제되지 않고 2013년 최근 마지막으로 출제되었다.

문제 266 **전자적인 활공각(滑空角) 정보를 이용하지 아니하고 활주로방위각 정보를 이용하는 계기접근절차는?**

㉮ 비정밀접근절차　　㉯ 정밀접근절차
㉰ 표준계기도착절차　　㉱ 표준계기출발절차

해설 시행규칙 제177조 제1항

문제 267 **계기착륙시설(ILS, MLS, GLS) 또는 위성항법시설(SBAS Cat Ⅰ)을 기반으로 하여 활주로방위각 및 활공각 정보를 이용하는 계기접근절차는?**

㉮ 비정밀접근절차　　㉯ 정밀접근절차
㉰ 표준계기도착절차　　㉱ 표준계기출발절차

해설 시행규칙 제177조 제1항

문제 268 **활공각 및 활주로방위각 정보를 제공하는 성능기반항행(PBN) 계기접근절차는?**

㉮ 비정밀접근절차　　㉯ 정밀접근절차
㉰ 표준계기도착절차　　㉱ 수직유도정보에 의한 계기접근절차

해설 시행규칙 제177조 제1항

문제 269 CAT1의 시정 또는 활주로 가시범위는?

㉮ 800미터, RVR 550미터 이상
㉯ 800미터, RVR 300미터 이상 550미터 미만
㉰ 800미터, RVR 175미터 이상 300미터 미만
㉱ 800미터, RVR 50미터 이상 175미터 미만

해설 시행규칙 제177조 제2항

문제 270 CAT2의 결심고도, 활주로 가시범위는?

㉮ 60미터 이상 75미터 미만, RVR 550미터 이상
㉯ 30미터 이상 60미터 미만, RVR 300미터 이상 550미터 미만
㉰ 30미터 미만, RVR 175미터 이상 300미터 미만
㉱ 15미터 미만, RVR 50미터 이상 175미터 미만

해설 시행규칙 제177조 제2항

문제 271 CAT3-A의 결심고도, 활주로 가시범위는?

㉮ 60미터 이상 75미터 미만, RVR 550미터 이상
㉯ 30미터 이상 60미터 미만, RVR 300미터 이상 550미터 미만
㉰ 30미터 미만, RVR 175미터 이상 300미터 미만
㉱ 15미터 미만, RVR 50미터 이상 175미터 미만

해설 시해규칙 제177조 제2항

규칙 제178조(계기비행규칙 등) ① 법 제67조에 따라 계기비행방식으로 비행하는 항공기는 제199조 제2호 각 목에 따른 고도미만으로 비행해서는 아니 된다. 다만, 이륙 또는 착륙하는 경우와 관할 항공교통업무기관의 허가를 받은 경우에는 그러하지 아니 하다.

② 계기비행방식으로 비행하는 항공기가 시계비행방식으로 변경하려는 경우에는 계기비행의 취소 및 비행계획의 변경사항을 관할 항공교통업무기관에 통보하여야 한다.

③ 제2항에도 불구하고 계기비행방식으로 비행 중인 항공기는 시계비행기상상태가 상당한 시간 동안 유지되지 아니할 것으로 예상되는 경우에는 계기비행방식에 의한 비행을 취소해서는 아니 된다.

제179조(관제공역 내에서의 계기비행규칙) ① 법 제67조에 따라 비행하는 항공기는 관제공역 내에서 비행할 경우에는 제185조 및 제190조부터 제193조까지를 준수하여야 한다.

② 관제공역 내에서 계기비행방식으로 비행하려는 항공기는 별표 21에 따른 순항고도로 비행하여야 한다. 다만, 관할 항공교통관제기관에서 별도로 지시하는 경우에는 그러하지 아니하다.

제180조(항공교통관제업무가 제공되지 아니하는 공역에서의 계기비행규칙) ① 항공교통관제업무가 제공되지 아니하는 공역에서 계기비행방식으로 비행하려는 항공기는 별표 21에 따른 순항고도로 비행하여야 한다. 다만, 관할 항공교통업무기관으로부터 해발고도 900미터(3천피트) 이하의 고도로 비행하도록 지시를 받은 경우에는 그러하지 아니 하다.

② 항공교통관제업무가 제공되지 아니하는 공역에서 계기비행방식으로 비행하는 항공기는 비행정보를 제공하는 항공교통업무기관과 공대지통신을 유지 · 경청하고, 제191조에 따라 위치보고를 하여야 한다.

계기비행규칙에 대해서, 시행규칙 제178조는 계기비행규칙 일반, 제179조는 관제공역 내에서 계기비행규칙, 제180조는 항공교통관제업무가 제공되지 아니하는 공역에서의 계기비행규칙, 제190조는 계기비행방식 등에 의한 비행 · 접근 · 착륙 및 이륙에 대해서 구체적으로 규정하고 있다.

계기비행방식으로 비행하는 항공기는 최저고도미만으로 비행하여서는 아니 된다. 계기비행방식으로 비행하는 항공기가 시계비행방식으로 변경하려는 경우에는 계기비행의 취소 및 비행계획의 변경사항을 관할 항공교통업무기관에 통보하여야 한다(반대의 경우에도 동일). 다만 계기비행방식으로 비행중인 항공기는 시계비행기상상태가 상당한 시간 동안 유지되지 아니할 것으로 예상되는 경우에는 계기비행방식에 의한 비행을 취소해서는 아니 된다(반대의 경우에는 아님).

관제공역 내에서 비행하는 경우에는 관제비행에 관한 비행규칙을 준수해야 하고(시행규칙 제185조, 제190조에서 제193조), 순항고도로 비행하여야 한다.

항공교통관제업무가 제공되지 아니하는 공역에서 계기비행방식으로 비행하려는 항공기는 별표에 따른 순항고도로 비행하여야 하고, 항공교통업무기관과 공대지통신을 유지 · 경청하고 위치보고를 하여야 한다.

★ 계기비행규칙 일반 및 관제공역 내에서의 계기비행규칙을 혼합하여 3번 출제되었다. 주된 오답은 '일반적으로 사용되는 순항고도'를 유지해야 한다는 것이다. '별표로 규정된 순항고도를 유지해야 한다.'가 맞는 말이다.

문제 272 **계기비행규칙에 관한 설명 중 틀린 것은?**

㉮ 계기비행방식으로 비행하는 항공기는 최저고도미만으로 비행하여서는 아니 된다.

㉯ 계기비행방식으로 비행하는 항공기가 시계비행방식으로 변경하려는 경우에는 계기비행의 취소 및 비행계획의 변경사항을 관할 항공교통업무기관에 통보하여야 한다.

㉰ 계기비행방식으로 비행 중인 항공기는 시계비행기상상태가 상당한 시간 동안 유지되지 아니할 것으로 예상되는 경우에는 계기비행방식에 의한 비행을 취소해서는 아니 된다.

㉱ 관제공역 내에서 계기비행방식으로 비행하려는 항공기는 일반적으로 사용되는 순항고도로 비행하여야 한다.

해설 시행규칙 제179조 제2항 관제공역 내에서 계기비행방식으로 비행하려는 항공기는 별표에서 규정된 순항고도로 비행하여야 한다.

문제 273 **항공기가 따라야 하는 비행규칙에 대한 설명 중 틀린 것은?**

㉮ 시계비행방식으로 비행하는 항공기는 지표면 또는 수면상공 900미터(3천피트) 이상을 비행할 경우에는 별표에 따른 순항고도에 따라 비행하여야 한다.

㉯ 시계비행방식으로 비행 중인 항공기가 계기비행방식으로 변경하여 비행하려는 경우에는 그 비행계획의 변경사항을 관할 항공교통관제기관에 통보하여야 한다.

㉰ 계기비행방식으로 비행하는 항공기는 별표에 따른 순항고도에 따라 비행하여야 한다.

㉱ 계기비행방식으로 비행하는 항공기가 시계비행방식으로 변경하려는 경우에는 계기비행의 취소 및 비행계획의 변경사항을 관할 항공교통업무기관에 통보하여야 한다.

해설 ㉮항 시행규칙 제173조 제1항, ㉯항 동조 제4항. ㉰항 제178조 제1항 최저고도 미만을 비행하여서는 아니된다. ㉱항 동조 제2항

문제 274 **항공기가 따라야 하는 비행규칙에 대한 설명 중 틀린 것은?**

㉮ 시계비행방식으로 비행 중인 항공기가 계기비행방식으로 변경하여 비행하려는 경우에는 그 비행계획의 변경사항을 관할 항공교통관제기관에 통보하여야 한다.

㉯ 계기비행방식으로 비행하는 항공기가 시계비행방식으로 변경하려는 경우에는 계기비행의 취소 및 비행계획의 변경사항을 관할 항공교통업무기관에 통보하여야 한다.

㉰ 시계비행방식으로 비행 중인 항공기는 계기비행기상상태가 상당한 시간 동안 유지되지 아니할 것으로 예상되는 경우에는 시계비행방식에 의한 비행을 취소해서는 아니 된다.

㉱ 계기비행방식으로 비행하는 항공기는 최저고도 미만으로 비행하여서는 아니되지만,

관제공역 내에서 계기비행방식으로 비행하려는 항공기는 별표에서 규정된 순항공도를 유지하여야 한다.

해설 ㉮항 시행규칙 제173조 제4항, ㉯항 제178조 제2항. ㉰항 시계비행방식에는 없는 조항이다. 반대의 경우 제178조 제3항으로 규정하고 있다. ㉱항 제178조 제1항, 제179조 제2항, 제180조 제1항

문제 275 **계기비행규칙에 대한 설명 중 틀린 것은?**

㉮ 관제공역 내에서 계기비행방식으로 비행하려는 항공기는 별표에 따른 순항고도로 비행하여야 한다.

㉯ 항공교통관제업무가 제공되지 아니하는 공역에서 계기비행방식으로 비행하려는 항공기는 별표에 따른 순항고도로 비행하여야 한다.

㉰ 관제공역 내에서 계기비행방식으로 비행하는 항공기는 비행정보를 제공하는 항공교통업무기관과 공대지통신을 유지·경청하고, 관할 항공교통업무기관에 위치보고를 하여야 한다.

㉱ 계기비행방식으로 비행하는 항공기는 최저고도미만으로 비행해서는 아니 된다.

해설 ㉮항 시행규칙 제179조 제2항, ㉯항 제180조 제1항. ㉰항 '관제공역'이 아니라 '항공교통관제업무가 제공되지 아니하는 공역'이다. 제180조 제2항. ㉱항 제178조 제1항.

※ 시계비행은 일정한 고도에서 순항고도 유지. 계기비행은 최저고도 유지. 관제공역 또는 항공교통관제업무 미제공공역 내 계기비행은 순항고도 유지. 다만 항공교통관제업무 미제공공역 내 계기비행은 위치보고.

규칙 제181조(계기비행방식 등에 의한 비행·접근·착륙 및 이륙) ① 계기비행방식으로 착륙하기 위하여 접근하는 항공기의 조종사는 다음 각 호의 기준에 따라 비행하여야 한다.

1. 해당 비행장에 설정된 계기접근절차를 따를 것
2. 기상상태가 해당 계기접근절차의 착륙기상 최저치미만인 경우에는 결심고도(DH) 또는 최저강하고도(MDA)보다 낮은 고도로 착륙을 위한 접근을 시도하지 아니할 것. 다만, 다음 각 목의 요건에 모두 적합한 경우에는 그러하지 아니하다.

가. 정상적인 강하율에 따라 정상적인 방법으로 그 활주로에 착륙하기 위한 강하를 할 수 있는 위치에 있을 것

나. 비행시정이 해당 계기접근절차에 규정된 시정이상일 것

다. 조종사가 다음 중 어느 하나 이상의 해당 활주로 관련 시각참조물을 확실히 보고 식별할 수 있을 것(정밀접근방식이 제177조 제2항에 따른 제2종 또는 제3종에 해당하는 경우는 제외한다)

1) 진입등시스템(ALS): 조종사가 진입등의 구성품 중 붉은색 측면등(red side row bars) 또

는 붉은색 최종진입등(red terminating bars)을 명확하게 보고 식별할 수 없는 경우에는 활주로의 접지구역표면으로부터 30미터(100피트) 높이의 고도미만으로 강하할 수 없다.

2) 활주로시단(threshold)

3) 활주로시단표지(threshold marking)

4) 활주로시단등(threshold light)

5) 활주로시단식별등

6) 진입각지시등(VASI 또는 PAPI)

7) 접지구역(touchdown zone) 또는 접지구역표지(touchdown zone marking)

8) 접지구역등(touchdown zone light)

9) 활주로 또는 활주로표지

10) 활주로등

3. 다음 각 목의 어느 하나에 해당할 때 제2호 다목의 요건에 적합하지 아니한 경우 또는 최저강하고도 이상의 고도에서 선회 중 비행장이 육안으로 식별되지 아니하는 경우에는 즉시 실패접근(계기접근을 시도하였으나 착륙하지 못한 항공기를 위하여 설정된 비행절차를 말한다. 이하 같다)을 하여야 한다.

가. 최저강하고도보다 낮은 고도에서 비행 중인 때

나. 실패접근의 지점(결심고도가 정해져 있는 경우에는 그 결심고도를 포함한다. 이하 같다)에 도달할 때

다. 실패접근의 지점에서 활주로에 접지할 때

② 조종사는 비행시정이 착륙하려는 비행장의 계기접근절차에 규정된 시정 미만인 경우에는 착륙하여서는 아니 된다. 다만, 법 제3조 제1항에 따른 군용항공기와 같은 조 제3항에 따른 아메리카합중국이 사용하는 항공기는 그러하지 아니하다.

③ 조종사는 해당 민간비행장에서 정한 최저이륙기상치 이상인 경우에만 이륙하여야 한다. 다만, 국토교통부장관의 허가를 받은 경우에는 그러하지 아니하다.

④ 조종사는 최종접근진로, 위치통지점(FIX) 또는 체공지점에서의 시간차접근(Timed Approach) 또는 비절차선회(No Procedure Turn/PT)접근까지 제5항 제2호에 따른 레이더유도(Vectors)를 받는 경우에는 관할 항공교통관제기관으로부터 절차선회하라는 지시를 받지 아니하고는 절차선회를 해서는 아니 된다.

⑤ 제1항 제1호에 따른 계기접근절차 외의 항공로운항 및 레이더사용절차는 다음 각 호에 따른다.

1. 항공교통관제용 레이더는 감시접근용 또는 정밀접근용으로 사용하거나 다른 항행안전무선시설을 이용하는 계기접근절차와 병행하여 사용할 수 있다.

2. 레이더유도는 최종접근진로 또는 최종접근지점까지 항공기가 접근하도록 진로안내를 하는 데 사용할 수 있다.

3. 조종사는 설정되지 아니한 비행로를 비행하거나 레이더유도에 따라 접근허가를 받은 경우

에는 공고된 항공로 또는 계기접근절차 비행구간으로 비행하기전까지 제199조에 따른 최저비행고도를 준수하여야 한다. 다만, 항공교통관제기관으로부터 최종적으로 지시받은 고도가 있는 경우에는 우선적으로 그 고도에 따라야 한다.

4. 제3호에 따라 관할 항공교통관제기관으로부터 최종적으로 고도를 지시받은 조종사는 공고된 항공로 또는 계기접근절차비행로에 진입한 이후에는 그 비행로에 대하여 인가된 고도로 강하하여야 한다.
5. 조종사가 최종접근진로나 최종접근지점에 도착한 경우에는 그 시설에 대하여 인가된 절차에 따라 계기접근을 수행하거나 착륙시까지 감시레이더접근 또는 정밀레이더접근을 계속할 수 있다.

⑥ 계기착륙시설(Instrument Landing System/ILS)은 다음 각 호와 같이 구성되어야 한다.

1. 계기착륙시설은 방위각제공시설(LLZ), 활공각제공시설(GP), 외측마커(Outer Marker), 중간마커(Middle Marker) 및 내측마커(Inner Marker)로 구성되어야 한다.
2. 제1종 정밀접근(CAT-I) 계기착륙시설의 경우에는 내측마커를 설치하지 아니할 수 있다.
3. 외측마커 및 중간마커는 거리측정시설(DME)로 대체할 수 있다.
4. 제2종 및 제3종 정밀접근(CAT-Ⅱ 및 Ⅲ) 계기착륙시설로서 내측마커를 설치하지 아니하려는 경우에는 항행안전시설 설치허가 신청서에 필요한 사유를 적어야 한다.

⑦ 조종사는 군비행장에서 이륙 또는 착륙하거나 군 기관이 관할하는 공역을 비행하는 경우에는 해당 군비행장 또는 군 기관이 정한 계기비행절차 또는 관제지시를 준수하여야 한다. 다만, 해당 군비행장 또는 군 기관의 장과 협의하여 국토교통부장관이 따로 정한 경우에는 그러하지 아니하다.

⑧ 제2종 및 제3종 정밀접근계기착륙시설의 정밀계기접근절차를 따라 비행하는 경우에는 다음 각 호의 어느 하나를 적용한다. 다만, 「항공사업법」 제7조, 제10조 및 제54조에 따른 항공운송사업자의 항공기에 대해서는 제2호 및 제3호를 적용하지 아니 한다.

1. 조종사는 결심고도가 있는 제2종 및 제3종 정밀접근 계기착륙시설의 정밀계기접근절차를 따라 비행할 경우 인가된 결심고도보다 낮은 고도로 착륙을 위한 접근을 시도하여서는 아니 된다. 다만, 국토교통부장관의 인가를 받은 경우 또는 다음 각 목의 어느 하나에 해당하는 경우에는 그러하지 아니 하다.
   가. 조종사가 정상적인 강하율에 따라 정상적인 방법으로 활주로 접지구역에 착륙하기 위한 강하를 할 수 있는 위치에 있는 경우
   나. 조종사가 다음의 어느 하나의 활주로 시각참조물을 육안으로 식별할 수 있는 경우
   1) 진입등시스템. 다만, 조종사가 진입등시스템의 구성품 중 진입등만식별할 수 있고 붉은색측면등 또는 붉은색 최종진입등은 식별할 수 없는 경우에는 활주로의 표면으로부터 30미터(100피트) 미만의 고도로 강하해서는 아니 된다.
   2) 활주로시단
   3) 활주로시단표지

4) 활주로시단등
5) 접지구역 또는 접지구역표지
6) 접지구역등

2. 조종사는 결심고도가 없는 제3종 정밀접근계기착륙시설의 정밀계기접근절차를 따라 비행하려는 경우에는 미리 국토교통부장관의 인가를 받아야 한다.
3. 제2종 및 제3종 정밀접근계기착륙시설의 정밀계기접근절차운용의 일반기준은 다음 각 목과 같다.

가. 제2종 및 제3종 계기착륙시설의 정밀계기접근절차를 이용하는 조종사는 다음의 기준에 적합하여야 한다.

1) 제2종 정밀접근계기착륙시설의 정밀계기접근절차를 이용하는 기장과 기장 외의 조종사는 제2종 계기착륙시설의 정밀계기접근절차의 운용에 관하여 지방항공청장의 인가를 받을 것
2) 제3종 정밀접근계기착륙시설의 정밀계기접근절차를 이용하는 기장과 기장 외의 조종사는 제3종 정밀접근계기착륙시설의 정밀계기접근절차의 운용에 관하여 지방항공청장의 인가를 받을 것
3) 조종사는 자신이 이용하는 계기착륙시설의 정밀계기접근절차 및 항공기에 대하여 잘 알고 있을 것

나. 조종사의 전면에 있는 항공기조종계기판에는 해당 계기착륙시설의 정밀계기접근절차를 수행하는 데 필요한 장비가 갖추어져 있어야 한다.

다. 비행장 및 항공기에는 별표 25에 따른 해당 계기착륙시설의 정밀계기접근용 지상장비와 해당 항공기에 필요한 장비가 각각 갖추어져 있어야 한다.

4. 「항공사업법」 제7조·제10조 및 제54조에 따른 항공운송사업자의 항공기가 제2종 또는 제3종 정밀접근 계기착륙시설의 정밀계기접근절차에 따라 비행하는 경우에는 별표 25에서 정한 기준을 준수하여야 한다.

⑨ 조종사는 제8항 제1호 가목 및 나목의 기준에 적합하지 아니한 경우에는 활주로에 접지하기 전에 즉시 실패접근을 하여야 한다. 다만, 국토교통부장관의 허가를 받은 경우에는 그러하지 아니 하다.

계기비행방식 등에 의한 비행, 접근, 착륙 및 이륙에 대해서는 시행규칙 제181조에서 구체적으로 규정하고 있다. 계기비행방식의 착륙에 관한 일반적인 비행규칙(시각참조물, 실패접근), 계기접근절차 외의 항공로운항 및 레이더사용절차, 계기착륙시설, 정밀접근계기착륙시설의 정밀계기접근절차에 따라 비행하는 경우(시각참조물) 등을 규정하고 있다.

★ 총 15회 출제되었다. 주로 출제된 분야는 활주로 시각참조물에 대해 4회 출제되었다. 주요 오답은 활주로중심선등, 활주로종단등, 활주로중심선등이다. 영어로도 출제된다. 레이더유도에 대해 4번 출제되었다. 주로 레이더유도를 "최종접근진로" 또는 "최종진입구간"까지 접근하도록 안내한다(3회). 항공교통관제용 레이더와 다른 항행안전무전시설을 이용하는 계기접근절차와 병행하여 사용할 수 있다(1회). 착륙기상최저치 미만 & 결심고도 또는 최저강하고도보다 낮은 고도로접근시도할 수 있는 요건에는 항공교통관제기관의 승인이 필요없다는 주제로 1회 출제된 바 있다. 실패접근에 대해서 1회 출제되었다. 계기착륙시설에 대해서 2번 출제되었다. 내측마커, CAT, DME에 대한 암기가 필요하다. 3종 정밀계기접근 절차에 대해 3번 출제되었다. 별표 25에 대한 기출문제로 오답은 조종사의 자격은 제3종 접근절차훈련만 받으면 된다는 것이다(훈련 및 자격을 취득해야 함).

문제 276 **계기비행방식으로 착륙을 위한 접근하는 항공기가 활주로를 찾기 위한 시각참조물이 아닌 것은?**

㉮ 진입등시스템(ALS)

㉯ 접지구역등(touchdown zone light)

㉰ 활주로유도등(Lead-in Lighting System)

㉱ 활주로시단등(threshold light)

해설 시행규칙 제181조 제1항 제2호 다목. 활주로 시각참조물은 진입등시스템(ALS), 활주로시단(threshold), 활주로시단표지(threshold marking), 활주로시단등(threshold light), 접지구역(touchdown zone) 또는 접지구역표지(touchdown zone marking), 접지구역등(touchdown zone light)

문제 277 **계기비행방식으로 착륙을 위한 접근할 경우 활주로 시각참조물이 아닌 것은?**

㉮ 활주로시단(threshold),

㉯ 활주로시단표지(threshold marking)

㉰ 접지구역표지(touchdown zone marking)

㉱ 활주로종단등(End Lights)

해설 시행규칙 제181조 제1항 제2호 다목.

문제 278 **계기비행방식 착륙시 활주로 시각참조물이 아닌 것은?**

㉮ Runaway Threshold

㉯ Runaway Threshold marking

㉰ Touchdown zone marking

㉱ Runaway Center Line Lights

해설 시행규칙 제181조 제1항 제2호 다목. ㉱항 활주로중심선등

문제 279 **비행장에 계기접급절차 외의 레이더사용절차에 관한 설명 중 틀린 것은?**

㉮ 항공교통관제용 레이더는 감시접근용 또는 정밀접근용으로 사용할 수 있지만 다른 항행안전무선시설을 이용하는 계기접근절차와는 혼동되기 때문에 병행하여 사용할 수 없다.

㉯ 레이더유도는 최종접근진로 또는 최종접근지점까지 항공기가 접근하도록 진로안내를 하는데 사용할 수 있다.

㉰ 조종사는 설정되지 아니한 비행로를 비행하거나 레이더유도에 따라 접근허가를 받은 경우에는 공고된 항공로 또는 계기접근절차비행구간으로 비행하기 전까지 최저비행고도를 준수하여야 한다.

㉱ 조종사가 최종접근진로나 최종접근지점에 도착한 경우에는 그 시설에 대하여 인가된 절차에 따라 계기접근을 수행하거나 착륙시까지 감시레이더 접근 또는 정밀레이더 접근을 계속할 수 있다.

해설 시행규칙 제181조 제5항. ㉮항 다른 항행안전무선시설을 이용하는 계기접근절차와 병행하여 사용할 수 있다.

문제 280 **비행장에 계기접급절차 외의 레이더사용절차에 관한 설명 중 틀린 것은?**

㉮ 항공교통관제용 레이더는 감시접근용 또는 정밀접근용으로 사용하거나 다른 항행안전무선시설을 이용하는 계기접근절차와 병행하여 사용할 수 있다.

㉯ 레이더유도는 최저강하고도(MDA) 또는 결심고도(DH)까지 항공기가 접근하도록 진로안내를 하는데 사용할 수 있다.

㉰ 조종사는 설정되지 아니한 비행로를 비행하거나 레이더유도에 따라 접근허가를 받은 경우에는 공고된 항공로 또는 계기접근절차비행구간으로 비행하기 전까지 최저비행고도를 준수하여야 한다.

㉱ 조종사가 최종접근진로나 최종접근지점에 도착한 경우에는 그 시설에 대하여 인가된 절차에 따라 계기접근을 수행하거나 착륙시까지 감시레이더 접근 또는 정밀레이더 접근을 계속할 수 있다.

해설 시행규칙 제181조 제5항. 레이더유도는 최종접근진로 또는 최종접근지점까지 항공기가 접근하도록 진로안내를 하는데 사용할 수 있다.

문제 281 **계기접근절차 외의 방식으로 비행장에 접근하는 항공기에 대하여 레이더유도는 (　　　)까지 항공기가 접근하도록 진로안내를 하는데 사용할 수 있다. 괄호 안에 알맞은 말은?**

㉮ 최종접근진로 또는 최종접근지점

㉯ 최초접근진로 또는 최초접근지점

㉰ 최초진입구간(IAF)

㉱ 강하시점(TOD)

해설 시행규칙 제181조 제5항. 레이더유도는 최종접근진로 또는 최종접근지점까지 항공기가 접근하도록 진로안내를 하는데 사용할 수 있다.

문제 282 계기비행방식으로 착륙하기 위하여 접근하는 항공기의 조종사는, 기상상태가 해당 계기접근절차의 착륙기상최저치미만인 경우에도 결심고도(DH) 또는 최저강하고도(MDA)보다 낮은 고도로착륙을 위한 접근을 시도할 수 있는 요건에 해당되지 않는 것은?

㉮ 정상적인 강하율에 따라 정상적인 방법으로 그 활주로에 착륙하기 위한 강하를 할 수 있는 위치에 있을 것

㉯ 비행시정이 해당 계기접근절차에 규정된 시정이상일 것

㉰ 조종사가 다음 중 어느 하나 이상의 해당 활주로 관련 시각참조물을 확실히 보고 식별할 수 있을 것

㉱ 항공교통관제기관의 승인이 있을 것

해설 시행규칙 제181조 1항 제2호. 항공교통관제기관의 승인이 필요하지 않다.

문제 283 다음 중 실패접근을 하여야 하는 경우에 해당하지 않는 것은?

㉮ 최저강하고도보다 낮은 고도에서 비행 중 활주로 시각참조물을 식별할 수 없는 경우

㉯ 실패접근의 지점에 도달할 때 시각참조물을 식별할 수 없는 경우

㉰ 실패접근의 지점에서 활주로에 접지할 때 시각참조물을 식별할 수 없는 경우

㉱ 최저강하고도 이하의 고도에서 선회 중 비행장이 육안으로 식별되지 아니하는 경우

해설 시행규칙 제181조 제1항 제3호. 최저강하고도 "이하"가 아니라 "이상"이다.

문제 284 계기착륙시설에 대한 설명 중 틀린 것은?

㉮ 계기착륙시설은 방위각제공시설(LLZ), 활공각제공시설(GP), 외측마커(Outer Marker), 중간마커(Middle Marker) 및 내측마커(Inner Marker)로 구성되어야 한다.

㉯ 제2종 정밀접근(CAT-Ⅱ) 계기착륙시설의 경우에는 내측마커를 설치하지 아니할 수 있다.

㉰ 외측마커 및 중간마커는 거리측정시설(DME)로 대체할 수 있다.

㉱ 제2종 및 제3종 정밀접근(CAT-Ⅱ 및 Ⅲ) 계기착륙시설로서 내측마커를 설치하지 아니하려는 경우에는 항행안전시설 설치허가신청서에 필요한 사유를 적어야 한다.

해설 시행규칙 제181조 제1항 제6호. ㉯항 "제2종"이 아니라 "제1종" 정밀접근계기착륙시설이다.

문제 285 계기착륙시설에 대한 설명 중 틀린 것은?

㉮ 계기착륙시설은 LLZ, GP, Outer Marker, Middle Marker 및 Inner Marker로 구성되어야 한다.

㉯ 제1종 정밀접근(CAT-Ⅰ) 계기착륙시설의 경우에는 내측마커를 설치하지 아니할 수 있다.

㉰ 내측마커 및 중간마커는 거리측정시설(DME)로 대체할 수 있다.

㉱ 제2종 및 제3종 정밀접근(CAT-Ⅱ 및 Ⅲ) 계기착륙시설로서 내측마커를 설치하지 아니하려는 경우에는 항행안전시설 설치허가신청서에 필요한 사유를 적어야 한다.

해설 시행규칙 제181조 제1항 제6호. ㉰항 "내측마커"가 아니라 "외측마커"이다.

문제 286 계기착륙시설에 대한 설명 중 옳은 것은?

㉮ 계기착륙시설은 LLZ, GP, Outer Marker, Middle Marker로 구성되어야 한다.

㉯ 제1종 정밀접근(CAT-Ⅰ) 계기착륙시설의 경우에는 외측마커를 설치하지 아니할 수 있다.

㉰ 외측마커 및 중간마커는 거리측정시설(DME)로 대체할 수 있다.

㉱ 제2종 정밀접근(CAT-Ⅱ) 계기착륙시설로서 외측마커를 설치하지 아니하려는 경우에는 항행안전시설 설치허가신청서에 필요한 사유를 적어야 한다.

해설 시행규칙 제181조 제1항 제6호. ㉮항 Inner Marker(내측마커)도 포함되어 구성되어야 한다. ㉯항 "외측마커"가 아니라 "내측마커"이다. ㉱항 "외측마커"가 아니라 "내측마커"이다.

문제 287 항공운송사업자의 항공기가 제3종 정밀접근계기착륙시설의 정밀계기접근절차에 따라 비행하는 경우 준수해야 하는 조종사의 자격 및 운항제한에 관한 설명 중 틀린 것은?

㉮ 조종사의 자격은 제3종 정밀계기접근 훈련프로그램을 수료하여야 한다.

㉯ 해당 형식항공기의 기장비행시간이 100시간 미만인 조종사는 활주로가시범위(RVR) 550미터 이상의 기상 최저치를 적용하여야 한다.

㉰ 조종사는 최근 측정된 활주로가시범위(RVR)가 착륙최저치미만인 경우 계기접근절차의 최종접근구간에 진입해서는 아니 된다.

㉣ 조종사는 항공기가 최종접근구간에 진입한 후 활주로가시범위(RVR)가 허가된 최저 치미만으로 기상이 악화된다는 보고를 받은 경우에도 경고고도(AH) 또는 결심고도(DH)까지는 계속 비행할 수 있다.

해설 별표 25 ㉮항. 제3종의 정밀계기접근절차에 따라 비행하려는 기장은 운항증명소지자에게 인가된 제3종 정밀계기접근 훈련프로그램을 수료하고, 위촉심사관 또는 운항자격심사관으로부터 제3종 정밀계기접근 운항자격을 취득해야 한다.

규칙 제182조(비행계획의 제출 등) ① 법 제67조에 따라 비행정보구역 안에서 비행을 하려는 자는 비행을 시작하기 전에 비행계획을 수립하여 관할 항공교통업무기관에 제출하여야 한다. 다만, 긴급출동 등 비행시작 전에 비행계획을 제출하지 못한 경우에는 비행 중에 제출할 수 있다.

② 제1항에 따른 비행계획은 구술・전화・서류・전문(電文)・팩스 또는 정보통신망을 이용하여 제출할 수 있다. 이 경우 서류・팩스 또는 정보통신망을 이용하여 비행계획을 제출할 때에는 별지 제71호서식의 비행계획서에 따른다.

③ 제2항에 불구하고 항공운송사업에 사용되는 항공기의 비행계획을 제출하는 경우에는 별지 제72호서식의 반복비행계획서를 항공교통본부장에게 제출할 수 있다.

④ 제1항 본문에 따라 비행계획을 제출하여야 하는 자 중 국내에서 유상으로 여객이나 화물을 운송하는 자 또는 두 나라 이상을 운항하는 자는 다음 각 호의 구분에 따른 시기까지 별지 제73호서식의 항공기입출항 신고서(GENERAL DECLARATION)를 지방항공청장에게 제출(정보통신망을 이용할 경우에는 해당 정보통신망에서 사용하는 양식에 따른다)하여야 한다.

1. 국내에서 유상으로 여객이나 화물을 운송하는 자: 출항준비가 끝나는 즉시
2. 두 나라 이상을 운항하는 자
   가. 입항의 경우: 국내목적공항 도착예정시간 2시간 전까지. 다만, 출발국에서 출항 후 국내목적공항까지의 비행시간이 2시간 미만인 경우에는 출발국에서 출항 후 20분 이내까지 할 수 있다.
   나. 출항의 경우: 출항준비가 끝나는 즉시

(생략)

제183조(비행계획에 포함되어야 할 사항) 법 제67조에 따라 비행계획에는 다음 각 호의 사항이 포함되어야 한다. 다만, 제9호부터 제14호까지의 사항은 지방항공청장 또는 항공교통본부장이 요청하거나 비행계획을 제출하는 자가 필요하다고 판단하는 경우에만 해당한다.

1. 항공기의 식별부호
2. 비행의 방식 및 종류
3. 항공기의 대수・형식 및 최대이륙중량 등급
4. 탑재장비

5. 출발비행장 및 출발예정시간
6. 순항속도, 순항고도 및 예정항공로
7. 최초 착륙예정비행장 및 총 예상 소요 비행시간
8. 교체비행장(시계비행방식에 따라 비행하려는 경우 또는 제186조 제3항 각 호에 해당되는 경우는 제외한다)
9. 시간으로 표시한 연료탑재량
10. 출발 전에 연료탑재량으로 인하여 비행 중 비행계획의 변경이 예상되는 경우에는 변경될 목적비행장 및 비행경로에 관한 사항
11. 탑승 총 인원(탑승수속 상 불가피한 경우에는 해당 항공기가 이륙한 직후에 제출할 수 있다)
12. 비상무선주파수 및 구조장비
13. 기장의 성명(편대비행의 경우에는 편대 책임기장의 성명)
14. 낙하산 강하의 경우에는 그에 관한 사항
15. 그 밖에 항공교통관제와 수색 및 구조에 참고가 될 수 있는 사항

제184조(비행계획의 준수) ① 법 제67조에 따라 항공기는 비행 시 제출된 비행계획을 지켜야 한다. 다만, 비행계획의 변경에 대하여 항공교통관제기관의 허가를 받은 경우 또는 긴급한 조치가 필요한 비상상황이 발생한 경우에는 그러하지 아니 하다. 이 경우 비상상황의 발생으로 비행계획을 지키지 못하였을 때에는 긴급조치를 한 즉시 이를 관할 항공교통관제기관에 통보하여야 한다.

② 항공기는 항공로의 중심선을 따라 비행하여야 하며, 항공로가 설정되지 아니한 지역에서는 항행안전시설과 그 비행로의 정해진 지점 간을 직선으로 비행하여야 한다. 다만, 국토교통부장관이 별도로 정한 바에 따르거나 관할 항공교통관제기관으로부터 달리 지시를 받은 경우에는 그러하지 아니 하다.

③ 항공기는 제2항을 지킬 수 없는 경우 관할 항공교통업무기관에 통보하여야 한다.

④ 전방향표지시설(VOR)에 따라 설정된 항공로를 비행하는 항공기는 주파수변경지점이 설정되어 있는 경우에는 그 변경지점 또는 가능한 한 가까운 지점에서 항공기후방의 항행안전시설로부터 전방의 항행안전시설로 주파수를 변경하여야 한다.

⑤ 관제비행을 하는 항공기가 부주의로 비행계획을 이탈하여 비행하는 경우에는 다음 각 호의 조치를 취해야 한다.

1. 항공로를 이탈한 경우에는 항공기의 기수를 조정하여 즉시 항공로로 복귀할 것
2. 항공기의 진대기속도(眞對氣速度)가 순항고도에서 보고지점 간의 평균진대기속도와 차이가 있거나 비행계획상 마하 속도(Mach) 0.02 또는 진대기속도의 19Km/h(10kt) 하락 또는 초과할 것이 예상되는 경우에는 관할 항공교통업무기관에 통보할 것
3. 자동종속감시시설 협약(ADS-C)이 없는 곳에서는 다음 위치통지점, 비행정보구역 경계지점 또는 목적비행장 중 가장 가까운 지역의 도착예정시간에 2분 이상의 오차가 발생되는 경우

에는 그 변경되는 도착예정시간을 관할 항공교통업무기관에 통보할 것

4. 자동종속감시시설(ADS-C) 협약이 있는 곳에서는 해당 협약에 따른 지정된 값을 넘어서는 변화가 발생할 때 마다 데이터링크를 통해 항공교통업무기관에 자동적으로 정보를 제공할 것

⑥ 시계비행방식에 따른 관제비행을 하는 항공기는 시계비행기상상태 미만으로 기상이 악화되어 시계비행방식에 따른 운항을 할 수 없다고 판단되는 경우에는 다음 각 호의 조치를 하여야 한다.

1. 목적비행장 또는 교체비행장으로 시계비행기상상태를 유지하면서 비행할 수 있도록 관제허가의 변경을 요청하거나, 관제공역을 이탈하여 비행할 수 있도록 관제허가의 변경을 요청할 것
2. 제1호에 따른 관제허가를 받지 못할 경우에는 시계비행기상상태를 유지하여 운항하면서 관제공역을 이탈하거나 가까운 비행장에 착륙하기 위한 조치를 할 예정임을 관할 항공교통관제기관에 통보할 것
3. 관할 항공교통관제기관에 특별시계비행방식에 따른 운항허가를 요구할 것(관제권 안에서 비행하고 있는 경우만 해당한다)
4. 관할 항공교통관제기관에 계기비행방식에 따른 운항허가를 요구할 것

비행계획서의 제출시기, 포함되어야 하는 내용, 준수내용에 대해서 시행규칙 제182조, 제183조, 제184조에서 규정하고 있다.

★ 총 5번 출제되었다. 비행계획서의 제출시기에 대해서 1번 출제되었다. 2 나라 이상을 운항하는 경우 '항공기 입출항 신고서'는 입항은 국내 목적공항 도착예정시간 2시간 전, 출항은 출항준비가 끝나는 즉시이다. 기출된 오답은 '공항진입 전'이다. 비행계획서에 포함되지 않아도 되는 것에 대해서 3번 출제되었다. 연료탑재량은 시간으로 기재해야 한다. 무게로 기재하는 것은 아니다. 비행계획서준수에 대해서 1번 출제되었으며, 관제비행시 비행계획이탈에 관해서 출제된 바 있다. 비행계획상 마하 속도 0.02 또는 진대기속도의 19km/h(10kt) 하락 또는 초과될 것이 예상되는 경우 관할교통관제업무기관에 통보해야 한다. 여기서 기출된 오답은 19kt이다.

문제 288 비행계획서의 제출에 대한 설명 중 틀린 것은?

㉮ 비행정보구역 안에 비행을 하려는 자는 비행을 시작하기 전에 비행계획을 수립하여 관할 항공교통업무기관에 제출하여야 한다.

㉯ 긴급출동 등 비행시작 전에 비행계획을 제출하지 못한 경우에는 비행 중에 제출할 수 있다.

㉰ 비행계획은 반드시 비행계획서로 제출하여야 한다.

㉱ 항공운송사업에 사용되는 항공기의 비행계획을 제출하는 경우에는 반복비행계획서

를 항공교통본부장에게 제출할 수 있다.

해설 시행규칙 제182조 제2항 비행계획은 구술 · 전화 · 서류 · 전문(電文) · 팩스 또는 정보통신망을 이용하여 제출할 수 있다. 이 경우 서류 · 팩스 또는 정보통신망을 이용하여 비행계획을 제출할 때에는 별지 제71호서식의 비행계획서에 따른다.

문제 289 **비행계획서의 제출시기에 관한 설명 중 옳은 것은?**

㉮ 비행계획서를 제출하는 자가 국내에서 유상으로 여객이나 화물을 운송하는 경우 출항준비가 끝나는 즉시 항공기 입출항신고서를 지방항공청장에게 제출하여야 한다.

㉯ 비행계획서를 제출하는 자가 외국에서 국내에 입항하려는 경우 목적공항도착 예정시간 2시간 전까지 입출항신고서를 항공교통업무기관에게 제출하여야 한다.

㉰ 외국으로 출항하려는 경우 출항준비가 끝나는 즉시 비행계획서를 제출하여야 한다.

㉱ 출발국에서 출항 후 국내목적공항까지 비행시간이 2시간 미만인 경우에는 출발국에서 출항한 후 20분 이내에 비행계획서를 제출하여야 한다.

해설 비행계획서는 비행을 시작하기 전에 제출하여야 하고, 국내에서 유상으로 여객이나 화물을 운송하는 자 또는 두 나라 이상을 운항하는 자는 비행계획서를 제출하고 또한 '항공기 입출항신고서'를 제출하여야 한다. ㉮항 시행규칙 제182조 제4항 제1호. ㉯항 '항공교통업무기관'이 아니라 '지방항공청장'이다. ㉰항 제182조 제4항 제2호 '비행계획서'가 아니라 '항공기 입출항신고서'이다. ㉱항 제182조 제4항 제2호 '비행계획서'가 아니라 '항공기 입출항신고서'이다.

※ 비행계획서: 비행을 시작하기 전(긴급하면 비행 중)에 항공교통관제업무기관/구술, 전화, 서류, 전문, 팩스, 인터넷으로 가능/항공운송사업용 비행기는 반복비행계획서 항공교통본부장에게 제출

※ 비행계획서 & 항공기 입출항 신고서: 국내 유상운송 (출항준비 끝나는 즉시), 두 나라 이상 입항 (국내목적공항 도착예정시간 2시간 전), 두 나라 출항 (출항준비가 끝나는 즉시)

문제 290 **비행계획서에 포함되어야 하는 사항이 아닌 것은?**

㉮ 탑승 총 인원 ㉯ 탑재장비

㉰ 기장의 성명 ㉱ 연료탑재량(kg으로 표시)

해설 시행규칙 제183조 시간으로 표시한 연료탑재량

문제 291 **비행계획서에 포함되어야 하는 사항이 아닌 것은?**

㉮ 항공기의 종류 및 형식

㉯ 항공기의 최대이륙중량 등급

㉰ 출발비행장, 최초착륙예정비행장, 교체비행장

㉱ 비상무선주파수 및 구조장비

해설 시행규칙 제183조 항공기의 식별부호, 항공기의 대수, 형식, 최대이륙중량 등급은 포함되나 항공기의 종류는 포함되지 않는다.

문제 292 **관제비행을 하는 항공기가 부주의로 비행계획을 이탈하여 비행하는 경우에 취해야 하는 조치로 틀린 것은?**

㉮ 항공로를 이탈한 경우에는 항공기의 기수를 조정하여 즉시 항공로로 복귀할 것

㉯ 항공기의 진대기속도(眞對氣速度)가 순항고도에서 보고지점 간의 평균 진대기속도와 차이가 있거나 비행계획상 마하 속도(Mach) 0.02 또는 진대기속도의 19Km/h(10kt) 하락 또는 초과할 것이 예상되는 경우에는 관할 항공교통업무기관에 통보할 것

㉰ 자동종속감시시설협약(ADS-C)이 없는 곳에서는 다음 위치통지점, 비행정보구역 경계지점 또는 목적비행장 중 가장 가까운 지역의 도착예정시간에 5분 이상의 오차가 발생되는 경우에는 그 변경되는 도착예정시간을 관할 항공교통업무기관에 통보할 것

㉱ 자동종속감시시설(ADS-C) 협약이 있는 곳에서는 해당 협약에 따른 지정된 값을 넘어서는 변화가 발생할 때 마다 데이터링크를 통해 항공교통업무기관에 자동적으로 정보를 제공할 것

해설 시행규칙 제184조 제5항 '5분'이 아니라 '2분'이다.

문제 293 **관제비행을 하는 항공기가 부주의로 비행계획을 이탈하여 비행하는 경우, 항공교통업무기관에 통보하여야 하는 경우는?**

㉮ 항공기의 진대기속도가 순항고도에서 보고지점 간의 평균 지시속도와 차이가 있는 경우

㉯ 비행계획상 마하 속도 0.02 하락 또는 초과할 것이 예상되는 경우

㉰ 비행계획상 진대기속도의 10km 하락 또는 초과할 것이 예상되는 경우

㉱ 비행계획상 진대기속도의 19kt 하락 또는 초과할 것이 예상되는 경우

해설 시행규칙 제184조 제5항. ㉮항 '평균지시속도'가 아니라 '평균진대기속도'이다. ㉰항, ㉱항 19km = 10kt

문제 294 **시계비행방식에 따른 관제비행을 하는 항공기는 시계비행기상상태미만으로 기상이 악화되어 시계비행방식에 따른 운항을 할 수 없다고 판단되는 경우 취하여야 하는 조치가 아닌 것은?**

㉮ 목적비행장 또는 교체비행장으로 시계비행기상상태를 유지하면서 비행할 수 있도록 관제허가의 변경을 요청하거나, 관제공역을 이탈하여 비행할 수 있도록 관제허가의

변경을 요청할 것

㉯ 관제허가를 받지 못할 경우에는 시계비행 기상상태를 유지하여 운항하면서 관제공역을 이탈하거나 가까운 비행장에 착륙하기 위한 조치를 할 예정임을 관할 항공교통관제기관에 통보할 것

㉰ 관제권밖에서 특별시계비행방식에 따른 운항을 할 수 있도록 관할 항공교통관제기관에 운항허가를 요구할 것

㉱ 관할 항공교통관제기관에 계기비행방식에 따른 운항허가를 요구할 것

해설 시행규칙 제184조 제6항 3호 관할 항공교통관제기관에 특별시계비행방식에 따른 운항허가를 요구할 것(관제권 안에서 비행하고 있는 경우만 해당 한다)

규칙 제185조(고도 · 항공로 등의 변경) 법 제67조에 따라 비행계획에 포함된 순항고도, 순항속도 및 항공로에 관한 사항을 변경하려는 항공기는 다음 각 호의 구분에 따른 정보를 관할 항공교통관제기관에 통보하여야 한다.

1. 순항고도의 변경: 항공기의 식별부호, 변경하려는 순항고도 및 순항속도(마하 수 또는 진대기속도를 말한다. 이하 이 조에서 같다.), 다음 보고지점 또는 비행정보구역 경계도착예정시간
2. 순항속도의 변경: 항공기의 식별부호, 변경하려는 속도
3. 항공로의 변경
   가. 목적비행장변경이 없을 경우: 항공기의 식별부호, 비행의 방식, 변경항공로, 변경예정시간, 그 밖에 항공로의 변경에 필요한 정보
   나. 목적비행장변경이 있을 경우: 항공기의 식별부호, 비행의 방식, 목적비행장까지의 변경항공로, 변경예정시간, 교체비행장, 그 밖에 비행장 · 항공로의 변경에 필요한 정보

비행계획에 포함된 순항고도, 순항속도 및 항공로에 관한 사항을 변경하려는 항공기는 관련 정보를 관할 항공교통관제기관에 통보하여야 한다. 통보하여야 할 정보에 대해 시행규칙 제185조에서 구체적으로 규정하고 있다.

★ 1번 출제된 바 있다. 목적비행장을 변경하려는 경우 통보해야 하는 정보는 항공기의 식별부호, 비행의 방식, 변경된 항공로, 변경예정시간, 교체비행장이다. 문제에 답이 있는 경우(비행계획변경은 순항고도, 순항속도, 항공로로 구분함)이며, 항공로변경만 문제에 언급한 경우 '순항고도' 또는 '순항속도'는 변경되지 않는 전제이므로, 주요 오답은 '순항속도', '순항고도'이다.

문제 295 **비행계획에 포함된 항공로를 변경할 경우 목적비행장의 변경도 있는 경우, 항공교통관제기관에 통보해야 하는 정보에 해당하지 않는 것은?**

㉮ 항공기의 식별부호 ㉯ 비행의 방식

㉰ 교체비행장 ㉱ 순항속도

해설 시행규칙 제185조

문제 296 **비행계획에 포함된 항공로를 변경할 경우(목적비행장의 변경이 없음), 항공교통관제기관에 통보해야 하는 정보에 해당하지 않는 것은?**

㉮ 항공기의 식별부호 ㉯ 비행의 방식

㉰ 변경된 예정시간 ㉱ 순항고도

해설 시행규칙 제185조

규칙 제186조(교체비행장 등) ① 항공운송사업에 사용되거나 항공운송사업을 제외한 국외비행에 사용되는 비행기를 운항하려는 경우에는 다음 각 호의 구분에 따라 제183조 제8호에 따른 교체비행장을 지정하여야 한다.

1. 출발비행장의 기상상태가 비행장착륙 최저치(aerodrome landing minima) 이하이거나 그 밖의 다른 이유로 출발비행장으로 되돌아올 수 없는 경우: 이륙교체비행장(take-off alternate aerodrome)
2. 제215조 제1항에 따른 비행기로서 제215조 제2항에 따른 시간을 초과하는 지점이 있는 노선을 운항하려는 경우: 항공로 교체비행장(en-route alternate aerodrome). 이 경우 항공로 교체비행장은 제215조 제3항에 따른 승인을 받은 최대회항시간 이내에 도착가능한 지역에 있어야 한다.
3. 계기비행방식에 따라 비행하려는 경우: 1개 이상의 목적지 교체비행장(destination alternate aerodrome). 다만, 다음 각 목의 어느 하나에 해당하는 경우에는 그러하지 아니 하다.
   가. 최초 착륙예정비행장(aerodrome of intended landing)의 기상상태가 비행하는 동안 또는 도착예정시간에 양호해질 것이 확실시 되고, 도착예정시간 전・후의 일정 시간 동안 시계비행기상상태에서 접근하여 착륙할 것이 확실히 예상되는 경우
   나. 최초 착륙예정 비행장이 외딴 지역에 위치하고 적합한 목적지 교체비행장이 없는 경우

② 제1항 제1호에 따른 이륙교체비행장은 다음 각 호의 요건을 갖추어야 한다.

1. 2개의 발동기를 가진 비행기의 경우에는 1개의 발동기가 작동하지 아니할 때의 순항속도로 출발비행장으로부터 1시간의 비행거리 이내인 지역에 있을 것
2. 3개 이상의 발동기를 가진 비행기의 경우에는 모든 발동기가 작동할 때의 순항속도로 출발비행장으로부터 2시간의 비행거리 이내인 지역에 있을 것

3. 예상되는 이용시간동안의 기상조건이 해당 운항에 대한 비행장운영 최저치(aerodrome operating minima) 이상일 것

③ 항공운송사업에 사용되는 비행기 외의 비행기를 계기비행방식에 따라 비행하려면 1개 이상의 목적지 교체비행장을 지정하여야 한다. 다만, 다음 각 호의 어느 하나에 해당하는 경우에는 그러하지 아니하다.

1. 최초 착륙예정 비행장의 기상상태가 비행하는 동안 또는 도착예정시간에 양호해질 것이 확실시되고, 도착예정시간 전·후의 일정 시간 동안 시계비행기상상태에서 접근하여 착륙할 것이 확실히 예상되는 경우
2. 최초 착륙예정 비행장이 외딴지역에 위치하고 적합한 목적지 교체비행장이 없는 경우

④ 제3항 각 호 외의 부분단서 및 각 호에 따라 목적지 교체비행장의 지정이 요구되지 아니하는 경우로서 다음 각 호의 기준에 적합하지 아니한 경우에는 비행을 시작하여서는 아니 된다.

1. 최초 착륙예정 비행장에 표준계기접근절차가 수립되어 있을 것
2. 도착예정시간 2시간 전부터 2시간 후까지의 기상상태가 다음 각 목과 같이 예보되어 있을 것
   가. 운고(雲高)가 계기접근절차의 최저치보다 300미터(1천피트) 이상일 것
   나. 시정이 5,500미터 이상이거나 표준계기접근절차의 최저치보다 4천미터 이상일 것

(이하 헬로콥터 생략)

교체비행장에 관해 시행규칙 제186조에서 규정하고 있다. 구체적으로 이륙교체비행장, 항공로 교체비행장, 목적지 교체비행장으로 구분된다.

(항공운송사업, 국외비행) 이륙교체비행장은 출발비행장의 기상상태가 비행장착륙 최저치 이하이거나 그 밖의 다른 이유로 출발비행장으로 되돌아올 수밖에 없는 경우 지정한다. 이륙교체비행장은 2개의 발동기를 가진 비행기는 1개의 발동기가 작동하지 아니할 때의 순항속도로 출발비행장으로부터 1시간의 비행거리 이내인 지역에 있어야 하고, 3개의 발동기를 가진 비행기의 경우에는 모든 발동기가 작동할 때의 순항속도로 출발비행장으로부터 2시간의 비행거리 이내의 지역에 있어야 하고, 예상되는 이용시간 동안의 기상조건이 해당 운항에 대한 비행장운영 최저치이상이어야 한다.

(항공운송사업, 국외비행) 항공로 교체비행장은 회항시간 연장운항의 승인을 받은 항공기는 항공로 교체비행장을 지정하여야 하고, 이는 승인을 받은 최대회항시간 이내에 도착이 가능한 지역에 있어야 한다.

(목적지 교체비행장은 계기비행방식에따라 비행하려는 경우 1개 이상 지정하여야 한다. 예외적으로 최초 착륙예정비행장의 기상상태가 비행하는 동안 또는 도착예정시간에 양호해질 것

이 확실시 되고, 도착예정시간 전·후의 일정 시간 동안 시계비행기상상태에서 접근하여 착륙할 것이 확실히 예상되는 경우 또는 최초 착륙예정비행장이 외딴 지역에 위치하고 적합한 목적지 교체비행장이 없는 경우에는 목적지 교체비행장을 지정하지 않을 수 있다. 예외에 해당하여 목적지 교체비행장을 지정하지 않더라도, 최초 착륙예정비행장에 표준계기접근절차가 수립되어 있고 도착예정시간 2시간 전부터 2시간 후까지의 기상상태가 '운고가 계기접근절차의 최저치보다 300미터 이상' & '시정이 5,500미터 이상이거나 표준계기접근절차의 최저치보다 4천미터 이상'으로 예보되어있어야 비행을 시작할 수 있다.

★ 교체비행장에 대해 10번 출제되었다. 이륙교체비행장의 정의에 대해서 5번 출제되었고, 요건에 대해 4번 출제되었다. 목적지교체비행장에 대해 1번 출제되었다.

문제 297 **항공운송사업에 사용되는 비행기를 운항하려는 경우 출발비행장의 기상상태가 비행장착륙 최저치 이하이거나 그 밖의 다른 이유로 출발비행장으로 되돌아올 수 없는 경우 지정해야 하는 교체비행장은?**

㉮ 이륙 교체비행장 ㉯ 항공로 교체비행장
㉰ 목적지 교체비행장 ㉱ 회항 교체비행장

해설 시행규칙 제186조(교체비행장 등) ① 항공운송사업에 사용되거나 항공운송사업을 제외한 국외비행에 사용되는 비행기를 운항하려는 경우에는 다음 각 호의 구분에 따라 제183조 제8호에 따른 교체비행장을 지정하여야 한다. 1. 출발비행장의 기상상태가 비행장착륙 최저치(aerodrome landing minima) 이하이거나 그 밖의 다른 이유로 출발비행장으로 되돌아올 수 없는 경우: 이륙교체비행장(take-off alternate aerodrome)

문제 298 **항공운송사업에 사용되거나 국이비행에 사용되는 비행기를 운항하려는 경우 회항시간 연장운항의 승인을 받은 항공기가 지정해야 하는 교체비행장은?**

㉮ 이륙 교체비행장 ㉯ 항공로 교체비행장
㉰ 목적지 교체비행장 ㉱ 회항 교체비행장

해설 시행규칙 제186조(교체비행장 등) ① 항공운송사업에 사용되거나 항공운송사업을 제외한 국외비행에 사용되는 비행기를 운항하려는 경우에는 다음 각 호의 구분에 따라 제183조 제8호에 따른 교체비행장을 지정하여야 한다. 2. 제215조 제1항에 따른 비행기로서 제215조 제2항에 따른 시간을 초과하는 지점이 있는 노선을 운항하려는 경우: 항공로 교체비행장(en-route alternate aerodrome). 이 경우 항공로 교체비행장은 제215조 제3항에 따른 승인을 받은 최대회항시간 이내에 도착 가능한 지역에 있어야 한다.

문제 299 **항공운송사업에 사용되거나 국외비행에 사용되는 비행기를 운항하려는 경우 계기비행방식에 따라 비행하려는 경우 지정해야 하는 교체비행장은?**

㉮ 이륙 교체비행장　　　　　　　　㉯ 항공로 교체비행장

㉰ 목적지 교체비행장　　　　　　　㉱ 회항 교체비행장

해설 시행규칙 제186조(교체비행장 등) ① 항공운송사업에 사용되거나 항공운송사업을 제외한 국외비행에 사용되는 비행기를 운항하려는 경우에는 다음 각 호의 구분에 따라 제183조 제8호에 따른 교체비행장을 지정하여야 한다. 3. 계기비행방식에 따라 비행하려는 경우: 1개 이상의 목적지 교체비행장(destination alternate aerodrome)

문제 300 **2개의 발동기를 가진 비행기의 경우 이륙 교체비행장의 요건으로 맞는 것은?**

㉮ 1개의 발동기가 작동하지 아니할 때의 순항속도로 출발비행장으로부터 1시간의 비행거리 이내인 지역에 있을 것

㉯ 1개의 발동기가 작동하지 아니할 때의 순항속도로 출발비행장으로부터 2시간의 비행거리 이내인 지역에 있을 것

㉰ 모든 발동기가 작동할 때의 순항속도로 출발비행장으로부터 1시간의 비행거리 이내인 지역에 있을 것

㉱ 모든 발동기가 작동할 때의 순항속도로 출발비행장으로부터 2시간의 비행거리 이내인 지역에 있을 것

해설 시행규칙 제186조 제2항 이륙 교체비행장은 다음 각 호의 요건을 갖추어야 한다. 1. 2개의 발동기를 가진 비행기의 경우에는 1개의 발동기가 작동하지 아니할 때의 순항속도로 출발비행장으로부터 1시간의 비행거리 이내인 지역에 있을 것. 2. 3개 이상의 발동기를 가진 비행기의 경우에는 모든 발동기가 작동할 때의 순항속도로 출발비행장으로부터 2시간의 비행거리 이내인 지역에 있을 것

문제 301 **3개의 발동기를 가진 비행기의 경우 이륙 교체비행장의 요건으로 맞는 것은?**

㉮ 1개의 발동기가 작동하지 아니할 때의 순항속도로 출발비행장으로부터 1시간의 비행거리 이내인 지역에 있을 것

㉯ 2개의 발동기가 작동하지 아니할 때의 순항속도로 출발비행장으로부터 1시간의 비행거리 이내인 지역에 있을 것

㉰ 모든 발동기가 작동할 때의 순항속도로 출발비행장으로부터 1시간의 비행거리 이내인 지역에 있을 것

㉱ 모든 발동기가 작동할 때의 순항속도로 출발비행장으로부터 2시간의 비행거리 이내인 지역에 있을 것

해설 시행규칙 제186조 제2항 이륙 교체비행장은 다음 각 호의 요건을 갖추어야 한다. 1. 2개의 발동기를 가진 비행기의 경우에는 1개의 발동기가 작동하지 아니할 때의 순항속도로 출발비행장으로부터 1시간의 비행거리 이내인 지역에 있을 것. 2. 3개 이상의 발동기를 가진 비행기의 경우에는 모든 발동기가 작동할 때의 순항속도로 출발비행장으로부터 2시간의 비행거리 이내인 지역에 있을 것

문제 302 **A340이 제주공항에서 파리공항으로 비행할 경우 제주공항의 기상상태가 비행장 착륙최저치 이하이고 파리공항은 기상상태가 CAVOK 상태인 경우 지정해야 해야 하는 교체비행장의 요건으로 맞는 것은?**

㉮ 1개의 발동기가 작동하지 아니할 때의 순항속도로 출발비행장으로부터 1시간의 비행거리 이내인 지역에 있을 것

㉯ 2개의 발동기가 작동하지 아니할 때의 순항속도로 출발비행장으로부터 1시간의 비행거리 이내인 지역에 있을 것

㉰ 모든 발동기가 작동할 때의 순항속도로 출발비행장으로부터 1시간의 비행거리 이내인 지역에 있을 것

㉱ 모든 발동기가 작동할 때의 순항속도로 출발비행장으로부터 2시간의 비행거리 이내인 지역에 있을 것

해설 시행규칙 제186조 제1항 출발비행장의 기상상태가 비행장 착륙최저치(aerodrome landing minima) 이하이거나 그 밖의 다른 이유로 출발비행장으로 되돌아올 수 없는 경우 이륙 교체비행장(take-off alternate aerodrome)을 지정해야 한다. 4개 발동기를 갖춘 B747-400으로 출제된 바 있다. A340도 발동기가 4개이다. CAVOK (Ceiling And Visibility OK) 운고가 양호하고 시야가 충분히 확보된 항공기상이 양호한 상태를 의미한다.

문제 303 **다음 중 이륙 교체비행장을 지정해야 하는 경우로 맞는 것은?**

㉮ 출발비행장의 기상상태가 비행장 착륙최저치 이하이거나 그 밖의 다른 이유로 출발비행장으로 되돌아올 수 없는 경우

㉯ 계기비행방식에 따라 비행하려는 경우

㉰ 회항시간연장운항의 승인을 받은 노선을 운항하려는 경우

㉱ 1개의 발동기가 작동하지 아니할 때의 순항속도로 출발비행장으로부터 1시간의 비행거리 이내인 지역의 노선을 운항하려는 경우

해설 시행규칙 제186조 제1항

문제 304 **다음 중 이륙 교체비행장에 대한 설명 중 맞는 것은?**

㉮ 도착비행장의 기상상태가 비행장 착륙최저치(aerodrome landing minima) 이하이거

나 그 밖의 다른 이유로 출발비행장으로 되돌아올 수 없는 경우 지정한다.

㉯ 3개 이상의 발동기를 가진 비행기의 경우에는 2개의 발동기가 작동하지 아니할 때의 순항속도로 출발비행장으로부터 2시간의 비행거리이내인 지역에 있어야 한다.

㉰ 예상되는 이용시간 동안의 기상조건이 해당 운항에 대한 비행장운영 최저치 이상이어야 한다.

㉱ 최초 착륙예정 비행장의 기상상태가 도착예정시간에 양호해질것이 확실시 되는 경우 이륙 교체비행장을 지정하지 않아도 된다.

해설 시행규칙 제186조 제1항. ㉮항 제1항 제1호 '도착비행장'이 아니라 '출발비행장'이다. ㉯항 제2항 제2호 '2개의 발동기가 작동하지 아니할 때'가 아니라 '모든 발동기가 작동할 때'이다. ㉰항 제2항 제3호. ㉱항 제3항 목적지 교체비행장의 예외에 대한 내용이다.

문제 305 계기비행방식에 따라 비행하려는 경우 지정해야 하는 교체비행장에 대한 설명 중 틀린 것은?

㉮ 1개 이상의 목적지 교체비행장을 지정해야 한다.

㉯ 최초 착륙예정 비행장의 기상상태가 도착예정시간에 양호해질것이 확실시 되고, 도착예정시간 전후의 일정 시간 동안 시계비행기상상태에서 접근하여 착륙할 것이 확실히 예상되는 경우 교체비행장을 지정하지 않아도 된다.

㉰ 항공운송사업에 사용되는 비행기 외의 비행기를 계기비행방식에 따라 비행하는 경우에는 목적지 교체비행장을 지정할 필요가 없다.

㉱ 최초 착륙예정 비행장이 외딴지역에 위치하고 적합한 목적지 교체비행장이 없는 경우에는 교체비행장을 지정하지 않아도 된다.

해설 시행규칙 제186조 제4항. 이륙 교체비행장 및 항공로 교체비행장은 항공운송사업에 사용되거나 국외비행에 사용되는 비행기를 운항하는 경우에 지정해야 하지만, 목적지 교체비행장은 모든 항공기에 적용된다.

규칙 제187조(최초 착륙예정 비행장 등의 기상상태) ① 제186조 제1항 제1호에 따른 이륙 교체비행장의 기상상태는 해당 비행기의 도착예정시간에 비행장 운영 최저치이상이어야 한다.
② 제186조 제1항 제3호에 따른 최초 착륙예정 비행장의 기상정보를 이용할 수 있거나 목적지 교체비행장의 지정이 요구되는 경우에는 최소 1개의 목적지 교체비행장의 기상상태가 도착예정시간에 해당 비행장 운영 최저치 이상일 경우에 비행을 시작하여야 한다.
③ 제186조 제3항에 따른 목적지 교체비행장의 지정이 요구되는 경우에는 최초 착륙예정 비행장과 최소 1개의 목적지 교체비행장의 기상상태가 도착예정시간에 해당 비행장 운영 최저치 이상일 경우에 비행을 시작하여야 한다.

최초 착륙예정 비행장의 기상상태와 관련하여 시행규칙 제187조가 규정하고 있다. 이륙 교체비행장의 기상상태는 해당 비행기의 도착예정시간에 비행장 운영 최저치 이상이어야 한다. 그리고 항공운송사업 또는 국외비행에 사용되는 비행기를 계기비행방식에 따라 비행하려는 경우, (목적지 교체비행장의 지정이 요구되지 않는 경우) 최초 착륙예정 비행장의 기상정보를 이용할 수 있거나, (목적지 교체비행장의 지정이 요구되는 경우) 최소 1개의 목적지 교체비행장의 기상상태가 도착예정시간에 해당 비행장 운영 최저치 이상일 경우에 비행을 시작하여야 한다. 항공운송사업 이외 계기비행방식으로 비행하려는 경우 목적지 교체비행장의 지정이 요구되는 경우 최초 착륙예정 비행장과 최소 1개의 목적지 교체비행장의 기상상태가 도착예정시간에 해당 비행장 운영 최저치 이상일 경우에 비행을 시작하여야 한다.

★ 총 6회 출제되었다. 최초 착륙예정 비행장 또는 교체비행장의 기상상태는 '도착예정시간' 기준으로 비행장 운영 최저치 이상이어야 한다. 규정은 복잡하게 규정되어 있으나 간단한 문제가 주로 기출문제로 출제되었다. 교체비행장이 불필요한 요건이 혼동을 주는 예제이다.

문제 306 이륙 교체비행장의 기상상태의 조건은?

㉮ 해당 비행기의 도착예정시간에 비행장 운영 최저치이상이어야 한다.
㉯ 해당 비행기가 비행하는 동안 비행장의 기상상태가 양호해야 한다.
㉰ 해당 비행기의 도착예정시간 2시간 전부터 2시간 후까지의 기상상태가 시정이 5,500미터 이상으로 예보되어 있어야 한다.
㉱ 해당 비행기의 도착예정시간에 비행장 운영 평균기상치이상이어야 한다.

해설 시행규칙 제187조 제1항

문제 307 목적지 교체비행장의 기상상태가 어떠한 경우 계기비행방식에 따라 비행을 시작할 수 있는가?

㉮ 해당 비행기의 도착예정시간에 비행장 운영 최저치이상이어야 한다.
㉯ 해당 비행기가 비행하는 동안 비행장의 기상상태가 양호해야 한다.
㉰ 해당 비행기의 도착예정시간 2시간 전부터 2시간후까지의 기상상태가 시정이 5,500미터 이상으로 예보되어 있어야 한다.
㉱ 해당 비행기의 도착예정시간에 비행장 운영 평균기상치이상이어야 한다.

해설 시행규칙 제187조 제2항, 제3항

문제 308 **계기비행방식에 따라 비행을 시작하려는 경우 최초 도착예정 비행장의 기상상태요건은?**

㉮ 해당 비행기가 비행하는 동안 비행장의 기상상태가 양호해야 한다.

㉯ 해당 비행기의 도착예정시간에 비행장 운영 최저치이상이어야 한다.

㉰ 해당 비행기의 도착예정시간 2시간전부터 2시간후까지의 기상상태가 시정이 5,500미터 이상으로 예보되어있어야 한다.

㉱ 해당 비행기의 도착예정시간에 비행장 운영 평균기상치이상이어야 한다.

해설 시행규칙 제187조 제2항, 제3항

문제 309 **교체비행장 또는 최초 착륙예정 비행장에 관한 설명 중 틀린 것은?**

㉮ 이륙 교체비행장의 기상상태는 해당 비행기의 도착예정시간에 비행장 운영 최저치이상이어야 한다.

㉯ 최초 착륙예정 비행장의 기상정보를 이용할 수 있는 경우에 계기비행방식에 따라 비행을 시작할 수 있다.

㉰ 국외비행에 사용되는 비행기를 계기비행방식에 따라 비행할 경우 최소 1개의 목적지 교체비행장의 기상상태가 도착예정시간에 해당 비행장 운영 최저치이상일 경우에 비행을 시작하여야 한다.

㉱ 항공운송사업에 사용되는 비행기 외의 비행기를 계기비행방식에 따라 비행할 경우 최소 1개의 목적지 교체비행장의 기상상태가 도착예정시간에 해당 비행장 운영 최저치이상일 경우에 비행을 시작하여야 한다.

해설 시행규칙 제187조 제3항 제186조 제3항(항공운송사업에 사용되는 비행기 외의 비행기)에 따른 목적지 교체비행장의 지정이 요구되는 경우에는 최초 착륙예정 비헝장과 최소 1개의 목적지 교체비행장의 기상상태가 도착예정시간에 해당 비행장 운영 최저치이상일 경우에 비행을 시작하여야 한다.

규칙 제188조(비행계획의 종료) ① 항공기는 도착비행장에 착륙하는 즉시 관할 항공교통업무기관(관할 항공교통업무기관이 없는 경우에는 가장 가까운 항공교통업무기관)에 다음 각 호의 사항을 포함하는 도착보고를 하여야 한다. 다만, 지방항공청장 또는 항공교통본부장이 달리 정한 경우에는 그러하지 아니하다.

1. 항공기의 식별부호
2. 출발비행장
3. 도착비행장
4. 목적비행장(목적비행장이 따로 있는 경우만 해당한다)
5. 착륙시간

② 제1항에도 불구하고 도착비행장에 착륙한 후 도착보고를 할 수 있는 적절한 통신시설 등이 제공되지 아니하는 경우에는 착륙직전에 관할 항공교통업무기관에 도착보고를 하여야 한다.

★ 총 3회 출제되었다. 항공관제기관이 없는 비행장을 이용하는 것이 위법이 아니라는 문제 1회 출제, 도착보고에 대한 문제 2회 출제되었다. 이륙시간×, 출발비행장 ○, 도착비행장 ○, 착륙시간 ○

문제 310 항공기는 도착비행장에 착륙하는 즉시 관할 항공교통업무기관에게 도착보고를 하여야 한다. 도착보고내용에 포함되지 않는 것은?

㉮ 항공기의 식별부호　　㉯ 출발비행장
㉰ 도착비행장　　㉱ 이륙시간

해설 시행규칙 제188조 제1항. 도착보고의 내용은 항공기의 식별부호, 출발비행장, 도착비행장, 목적비행장(목적비행장이 따로 있는 경우만 해당한다), 착륙시간

문제 311 항공기는 도착비행장에 착륙하는 즉시 관할 항공교통업무기관에게 도착보고를 하여야 한다. 도착보고내용에 포함되지 않는 것은?

㉮ 출발비행장　　㉯ 이륙시간
㉰ 도착비행장　　㉱ 착륙시간

해설 시행규칙 제188조 제1항. 도착보고의 내용은 항공기의 식별부호, 출발비행장, 도착비행장, 목적비행장(목적비행장이 따로 있는 경우만 해당한다), 착륙시간

문제 312 다음 중 비행계획의 종료에 대한 설명 중 틀린 것은?

㉮ 항공교통관제기관이 없는 비행장을 이용한 것은 위법하지 않다.
㉯ 도착비행장에 착륙하는 즉시 관할 항공교통관제기관에 도착보고를 하여야 한다.
㉰ 도착비행장에 착륙한 후 도착보고를 할 수 있는 적절한 통신시설 등이 제공되지 아니하는 경우에는 착륙직전에 관할 항공교통업무기관에 도착보고를 하여야 한다.
㉱ 출발비행장과 이륙시간은 도착보고에 포함되나, 도착비행장과 착륙시간은 도착보고에 포함되지 않는다.

해설 시행규칙 제188조. ㉮항 항공교통관제기관이 없는 비행장을 이용하는 것은 법에 위반되는 것은 아니다. ㉯항 제1항. ㉰항 제2항. ㉱항 제1항 이륙시간만 도착보고에 포함되지 않는다.

규칙 제190조(통신) ① 관제비행을 하는 항공기는 관할 항공교통관제기관과 공대지 양방향 무선통신을 유지하고 그 항공교통관제기관의 음성통신을 경청하여야 한다.

② 제1항에 따른 무선통신을 유지할 수 없는 항공기(이하 "통신두절항공기"라 한다)는 국토교통부장관이 고시하는 교신절차에 따라야 하며, 관제비행장의 기동지역 또는 주변을 운항하는 항공기는 관제탑의 시각신호에 따른 지시를 계속 주시하여야 한다.

③ 통신두절항공기는 시계비행 기상상태인 경우에는 시계비행방식으로 비행을 계속하여 가장 가까운 착륙가능한 비행장에 착륙한 후 도착사실을 지체없이 관할 항공교통관제기관에 통보하여야 한다.

④ 통신두절항공기는 계기비행 기상상태이거나 제3항에 따른 비행이 불가능한 경우 다음 각 호의 기준에 따라 비행하여야 한다.

1. 항공교통업무용 레이더가 운용되지 아니하는 공역의 필수 위치통지점에서 위치보고를 할 수 없는 항공기는 해당 비행로의 최저비행고도와 관할 항공교통관제기관으로부터 최종적으로 지시받은 고도 중 높은 고도로 비행하여야 하며, 관할 항공교통관제기관으로부터 최종적으로 지시받은 속도를 20분간 유지한 후 비행계획에 명시된 고도와 속도로 변경하여 비행할 것
2. 항공교통업무용 레이더가 운용되는 공역의 필수 위치통지점에서 위치보고를 할 수 없는 항공기는 다음 각 목의 시간 중 가장 늦은 시간부터 해당 비행로의 최저비행고도와 관할 항공교통관제기관으로부터 최종적으로 지시받은 고도 중 높은 고도를 유지하고 관할 항공교통관제기관으로부터 최종적으로 지시받은 속도를 7분간 유지한 후, 비행계획에 명시된 고도와 속도로 변경하여 비행할 것
   가. 최종지정고도 또는 최저비행고도에 도달한 시간
   나. 트랜스폰더 코드를 7,600으로 조정한 시간
   다. 필수 위치통지점에서 위치보고에 실패한 시간
3. 레이더에 의하여 유도되고 있거나 허가한계점(Clearance Limit)을 지정받지 아니한 항공기가 지역항법(RNAV)으로 항공로를 이탈하여 비행 중인 경우에는 최저비행고도를 고려하여 다음 위치통지점에 도달하기 전에 비행계획에 명시된 비행로에 합류할 것
4. 무선통신이 두절되기 전에 관할 항공교통관제기관으로부터 최종적으로 지정받거나 지정예정을 통보받은 비행로(지정받거나 지정예정을 통보받지 아니한 경우에는 비행계획에 명시된 비행로)를 따라 목적비행장의 항행안전시설까지 비행한 후 체공할 것
5. 무선통신이 두절되기 전에 관할 항공교통관제기관으로부터 최종적으로 지정받은 접근예정시간(접근예정시간을 지정받지 아니한 경우에는 비행계획에 명시된 도착예정시간)에 목적비행장의 항행안전시설로부터 강하를 시작하거나, 착륙할 비행장의 계기접근절차에 따라 접근을 시작할 것
6. 가능한 한 제5호에 따른 접근예정시간과 도착예정시간 중 더 늦은 시간부터 30분 이내에 착륙할 것

관제비행을 하는 항공기는 고나할 항공교통관제기관과 공대지 양방향 무선통신을 유지하고 그 항공교통관제기관의 음성통신을 경청해야 한다. 통신두절항공기는 시계비행기상상태인 경우, 계기비행 기상상태인 경우로 나누어 시행규칙 제190조에서 구체적으로 규정하고 있다.

★ 통신두절항공기의 비행규칙에 대해서 총 13번 출제된 바 있다. 시계비행 기상상태인 경우, 이전에 시계비행 또는 계기비행방식으로 비행을 했는지와 무관하게, 시계비행방식으로 비행을 계속하여 가장 가까운 착륙가능한 비행장에 착륙한 후 도착사실을 지체없이 관할 항공교통관제기관에 통보하여야 한다. 주된 오답으로 '시계비행방식으로 계속 비행한다.', '목적지비행장까지 비행한다.', '즉시 회항한다' 등이다. 계기비행 기상상태인 경우 구체적인 시간에 대해 출제되었다. 주로 항공교통관제기관으로부터 지시받은 속도를 '20분' 유지한 후 비행계획에 명시된 고도와 속도로 변경하여 비행하여야 한다. 접근예정시간과 도착예정시간 중 '더 늦은 시간부터' '30분' 이내에 착륙하여야 한다.

문제 313 **관제비행을 하는 항공기가 무선통신을 유지할 수 없게 되었을 때 시계비행기상상태인 경우 취하여야 하는 조치로 옳은 것은?**

㉮ 시계비행방식으로 비행을 계속하여 가장 가까운 착륙가능한 비행장에 착륙한 후 도착사실을 지체없이 관할 항공교통관제기관에 통보하여야 한다.

㉯ 시계비행방식으로 계속 비행한다.

㉰ 무선통신이 두절되기 전에 관할 항공교통관제기관으로부터 최종적으로 지정받은 목적비행장까지 비행을 계속하여 착륙한 후 지체없이 관할 항공교통관제기관에 통보하여야 한다.

㉱ 즉시 출발비행장으로 회항하여 착륙한 후 지체없이 관할 항공교통관제기관에 통보하여야 한다.

해설 시행규칙 제190조 제3항 통신두절 항공기는 시계비행기상상태인 경우에는 시계비행방식으로 비행을 계속하여 가장 가까운 착륙가능한 비행장에 착륙한 후 도착사실을 지체없이 관할 항공교통관제기관에 통보하여야 한다.

문제 314 **시계비행 기상상태에서 계기비행방식으로 비행하는 항공기가 무선통신을 유지할 수 없게 되었을 때 취하여야 하는 조치로 옳은 것은?**

㉮ 시계비행방식으로 비행을 계속하여 가장 가까운 착륙가능한 비행장에 착륙한 후 도착사실을 지체없이 관할 항공교통관제기관에 통보하여야 한다.

㉯ 시계비행방식으로 전환하여 계속 비행한다.

㉰ 무선통신이 두절되기 전에 관할 항공교통관제기관으로부터 최종적으로 지정받은 목적비행장까지 비행을 계속하여 착륙한 후 지체없이 관할 항공교통관제기관에 통보하여야 한다.

㉱ 계기비행방식으로 해당 비행로의 최저비행고도와 항공교통관제기관으로부터 최종적으로 지시받은 고도 중 높은 고도로 계속 비행한다.

해설 시행규칙 제190조 제3항 통신두절 항공기는 시계비행 기상상태인 경우에는 시계비행방식으로 비행을 계속하여 가장 가까운 착륙 가능한 비행장에 착륙한 후 도착사실을 지체없이 관할 항공교통관제기관에 통보하여야 한다.

문제 315 통신이 두절된 VFR으로 비행하는 항공기의 조치는?

㉮ 즉시 회항하여 출발비행장에 착륙한다.

㉯ 목적비행장까지 계속 비행한다.

㉰ 가장 가까운 착륙가능한 비행장에 착륙한다.

㉱ VFR비행을 계속 유지한다.

해설 시행규칙 제190조 제3항 통신두절 항공기는 시계비행기상상태인 경우에는 시계비행방식으로 비행을 계속하여 가장 가까운 착륙가능한 비행장에 착륙한 후 도착사실을 지체없이 관할 항공교통관제기관에 통보하여야 한다. 가장 중요한 조치는 가장 가까운 착륙가능한 비행장에 착륙하는 것이다.
※ VFR(Visual Flight Rules) 시계비행규칙

문제 316 통신두절항공기가 계기비행기상상태인 경우, 항공교통업무용 레이더가 운용되지 아니하는 공역의 필수 위치통지점에서 위치보고를 할 수 없는 항공기는 관할 항공교통관제기관으로부터 최종적으로 지시받은 고도 중 (   ) 고도로 비행하여야 하고, 관할 항공관제기관으로부터 최종적으로 지시받은 속도를 (   )간 유지한 후 비행계획에 명시된 고도와 속도로 변경하여야 비행하여야 한다. 괄호 안에 알맞은 말은?

㉮ 높은, 20분　　㉯ 높은, 30분

㉰ 낮은, 20분　　㉱ 낮은, 30분

해설 시행규칙 제190조 제4항 제1호 항공교통업무용 레이더가 운용되지 아니하는 공역의 필수 위치통지점에서 위치보고를 할 수 없는 항공기는 해당 비행로의 최저비행고도와 관할 항공교통관제기관으로부터 최종적으로 지시받은 고도 중 높은 고도로 비행하여야 하며, 관할 항공교통관제기관으로부터 최종적으로 지시받은 속도를 20분간 유지한 후 비행계획에 명시된 고도와 속도로 변경하여 비행할 것

문제 317 통신두절항공기가 계기비행기상상태에서 유지해야 하는 고도와 속도로 맞는 것은(레이더 미운용)?

㉮ 해당 비행로의 최저비행고도, 항공교통관제기관으로부터 최종적으로 지시받은 속도

㉯ 항공교통관제기관으로부터 최종적으로 지시받은 고도 및 속도

㉰ 해당 비행로의 최저비행고도와 항공교통관제기관으로부터 최종적으로 지시받은 고도 중 높은 고도, 항공교통관제기관으로부터 최종적으로 지시받은 속도

㉱ 해당 비행로의 최저비행고도와 항공교통관제기관으로부터 최종적으로 지시받은 고도 중 높은 고도, 항공교통관제기관으로부터 지시받은 속도를 20분간 유지한 후 비행계획에 명시된 고도와 속도로 변경

해설 시행규칙 제190조 제4항 제6호 가능한 한 접근예정시간과 도착예정시간 중 더 늦은 시간부터 30분 이내에 착륙할 것

문제 318 통신두절항공기는 계기비행기상상태에서 가능한 한 접근예정시간과 도착예정시간 중 더 ( ) 시간부터 ( ) 이내에 착륙하여야 한다. 괄호 안에 알맞은 말은?

㉮ 늦은, 30분 ㉯ 늦은, 20분

㉰ 빠른, 30분 ㉱ 빠른, 20분

해설 시행규칙 제190조 제4항 제6호 가능한 한 접근예정시간과 도착예정시간 중 더 늦은 시간부터 30분 이내에 착륙할 것

문제 319 다음 중 통신두절항공기의 계기비행기상상태의 비행규칙에 관한 설명 중 틀린 것은?

㉮ 항공교통업무용 레이더가 운용되지 아니하는 공역의 필수 위치통지점에서 위치보고를 할 수 없는 항공기는 관할 항공교통관제기관으로부터 최종적으로 지시받은 고도로 비행하여야 하며, 관할 항공교통관제기관으로부터 최종적으로 지시받은 속도를 20분간 유지한 후 비행계획에 명시된 고도와 속도로 변경하여 비행할 것

㉯ 무선통신이 두절되기 전에 관할 항공교통관제기관으로부터 최종적으로 지정받거나 지정예정을 통보받은 비행로(지정받거나 지정예정을 통보받지 아니한 경우에는 비행계획에 명시된 비행로)를 따라 목적비행장의 항행안전시설까지 비행한 후 체공할 것

㉰ 무선통신이 두절되기 전에 관할 항공교통관제기관으로부터 최종적으로 지정받은 접근예정시간(접근예정시간을 지정받지 아니한 경우에는 비행계획에 명시된 도착예정시간)에 목적비행장의 항행안전시설로부터 강하를 시작하거나, 착륙할 비행장의 계기접근절차에 따라 접근을 시작할 것

㉱ 가능한 한 접근예정시간과 도착예정시간 중 더 늦은 시간부터 30분 이내에 착륙할 것

해설 시행규칙 제190조 제4항 제1호 항공교통업무용 레이더가 운용되지 아니하는 공역의 필수 위치통지점에서 위치보고를 할 수 없는 항공기는 해당 비행로의 최저비행고도와 관할 항공교통관제기관으로

부터 최종적으로 지시 받은 고도 중 높은 고도로 비행하여야 하며, 관할 항공교통관제기관으로부터 최종적으로 지시 받은 속도를 20분간 유지한 후 비행계획에 명시된 고도와 속도로 변경하여 비행할 것

규칙 제191조(위치보고) ① 법 제67조에 따라 관제비행을 하는 항공기는 국토교통부장관이 정하여 고시하는 위치통지점에서 가능한 한 신속히 다음 각 호의 사항을 관할 항공교통업무기관에 보고(이하 "위치보고"라 한다)하여야 한다. 다만, 레이더에 의하여 관제를 받는 경우로서 관할 항공교통관제기관이 별도로 위치보고를 요구하지 아니하는 경우에는 그러하지 아니 하다.

1. 항공기의 식별부호
2. 해당 위치통지점의 통과시각과 고도
3. 그 밖에 항공기의 안전항행에 영향을 미칠 수 있는 사항

② 관제비행을 하는 항공기는 비행 중에 관할 항공교통업무기관으로부터 위치보고를 요청받은 경우에는 즉시 위치보고를 하여야 한다.

③ 제1항에 따른 위치통지점이 설정되지 아니한 경우에는 관할 항공교통업무기관이 지정한 시간 또는 거리 간격으로 위치보고를 하여야 한다.

④ 관제비행을 하는 항공기로서 데이터링크통신을 이용하여 위치보고를 하는 항공기는 관할 항공교통관제기관이 요구하는 경우에는 음성통신을 이용하여 위치보고를 하여야 한다.

관제비행을 하는 항공기는 국토교통부장관이 정하여 고시하는 위치통지점(FIX)에서 가능한 한 신속히 관할 항공교통업무기관에 보고하여야 한다. 보고사항은 항공기의 식별부호, 해당 위치통지점의 통과시각과 고도, 그 밖에 항공기의 안전항행에 영향을 미칠 수 있는 사항이다.

★ **위치보고의 내용에 대해 5번 출제되었다. 항공기의 식별부호, 통과시각과 고도, 안전항행에 영향을 미칠 수 있는 사항. 주된 오답은 '기상', '통과속도', '도착예정시간'이다. '안전항행'에 영향을 미칠 수 있는 사항도 보고사항이므로, '예기치 못한 기상'도 보고사항에 포함된다.**

문제 320 관제비행을 하는 항공기가 위치통지점에서 관할 항공교통업무기관에게 보고하여야 할 사항이 아닌 것은?

㉮ 항공기의 식별부호
㉯ 해당 위치통지점의 통과시각
㉰ 해당 위치통지점의 통과고도
㉱ 해당 위치통지점의 기상

해설 시행규칙 제191조 제1항. 위치보고사항은 항공기의 식별부호, 해당 위치통지점의 통과시각과 고도, 그 밖에 항공기의 안전항행에 영향을 미칠 수 있는 사항이다.

문제 321 **관제비행을 하는 항공기가 FIX에서 위치보고해야 할 사항이 아닌 것은?**

㉮ 항공기의 식별부호
㉯ FIX 통과시각과 고도
㉰ FIX 통과속도
㉱ FIX 안전항행에 영향을 미칠 수 있는 기상상태

해설 시행규칙 제191조 제1항. 위치보고사항은 항공기의 식별부호, 해당 위치통지점의 통과시각과 고도, 그 밖에 항공기의 안전항행에 영향을 미칠 수 있는 사항이다. ㉱항 단순히 '기상'은 보고사항이 아니지만, '안전항행에 영향을 미칠 수 있는 기상상태'는 '그 밖에 항공기의 안전항행에 영향을 미칠 수 있는 사항'에 해당할 수 있다.

문제 322 **관제비행을 하는 항공기가 위치통지점에서 관할 항공교통업무기관에게 보고하여야 할 사항으로 맞는 것은?**

㉮ 항공기의 식별부호, 해당 위치통지점의 기상
㉯ 해당 위치통지점의 통과시각 및 고도
㉰ 해당 위치통지점의 통과고도 및 속도
㉱ 목적지 도착예정시간 및 항공기의 식별부호

해설 시행규칙 제191조 제1항. 위치보고사항은 항공기의 식별부호, 해당 위치통지점의 통과시각과 고도, 그 밖에 항공기의 안전항행에 영향을 미칠 수 있는 사항이다.

규칙 제194조(신호) ① 법 제67조에 따라 비행하는 항공기는 별표 26에서 정하는 신호를 인지하거나 수신할 경우에는 그 신호에 따라 요구되는 조치를 하여야 한다.
② 누구든지 제1항에 따른 신호로 오인될 수 있는 신호를 사용하여서는 아니 된다.
③ 항공기 유도원(誘導員)은 별표 26 제6호에 따른 유도신호를 명확하게 하여야 한다.

별표 26에서는 조난신호, 긴급신호, 요격 시 사용되는 신호, 침범경고신호, 무선통신두절시의 연락방법, 유도신호에 대해 구체적으로 규정하고 있다. 항공기는 위 신호를 인지하거나 수신할 경우에는 그 신호에 따라 요구되는 조치를 하여야 하고, 항공기유도원은 위 유도신호를 명확하게 하여야 한다. 누구든지 위 신호로 오인될 수 있는 신호를 사용해서는 아니 된다.

★ **별표 26에서 규정하고 있는 신호에 대해서 총 40회 출제되었다. 시험에 무조건 나오는 문제이다.**

★ **요격시 사용되는 신호에 대해서 9회 출제되었다. 요격용어의 의미에 대해서 1회 출제되었다(AM LOST=Position** unknown). 나머지는 시각신호에 대해 8회 출제되었다. 주로 출제되는 부분을 아래와 표로 정리하였다.

★ 무선통신두절시 연락방법에 대해 30회 출제되었다. 빛총신호에 대해 27회 출제되었고, 항공기의 응신에 대해 3회 출제되었다.

요격항공기의 신호	의미	피요격항공기의 응신	의미
피요격항공기의 약간 위쪽 전방좌측에서 날개를 흔들고 항행등을 불규칙적으로 점멸시킨 후 응답을 확인하고, 통상좌측으로 완만하게 선회하여 원하는 방향으로 향한다.	당신은 요격을 당하고 있으니 나를 따라오라.	날개를 흔들고, 항행등을 불규칙적으로 점멸시킨 후 요격항공기의 뒤를 따라간다.	알았다. 지시를 따르겠다.
피요격항공기의 진로를 가로지르지 않고 90° 이상의 상승선회를 하며, 피요격항공기로부터 급속히 이탈한다.	그냥 가도 좋다.	날개를 흔든다.	알았다. 지시를 따르겠다.
바퀴다리를 내리고 고정착륙등을 켠 상태로 착륙방향으로 활주로 상공을 통과하며, 피요격항공기가 헬리콥터인 경우에는 헬리콥터착륙구역 상공을 통과한다. 헬리콥터의 경우, 요격헬리콥터는 착륙접근을 하고 착륙장부근에 공중에서 저고도비행을 한다.	이 비행장에 착륙하라.	바퀴다리를 내리고, 고정착륙등을 켠 상태로 요격항공기를 따라서 활주로 상공을 통과한 후 안전하게 착륙할 수 있다고 판단되면 착륙한다.	알았다. 지시를 따르겠다.

피요격항공기의 신호	의미
비행장 상공 300미터(1,000피트) 이상 600미터(2,000피트) 이하의 고도로 착륙활주로 상공을 통과하면서 바퀴다리를 올리고 섬광착륙등을 점멸하면서 착륙활주로를 계속 선회한다. 착륙등을 점멸할 수 없는 경우에는 사용가능한 다른 등화를 점멸한다.	지정한 비행장이 적절하지 못하다.
점멸하는 등화와는 명확히 구분할 수 있는 방법으로 사용가능한 모든 등화의 스위치를 규칙적으로 개폐한다.	지시를 따를 수 없다.
사용가능한 모든 등화를 불규칙적으로 점멸한다.	조난상태에 있다.

신호의 종류	비행 중인 항공기	지상에 있는 항공기
연속되는 녹색	착륙을 허가함	이륙을 허가함
연속되는 붉은 색	다른 항공기에 진로를 양보하고 계속 선회할 것	정지할 것
깜박이는 녹색	착륙을 준비할 것 (착륙 및 지상유도를 위한 허가가 뒤이어 발부)	지상 이동을 허가함
깜박이는 붉은색	비행장이 불안전하니 착륙하지 말 것	사용 중인 착륙지역으로부터 벗어날 것
깜박이는 흰색	착륙하여 계류장으로 갈 것	비행장 안의 출발지점으로 돌아 갈 것

구분	신호
비행 중	(주간) 날개를 흔든다
	(야간) 착륙등 2회 점멸 (착륙등 없으면 항행등 2회 점멸)
지상	(주간) 보조익 또는 방향타를 움직인다
	(야간) 착륙등 2회 점멸 (착륙등 없으면 항행등 2회 점멸)

문제 323 요격항공기와 통신이 이루어졌으나 통상의 언어로 사용할 수 없을 경우 사용되는 용어 중 'AM LOST'의 의미는?

㉮ Position unknown
㉯ Unable to comply
㉰ Understood Will comply
㉱ I am in distress

해설 별표 26. 3-2)-가)

문제 324 피요격항공기가 사용하는 요격용어 중 'WILCO'의 의미는?

㉮ Position unknown
㉯ Unable to comply
㉰ Understood Will comply
㉱ I am in distress

해설 별표 26. 3-2)-가)

문제 325 요격항공기의 어떠한 신호에 대해, 피요격기가 '알았다. 지시를 따르겠다'는 의미로 날개를 흔들어서 응신을 하는 것인가?

㉮ 피요격항공기의 진로를 가로 지르지 않고 90° 이상의 상승선회를 하며, 피요격항공기로부터 급속히 이탈한다.
㉯ 피요격항공기의 약간 위쪽전방 좌측에서 날개를 흔들고 항행등을 불규칙적으로 점멸시킨 후 응답을 확인하고, 통상좌측으로 완만하게 선회하여 원하는 방향으로 향한다.
㉰ 바퀴다리를 내리고 고정착륙등을 켠 상태로 착륙방향으로 활주로 상공을 통과한다.
㉱ 날개를 흔들고 항행등을 불규칙적으로 점멸시킨 후 피요격항공기의 뒤를 따라간다.

해설 별표 26. 3-나.1)

문제 326 요격항공기의 어떠한 신호에 대해, 피요격기가 '알았다. 지시를 따르겠다'는 의미로 날개를 흔들어서 응신을 하는 것인가?

㉮ 피요격항공기의 진로를 가로 지르지 않고 90° 이상의 상승선회를 하며, 피요격항공기로부터 급속히 이탈한다.
㉯ 피요격항공기의 진로를 가로 지르지 않고 90° 이상의 상승선회를 하며, 피요격항공기로부터 서서히 이탈한다.
㉰ 피요격항공기의 진로를 가로 지르고 90° 이상의 상승선회를 하며, 피요격항공기로부터 급속히 이탈한다.
㉱ 피요격항공기의 진로를 가로 지르고 180° 이상의 상승선회를 하며, 피요격항공기로

부터 급속히 이탈한다.

해설 별표 26. 3-나-1)

문제 327 **요격항공기가 바퀴다리를 내리고 고정착륙등을 켠 상태로 착륙방향으로 활주로 상공을 통과하는 신호의 의미는 무엇인가?**

㉮ 이 비행장에 착륙하라　　㉯ 착륙 준비를 하라
㉰ 이 비행장에 착륙하지마라　　㉱ 다른 활주르에 착륙하라

해설 별표 26. 3-나-1)

문제 328 **피요격항공기가 지시를 따를 수 없다는 의미의 신호는 무엇인가?**

㉮ 모든 등화의 스위치를 규칙적으로 개폐한다.
㉯ 모든 등화를 불규칙적으로 점멸한다.
㉰ 바퀴다리를 내리고 날개를 흔든다.
㉱ 날개를 흔들고, 항해등을 불규칙적으로 점멸한다.

해설 별표 26. 3-나-2)

문제 329 **요격항공기의 '당신은 요격을 당하고 있으니 나를 따라오라'는 의미의 신호에 대해, 피요격항공기가 '알았다. 지시를 따르겠다'는 의미로 응신하려는 경우 알맞은 신호는?**

㉮ 바퀴다리를 내리고, 고정착륙등을 켠상태로 요격항공기를 따라간다.
㉯ 날개를 흔들고, 항행등을 불규칙적으로 점멸시킨 후 요격항공기의 뒤를 따라간다.
㉰ 날개를 흔든다.
㉱ 모든 등화의 스위치를 규칙적으로 개폐한다.

해설 별표 26. 3-나-1)

문제 330 **요격항공기가 피요격항공기의 진로를 가로지르지 않고 90도 이상의 상승선회를 하며, 피요격항공기로부터 급속히 이탈하는 신호의 의미는?**

㉮ 그냥 가도 좋다.
㉯ 당신은 요격을 당하고 있으니 나를 따라오라
㉰ 이 비행장에 착륙하라
㉱ 나를 따라오라

해설 별표 26. 3-나-1)

문제 331 **요격항공기가 피요격항공기의 약간 위쪽 전방좌측에서 날개를 흔들고 항행등을 불규칙적으로 점멸시킨 후 응답을 확인하고, 통상 좌측으로 완만하게 선회하여 원하는 방향을 향하는 신호에 대해, 피요격항공기가 응신할 수 있는 신호는?**

㉮ 날개를 흔들고, 항행등을 불규칙적으로 점멸시킨 후 요격항공기의 뒤를 따라간다.
㉯ 날개를 흔든다.
㉰ 바퀴다리를 내리고, 고정착륙등을 켠 상대로 요격항공기를 따라서 활주로 상공을 통과한다.
㉱ 점멸하는 등화와는 명확히 구분할 수 있는 방법으로 사용가능한 모든 등화의 스위치를 규칙적으로 개폐한다.

해설 별표 26. 3-나-1) 요격항공기의 신호는 '당신은 요격을 당하고 있으니 나를 따라오라'는 의미이고, 피요격항공기의 신호는 '알았다. 지시를 따르겠다'는 의미이다.

문제 332 **피요격항공기가 비행장 상공 300미터(1,000피트) 이상 600미터(2,000피트) 이하의 고도로 착륙활주로 상공을 통과하면서 바퀴다리를 올리고 섬광착륙등을 점멸하면서 착륙활주로를 계속 선회하는 신호의 의미는?**

㉮ 알았다. 지시를 따르겠다.
㉯ 착륙준비를 할 수 없다.
㉰ 지정한 비행장이 적절하지 못하다.
㉱ 착륙지시를 따를 수 없다.

해설 별표 26. 3-나-2)

문제 333 **피요격항공기가 '조난상태에 있다'는 의미의 신호는?**

㉮ 사용가능한 모든 등화를 불규칙적으로 점멸한다.
㉯ 사용가능한 모든 등화의 스위치를 규칙적으로 개폐한다.
㉰ 바퀴다리를 내리고 고정착륙등을 켠 상태로 날개를 흔든다.
㉱ 날개를 빠르게 흔든다.

해설 별표 26. 3-나-2)

문제 334 비행 중인 항공기에게 깜박이는 흰색의 빛총신호를 할 경우 그 의미는?

㉮ 착륙을 허가함
㉯ 착륙을 준비할 것
㉰ 다른 항공기에 진로를 양보하고 계속 선회할 것
㉱ 착륙하여 계류장으로 갈 것

해설 별표 26. 5-가.

문제 335 비행 중인 항공기에게 쏘는 깜박이는 녹색의 빛총신호의 의미는?

㉮ 착륙을 허가함
㉯ 착륙을 준비할 것
㉰ 다른 항공기에 진로를 양보하고 계속 선회할 것
㉱ 착륙하여 계류장으로 갈 것

해설 별표 26. 5-가.

문제 336 지상에 있는 항공기에 깜박이는 적색의 빛총신호를 쏠 경우 그 의미는?

㉮ 이륙을 허가함
㉯ 정지할 것
㉰ 사용 중인 착륙지역으로부터 벗어날 것
㉱ 비행장 안의 출발지점으로 돌아갈 것

해설 별표 26. 5-가.

문제 337 지상에 있는 항공기에 연속되는 녹색의 빛총신호를 쏠 경우 그 의미는?

㉮ 이륙을 허가함
㉯ 정지할 것
㉰ 사용 중인 착륙지역으로부터 벗어날 것
㉱ 비행장 안의 출발지점으로 돌아갈 것

해설 별표 26. 5-가.

문제 338 지상에 있는 항공기에 점멸 녹색의 빛총신호를 쏠 경우 그 의미는?

㉮ 이륙을 허가함

㉯ 지상 이동을 허가함
㉰ 사용 중인 착륙지역으로부터 벗어날 것
㉱ 비행장 안의 출발지점으로 돌아갈 것

해설 별표 26. 5-가.

문제 339 비행 중인 항공기에게 연속되는 붉은 색의 빛총신호를 할 경우 그 의미는?

㉮ 착륙을 허가함
㉯ 착륙을 준비할 것
㉰ 다른 항공기에 진로를 양보하고 계속 선회할 것
㉱ 착륙하여 계류장으로 갈 것

해설 별표 26. 5-가.

문제 340 비행 중인 항공기와 무선통신이 두절 되었을 경우 '다른 항공기에 진로를 양보하고 계속 선회하라'는 의미의 빛총신호로 맞는 것은?

㉮ 연속되는 녹색
㉯ 연속되는 붉은색
㉰ 깜박이는 녹색
㉱ 깜박이는 흰색

해설 별표 26. 5-가.

문제 341 다음 중 빛총신호의 종류와 의미에 대해 틀린 것은?

㉮ 연속되는 녹색 : 비행 중인 항공기는 '착륙을 허가함', 지상에 있는 항공기는 '이륙을 허가함'
㉯ 연속되는 붉은 색 : 비행 중인 항공기는 '다른 항공기에 진로를 양보하고 계속 선회할 것', 지상에 있는 항공기는 '사용중인 착륙지역으로 벗어날 것'
㉰ 깜박이는 녹색 : 비행 중인 항공기는 '착륙을 준비할 것', 지상에 있는 항공기는 '지상이동을 허가함'
㉱ 깜박이는 흰색 : 비행 중인 항공기는 '착륙하여 계류장으로 갈 것', 지상에 있는 항공기는 '비행장 안의 출발지점으로 돌아 갈 것'

해설 별표 26. 5-가.

문제 342 다음 중 빛총신호의 종류와 의미에 대해 옳은 것은?

㉮ 연속되는 녹색 : 비행 중인 항공기는 '착륙을 준비할 것'

㉯ 연속되는 붉은 색 : 비행 중인 항공기는 '비행장이 불안전하니 착륙하지 말것'
㉰ 깜박이는 녹색 : 지상에 있는 항공기는 '이륙을 허가함'
㉱ 깜박이는 흰색 : 지상에 있는 항공기는 '비행장 안의 출발지점으로 돌아 갈것'

해설 별표 26. 5-가. ㉮항 '착륙을 허가함'. ㉯항 '다른 항공기에 진로를 양보하고 계속 선회할 것', ㉰항 '지상 이동을 허가함'

문제 343 **비행 중 항공기와 무선통신이 두절되었을 경우 빛총신호에 대한 항공기의 응신으로 옳은 것은?**

㉮ 주간에는 날개를 흔든다.
㉯ 야간에는 착륙등을 1회 점멸한다.
㉰ 주간에는 보조익을 움직인다.
㉱ 야간에는 착륙등과 항행등을 2회 점멸한다.

해설 별표 26. 5-나.

문제 344 **빛총신호에 대한 지상에 있는 항공기의 응신으로 맞는 것은?**

㉮ 주간에는 날개를 흔든다.
㉯ 야간에는 착륙등을 1회 점멸한다.
㉰ 주간에는 보조익 또는 방향타를 움직인다.
㉱ 야간에는 착륙등 또는 항행등을 2회 점멸한다.

해설 별표 26. 5-나. ㉱항 항행등은 착륙등이 장착되지 않는 경우에 점멸하는 것이다.

문제 345 **유도원이 손바닥을 편 상태로 어깨 높이로 들어올 린 후 운항승무원을 응시한 채 주먹을 쥐는 행동이 보내는 신호의 의미는?**

㉮ 브레이크 정렬
㉯ 브레이크 풀기
㉰ 엔진시동걸기
㉱ 서행

해설 별표 26. 6-가-9.

문제 346 **유도원에 대한 조종사의 신호로 틀린 것은?**

㉮ 조종실에 있는 조종사는 손이 유도원에게 명확히 보이도록 해야 하며, 필요한 경우에는 쉽게 식별할 수 있도록 조명을 비추어야 한다.
㉯ 손가를 펴거나 주먹을 쥐는 순간이 각각 브레이크를 걸거나 푸는 순간을 나타낸다.

㉰ 브레이크를 걸었을 경우 손가락을 펴고 양팔과 손을 얼굴앞에 수평으로 올린 후 주먹을 쥔다.

㉱ 브레이크를 풀었을 경우 주먹을 쥐고 팔을 얼굴앞에 수평으로 올린 후 손가락을 편다.

해설 별표 26. 6-비고. 주먹을 쥐거나 손가락을 펴는 순간이 각각 브레이크를 걸거나 푸는 순간을 나타낸다.

규칙 제195조(시간) ① 법 제67조에 따라 항공기의 운항과 관련된 시간을 전파하거나 보고하려는 자는 국제표준시(UTC: Coordinated Universal Time)를 사용하여야 하며, 시각은 자정을 기준으로 하루 24시간을 시·분으로 표시하되, 필요하면 초 단위까지 표시하여야 한다.

② 관제비행을 하려는 자는 관제비행의 시작전과 비행중에 필요하면 시간을 점검하여야 한다.

③ 데이터링크통신에 따라 시간을 이용하려는 경우에는 국제표준시를 기준으로 1초 이내의 정확도를 유지·관리하여야 한다.

★ 1회 출제되었다. NOTAM(Notice to Airmen, 항공고시보)의 기준시간은 UTC

문제 347 항공기의 운항과 관련된 시간을 전파하거나 보고하려는 경우 기준시간은?

㉮ UTC (Coordinated Universal Time)

㉯ GMC(Greenwich Mean Time)

㉰ LMT(Local Mean Time)

㉱ ST(Standard Time)

해설 시행규칙 제195조 제1항 항공기의 운항과 관련된 시간을 전파하거나 보고하려는 자는 국제표준시(UTC: Coordinated Universal Time)를 사용하여야 하며, 시각은 자정을 기준으로 하루 24시간을 시·분으로 표시하되, 필요하면 초 단위까지 표시하여야 한다.

규칙 제197조(곡예비행 등을 할 수 있는 비행시정) 법 제67조에 따른 곡예비행을 할 수 있는 비행시정은 다음 각 호의 구분과 같다.

1. 비행고도 3,050미터(1만피트) 미만인 구역: 5천미터 이상
2. 비행고도 3,050미터(1만피트) 이상인 구역: 8천미터 이상

★ 총 7회 출제되었다.

문제 348 **비행고도 10,000피트 이상인 구역에서 곡예비행을 할 수 있는 최저비행시정은?**

㉮ 3,000미터 ㉯ 5,000미터
㉰ 7,000미터 ㉱ 8,000미터

해설 시행규칙 제197조 3050m(만ft) 미만 5000m/이상 8000m

문제 349 **비행고도 10,000피트 미만인 구역에서 곡예비행을 할 수 있는 최저비행시정은?**

㉮ 3,000미터 ㉯ 5,000미터
㉰ 7,000미터 ㉱ 8,000미터

해설 시행규칙 제197조 3050m(만ft) 미만 5000m/이상 8000m

문제 350 **비행고도 3,050미터 이상인 구역에서 곡예비행을 할 수 있는 최저비행시정은?**

㉮ 3,000미터 ㉯ 5,000미터
㉰ 7,000미터 ㉱ 8,000미터

해설 시행규칙 제197조 3050m(만ft) 미만 5000m/이상 8000m

규칙 제198조(불법간섭행위 시의 조치) ① 법 제67조에 따라 비행 중 항공기의 피랍 · 테러 등의 불법적인 행위에 의하여 항공기 또는 탑승객의 안전이 위협받는 상황(이하 "불법간섭" 이라 한다)에 처한 항공기는 항공교통업무기관에서 다른 항공기와의 충돌방지 및 우선권 부여 등 필요한 조치를 취할 수 있도록 가능한 범위에서 한 다음 각 호의 사항을 관할 항공교통업무기관에 통보하여야 한다.

1. 불법간섭을 받고있다는 사실
2. 불법간섭행위와 관련한 중요한 상황정보
3. 그 밖에 상황에 따른 비행계획의 이탈사항에 관한 사항

② 불법간섭을 받고있는 항공기의 기장은 가능한 한 해당 항공기가 안전하게 착륙할 수 있는 가장 가까운 공항 또는 관할 항공교통업무기관이 지정한 공항으로 착륙을 시도하여야 한다.

③ 불법간섭을 받고있는 항공기가 제1항에 따른 사항을 관할 항공교통업무기관에 통보할 수 없는 경우에는 다음 각 호의 조치를 하여야 한다.

1. 기장은 제2항에 따른 공항으로 비행할 수 없는 경우에는 관할 항공교통업무기관에 통보할 수 있을 때까지 또는 레이더나 자동종속감시시설의 포착범위내에 들어갈 때까지 배정된 항공로 및 순항고도를 유지하며 비행할 것
2. 기장은 관할 항공교통업무기관과 무선통신이 불가능한 상황에서 배정된 항공로 및 순항고도를 이탈할 것을 강요받은 경우에는 가능한 한 다음 각 목의 조치를 할 것

가. 항공기 안의 상황이 허용되는 한도내에서 현재 사용 중인 초단파(VHF) 주파수, 초단파 비상주파수(121.5Mhz) 또는 사용가능한 다른 주파수로 경고방송을 시도할 것
나. 2차 감시 항공교통관제 레이더용 트랜스폰더(Mode3/A 및 Mode C SSR transponder) 또는 데이터링크 탑재장비를 사용하여 불법간섭을 받고있다는 사실을 알릴 것
다. 고도 600미터의 수직분리가 적용되는 지역에서는 계기비행순항고도와 300미터 분리된 고도로, 고도 300미터의 수직분리가 적용되는 지역에서는 계기비행순항고도와 150미터 분리된 고도로 각각 변경하여 비행할 것

총 3회 출제되었다. 불법간섭을 받고있는 항공기가 관할 항공교통업무기관에 통보할 수 없는 경우 취하여야 하는 조치에 대해 출제되었다.

문제 351 **불법간섭을 받고있는 항공기의 기장은 관할 항공교통업무기관과 무선통신이 불가능한 상황에서 배정된 항공로 및 순항고도를 이탈할 것을 강요받은 경우에는 취하여야 하는 조치에 해당하지 않는 것은?**

㉮ 관할 항공교통업무기관에 통보할 수 있을 때까지 또는 레이더나 자동종속감시시설의 포착범위내에 들어갈 때까지 배정된 항공로 및 순항고도를 유지하며 비행할 것
㉯ 항공기 안의 상황이 허용되는 한도내에서 현재 사용중인 초단파(VHF) 주파수, 초단파 비상주파수(121.5Mhz) 또는 사용가능한 다른 주파수로 경고방송을 시도할 것
㉰ 2차 감시 항공교통관제 레이더용 트랜스폰더(Mode3/A 및 Mode C SSR transponder) 또는 데이터링크 탑재장비를 사용하여 불법간섭을 받고있다는 사실을 알릴 것
㉱ 고도 600미터의 수직분리가 적용되는 지역에서는 계기비행 순항고도와 300미터 분리된 고도로, 고도 300미터의 수직분리가 적용되는 지역에서는 계기비행순항고도와 150미터 분리된 고도로 각각 변경하여 비행할 것

해설 시행규칙 제198조. ㉮항은 불법간섭을 받고 있는 항공기의 기장이 취하여야 하는 조치이다.

문제 352 **불법간섭을 받고있는 항공기의 기장은 관할 항공교통업무기관과 무선통신이 불가능한 상황에서 배정된 항공로 및 순항고도를 이탈할 것을 강요받은 경우에는 취하여야 하는 조치에 해당하지 않는 것은?**

㉮ 항공기 안의 상황이 허용되는 한도내에서 현재 사용중인 초단파(VHF) 주파수, 초단파 비상주파수(121.5Mhz) 또는 사용가능한 다른 주파수로 경고방송을 시도할 것
㉯ 2차 감시 항공교통관제레이더용 트랜스폰더(Mode3/A 및 Mode C SSR transponder) 또는 데이터링크탑재장비를 사용하여 불법간섭을 받고있다는 사실을 알릴 것

㉰ 고도 600미터의 수직분리가 적용되는 지역에서는 계기비행순항고도와 300미터 분리된 고도로, 고도 300미터의 수직분리가 적용되는 지역에서는 계기비행순항고도와 150미터 분리된 고도로 각각 변경하여 비행할 것

㉱ 배정된 항공로 및 순항고도를 이탈한 후 해당 항공기가 안전하게 착륙할 수 있는 가장 가까운 공항으로 착륙을 시도하여야 한다.

해설 시행규칙 제198조

법 제68조(항공기의 비행 중 금지행위 등) 항공기를 운항하려는 사람은 생명과 재산을 보호하기 위하여 다음 각 호의 어느 하나에 해당하는 비행 또는 행위를 해서는 아니 된다. 다만, 국토교통부령으로 정하는 바에 따라 국토교통부장관의 허가를 받은 경우에는 그러하지 아니하다.

1. 국토교통부령으로 정하는 최저비행고도(最低飛行高度) 아래에서의 비행
2. 물건의 투하(投下) 또는 살포
3. 낙하산 강하(降下)
4. 국토교통부령으로 정하는 구역에서 뒤집어서 비행하거나 옆으로 세워서 비행하는 등의 곡예비행
5. 무인항공기의 비행
6. 그 밖에 생명과 재산에 위해를 끼치거나 위해를 끼칠 우려가 있는 비행 또는 행위로서 국토교통부령으로 정하는 비행 또는 행위

★ **법률 조항에 대해 1번 출제되었다. 비행 중 금지되는 행위 중 포함되지 않는 것에 대해 출제되었다. 오답은 편대비행.**

문제 353 다음 중 비행 중 금지되는 행위에 포함되지 않는 것은?

㉮ 최저비행고도 아래에서의 비행　　㉯ 물건의 투하 또는 살포

㉰ 낙하산 강하　　㉱ 편대비행

해설 법 제68조

문제 354 다음 중 국토교통부장관의 허가를 받아야 하는 행위가 아닌 것은?

㉮ 무인항공기의 비행　　㉯ 낙하산의 강하

㉰ 초음속비행　　㉱ 물건의 살포

해설 법 제68조

규칙 제199조(최저비행고도) 법 제68조 제1호에서 "국토교통부령으로 정하는 최저비행고도"란 다음 각 호와 같다.

1. 시계비행방식으로 비행하는 항공기
   가. 사람 또는 건축물이 밀집된 지역의 상공에서는 해당 항공기를 중심으로 수평거리 600미터 범위 안의 지역에 있는 가장 높은 장애물의 상단에서 300미터(1천피트)의 고도
   나. 가목 외의 지역에서는 지표면·수면 또는 물건의 상단에서 150미터(500피트)의 고도
2. 계기비행방식으로 비행하는 항공기
   가. 산악지역에서는 항공기를 중심으로 반지름 8킬로미터 이내에 위치한 가장 높은 장애물로부터 600미터의 고도
   나. 가목 외의 지역에서는 항공기를 중심으로 반지름 8킬로미터 이내에 위치한 가장 높은 장애물로부터 300미터의 고도

제200조(최저비행고도 아래에서의 비행허가) 법 제68조 각 호 외의 부분단서에 따라 최저비행고도 아래에서 비행하려는 자는 별지 제74호서식의 최저비행고도 아래에서의 비행허가신청서를 지방항공청장에게 제출하여야 한다.

시행규칙 제199조는 시계비행방식 및 계기비행방식에 따라 최저비행고도를 구체적으로 규정하고 있고, 제200조는 최저비행고도 아래에서의 비행허가에 대해 규정하고 있다.

★ **총 23회 출제되었다.**

★ **최저비행고도에 대해 16회 출제되었다. 구체적인 수치에 대해 출제된다.**

※ 시계: 밀집, 600m 범위, 300m(1000ft) / 밀집외 150m(500ft)
계기: 산악, 8km 이내, 600m / 산악외 300m

★ **최저비행고도에서 비행허가에 대해 7회 출제되었다. 신청서 제출기관은 지방항공청장이고, 신청서에 포함되어야 하는 내용은 신청인(인적사항), 항공기(형식, 등록부호), 비행계획(일시, 비행목적, 경로, 고도, 최저비행고도 아래에서 비행하려는 이유), 조종사(인적사항, 자격번호), 동승자(인적사항, 동승의 목적).**

문제 355 시계비행방식으로 비행하는 항공기가 사람 또는 건축물이 밀집된 지역의 상공에서 비행할 수 있는 최저비행고도는 얼마인가?

㉮ 해당 항공기를 중심으로 수평거리 600미터 범위 안의 지역에 있는 가장 높은 장애물의 상단에서 300미터의 고도

㉯ 해당 항공기를 중심으로 수평거리 600미터 범위 안의 지역에 있는 가장 높은 장애물의 상단에서 150미터의 고도

㉰ 해당 항공기를 중심으로 수평거리 300미터 범위 안의 지역에 있는 가장 높은 장애물의 상단에서 300미터의 고도

㉱ 해당 항공기를 중심으로 수평거리 300미터 범위 안의 지역에 있는 가장 높은 장애물의 상단에서 150미터의 고도

해설 시행규칙 제199조 제1호 가목

문제 356 **시계비행방식으로 비행하는 항공기가 사람 또는 건축물이 밀집된 지역 외의 지역에서는 지표면 · 수면 또는 물건의 상단에서 (　　)의 고도가 최저비행고이다. 괄호 안에 알맞은 말은?**

㉮ 100미터　　㉯ 150미터

㉰ 300미터　　㉱ 500미터

해설 시행규칙 제199조 제1호 나목

문제 357 **계기비행방식으로 비행하는 항공기가 산악지역에서 비행할 수 있는 최저고도는 얼마인가?**

㉮ 항공기를 중심으로 반지름 8킬로미터 이내에 위치한 가장 높은 장애물로부터 600미터의 고도

㉯ 항공기를 중심으로 반지름 8킬로미터 이내에 위치한 가장 높은 장애물로부터 300미터의 고도

㉰ 항공기를 중심으로 반지름 6킬로미터 이내에 위치한 가장 높은 장애물로부터 600미터의 고도

㉱ 항공기를 중심으로 반지름 6킬로미터 이내에 위치한 가장 높은 장애물로부터 300미터의 고도

해설 시행규칙 제199조 제2호 가목

문제 358 **계기비행방식으로 비행하는 항공기는 산악지역 외의 지역에서는 항공기를 중심으로 반지름 (　　) 이내에 위치하는 가장 높은 장애물로부터 (　　)의 고도가 최저비행고도이다. 괄호 안에 알맞은 말은?**

㉮ 8킬로미터, 600미터　　㉯ 8킬로미터, 300미터

㉰ 6킬로미터, 600미터　　㉱ 6킬로미터, 300미터

해설 시행규칙 제199조 제2호 나목

문제 359 **최저비행고도에 대한 설명 중 틀린 것은?**

㉮ 시계비행방식으로 비행하는 항공기는, 사람 또는 건축물이 밀집된 지역의 상공에서는 해당 항공기를 중심으로 수평거리 600미터 범위 안의 지역에 있는 가장 높은 장애물의 상단에서 1,000피트의 고도

㉯ 시계비행방식으로 비행하는 항공기는, 사람 또는 건축물이 밀집된 지역 외의 지역에서는 지표면 · 수면 또는 물건의 상단에서 300미터의 고도

㉰ 계기비행방식으로 비행하는 항공기는, 산악지역에서는 항공기를 중심으로 반지름 8킬로미터 이내에 위치한 가장 높은 장애물로부터 600미터의 고도

㉱ 계기비행방식으로 비행하는 항공기는, 산악지역 외의 지역에서는 항공기를 중심으로 반지름 8킬로미터 이내에 위치한 가장 높은 장애물로부터 300미터의 고도

해설 시행규칙 제199조

문제 360 **최저비행고도 아래에서 비행하려는 자는 비행허가신청서를 누구에게 제출하여야 하는가?**

㉮ 국토교통부장관 ㉯ 지방항공청장
㉰ 항공교통업무기관 ㉱ 항공교통본부장

해설 시행규칙 제200조(최저비행고도 아래에서의 비행허가) 법 제68조 각 호 외의 부분단서에 따라 최저비행고도 아래에서 비행하려는 자는 별지 제74호서식의 최저비행고도 아래에서의 비행허가 신청서를 지방항공청장에게 제출하여야 한다.

문제 361 **최저비행고도 아래에서 비행하려는 자가 지방항공청장에게 제출해야 하는 비행허가신청서에 포함되지 않는 사항은?**

㉮ 조종사의 성명, 생년월일, 주소, 자격번호

㉯ 동승자의 성명, 생년월일, 주소, 동승의 목적

㉰ 비행계획의 요약

㉱ 탑재된 비상용장비의 목록

해설 시행규칙 별지 제74호서식 신청서에 포함되어야 하는 내용은 신청인(인적사항), 항공기(형식, 등록부호), 비행계획(일시, 비행목적, 경로, 고도, 최저비행고도 아래에서 비행하려는 이유), 조종사(인적사항, 자격번호), 동승자(인적사항, 동승의 목적).

문제 362 **최저비행고도 아래에서 비행하려는 자가 지방항공청장에게 제출해야 하는 비행허가신청서에 포함되지 않는 사항은?**

㉮ 항공기의 형식, 등록부호

㉯ 비행일시, 비행목적, 비행경로, 비행고도, 최저비행고도 아래에서 비행하려는 이유
㉰ 신청인의 성명, 생년월일, 주소, 연락처
㉱ 비상운항절차

해설 시행규칙 별지 제74호서식 신청서에 포함되어야 하는 내용은 신청인(인적사항), 항공기(형식, 등록부호), 비행계획(일시, 비행목적, 경로, 고도, 최저비행고도 아래에서 비행하려는 이유), 조종사(인적사항, 자격번호), 동승자(인적사항, 동승의 목적).

규칙 제204조(곡예비행금지구역) 법 제68조 제4호에서 "국토교통부령으로 정하는 구역"이란 다음 각 호의 어느 하나에 해당하는 구역을 말한다.
1. 사람 또는 건축물이 밀집한 지역의 상공
2. 관제구 및 관제권
3. 지표로부터 450미터(1,500피트) 미만의 고도
4. 해당 항공기(활공기는 제외한다)를 중심으로 반지름 500미터 범위 안의 지역에 있는 가장 높은 장애물의 상단으로부터 500미터 이하의 고도
5. 해당 활공기를 중심으로 반지름 300미터 범위 안의 지역에 있는 가장 높은 장애물의 상단으로부터 300미터 이하의 고도

★ **곡예비행금지구역에 대해 8번 출제되었다. 주요 오답은 구체적인 수치가 틀린 것이었다. 지표면으로부터 450미터(1,500피트) 이상, 활공기를 제외한 항공기를 중심으로 반지름 500미터 범위 안의 지역에서 가장 높은 장애물의 상단으로부터 500미터 이하의 고도이다.**

문제 363 곡예비행이 금지되는 구역에 해당하지 않는 것은?

㉮ 사람 또는 건축물이 밀접한 지역의 상공
㉯ 관제구 및 관제권
㉰ 지표로부터 450미터 미만의 고도
㉱ 해당 항공기를 중심으로 반지름 500미터 범위 안의 지역에 있는 가장 높은 장애물의 상단으로부터 300미터 이하의 고도

해설 시행규칙 제204조. 4호 해당 항공기(활공기는 제외한다)를 중심으로 반지름 500미터 범위 안의 지역에 있는 가장 높은 장애물의 상단으로부터 500미터 이하의 고도. 5호 해당 활공기를 중심으로 반지름 300미터 범위 안의 지역에 있는 가장 높은 장애물의 상단으로부터 300미터 이하의 고도

문제 364 곡예비행이 금지되는 구역이 아닌 것은?

㉮ 사람 또는 건축물이 밀접한 지역의 상공

㉯ 관제구 및 관제권

㉰ 지표로부터 1,000피트 미만의 고도

㉱ 해당 항공기를 중심으로 반지름 500미터 범위 안의 지역에 있는 가장 높은 장애물의 상단으로부터 500미터 이하의 고도

해설 시행규칙 제204조 3호 지표로부터 450미터(1,500피트) 미만의 고도

※ 활공기와 활공기가 아닌 항공기로 구분하여 규정을 하고 있으므로, ㉱항은 정확하게 활공기의 경우에는 곡예비행이 금지되는 구역이 아니지만, ㉰항이 더 정답에 가깝다.

문제 365 **곡예비행이 가능한 구역은?**

㉮ 사람 또는 건축물이 밀집한 지역의 상공

㉯ 관제구

㉰ 지표면으로부터 1,500피트 이상의 고도

㉱ 해당 항공기를 중심으로 반지름 500미터 범위 안의 지역에 있는 가장 높은 장애물의 상단으로부터 500미터 이하의 고도

해설 시행규칙 제204조. ㉰항 지표면으로부터 450미터(1,500피트) 미만의 고도가 곡예비행이 금지된 구역이다.

문제 366 **비행기의 곡예비행금지구역은, 지표로부터 (   )의 고도, 해당 비행기를 중심으로 반지름 (   ) 범위 안의 지역에 있는 가장 높은 장애물의 상단으로부터 (   )의 고도이다. 괄호 안에 알맞은 말은?**

㉮ 450미터 미만, 500미터, 500미터 이하

㉯ 1,500피트 미만, 500미터, 500미터 미만

㉰ 450미터 이하, 500미터, 500미터 이하

㉱ 1,500피트 미만, 300미터, 300미터 이하

해설 시행규칙 제204조

규칙 제206조(무인항공기의 비행허가신청 등) ① 법 제68조 각 호 외의 부분단서에 따라 무인항공기를 비행시키려는 자는 별지 제75호서식의 무인항공기 비행허가신청서에 다음 각 호의 사항을 적은 서류를 첨부하여 지방항공청장 또는 항공교통본부장에게 비행예정일 7일 전까지 제출하여야 한다.

(생략)

★ 총 2회 출제되었다. 비행허가신청서를 지방항공청장 또는 항공교통본부장에게 비행예정일 7일 전까지 제출해야 한다.

문제 367 **무인항공기를 비행하려는 자는 비행허가신청서를 누구에게 제출하여야 하는가?**

㉮ 국토교통부장관
㉯ 지방항공청장 또는 항공교통본부장
㉰ 지방항공청장 또는 항공안전본부장
㉱ 지방항공청장

해설 시행규칙 제106조 제1항 비행허가 신청서를 지방항공청장 또는 항공교통본부장에게 비행예정일 7일 전까지 제출해야 한다.

문제 368 **무인항공기를 비행하려는 자는 비행허가신청서를 언제 제출하여야 하는가?**

㉮ 비행예정일 7일 전까지
㉯ 비행예정일 전일까지
㉰ 비행예정일 3일 전까지
㉱ 비행예정일 5일 전까지

해설 시행규칙 제106조 제1항

법 제69조(긴급항공기의 지정 등) ① 응급환자의 수송 등 국토교통부령으로 정하는 긴급한 업무에 항공기를 사용하려는 소유자 등은 그 항공기에 대하여 국토교통부장관의 지정을 받아야 한다.
② 제1항에 따라 국토교통부장관의 지정을 받은 항공기(이하 "긴급항공기"라 한다)를 제1항에 따른 긴급한 업무의 수행을 위하여 운항하는 경우에는 제66조 및 제68조 제1호·제2호를 적용하지 아니 한다.
③ 긴급항공기의 지정 및 운항절차 등에 필요한 사항은 국토교통부령으로 정한다.
④ 국토교통부장관은 긴급항공기의 소유자 등이 다음 각 호의 어느 하나에 해당하는 경우에는 그 긴급항공기의 지정을 취소할 수 있다. 다만, 제1호에 해당하는 경우에는 그 긴급항공기의 지정을 취소하여야 한다.
1. 거짓이나 그 밖의 부정한 방법으로 긴급항공기로 지정받은 경우
2. 제3항에 따른 운항절차를 준수하지 아니하는 경우
⑤ 제4항에 따라 긴급항공기의 지정취소처분을 받은 자는 취소처분을 받은 날부터 2년 이내에는 긴급항공기의 지정을 받을 수 없다.

규칙 제207조(긴급항공기의 지정) ① 법 제69조 제1항에서 "응급환자의 수송 등 국토교통부령으로 정하는 긴급한 업무"란 다음 각 호의 어느 하나에 해당하는 업무를 말한다.
1. 재난·재해 등으로 인한 수색·구조
2. 응급환자의 수송 등 구조·구급활동

3. 화재의 진화
4. 화재의 예방을 위한 감시활동
5. 응급환자를 위한 장기(臟器)이송
6. 그 밖에 자연재해발생 시의 긴급복구

② 법 제69조 제1항에 따라 제1항 각 호에 따른 업무에 항공기를 사용하려는 소유자 등은 해당 항공기에 대하여 지방항공청장으로부터 긴급항공기의 지정을 받아야 한다.

③ 제2항에 따른 지정을 받으려는 자는 다음 각 호의 사항을 적은 긴급항공기지정신청서를 지방항공청장에게 제출하여야 한다.

(생략)

④ 지방항공청장은 제3항에 따른 서류를 확인한 후 제1항 각 호의 긴급한 업무에 해당하는 경우에는 해당 항공기를 긴급항공기로 지정하였음을 신청자에게 통지하여야 한다.

제208조(긴급항공기의 운항절차) ① 제207조 제2항에 따라 긴급항공기의 지정을 받은 자가 긴급항공기를 운항하려는 경우에는 그 운항을 시작하기 전에 다음 각 호의 사항을 지방항공청장에게 구술 또는 서면 등으로 통지하여야 한다.

(생략)

② 제1항에 따라 긴급항공기를 운항한 자는 운항이 끝난 후 24시간 이내에 다음 각 호의 사항을 적은 긴급항공기운항결과보고서를 지방항공청장에게 제출하여야 한다.

(생략)

긴급한 업무란 재난·재해 등으로 인한 수색·구조, 응급환자의 수송 등 구조·구급활동, 화재의 진화, 화재의 예방을 위한 감시활동, 응급환자를 위한 장기(臟器)이송, 그 밖에 자연재해 발생 시의 긴급복구를 말한다. 긴급항공기의 지정은 국토교통부장관(지방항공청장)의 지정을 받아야 한다. 긴급항공기를 긴급한 업무의 수행을 위해 운항하는 경우 이착륙 장소제한, 최저비행고도이하 비행, 물건의 투하 또는 살포규정이 적용되지 않는다. 긴급항공기의 지정취소처분을 받은 자는 취소처분을 받은 날부터 2년 이내에는 긴급항공기의 지정을 받을 수 없다.

★ 긴급항공기에 대해서 21회 출제되었다.

★ 긴급항공기 일반(법률조항)에 대해 9호 출제되었다. 긴급항공기 지정취소처분을 받은 날부터 '2년 이내'에 긴급항공기 지정을 받을 수 없다(5회 출제). 긴급항공기가 긴급한 업무수행시 이착륙제한, 최저비행고도 비행제한, 물건의 투하·살포금지규정이 적용되지 않는다(3회). 구체적인 사항은 국토교통부령으로 정한다(1회).

★ 긴급한 업무에 대해서 8회 출제되었다. '자연재해' 발생시의 긴급복구이고 '공항시설긴급복구', '긴급출동하는 군항공기'는 여기에 포함되지 않는다.

★ 긴급항공기운항결과보고서의 제출에 대해서 4회 출제되었다. '지방항공청장'에게 '24시간' 이내이다.

문제 369 **긴급항공기의 지정 및 운항 등에 관한 설명 중 틀린 것은?**

㉮ 응급환자의 수송 등 국토교통부령으로 정하는 긴급한 업무에 항공기를 사용하려는 소유자 등은 그 항공기에 대하여 국토교통부장관의 지정을 받아야 한다.

㉯ 긴급항공기를 긴급한 업무의 수행을 위하여 운항하는 경우 국토교통부장관의 허가를 받아 최저비행고도 아래에서 비행할 수 있다.

㉰ 긴급항공기의 지정 및 운항절차 등에 필요한 사항은 국토교통부령으로 정한다.

㉱ 긴급항공기의 지정취소처분을 받은 자는 취소처분을 받은 날부터 2년 이내에는 긴급항공기의 지정을 받을 수 없다.

해설 법 제69조. ㉮항 긴급항공기의 지정은 법률에서는 국토교통부장관으로 규정하고 있고 시행규칙 제207조 제2항은 지방항공청장으로 규정하고 있다. 지방항공청장이 국토교통부장관의 위임을 받은 것이므로 문제에서는 둘 다 정답이라고 풀어야 한다. ㉯항 제69조 제2항에서 제68조 제1호를 적용받지 아니하므로, 최저비행고도 아래에서 비행할 경우 국토교통부장관의 허가가 필요하지 않다.

문제 370 **긴급항공기의 지정 및 운항에 대한 설명 중 틀린 것은?**

㉮ 긴급한 업무에 항공기를 사용하려는 소유자 등은 해당 항공기에 대하여 지방항공청장으로부터 긴급항공기의 지정을 받아야 한다.

㉯ 긴급항공기를 운항한 자는 운항이 끝난 후 24시간 이내에 다음 각 호의 사항을 적은 긴급항공기 운항결과보고서를 지방항공청장에게 제출하여야 한다.

㉰ 긴급항공기의 지정취소처분을 받은 자는 취소처분을 받은 날부터 2년 이내에는 긴급항공기의 지정을 받을 수 없다.

㉱ 긴급항공기를 긴급한 업무의 수행을 위하여 운항하는 경우 국토교통부장관의 허가를 받으면 비행장이 아닌 곳에서 이륙하거나 착륙할 수 있다.

해설 법 제69조. ㉮항 긴급항공기의 지정은 법률에서는 국토교통부장관으로 규정하고 있고 시행규칙 제207조 제2항은 지방항공청장으로 규정하고 있다. 지방항공청장이 국토교통부장관의 위임을 받은 것이므로 문제에서는 둘 다 정답이라고 풀어야 한다. ㉱항 제69조 제2항에서 제66조 제1호를 적용받지 아니하므로, 비행장이 아닌 곳에서 이륙하거나 착륙할 수 있으며 이 경우 국토교통부장관의 허가가 필요하지 않다.

문제 371 **긴급항공기의 지정취소처분을 받은 자는 취소처분을 받은 날부터 몇 년 이내에는 긴급항공기의 지정을 받을 수 없는 것인가?**

㉮ 1년　　㉯ 2년

㉰ 3년　　㉱ 5년

해설 법 제69조 제5항 긴급항공기의 지정취소처분을 받은 자는 취소처분을 받은 날부터 2년 이내에는 긴급항공기의 지정을 받을 수 없다.

문제 372 긴급항공기의 지정 및 운항절차 등에 필요한 사항은 (   )으로 정한다. 괄호 안에 알맞은 말은?

㉮ 대통령령
㉯ 국토교통부령
㉰ 지방항공청령
㉱ 국토교통부장관이 정하는 고시

해설 법 제69조 제3항 긴급항공기의 지정 및 운항절차 등에 필요한 사항은 국토교통부령으로 정한다.

문제 373 다음 중 긴급항공기에 해당하지 않는 것은?

㉮ 재난 · 재해 등으로 인한 수색 · 구조를 위한 항공기
㉯ 응급환자의 수송 등 구조 · 구급활동을 위한 항공기
㉰ 화재의 진화를 위한 항공기
㉱ 공황시설의 긴급복구를 위한 항공기

해설 시행규칙 제207조 제6호 그 밖에 자연재해 발생 시의 긴급복구

문제 374 다음 중 성격이 다른 항공기는?

㉮ 자연재해발생 시의 긴급복구 항공기
㉯ 응급환자를 위한 장기이송 항공기
㉰ 화재진화 항공기
㉱ 산림보호사업을 위한 화물수송 항공기

해설 시행규칙 제207조. ㉱항 법 제4조 제2항 및 시행규칙 제11조 긴급운항에 해당한다.

문제 375 다음 중 긴급한 업무에 포함되지 않는 것은?

㉮ 응급환자를 위한 장기이송
㉯ 항행안전시설의 긴급복구
㉰ 화재의 예방을 위한 감시활동
㉱ 재난 · 재해 등으로 인한 수색 · 구조

해설 시행규칙 제207조

문제 376 **긴급항공기를 운항한 자는 운항이 끝난 후 (　　　) 이내에 긴급항공기 운항결과보고서를 (　　　)에게 제출하여야 한다. 괄호 안에 알맞은 말은?**

㉮ 24시간, 지방항공청장　　㉯ 12시간, 지방항공청장

㉰ 24시간, 항공교통본부장　　㉱ 12시간, 관할 항공교통업무기관

해설 시행규칙 제208조 제2항 긴급항공기를 운항한 자는 운항이 끝난 후 24시간 이내에 다음 각 호의 사항을 적은 긴급항공기 운항결과보고서를 지방항공청장에게 제출하여야 한다.

법 제70조(위험물운송 등) ① 항공기를 이용하여 폭발성이나 연소성이 높은 물건 등 국토교통부령으로 정하는 위험물(이하 "위험물"이라 한다)을 운송하려는 자는 국토교통부령으로 정하는 바에 따라 국토교통부장관의 허가를 받아야 한다.

② 제90조 제1항에 따른 운항증명을 받은 자가 위험물 탑재정보의 전달방법 등 국토교통부령으로 정하는 기준을 충족하는 경우에는 제1항에 따른 허가를 받은 것으로 본다.

③ 항공기를 이용하여 운송되는 위험물을 포장・적재(積載)・저장・운송 또는 처리(이하 "위험물취급"이라 한다)하는 자(이하 "위험물취급자"라 한다)는 항공상의 위험방지 및 인명의 안전을 위하여 국토교통부장관이 정하여 고시하는 위험물취급의 절차 및 방법에 따라야 한다.

규칙 제209조(위험물운송허가 등) ① 법 제70조 제1항에서 "폭발성이나 연소성이 높은 물건 등 국토교통부령으로 정하는 위험물"이란 다음 각 호의 어느 하나에 해당하는 것을 말한다.

1. 폭발성 물질
2. 가스류
3. 인화성 액체
4. 가연성 물질류
5. 산화성 물질류
6. 독물류
7. 방사성 물질류
8. 부식성 물질류
9. 그 밖에 국토교통부장관이 정하여 고시하는 물질류

(생략)

항공기를 이용하여 위험물을 운송하려는 자는 국토교통부장관의 허가를 받아야 한다. '위험물'이란 폭발성이나 연소성이 높은 물건으로, 폭발성 물질, 가스류, 인화성 액체, 가연성 물질류, 산화성 물질류, 독물류, 방사성 물질류, 부식성 물질류, 그 밖에 국토교통부장관이 정하여 고시하는 물질류이다.

★ 위험물의 포함되는지에 대하여 5회 출제되었다. 주된 오답으로 '가소성 물질', '휘발성 액체'이다.

문제 377 **항공기를 이용하여 위험물을 운송할 경우 국토교통부장관의 허가를 받아야 하는 물질이 아닌 것은?**

㉮ 가스류　　㉯ 인화성 액체
㉰ 부식성 물질류　　㉱ 경화성 물질류

해설 법 제70조 시행규칙 제209조 제1항 '위험물'이란 폭발성이나 연소성이 높은 물건으로, 폭발성 물질, 가스류, 인화성 액체, 가연성 물질류, 산화성 물질류, 독물류, 방사성 물질류, 부식성 물질류, 그 밖에 국토교통부장관이 정하여 고시하는 물질류이다.

문제 378 **국토교통부장관의 허가를 받아야 항공기를 이용하여 운송할 수 있는 물질이 아닌 것은?**

㉮ 가연성 물질류　　㉯ 독물류
㉰ 휘발성 물질류　　㉱ 방사성 물질류

해설 법 제70조 시행규칙 제209조 제1항

문제 379 **위험물에 포함되지 않는 것은?**

㉮ 산화성 물질류　　㉯ 위험약물
㉰ 비독성가스　　㉱ 독물류

해설 법 제70조 시행규칙 제209조 제1항. ㉰항 독성이든 비독성이든 가스류는 위험물에 포함된다.

법 제73조(전자기기의 사용제한) 국토교통부장관은 운항 중인 항공기의 항행 및 통신장비에 대한 전자파간섭 등의 영향을 방지하기 위하여 국토교통부령으로 정하는 바에 따라 여객이 지닌 전자기기의 사용을 제한할 수 있다.

규칙 제214조(전자기기의 사용제한) 법 제73조에 따라 운항 중에 전자기기의 사용을 제한할 수 있는 항공기와 사용이 제한되는 전자기기의 품목은 다음 각 호와 같다.
1. 다음 각 목의 어느 하나에 해당하는 항공기
   가. 항공운송사업용으로 비행 중인 항공기
   나. 계기비행방식으로 비행 중인 항공기
2. 다음 각 목 외의 전자기기
   가. 휴대용 음성녹음기
   나. 보청기

다. 심장박동기
라. 전기면도기
마. 그 밖에 항공운송사업자 또는 기장이 항공기 제작회사의 권고 등에 따라 해당항공기에 전자파영향을 주지 아니 한다고 인정한 휴대용 전자기기

국토교통부장관은 여객이 지닌 전자기기의 사용을 제한할 수 있으며, 운항 중에 전자기기의 사용을 제한할 수 있는 항공기와 제한되는 전자기기의 구체적인 품목은 시행규칙 제214조에서 규정하고 있다.

★ 총 10회 출제되었다. 전자기기를 제한할 수 있는 항공기에 대해서 6번 출제되었다. 항공운송사업용 항공기 또는 계기비행방식으로 비행 중인 항공기 중 하나이며 된다. 주된 오답으로 '시계비행방식으로 비행 중인 긴급항공기'이다. 제한기기의 품목에 대해서 1회 출제되었다. 제한할 수 없는 전자기기는 휴대용 음성녹음기, 보청기, 심장박동기, 전기면도기이다. 주된 오답으로 휴대전화, 노트북이다. 전체설명에 대해서 4회 출제되었다.

문제 380 다음 중 운항 중에 여객이 지닌 전자기기의 사용을 제한할 수 있는 항공기는?

㉮ 시계비행방식으로 비행중인 항공운송사업용 항공기
㉯ 긴급한 업무를 수행중인 긴급항공기
㉰ 이륙 및 착륙중인 항공기
㉱ 국외운항 항공기

해설 시행규칙 제214조 운항 중에 전자기기의 사용을 제한할 수 있는 항공기와 사용이 제한되는 전자기기의 품목은 다음 각 호와 같다. 1. 다음 각 목의 어느 하나에 해당하는 항공기 가. 항공운송사업용으로 비행 중인 항공기 나. 계기비행방식으로 비행 중인 항공기

문제 381 다음 중 운항 중에 여객이 지닌 전자기기의 사용을 제한할 수 있는 항공기가 아닌 것은?

㉮ 계기비행방식으로 비행중인 긴급항공기
㉯ 시계비행방식으로 비행중인 항공기사용사업용 항공기
㉰ 계기비행방식으로 비행중인 국제항공운송사업용 항공기
㉱ 순항국내항공운송사업용 항공기

해설 시행규칙 제214조. 항공운송사업 또는 계기비행방식 중 하나에 해당하면 된다.

문제 382 여객의 전자기기의 사용을 제한할 수 있는 항공기가 아닌 것은?

㉮ 순항비행중인 국내항공운송사업용 항공기
㉯ 활주로에서 지상활주중인 국제항공운송사업용 항공기
㉰ 계기비행방식으로 비행중인 모든 항공기
㉱ 시계비행방식으로 화재진압중인 긴급항공기

해설 시행규칙 제214조. ㉯항 '비행중'의 정의에 대해서 규정하고 있는 법률이 없으나, 유사한 용어인 '운항중'에 대해서 항공보안법 제2조는 승객이 탑승한 후 항공기의 모든 문이 닫힌 때부터 내리기 위하여 문을 열때까지를 말한다고 정의하고 있다.

문제 383 항공운송사업용 항공기에 탑승한 여객이 사용할 수 있는 전자기기가 아닌 것은?

㉮ 휴대용 음성녹음기
㉯ 보청기
㉰ 전기면도기
㉱ 태블릿PC

해설 시행규칙 제214조 제2호 제한할 수 없는 전자기기는 휴대용 음성녹음기, 보청기, 심장박동기, 전기면도기이다.

문제 384 여객의 전자기기의 제한에 대한 설명 중 틀린 것은?

㉮ 시계비행방식으로 비행중인 항공운송사업용 항공기에서는 전자기기를 제한할 수 없다.
㉯ 휴대용 음성녹음기, 보청기는 언제나 사용할 수 있다.
㉰ 기장이 항공기제작회사의 권고 등에 따라 해당항공기에 전자파 영향을 주지 아니한다고 인정한 휴대용 전자기기는 사용할 수 있다.
㉱ 항공운송사업자도 휴대용 전자기기의 사용을 인정할 수 있다.

해설 시행규칙 제214조. ㉮항 항공운송사업용 항공기에서는 전자기기를 제한할 수 있다. ㉰항, ㉱항 그 밖에 항공운송사업자 또는 기장이 항공기 제작회사의 권고 등에 따라 해당항공기에 전자파 영향을 주지 아니한다고 인정한 휴대용 전자기기

문제 385 운항 중 전자기기의 사용에 관한 설명 중 틀린 것은?

㉮ 시계비행방식으로 비행중인 모든 항공기에서는 전자기기를 사용할 수 있다.
㉯ 심장박동기, 전기면도기의 사용을 제한할 수는 없다.
㉰ 국토교통부장관은 운항중인 항공기의 항행 및 통신장비에 대한 전자파간섭 등의 영향을 방지하기 위하여 국토교통부령으로 정하는 바에 따라 여객이 지닌 전자기기의 사용을 제한할 수 있다.

㉣ 항공운송사업자 또는 기장이 사용할 수 있도록 허용한 전자기기는 사용할 수 있다.

해설 시행규칙 제214조. ㉮항 시계비행방식으로 운항중인 항공운송사업용 항공기에서는 전자기기의 사용을 제한할 수 있다.

법 제74조(회항시간 연장운항의 승인) ① 항공운송사업자가 2개 이상의 발동기를 가진 비행기로서 국토교통부령으로 정하는 비행기를 다음 각 호의 구분에 따른 순항속도(巡航速度)로 가장 가까운 공항까지 비행하여 착륙할 수 있는 시간이 국토교통부령으로 정하는 시간을 초과하는 지점이 있는 노선을 운항하려면 국토교통부령으로 정하는 바에 따라 국토교통부장관의 승인을 받아야 한다.

1. 2개의 발동기를 가진 비행기: 1개의 발동기가 작동하지 아니할 때의 순항속도
2. 3개 이상의 발동기를 가진 비행기: 모든 발동기가 작동할 때의 순항속도

② 국토교통부장관은 제1항에 따른 승인을 하려는 경우에는 제77조 제1항에 따라 고시하는 운항기술기준에 적합한지를 확인하여야 한다.

제75조(수직분리축소공역 등에서의 항공기운항승인) ① 다음 각 호의 어느 하나에 해당하는 공역에서 항공기를 운항하려는 소유자 등은 국토교통부령으로 정하는 바에 따라 국토교통부장관의 승인을 받아야 한다. 다만, 수색·구조를 위하여 제1호의 공역에서 운항하려는 경우 등 국토교통부령으로 정하는 경우에는 그러하지 아니하다.

1. 수직분리고도를 축소하여 운영하는 공역(이하 "수직분리축소공역"이라 한다)
2. 특정한 항행성능을 갖춘 항공기만 운항이 허용되는 공역(이하 "성능기반항행요구공역"이라 한다)
3. 그 밖에 공역을 효율적으로 운영하기 위하여 국토교통부령으로 정하는 공역

② 국토교통부장관은 제1항에 따른 승인을 하려는 경우에는 제77조 제1항에 따라 고시하는 운항기술기준에 적합한지를 확인하여야 한다.

규칙 제215조(회항시간 연장운항의 승인) ① 법 제74조 제1항 각 호 외의 부분에서 "국토교통부령으로 정하는 비행기"란 터빈발동기를 장착한 항공운송사업용 비행기(화물만을 운송하는 3개 이상의 터빈발동기를 가진 비행기는 제외한다)를 말한다.

② 법 제74조 제1항 각 호 외의 부분에서 "국토교통부령으로 정하는 시간"이란 다음 각 호의 구분에 따른 시간을 말한다.

1. 2개의 발동기를 가진 비행기: 1시간. 다만, 최대인가승객 좌석 수가 20석 미만이며 최대이륙중량이 4만 5천 360킬로그램 미만인 비행기로서 「항공사업법 시행규칙」 제3조 제3호에 따른 전세운송에 사용되는 비행기의 경우에는 3시간으로 한다.
2. 3개 이상의 발동기를 가진 비행기: 3시간

③ 제1항에 따른 비행기로 제2항 각 호의 구분에 따른 시간을 초과하는 지점이 있는 노선을

운항하려는 항공운송사업자는 비행기 형식(등록부호)별, 운항하려는 노선별 및 최대 회항시간(2개의 발동기를 가진 비행기의 경우에는 1개의 발동기가 작동하지 아니할 때의 순항속도로, 3개 이상의 발동기를 가진 비행기의 경우에는 모든 발동기가 작동할 때의 순항속도로 가장 가까운 공항까지 비행하여 착륙할 수 있는 시간을 말한다. 이하 같다)별로 국토교통부장관 또는 지방항공청장의 승인을 받아야 한다.

④ 제3항에 따른 승인을 받으려는 항공운송사업자는 별지 제82호서식의 회항시간연장운항승인 신청서에 법 제77조에 따라 고시하는 운항기술기준에 적합함을 증명하는 서류를 첨부하여 운항 개시 예정일 20일 전까지 국토교통부장관 또는 지방항공청장에게 제출하여야 한다.

제216조(수직분리축소공역 등에서의 항공기 운항) ① 법 제75조 제1항에 따라 국토교통부장관 또는 지방항공청장으로부터 승인을 받으려는 자는 별지 제83호서식의 항공기운항승인신청서에 법 제77조에 따라 고시하는 운항기술기준에 적합함을 증명하는 서류를 첨부하여 운항개시 예정일 15일 전까지 국토교통부장관 또는 지방항공청장에게 제출하여야 한다.

② 법 제75조 제1항 각 호 외의 부분 단서에서 "국토교통부령으로 정하는 경우"란 다음 각 호의 어느 하나에 해당하는 경우를 말한다.

1. 항공기의 사고・재난이나 그 밖의 사고로 인하여 사람 등의 수색・구조 등을 위하여 긴급하게 항공기를 운항하는 경우
2. 우리나라에 신규로 도입하는 항공기를 운항하는 경우
3. 수직분리축소공역에서의 운항승인을 받은 항공기에 고장 등이 발생하여 그 항공기를 정비 등을 위한 장소까지 운항하는 경우

회항시간연장운항과 수직분리축소공역・성능기반항행요구공역 등에서 항공기운항을 할 경우 국토교통부장관의 승인을 받아야 한다.

(법 제74조) 항공운송사업자가 2개 이상의 발동기를 가진 비행기로서 순항속도로 가장 가까운 공항까지 비행하여 착륙할 수 있는 시간이 국토교통부령으로 정하는 시간을 초과하는 지점에 있는 노선을 운항하려는 경우 국토교통부장관의 승인을 받아야 한다.

(법 제75조) 수직분리고도를 축소하여 운영하는 공역(수직분리축소공역), 특정한 항행성능을 갖춘 항공기만 운항이 허용되는 공역(성능기반항행요구공역)에서 운항하려는 소유자 등은 국토교통부장관의 승인을 받아야 한다.

★ **수직분리축소공역에 관해 5번 출제되었다. 수직분리축소공역(RVSM)에서 운행할 경우 승인이 필요하지 않은 경우(4회), 승인신청서를 누구에게 며칠 전에 제출해야 하는가(1회) 출제되었다.**

문제 386 국토교통부장관의 승인을 받지않고도 수직분리축소공역에서 운항할 수 있는 경우는?

㉮ 우리나라에 신규로 도입하는 항공기를 운항하는 경우

㉯ 항공기의 제작 또는 정비 등을 한 후 시험비행을 하는 경우

㉰ 항공기의 정비 등을 위한 장소까지 승객·화물을 싣지 아니하고 비행하는 경우

㉱ 국내에서 수리·개조 또는 제작한 후 수출할 항공기를 운항하는 경우

해설 법 제75조 시행규칙 제216조 제2항 제2호. ㉯항, ㉰항 법 제25조 제2항 시행규칙 제53조 제1항 소음기준적합증명의 기준에 적합하지 아니한 항공기의 운항허가에 관한 내용이다. ㉱항 법 제23조 제2항 시행규칙 제36조 예외적으로 감항증명을 받을 수 있는 항공기에 관한 내용이다.

문제 387 국토교통부장관의 승인을 받아야 RVSM에서 운항할 수 있는 경우는?

㉮ 항공기의 사고·재난이나 그 밖의 사고로 인하여 사람 등의 수색·구조 등을 위하여 긴급하게 항공기를 운항하는 경우

㉯ 우리나라에 신규로 도입하는 항공기를 운항하는 경우

㉰ RVSM에서의 운항승인을 받은 항공기에 고장 등이 발생하여 그 항공기를 정비 등을 위한 장소까지 운항하는 경우

㉱ 항공기의 제작 또는 정비 등을 한 후 시험비행을 하는 경우

해설 법 제75조 시행규칙 제216조 제2항 제2호

문제 388 RVSM 운항에 대한 승인을 받기위해 언제까지 누구에게 신청서를 제출하여야 하는가?

㉮ 운항개시 예정일 15일 전까지, 국토교통부장관 또는 지방항공청장

㉯ 운항개시 예정일 7일 전까지, 국토교통부장관

㉰ 운항개시 예정일 15일 전까지, 지방항공청장 또는 항공교통본부장

㉱ 운항개시 예정일 7일 전까지, 국토교통부장관 또는 지방항공청장

해설 시행규칙 제216조 제1항 국토교통부장관 또는 지방항공청장으로부터 승인을 받으려는 자는 별지 제83호서식의 항공기 운항승인신청서에 법 제77조에 따라 고시하는 운항기술기준에 적합함을 증명하는 서류를 첨부하여 운항개시예정일 15일 전까지 국토교통부장관 또는 지방항공청장에게 제출하여야 한다.

문제 389 다음 중 항공운송사업자가 터빈발동기를 장착한 비행기를 운항할 경우 회항시간 연장운항에 관한 설명 중 틀린 것은?

㉮ 2개의 발동기를 가진 비행기는 1개의 발동기가 작동하지 아니할 때의 순항속도로 가장 가까운 공항까지 비행하여 착륙할 수 있는 시간이 1시간을 초과하는 지점이

있는 노선을 운항하려면 국토교통부장관의 승인이 필요하다.

㉯ 3개 이상의 발동기를 가진 비행기는 1개 이상의 발동기가 작동하지 아니할 때의 순항속도로 가장 가까운 공항까지 비행하여 착륙할 수 있는 시간이 3시간을 초과하는 지점이 있는 노선을 운항하려면 국토교통부장관의 승인을 받아야 한다.

㉰ 회항시간 연장운항승인을 받으려는 항공운송사업자는 비행기형식별, 운항하려는 노선별, 최대 회항시간별로 승인을 받아야 한다.

㉱ 회항시간 연장운항승인 신청서는 운항개시 예정일 20일 전까지 국토교통부장관 또는 지방항공청장에게 제출하여야 한다.

해설 법 제74조, 시행규칙 제215조. ㉯항 '1개 이상의 발동기가 작동하지 아니할 때'가 아니라 '모든 발동기가 작동할 때'이다.

문제 390 **RVSM에서의 운항승인에 대한 설명 중 틀린 것은?**

㉮ 수직분리축소공역뿐 아니라 성능기반항행요구공역, 특정통신성능요구공역에서 운항을 할 경우에도 국토교통부장관의 승인이 필요하다.

㉯ 우리나라에 신규로 도입하는 항공기를 운항하는 경우에는 승인이 필요하지 않다.

㉰ 운항승인신청서는 운항개시 예정일 20일 전까지 국토교통부장관 또는 지방항공청장에게 제출하여야 한다.

㉱ 항공기의 사고·재난으로 인하여 사람 등의 수색·구조 등을 위하여 긴급하게 항공기를 운항하는 경우 승인이 필요하지 않다.

해설 시행규칙 제216조 제1항. ㉰항 '20일'이 아니라 '15일'이다.

법 제76조(승무원 등의 탑승 등) ① 항공기를 운항하려는 자는 그 항공기에 국토교통부령으로 정하는 바에 따라 운항의 안전에 필요한 승무원을 태워야 한다.

② 운항승무원 또는 항공교통관제사가 항공업무를 수행하는 경우에는 국토교통부령으로 정하는 바에 따라 자격증명서 및 항공신체검사증명서를 소지하여야 하며, 운항승무원 또는 항공교통관제사가 아닌 항공종사자가 항공업무를 수행하는 경우에는 국토교통부령으로 정하는 바에 따라 자격증명서를 소지하여야 한다.

③ 항공운송사업자 및 항공기사용사업자는 국토교통부령으로 정하는 바에 따라 항공기에 태우는 승무원에게 해당 업무 수행에 필요한 교육훈련을 하여야 한다.

여객운송에 사용되는 항공기로 승객을 운송하는 경우에는 항공기에 장착된 승객의 좌석 수에 따라 그 항공기의 객실에 규정된 수의 객실승무원을 태워야 한다(시행규칙 제218조).

장착된 좌석 수	객실승무원 수
20 ~ 50	1
51 ~ 100	2
101 ~ 150	3
151 ~ 200	4
201 ~	5 + 50석 추가마다 1명

★ 장착된 좌석 수에 따른 객실승무원의 수에 관해 6회 출제되었다.

문제 391 항공기에 장착된 승객의 좌석 수가 100석인 경우 탑승해야 하는 객실승무원의 수는?

㉮ 1명　　㉯ 2명
㉰ 3명　　㉱ 4명

해설 법 제76조 시행규칙 218조

문제 392 항공기에 장착된 승객의 좌석 수가 170석인 경우 탑승해야 하는 객실승무원의 수는?

㉮ 1명　　㉯ 2명
㉰ 3명　　㉱ 4명

해설 법 제76조 시행규칙 218조

문제 393 항공기에 장착된 승객의 좌석 수가 310석인 경우 탑승해야 하는 객실승무원의 수는?

㉮ 3명　　㉯ 5명
㉰ 7명　　㉱ 8명

해설 법 제76조 시행규칙 218조. 좌석 수가 201석 이상인 경우 객실승무원 수는 5명에 좌석 수 50석을 추가할 때마다 1명씩 추가한다. 301석 이상 350석까지 7명이다.

문제 394 여객을 운송하는 항공기에 탑승해야 하는 객실승무원의 수에 관한 설명 중 틀린 것은?

㉮ 승객의 좌석 수가 80석인 경우 탑승해야 하는 객실승무원 수는 2명이다.
㉯ 승객의 좌석 수가 150석인 경우 탑승해야 하는 객실승무원 수는 3명이다.
㉰ 승객의 좌석 수가 200석인 경우 탑승해야 하는 객실승무원 수는 4명이다.
㉱ 승객의 좌석 수가 201석인 이상 경우 탑승해야 하는 객실승무원 수는 5명에 좌석

수 40석을 추가할 때마다 1명씩 추가한다.

해설 법 제76조 시행규칙 218조. 좌석 수가 201석 이상인 경우 객실승무원 수는 5명에 좌석 수 50석을 추가할 때마다 1명씩 추가한다.

법 제77조(항공기의 안전운항을 위한 운항기술기준) ① 국토교통부장관은 항공기안전운항을 확보하기 위하여 이 법과 「국제민간항공협약」 및 같은 협약부속서에서 정한 범위에서 다음 각 호의 사항이 포함된 운항기술기준을 정하여 고시할 수 있다.

1. 자격증명
2. 항공훈련기관
3. 항공기등록 및 등록부호 표시
4. 항공기 감항성
5. 정비조직인증기준
6. 항공기계기 및 장비
7. 항공기운항
8. 항공운송사업의 운항증명 및 관리
9. 그 밖에 안전운항을 위하여 필요한 사항으로서 국토교통부령으로 정하는 사항

② 소유자 등 및 항공종사자는 제1항에 따른 운항기술기준을 준수하여야 한다.

국토교통부장관은 항공기안전운항을 확보하기 위하여 운항기술기준을 정하여 고시할 수 있다. 그 범위에 대해서는 법 제77조에서 규정하고 있다.

★ **운항기술기준에 포함되지 않는 항목에 대해서 3회 출제되었다. 정비조직인증기준은 포함되지만 '항공정비시설 및 인력'은 포함되지 않는다.**

문제 395 항공기 안전운항을 확보하기 위하여 고시하는 운항기술기준에 포함되지 않는 것은?

㉮ 항공종사자의 자격증명
㉯ 항공기등록 및 등록부호 표시
㉰ 항공기 감항성
㉱ 항공정비시설 및 장비

해설 법 제77조

문제 396 **항공기안전운항을 확보하기 위하여 고시하는 운항기술기준에 포함되지 않는 것은?**

㉮ 항공훈련기관　　㉯ 정비조직인증 기준

㉰ 항공기정비　　㉱ 항공기계기 및 장비

해설 법 제77조

제 6 장 공역 및 항공교통업무 등

법 제78조(공역 등의 지정) ① 국토교통부장관은 공역을 체계적이고 효율적으로 관리하기 위하여 필요하다고 인정할 때에는 비행정보구역을 다음 각 호의 공역으로 구분하여 지정·공고할 수 있다.

1. 관제공역: 항공교통의 안전을 위하여 항공기의 비행 순서·시기 및 방법 등에 관하여 제84조 제1항에 따라 국토교통부장관 또는 항공교통업무증명을 받은 자의 지시를 받아야 할 필요가 있는 공역으로서 관제권 및 관제구를 포함하는 공역
2. 비관제공역: 관제공역 외의 공역으로서 항공기의 조종사에게 비행에 관한 조언·비행정보 등을 제공할 필요가 있는 공역
3. 통제공역: 항공교통의 안전을 위하여 항공기의 비행을 금지하거나 제한할 필요가 있는 공역
4. 주의공역: 항공기의 조종사가 비행 시 특별한 주의·경계·식별 등이 필요한 공역

② 국토교통부장관은 필요하다고 인정할 때에는 국토교통부령으로 정하는 바에 따라 제1항에 따른 공역을 세분하여 지정·공고할 수 있다.

공역은 4개로 구분되며, 국토교통부령에 따라 공역을 세분하여 지정·공고할 수 있다.

- 관제공역은 관제 "지시"를 받아야 할 필요가 있는 공역
- 비관제공역은 관제공역 외의 공역으로 "비행"에 관한 "조언, 정보" 등을 제공할 필요가 있는 공역
- 통제공역은 항공기의 비행을 "금지하거나 제한"할 필요가 있는 공역
- 주의공역은 비행시 특별한 "주의"(경계,식별)가 필요한 공역

★ 공역의 정의에 대해 13회 출제되었고 공역의 근거를 묻는 문제가 1회 출제되었다. 관제공역은 관제 "지시", 비관제공역은 비행 조언, 정보, 통제공역은 비행을 "금지, 제한", 주의공역은 비행시 "주의"가 필요한 공역.

문제 01 다음 중 공역에 관한 설명 중 틀린 것은?

㉮ 관제공역 : 항공교통의 안전을 위하여 항공기의 비행순서·시기 및 방법 등에 관하여 국토교통부장관 또는 항공교통업무증명을 받은 자의 지시를 받아야 할 필요가 있는 공역으로서 관제권 및 관제구를 포함하는 공역

㉯ 비관제공역 : 관제공역 외의 공역으로서 항공기의 조종사에게 비행에 관한 조언 · 비행정보 등을 제공할 필요가 있는 공역

㉰ 제한공역 : 항공교통의 안전을 위하여 항공기의 비행을 금지하거나 제한할 필요가 있는 공역

㉱ 주의공역 : 항공기의 조종사가 비행 시 특별한 주의 · 경계 · 식별 등이 필요한 공역

해설 법 제78조. ㉰항 '제한공역'이 아니라 '통제공역'이다.

문제 02 **다음 중 공역에 관한 설명 중 틀린 것은?**

㉮ 관제공역 : 항공교통의 안전을 위하여 항공기의 비행순서 · 시기 및 방법 등에 관하여 국토교통부장관 또는 항공교통업무증명을 받은 자의 지시를 받아야 할 필요가 있는 공역으로서 관제권 및 관제구를 포함하는 공역

㉯ 비관제공역 : 관제공역 외의 공역으로서 항공기의 조종사에게 비행에 관한 조언 · 비행정보 등을 제공할 필요가 있는 공역

㉰ 통제공역 : 항공교통의 안전을 위하여 항공기의 비행을 금지하거나 제한할 필요가 있는 공역

㉱ 식별공역 : 항공기의 조종사가 비행 시 특별한 주의 · 경계 · 식별 등이 필요한 공역

해설 법 제78조. ㉱항 '식별공역'이 아니라 '주의공역'이다.

문제 03 **다음 중 공역에 관한 설명 중 옳은 것은?**

㉮ 관제공역 : 항공기의 조종사에게 비행에 관한 조언 및 정보 등을 제공할 필요가 있는 공역

㉯ 비관제공역 : 관제공역 외의 공역으로서 항공기의 조종사에게 비행에 관한 정보를 제공할 필요가 없는 공역

㉰ 제한공역 : 항공기의 비행을 금지하거나 제한할 필요가 있는 공역

㉱ 통제공역 : 항공기의 조종사가 비행 시 특별한 주의 · 경계 · 식별 등이 필요한 공역

해설 법 제78조. ㉮항 설명은 비관제공역이다. ㉯항 비관제공역은 관제지시가 필요하지 않지만 항공기의 조종사에게 비행에 관한 조언 및 정보를 제공할 필요가 있는 공역이다. ㉰항 '제한공역'이 아니라 '통제공역'이다.

문제 04 **(　　　)공역은 항공교통의 안전을 위하여 항공기의 비행 순서 · 시기 및 방법 등에 관하여 국토교통부장관 또는 항공교통업무증명을 받은 자의 지시를 받아야 할 필요가 있는 공역이고, (　　　)공역은 관제공역 외의 공역으로서 항공기의 조종사에게 비행에 관한 조언 · 비행**

정보 등을 제공할 필요가 있는 공역이고, (   )공역은 항공교통의 안전을 위하여 항공기의 비행을 금지하거나 제한할 필요가 있는 공역이고, (   )공역은 항공기의 조종사가 비행 시 특별한 주의 · 경계 · 식별 등이 필요한 공역이다. 괄호 안에 알맞은 말은?

㉮ 관제, 비관제, 통제, 주의
㉯ 비행정보, 비관제, 통제, 주의
㉰ 관제, 비관제, 제한, 주의
㉱ 관제, 비관제, 통제, 경계

해설 법 제78조

문제 05 **다음 중 공역에 대한 설명 중 옳은 것은?**

㉮ 비관제공역은 관제공역 외의 공역이며 항공기의 조종사에게 비행정보를 제공할 필요가 없다.
㉯ 통제공역의 근거는 대통령령이다.
㉰ 모든 공역은 비행정보구역의 범위 안에 있다.
㉱ 공역은 관제공역, 비관제공역, 통제공역, 식별공역으로 구분한다.

해설 법 제78조. ㉮항 비관제공역은 관제지시를 받아야 할 필요가 없는 공역이며 비행에 관한 조언이나 정보는 제공될 필요가 있다. ㉯항. 제1항 국토교통부장관은 공역을 구분하여 지정 · 공고할 수 있고, 제2항 공역을 세분하여 지정 · 공고할 수 있다고 규정하고 있다. 공역의 근거는 법률 및 시행규칙(국토교통부령)이지 '대통령령(시행령)'은 될 수 없다. ㉰항 제1항 비행정보구역을 공역으로 구분하여 지정 · 공고하기 때문에, 모든 공역은 비행정보구역에 포함된다. ㉱항 '식별공역'이 아니라 '주의공역'이다.

구 분		내 용
관제공역	A등급 공역	모든 항공기가 계기비행을 해야 하는 공역
	B등급 공역	계기비행 및 시계비행을 하는 항공기가 비행가능하고, 모든 항공기에 분리를 포함한 항공교통관제업무가 제공되는 공역
	C등급 공역	모든 항공기에 항공교통관제업무가 제공되나, 시계비행을 하는 항공기 간에는 교통정보만 제공되는 공역
	D등급 공역	모든 항공기에 항공교통관제업무가 제공되나, 계기비행을 하는 항공기와 시계비행을 하는 항공기 및 시계비행을 하는 항공기 간에는 교통정보만 제공되는 공역
	E등급 공역	계기비행을 하는 항공기에 항공교통관제업무가 제공되고, 시계비행을 하는 항공기에 교통정보가 제공되는 공역
비관제공역	F등급 공역	계기비행을 하는 항공기에 비행정보업무와 항공교통조언업무가 제공되고, 시계비행항공기에 비행정보업무가 제공되는 공역
	G등급 공역	모든 항공기에 비행정보업무만 제공되는 공역

구 분		너 용
관제공역	관제권	「항공안전법」 제2조 제25호에 따른 공역으로서 비행정보구역 내의 B, C 또는 D등급 공역 중에서 시계 및 계기비행을 하는 항공기에 대하여 항공교통관제업무를 제공하는 공역
	관제구	「항공안전법」 제2조 제26호에 따른 공역(항공로 및 접근관제구역을 포함한다)으로서 비행정보구역 내의 A, B, C, D 및 E등급 공역에서 시계 및 계기비행을 하는 항공기에 대하여 항공교통관제업무를 제공하는 공역
	비행장 교통구역	「항공안전법」 제2조 제25호에 따른 공역 외의 공역으로서 비행정보구역 내의 D등급에서 시계비행을 하는 항공기 간에 교통정보를 제공하는 공역
비관제공역	조언구역	항공교통조언업무가 제공되도록 지정된 비관제공역
	정보구역	비행정보업무가 제공되도록 지정된 비관제공역
통제공역	비행금지구역	안전, 국방상, 그 밖의 이유로 항공기의 비행을 금지하는 공역
	비행제한구역	항공사격·대공사격 등으로 인한 위험으로부터 항공기의 안전을 보호하거나 그 밖의 이유로 비행허가를 받지 않은 항공기의 비행을 제한하는 공역
	초경량비행장치 비행제한구역	초경량비행장치의 비행안전을 확보하기 위하여 초경량비행장치의 비행활동에 대한 제한이 필요한 공역
주의공역	훈련구역	민간항공기의 훈련공역으로서 계기비행항공기로부터 분리를 유지할 필요가 있는 공역
	군작전구역	군사작전을 위하여 설정된 공역으로서 계기비행항공기로부터 분리를 유지할 필요가 있는 공역
	위험구역	항공기의 비행시 항공기 또는 지상시설물에 대한 위험이 예상되는 공역
	경계구역	대규모 조종사의 훈련이나 비정상 형태의 항공활동이 수행되는 공역

세부적인 공역구분은 별표 23에서 구체적으로 규정하고 있고, 공역의 설정기준에 대해서는 시행규칙 제221조에서 규정하고 있다.

★ **세부적인 공역에 대해서 29회 출제되었다. 세부공역의 정의, 구분에 대해서 주로 출제되었으며(28회), 별표 23조를 이해해야 한다. 공역의 설정기준에 대해 1회 출제되었다. '국토의 구분'은 설정기준이 아니다(1회).**

문제 06 **모든 항공기가 계기비행을 해야 하는 공역은?**

㉮ A등급 공역　　㉯ B등급 공역

㉰ C등급 공역　　㉱ D등급 공역

해설 별표 23

문제 07 모든 항공기에 항공교통관제업무가 제공되나, 시계비행을 하는 항공기 간에는 교통정보만 제공되는 공역은?

㉮ A등급 공역　　㉯ B등급 공역
㉰ C등급 공역　　㉱ D등급 공역

해설 별표 23

문제 08 모든 항공기에 항공교통관제업무가 제공되나, 계기비행을 하는 항공기와 시계비행을 하는 항공기 및 시계비행을 하는 항공기 간에는 교통정보만 제공되는 공역은?

㉮ B등급 공역　　㉯ C등급 공역
㉰ D등급 공역　　㉱ E등급 공역

해설 별표 23

문제 09 다음 중 비관제공역에 해당되는 공역은?

㉮ C등급 공역　　㉯ D등급 공역
㉰ E등급 공역　　㉱ F등급 공역

해설 별표 23

문제 10 다음 중 항공기의 조종사에게 비행에 관한 조언 및 비행정보 등을 제공할 필요가 있는 공역은?

㉮ C등급 공역　　㉯ D등급 공역
㉰ E등급 공역　　㉱ F등급 공역

해설 별표 23. 비관제공역은 F등급, G등급 공역이다.

문제 11 항공사격 · 대공사격 등으로 인한 위험으로부터 항공기의 안전을 보호하거나 그 밖의 이유로 비행허가를 받지 않은 항공기의 비행을 제한하는 공역은?

㉮ 비행제한구역　　㉯ 훈련구역
㉰ 군작전구역　　㉱ 경계구역

해설 별표 23

문제 12 군사작전을 위하여 설정된 공역으로서 계기비행항공기로부터 분리를 유지할 필요가 있는 공역은?

㉮ 비행제한구역 ㉯ 훈련구역
㉰ 군작전구역 ㉱ 경계구역

해설 별표 23

문제 13 대규모 조종사의 훈련이나 비정상형태의 항공활동이 수행되는 공역은?

㉮ 비행제한구역 ㉯ 훈련구역
㉰ 군작전구역 ㉱ 경계구역

해설 별표 23

문제 14 다음 중 통제공역에 해당되지 않는 공역은?

㉮ 비행금지구역 ㉯ 비행제한구역
㉰ 초경량비행장치 비행제한구역 ㉱ 군작전구역

해설 별표 23. 통제공역은 비행이 '금지', '제한'된 공역이다.

문제 15 다음 중 주의공역에 포함되지 않은 공역은?

㉮ 훈련구역 ㉯ 군작전구역
㉰ 위험구역 ㉱ 비행제한구역

해설 별표 23. 통제공역은 비행이 '금지', '제한'된 공역이다. 나머지가 주의공역이다.

문제 16 군사작전을 위하여 설정된 공역이 포함되는 공역은?

㉮ 관제공역 ㉯ 비관제공역
㉰ 통제공역 ㉱ 주의공역

해설 별표 23. 군작전구역은 주의공역에 포함된다.

문제 17 비행금지구역, 비행제한구역이 속하는 공역은?

㉮ 주의공역 ㉯ 통제공역
㉰ 위험공역 ㉱ 경계공역

해설 별표 23. 통제공역은 비행이 '금지', '제한'된 공역이다.

문제 18 **다음 중 통제공역에 해당하는 공역은?**

㉮ 훈련구역
㉯ 군작전구역
㉰ 위험구역
㉱ 비행제한구역

해설 별표 23. 통제공역은 비행이 '금지', '제한'된 공역이다.

문제 19 **다음 중 공역의 사용목적에 따른 구분으로 틀린 것은?**

㉮ 조언구역-비관제공역
㉯ 비행금지구역-통제공역
㉰ 비행장교통구역-관제공역
㉱ 비행제한구역-주의공역

해설 별표 23. 비행제한구역은 통제공역이다.

문제 20 **다음 중 공역에 대한 설명 중 틀린 것은?**

㉮ 관제권이란 비행장 또는 공항과 그 주변의 공역으로서 비행정보구역 내의 B, C 또는 D등급 공역 중에서 시계 및 계기비행을 하는 항공기에 대하여 항공교통관제업무를 제공하는 공역이다.
㉯ 관제구란 지표면 또는 수면으로부터 200미터 이상 높이의 공역으로서 비행정보구역 내의 A, B, C, D 및 E등급 공역에서 시계 및 계기비행을 하는 항공기에 대하여 항공교통업무를 제공하는 공역을 말한다.
㉰ 조언구역이란 항공교통조언업무가 제공되도록 지정된 비관제공역을 말한다.
㉱ 정보구역이란 비행정보업무가 제공되도록 지정된 관제공역을 말한다.

해설 별표 23. 조언구역 및 정보구역은 비관제공역에 포함된다.

문제 21 **다음 중 공역에 대한 설명 중 틀린 것은?**

㉮ 안전, 국방상, 그 밖의 이유로 항공기의 비행을 금지하는 비행금지공역은 통제공역이다.
㉯ 대규모 조종사의 훈련이나 비정상형태의 항공활동이 수행되는 경계구역은 주의공역이다.
㉰ 조언구역은 비관제공역이다.
㉱ 군작전구역은 통제공역이다.

해설 별표 23. 군작전구역은 주의공역이다. 통제공역은 비행이 '금지', '제한'된 공역이다.

문제 22 다음 중 공역에 대한 설명 중 틀린 것은?

㉮ 위험구역은 항공기의 비행시 항공기 또는 지상시설물에 대한 위험이 예상되는 공역을 말한다.

㉯ 관제권, 관제구, A등급 공역, B등급 공역, C등급 공역, D등급 공역, E등급 공역은 관제공역이다.

㉰ 훈련구역이란 대규모 조종사의 훈련이나 비정상 형태의 항공활동이 수행되는 공역을 말한다.

㉱ F등급 공역, G등급 공역, 조언구역, 정보구역은 비관제공역이다.

해설 별표 23. ㉰항 '훈련구역'이 아니라 '경계구역'이다.

문제 23 다음 중 공역에 대한 설명 중 옳은 것은?

㉮ 훈련구역이란 군용항공기의 훈련공역으로서 계기비형항공기로부터 분리를 유지할 필요가 있는 공역을 말한다.

㉯ 위험구역 및 군작전구역은 항공교통의 안전을 위하여 항공기의 비행을 금지하거나 제한할 필요가 있는 공역이다.

㉰ 통제공역은 항공교통의 안전을 위하여 비행시 특별한 주의 · 경계 · 식별 등이 필요한 공역이다.

㉱ 모든 항공기에 비행정보업무만 제공되는 공역은 G등급 공역이다.

해설 별표 23. ㉮항 '군용항공기'가 아니라 '민간항공기'이다. ㉯항 위험구역 및 군작전구역은 통제공역이 아니고 주의공역이다. ㉰항 '통제공역'이 아니고 '주의공역'이다.

문제 24 다음 중 공역에 대한 설명 중 틀린 것은?

㉮ 모든 항공기가 계기비행을 해야 하는 공역은 A등급 공역이다.

㉯ 모든 항공기에 항공교통관제업무가 제공되는 공역은 A, B, C, D등급 공역이다.

㉰ 계기비행을 하는 항공기에 항공교통관제업무가 제공되고, 시계비행을 하는 항공기에 교통정보가 제공되는 공역은 E등급 공역이다.

㉱ 모든 항공기에 비행정보업무만 제공되는 공역은 F등급 공역이다.

해설 별표 23. ㉱항 F등급 공역은 계기비행을 하는 항공기에 비행정보업무와 항공교통조언업무가 제공되고, 시계비행항공기에 비행정보업무가 제공되는 공역이다.

	계기비행	시계비행
A	항공교통관제업무	
B	항공교통관제업무	항공교통관제업무
C	항공교통관제업무	항공교통관제업무 (시계비행 간 교통정보)
D	항공교통관제업무	항공교통관제업무 (계기비행과 시계비행간, 시계비행간 교통정보)
E	항공교통관제업무	교통정보
F	행정보업무&항공교통조언업무	비행정보업무
G	비행정보업무	비행정보업무

문제 25 **다음 중 공역의 설정기준이 아닌 것은?**

㉮ 국가안전보장과 항공안전
㉯ 항공교통서비스의 제공여부
㉰ 이용자의 편의 및 효율적이고 경제적인 활용성
㉱ 지역의 균형적 개발

해설 시행규칙 제221조

법 제79조(항공기의 비행제한 등) ① 제78조 제1항에 따른 비관제공역 또는 주의공역에서 항공기를 운항하려는 사람은 그 공역에 대하여 국토교통부장관이 정하여 공고하는 비행의 방식 및 절차에 따라야 한다.
② 항공기를 운항하려는 사람은 제78조 제1항에 따른 통제공역에서 비행해서는 아니 된다. 다만, 국토교통부령으로 정하는 바에 따라 국토교통부장관의 허가를 받아 그 공역에 대하여 국토교통부장관이 정하는 비행의 방식 및 절차에 따라 비행하는 경우에는 그러하지 아니 하다.

규칙 제222조(통제공역에서의 비행허가) 법 제79조 제2항 단서에 따라 통제공역에서 비행하려는 자는 별지 제84호 서식의 통제공역 비행허가 신청서를 지방항공청장에게 제출하여야 한다. 다만, 비행 중인 경우에는 무선통신 등의 방법을 사용하여 지방항공청장에게 제출할 수 있다.

★ **통제공역 비행허가신청서를 '지방항공청장'에게 제출해야 한다는 문제가 7회 반복되어 출제되었다.**

문제 26 **통제공역에서 비행하려는 자는 통제공역비행허가 신청서를 누구에게 제출하여야 하는가?**

㉮ 국토교통부장관
㉯ 지방항공청장
㉰ 항공교통본부장
㉱ 국방부장관

해설 시행규칙 제222조 통제공역에서 비행하려는 자는 별지 제84호 서식의 통제공역 비행허가신청서를 지방항공청장에게 제출하여야 한다. 다만, 비행 중인 경우에는 무선통신 등의 방법을 사용하여 지방항공청장에게 제출할 수 있다.

문제 27 **다음 중 항공기의 비행제한에 관한 설명 중 틀린 것은?**

㉮ 비관제공역 또는 주의공역에서 항공기를 운항하려는 자는 그 공역에 대하여 국토교통부장관이 정하여 공고하는 비행의 방식 및 절차에 따라야 한다.
㉯ 항공기를 운항하려는 사람은 통제공역에서 비행해서는 아니된다.
㉰ 국방상 이유로 지정된 비행금지구역에서 비행하려는 자는 '통제공역 비행허가신청서'를 국방부장관에게 제출하여야 한다.
㉱ 통제공역에서 비행하려는 자가 비행 중인 경우에는 무선통신 등의 방법을 사용하여 '통제공역 비행허가신청'을 할 수 있다.

해설 시행규칙 제222조.

법 제80조(공역위원회의 설치) ① 제78조에 따른 공역의 설정 및 관리에 필요한 사항을 심의하기 위하여 국토교통부장관 소속으로 공역위원회를 둔다.
② 제1항에서 규정한 사항 외에 공역위원회의 구성·운영 및 기능 등에 필요한 사항은 대통령령으로 정한다.

영 제11조(위원회의 기능) 위원회는 다음 각 호의 사항을 심의한다.
1. 법 제78조 제1항 각 호에 따른 관제공역(空域), 비관제공역, 통제공역 및 주의공역의 설정·조정 및 관리에 관한 사항
2. 항공기의 비행 및 항공교통관제에 관한 중요한 절차와 규정의 제정 및 개정에 관한 사항
3. 공역의 구조 및 관리에 중대한 영향을 미칠 수 있는 공항시설, 항공교통관제시설 및 항행안전시설의 신설·변경 및 폐쇄에 관한 사항
4. 그 밖에 항공기가 공역과 공항시설, 항공교통관제시설 및 항행안전시설을 안전하고 효율적으로 이용하는 방안에 관한 사항

★ 공역위원회의 심의사항에 대해 1회 출제되었다.

문제 28 **관제공역, 비관제공역, 통제공역 및 주의공역의 설정, 조정 및 관리에 관한 사항을 담당하는 곳은?**

㉮ 공역위원회 ㉯ 항공기기술기준위원히

㉰ 항공교통본부 ㉱ 지방항공청장

해설 법 제80조 시행령 제11조

법 제81조(항공교통안전에 관한 관계행정기관의 장의 협조) ① 국토교통부장관은 항공교통의 안전을 확보하기 위하여 다음 각 호의 사항에 관하여 관계 행정기관의 장과 상호 협조하여야 한다. 이 경우 국가안보를 고려하여야 한다.

1. 항공교통관제에 관한 사항
2. 효율적인 공역관리에 관한 사항
3. 그 밖에 항공교통의 안전을 위하여 필요한 사항

② 제1항에 따른 협조요청에 필요한 세부사항은 대통령령으로 정한다.

영 제18조(항공교통안전의 협조요청에 관한 사항) ① 국토교통부장관은 법 제81조 제1항에 따라 항공교통의 안전을 확보하기 위하여 군 기관, 항공기상에 관한 정보를 제공하는 행정기관의 장 등에게 협조를 요청할 수 있다.

② 제1항에 따른 협조요청의 방법 및 세부사항은 국토교통부령으로 정한다.

규칙 제224조(항공기상기관과의 협조) ① 영 제18조 제1항에 따라 국토교통부장관, 지방항공청장 및 항공교통본부장은 항공기의 운항에 필요한 최신의 기상정보를 항공기에 제공하기 위하여 항공기상에 관한 정보를 제공하는 기관(이하 "항공기상기관"이라 한다)과 다음 각 호의 사항을 협조하여야 한다.

1. 기상정보표출장치의 사용 외에 항공교통업무 종사자가 관측한 기상정보 또는 조종사가 보고한 기상정보의 통보에 관한 사항
2. 항공교통업무 종사자가 관측한 기상정보 또는 조종사가 보고한 기상정보가 비행장의 기상예보에 포함되지 아니하는 내용일 경우에는 그 기상정보의 통보에 관한 사항
3. 화산폭발 전 화산활동정보, 화산폭발 및 화산재구름의 상황에 관한 정보의 통보에 관한 사항

② 영 제18조 제1항에 따라 국토교통부장관, 지방항공청장 및 항공교통본부장은 화산재에 관한 정보가 있는 경우에는 항공고시보와 항공기상기관의 중요기상정보(SIGMET)가 서로 일치하도록 긴밀하게 협조하여야 한다.

★ 항공기상기관이 항공교통업무기관에게 협조하여야 하는 사항에 관해 2회 출제되었다. 주된 오답은 '운항관리사의 일

기도 해석자료의 통보에 관한 사항'이다.

문제 29 **항공기상기관이 항공교통업무기관에게 협조하여야 하는 사항이 아닌 것은?**

㉮ 기상정보표출장치의 사용 외에 항공교통업무 종사자가 관측한 기상정보 또는 조종사가 보고한 기상정보의 통보에 관한 사항

㉯ 항공교통업무 종사자가 관측한 기상정보 또는 조종사가 보고한 기상정보가 비행장의 기상예보에 포함되지 아니하는 내용일 경우에는 그 기상정보의 통보에 관한 사항

㉰ 화산폭발 전 화산활동정보, 화산폭발 및 화산재구름의 상황에 관한 정보의 통보에 관한 사항

㉱ 운항관리사가 수집분석한 기상정보의 통보에 관한 사항

해설 시행규칙 제224조 제1항

법 제83조(항공교통업무의 제공 등) ① 국토교통부장관 또는 항공교통업무증명을 받은 자는 비행장, 공항, 관제권 또는 관제구에서 항공기 또는 경량항공기 등에 항공교통관제 업무를 제공할 수 있다.

② 국토교통부장관 또는 항공교통업무증명을 받은 자는 비행정보구역에서 항공기 또는 경량항공기의 안전하고 효율적인 운항을 위하여 비행장, 공항 및 항행안전시설의 운용 상태 등 항공기 또는 경량항공기의 운항과 관련된 조언 및 정보를 조종사 또는 관련 기관 등에 제공할 수 있다.

③ 국토교통부장관 또는 항공교통업무증명을 받은 자는 비행정보구역에서 수색·구조를 필요로 하는 항공기 또는 경량항공기에 관한 정보를 조종사 또는 관련 기관 등에 제공할 수 있다.

④ 제1항부터 제3항까지의 규정에 따라 국토교통부장관 또는 항공교통업무증명을 받은 자가 하는 업무(이하 "항공교통업무"라 한다)의 제공영역, 대상, 내용, 절차 등에 필요한 사항은 국토교통부령으로 정한다.

규칙 제228조(항공교통업무의 목적 등) ① 법 제83조 제4항에 따른 항공교통업무는 다음 각 호의 사항을 주된 목적으로 한다.

1. 항공기 간의 충돌방지
2. 기동지역 안에서 항공기와 장애물 간의 충돌방지
3. 항공교통흐름의 질서유지 및 촉진
4. 항공기의 안전하고 효율적인 운항을 위하여 필요한 조언 및 정보의 제공
5. 수색·구조를 필요로 하는 항공기에 대한 관계기관에의 정보제공 및 협조

② 제1항에 따른 항공교통업무는 다음 각 호와 같이 구분한다.
1. 항공교통관제업무: 제1항 제1호부터 제3호까지의 목적을 수행하기 위한 다음 각 목의 업무
   가. 접근관제업무: 관제공역 안에서 이륙이나 착륙으로 연결되는 관제비행을 하는 항공기에 제공하는 항공교통관제업무
   나. 비행장관제업무: 비행장 안의 기동지역 및 비행장주위에서 비행하는 항공기에 제공하는 항공교통관제업무로서 접근관제업무 외의 항공교통관제업무(이동지역 내의 계류장에서 항공기에 대한 지상유도를 담당하는 계류장관제업무를 포함한다)
   다. 지역관제업무: 관제공역 안에서 관제비행을 하는 항공기에 제공하는 항공교통관제업무로서 접근관제업무 및 비행장관제업무 외의 항공교통관제업무
2. 비행정보업무: 비행정보구역 안에서 비행하는 항공기에 대하여 제1항 제4호의 목적을 수행하기 위하여 제공하는 업무
3. 경보업무: 제1항 제5호의 목적을 수행하기 위하여 제공하는 업무

국토교통부장관(항공교통업무증명을 받은 자)는 항공교통관제업무, 비행정보업무, 경보업무를 제공할 수 있다. 항공교통관제업무는 비행장, 공항, 관제권, 관제구에서 운항하는 항공기에 관제업무를 제공한다. 비행정보업무는 비행정보구역에서 운항하는 항공기에 운항과 관련된 조언 및 정보를 제공한다. 경계업무는 비행정보구역에서 수색·구조를 필요로 하는 항공기 또는 경량항공기에 관한 정보를 제공한다. 구체적인 항공교통업무는 시행규칙 제228조에서 규정하고 있다.

★ **항공교통업무에 관해 9번 출제되었다. 항공교통업무의 목적 및 분류(3회), 항공교통관제업무의 목적 및 범위(4회), 비행정보업무의 정의(2회)에 대해 주로 출제되었다.**

문제 30 **항공교통관제업무에 포함되지 않는 업무는?**

㉮ 접근관제업무 ㉯ 비행장관제업무
㉰ 지역관제업무 ㉱ 경보업무

해설 시행규칙 제228조

문제 31 **항공교통관제업무의 목적에 포함되지 않는 것은?**

㉮ 항공기 간의 충돌방지
㉯ 기동지역 안에서 항공기와 장애물 간의 충돌방지
㉰ 항공교통흐름의 질서유지 및 촉진

㉣ 항공기의 안전하고 효율적인 운항을 위하여 필요한 조언 및 정보의 제공

해설 시행규칙 제228조

문제 32 **다음 중 비행정보업무의 정의에 대해 맞는 것은?**

㉮ 관제공역 안에서 이륙이나 착륙으로 연결되는 관제비행을 하는 항공기에 제공하는 항공기간 충돌을 방지하기 위한 조언 및 정보

㉯ 비행장 안의 기동지역 및 비행장주위에서 비행하는 항공기에 제공하는 항공기와 장애물 간의 충돌을 방지하기 위한 조언 및 정보

㉰ 관제공역 안에서 관제비행을 하는 항공기에 제공하는 항공교통흐름의 질서유지 및 촉진을 위한 조언 및 정보

㉱ 비행정보구역 안에서 비행하는 항공기에 대하여 안전하고 효율적인 운항을 위하여 제공하는 조언 및 정보

해설 시행규칙 제228조

문제 33 **비행정보구역 안에서 비행하는 항공기에 대하여 안전하고 효율적인 운항을 위하여 필요한 조언 및 정보를 제공하는 업무는 무엇인가?**

㉮ 접근관제업무 ㉯ 비행장관제업무

㉰ 비행정보업무 ㉱ 경보업무

해설 시행규칙 제228조

문제 34 **비행정보업무의 목적으로 맞는 것은?**

㉮ 항공기 간의 충돌방지

㉯ 기동지역 안에서 항공기와 장애물 간의 충돌방지

㉰ 수색 · 구조를 필요로 하는 항공기에 대한 관계기관에의 정보제공 및 협조

㉱ 항공기의 안전하고 효율적인 운항을 위하여 필요한 조언 및 정보의 제공

해설 시행규칙 제228조

문제 35 **항공교통업무의 목적에 해당하지 않은 것은?**

㉮ 신속한 여객 및 수하물운송

㉯ 기동지역 안에서 항공기와 장애물 간의 충돌방지

㉰ 수색 · 구조를 필요로 하는 항공기에 대한 관계기관에의 정보제공 및 협조

㉱ 항공기의 안전하고 효율적인 운항을 위하여 필요한 조언 및 정보의 제공

해설 시행규칙 제228조

문제 36 **항공교통업무의 구분으로 틀린 것은?**

㉮ 접근관제업무 ㉯ 비행정보업무

㉰ 경계업무 ㉱ 지역관제업무

해설 시행규칙 제228조. ㉰항 '경계업무'가 아니라 '경보업무'이다.

규칙 제230조(항공교통관제업무의 수행) ① 항공교통관제기관은 다음 각 호의 항공교통관제업무를 수행한다.

1. 항공기의 이동예정 정보, 실제이동사항 및 변경정보 등의 접수
2. 접수한 정보에 따른 각각의 항공기위치확인
3. 관제하고 있는 항공기 간의 충돌방지와 항공교통흐름의 촉진 및 질서유지를 위한 허가와 정보제공
4. 관제하고 있는 항공기와 다른 항공교통관제기관이 관제하고 있는 항공기 간에 충돌이 예상되는 경우에 또는 다른 항공교통관제기관으로 항공기의 관제를 이양하기 전에 그 기관의 필요한 관제허가에 대한 협조

② 항공교통관제업무를 수행하는 자는 항공기 간의 적절한 분리와 효율적인 항공교통흐름의 유지를 위하여 관제하는 항공기에 대한 지시사항과 그 항공기의 이동에 관한 정보를 기록하여야 한다.

③ 항공교통관제기관은 다음 각 호에 따른 항공기 간의 분리가 유지될 수 있도록 항공교통관제허가를 하여야 한다.

1. 별표 23 제1호에 따른 A 또는 B등급 공역 내에서 비행하는 항공기
2. 별표 23 제1호에 따른 C, D 또는 E등급 공역 내에서 계기비행방식으로 비행하는 항공기
3. 별표 23 제1호에 따른 C등급 공역 내에서 계기비행방식으로 비행하는 항공기와 시계비행방식으로 비행하는 항공기
4. 관제권 안에서 특별시계비행방식으로 비행하는 항공기와 계기비행방식으로 비행하는 항공기
5. 관제권 안에서 특별시계비행방식으로 비행하는 항공기

④ 항공교통관제기관이 제3항에 따라 항공기 간의 분리를 위한 관제를 하는 경우에는 수직적·종적·횡적 및 혼합분리방법으로 관제한다. 이 경우 혼합분리방법으로 관제업무를 수행하는 경우에는 지역항행협정을 따를 수 있다.

⑤ 제1항부터 제4항까지의 규정에 따른 항공교통관제업무의 내용, 방법, 절차 및 항공기간 분리최저치 등에 관하여 필요한 세부사항은 국토교통부장관이 정하여 고시한다.

제231조(항공기에 대한 관제책임 등) ① 법 제83조 제4항에 따라 관제를 받는 항공기는 항상 하나의 항공교통관제기관이 관제를 제공하여야 한다.
② 관제공역 내에서 비행하는 모든 항공기에 대한 관제책임은 제1항에 따라 그 관제공역을 관할하는 항공교통관제기관에 있다. 다만, 관련되는 다른 항공교통관제기관과 관제책임에 관하여 다른 합의가 있는 경우에 그에 따른다.

★ 항공기간 분리를 위한 관제에 대해서 2회 출제되었다.

문제 37 항공교통관제기관이 항공기 간의 분리를 위한 관제를 하는 경우 지역항행협정을 따를 수 있는 방법은?

㉮ 수직적 분리방법　　㉯ 종적 분리방법
㉰ 횡적 분리방법　　㉱ 혼합 분리방법

해설 시행규칙 제230조 제4항.

문제 38 다음 중 항공교통관제업무의 수행에 관한 설명 중 틀린 것은?

㉮ 항공교통관제기관은 항공기 간의 분리가 유지될 수 있도록 항공교통관제허가를 하여야 한다.
㉯ 항공교통관제기관이 제3항에 따라 항공기 간의 분리를 위한 관제를 하는 경우에는 수평적 · 종적 · 횡적 및 혼합 분리방법으로 관제한다.
㉰ 관제를 받는 항공기는 항상 하나의 항공교통관제기관이 관제를 제공하여야 한다.
㉱ 관제공역 내에서 비행하는 모든 항공기에 대한 관제책임은 그 관제공역을 관할하는 항공교통관제기관에 있다.

해설 시행규칙 제230조 제231조. ㉯항 '수평적'이 아니라 '수직적'이다.

문제 39 다음 항공교통관제업무의 수행에 관한 설명 중 틀린 것은?

㉮ 항공교통관제업무를 수행하는 자는 항공기 간의 적절한 분리와 효율적인 항공교통흐름의 유지를 위하여 관제하는 항공기에 대한 지시사항과 그 항공기의 이동에 관한 정보를 기록하여야 한다.
㉯ 항공교통관제기관이 항공기 간의 분리를 위해 관제업무를 수행하는 경우 지역항행협정을 따를 수 없다.
㉰ 관제공역 내에서 비행하는 모든 항공기에 대한 관제책임은 그 관제공역을 관할하는

항공교통관제기관에 있다.

㉱ 관제를 받는 항공기는 항상 하나의 항공교통관제기관이 관제를 제공하여야 한다.

해설 시행규칙 제230조. ㉯항 '지역항행협정을 따를 수 있다'.

규칙 제236조(민간항공기의 요격에 대한 조치) ① 항공교통업무기관은 법 제83조 제4항에 따라 관할 공역 내의 항공기에 대한 요격을 인지한 경우에는 다음 각 호에 따라 조치하여야 한다.

1. 항공비상주파수(121.5㎒) 또는 그 밖의 가능한 주파수를 사용하여 피요격항공기와의 양방향 통신을 시도할 것
2. 피요격항공기의 조종사에게 요격사실을 통보할 것
3. 요격항공기와 통신을 유지하고 있는 요격통제기관에 피요격항공기에 관한 정보를 제공할 것
4. 필요하면 피요격항공기와 요격항공기 또는 요격통제기관 간의 의사소통을 중개할 것
5. 요격통제기관과 긴밀히 협조하여 피요격항공기의 안전확보에 필요한 조치를 할 것
6. 피요격항공기가 인접비행정보구역으로부터 표류된 것으로 판단되는 경우에는 인접비행정보구역을 관할하는 항공교통업무기관에 그 상황을 통보할 것

② 법 제83조 제4항에 따라 항공교통업무기관은 관할공역밖에서 피요격항공기를 인지한 경우에는 다음 각 호에 따라 조치하여야 한다.

1. 요격이 이루어지고 있는 공역을 관할하는 항공교통업무기관에 그 상황을 통보하고, 항공기의 식별을 위한 모든 정보를 제공할 것
2. 피요격항공기와 관할 항공교통업무기관, 요격항공기 또는 요격통제기관 간의 의사소통을 중개할 것

③ 국토교통부장관은 민간항공기에 요격행위가 발생되는 것을 예방하기 위하여 비행계획, 양방향 무선통신 및 위치보고가 요구되는 관제구 · 관제권 및 항공로를 지정 · 관리하여야 한다.

★ **항공교통업무기관이 관할공역밖에서 피요격항공기를 인지한 경우의 조치에 대하여 1회 출제되었다.**

문제 40 **다음 중 관할공역밖에서 피요격항공기를 인지한 경우 항공교통업무기관이 취하여야 하는 조치에 해당하지 않는 것은?**

㉮ 요격이 이루어지고 있는 공역을 관할하는 항공교통업무기관에 그 상황을 통보한다.

㉯ 항공기의 식별을 위한 모든 정보를 제공한다.

㉰ 피요격항공기와 관할 항공교통업무기관, 요격항공기 또는 요격통제기관 간의 의사소통을 중개한다.

㉱ 항공비상주파수 또는 그 밖의 가능한 주파수를 사용하여 피요격항공기와의 양방향 통신을 시도한다.

해설 시행규칙 제236조. ㉣항은 관할공역 내의 항공기에 대한 요격을 인지한 경우의 조치이다.

규칙 제243조(경보업무의 수행절차 등) ① 항공교통업무기관은 법 제83조 제4항에 따라 항공기가 다음 각 호의 구분에 따른 비상상황에 처한 사실을 알았을 때에는 지체없이 수색・구조업무를 수행하는 기관에 통보하여야 한다.

1. 불확실상황(Uncertainly phase)
   가. 항공기로부터 연락이 있어야 할 시간 또는 그 항공기와의 첫 번째 교신시도에 실패한 시간 중 더 이른 시간부터 30분 이내에 연락이 없을 경우
   나. 항공기가 마지막으로 통보한 도착예정시간 또는 항공교통업무기관이 예상한 도착예정시간 중 더 늦은 시간부터 30분 이내에 도착하지 아니할 경우. 다만, 항공기 및 탑승객의 안전이 의심되지 아니하는 경우는 제외한다.
2. 경보상황(Alert phase)
   가. 불확실상황에서의 항공기와의 교신시도 또는 관계부서의 조회로도 해당 항공기의 위치를 확인하기 곤란한 경우
   나. 항공기가 착륙허가를 받고도 착륙예정시간부터 5분 이내에 착륙하지 아니한 상태에서 그 항공기와의 무선교신이 되지 아니할 경우
   다. 항공기의 비행능력이 상실되었으나 불시착할 가능성이 없음을 나타내는 정보를 입수한 경우. 다만, 항공기 및 탑승자의 안전에 우려가 없다는 명백한 증거가 있는 경우는 제외한다.
   라. 항공기가 테러 등 불법간섭을 받는 것으로 인지된 경우
3. 조난상황(Distress phase)
   가. 경보상황에서 항공기와의 교신시도를 실패하고, 여러 관계부서와의 조회결과 항공기가 조난당하였을 가능성이 있는 경우
   나. 항공기 탑재연료가 고갈되어 항공기의 안전을 유지하기가 곤란한 경우
   다. 항공기의 비행능력이 상실되어 불시착하였을 가능성이 있음을 나타내는 정보가 입수되는 경우
   라. 항공기가 불시착중이거나 불시착하였다는 정보사항이 정확한 정보로 판단되는 경우. 다만, 항공기 및 탑승자가 중대하고 긴박한 위험에 처하여 있지 아니하며, 긴급한 도움이 필요하지 아니하다는 명백한 증거가 있는 경우는 제외한다.

(생략)

항공교통업무기관은 비상상황에 처한 사실을 알았을 때에는 지체없이 수색・구조업무를 수행하는 기관에 통보하여야 한다. 비상상황은 불확실상황, 경보상황, 조난상황으로 구분된다.

★ **비상상황의 구분 및 구체적인 시간에 대해 11회 출제되었다. 불확실상황, 경보상황, 조난상황에 대해 구체적으로 구**

분할 수 있어야 된다. 불확실상황은 10분, 경보상황은 5분, 조난상황은 탑재연료고갈 또는 조난, 불시착이 포함되어 있다.

문제 41 **다음 중 비상상황 중 불확실상황에 해당하는 경우는?**

㉮ 항공기로부터 연락이 있어야 할 시간 또는 그 항공기와의 첫 번째 교신시도에 실패한 시간 중 더 이른 시간부터 30분 이내에 연락이 없을 경우

㉯ 항공기가 착륙허가를 받고도 착륙예정시간부터 5분 이내에 착륙하지 아니한 상태에서 그 항공기와의 무선교신이 되지 아니할 경우

㉰ 항공기와의 교신시도 또는 관계부서의 조회로도 해당 항공기의 위치를 확인하기 곤란한 경우

㉱ 항공기의 비행능력이 상실되었으나 불시착할 가능성이 없음을 나타내는 정보를 입수한 경우

해설 시행규칙 제243조. ㉯항 · ㉰항은 경보상황, ㉱항은 조난상황

문제 42 **항공기가 마지막으로 통보한 도착예정시간 또는 항공교통업무기관이 예상한 도착예정시간 중 더 늦은 시간부터 몇 분 이내에 도착하지 아니한 경우 수색 및 구조업무가 시작되는가?**

㉮ 15분 ㉯ 20분

㉰ 30분 ㉱ 60분

해설 시행규칙 제243조

문제 43 **항공기가 착륙허가를 받고도 착륙예정시간부터 몇 분 이내에 착륙하지 아니한 상태에서 그 항공기와의 무선교신이 되지 아니할 경우 비상상황이라 할 수 있는가?**

㉮ 5분 ㉯ 15분

㉰ 20분 ㉱ 30분

해설 시행규칙 제243조

문제 44 **다음 중 경보상황에 해당하지 않는 것은?**

㉮ 불확실상황에서의 항공기와의 교신시도 또는 관계부서의 조회로도 해당 항공기의 위치를 확인하기 곤란한 경우

㉯ 항공기의 비행능력이 상실되었으나 불시착할 가능성이 없음을 나타내는 정보를 입수한 경우.

㉰ 항공기가 테러 등 불법간섭을 받는 것으로 인지된 경우
㉱ 항공기 탑재연료가 고갈되어 항공기의 안전을 유지하기가 곤란한 경우

해설 시행규칙 제243조. ㉱항은 조난상황

문제 45 **다음 중 경보상황에 해당하는 것은?**

㉮ 항공기로부터 연락이 있어야 할 시간 또는 그 항공기와의 첫 번째 교신시도에 실패한 시간 중 더 이른 시간부터 30분 이내에 연락이 없을 경우
㉯ 항공기가 마지막으로 통보한 도착예정시간 또는 항공교통업무기관이 예상한 도착예정시간 중 더 늦은 시간부터 30분 이내에 도착하지 아니할 경우.
㉰ 항공기가 착륙허가를 받고도 착륙예정시간부터 5분 이내에 착륙하지 아니한 상태에서 그 항공기와의 무선교신이 되지 아니할 경우
㉱ 항공기가 불시착중이거나 불시착하였다는 정보사항이 정확한 정보로 판단되는 경우

해설 시행규칙 제243조. ㉮항 · ㉯항 불확실상황. ㉱항 조난상황

문제 46 **다음 중 경보상황에 해당하는 것은?**

㉮ 항공기의 비행능력이 상실되었으나 불시착할 가능성이 없음을 나타내는 정보를 입수한 경우
㉯ 항공기가 마지막으로 통보한 도착예정시간 또는 항공교통업무기관이 예상한 도착예정시간 중 더 늦은 시간부터 30분 이내에 도착하지 아니할 경우
㉰ 항공기탑재연료가 고갈되어 항공기의 안전을 유지하기가 곤란한 경우
㉱ 항공기가 착륙허가를 받고도 착륙예정시간부터 10분 이내에 착륙하지 아니한 상태에서 그 항공기와의 무선교신이 되지 아니할 경우

해설 시행규칙 제243조. ㉯항 불황실상황. ㉰항 조난상황. ㉱항 '10분'이 아니라 '5분'이면 경보상황이다.

문제 47 **항공기가 착륙허가를 받고도 착륙예정시간부터 5분 이내에 착륙하지 아니한 상태에서 그 항공기와의 무선교신이 되지 아니할 경우의 비상상황은?**

㉮ 불활실 상황
㉯ 경보상황
㉰ 조난상황
㉱ 주의상황

해설 시행규칙 제243조

문제 48 **항공기 탑재연료가 고갈되어 항공기의 안전을 유지하기가 곤란한 경우의 비상상황은?**

㉮ Uncertainly phase ㉯ Alert phase

㉰ Distress phase ㉱ Danger phase

해설 시행규칙 제243조

법 제84조(항공교통관제업무 지시의 준수) ① 비행장, 공항, 관제권 또는 관제구에서 항공기를 이동·이륙·착륙시키거나 비행하려는 자는 국토교통부장관 또는 항공교통업무증명을 받은 자가 지시하는 이동·이륙·착륙의 순서 및 시기와 비행의 방법에 따라야 한다.

② 비행장 또는 공항의 이동지역에서 차량의 운행, 비행장 또는 공항의 유지·보수, 그 밖의 업무를 수행하는 자는 항공교통의 안전을 위하여 국토교통부장관 또는 항공교통업무증명을 받은 자의 지시에 따라야 한다.

규칙 제247조(항공안전관련 정보의 복창) ① 항공기의 조종사는 법 제84조 제1항에 따라 관할 항공교통관제기관에서 음성으로 전달된 항공안전관련 항공교통관제의 허가 또는 지시사항을 복창하여야 한다. 이 경우 다음 각 호의 사항은 반드시 복창하여야 한다.

1. 항공로의 허가사항
2. 활주로의 진입, 착륙, 이륙, 대기, 횡단 및 역방향주행에 대한 허가 또는 지시사항
3. 사용활주로, 고도계수정치, 2차 감시 항공교통관제 레이더용 트랜스폰더(Mode 3/A 및 Mode C SSR transponder)의 배정부호, 고도지시, 기수지시, 속도지시 및 전이고도

② 항공기의 조종사는 제1항에 따른 관할 항공교통관제기관의 허가 또는 지시사항을 이해하고 있고 그에 따르겠다는 것을 명확한 방법으로 복창하거나 응답하여야 한다.

③ 항공교통관제사는 제1항에 따른 항공교통관제의 허가 또는 지시사항에 대하여 항공기의 조종사가 정확하게 인지하였는지 여부를 확인하기 위하여 복창을 경청하여야 하며, 그 복창에 틀린 사항이 있을 때에는 즉시 시정조치를 하여야 한다.

④ 제1항을 적용할 때에 관할 항공교통관제기관에서 달리 정하고 있지 아니하면 항공교통관제사와 조종사간 데이터통신(CPDLC)에 의하여 항공교통관제의 허가 또는 지시사항이 전달되는 경우에는 음성으로 복창을 하지 아니할 수 있다.

★ **항공기의 조종사는 항공교통관제의 허가 또는 지시사항을 복창하여야 한다. 주된 오답은 CPDLC로 전달되는 항공교통관제의 허가 또는 지시사항, '주기장 배정번호'이다.**

문제 49 **다음 중 항공기의 조종사가 복창하여야 하는 항공교통관제의 허가 또는 지시사항에 해당하지 않는 것은?**

㉮ 항공로의 허가사항

㉯ 활주로의 진입, 착륙, 이륙에 대한 허가 또는 지시사항
㉰ 사용활주로, 고도계수정치
㉱ 항공교통관제사와 조종사간 데이터통신(CPDLC)에 의한 항공교통관제의 허가 또는 지시사항

해설 시행규칙 제247조 제1항 ㉱항 제4항 복창하지 아니할 수 있다.

문제 50 **항공기의 조종사가 복창하지 않아도 되는 항공교통관제의 허가 또는 지시사항은?**

㉮ 활주로의 대기, 횡단 및 역방향 주행에 대한 허가 또는 지시사항
㉯ 주기장에 대한 허가 또는 지시사항
㉰ 고도지시, 기수지시, 속도지시 및 전이고도
㉱ 2차 감시 항공교통관제 레이더용 트랜스폰더의 배정부호

해설 시행규칙 제247조 제1항

법 제89조(항공정보의 제공 등) ① 국토교통부장관은 항공기운항의 안전성 · 정규성 및 효율성을 확보하기 위하여 필요한 정보(이하 "항공정보"라 한다)를 비행정보구역에서 비행하는 사람 등에게 제공하여야 한다.

② 국토교통부장관은 항공로, 항행안전시설, 비행장, 공항, 관제권 등 항공기운항에 필요한 정보가 표시된 지도(이하 "항공지도"라 한다)를 발간(發刊)하여야 한다.

③ 제1항 및 제2항에서 규정한 사항 외에 항공정보 또는 항공지도의 내용, 제공방법, 측정단위 등에 필요한 사항은 국토교통부령으로 정한다.

규칙 제255조(항공정보) ① 법 제89조 제1항에 따른 항공정보의 내용은 다음 각 호와 같다.

1. 비행장과 항행안전시설의 공용의 개시, 휴지, 재개(再開) 및 폐지에 관한 사항
2. 비행장과 항행안전시설의 중요한 변경 및 운용에 관한 사항
3. 비행장을 이용할 때에 있어 항공기의 운항에 장애가 되는 사항
4. 비행의 방법, 결심고도, 최저강하고도, 비행장 이륙 · 착륙 기상최저치 등의 설정과 변경에 관한 사항
5. 항공교통업무에 관한 사항
6. 다음 각 목의 공역에서 하는 로켓 · 불꽃 · 레이저광선 또는 그 밖의 물건의 발사, 무인기구(기상관측용 및 완구용은 제외한다)의 계류 · 부양 및 낙하산 강하에 관한 사항
   가. 진입표면 · 수평표면 · 원추표면 또는 전이표면을 초과하는 높이의 공역
   나. 항공로 안의 높이 150미터 이상인 공역

다. 그 밖에 높이 250미터 이상인 공역
7. 그 밖에 항공기의 운항에 도움이 될 수 있는 사항
② 제1항에 따른 항공정보는 다음 각 호의 어느 하나의 방법으로 제공한다.
1. 항공정보간행물(AIP)
2. 항공고시보(NOTAM)
3. 항공정보회람(AIC)
4. 비행 전·후 정보(Pre-Flight and Post-Flight Information)를 적은 자료
③ 법 제89조 제2항에 따라 발간하는 항공지도에 제공하는 사항은 다음 각 호와 같다.
(생략)
④ 법 제89조 제3항에 따라 항공정보에 사용되는 측정단위는 다음 각 호의 어느 하나의 방법에 따라 사용한다.
1. 고도(Altitude): 미터(m) 또는 피트(ft)
2. 시정(Visibility): 킬로미터(㎞) 또는 마일(SM). 이 경우 5킬로미터 미만의 시정은 미터(m) 단위를 사용한다.
3. 주파수(Frequency): 헤르쯔(㎐)
4. 속도(Velocity Speed): 초당 미터(㎧)
5. 온도(Temperature): 섭씨도(℃)
(생략)

★ **항공정보의 내용, 제공방법, 측정단위에 대해 11번 출제되었다. 항공정보의 내용에 포함되지 않는 것으로 '비행장과 항행안전시설을 안전하게 이용하는 방법에 관한 사항', 기상관측용 무인기구, 항공로 안의 높이 150미터 미만인 공역이다. 항공정보의 제공방법은 AIP, NOTAM, AIC, 비행전후 정보를 적은 자료이다. 항공정보에 사용되는 측정단위로 시정은 5킬로미터 미만은 미터, 온도는 섭씨도만이다.**

문제 51 **다음 중 항공정보에 사용되는 측정단위로 틀린 것은?**

㉮ 고도 : 미터(m) 또는 피트(ft)
㉯ 시정 : 킬로미터(㎞) 또는 마일(SM). 이 경우 3킬로미터 미만의 시정은 미터(m) 단위를 사용한다.
㉰ 주파수 : 헤르쯔(㎐)
㉱ 속도 : 초당 미터(㎧)

해설 시행규칙 255조 제4항 ㉯항 '3킬로미터'가 아니고 '5킬로미터'이다.

문제 52 **다음 중 항공정보에 사용되는 측정단위로 틀린 것은?**

㉮ 고도 : 미터(m) 또는 피트(ft)

㉯ 주파수: 헤르쯔(㎐)

㉰ 속도: 초당 미터(㎧)

㉱ 온도: 섭씨도(℃) 또는 화씨도(°F)

해설 시행규칙 255조 제4항 ㉱항 온도는 섭씨도만 사용된다.

문제 53 **다음 중 항공정보의 제공방법이 아닌 것은?**

㉮ AIP ㉯ NOTAM

㉰ AIC ㉱ AIRAC

해설 시행규칙 255조 제2항. 항공정보의 제공방법은 항공정보간행물(AIP), 항공고시보(NOTAM), 항공정보회람(AIC), 비행 전·후 정보(Pre-Flight and Post-Flight Information)를 적은 자료이다. ㉱항 AIRAC는 항공정보관리절차(Aeronautical Information Regulation And Control)이다.

문제 54 **다음 중 항공정보의 내용에 포함되지 않는 것은?**

㉮ 비행장과 항행안전시설의 공용의 개시, 휴지, 재개(再開) 및 폐지에 관한 사항

㉯ 비행장과 항행안전시설의 중요한 변경 및 운용에 관한 사항

㉰ 비행장을 이용할 때에 있어 항공기의 운항에 장애가 되는 사항

㉱ 비행장과 항행안전시설의 안전한 이용방법에 관한 사항

해설 시행규칙 제255조 제1항.

문제 55 **다음 중 항공기운항의 안전성·정규성 및 효율성을 확보하기 위하여 비행정보구역에서 비행하는 사람 등에게 제공하여야 하는 정보가 아닌 것은?**

㉮ 로켓, 불꽃, 레이저 광선의 발사에 관한 사항

㉯ 낙하산 강하에 관한 사항

㉰ 기상관측용 무인기구의 부양에 관한 사항

㉱ 무인기구의 계류에 관한 사항

해설 시행규칙 제255조 제1항. 기상관측용 및 완구용 무인기구의 계류·부양은 항공정보에 포함되지 않는 것이므로, ㉰항이 명백한 정답이다.

문제 56 **다음 중 항공정보의 내용에 관한 설명 중 틀린 것은?**

㉮ 진입표면을 초과하는 높이의 공역에서 하는 로켓의 발사에 관한 사항

㉯ 수평표면을 초과하는 높이의 공역에서 하는 레이저 광선의 발사에 관한 사항

㉰ 항공로 안의 높이 150미터 이상인 공역에서 하는 기상관측용 무인기구의 계류 및 부양에 관한 사항

㉰ 항공로 안의 높이 150미터 이상인 공역에서 하는 낙하산 강하에 관한 사항

해설 시행규칙 제255조 제1항. ㉰항 기상관측용 무인기구의 계류 및 부양에 관한 사항은 항공정보에 포함되지 않는다.

문제 57 **다음 중 항공정보의 내용에 관한 설명 중 틀린 것은?**

㉮ 진입표면 또는 수평표면을 초과하는 높이의 공역에서 하는 불꽃의 발사에 관한 사항

㉯ 원추표면 또는 전이표면을 초과하는 높이의 공역에서 하는 레이저 광선의 발사에 관한 사항

㉰ 항공로 안의 높이 150미터 이하인 공역에서 하는 무인기구(기상관측용 및 완구용 제외)의 계류 및 부양에 관한 사항

㉰ 항공로 이외 높이 250미터 이상인 공역에서 하는 낙하산 강하에 관한 사항

해설 시행규칙 제255조 제1항. ㉰항 '150미터 이하'가 아니라 '150미터 이상'이다.

제 7 장 항공운송사업자 등에 대한 안전관리

법 제90조(항공운송사업자의 운항증명) ① 항공운송사업자는 운항을 시작하기 전까지 국토교통부령으로 정하는 기준에 따라 인력, 장비, 시설, 운항관리지원 및 정비관리지원 등 안전운항체계에 대하여 국토교통부장관의 검사를 받은 후 운항증명을 받아야 한다.

② 국토교통부장관은 제1항에 따른 운항증명(이하 "운항증명"이라 한다)을 하는 경우에는 운항하려는 항공로, 공항 및 항공기 정비방법 등에 관하여 국토교통부령으로 정하는 운항조건과 제한 사항이 명시된 운영기준을 운항증명서와 함께 해당 항공운송사업자에게 발급하여야 한다.

③ 국토교통부장관은 항공기의 안전운항을 확보하기 위하여 필요하다고 판단되면 직권으로 또는 항공운송사업자의 신청을 받아 제2항에 따른 운영기준을 변경할 수 있다.

④ 항공운송사업자 또는 항공운송사업자에 속한 항공종사자는 제2항에 따른 운영기준을 준수하여야 한다.

⑤ 운항증명을 받은 항공운송사업자는 최초로 운항증명을 받았을 때의 안전운항체계를 유지하여야 하며, 노선의 개설 등으로 안전운항체계가 변경된 경우에는 국토교통부장관이 실시하는 검사를 받아야 한다.

⑥ 국토교통부장관은 항공기안전운항을 확보하기 위하여 운항증명을 받은 항공운송사업자가 안전운항체계를 유지하고 있는지를 정기 또는 수시로 검사하여야 한다.

⑦ 국토교통부장관은 제6항에 따른 정기검사 또는 수시검사를 하는 중에 다음 각 호의 어느 하나에 해당하여 긴급한 조치가 필요하게 되었을 때에는 국토교통부령으로 정하는 바에 따라 항공기 또는 노선의 운항을 정지하게 하거나 항공종사자의 업무를 정지하게 할 수 있다.

1. 항공기의 감항성에 영향을 미칠 수 있는 사항이 발견된 경우
2. 항공기의 운항과 관련된 항공종사자가 교육훈련 또는 운항자격 등 이 법에 따라 해당 업무에 종사하는 데 필요한 요건을 충족하지 못하고 있음이 발견된 경우
3. 승무시간기준, 비행규칙 등 항공기의 안전운항을 위하여 이 법에서 정한 기준을 따르지 아니하고 있는 경우
4. 운항하려는 공항 또는 활주로의 상태 등이 항공기의 안전운항에 위험을 줄 수 있는 상태인 경우
5. 그 밖에 안전운항체계에 영향을 미칠 수 있는 상황으로 판간되는 경우

⑧ 국토교통부장관은 제7항에 따른 정지처분의 사유가 없어진 경우에는 지체없이 그 처분을 취소하여야 한다.

규칙 제259조(운항증명 등의 발급) ① 국토교통부장관 또는 지방항공청장은 제258조에 따른 운항증명검사결과 검사기준에 적합하다고 인정하는 경우에는 별지 제90호 서식의 운항증명서 및 별지 제91호 서식의 운영기준을 발급하여야 한다.

② 법 제90조 제2항에서 "국토교통부령으로 정하는 운항조건과 제한사항"이란 다음 각 호의 사항을 말한다.

1. 항공운송사업자의 주 사업소의 위치와 운영기준에 관하여 연락을 취할 수 있는 자의 성명 및 주소
2. 항공운송사업에 사용할 정규공항과 항공기기종 및 등록기호
3. 인가된 운항의 종류
4. 운항하려는 항공로와 지역의 인가 및 제한사항
5. 공항의 제한사항
6. 기체 · 발동기 · 프로펠러 · 회전익 · 기구와 비상장비의 검사 · 점검 및 분해정밀검사에 관한 제한시간 또는 제한시간을 결정하기 위한 기준
7. 항공운송사업자 간의 항공기부품교환 요건
8. 항공기중량배분을 위한 방법
9. 항공기등의 임차에 관한 사항
10. 그 밖에 안전운항을 위하여 국토교통부장관이 정하여 고시하는 사항

★ 항공운송사업자의 운항증명에 대해서는 2회 출제되었다. 운항조건을 제한할 수 있는 사항과 안전운항체계를 유지하고 있는지 검사하는 주기에 대해 출제되었다.

문제 01 **국토교통부장관은 항공운송사업자에게 운항증명서를 발급하면서 제한할 수 없는 운항조건은 무엇인가?**

㉮ 항공운송사업에 사용할 정규공항과 항공기기종 및 등록기호

㉯ 운항하려는 항공로와 지역의 인가 및 제한사항

㉰ 항공기 중량배분을 위한 방법

㉱ 탑승승객의 수

해설 법 제90조 제2항, 시행규칙 제259조 제2항

문제 02 **국토교통부장관은 항공운송사업자에게 운항증명서를 발급하면서 제한할 수 없는 운항조건은 무엇인가?**

㉮ 공항의 제한사항

㉯ 기체, 발동기, 프로펠러 등 장비의 검사 · 점검에 관한 제한시간

㉰ 항공운송사업자 간의 항공기 부품교환 요건
㉱ 운항승무원의 수

해설 법 제90조 제2항, 시행규칙 제259조 제2항

문제 03 **다음 중 항공운송사업자의 운항증명에 관한 설명 중 틀린 것은?**

㉮ 항공운송사업자는 운항을 시작하기 전까지 국토교통부령으로 정하는 기준에 따라 인력, 장비, 시설, 운항관리지원 및 정비관리지원 등 안전운항체계에 대하여 국토교통부장관의 검사를 받은 후 운항증명을 받아야 한다.
㉯ 운항증명을 받은 항공운송사업자는 최초로 운항증명을 받았을 때의 안전운항체계를 유지하여야 하며, 노선의 개설 등으로 안전운항체계가 변경된 경우에는 국토교통부장관이 실시하는 검사를 받아야 한다.
㉰ 국토교통부장관은 항공기 안전운항을 확보하기 위하여 운항증명을 받은 항공운송사업자가 안전운항체계를 유지하고 있는지를 정기 또는 수시로 검사하여야 한다.
㉱ 국토교통부장관은 운항증명을 받은 항공운송사업자가 감항증명을 받지 아니한 항공기를 운항한 경우 항공기 또는 노선의 운항을 정지하게 하거나 항공종사의 업무를 정지하게 할 수 있다.

해설 ㉮항 법 제91조 제1항. ㉯항 제5항. ㉰항 제6항. ㉱항 법 제92조 제1항 제3호 운항증명을 취소하거나 항공기운항의 정지를 명할 수 있다.

문제 04 **국토교통부장관은 항공기 안전운항을 확보하기 위하여 운항증명을 받은 항공운송사업자가 안전운항체계를 유지하고 있는지를 (   ) 검사하여야 한다. 괄호 안에 알맞은 말은?**

㉮ 매년
㉯ 수시로
㉰ 정기 또는 수시로
㉱ 격년으로

해설 법 제91조 제6항

법 제93조(항공운송사업자의 운항규정 및 정비규정) ① 항공운송사업자는 운항을 시작하기 전까지 국토교통부령으로 정하는 바에 따라 항공기의 운항에 관한 운항규정 및 정비에 관한 정비규정을 마련하여 국토교통부장관의 인가를 받아야 한다. 다만, 운항규정 및 정비규정을 운항증명에 포함하여 운항증명을 받은 경우에는 그러하지 아니하다.
② 항공운송사업자는 제1항 본문에 따라 인가를 받은 운항규정 또는 정비규정을 변경하려는 경우에는 국토교통부령으로 정하는 바에 따라 국토교통부장관에게 신고하여야 한다. 다만, 최

소장비목록, 승무원 훈련프로그램 등 국토교통부령으로 정하는 중요사항을 변경하려는 경우에는 국토교통부장관의 인가를 받아야 한다.
③ 국토교통부장관은 제1항 본문 또는 제2항 단서에 따라 인가하려는 경우에는 제77조 제1항에 따른 운항기술기준에 적합한지를 확인하여야 한다.
④ 국토교통부장관은 제1항 본문 또는 제2항 단서에 따라 인가하는 경우 조건 또는 기한을 붙이거나 조건 또는 기한을 변경할 수 있다. 다만, 그 조건 또는 기한은 공공의 이익증진이나 인가의 시행에 필요한 최소한도의 것이어야 하며, 해당 항공운송사업자에게 부당한 의무를 부과하는 것이어서는 아니 된다.
⑤ 항공운송사업자는 제1항 본문 또는 제2항 단서에 따라 국토교통부장관의 인가를 받거나 제2항 본문에 따라 국토교통부장관에게 신고한 운항규정 또는 정비규정을 항공기의 운항 또는 정비에 관한 업무를 수행하는 종사자에게 제공하여야 한다. 이 경우 항공운송사업자와 항공기의 운항 또는 정비에 관한 업무를 수행하는 종사자는 운항규정 또는 정비규정을 준수하여야 한다.

항공운송사업자는 운항을 시작하기 전까지 항공기의 운항에 관한 운항규정 및 정비에 관한 정비규정을 마련하여 국토교통부장관의 인가를 받아야 한다. 인가를 받은 운항규정 또는 정비규정을 변경하려는 경우에는 국토교통부장관에게 신고하여야 한다. 중요사항을 변경하려는 경우에는 국토교통부장관의 인가를 받아야 한다. 운항규정에 포함되어야 하는 내용은 별표 36, 정비규정에 포함되어야 하는 내용은 별표 37에 구체적으로 규정되어 있다.

★ **총 9회 출제되었다. 규정의 제정자는 항공운송사업자이다(1회). 규정제정시 장관의 인가를 받아야 한다(3회). 규정 변경시 장관에게 신고하여야 한다(3회). 운항규정에 포함되어야 하는 내용(1회), 정비규정에 포함되어야 하는 내용(1회). 별표 36, 37은 기술적이고 내용도 많아 암기하기 곤란하므로 운항에 관한 내용인지 정비에 관한 내용인지만 구별하는 것으로 준비한다.**

문제 05 **다음 중 항공기의 운항에 관한 운항규정을 제정해야 하는 주체는?**

㉮ 국토교통부장관　　㉯ 지방항공청장
㉰ 항공교통본부장　　㉱ 항공운송사업자

해설 법 제93조 제1항. 정부에서 제정하는 것이 아니고 사업자가 제정한다.

문제 06 **항공운송사업자가 운항규정 및 정비규정을 마련한 이후절차는?**

㉮ 국토교통부장관의 인가를 받아야 한다.
㉯ 국토교통부장관의 승인을 받아야 한다.

㉰ 지방항공청장에게 신고하여야 한다.
㉱ 지방항공청장의 인가를 받아야 한다.

해설 법 제93조 제1항

문제 07 **항공운송사업가인가를 받은 운항규정 또는 정비규정을 일반적으로 변경하려는 경우 절차는?**

㉮ 국토교통부장관에게 신고하여야 한다.
㉯ 국토교통부장관의 인가를 받아야 한다.
㉰ 지방항공청장에게 신고하여야 한다.
㉱ 지방항공청장의 승인을 받아야 한다.

해설 법 제93조 제2항. 문제에서 일반적으로 변경하려는 경우로 전제했으므로 국토교통부장관에게 신고하면 족하다. 중요사항을 변경하려는 경우에는 국토교통부장관의 인가를 받아야 한다.

문제 08 **운항규정에 포함되어야 하는 사항이 아닌 것은?**

㉮ 최저비행고도결정방법
㉯ 산소의 요구량과 사용하여야 하는 조건
㉰ 출발 시 돌발사태대응절차
㉱ 엔진수리작업 기준에 관한 사항

해설 시행규칙 제266조 제2항. 별표 36. ㉱항은 정비규정에 포함되어야 하는 사항이다.

문제 09 **정비규정에 포함되어야 하는 사항이 아닌 것은?**

㉮ 신뢰성관리절차
㉯ 항공기부식예방 및 처리에 관한 사항
㉰ 지상조업감독, 급유/급유량/연료품질관리
㉱ 정상점검표의 사용 및 사용시기에 관한 지침

해설 시행규칙 제266조 제2항. 별표 37. ㉱항은 운항규정에 포함되어야 하는 사항이다.

제 8 장 외국항공기

법 제100조(외국항공기의 항행) ① 외국국적을 가진 항공기의 사용자(외국, 외국의 공공단체 또는 이에 준하는 자를 포함한다)는 다음 각 호의 어느 하나에 해당하는 항행을 하려면 국토교통부장관의 허가를 받아야 한다. 다만, 「항공사업법」 제54조 및 제55조에 따른 허가를 받은 자는 그러하지 아니하다.

1. 영공밖에서 이륙하여 대한민국에 착륙하는 항행
2. 대한민국에서 이륙하여 영공밖에 착륙하는 항행
3. 영공밖에서 이륙하여 대한민국에 착륙하지 아니하고 영공을 통과하여 영공밖에 착륙하는 항행

② 외국의 군, 세관 또는 경찰의 업무에 사용되는 항공기는 제1항을 적용할 때에는 해당 국가가 사용하는 항공기로 본다.

③ 제1항 각 호의 어느 하나에 해당하는 항행을 하는 자는 국토교통부장관이 요구하는 경우 지체 없이 국토교통부장관이 지정한 비행장에 착륙하여야 한다.

제101조(외국항공기의 국내사용) 외국국적을 가진 항공기(「항공사업법」 제54조 및 제55조에 따른 허가를 받은 자가 해당 운송에 사용하는 항공기는 제외한다)는 대한민국 각 지역 간을 운항해서는 아니 된다. 다만, 국토교통부령으로 정하는 바에 따라 국토교통부장관의 허가를 받은 경우에는 그러하지 아니 하다.

제102조(증명서 등의 인정) 다음 각 호의 어느 하나에 해당하는 항공기의 감항성 및 그 승무원의 자격에 관하여 해당 항공기의 국적인 외국정부가 한 증명 및 그 밖의 행위는 이 법에 따라 한 것으로 본다.

1. 제100조 제1항 각 호의 어느 하나에 해당하는 항행을 하는 외국국적의 항공기
2. 「항공사업법」 제54조 및 제55조에 따른 허가를 받은 자가 사용하는 외국국적의 항공기

규칙 제278조(증명서 등의 인정) 법 제102조에 따라 「국제민간항공협약」의 부속서로서 채택된 표준방식 및 절차를 채용하는 협약 체결국 외국정부가 한 다음 각 호의 증명·면허와 그 밖의 행위는 국토교통부장관이 한 것으로 본다.

1. 법 제12조에 따른 항공기등록증명
2. 법 제23조 제1항에 따른 감항증명
3. 법 제34조 제1항에 따른 항공종사자의 자격증명
4. 법 제40조 제1항에 따른 항공신체검사증명
5. 법 제44조 제1항에 따른 계기비행증명

6. 법 제45조 제1항에 따른 항공영어구술능력증명

외국국적 항공기는 다음 3가지 경우 (① 외국에서 이륙하여 국내에 착륙하거나, ② 국내에서 이륙하여 외국에 착륙하는 경우, ③ 외국에서 이륙하여 영공을 통과하여 외국에 착륙하는 경우) 국토교통부장관의 허가를 받아야 한다. 예외는 항공사업법 제54조 및 제55조(외국인 국제항공운송사업자 또는 ①② 유상운송을 이미 국토교통부장관으로부터 허가를 받은 경우) 또 다시 운항에 허가를 받을 필요는 없다. 그리고 국토교통부장과이 비행장의 착륙지시를 따라야 한다. 외국의 군, 세관, 또는 정찰의 업무에 사용되는 항공기는 해당 국가가 사용하는 것으로 간주한다.

외국국적 항공기는 국내 각 지역 간 운항을 할 수 없다. 예외적으로 국토교통부장관이 허가한 경우, 항공사업법 제54조 및 제55조이다. 국내 각 지역간 운항은 예외적으로 가능하나, 유상운송을 절대적으로 금지하고 있다(항공사업법 제56조).

외국정부가 한 감항성 및 승무원의 자격에 관한 증명은 국내증명과 동일하다고 간주한다. 구체적으로 등록, 감항, 자격, 항공신체검사, 계기비행, 항공영어구술능력증명이다.

★ **외국국적 항공기의 운항에 대해서 총 5회 출제되었다. 국토교통부장관의 허가가 필요한 경우, 외국정부가 발급한 증명이 유효한 경우이다.**

문제 01 **외국국적 항공기의 운항에 관한 설명 중 틀린 것은?**

㉮ 대한민국에서 이륙하여 외국에 착륙하는 항행을 하는 경우 국토교통부장관의 허가를 받아야 한다.

㉯ 외국에서 이륙하여 대한민국에 착륙하지 않고 영공을 통과하여 외국에 착륙하는 경우에는 국토교통부장관의 허가를 받지 아니 한다.

㉰ 외국의 군, 세관 또는 경찰의 업무에 사용되는 항공기는 제1항을 적용할 때에는 해당 국가가 사용하는 항공기로 본다.

㉱ 외국에서 이륙하여 영공을 통과하는 외국국적 항공기는, 국토교통부장관이 요구하는 경우 지체없이 국토교통부장관이 지정한 비행장에 착륙하여야 한다.

해설 법 제100조 제1항. ㉮항 제1항 제2호. ㉯항 제1항 제3호. ㉰항 제2항. ㉱항 제3항

문제 02 **외국국적 항공기의 운항에 관한 설명 중 옳은 것은?**

㉮ 외국국적 항공기는 대한민국 각 지역 간을 운항해서는 아니 된다.
㉯ 국토부장관으로부터 허가받은 외국인 국제항공운송사업자는 외국에서 이륙하여 대한민국에 착륙하는 항행을 하는 경우에는 국토교통부장관으로부터 항행에 대한 허가를 받아야 한다.
㉰ 대한민국에서 이륙하여 외국에 착륙하는 항행을 허가받은 외국국적 항공기는, 국토교통부장관이 요구하는 착륙지시를 따를 의무는 없다.
㉱ 외국의 군, 세관, 정찰의 업무에 사용되는 항공기는 해당 국가가 사용하는 항공기를 보지 않는다.

해설 ㉮항 원칙적으로 외국국적 항공기는 대한민국 각 지역 간을 운항해서는 아니 된다. 다만 국토교통부장관의 허가를 받은 경우 예외이다. ㉯항 허가를 받지 않아도 항행할 수 있는 예외사유에 해당한다. ㉰항 의무가 있다. ㉱항 국가가 사용하는 항공기로 본다.

문제 03 **외국국적 항공기가 국토교통부장관의 허가를 받지 않아도 항행할 수 있는 경우는?**

㉮ 일본에서 이륙하여 대한민국에 착륙하는 항행
㉯ 대한민국에서 이륙하여 프랑스에 착륙하는 항행
㉰ 중국에서 이륙하여 대한민국에 착륙하지 아니하고 영공을 통과하여 일본에 착륙하는 항행
㉱ 일본에서 이륙하여 미국에 착륙하는 항행

해설 법 제100조 제1항

문제 04 **외국국적 항공기가 국토교통부장관의 허가를 받지 않아도 항행할 수 있는 경우는?**

㉮ 대한민국 각 지역 간을 운항하는 외국인 국제항공운송사업자
㉯ 영공밖에서 이륙하여 대한민국에 착륙하는 외국항공사
㉰ 대한민국에서 이륙하여 영공밖에 착륙하는 외국군용기
㉱ 대한민국 각 지역 간 여객 또는 화물의 유상운송을 하는 외국항공사

해설 법 제100조 제1항. ㉮항 예외 항공사업법 제54조. ㉱항 항공사업법 제55조는 항공안전법 제100조 제1항 제1호 또는 제2호에 따른 항행을 허가하는 것이고, 제3호는 제1호. 제2호와 관련하여 행하는 경우에만 허용된다. 항공사업법 제56조에서 명시적으로 예외없이 국내 각 지역간 유상운송을 금지하고 있다.

문제 05 **외국국적 항공기의 운항에 관한 설명 중 틀린 것은?**

㉮ 국토교통부장관의 허가만 있으면 영공밖에서 이륙하여 대한민국에 착륙하는 항행을 할 수 있다.

㉯ 국토교통부장관의 허가만 있으면 대한민국 각 지역 간을 운항 수 있다.

㉰ 국토교통부장관의 허가만 있으면 대한민국 각 지역 간 여객 또는 화물을 유상운송 할 수 있다.

㉱ 국토교통부장관의 허가만 있으면 대한민국 영공을 통과할 수 있다.

해설 항공사업법 제56조에서 명시적으로 금지하고 있다. 국내 각 지역 간을 운항을 할 수 있지만 유상운송은 절대적으로 금지된다.

문제 06 **다음 중 외국국적 항공기의 운항에 관한 설명 중 틀린 것은?**

㉮ 대한민국에서 이륙하여 영공밖에서 착륙하는 항행을 하려는 자는 그 운항예정일 10일 전까지 외국항공기 항행허가신청서를 지방항공청장에게 제출하여야 한다.

㉯ 영공밖에서 이륙하여 대한민국에 착륙하지 않고 영공을 통과하려는 외국국적 항공기는 영공통과허가신청서를 항공교통본부장에게 제출하여야 한다.

㉰ 외국국적 항공기를 사용하여 유상운송을 하려는 자는 운송예정일 10일 전까지 국토교통부장관 또는 지방항공청장에게 신청서를 제출하여야 한다.

㉱ 외국정부가 한 감항증명 및 항공종사자의 자격증명은 국토교통부장관이 한 것으로 본다.

해설 ㉮항 시행규칙 제274조 제1항 '10일'이 아니고 '2일'이다. ㉯항 시행규칙 제274조 제1항. ㉰항 항공사업법 시행규칙 56조. ㉱항 시행규칙 제278조

문제 07 **다음 중 외국정부가 발급한 증명서를 받았더라도 효력이 인정되지 않다 국내에서 다시 발급 받아야 하는 증명은?**

㉮ 감항증명　　　　㉯ 항공종사자의 자격증명

㉰ 항공신체검사증명　　　　㉱ 형식증명

해설 시행규칙 제278조

제 9 장　경량항공기

★ 출제된 바 없다.

문제 01　**다음 중 경량항공기에 대한 설명 중 틀린 것은?**

㉮ 경량항공기를 소유하거나 사용할 수 있는 권리가 있는 자는 그 경량항공기가 비행안전을 위한 기술상의 기준에 적합다는 안전성 인증을 받지 아니하고 비행하여서는 아니 된다.

㉯ 경량항공기를 사용하여 비행하려는 사람은 국토교통부장관으로부터 '경량항공기 조종사 자격증명'을 받아야 한다.

㉰ 경량항공기 조종사 자격증명을 받고 경량항공기조종업무를 하려는 사람은 국토교통부장관의 항공신체검사증명을 받지 않아도 된다.

㉱ 경량항공기의 조종사는 주류, 마약류, 환각물질 등의 영향으로 조종업무를 정상적으로 수행할 수 없는 상태에서는 조종업무에 종사하여서는 아니 된다.

해설 ㉮항 법 제108조. 경량항공기는 항공기의 감항성 증명 등의 규정이 적용되지 않고, 안전성 인증이 적용된다. ㉯항 법 제109조. ㉰항 법 제113조. 경량항공기 조종사 자격증명을 받고 경량항공기조종업무를 하려는 사람은 국토교통부장과의 항공신체검사증명을 받아야 한다. ㉱항 법 제121조 제2항, 제57조.

문제 02　**다음 중 경량항공기에 대한 설명 중 옳은 것은?**

㉮ 경량항공기를 소유하거나 사용할 수 있는 권리가 있는 자는 감항성이 있다는 증명을 받지 아니한 경량항공기를 운항하여서는 아니 된다.

㉯ 경량항공기를 운항하려는 사람은 국토교통부령으로 정하는 비행규칙에 따라 비행하여야 한다.

㉰ 경량항공기 조종사 자격증명에 대해서 경량항공기의 종류를 한정할 수 없다.

㉱ 경량항공기를 비행장 또는 이착륙장이 아닌 곳에서 이륙하거나 착륙할 수 있다.

해설 ㉮항 법 제108조. 경량항공기는 항공기의 감항성 증명 등의 규정이 적용되지 않고, 안전성 인증이 적용된다. ㉯항 법 제121조 제3항, 제67조. ㉰항 법 제111조 '종류를 한정할 수 있다', ㉱항 법 제118조. '이륙하거나 착륙할 수 없다.'

제 10 장 초경량비행장치

법 제122조(초경량비행장치 신고) ① 초경량비행장치를 소유하거나 사용할 수 있는 권리가 있는 자(이하 "초경량비행장치소유자등"이라 한다)는 초경량비행장치의 종류, 용도, 소유자의 성명, 제129조 제4항에 따른 개인정보 및 개인위치정보의 수집가능여부 등을 국토교통부령으로 정하는 바에 따라 국토교통부장관에게 신고하여야 한다. 다만, 대통령령으로 정하는 초경량비행장치는 그러하지 아니 하다.
(생략)

영 제24조(신고를 필요로 하지 아니하는 초경량비행장치의 범위) 법 제122조 제1항 단서에서 "대통령령으로 정하는 초경량비행장치"란 다음 각 호의 어느 하나에 해당하는 것으로서 「항공사업법」에 따른 항공기대여업·항공레저스포츠사업 또는 초경량비행장치사용사업에 사용되지 아니하는 것을 말한다.

1. 행글라이더, 패러글라이더 등 동력을 이용하지 아니하는 비행장치
2. 계류식(繫留式) 기구류(사람이 탑승하는 것은 제외한다)
3. 계류식 무인비행장치
4. 낙하산류
5. 무인동력비행장치 중에서 연료의 무게를 제외한 자체무게(배터리무게를 포함한다)가 12킬로그램 이하인 것
6. 무인비행선 중에서 연료의 무게를 제외한 자체무게가 12킬로그램 이하이고, 길이가 7미터 이하인 것
7. 연구기관 등이 시험·조사·연구 또는 개발을 위하여 제작한 초경량비행장치
8. 제작자 등이 판매를 목적으로 제작하였으나 판매되지 아니한 것으로서 비행에 사용되지 아니하는 초경량비행장치
9. 군사목적으로 사용되는 초경량비행장치

항공기 및 경량항공기는 등록을 하여야 하지만, 초경량비행장치는 국토교통부장관에게 신고하면 된다. 예외적으로 신고를 할 필요가 없는 초경량비행장치는 시행령 제24조에서 구체적으로 규정하고 있다. 초경량비행장치는 동력비행장치, 행글라이더, 패러글라이이더, 기구류, 무인비행장치, 회전익비행장치, 동력패러글라이더, 낙하산류 등이다. 이 중 동력을 이용하지 않는

비행장치(행글라이더, 패러글라이더, 계류식 기구류, 계류식 무인비행장치, 낙하산류), 연구개발, 비행미사용, 군사목적은 미신고품목이다.

★ 초경량비행장치 중 신고대상인지 여부에 대해 1회 출제되었다.

문제 01 **다음 중 신고해야 하는 초경량비행장치에 해당하는 것은?**

㉮ 행글라이더
㉯ 동력패러글라이더
㉰ 낙하산
㉱ 군사목적으로 사용되는 동력비행장치

해설 법 제122조 시행령 제24조

문제 02 **다음 중 신고대상이 아닌 초경량비행장치는?**

㉮ 동력비행장치
㉯ 회전익비행장치
㉰ 동력패러글라이더
㉱ 계류식 기구류

해설 법 제122조 시행령 제24조

법 제124조(초경량비행장치 안전성인증) 시험비행 등 국토교통부령으로 정하는 경우로서 국토교통부장관의 허가를 받은 경우를 제외하고는 동력비행장치 등 국토교통부령으로 정하는 초경량비행장치를 사용하여 비행하려는 사람은 국토교통부령으로 정하는 기관 또는 단체의 장으로부터 그가 정한 안정성 인증의 유효기간 및 절차·방법 등에 따라 그 초경량비행장치가 국토교통부장관이 정하여 고시하는 비행안전을 위한 기술상의 기준에 적합하다는 안전성 인증을 받지 아니하고 비행하여서는 아니 된다. 이 경우 안전성 인증의 유효기간 및 절차·방법 등에 대해서는 국토교통부장관의 승인을 받아야 하며, 변경할 때에도 또한 같다.

규칙 제305조(초경량비행장치 안전성 인증 대상 등) ① 법 제124조 전단에서 "동력비행장치 등 국토교통부령으로 정하는 초경량비행장치"란 다음 각 호의 어느 하나에 해당하는 초경량비행장치를 말한다.

1. 동력비행장치
2. 행글라이더, 패러글라이더 및 낙하산류(항공레저스포츠사업에 사용되는 것만 해당한다)
3. 기구류(사람이 탑승하는 것만 해당한다)
4. 다음 각 목의 어느 하나에 해당하는 무인비행장치
   가. 제5조 제5호가목에 따른 무인비행기, 무인헬리콥터 또는 무인멀티콥터 중에서 최대이륙중량이 25킬로그램을 초과하는 것

나. 제5조 제5호나목에 따른 무인비행선 중에서 연료의 중량을 제외한 자체중량이 12킬로그램을 초과하거나 길이가 7미터를 초과하는 것
5. 회전익비행장치
6. 동력패러글라이더
(생략)

항공기는 감항성 증명 등 안전성에 관한 증명을 받고, 경량항공기는 안전성 인증을 받아야 비행을 할 수 있다. 초경량비행장치는 비행안전을 위한 기술상의 기준에 적합하다는 안전성 인증을 받지 아니하고 비행하여서는 아니 된다. 다만 일부 초경량비행장치의 종류는 안전성 인증을 받지 않아도 비행이 가능하며 구체적으로 시행규칙 305조가 규정하고 있다.

★ **한번도 출제된 바 없다.**

문제 03 **다음 중 안전성 인증을 받지 않아도 조종할 수 있는 초경량비행장치는?**

㉮ 무인자유기구
㉯ 회전익 비행장치
㉰ 동력패러글라이더
㉱ 동력비행장치

해설 법 제124조 시행규칙 제305조

문제 04 **다음 주 안전성 인증을 받아야 조종을 할 수 있는 초경량비행장치는?**

㉮ 항공레저스포츠사업에 사용되지 않는 행글라이더
㉯ 무인자유기구
㉰ 최대이륙중량이 25kg 이하인 무인비행장치
㉱ 동력비행장치

해설 법 제124조 시행규칙 제305조

법 제125조(초경량비행장치 조종자 증명 등) ① 동력비행장치 등 국토교통부령으로 정하는 초경량비행장치를 사용하여 비행하려는 사람은 국토교통부령으로 정하는 기관 또는 단체의 장으로부터 그가 정한 해당 초경량비행장치별 자격기준 및 시험의 절차·방법에 따라 해당 초경량비행장치의 조종을 위하여 발급하는 증명(이하 "초경량비행장치 조종자 증명"이라 한다)을 받아야 한다. 이 경우 해당 초경량비행장치별 자격기준 및 시험의 절차·방법 등에 관하여는 국토교통부령으로 정하는 바에 따라 국토교통부장관의 승인을 받아야 하며, 변경할 때에도 또

한 같다.
(생략)

규칙 제306조(초경량비행장치의 조종자 증명 등) ① 법 제125조 제1항 전단에서 "동력비행장치 등 국토교통부령으로 정하는 초경량비행장치"란 다음 각 호의 어느 하나에 해당하는 초경량비행장치를 말한다.
1. 동력비행장치
2. 행글라이더, 패러글라이더 및 낙하산류(항공레저스포츠사업에 사용되는 것만 해당한다)
3. 유인자유기구
4. 초경량비행장치사용사업에 사용되는 무인비행장치. 다만 다음 각 목의 어느 하나에 해당하는 것은 제외한다.
   가. 제5조 제5호 가목에 따른 무인비행기, 무인헬리콥터 또는 무인멀티콥터 중에서 연료의 중량을 제외한 자체중량이 12킬로그램 이하인 것
   나. 제5조 제5호 나목에 따른 무인비행선 중에서 연료의 중량을 제외한 자체중량이 12킬로그램 이하이고, 길이가 7미터 이하인 것
5. 회전익비행장치
6. 동력패러글라이더

(생략)

항공기 및 경량항공기를 조종하려는 자는 조종사 자격증명을 받아야 한다. 그러나 일부 초경량비행장치는 '조종자 증명'을 받지 않더라도 조종이 가능하다. 조종사 증명이 필요한 초경량비행장치는 시행규칙 제306조에서 규정하고 있다. 동력비행장치, 행글라이더, 패러글라이더, 낙하산류, 유인자유기구, 회전익 비행장치, 동력패러글라이더, 초경량비행장치사용사업에 사용되는 무인비행장치이다.

★ **1회 출제되었다.**

문제 05 **'초경량비행장치 조종자 증명'을 받지 않고도 비행(조종)할 수 있는 초경량비행장치는?**

㉮ 행글라이더 ㉯ 동력패러글라이더
㉰ 패러글라이더 ㉱ 무인자유기구

해설 법 제125조 시행규칙 제306조

법 제127조(초경량비행장치 비행승인) ① 국토교통부장관은 초경량비행장치의 비행안전을 위하여 필요하다고 인정하는 경우에는 초경량비행장치의 비행을 제한하는 공역(이하 "초경량비행장치 비행제한공역"이라 한다)을 지정하여 고시할 수 있다.

② 동력비행장치 등 국토교통부령으로 정하는 초경량비행장치를 사용하여 국토교통부장관이 고시하는 초경량비행장치 비행제한공역에서 비행하려는 사람은 국토교통부령으로 정하는 바에 따라 미리 국토교통부장관으로부터 비행승인을 받아야 한다. 다만, 비행장 및 이착륙장의 주변 등 대통령령으로 정하는 제한된 범위에서 비행하려는 경우는 제외한다.

③ 제2항 본문에 따른 비행승인대상이 아닌 경우라 하더라도 다음 각 호의 어느 하나에 해당하는 경우에는 제2항의 절차에 따라 국토교통부장관의 비행승인을 받아야 한다.

1. 제68조 제1호에 따른 국토교통부령으로 정하는 고도 이상에서 비행하는 경우
2. 제78조 제1항에 따른 관제공역·통제공역·주의공역 중 국토교통부령으로 정하는 구역에서 비행하는 경우

④ 제2항 및 제3항 제2호에 따른 국토교통부장관의 비행승인이 필요한 때에 제131조의 2제2항에 따라 무인비행장치를 비행하려는 경우 해당 국가기관등의 장이 국토교통부령으로 정하는 바에 따라 사전에 그 사실을 국토교통부장관에게 알리면 비행승인을 받은 것으로 본다.

국토교통부장관은 '초경량비행장치 비행제한공역'을 지정하여 고시할 수 있다. '초경량비행장치 비행제한공역'에서 초경량비행장치를 사용하여 비행하려는 사람은 국토교통부장관으로부터 비행승인을 받아야 한다. 예외적으로 비행승인을 받지 않아도 비행할 수 있는 초경량비행장치는 시행규칙 제308조에서 규정하고 있다. 사업에 사용되지 않는 행글라이더, 패러글라이더 등 동력을 이용하지 아니하는 비행장치, 계류식기구류(사람이 탑승하는 경우 제외), 계류식 무인비행장치, 낙하산류, 최저비행고도(150미터) 미만의 고도에서 운영하는 계류식기구, 최대이륙중량이 25킬로미터 이하인 무인동력비행장치, 자체중량이 12킬로미터 이하이고 길이가 7미터 이하인 무인비행선은 예외이다.

초경량비행장치		신고	안전성 인증	증명	비행제한공역 비행허가
동력비행장치		○	○	○	
행글라이더		×	레포츠사업○	레포츠사업○	비사업×
패러글라이이더		×	레포츠사업○	레포츠사업○	비사업×
기구류	유인자유기구	○	○	○	
	무인자유기구	○	×	×	
	계류식 기구	무인×	무인×	무인×	150m미만×

무인비행장치	무인동력비행장치	12kg	25kg	사용사업 12kg	25kg
	무인비행선	12kg&7m	12kg&7m	사용사업 12kg&7m	12kg&7m
	계류식	×	–	–	비사업×
회전익비행장치		○	○	○	
동력패러글라이더		○	○	○	
낙하산류		×	레포츠사업○	레포츠사업○	비사업×
기타		3가지× 사업○			무인비행장치 관제권, 비행금지구역, 비행제한구역 외 공역×

규칙 제308조(초경량비행장치의 비행승인) ① 법 제127조 제2항 본문에서 "동력비행장치 등 국토교통부령으로 정하는 초경량비행장치"란 제5조에 따른 초경량비행장치를 말한다. 다만, 다음 각 호의 어느 하나에 해당하는 초경량비행장치는 제외한다.

1. 영 제24조 제1호부터 제4호까지의 규정에 해당하는 초경량비행장치(항공기대여업, 항공레저스포츠사업 또는 초경량비행장치사용사업에 사용되지 아니하는 것으로 한정한다)
2. 제199조 제1호나목에 따른 최저비행고도(150미터) 미만의 고도에서 운영하는 계류식 기구
3. 「항공사업법 시행규칙」 제6조 제2항 제1호에 사용하는 무인비행장치로서 다음 각 목의 어느 하나에 해당하는 무인비행장치
   가. 제221조 제1항 및 별표 23에 따른 관제권, 비행금지구역 및 비행제한구역 외의 공역에서 비행하는 무인비행장치
   나. 「가축전염병 예방법」 제2조 제2호에 따른 가축전염병의 예방 또는 확산방지를 위하여 소독・방역업무 등에 긴급하게 사용하는 무인비행장치
4. 다음 각 목의 어느 하나에 해당하는 무인비행장치
   가. 최대이륙중량이 25킬로그램 이하인 무인동력비행장치
   나. 연료의 중량을 제외한 자체중량이 12킬로그램 이하이고 길이가 7미터 이하인 무인비행선
5. 그 밖에 국토교통부장관이 정하여 고시하는 초경량비행장치

② 제1항에 따른 초경량비행장치를 사용하여 비행제한공역을 비행하려는 사람은 법 제127조 제2항 본문에 따라 별지 제122호 서식의 초경량비행장치비행승인신청서를 지방항공청장에게 제출하여야 한다. 이 경우 비행승인신청서는 서류, 팩스 또는 정보통신망을 이용하여 제출할 수 있다.

※ 동력비행장치, 유인자유기구, 회전익비행장치, 동력패러글라이더는 신고, 안전성 인증, 조종자 증명을 받아야 한다. 행글라이더, 패러글라이더, 낙하산류는 신고할 필요는 없지만 항공레저스포츠 사업에 사용하는 것은 안전성 인증, 조종자 증명을 받아야 한다.

★ 3회 출제된 바 있다.

문제 06 다음 중 '초경량비행장치 비행제한공역'에서 계류식 기구를 운영하려는 경우 고도 몇 미터 미만의 경우 비행승인을 받지 않아도 되는 경우는?

㉮ 100미터 ㉯ 150미터
㉰ 200미터 ㉱ 300미터

해설 법 제127조 제2항, 시행규칙 제308조 제1항

문제 07 초경량비행장치를 사용하여 비행제한공역을 비행하려는 사람은 비행승인신청서를 누구에게 제출하여야 하는가?

㉮ 국토교통부장관 ㉯ 지방항공청장
㉰ 항공교통본부장 ㉱ 항공교통업무기관

해설 법 제127조 제2항, 시행규칙 제308조 제2항

문제 08 초경량비행장치를 사용하여 초경량비행장치 비행제한공역에서 비행하려는 어떠한 절차를 거쳐야 하는가?

㉮ 국토교통부장관으로부터 비행허가를 받아야 한다.
㉯ 국토교통부장관으로부터 비행승인을 받아야 한다.
㉰ 국토교통부장관에게 비행신고를 하여야 한다.
㉱ 국토교통부장관에게 비행계획서를 제출하여야 한다.

해설 법 제127조 제2항.

문제 09 다음 중 초경량비행장치에 관한 설명 중 틀린 것은?

㉮ 초경량비행장치는 국토교통부장관에게 신고하여야 한다.
㉯ 초경량비행장치를 사용하여 비행하려는 사람은 안전성 인증을 받지 아니하고 비행하여서는 아니 된다.
㉰ 초경량비행장치를 사용하여 비행하려는 사람은 초경량비행장치 조종자 증명을 받아야 한다.
㉱ 초경량비행장치를 비행하려는 사람은 국토교통부장관으로부터 비행승인을 받아야 한다.

해설 ㉮항 법 제122조 제1항. ㉯항 법 제124조. ㉰항 법 제125조 제1항. ㉱항 법 제127조 제2항. 초경량비행장치를 '초경량비행장치 비행제한공역'에서 비행하려는 경우 국토교통부장관의 비행승인을 받아야 한다.

제 11 장 보 칙

법 제132조(항공안전활동) ① 국토교통부장관은 항공안전의 확보를 위하여 다음 각 호의 어느 하나에 해당하는 자에게 그 업무에 관한 보고를 하게 하거나 서류를 제출하게 할 수 있다.

1. 항공기등, 장비품 또는 부품의 제작 또는 정비등을 하는 자
2. 비행장, 이착륙장, 공항, 공항시설 또는 항행안전시설의 설치자 및 관리자
3. 항공종사자 및 초경량비행장치 조종자
4. 항공교통업무증명을 받은 자
5. 항공운송사업자(외국인 국제항공운송사업자 및 외국항공기로 유상운송을 하는 자를 포함한다. 이하 이 조에서 같다), 항공기사용사업자, 항공기정비업자, 초경량비행장치 사용사업자, 「항공사업법」 제2조 제22호에 따른 항공기대여업자 및 「항공사업법」 제2조 제27호에 따른 항공레저스포츠사업자
6. 그 밖에 항공기, 경량항공기 또는 초경량비행장치를 계속하여 사용하는 자

② 국토교통부장관은 이 법을 시행하기 위하여 특히 필요한 경우에는 소속 공무원으로 하여금 제1항 각 호의 어느 하나에 해당하는 자의 다음 각 호의 어느 하나의 장소에 출입하여 항공기, 경량항공기 또는 초경량비행장치, 항행안전시설, 장부, 서류, 그 밖의 물건을 검사하거나 관계인에게 질문하게 할 수 있다. 이 경우 국토교통부장관은 검사 등의 업무를 효율적으로 수행하기 위하여 특히 필요하다고 인정하면 국토교통부령으로 정하는 자격을 갖춘 항공안전에 관한 전문가를 위촉하여 검사 등의 업무에 관한 자문에 응하게 할 수 있다.

1. 사무소, 공장이나 그 밖의 사업장
2. 비행장, 이착륙장, 공항, 공항시설, 항행안전시설 또는 그 시설의 공사장
3. 항공기 또는 경량항공기의 정치장
4. 항공기, 경량항공기 또는 초경량비행장치

③ 국토교통부장관은 항공운송사업자가 취항하는 공항에 대하여 국토교통부령으로 정하는 바에 따라 정기적인 안전성 검사를 하여야 한다.

규칙 제314조(항공안전전문가) 법 제132조 제2항에 따른 항공안전에 관한 전문가로 위촉받을 수 있는 사람은 다음 각 호의 어느 하나에 해당하는 사람으로 한다.

1. 항공종사자 자격증명을 가진 사람으로서 해당 분야에서 10년 이상의 실무경력을 갖춘 사람
2. 항공종사자 양성 전문교육기관의 해당 분야에서 5년 이상 교육훈련업무에 종사한 사람
3. 5급 이상의 공무원이었던 사람으로서 항공분야에서 5년(6급의 경우 10년) 이상의 실무경력을 갖춘 사람

4. 대학 또는 전문대학에서 해당 분야의 전임강사 이상으로 5년 이상 재직한 경력이 있는 사람

제315조(정기안전성 검사) ① 국토교통부장관 또는 지방항공청장은 법 제132조 제3항에 따라 다음 각 호의 사항에 관하여 항공운송사업자가 취항하는 공항에 대하여 정기적인 안전성 검사를 하여야 한다.

1. 항공기 운항·정비 및 지원에 관련된 업무·조직 및 교육훈련
2. 항공기부품과 예비품의 보관 및 급유시설
3. 비상계획 및 항공보안사항
4. 항공기운항허가 및 비상지원절차
5. 지상조업과 위험물의 취급 및 처리
6. 공항시설
7. 그 밖에 국토교통부장관이 항공기안전운항에 필요하다고 인정하는 사항

② 법 제132조 제6항에 따른 공무원의 증표는 별지 제124호서식의 항공안전감독관증에 따른다.

★ 총 2회 출제되었다. 항공안전전문가의 자격, 정기안전성 검사항목에 대해 각 1회 출제되었다.

문제 01 **항공안전에 관한 전문가로 위촉받을 수 있는 자격에 해당하지 않는 것은?**

㉮ 항공종사자자격증명을 가진 사람으로서 해당 분야에서 5년 이상의 실무경력을 갖춘 사람

㉯ 항공종사자 양성 전문교육기관의 해당 분야에서 5년 이상 교육훈련업무에 종사한 사람

㉰ 5급 이상의 공무원이었던 사람으로서 항공분야에서 5년(6급의 경우 10년) 이상의 실무경력을 갖춘 사람

㉱ 대학 또는 전문대학에서 해당 분야의 전임강사 이상으로 5년 이상 재직한 경력이 있는 사람

해설 시행규칙 제314조 ㉮항 항공종사자 자격증명을 가진 사람으로서 해당 분야에서 10년 이상의 실무경력을 갖춘 사람이다. 나머지 경력은 모두 5년이다.

문제 02 **항공운송사업자가 취항하는 공항에 대하여 정기적인 안전검사를 해야 하는 사항이 아닌 것은?**

㉮ 항공기운항·정비 및 지원에 관련된 업무·조직 및 교육훈련

㉯ 항공기운항허가 및 비상지원절차

㉰ 지상조업과 위험물의 취급 및 처리

㉣ 항공기 정비시설 및 장비

해설 시행규칙 제315조. 항공기부품 및 예비품의 보관 및 급유시설은 포함되나 항공기정비시설 및 장비는 포함되지 않는다.

문제 03 **다음 중 국토교토부장관의 항공안전활동에 관한 설명 중 틀린 것은?**

㉮ 국토교통부장관은 항공안전의 확보를 위하여 항공종사자, 정비 등을 하는 자 등에게 그 업무에 관한 보고를 하게하거나 서류를 제출하게 할 수 있다.

㉯ 국토교통부의 공무원은 항공안전을 위해 사업장, 공항 등에 출입하여 검사를 하거나 관계인에게 질문을 할 수 있다.

㉰ 국토교통부장관은 검사 등의 업무를 효율적으로 수행하기 위하여 항공안전에 관한 전문가를 위촉하여 검사 등의 업무에 관한 자문에 응하게 할 수 있다.

㉱ 국토교통부장관은 항공운송사업자의 사업장에 대하여 정기적인 안전성 검사를 하여야 한다.

해설 시행규칙 제132조 ㉮항 제1항. ㉯항, ㉰항 제2항. ㉱항 제3항 '항공운송사업자의 사업장'이 아니라 '항공운송사업자가 취항하는 공항'이다.

법 제134조(청문) 국토교통부장관은 다음 각 호의 어느 하나에 해당하는 처분을 하려면 청문을 하여야 한다.
(생략) 주로 증명의 취소, 승인의 취소, 지정의 취소

청문이란 행정청이 어떠한 처분을 하기 전에 당사자 등의 의견을 직접 듣고 조사하는 절차를 말한다(행정절차법 제2조). 청문을 하는 이유는 처분으로 인해 상대방이 법률상 권리의무에 영향을 미치기 때문에, 처분을 하기 전에 상대방의 의견을 듣는 것이다. 따라서 주로 불이익을 주는 처분의 경우 청문이 필요하다고 규정하고 있다.

법 제134조는 주로 증명, 승인, 지정의 취소 또는 효력정지할 경우 청문을 하도록 규정하고 있다.

★ **총 3회 출제되었다. 청문이 필요하지 않은 주된 오답으로 '항공기사고 발생시 공항폐쇄', '항공종사의 업무정지'이다. 항공종사의 자격증명취소 또는 효력정지는 청문대상이지만, 업무정지는 청문대상이 아니다.**

문제 04 **국토교통부장관이 처분을 하기전에 청문을 하여야 하는 경우는?**

㉮ 항공종사자의 자격증명의 취소
㉯ 항공종사자의 자격증명의 효력정지
㉰ 운항증명승인의 취소
㉱ 항공기의 운항정지

해설 법 제134조. 법 제134조는 주로 증명, 승인, 지정의 취소 또는 효력정지할 경우 청문을 하도록 규정하고 있다.

문제 05 **청문이 필요하지 않은 항공안전법상 처분은?**

㉮ 소음기준적합증명의 취소
㉯ 항공영어구술능력증명의 취소
㉰ 항공종사자의 업무정지
㉱ 전문교육기관지정의 취소

해설 법 제134조. 법 제134조는 주로 증명, 승인, 지정의 취소 또는 효력정지할 경우 청문을 하도록 규정하고 있다.

제12장 벌 칙

법 제140조(항공상 위험발생 등의 죄) 비행장, 이착륙장, 공항시설 또는 항행안전시설을 파손하거나 그 밖의 방법으로 항공상의 위험을 발생시킨 사람은 10년 이하의 징역에 처한다.

제142조(기장 등의 탑승자 권리행사 방해의 죄) ① 직권을 남용하여 항공기에 있는 사람에게 그의 의무가 아닌 일을 시키거나 그의 권리행사를 방해한 기장 또는 조종사는 1년 이상 10년 이하의 징역에 처한다.

② 폭력을 행사하여 제1항의 죄를 지은 기장 또는 조종사는 3년 이상 15년 이하의 징역에 처한다.

제143조(기장의 항공기이탈의 죄) 제62조 제4항을 위반하여 항공기를 떠난 기장(기장의 임무를 수행할 사람을 포함한다)은 5년 이하의 징역에 처한다.

제144조(감항증명을 받지 아니한 항공기사용 등의 죄) 다음 각 호의 어느 하나에 해당하는 자는 3년 이하의 징역 또는 5천만원 이하의 벌금에 처한다.

1. 제23조 또는 제25조를 위반하여 감항증명 또는 소음기준적합증명을 받지 아니하거나 감항증명 또는 소음기준적합증명이 취소 또는 정지된 항공기를 운항한 자
2. 제27조 제3항을 위반하여 기술표준품형식승인을 받지 아니한 기술표준품을 제작·판매하거나 항공기등에 사용한 자
3. 제28조 제3항을 위반하여 부품등제작자증명을 받지 아니한 장비품 또는 부품을 제작·판매하거나 항공기등 또는 장비품에 사용한 자
4. 제30조를 위반하여 수리·개조승인을 받지 아니한 항공기등, 장비품 또는 부품을 운항 또는 항공기등에 사용한 자
5. 제32조 제1항을 위반하여 정비등을 한 항공기등, 장비품 또는 부품에 대하여 감항성을 확인받지 아니하고 운항 또는 항공기 등에 사용한 자

제146조(주류등의 섭취·사용 등의 죄) 다음 각 호의 어느 하나에 해당하는 사람은 3년 이하의 징역 또는 3천만원 이하의 벌금에 처한다.

1. 제57조 제1항을 위반하여 주류등의 영향으로 항공업무(제46조에 따른 항공기조종연습 및 제47조에 따른 항공교통관제연습을 포함한다) 또는 객실승무원의 업무를 정상적으로 수행할 수 없는 상태에서 그 업무에 종사한 항공종사자(제46조에 따른 항공기조종연습 및 제47조에 따른 항공교통관제연습을 하는 사람을 포함한다. 이하 이 조에서 같다) 또는 객실승무원
2. 제57조 제2항을 위반하여 주류등을 섭취하거나 사용한 항공종사자 또는 객실승무원
3. 제57조 제3항을 위반하여 국토교통부장관의 측정에 응하지 아니한 항공종사자 또는 객실

승무원

제148조(무자격자의 항공업무종사 등의 죄) 다음 각 호의 어느 하나에 해당하는 사람은 2년 이하의 징역 또는 2천만원 이하의 벌금에 처한다.

1. 제34조를 위반하여 자격증명을 받지 아니하고 항공업무에 종사한 사람
2. 제36조 제2항을 위반하여 그가 받은 자격증명의 종류에 따른 업무범위 외의 업무에 종사한 사람
3. 제43조(제46조 제4항 및 제47조 제4항에서 준용하는 경우를 포함한다)에 따른 효력정지명령을 위반한 사람
4. 제45조를 위반하여 항공영어구술능력증명을 받지 아니하고 같은 조 제1항 각 호의 어느 하나에 해당하는 업무에 종사한 사람

제152조(무자격계기비행 등의 죄) 제44조 제1항·제2항 또는 제55조를 위반한 자는 2천만원 이하의 벌금에 처한다.

제155조(수직분리축소공역 등에서 승인없이 운항한 죄) 제75조를 위반하여 국토교통부장관의 승인을 받지 아니하고 같은 조 제1항 각 호의 어느 하나에 해당하는 공역에서 항공기를 운항한 소유자등은 1천만원 이하의 벌금에 처한다.

제156조(항공운송사업자 등의 업무 등에 관한 죄) 항공운송사업자 또는 항공기사용사업자가 다음 각 호의 어느 하나에 해당하는 경우에는 1천만원 이하의 벌금에 처한다.

1. 제74조를 위반하여 승인을 받지 아니하고 비행기를 운항한 경우
2. 제93조 제5항 후단(제96조 제2항에서 준용하는 경우를 포함한다)을 위반하여 운항규정 또는 정비규정을 준수하지 아니하고 항공기를 운항하거나 정비한 경우
3. 제94조(제96조 제2항에서 준용하는 경우를 포함한다)에 따른 항공운송의 안전을 위한 명령을 이행하지 아니한 경우

제158조(기장 등의 보고의무 등의 위반에 관한 죄) 다음 각 호의 어느 하나에 해당하는 자는 500만원 이하의 벌금에 처한다.

1. 제62조 제5항 또는 제6항을 위반하여 항공기사고·항공기준사고 또는 의무보고 대상 항공안전장애에 관한 보고를 하지 아니하거나 거짓으로 한 자
2. 제65조 제2항에 따른 승인을 받지 아니하고 항공기를 출발시키거나 비행계획을 변경한 자

죄형법정주의에 의해 법률에 벌칙으로 규정된 경우에만 처벌을 하며, 항공안전법 벌칙에 구체적으로 규정하고 있다.

★ 총 22회 출제되었다. 범죄를 질문하고 법정형의 범위를 묻는 질문이 대부분이다. 주로 출제된 범죄는 항공상 위험발생 등의 죄(10년이하), 무자격자 항공업무종사죄(2년이하 또는 2,000만원 이하 벌금), 무자격계기비행죄(2,000만원 이하 벌금)이다.

문제 01 **비행장, 이착륙장, 공항시설 또는 항행안전시설을 파손하거나 그 밖의 방법으로 항공상의 위험을 발생시킨 사람에 대한 처벌은?**

㉮ 10년 이하의 징역
㉯ 5년 이하의 징역
㉰ 2년 이상의 징역
㉱ 3년 이하의 징역 또는 3,000만원 이하의 벌금

해설 법 제140조. 2017. 10. 24. 개정 이전에는 2년 이상의 징역이었다.

문제 02 **직권을 남용하여 항공기에 있는 사람에게 그의 의무가 아닌 일을 시키거나 그의 권리행사를 방해한 기장 또는 조종사에 대한 처벌은?**

㉮ 10년 이하의 징역
㉯ 1년 이상 10년 이하 징역
㉰ 5년 이하의 징역
㉱ 3년 이하의 징역 또는 3,000만원 이하의 벌금

해설 법 제142조

문제 03 **자격증명을 받지 아니하고 항공업무에 종사한 사람에 대한 처벌은?**

㉮ 10년 이하의 징역
㉯ 2년 이하의 징역
㉰ 3년 이하의 징역 또는 3,000만원 이하의 벌금
㉱ 2년 이하의 징역 또는 2,000만원 이하의 벌금

해설 법 제148조

문제 04 **자격증명을 받지 아니하고 항공업무에 종사하거나 자격증명의 종류에 따른 업무범위 외의 업무에 종사한 사람에 대한 처벌은?**

㉮ 10년 이하의 징역
㉯ 2년 이하의 징역
㉰ 3년 이하의 징역 또는 3,000만원 이하의 벌금
㉱ 2년 이하의 징역 또는 2,000만원 이하의 벌금

해설 법 제148조

문제 05 **계기비행증명을 받지 아니하고 계기비행 또는 계기비행방식에 따른 비행을 한 사람에 대한 처벌은?**

㉮ 2년 이하 징역

㉯ 2년 이하 징역 또는 2,000만원 이하 벌금

㉰ 3,000만원 이하 벌금

㉱ 2,000만원 이하 벌금

해설 법 제152조

문제 06 **항공기사고 · 항공기준사고 또는 의무보고대상 항공안전장애에 관한 보고를 하지 않거나 거짓으로 한 기장에 대한 처벌은?**

㉮ 2,000만원 이하 벌금

㉯ 1년 이하 징역 또는 1,000만원 이하 발금

㉰ 1,000만원 이하 벌금

㉱ 500만원 이하 벌금

해설 법 제158조

문제 07 **기장이 운항 중 그 항공기에 위난이 발생하였을 때에는 여객을 구조하고 위난방지에 필요한 수단을 마련하여야 하고, 여객과 그 밖에 항공기에 있는 사람을 그 항공기에서 나가게 한 후가 아니면 항공기를 떠나서는 아니 된다. 이러한 의무를 위반한 기장에 대한 처벌은?**

㉮ 5년 이하의 징역

㉯ 3년 이하의 징역

㉰ 3,000만원 이하 벌금

㉱ 2,000만원 이하 벌금

해설 법 제143조

문제 08 **감항증명 또는 소음기준적합증명을 받지 아니하고 항공기를 운항한 자에 대한 처벌은?**

㉮ 3년 이하의 징역 또는 5,000만원 이하의 벌금

㉯ 2년 이하의 징역 또는 2,000만원 이하의 벌금

㉰ 5,000만원 이하의 벌금

㉱ 2,000만원 이하의 벌금

해설 법 제144조

문제 09 **국토교통부장관의 승인을 받지 아니하고 수직분리축소공역 또는 성능기반항행요구공역에서 운항한 자에 대한 처벌은?**

㉮ 1,000만원 이하 벌금
㉯ 2,000만원 이하 벌금
㉰ 3,000만원 이하 벌금
㉱ 1년 이하 징역 또는 2,000만원 이하 벌금

해설 법 제155조

문제 10 **운항규정 또는 정비규정을 준수하지 아니하고 항공기를 운항하거나 정비한 자에 대한 처벌은?**

㉮ 1,000만원 이하 벌금
㉯ 2,000만원 이하 벌금
㉰ 3,000만원 이하 벌금
㉱ 1년 이하 징역 또는 2,000만원 이하 벌금

해설 법 제156조

문제 11 **업무 중 주류등을 섭취하거나 사용한 항공종사자 또는 객실승무원에 대한 처벌은?**

㉮ 3년 이하의 징역 또는 5,000만원 이하의 벌금
㉯ 2년 이하의 징역 또는 2,000만원 이하의 벌금
㉰ 5,000만원 이하의 벌금
㉱ 2,000만원 이하의 벌금

해설 법 제146조

Ⅱ

공항시설법

제1장 총 칙

법 제1조(목적) 이 법은 공항·비행장 및 항행안전시설의 설치 및 운영 등에 관한 사항을 정함으로써 항공산업의 발전과 공공복리의 증진에 이바지함을 목적으로 한다.

공항시설법은 공항·비행장 및 항행안전시설의 설치 및 운영 등에 관한 사항을 정함으로써 항공산업의 발전과 공공복리의 증진을 이바지함을 목적으로 한다. 공항시설법에서 가장 중요한 개념은 공항, 비행장, 항행안전시설이다.

법 제2조(정의) 이 법에서 사용하는 용어의 뜻은 다음과 같다.

1. "항공기"란 「항공안전법」 제2조 제1호에 따른 항공기를 말한다.
2. "비행장"이란 항공기·경량항공기·초경량비행장치의 이륙[이수(離水)를 포함한다. 이하 같다]과 착륙[착수(着水)를 포함한다. 이하 같다]을 위하여 사용되는 육지 또는 수면(水面)의 일정한 구역으로서 대통령령으로 정하는 것을 말한다.
3. "공항"이란 공항시설을 갖춘 공공용 비행장으로서 국토교통부장관이 그 명칭·위치 및 구역을 지정·고시한 것을 말한다.
4. "공항구역"이란 공항으로 사용되고 있는 지역과 공항·비행장개발예정지역 중 「국토의 계획 및 이용에 관한 법률」 제30조 및 제43조에 따라 도시·군계획시설로 결정되어 국토교통부장관이 고시한 지역을 말한다.
5. "비행장구역"이란 비행장으로 사용되고 있는 지역과 공항·비행장개발예정지역 중 「국토의 계획 및 이용에 관한 법률」 제30조 및 제43조에 따라 도시·군계획시설로 결정되어 국토교통부장관이 고시한 지역을 말한다.
6. "공항·비행장개발예정지역"이란 공항 또는 비행장 개발사업을 목적으로 제4조에 따라 국토교통부장관이 공항 또는 비행장의 개발에 관한 기본계획으로 고시한 지역을 말한다.
7. "공항시설"이란 공항구역에 있는 시설과 공항구역밖에 있는 시설 중 대통령령으로 정하는 시설로서 국토교통부장관이 지정한 다음 각 목의 시설을 말한다.
   가. 항공기의 이륙·착륙 및 항행을 위한 시설과 그 부대시설 및 지원시설
   나. 항공여객 및 화물의 운송을 위한 시설과 그 부대시설 및 지원시설
8. "비행장시설"이란 비행장에 설치된 항공기의 이륙·착륙을 위한 시설과 그 부대시설로서 국토교통부장관이 지정한 시설을 말한다.

9. "공항개발사업"이란 이 법에 따라 시행하는 다음 각 목의 사업을 말한다.
  가. 공항시설의 신설·증설·정비 또는 개량에 관한 사업
  나. 공항개발에 따라 필요한 접근교통수단 및 항만시설 등 기반시설의 건설에 관한 사업
  다. 공항이용객 및 항공과 관련된 업무종사자를 위한 사업 등 대통령령으로 정하는 사업
10. "비행장개발사업"이란 이 법에 따라 시행하는 다음 각 목의 사업을 말한다.
  가. 비행장시설의 신설·증설·정비 또는 개량에 관한 사업
  나. 비행장개발에 따라 필요한 접근교통수단 등 기반시설의 건설에 관한 사업
11. "공항운영자"란 「항공사업법」 제2조 제34호에 따른 공항운영자를 말한다.
12. "활주로"란 항공기착륙과 이륙을 위하여 국토교통부령으로 정하는 크기로 이루어지는 공항 또는 비행장에 설정된 구역을 말한다.
13. "착륙대"(着陸帶)란 활주로와 / 항공기가 활주로를 이탈하는 경우 항공기와 탑승자의 피해를 줄이기 위하여 활주로 주변에 설치하는 안전지대로서 국토교통부령으로 정하는 크기로 이루어지는 활주로 중심선에 중심을 두는 직사각형의 지표면 또는 수면을 말한다.
14. "장애물 제한표면"이란 항공기의 안전운항을 위하여 공항 또는 비행장 주변에 장애물(항공기의 안전운항을 방해하는 지형·지물 등을 말한다)의 설치 등이 제한되는 표면으로서 대통령령으로 정하는 구역을 말한다.
15. "항행안전시설"이란 유선통신, 무선통신, 인공위성, 불빛, 색채 또는 전파(電波)를 이용하여 항공기의 항행을 돕기 위한 시설로서 국토교통부령으로 정하는 시설을 말한다.
16. "항공등화"란 불빛, 색채 또는 형상(形象)을 이용하여 항공기의 항행을 돕기 위한 항행안전시설로서 국토교통부령으로 정하는 시설을 말한다.
17. "항행안전무선시설"이란 전파를 이용하여 항공기의 항행을 돕기위한 시설로서 국토교통부령으로 정하는 시설을 말한다.
18. "항공정보통신시설"이란 전기통신을 이용하여 항공교통업무에 필요한 정보를 제공·교환하기 위한 시설로서 국토교통부령으로 정하는 시설을 말한다.
19. "이착륙장"이란 비행장 외에 경량항공기 또는 초경량비행장치의 이륙 또는 착륙을 위하여 사용되는 육지 또는 수면의 일정한 구역으로서 대통령령으로 정하는 것을 말한다.
20. "항공학적 검토"란 항공안전과 관련하여 시계비행 및 계기비행절차 등에 대한 위험을 확인하고 수용할 수 있는 안전수준을 유지하면서도 그 위험을 제거하거나 줄이는 방법을 찾기 위하여 계획된 검토 및 평가를 말한다.

법률 제2조에서 정의하고 있는 용어에 대하여 시행령과 시행규칙 및 별표에서 구체적으로 정의하고 있다.

★ 공항시설법의 용어에 대한 정의(제2조)와 관련되어 총 100회 출제되었다.

★ 법률 제2조의 정의규정만으로 풀수 있는 기출문제는 8회 출제되었다. '공항'(2회), '착륙대'(5회), '항행안전시설'(1회) 출제되었다.

문제 01 다음 중 공항의 정의에 대한 설명으로 맞는 것은?

㉮ 공항시설을 갖춘 공공용 비행장으로서 국토교통부장관이 그 명칭 · 위치 및 구역을 지정 · 고시한 것

㉯ 항공기 등의 이륙과 착륙을 위하여 사용되는 육지의 일정한 구역으로서 대통령령으로 정하는 것

㉰ 항공기의 이륙 · 착륙 및 항행을 위한 시설과 그 부대시설 및 지원시설

㉱ 비행장에 설치된 항공기의 이륙 · 착륙을 위한 시설과 그 부대시설로서 국토교통부장관이 지정한 시설

해설 공항시설법 제2조 ㉮항 제3호, ㉯항, ㉰항 제7호 공항시설, ㉱항 제8호 비행장시설

문제 02 다음 중 공항의 정의에 대한 설명으로 틀린 것은?

㉮ 공항은 항공기의 이륙 · 착륙 및 항행을 위한 시설과 그 부대시설 및 지원시설을 갖추어야 한다.

㉯ 공항은 항공여객 및 화물의 운송을 위한 시설과 그 부대시설 및 지원시설을 갖추고 있어야 한다.

㉰ 공항은 공공용 비행장으로 국토교통부장관이 그 명칭, 위치 및 구역을 지정 · 고시한 것을 말한다.

㉱ 사설 비행장도 공항에 해당할 수 있다.

해설 공항시설법 제2조 3호. ㉱항 공항은 공항시설을 갖춘 '공공용' 비행장이므로, 사실 비행장은 공항에 포함되지 않는다.

문제 03 다음 중 착륙대에 관한 정의로 틀린 것은?

㉮ 활주로와 항공기가 활주로를 이탈하는 경우 항공기와 탑승자의 피해를 줄이기 위하여 활주로 주변에 설치하는 안전지대를 말한다.

㉯ 활주로 중심선에 중심을 두는 사다리꼴의 지표면을 말한다.

㉰ 착륙대의 크기(길이와 폭)는 국토교통부령으로 정한다.

㉱ 활주로는 수면도 가능하다.

해설 ㉯항 '사다리꼴'이 아니라 '직사각형'이다. 법 제2조 13호 "착륙대"(着陸帶)란 활주로와 항공기가 활주로를 이탈하는 경우 항공기와 탑승자의 피해를 줄이기 위하여 활주로 주변에 설치하는 안전지대로서 국토교통부령으로 정하는 크기로 이루어지는 활주로 중심선에 중심을 두는 직사각형의 지표면 또는 수면을 말한다.

문제 04 **착륙대에 관한 정의로 맞는 것은?**

㉮ 항공기 착륙을 위하여 국토교통부령으로 정하는 크기로 이루어지는 공항 또는 비행장에 설정된 구역

㉯ 활주로와 항공기가 활주로를 이탈하는 경우 항공기와 탑승자의 피해를 줄이기 위하여 활주로 주변에 설치하는 안전지대

㉰ 항공기의 안전운항을 위하여 공항 또는 비행장 주변에 장애물의 설치 등이 제한되는 표면

㉱ 항공기의 착륙을 위하여 사용되는 육지 또는 수면의 일정한 구역

해설 법 제2조. ㉮항 제12호 '착륙'을 '이륙과 착륙'으로 수정한다면 활주로의 정의이다. ㉰항 제14호. 장애물 제한표면에 대한 정의다. ㉱항 제2호 '착륙'을 '이륙과 착륙'으로 수정한다면 비행장의 정의이다.

문제 05 **착륙대에 관한 설명으로 틀린 것은?**

㉮ 활주로는 착륙대에 포함되지 않는다.

㉯ 활주로 주변의 안전지대는 착륙대에 포함된다.

㉰ 활주로의 중심선에 중심을 두는 직사각형의 지표면을 말한다.

㉱ 국토교통부령으로 착륙대의 길이와 폭을 정한다.

해설 법 제2조 제13호. 활주로는 착륙대에 포함된다.

문제 06 **다음 중 항행안전시설에 대한 설명으로 틀린 것은?**

㉮ 항공기의 항행을 돕기위한 시설이다.

㉯ 국토교통부령으로 정한다.

㉰ 유선통신, 무선통신, 인공위성, 불빛, 색채 또는 전파를 이용한 시설이다.

㉱ 항공등화는 항공안전시설에 포함되지 않는다.

해설 법 제2조 제15호 "항행안전시설"이란 유선통신, 무선통신, 인공위성, 불빛, 색채 또는 전파(電波)를 이용하여 항공기의 항행을 돕기 위한 시설로서 국토교통부령으로 정하는 시설을 말한다. 16호 "항공등화"란 불빛, 색채 또는 형상(形象)을 이용하여 항공기의 항행을 돕기 위한 항행안전시설로서 국토교통부령으로 정하는 시설을 말한다.

제 2 장　공항 및 비행장의 개발

법 제3조(공항시설의 구분) 법 제2조 제7호 각 목 외의 부분에서 "대통령령으로 정하는 시설"이란 다음 각 호의 시설을 말한다.

1. 다음 각 목에서 정하는 기본시설
   가. 활주로, 유도로, 계류장, 착륙대 등 항공기의 이착륙시설
   나. 여객터미널, 화물터미널 등 여객시설 및 화물처리시설
   다. 항행안전시설
   라. 관제소, 송수신소, 통신소 등의 통신시설
   마. 기상관측시설
   바. 공항이용객을 위한 주차시설 및 경비·보안시설
   사. 공항이용객에 대한 홍보시설 및 안내시설
2. 다음 각 목에서 정하는 지원시설
   가. 항공기 및 지상조업장비의 점검·정비 등을 위한 시설
   나. 운항관리시설, 의료시설, 교육훈련시설, 소방시설 및 기내식 제조·공급 등을 위한 시설
   다. 공항의 운영 및 유지·보수를 위한 공항운영·관리시설
   라. 공항이용객 편의시설 및 공항근무자 후생복지시설
   마. 공항이용객을 위한 업무·숙박·판매·위락·운동·전시 및 관람집회시설
   바. 공항교통시설 및 조경시설, 방음벽, 공해배출방지시설 등 환경보호시설
   사. 공항과 관련된 상하수도 시설 및 전력·통신·냉난방시설
   아. 항공기급유시설 및 유류의 저장·관리시설
   자. 항공화물을 보관하기 위한 창고시설
   차. 공항의 운영·관리와 항공운송사업 및 이와 관련된 사업에 필요한 건축물에 부속되는 시설
   카. 공항과 관련된 「신에너지 및 재생에너지 개발·이용·보급촉진법」 제2조 제3호에 따른 신에너지 및 재생에너지 설비
3. 도심공항터미널
4. 헬기장에 있는 여객시설, 화물처리시설 및 운항지원시설
5. 공항구역 내에 있는 「자유무역지역의 지정 및 운영에 관한 법률」 제4조에 따라 지정된 자유무역지역에 설치하려는 시설로서 해당 공항의 원활한 운영을 위하여 필요하다고 인정하여 국토교통부장관이 지정·고시하는 시설
6. 그 밖에 국토교통부장관이 공항의 운영 및 관리에 필요하다고 인정하는 시설

법 제2조 제7호 공항시설은 공항구역에 있는 시설과 공항구역밖에 있는 시설 중 대통령령으로 정하는 시설 중에 국토교통부장관이 지정한 시설을 말한다. 시행령 제3조는 공항시설을 크게 기본시설, 지원시설로 구분하여 열거하고 있다.

★ 시행령 제3조에 대해서 총 15회 출제되었다. 기본시설과 지원시설을 명확하게 구분할 수 있어야 한다. 기본시설이 반드시 중요한 시설은 아니다. 공항이용객을 위한 주차시설 및 경비·보안시설, 홍보시설 및 안내시설은 기본시설이다. 항공기 급유시설 및 유류의 저장·관리시설, 창고시설, 운항관리시설, 소방시설은 지원시설이다.

문제 01 **공항시설 중 기본시설에 해당하는 것은?**

㉮ 공항의 운영 및 유지 · 보수를 위한 공항운영 · 관리시설
㉯ 공항이용객을 위한 주차시설 및 경비 · 보안시설
㉰ 항공기 급유시설 및 유류의 저장 · 관리시설
㉱ 공항의 운영 및 유지 · 보수를 위한 공항운영 · 관리시설

해설 법 제2조 제7호 시행령 제3호. ㉮항, ㉰항, ㉱항은 지원시설이다.

문제 02 **공항시설 중 기본시설에 해당하지 않은 것은?**

㉮ 공항이용객에 대한 홍보시설 및 안내시설
㉯ 공항이용객을 위한 주차시설 및 경비 · 보안시설
㉰ 공항의 운영 및 유지 · 보수를 위한 공항운영 · 관리시설
㉱ 활주로, 유도로, 계류장, 착륙대 등 항공기의 이착륙시설

해설 법 제2조 제7호 시행령 제3호. ㉰항은 지원시설이다.

문제 03 **다음 중 공항의 기본시설은?**

㉮ 공항이용객 편의시설, 공항과 관련된 환경보호시설
㉯ 지상조업장비의 정비시설, 항행안전시설
㉰ 소방시설, 기상관측시설
㉱ 공항이용객을 위한 홍보시설 및 안내시설

해설 법 제2조 제7호 시행령 제3호. ㉮항 지원시설, ㉯항 지상조업장의 정비시설은 지원시설이고, 항행안전시설은 기본시설이다. ㉰항 소방시설은 지원시설이고 기상관측시설은 기본시설이다.

문제 04 **다음 중 공항의 지원시설이 아닌 것은?**

㉮ 운항관리시설, 공항운영 및 관리시설
㉯ 항공화물을 보관하기 위한 창고시설
㉰ 항공기 급유시설 및 유류의 저장관리시설
㉱ 관제소, 송수신소, 통신소 등 통신시설

해설 법 제2조 제7호 시행령 제3호

문제 05 **다음 중 공항의 기본시설에 해당하는 것은?**

㉮ 여객터미널, 화물터미널 등 여객시설 및 화물처리시설
㉯ 항공화물을 보관하기 위한 창고시설
㉰ 도심공항터미널
㉱ 항공기점검·정비를 위한 시설

해설 법 제2조 제7호 시행령 제3호. ㉯항, ㉱항은 지원시설. ㉰항 도심공항터미널은 기본시설이나 지원시설 어디에도 포함되지 않는 공항시설이다.

규칙 제2조(활주로의 크기) 「공항시설법」(이하 "법"이라 한다) 제2조 제12호에서 "국토교통부령으로 정하는 크기"란 별표 1 제1호 라목 및 마목에 따른 육상비행장 활주로의 길이 및 폭과 같은 표 제2호의 표에 따른 헬기장 활주로의 길이 및 폭을 말한다.

제3조(착륙대의 크기) 법 제2조 제13호에서 "국토교통부령으로 정하는 크기"란 다음 각 호의 구분에 따른 크기를 말한다.

1. 육상비행장: 별표 1 제1호 나목에서 정하는 길이와 폭으로 이루어지는 활주로 중심선에 중심을 두는 직사각형의 지표면

(생략)

법 제2조 제12호 "활주로"란 항공기 착륙과 이륙을 위하여 국토교통부령으로 정하는 크기로 이루어지는 공항 또는 비행장에 설정된 구역을 말한다. 제14호 "착륙대"(着陸帶)란 활주로와 항공기가 활주로를 이탈하는 경우 항공기와 탑승자의 피해를 줄이기 위하여 활주로 주변에 설치하는 안전지대로서 국토교통부령으로 정하는 크기로 이루어지는 활주로 중심선에 중심을 두는 직사각형의 지표면 또는 수면을 말한다. 활주로 및 착륙대의 크기는 국토교통부령으로 정하는데, 활주로의 크기는 별표 1 제1호의 라목 및 마목에서 구체적으로 정하고, 착륙대의 크기는 육상비행장의 경우 별표 1 제1호 나목에서 정하는 길이와 폭으로 이루어지는 활주로 중심선에

중심을 두는 직사각형의 지표면의 크기를 말한다.

★ 착륙대 및 활주로의 크기에 대해서 10회 출제된 바 있다. 계기용 착륙대의 길이(60미터), 폭(140미터), 분류번호 4인 경우 활주로의 폭(45미터), 착륙대의 등급에 따른 활주로의 길이(C,D,H), 육상비행장은 활주로 기준, 수상비행장은 착륙대 기준이 출제되었다.

★ 육상비행장의 분류번호 기준에 대해 1회 출제되었다. 항공기 최소이륙거리

문제 06 **다음 중 육상비행장의 분류번호의 분류요소는 무엇인가?**

㉮ 항공기의 최소이륙거리
㉯ 항공기의 최대이륙거리
㉰ 항공기의 주날개폭거리 및 주륜외곽의 폭
㉱ 항공기의 최소착륙거리

해설 공항시설법 시행규칙 별표 1. 분류번호(1,2,3,4)의 분류요소는 '항공기의 최소이륙거리'이고, 분류문자(A, B, C, D, E, F)의 분류요소는 '항공기 주날개폭' 및 '항공기 주륜외곽의 폭'이다.

착륙대의 길이 폭								
구분				분류번호				
				1		2	3	4
길이	활주로 시작선 및 활주로 끝선(정지로가 있는 경우에는 정지로 끝선)에서 연장한 거리			비계기용	계기용	60m 이상	60m 이상	60m 이상
				30m 이상	60m 이상			
폭	활주로 세로방향의 중심선에서 착륙대의 긴 변까지의 거리	계기용	정밀	70m 이상		70m 이상	140 m 이상	140m 이상
			비정밀	70m 이상		70m 이상	140m 이상	140m 이상
		비계기용		30m 이상		40m 이상	75m 이상	75m 이상

활주로의 폭				
분류번호	항공기 주륜외곽의 폭(OMGWS)			
	4.5m 미만	4.5m 이상 6m 미만	6m 이상 9m 미만	9m 이상 15m 미만
1	18m	18m	23m	-
2	23m	23m	30m	-
3	30m	30m	30m	45m
4	-	-	45m	45m

착륙대의 등급	활주로(육상) 착륙대(수상) 의 길이
A	2,550m 이상
B	2,150m 이상 2,550m 미만
C	1,800m 이상 2,150m 미만
D	1,500m 이상 1,800m 미만
E	1,280m 이상 1,500m 미만
F	1,080m 이상 1,280m 미만
G	900m 이상 1,080m 미만
H	500m 이상 900m 미만
J	100m 이상 500m 미만

문제 07 **분류번호가 4인 육상비행장의 계기용 착륙대의 폭은 얼마 이상이어야 하는가?**

㉮ 30미터 ㉯ 70미터
㉰ 140미터 ㉱ 150미터

해설 별표 1 제1호 가목. 2019.4.4. 공항시설법 시행규칙이 개정되어 150미터에서 140미터로 수정되었다. 분류번호가 3인 경우도 동일하다.

문제 08 **육상비행장의 계기용 활주로의 경우 활주로의 시작선 및 활주로의 끝선(정지로 끝선)에서 얼마 연장된 거리여야 하는가?**

㉮ 30미터 ㉯ 60미터
㉰ 70미터 ㉱ 75미터

해설 별표 1 제1호 가목. 분류번호 1인 육상비행장의 비계기용 착륙대의 길이의 경우만 30미터 이상이고 나머지는 모두 60미터 이상이다.

문제 09 **착륙대의 등급에 따른 활주로의 길이가 틀린 것은?**

㉮ A등급 : 2,550미터 이상
㉯ C등급 : 1,800미터 이상 2,150미터 미만
㉰ E등급 : 1,200미터 이상 1,500미터 미만
㉱ G등급 : 900미터 이상 1,080미터 미만

해설 별표 1 제1호 ㉱항 E등급: 1,280미터 이상 1,500미터 미만

문제 10 **육상비행장의 착륙대의 등급에 따른 활주로의 길이로 틀린 것은?**

㉮ C등급 : 1,800m 이상 2,150m 미만
㉯ E등급 : 1,280m 이상 1,500m 미만
㉰ G등급 : 880m 이상 1,000m 미만
㉱ J등급 : 100미터 이상 500m 미만

해설 별표 1 제1호 ㉱항 G등급: 900미터 이상 1,080미터 미만

문제 11 **비행장의 착륙대의 등급을 정하는 기준으로 맞는 것은?**

㉮ 육상비행장의 경우 활주로의 길이를, 수상비행장의 경우에는 착륙대의 길이를 기준으로 한다.
㉯ 육상비행장의 경우 착륙대의 길이를, 수상비행장의 경우에는 활주로의 길이를 기준

으로 한다.

㉰ 육상비행장 및 수상비행장 모두 활주로의 길이를 기준으로 한다.

㉱ 육상비행장 및 수상비행장 모두 착륙대의 길이를 기준으로 한다.

해설 별표 1 제1호 ㉱항 비고.

문제 12 **4A등급의 항공기가 이륙 및 착륙을 하기 위한 활주로의 폭은 얼마 이상이어야 하는가?**

㉮ 18미터 ㉯ 23미터

㉰ 30미터 ㉱ 45미터

해설 별표 1 제1호 마항

문제 13 **다음 중 착륙대에 관한 설명 중 틀린 것은?**

㉮ 착륙대는 활주로와 활주로 주변에 설치하는 안전지대를 말한다.

㉯ 육상비행장의 착륙대는 국토교통부령이 정하는 길이나 폭으로 이루어지는 활주로 중심선에 중심을 두는 직사각형의 지표면을 말한다.

㉰ 착륙대의 높이에 대한 기준은 없고 최대 끝선경사도 및 최대 횡단경사도에 대한 기준만 정하고 있다.

㉱ 착륙대의 등급은 육상비행장의 경우 활주로의 폭을 기준으로 한다.

해설 ㉱항 '활주로의 폭'이 아니고 '활주로의 길이'이다.

영 제5조(장애물 제한표면의 구분) ① 법 제2조 제14호에서 "대통령령으로 정하는 구역"이란 다음 각 호의 것을 말한다.

1. 수평표면
2. 원추표면
3. 진입표면 및 내부진입표면
4. 전이(轉移)표면 및 내부전이표면
5. 착륙복행(着陸復行)표면

② 장애물제한표면의 기준 등에 관하여 필요한 사항은 국토교통부령으로 정한다.

법 제2조 제14호 "장애물제한표면"이란 항공기의 안전운항을 위하여 공항 또는 비행장주변에 장애물(항공기의 안전운항을 방해하는 지형 · 지물 등을 말한다)의 설치 등이 제한되는 표면으로서 대통령령으로 정하는 구역을 말한다. 장애물제한표면은 시행령 제5조에서 정하고 있다.

★ 장애물 제한표면에 포함되지 않는 질문으로 2번 출제되었다. 주요 오답으로 '수직표면', '내부복행표면', '복행표면'이다.

문제 14 다음 중 장애물제한표면의 구분에 해당하지 않는 것은?

㉮ 원추표면 ㉯ 진입표면 및 내부진입표면

㉰ 전이표면 및 내부전이표면 ㉱ 복행표면 및 내부복행표면

해설 시행령 제5조. '착륙복행표면'이다.

문제 15 장애물제한표면이 아닌 것은?

㉮ 원형표면 ㉯ 진입표면 및 내부진입표면

㉰ 전이표면 및 내부전이표면 ㉱ 착륙복행표면

해설 시행령 제5조. '원추표면'이다.

별표 2 장애물제한표면의 기준(자주 출제되는 부분)

※ 수평표면의 높이는 각 활주로 중심선의 끝(수상비행장 및 수상헬기장에서는 착륙대) 높이 중 가장 높은 점을 기준으로 수직상방 45미터로 한다.

※ 진입표면 긴 바깥쪽 변의 착륙대 긴 변의 연장선에 대한 경사도는 계기접근을 할 때에는 100분의 15, 비계기접근을 할 때에는 100분의 10으로 해야 한다.

※ 진입표면이 지표면 또는 수면에 수직으로 투영된 구역(이하 "진입구역"이라 한다)의 길이는 계기접근을 할 때에는 1만 5천미터, 비계기접근을 할 때에는 육상비행장은 3천미터이다.

※ 전이표면의 경사도는 아래쪽 가장자리에서 바깥쪽 위로 7분의 1로 해야 한다(육상헬기장 제외).

비행장의 종류	착륙대의 등급	수평표면 반지름
육상 비행장	A	4천m
	B	3천 5백m
	C	3천m
	D	2천 5백m
	E	2천m
	F	1천 8백m
	G	1천 5백m
	H	1천m
	J	8백m

★ 총 24회 출제되었다. 수치에 대해 암기해야 하는 문제이고 기출문제가 계속 출제되고 있다. 수평표면의 높이는 45미터, 진입표면의 경사도는 계기접근은 15/100, 비계기접근은 10/100, 진입구역의 길이는 계기접근은 15,000미터, 비계기접근은 3,000미터, 전이표면의 경사도는 헬기를 제외하고 1/7, A등급 착륙대의 경우 수평표면의 반지름은 4,000

미터, B등급 착륙대의 경우 3,500미터. F, J를 제외하고 간격은 500미터이다.

문제 16 **육상헬기장을 제외한 육상비행장의 경사도는 얼마로 해야 하는가?**

㉮ 2분의 1 ㉯ 4분의 1
㉰ 5분의 1 ㉱ 7분의 1

해설 별표 2 제2호 마목. 전이표면의 경사도는 아래쪽 가장자리에서 바깥쪽 위로 7분의 1로 해야 한다

문제 17 **비행장의 전이표면의 경사도는 아래쪽 가장자리에서 바깥쪽 위로 (   )로 해야 한다. 괄호 안에 알맞은 말은?**

㉮ 2분의 1 ㉯ 4분의 1
㉰ 5분의 1 ㉱ 7분의 1

해설 별표 2 제2호 마목.
※ 엄격히 해석하면 육상비행장의 경우에만 전이표면이 1/7이지만(수상비행장은 착륙대 등급에 따라 5분의1 과 7분의1로 한다), 문제에 따라서 '헬기장은 제외'라는 전제를 넣기도 하지만 없더라도 일반적으로 1/7이라고 봐도 무방하다.

문제 18 **육상비행장의 착륙대가 A등급인 경우 수평표면의 반지름의 길이는 얼마인가?**

㉮ 3,000 미터 ㉯ 3,500 미터
㉰ 4,000 미터 ㉱ 5,000 미터

해설 별표 2 제2호 나목.

문제 19 **육상비행장의 착륙대가 B등급인 경우 수평표면의 반지름의 길이는 얼마인가?**

㉮ 3,000 미터 ㉯ 3,500 미터
㉰ 4,000 미터 ㉱ 5,000 미터

해설 별표 2 제2호 나목.

문제 20 **육상비행장의 착륙대가 D등급인 경우 수평표면의 반지름의 길이는 얼마인가?**

㉮ 2,000 미터 ㉯ 2,500 미터
㉰ 3,000 미터 ㉱ 4,000 미터

해설 별표 2 제2호 나목. A등급이 4,000미터이고 500미터 간격으로 계산하면 된다. F, J만 제외한다.

문제 21 수평표면의 높이는?

㉮ 30미터 ㉯ 40미터
㉰ 45미터 ㉱ 50미터

해설 별표 2 제2호 나목.

문제 22 수평표면의 높이는 각 활주로 중심선의 끝높이 중 가장 높은 점을 기준으로 수직상방 몇 미터로 하는가?

㉮ 30미터 ㉯ 40미터
㉰ 45미터 ㉱ 50미터

해설 별표 2 제2호 나목.

문제 23 계기접근을 할 때 진입구역의 길이는 얼마로 하여야 하는가?

㉮ 3,000 미터 ㉯ 7,000 미터
㉰ 10,000 미터 ㉱ 15,000 미터

해설 별표 2 제2호 다목

문제 24 육상비행장에 비계기접근을 할 대 진입구역의 길이는 얼마로 하여야 하는가?

㉮ 3,000 미터 ㉯ 7,000 미터
㉰ 10,000 미터 ㉱ 15,000 미터

해설 별표 2 제2호 다목

문제 25 계기접근을 할 대 진입표면 긴 바깥쪽 변의 착륙대 긴변의 연장선에 대한 경사도는 얼마로 하여야 하는가?

㉮ 100분의 10 ㉯ 100분의 15
㉰ 100분의 20 ㉱ 100분의 27

해설 별표 2 제2호 다목

문제 26 비계기접근을 할 대 진입표면 긴 바깥쪽 변의 착륙대 긴변의 연장선에 대한 경사도는 얼마로 하여야 하는가?

㉮ 100분의 10 ㉯ 100분의 15

㉰ 100분의 20　　　　　　　　　　㉱ 100분의 27

해설 별표 2 제2호 다목

문제 27 **다음 중 공항시설에 대한 설명 중 틀린 것은?**

㉮ 계기접근을 할 때 진입표면의 경사도는 100분의 15이다.

㉯ 비계기접근을 할 때 진입구역의 길이는 육상비행장은 3,000미터이다.

㉰ 육상비행장의 B등급의 착륙대의 경우 수평표면의 반지름은 3,500미터이다.

㉱ 착륙대의 높이는 각 활주로 중심선의 끝 높이 중 가장 높은 점을 기준으로 수직상방 45미터로 한다.

해설 별표1, 2. ㉱항 '착륙대의 높이'가 아니고 '수평표면의 높이'이다.

1. 비행장등대(Aerodrome Beacon): 항행 중인 항공기에 공항·비행장의 위치를 알려주기 위해 공항·비행장 또는 그 주변에 설치하는 등화
2. 비행장식별등대(Aerodrome Identification Beacon): 항행 중인 항공기에 공항·비행장의 위치를 알려주기 위해 모르스부호에 따라 명멸(明滅)하는 등화
3. 진입등시스템(Approach Lighting Systems): 착륙하려는 항공기에 진입로를 알려주기 위해 진입구역에 설치하는 등화
4. 진입각지시등(Precision Approach Path Indicator): 착륙하려는 항공기에 착륙 시 진입각의 적정 여부를 알려주기 위해 활주로의 외측에 설치하는 등화
5. 활주로등(Runway Edge Lights): 이륙 또는 착륙하려는 항공기에 활주로를 알려주기 위해 그 활주로 양측에 설치하는 등화
6. 활주로시단등(Runway Threshold Lights): 이륙 또는 착륙하려는 항공기에 활주로의 시단을 알려주기 위해 활주로의 양 시단(始端)에 설치하는 등화
7. 활주로시단연장등(Runway Threshold Wing Bar Lights): 활주로시단등의 기능을 보조하기 위해 활주로 시단부분에 설치하는 등화
8. 활주로중심선등(Runway Center Line Lights): 이륙 또는 착륙하려는 항공기에 활주로의 중심선을 알려주기 위해 그 중심선에 설치하는 등화
9. 접지구역등(Touchdown Zone Lights): 착륙하고자 하려는 항공기에 접지구역을 알려주기 위해 접지구역에 설치하는 등화
10. 활주로거리등(Runway Distance Marker Sign): 활주로를 주행 중인 항공기에 전방의 활주로 종단(終端)까지의 남은 거리를 알려주기 위해 설치하는 등화
11. 활주로종단등(Runway End Lights): 이륙 또는 착륙하려는 항공기에 활주로의 종단을 알려주기 위해 설치하는 등화
12. 활주로시단식별등 (Runway Threshold Identification Lights): 착륙하려는 항공기에 활주로 시단의 위치를 알려주기 위해 활주로 시단의 양쪽에 설치하는 등화
13. 선회등(Circling Guidance Lights): 체공선회 중인 항공기가 기존의 진입등시스템과 활주로등만으로는 활주로 또는 진입지역을 충분히 식별하지 못하는 경우에 선회비행을 안내하기 위해 활주로의 외측에 설치하는 등화
14. 유도로등(Taxiway Edge Lights): 지상주행 중인 항공기에 유도로·대기지역 또는 계류장 등의 가장자리를 알려주기 위해 설치하는 등화

15. 유도로중심선등(Taxiway Center Line Lights): 지상주행 중인 항공기에 유도로의 중심 · 활주로 또는 계류장의 출입경로를 알려주기 위해 설치하는 등화 16. 활주로유도등(Runway Leading Lighting Systems): 활주로의 진입경로를 알려주기 위해 진입로를 따라 집단으로 설치하는 등화 17. 일시정지위치등(Intermediate Holding Position Lights): 지상주행 중인 항공기에 일시 정지해야 하는 위치를 알려주기 위해 설치하는 등화 18. 정지선등(Stop Bar Lights): 유도정지 위치를 표시하기 위해 유도로의 교차부분 또는 활주로진입 정지 위치에 설치하는 등화 19. 활주로경계등(Runway Guard Lights): 활주로에 진입하기 전에 멈추어야 할 위치를 알려주기 위해 설치하는 등화 20. 풍향등(Illuminated Wind Direction Indicator): 항공기에 풍향을 알려주기 위해 설치하는 등화 21. 지향신호등 (Signalling Lamp, Light Gun): 항공교통의 안전을 위해 항공기 등에 필요한 신호를 보내기 위해 사용하는 등화 31. 유도로안내등(Taxiway Guidance Sign): 지상주행 중인 항공기에 목적지, 경로 및 분기점을 알려주기 위해 설치하는 등화

법 제2조 제16호 "항공등화"란 불빛, 색채 또는 형상(形象)을 이용하여 항공기의 항행을 돕기 위한 항행안전시설로서 국토교통부령으로 정하는 시설을 말한다. 시행규칙 제6조에 따라 항공등화의 종류 및 정의는 별표 2에서 구체적으로 규정하고 있다.

★ 별표 2는 44개의 항공등화의 종류를 정의하고 있다. 실제로 항공등화의 정의를 묻는 문제가 22회 출제되었고 위 표에서 주요 출제된 항공등화를 별표에서 발췌하였다.

문제 28 **체공선회 중인 항공기가 기존의 진입등시스템과 활주로등만으로는 활주로 또는 진입지역을 충분히 식별하지 못하는 경우에 선회비행을 안내하기 위해 활주로의 외측에 설치하는 등화는 무엇인가?**

㉮ 진입등시스템　　㉯ 활주로등
㉰ 선회등　　㉱ 활주로시단식별등

해설 별표 2 제13호.

문제 29 **활주로에 진입하기 전에 멈추어야 할 위치를 알려주기 위해 설치하는 등화는 무엇인가?**

㉮ 활주로경계등　　㉯ 일시정지위치등
㉰ 정지로등　　㉱ 진입금지선등

해설 별표 2 제19호

문제 30 **착륙하려는 항공기에 활주로시단의 위치를 알려주기 위해 활주로시단의 양쪽에 설치하는 등화는 무엇인가?**

㉮ 활주로시단식별등 ㉯ 활주로시단등
㉰ 활주로시단연장등 ㉱ 활주로등

해설 별표 2 제12호. 6호. 활주로시단등(Runway Threshold Lights): 이륙 또는 착륙하려는 항공기에 활주로의 시단을 알려주기 위해 활주로의 양 시단(始端)에 설치하는 등화

문제 31 **이륙 또는 착륙하려는 항공기에 활주로의 시단을 알려주기 위해 활주로의 양 시단(始端)에 설치하는 등화는?**

㉮ 활주로시단식별등 ㉯ 활주로시단등
㉰ 활주로시단연장등 ㉱ 활주로등

해설 별표 2 제6호.제12호 활주로시단식별등 (Runway Threshold Identification Lights): 착륙하려는 항공기에 활주로시단의 위치를 알려주기 위해 활주로시단의 양쪽에 설치하는 등화

문제 32 **활주로등에 관한 정의로 맞는 것은?**

㉮ 이륙 또는 착륙하려는 항공기에 활주로를 알려주기 위해 그 활주로 양측에 설치하는 등화
㉯ 이륙 또는 착륙하려는 항공기에 활주로의 시단을 알려주기 위해 활주로의 양 시단(始端)에 설치하는 등화
㉰ 활주로시단등의 기능을 보조하기 위해 활주로시단부분에 설치하는 등화
㉱ 착륙하려는 항공기에 활주로시단의 위치를 알려주기 위해 활주로시단의 양쪽에 설치하는 등화

해설 별표 2 제5호. ㉯항 제6호 활주로시단등. ㉰항 제7호 활주로시단연장등. ㉱항 제12호 활주로시단식별등

문제 33 **유도로안내등에 관한 정의로 맞는 것은?**

㉮ 지상주행 중인 항공기에 유도로·대기지역 또는 계류장 등의 가장자리를 알려주기 위해 설치하는 등화
㉯ 지상주행 중인 항공기에 목적지, 경로 및 분기점을 알려주기 위해 설치하는 등화
㉰ 지상주행 중인 항공기에 유도로의 중심·활주로 또는 계류장의 출입경로를 알려주기 위해 설치하는 등화
㉱ 활주로의 진입경로를 알려주기 위해 진입로를 따라 집단으로 설치하는 등화

해설 별표 2 제31호. ㉮항 제14호 유도로등. ㉰항 제15호 유도로중심선등. ㉱항 제16호 활주로유도 등

문제 34 **항행 중인 항공기에 공항 · 비행장의 위치를 알려주기 위해 공항 · 비행장 또는 그 주변에 설치하는 등화는?**

㉮ 비행장등대　　㉯ 비행장식별등대
㉰ 접지구역등　　㉱ 착륙구역등

해설 별표 2 제1호

문제 35 **착륙하려는 항공기에 진입로를 알려주기 위해 진입구역에 설치하는 등화는?**

㉮ 진입각지시등　　㉯ 진입등시스템
㉰ 접지구역등　　㉱ 진입로등

해설 별표 2 제3호. ㉱항 진입로등이란 항공등화는 없다.

문제 36 **다음 중 항공등화가 아닌 것은?**

㉮ 진입각지시등　　㉯ 풍향등
㉰ 지향신호등　　㉱ 항공장애등

해설 별표 2

문제 37 **다음 중 항공등화가 아닌 것은?**

㉮ 활주로등　　㉯ 유도로등
㉰ 정지로등　　㉱ 진입로등

해설 별표 2. 착륙하려는 항공기에 진입로를 알려주기 위해 진입구역에 설치하는 등화가 진입등시스템이다.

문제 38 **다음 중 항공등화에 포함되는 것은?**

㉮ 활주로종단식별등　　㉯ 활주로안내등
㉰ 풍향등　　㉱ 항공장애표시등

해설 별표 2. ㉮항 활주로시단식별등은 있다. ㉯항 유도로안내등은 있다.

문제 39 **다음 중 항공등화에 관한 정의로 틀린 것은?**

㉮ 활주로경계등 : 활주로에 진입하기 전에 멈추어야 할 위치를 알려주기 위해 설치하는 등화

㉯ 활주로등 : 체공선회 중인 항공기가 기존의 진입등시스템과 활주로등만으로는 활주로 또는 진입지역을 충분히 식별하지 못하는 경우에 선회비행을 안내하기 위해 활주로의 외측에 설치하는 등화

㉰ 진입등시스템 : 착륙하려는 항공기에 진입로를 알려주기 위해 진입구역에 설치하는 등화

㉱ 비행장등대 : 항행 중인 항공기에 공항·비행장의 위치를 알려주기 위해 공항·비행장 또는 그 주변에 설치하는 등화

해설 ㉯항 선회 등

문제 40 **다음 중 항공등화의 정의에 관한 설명 중 틀린 것은?**

㉮ 진입각지시등 : 착륙하려는 항공기에 착륙 시 진입각의 적정여부를 알려주기 위해 활주로의 외측에 설치하는 등화

㉯ 활주로등 : 이륙 또는 착륙하려는 항공기에 활주로를 알려주기 위해 그 활주로 양측에 설치하는 등화

㉰ 활주로시단식별등 : 이륙 또는 착륙하려는 항공기에 활주로의 시단을 알려주기 위해 활주로의 양 시단(始端)에 설치하는 등화

㉱ 지향신호등 : 항공교통의 안전을 위해 항공기 등에 필요한 신호를 보내기 위해 사용하는 등화

해설 별표 2 ㉰항 활주로시단등에 관한 정의이다. 활주로시단식별등(Runway Threshold Identification Lights): 착륙하려는 항공기에 활주로 시단의 위치를 알려주기 위해 활주로 시단의 양쪽에 설치하는 등화

규칙 제7조(항행안전무선시설) 법 제2조 제17호에서 "국토교통부령으로 정하는 시설"이란 다음 각 호의 시설을 말한다.

1. 거리측정시설(DME)
2. 계기착륙시설(ILS/MLS/TLS)
3. 다변측정감시시설(MLAT)
4. 레이더시설(ASR/ARSR/SSR/ARTS/ASDE/PAR)

5. 무지향표지시설(NDB)
6. 범용접속데이터통신시설(UAT)
7. 위성항법감시시설(GNSS Monitoring System)
8. 위성항법시설(GNSS/SBAS/GRAS/GBAS)
9. 자동종속감시시설(ADS, ADS-B, ADS-C)
10. 전방향표지시설(VOR)
11. 전술항행표지시설(TACAN)

규칙 제8조(항공정보통신시설) 법 제2조 제18호에서 "국토교통부령으로 정하는 시설"이란 다음 각 호의 시설을 말한다.

1. 항공고정통신시설
   가. 항공고정통신시스템(AFTN/MHS)
   나. 항공관제정보교환시스템(AIDC)
   다. 항공정보처리시스템(AMHS)
   라. 항공종합통신시스템(ATN)
2. 항공이동통신시설
   가. 관제사 · 조종사간 데이터링크 통신시설(CPDLC)
   나. 단거리이동통신시설(VHF/UHF Radio)
   다. 단파데이터이동통신시설(HFDL)
   라. 단파이동통신시설(HF Radio)
   마. 모드 S 데이터통신시설
   바. 음성통신제어시설(VCCS, 항공직통전화시설 및 녹음시설을 포함한다)
   사. 초단파디지털이동통신시설(VDL, 항공기출발허가시설 및 디지털공항정보방송시설을 포함한다)
   아. 항공이동위성통신시설[AMS(R)S]
3. 항공정보방송시설: 공항정보방송시설(ATIS)

법 제2조 제17호 "항행안전무선시설"이란 전파를 이용하여 항공기의 항행을 돕기위한 시설로서 국토교통부령으로 정하는 시설을 말한다. 시행규칙 제7조에서 구체적인 항행안전무선시설을 나열하고 있다.

법 제2조 제18호 "항공정보통신시설"이란 전기통신을 이용하여 항공교통업무에 필요한 정보를 제공 · 교환하기 위한 시설로서 국토교통부령으로 정하는 시설을 말한다. 시행규칙 제8조에서 구체적으로 나열하고 있다.

★ 항행안전무선시설에 포함하는지 여부에 관한 질문이 16회 출제되었다. 영어 약자만으로 출제되기도 한다. 항공정보통신시설과 구별하는 문제가 대부분이다.

★ 항공정보통신시설의 분류에 관한 질문이 2번 출제되었다.

문제 41 다음 중 항행안전무선시설이 아닌 것은?

㉮ 다변측정감시시설(MLAT)
㉯ 레이더시설(ASR)
㉰ 위성항법시설(GNSS)
㉱ 공항정보방송시설(ATIS)

해설 시행규칙 제7조

문제 42 다음 중 항행안전무선시설에 해당하는 것은?

㉮ ATIS
㉯ VHF Radio
㉰ VOR
㉱ CPDLC

해설 시행규칙 제7조

문제 43 다음 중 항행안전무선시설이 아닌 것은?

㉮ 자동종속감시시설(ADS)
㉯ 전술항행표지시설(TACAN)
㉰ 항공종합통신망(ATN)
㉱ 위성항법감시시설(GNSS Monitoring System)

해설 시행규칙 제7조

문제 44 다음 중 항행안전무선시설인 것은?

㉮ GNSS
㉯ AFTN
㉰ ADF
㉱ VDL

해설 시행규칙 제7조

문제 45 다음 중 항행안전무선시설이 아닌 것은?

㉮ 거리측정시설(DME)
㉯ 계기착륙시설(ILS/MLS/TLS)
㉰ 자동방향탐지시설(ADF)
㉱ 무지향표지시설(NDB)

해설 시행규칙 제7조

문제 46 다음 중 항행안전무선시설인 것은?

㉮ 항공고정통신시설 ㉯ 항공정보방송시설
㉰ 항공이동통신시설 ㉱ 범용접속데이터통신시설

해설 시행규칙 제7조

문제 47 다음 중 항공고정통신시설에 포함되지 않는 통신시설은?

㉮ 항공관제정보교환시스템 ㉯ 항공정보처리시스템
㉰ 항공종합통신시스템 ㉱ 항공방송통신시스템

해설 시행규칙 제8조

문제 48 다음 중 항공이동통신시설에 포함되지 않는 통신시설은?

㉮ CPDLC ㉯ VHF Radio
㉰ ATIS ㉱ AMSRS

해설 시행규칙 제8조

법 제6조(개발사업의 시행자) ① 개발사업은 국토교통부장관이 시행한다.
② 국토교통부장관 외의 자가 개발사업을 시행하려면 국토교통부령으로 정하는 바에 따라 국토교통부장관의 허가를 받아야 한다. 다만, 시설의 개량 등에 관한 개발사업 중 일상적인 유지·보수사업 등 국토교통부령으로 정하는 경미한 개발사업은 국토교통부장관의 허가없이 시행할 수 있다.

법 제7조(실시계획의 수립·승인 등) ⑥ 국토교통부장관은 실시계획을 수립 또는 변경하였거나 제3항에 따라 실시계획을 승인 또는 변경승인하였을 때에는 국토교통부령으로 정하는 바에 따라 그 내용을 고시하여야 한다. 다만, 제4항에 따른 경미한 사항의 변경 등 국토교통부령으로 정하는 경미한 개발사업에 대해서는 고시를 생략할 수 있다.

규칙 제10조(실시계획의 수립·승인 등) ⑤ 법 제7조 제6항 본문에 따른 실시계획승인 또는 변경승인의 고시는 다음 각 호의 사항을 고시하는 것으로 한다.
1. 사업의 명칭
2. 사업시행지역의 위치 및 면적
3. 사업시행자의 성명 및 주소(법인인 경우에는 법인의 명칭·주소와 대표자의 성명·주소)
4. 사업의 목적과 규모 등 개요
5. 사업시행기간(착공 및 준공예정일을 포함한다)
6. 총사업비 및 재원조달계획

7. 수용하거나 사용할 토지등의 소재지 · 지번 · 지목 및 면적, 소유권 및 소유권 외의 권리의 명세와 그 소유자 및 권리자의 성명 · 주소
8. 공항 또는 비행장의 표고 및 표점
9. 착륙대의 등급
10. 활주로의 강도(공항, 육상비행장 및 육상헬기장의 경우만 해당한다) 또는 착륙대의 깊이 (수상비행장 및 수상헬기장의 경우만 해당한다)
11. 시계비행 또는 계기비행이륙 · 착륙절차

공항 · 비행장의 개발사업은 국토교통부장관이 시행한다. 국토교통부장관 외의 자(사업시행자)가 개발사업을 시행하려면 국토교통부령으로 정하는 바에 따라 국토교통부장관의 허가를 받아야 한다. 사업시행자가 개발사업을 시작하기 전에 개발사업에 관한 실시계획을 수립하여야 하고, 이러한 실시계획은 국토교통부장관으 승인을 받아야 한다. 국토교통부장관은 실시계획을 승인하였을 때에는 국토교통부령으로 정하는 바에 따라 그 내용을 고시하여야 한다. 고시하는 내용은 시행규칙 제10조 제5항에서 구체적으로 열거하고 있다.

★ **2회 출제되었다. 비행장설치 허가권자는 국토교통부장관이다. 설치허가 이후 고시해야 하는 내용은 비행장위치, 면적, 표고, 표점, 착륙대 등급, 활주로 강도, 시계비행 또는 계기비행 이착륙절차 등이다.**

문제 49 **공항, 비행장, 항행안전시설의 개발에 대한 허가권자는 누구인가?**

㉮ 대통령　　㉯ 국무총리
㉰ 국토교통부장관　　㉱ 지방항공청장

해설 법 제6조. 비행장의 설치 허가권자와 개발허가권자는 동일한 의무이다.

문제 50 **국토교통부장관은 사업시행자의 비행장설치사업 실시계획을 승인한 이후 고시하여야 하는 내용이 아닌 것은?**

㉮ 비행장의 위치, 면적, 표고 및 표점
㉯ 착륙대의 등급, 활주로의 강도
㉰ 계류장포장종류
㉱ 시계비행 또는 계기비행이륙 · 착륙절차

해설 법 제10조 제6항, 시행규칙 제10조 제5항

제 3 장 공항 및 비행장의 관리 · 운영

법 제36조(항공장애 표시등의 설치 등) ① 국토교통부장관 또는 사업시행자등은 장애물제한표면에서 수직으로 지상까지 투영한 구역에 있는 구조물로서 국토교통부령으로 정하는 구조물에는 국토교통부령으로 정하는 항공장애 표시등(이하 "표시등"이라 한다) 및 항공장애 주간(晝間)표지(이하 "표지"라 한다)의 설치 위치 및 방법 등에 따라 표시등 및 표지를 설치하여야 한다. 다만, 제4조 제5항에 따른 기본계획의 고시 또는 변경고시, 제7조 제6항에 따른 실시계획의 고시 또는 변경 고시를 한 후에 설치되는 구조물의 경우에는 그 구조물의 소유자가 표시등 및 표지를 설치하여야 한다.

② 장애물제한표면 밖의 지역에서 지표면이나 수면으로부터 높이가 60미터 이상 되는 구조물을 설치하는 자는 제1항에 따른 표시등 및 표지의 설치위치 및 방법 등에 따라 표시등 및 표지를 설치하여야 한다. 다만, 구조물의 높이가 표시등이 설치된 구조물과 같거나 낮은 구조물 등 국토교통부령으로 정하는 구조물은 그러하지 아니하다.

③ 국토교통부장관은 국토교통부령으로 정하는 바에 따라 제1항 및 제2항에 따른 구조물 외의 구조물이 항공기의 항행안전을 현저히 해칠 우려가 있으면 구조물에 표시등 및 표지를 설치하여야 한다.

(생략)

별표 9 표시등 및 표지설치대상 구조물(기출부분)

1. 장애물제한표면(진입표면, 전이표면, 수평표면, 원추표면) 보다 높게 위치한 고정장애물에는 표시등 및 표지를 설치해야 한다. 다만, 다음 각 목의 어느 하나에 해당하는 경우는 그렇지 않다.

가. 장애물이 다른 고정장애물 또는 자연장애물의 장애물차폐면보다 낮은 구조물에는 표시등 및 표지의 설치를 생략할 수 있다. 다만, 지방항공청이 항공기의 항행안전을 해칠 우려가 있다고 인정하는 구조물과 다른 고정장애물 또는 자연장애물에 의하여 부분적으로만 차폐되는 경우는 제외한다.

나. 장애물이 주간에 별표 10에 따른 중광도 A형태의 표시등을 설치하여 운영되는 구조물 중 그 높이가 지표 또는 수면으로부터 150미터 이하인 구조물에는 표지의 설치를 생략할 수 있다.

다. 장애물이 주간에 별표 10에 따른 고광도표시등(이하 "고광도 표시등"이라 한다)을 설치하여 운영되는 경우에는 표지의 설치를 생략할 수 있다.

라. 장애물이 등대(lighthouse)인 경우에는 표시등의 설치를 생략할 수 있다.
마. 고정장애물 또는 자연장애물에 의하여 비행(항공)로가 광범위하게 장애가 되는 곳에서 정해진 비행(항공)로 미만으로 안전한 수직간격이 확보된 비행절차가 정해져 있는 경우에는 수평표면 또는 원추표면보다 높게 위치한 고정장애물의 경우에도 표시등 및 표지의 설치를 생략할 수 있다.
바. 그 밖에 지방항공청장이 항공기의 항행안전을 해칠 우려가 없다고 인정하는 구조물 등은 표시등 및 표지의 설치를 생략할 수 있다.

별표 10 표시등 및 표지의 설치기준(기출부분)

4. 표지의 설치기준

다. 체가 연속되는 표면을 가지고 수직면상에 수직으로 투영된 물체의 투영면의 가로 및 세로가 모두 4.5미터 이상인 경우에는 체크무늬형태의 색채로 표지해야 한다. 체크무늬형태는 한 변이 1.5미터 이상 3미터 이하의 직사각형이어야 하고 모서리는 좀 더 어두운 색채로 표지해야 한다. 체크무늬형태의 색채는 다른 색채와 대조가 되고 바탕색과도 충분한 대조를 이루어야 하며, 주황색과 흰색 또는 붉은색과 흰색 중에서 선택한 하나의 색채를 사용해야 한다. 다만, 그러한 색채가 주변색에 흡수되어 어두워 보이는 경우에는 그렇지 않다(그림 1. 가. 참조).

장애물제한표면에서 수직으로 지상까지 투영한 구역에 있는 구조물로서 국토교통부령으로 정하는 구조물(별표 9)에는 항공장애표시등 및 항공장애구간표지를 설치하여야 한다. 장애물제한표면밖의 지역에서 지표면이나 수면으로부터 높이가 60미터 이상 되는 구조물을 설치하는 자는 표시등 및 표지를 설치하여야 한다. 별표 9 제7호에 따르면 장애물제한표면에서 수직으로 지상까지 투영한 구역에서 높이가 지표 또는 수면으로부터 60미터 이상인 물체 및 구조물에는 표시등 및 표지를 설치해야 한다. 따라서 장애물제한표면 안인지 밖인지 상관없이 지표면이나 수면으로부터 높이가 60미터 이상 되는 구조물은 표시등 및 표지를 설치해야 한다.

별표 10에서 설치기준을 구체적으로 규정하고 있다.

★ **총 6회 출제되었다. 표시등 및 표지는 60미터 이상 구조물에 설치한다(4회 출제). 설치하지 않는 예외 구조물에 대해서 1회, 체크무늬형태의 표지에 대한 색채(주황[붉은], 흰색)에 대해서 1회 출제되었다.**

문제 01 **항공장애표시등 및 항공장애 주간표지를 설치하여야 하는 구조물의 기준은?**

㉮ 지표면이나 수면으로부터 50미터 이상 되는 구조물

㉯ 지표면이나 수면으로부터 60미터 이상 되는 구조물
㉰ 지표면이나 수면으로부터 80미터 이상 되는 구조물
㉱ 지표면이나 수면으로부터 100미터 이상 되는 구조물

해설 법 제36조 제2항, 별표 9 제7항. 장애물 제한표면 안과 밖 모두 60미터 이상 구조물은 표시등 및 표지를 설치해야 한다.

문제 02 **다음 중 항공장애표시등 및 항공장애 주간표지를 설치해야 하는 구조물은**

㉮ 등대
㉯ 주간에 규정된 고광도표시등을 설치하여 운영되는 경우
㉰ 주간에 중광도표시등을 설치하여 운영되는 구조물 중 그 높이가 지표로부터 200미터 이하인 구조물
㉱ 지방항공청장이 항공기의 항행안전을 해칠 우려가 없다고 인정하는 구조물

해설 시행규칙 제28조 제1항, 별표 9. '200미터'가 아니고 '150미터'이다.

문제 03 **체크무늬형태의 항공장애 주간표지를 할 경우 사용해야 하는 색채로 맞는 것은?**

㉮ 주황색과 흰색 ㉯ 검정색과 흰색
㉰ 붉은색과 노란색 ㉱ 붉은색과 파란색

해설 별표 10. 주황색(붉은색)과 흰색

법 제40조(공항운영의 검사 등) ① 공항운영증명을 받은 공항운영자는 공항안전운영기준 및 공항운영규정에 따라 공항의 안전운영체계를 지속적으로 유지하여야 하며, 국토교통부장관은 이에 대한 준수여부를 정기 또는 수시로 검사하여야 한다.
② 국토교통부장관은 제1항에 따른 검사결과 공항운영자가 공항안전운영기준 또는 공항운영규정을 위반하여 공항을 운영한 경우에는 국토교통부령으로 정하는 바에 따라 시정조치를 명할 수 있다.

규칙 제33조(공항운영의 검사 등) ① 지방항공청장은 법 제40조 제1항에 따라 연 1회 정기검사를 실시하되, 필요하면 수시로 검사를 실시할 수 있다.
② 지방항공청장은 법 제40조 제2항에 따라 공항운영자에게 시정조치를 명하는 경우에는 시설의 설치기간 등 시정에 필요한 적정한 기간을 주어야 한다.
③ 제2항에 따른 시정조치명령을 받은 공항운영자는 그 명령을 이행하였을 때에는 지체없이 그 시정내용을 지방항공청장에게 통보하여야 한다.

★ 1회 출제되었다.

문제 04 **공항운영의 정기검사주체 및 실시주기는?**

㉮ 지방항공청장, 분기별 1회
㉯ 지방항공청장, 연 2회
㉰ 지방항공청장, 연 1회
㉱ 국토교통부장관, 연 2회

해설 법 제40조, 시행규칙 제33조 제1항

제 4 장 항행안전시설

법 제43조(항행안전시설의 설치)

⑤ 제1항 및 제2항에 따른 항행안전시설의 설치기준, 허가기준 등 항행안전시설 설치에 필요한 사항은 국토교통부령으로 정한다.

규칙 제36조(항행안전시설 설치허가의 신청 등)

② 법 제43조 제4항에 따른 항행안전시설의 설치기준은 다음 각 호와 같다.

1. 항공등화의 설치기준: 별표 14
2. 항행안전무선시설의 설치기준: 별표 15
3. 항공정보통신시설의 설치기준: 별표 16

항공등화의 설치기준에 대해서는 별표 14, 항행안전무선시설의 설치기준은 별표 15, 항공정보통신시설의 설치기준은 별표 16에서 구체적으로 규정하고 있다.

★ 항공등화(별표 14)에 대해서 12회 출제되었다. 주로 출제되는 부분만 암기하는 방식으로 준비한다. 활주로시단등(G), 활주로종단등(R), 활주로중심선등(WR), 비행장등대(WG), 진입각지시등(WR), 유도로등(B), 유도등중신선등(YG), 정지로등(30cd, R)/유도로중신선등, 일시정지위치등은 카테고리3/비계기진입 활주로의 항공등화가 아닌 것의 주된 오답은 활주로경계등.

★ 항공정보통신시설(별표 15)에 대해서 1회 출제되었다. 활주로 끝으로부터 계기착륙시설(ILS)의 내측마커(Inner marker) 설치위치는 1,000ft

문제 01 **활주로시단등의 색상은?**

㉮ 흰색 ㉯ 녹색

㉰ 붉은색 ㉱ 파란색

해설 시행규칙 제36조 별표 15

문제 02 **활주로종단등의 색상은?**

㉮ 흰색 ㉯ 녹색

㉰ 붉은색 ㉱ 파란색

해설 시행규칙 제36조 별표 15

문제 03 유도로등의 색상은?

㉮ 흰색 ㉯ 녹색
㉰ 붉은색 ㉱ 파란색

해설 시행규칙 제36조 별표 15

문제 04 유도로중심선등의 색상은?

㉮ 흰색, 녹색 ㉯ 흰색, 붉은색
㉰ 노란색, 녹색 ㉱ 노란색, 흰색

해설 시행규칙 제36조 별표 15

문제 05 비행장등대등의 색상은?

㉮ 흰색, 녹색 ㉯ 흰색, 붉은색
㉰ 노란색, 녹색 ㉱ 노란색, 흰색

해설 시행규칙 제36조 별표 15

문제 06 진입각지시등의 색상은?

㉮ 흰색, 녹색 ㉯ 흰색, 붉은색
㉰ 노란색, 녹색 ㉱ 노란색, 흰색

해설 시행규칙 제36조 별표 15

문제 07 정지로등의 최소광도 및 색상은?

㉮ 10cd, 흰색 ㉯ 20cd, 녹색
㉰ 30cd, 붉은색 ㉱ 1500cd, 파란색

해설 시행규칙 제36조 별표 15

문제 08 활주로 3,000ft에서 2,000ft까지의 활주로중심선등의 색상은?

㉮ 흰색 ㉯ 붉은색

㉰ 흰색 및 붉은색 ㉱ 녹색

해설 기타. 활주로중심선등은 활주로 끝에서 3,000ft까지는 백색등, 다음 2,000ft까지는 백색등과 적색등, 나머지 1,000ft까지는 적색등이다.

문제 09 **활주로끝에서 3,000ft까지의 활주로 중심선등의 색상은?**

㉮ 흰색 ㉯ 붉은색
㉰ 흰색 및 붉은색 ㉱ 녹색

해설 기타. 활주로중심선등은 활주로 끝에서 3,000ft까지는 백색등, 다음 2,000ft까지는 백색등과 적색등, 나머지 1,000ft까지는 적색등이다.

문제 10 **다음 중 유도로중신선등, 일시정지위치등을 설치해야 하는 계기진입활주로는?**

㉮ 비정밀 ㉯ 카테고리 I
㉰ 카테고리 II ㉱ 카테고리 III

해설 시행규칙 제36조 별표 15

문제 11 **다음 중 비계기진입 활주로에 설치하지 않아도 되는 항공등화는?**

㉮ 지향신호등 ㉯ 진입각지시등
㉰ 유도로등 ㉱ 활주로경계등

해설 시행규칙 제36조 별표 15

문제 12 **계기착륙시설(ILS)의 내측마커는 활주로끝단으로부터 몇 피트 거리에 설치되어야 하는가?**

㉮ 400 피트 ㉯ 1,000 피트
㉰ 2,000 피트 ㉱ 3,500 피트

해설 시행규칙 제36조 별표 15

법 제47조(항행안전시설의 관리) ① 제6조에 따른 개발사업으로 항행안전시설을 설치하는 자 및 그 시설을 관리하는 자와 제43조 제1항 및 제2항에 따라 항행안전시설을 설치하는 자 및 그 시설을 관리하는 자(이하 "항행안전시설설치자등"이라 한다)는 국토교통부령으로 정하는 항행안전시설의 관리·운용 및 사용기준(이하 "항행안전시설관리기준"이라 한다)에 따라 그 시설을 관리하여야 한다.

규칙 제40조(항행안전시설의 관리) ① 법 제47조 제1항에서 "국토교통부령으로 정하는 항행안전시설의 관리·운용 및 사용기준"이란 별표 17의 기준을 말한다.

별표 17 항행안전시설의 관리기준

항공등화관리기준

사. 공항·비행장의 등화(비행장등대는 제외한다)는 야간(태양이 수평선 아래 6도보다 낮은 경우를 말한다)과 계기비행 기상상태에서 항공기가 이륙하거나 착륙하는 경우 또는 상공을 통과하는 항공기의 항행을 돕기 위하여 필요하다고 인정되는 경우에는 다음 각 목의 방법으로 점등할 것

1) 항공기가 착륙하는 경우에는 해당 착륙 예정시각 1시간 전에 점등준비를 하고 그 착륙 예정시각보다 최소한 10분 전에 점등할 것

2) 항공기가 이륙하는 경우에는 이륙한 후 최소한 5분간 점등을 계속할 것

항행안전시설의 관리, 운용, 사용기준에 대해서는 별표 17에서 구체적으로 규정하고 있다.

★ 항공등화관리기준에 대해 6회 출제되었다. 착륙예정시각 1시간 전에 점등준비, 착륙예정시간보다 최소한 10분 전에 점등, 이륙한 후 최소한 5분간 점등

문제 13 비행장의 등화는 항공기가 착륙하는 경우에는 해당 착륙예정시각 (　　) 전에 점등준비를 하고 그 착륙예정시각보다 최소한 (　　) 전에 점등하는 방법으로 한다. 괄호 안에 알맞은 말은?

㉮ 1시간, 10분
㉯ 1시간, 15분
㉰ 2시간, 10분
㉱ 2시간, 15분

해설 별표 17

문제 14 비행장의 등화는 항공기가 이륙하는 경우에는 이륙한 후 최소한 몇 분간 점등을 계속하여야 하는가?

㉮ 3분
㉯ 5분
㉰ 7분
㉱ 10분

해설 별표 17

제5장 보 칙

법 제56조(금지행위) ① 누구든지 국토교통부장관, 사업시행자등 또는 항행안전시설설치자등의 허가없이 착륙대, 유도로(誘導路), 계류장(繫留場), 격납고(格納庫) 또는 항행안전시설이 설치된 지역에 출입해서는 아니 된다.

② 누구든지 활주로, 유도로 등 그 밖에 국토교통부령으로 정하는 공항시설·비행장시설 또는 항행안전시설을 파손하거나 이들의 기능을 해칠 우려가 있는 행위를 해서는 아니 된다.

③ 누구든지 항공기, 경량항공기 또는 초경량비행장치를 향하여 물건을 던지거나 그 밖에 항행에 위험을 일으킬 우려가 있는 행위를 해서는 아니 된다.

④ 누구든지 항행안전시설과 유사한 기능을 가진 시설을 항공기항행을 지원할 목적으로 설치·운영해서는 아니 된다.

⑤ 항공기와 조류의 충돌을 예방하기 위하여 누구든지 항공기가 이륙·착륙하는 방향의 공항 또는 비행장주변지역 등 국토교통부령으로 정하는 범위에서 공항 주변에 새들을 유인할 가능성이 있는 오물처리장 등 국토교통부령으로 정하는 환경을 만들거나 시설을 설치해서는 아니 된다.

⑥ 누구든지 국토교통부장관, 사업시행자등, 항행안전시설설치자등 또는 이착륙장을 설치·관리하는 자의 승인없이 해당 시설에서 다음 각 호의 어느 하나에 해당하는 행위를 해서는 아니 된다.

1. 영업행위
2. 시설을 무단으로 점유하는 행위
3. 상품 및 서비스의 구매를 강요하거나 영업을 목적으로 손님을 부르는 행위
4. 그 밖에 제1호부터 제3호까지의 행위에 준하는 행위로서 해당 시설의 이용이나 운영에 현저하게 지장을 주는 대통령령으로 정하는 행위

⑦ 국토교통부장관, 사업시행자등, 항행안전시설설치자등, 이착륙장을 설치·관리하는 자, 국가경찰공무원(의무경찰을 포함한다) 또는 자치경찰공무원은 제6항을 위반하는 자의 행위를 제지(制止)하거나 퇴거(退去)를 명할 수 있다.

규칙 제47조(금지행위 등) ① 법 제56조 제2항에서 "국토교통부령으로 정하는 공항시설·비행장시설 또는 항행안전시설"이라 함은 다음 각 호의 시설을 말한다.

1. 착륙대, 계류장 및 격납고
2. 항공기급유시설 및 항공유저장시설

② 법 제56조 제3항에 따른 항행에 위험을 일으킬 우려가 있는 행위는 다음 각 호와 같다.

1. 착륙대, 유도로 또는 계류장에 금속편·직물 또는 그 밖의 물건을 방치하는 행위
2. 착륙대·유도로·계류장·격납고 및 사업시행자등이 화기사용 또는 흡연을 금지한 장소에서 화기를 사용하거나 흡연을 하는 행위
3. 운항 중인 항공기에 장애가 되는 방식으로 항공기나 차량 등을 운행하는 행위
4. 지방항공청장의 승인없이 레이저광선을 방사하는 행위
5. 지방항공청장의 승인없이 「항공안전법」 제78조 제1항 제1호에 따른 관제권에서 불꽃 또는 그 밖의 물건(「총포·도검·화약류 등의 안전관리에 관한 법률시행규칙」 제4조에 따른 장난감용 꽃불류는 제외한다)을 발사하거나 풍등(風燈)을 날리는 행위
6. 그 밖에 항행의 위험을 일으킬 우려가 있는 행위

③ 국토교통부장관은 제2항 제4호에 따른 레이저광선의 방사로부터 항공기항행의 안전을 확보하기 위하여 다음 각 호의 보호공역을 비행장주위에 설정하여야 한다.
1. 레이저광선 제한공역
2. 레이저광선 위험공역
3. 레이저광선 민감공역

④ 제3항에 따른 보호공역의 설정기준 및 레이저광선의 허용출력한계는 별표 18과 같다.

⑤ 제2항 제4호 및 제5호에 따른 승인을 받으려는 자는 다음 각 호의 구분에 따른 신청서와 첨부서류를 지방항공청장에게 제출하여야 한다. 이 경우 담당 공무원은 「전자정부법」 제36조 제1항에 따른 행정정보의 공동이용을 통하여 법인등기사항증명서(신청인이 법인인 경우만 해당한다)를 확인하여야 한다.
1. 제2항 제4호의 경우: 별지 제38호서식의 신청서와 레이저장치 구성수량 서류(각 장치마다 레이저장치 구성설명서를 작성한다)
2. 제2항 제5호의 경우: 별지 제39호서식의 신청서

⑥ 법 제56조 제5항에 따라 다음 각 호의 구분에 따른 지역에서는 해당 호에 따른 환경이나 시설을 만들거나 설치하여서는 아니 된다.
1. 공항 표점에서 3킬로미터 이내의 범위의 지역: 양돈장 및 과수원 등 국토교통부장관이 정하여 고시하는 환경이나 시설
2. 공항표점에서 8킬로미터 이내의 범위의 지역: 조류보호구역, 사냥금지구역 및 음식물 쓰레기 처리장 등 국토교통부장관이 정하여 고시하는 환경이나 시설

⑦ 삭제

영 제50조(금지행위) 법 제56조 제6항 제4호에서 "대통령령으로 정하는 행위"란 다음 각 호의 행위를 말한다.
1. 노숙(露宿)하는 행위
2. 폭언 또는 고성방가 등 소란을 피우는 행위
3. 광고물을 설치·부착하거나 배포하는 행위

4. 기부를 요청하거나 물품을 배부 또는 권유하는 행위
5. 공항의 시설이나 주차장의 차량을 훼손하거나 더럽히는 행위
6. 공항운영자가 지정한 장소 외의 장소에 쓰레기 등의 물건을 버리는 행위
7. 무기, 폭발물 또는 가연성 물질을 휴대하거나 운반하는 행위(공항내의 사업자 또는 영업자 등이 그 업무 또는 영업을 위하여 하는 경우는 제외한다)
8. 불을 피우는 행위
9. 내화구조와 소화설비를 갖춘 장소 또는 야외 외의 장소에서 가연성 또는 휘발성 액체를 사용하여 항공기, 발동기, 프로펠러 등을 청소하는 행위
10. 공항운영자가 정한 구역 외의 장소에 가연성 액체가스 등을 보관하거나 저장하는 행위
11. 흡연구역 외의 장소에서 담배를 피우는 행위
12. 기름을 넣거나 배출하는 작업 중인 항공기로부터 30미터 이내의 장소에서 담배를 피우는 행위
13. 기름을 넣거나 배출하는 작업, 정비 또는 시운전 중인 항공기로부터 30미터 이내의 장소에 들어가는 행위(그 작업에 종사하는 사람은 제외한다)
14. 내화구조와 통풍설비를 갖춘 장소 외의 장소에서 기계칠을 하는 행위
15. 휘발성·가연성 물질을 사용하여 격납고 또는 건물바닥을 청소하는 행위
16. 기름이 묻은 걸레 등의 폐기물을 해당 폐기물에 의하여 부식되거나 훼손될 수 있는 보관용기에 담거나 버리는 행위

공항시설과 관련한 금지행위를 규정하고 있다. 출입금지, 시설에 대한 위해 행위금지, 항공기 등에 대한 위해 행위금지, 유사 항행안전시설운영금지, 새들 유인가능성 있는 오물처리장 등 설치금지, 그 밖에 시설에서 영업행위 등 금지

※ 2018. 9. 21. 개정으로 별표 19의 구체적인 금지행위의 내용은 시행령 제50조에서 규정하고 있다.

★ 금지행위에 대해서 8회 출제되었다. 시행령 50조(구 별표 19)의 구체적인 금지행위에 포함되지 않는 경우(소화장치가 있는 곳에서 발화물질 취급)가 2회, 급유하는 항공기에 접근하는 것 자체는 금지되는 것이 아니라는 문제 2회 출제되었다. 출입금지 장소에 대해서 1회, 레이저광선 관련 공역은 제한, 위험, 민감이다(3회).

문제 01 **금지행위에 관한 설명 중 틀린 것은?**

㉮ 누구든지 허가없이 착륙대, 유도로(誘導路), 계류장(繫留場), 격납고(格納庫) 또는 항행안전시설이 설치된 지역에 출입해서는 아니 된다.

㉯ 누구든지 공항시설·비행장시설 또는 항행안전시설을 파손하거나 이들의 기능을 해

칠 우려가 있는 행위를 해서는 아니 된다.

㉰ 누구든지 항공기, 경량항공기 또는 초경량비행장치를 향하여 물건을 던지거나 그 밖에 항행에 위험을 일으킬 우려가 있는 행위를 해서는 아니 된다.

㉱ 누구든지 급유 또는 시운전 중인 항공기에 접근해서는 아니된다.

해설 시행령 제50조 제13호. 급유 또는 시운전 중인 항공기로부터 30미터 이내의 장소에 들어가는 행위가 금지되는 것이지, 접근자체가 금지되는 것은 아니다.

문제 02 **공항내에 금지되는 행위가 아닌 것은?**

㉮ 기름이 묻은 걸레를 쓰레기통에 버리는 행위

㉯ 내화구조와 통풍설비를 갖춘 장소 외의 장소에서 기계칠을 하는 행위

㉰ 기름을 넣거나 배출하는 작업중인 항공기로부터 30미터 이내의 장소에 들어가는 행위

㉱ 야외 또는 내화구조와 소화설비를 갖춘 장소에서 휘발성 액체를 사용하여 항공기 등을 청소하는 행위

해설 시행령 제50조. 제9호 '장소에서'가 아니라 '장소 외의 장소에서'이면 금지된 행위이다.

문제 03 **공항내에서 금지되는 행위가 아닌 것은?**

㉮ 기부를 요청하는 행위

㉯ 기름을 넣거나 배출하는 작업중인 항공기로부터 30미터 이내의 장소에서 담배를 피우는 행위

㉰ 기름이 묻은 걸레를 금속보관용기에 넣어 버리는 행위

㉱ 휘발성·가연성 물질을 사용하여 격납고 또는 건물바닥을 청소하는 행위

해설 시행령 제50조. '금속보관용기에 넣어 버리는 행위'가 아니라 '해당 폐기물에 의하여 부식되거나 훼손될 수 있는 보관용기에 담거나 버리는 행위'이면 금지행위이다.

문제 04 **공항내에서 금지되는 행위가 아닌 것은?**

㉮ 내화구조와 소화설비를 갖춘 장소에서 가연성 또는 휘발성 액체를 사용하여 항공기, 발동기, 프로펠러 등을 청소하는 행위

㉯ 기부를 요청하거나 물품을 배부 또는 권유하는 행위

㉰ 내화구조와 통풍설비를 갖춘 장소 외의 장소에서 기계칠을 하는 행위

㉱ 휘발성·가연성 물질을 사용하여 격납고 또는 건물바닥을 청소하는 행위

해설 시행령 제50조.

문제 05 **공항 내 허가없이 출입이 금지된 장소는?**

㉮ 착륙대, 유도로, 계류장 및 격납고, 항행안전시설이 설치된 지역
㉯ 착륙대, 계류장, 격납고, 항공기급유시설
㉰ 착륙대, 유도로, 계류장, 항공유저장시설
㉱ 착륙대, 계류장, 격납고, 항공기급유시설, 항공기저장시설

해설 법 제56조 제1항은 출입금지구역에 대한 규정이고, 제2항은 파손행위금지에 관한 규정이다. ㉮항은 출입금지구역, ㉱항은 파손행위금지구역이다.

문제 06 **레이저광선의 방사로부터 항공기항행의 안전을 확보하기 위하여 비행장주위에 보호공역을 설정할 수 있는 공역에 포함되지 않는 것은?**

㉮ 레이저광선 제한공역 ㉯ 레이저광선 위험공역
㉰ 레이저광선 민감공역 ㉱ 레이저광선 경계공역

해설 시행규칙 47조 제3항

문제 07 **레이저광선의 방사로부터 항공기항행의 안전을 확보하기 위하여 비행장주위에 설정할 수 있는 보호공역은 레이저광선 ( ), 레이저광선 ( ), 레이저광선 ( )이다. 괄호 안에 알맞은 말은?**

㉮ 제한공역, 위험공역, 민감공역 ㉯ 제한공역, 위험공역, 주의공역
㉰ 금지공역, 위험공역, 민감공역 ㉱ 금지공역, 위험공역, 주의공역

해설 시행규칙 47조 제3항

제6장 벌 칙

법 제65조(개발사업에 따른 시설의 불법사용 등의 죄) 다음 각 호의 어느 하나에 해당하는 자는 2천만원 이하의 벌금에 처한다.

1. 제6조 제2항 또는 제43조 제2항을 위반하여 허가를 받지 아니하고 시설을 설치한 자
2. 제20조 제7항 또는 제45조 제5항(제54조 제1항에서 준용하는 경우를 포함한다)을 위반하여 시설을 사용한 자
3. 제34조 제1항을 위반한 자
4. 제56조 제1항부터 제4항까지의 규정을 위반한 자
5. 제57조에 따라 허가가 취소된 시설을 사용한 자

허가를 받지 아니히고 비행장시설을 설치한 자, 준공확인을 받지 아니하고 비행장시설을 사용한 자, 허가가 취소된 비행장을 사용한 자에 대해서는 형사처벌을 하고 있다.

★ **1회 출제되었다. 항공교통관제기관이 없는 비행장의 이용행위가 위법행위가 아니다.**

문제 01 **다음 중 위법한 행위는?**

㉮ 준공확인을 받지 아니한 비행장을 사용
㉯ 허가가 취소된 비행장을 사용
㉰ 허가를 받지 아니하고 비행장을 설치
㉱ 운항관리사가 없는 비행장을 사용

해설 법 제65조

III

항공사업법

규칙 제2조(국내항공운송사업 및 국제항공운송사업용 항공기의 규모) 「항공사업법」(이하 "법"이라 한다) 제2조 제9호 각 목 외의 부분 및 같은 조 제11호 각 목 외의 부분에서 "국토교통부령으로 정하는 일정 규모 이상의 항공기"란 각각 다음 각 호의 요건을 모두 갖춘 항공기를 말한다.

1. 여객을 운송하기 위한 사업의 경우 승객의 좌석 수가 51석 이상일 것
2. 화물을 운송하기 위한 사업의 경우 최대이륙중량이 2만 5천킬로그램을 초과할 것
3. 조종실과 객실 또는 화물칸이 분리된 구조일 것

제3조(부정기편 운항의 구분) 법 제2조 제9호 나목, 제11호 나목 및 제13호에 따른 국내 및 국제 부정기편 운항은 다음 각 호와 같이 구분한다.

1. 지점 간 운항: 한 지점과 다른 지점 사이에 노선을 정하여 운항하는 것
2. 관광비행: 관광을 목적으로 한 지점을 이륙하여 중간에 착륙하지 아니하고 정해진 노선을 따라 출발지점에 착륙하기 위하여 운항하는 것
3. 전세운송: 노선을 정하지 아니하고 사업자와 항공기를 독점하여 이용하려는 이용자 간의 1개의 항공운송계약에 따라 운항하는 것

제4조(항공기사용사업의 범위) 법 제2조 제15호에서 "농약살포, 건설자재 등의 운반 또는 사진촬영 등 국토교통부령으로 정하는 업무"란 다음 각 호의 어느 하나에 해당하는 업무를 말한다.

1. 비료 또는 농약 살포, 씨앗뿌리기 등 농업지원
2. 해양오염 방지약제 살포
3. 광고용 현수막견인 등 공중광고
4. 사진촬영, 육상 및 해상측량 또는 탐사
5. 산불 등 화재진압
6. 수색 및 구조(응급구호 및 환자이송을 포함한다)
7. 헬리콥터를 이용한 건설자재 등의 운반(헬리콥터 외부에 건설자재 등을 매달고 운반하는 경우만 해당한다)
8. 산림, 관로(管路), 전선(電線) 등의 순찰 또는 관측
9. 항공기를 이용한 비행훈련(「항공안전법」 제48조 제1항에 따른 전문교육기관 및 「고등교육법」 제2조에 따른 학교가 실시하는 비행훈련 등 다른 법률에서 정하는 바에 따라 실시하는 경우는 제외한다)
10. 항공기를 이용한 고공낙하
11. 글라이더 견인
12. 그 밖에 특정 목적을 위하여 하는 것으로서 국토교통부장관 또는 지방항공청장이 인정하는 업무

제5조(항공기취급업의 구분) 법 제2조 제19호에 따른 항공기취급업은 다음 각 호와 같이 구분한다.

1. 항공기급유업: 항공기에 연료 및 윤활유를 주유하는 사업
2. 항공기하역업: 화물이나 수하물(手荷物)을 항공기에 싣거나 항공기에서 내려서 정리하는 사업

3. 지상조업사업: 항공기입항·출항에 필요한 유도, 항공기 탑재관리 및 동력지원, 항공기 운항정보지원, 승객 및 승무원의 탑승 또는 출입국 관련업무, 장비대여 또는 항공기의 청소 등을 하는 사업

항공사업은 항공운송사업(국내,국제,소형), 항공기사용사업, 항공기취급업, 항공기정비업, 항공기대여업, 초경량비행장치사용사업, 항공레저스포츠사업, 상업서류송달업, 항공운송총대리점업, 도심공항터미널업으로 구분된다.

항공운송사업자 중 국내 및 국제는 국토교통부장관으로부터 면허를 받아야 하고, 소형은 등록을 하여야 한다. 항공기사용사업자, 항공기취급업자, 항공기정비업자, 항공기대여업자, 초경량비행장치사용사업자, 항공레저스포츠사업자는 등록을 하여야 하고, 상업서류송달업자, 항공운송총대리점업자, 도심공항터미널업자는 신고를 하여야 한다.

★ 항공사업법상 용어의 정의 중 항공운송사업, 항공기정비업, 항공기사용사업, 항공기취급업이 주로 출제되며 총 27회 출제되었다. 법률상 항공운송사업의 정의(1회), 항공기정비업 정의(1회), 항공운송사업용 항공기의 조건(2회, 단발이상은 조건이 아님), 부정기편 운항(4회, 화물운송, 사진촬영은 아님), 항공기사용사업의 범위(4회), 항공기취업업의 범위(15회 출제, 정비업은 아님)

★ 국토교통부장관으로부터 면허, 등록, 신고사업인지 대해 5회 출제되었다.

문제 01 **항공운송사업의 정의로 맞는 것은?**

㉮ 항공사업법에 따라 국토교통부장관의 면허, 허가 또는 인가를 받거나 국토교통부장관에게 등록 또는 신고하여 경영하는 사업

㉯ 타인의 수요에 맞추어 항공기를 사용하여 유상으로 여객이나 화물을 운송하는 사업

㉰ 타인의 수요에 맞추어 항공기에 대한 급유, 항공화물 또는 수하물의 하역과 지상조업을 하는 사업

㉱ 타인의 수요에 맞추어 항공기를 사용하여 유상으로 농약살포, 건설자재운반, 사진촬영, 비행훈련업무를 하는 사업

해설 법 제2조. ㉮항 제1호 항공사업. ㉯항 제9호. ㉰항 제19호 항공기취급업. ㉱항 제15호 항공기사용사업.

문제 02 **항공기, 발동기, 프로펠러, 장비품 또는 부품을 정비·수리 또는 개조하는 업무를 하는 사업은 무엇인가?**

㉮ 항공기정비업 ㉯ 항공기사용사업
㉰ 항공기취급업 ㉱ 항공기개조업

해설 법 제2조

문제 03 **항공운송사업에 사용되는 항공기의 조건으로 틀린 것은?**

㉮ 승객의 좌석 수가 51석 이상일 것
㉯ 최대이륙중량이 25,000kg을 초과할 것
㉰ 조종실과 객실 또는 화물칸이 분리된 구조일 것
㉱ 발동기가 3개 이상일 것

해설 법 제2조 제9호, 제11호, 시행규칙 제2조

문제 04 **여객을 운송하기 위한 항공운송사업용 항공기의 규모가 아닌 것은?**

㉮ 승객의 좌석 수가 51석 이상일 것
㉯ 최대이륙중량이 25,000kg을 초과할 것
㉰ 조종실과 객실이 분리된 구조일 것
㉱ 국내항공운송사업과 국제항공운송사업용 항공기의 규모는 동일하다.

해설 법 제2조 제9호, 제11호, 시행규칙 제2조. ㉯항 화물을 운송하기 위한 사업에 대한 요건이다.

문제 05 **부정기편 운항에 해당하지 않는 운항은?**

㉮ 지점 간 운항 ㉯ 관광비행
㉰ 전세운송 ㉱ 화물운송

해설 법 제2조 제9호, 제11호, 시행규칙 제3조

문제 06 **부정기편 운항에 해당하지 않는 운항은?**

㉮ 지점 간 운항 ㉯ 관광비행
㉰ 전세운송 ㉱ 비행훈련

해설 법 제2조 제9호, 제11호, 시행규칙 제3조

문제 07 **항공기사용사업의 범위에 포함되지 않는 업무는?**

㉮ 농약살포 ㉯ 사진촬영

㉰ 공중광고　　　　　　　　　　㉱ 전세운송

해설 법 제2조 제15호. 시행규칙 제4조. ㉱항 항공운송사업 중 비정기편 운항

문제 08 **항공기사용사업의 범위에 포함되지 않는 업무는?**

㉮ 수색 및 구조(응급구호 및 환자이송 포함)
㉯ 항공기를 이용한 고공낙하
㉰ 사진촬영, 육상 및 해상측량 또는 탐사
㉱ 대학교에서 실시하는 비행훈련

해설 법 제2조 제15호. 시행규칙 제4조. ㉱항 항공기를 이용한 비행훈련은 항공기사용사업의 범위에 포함되지만, 예외적으로 전문교육기관(항공안전법 제48조 제1항에 따라 지정) 및 학교(고등교육법 제2조에 따른 학교)가 실시하는 비행훈련은 제외한다.

문제 09 **다음 중 항공기사용사업에 해당되는 업무는?**

㉮ 수색 및 구조　　　　　　　　㉯ 관광비행
㉰ 항공기급유　　　　　　　　　㉱ 항공기대여

해설 법 제2조 제15호. ㉯항 항공운송사업 중 비정기편 운항. ㉰항 항공기취급업. ㉱항 항공기대여업

문제 10 **항공기취급업에 포함되지 않은 업무는?**

㉮ 항공기급유업　　　　　　　　㉯ 항공기하역업
㉰ 지상조업사업　　　　　　　　㉱ 항공기정비업

해설 법 제2조 제19호, 시행규칙 제5조. ㉱항 항공기정비업은 별도의 사업으로 구분된다.

문제 11 **항공기취급업에 포함되지 않은 업무는?**

㉮ 항공기급유업　　　　　　　　㉯ 항공기하역업
㉰ 지상조업사업　　　　　　　　㉱ 항공기대여업

해설 법 제2조 제19호, 시행규칙 제5조. ㉱항 항공기대여업은 별도의 사업으로 구분된다.

문제 12 **다음 중 항공기취급업 중 지상조업사업에 해당되지 않는 업무는?**

㉮ 항공기입항・출항에 필요한 유도
㉯ 항공기탑재관리 및 동력지원
㉰ 항공기운항정보지원

㉱ 화물이나 수하물을 항공기에서 내려서 정리

해설 법 제2조 제19호, 시행규칙 제5조 제3호. ㉱항 항공기하역업

문제 13 **다음 중 항공기취급업 중 지상조업사업에 해당되지 않는 업무는?**

㉮ 승객 및 승무원의 탑승 또는 출입국관련업무
㉯ 장비대여
㉰ 항공기의 청소
㉱ 항공기에 윤활유를 주유

해설 법 제2조 제19호, 시행규칙 제5조 제3호. ㉱항 항공기급유업

문제 14 **다음 중 국토교통부장관에게 등록을 하여야 하는 항공사업자는?**

㉮ 국내항공운송사업자　　㉯ 상업서류송달업자
㉰ 항공기정비업자　　㉱ 도심공항터미널업자

해설 법 제2조. ㉮항 국내항공운송사업자 및 국제항공운송사업자는 국토교통부장관으로 면허를 받아야 한다. ㉯항, ㉱항은 신고사업이다.

문제 15 **다음 중 국토교통부장관에게 신고를 해야 하는 항공사업자는?**

㉮ 항공레저스포츠사업자　　㉯ 초경량비행장치사용사업자
㉰ 항공기대여업자　　㉱ 도심공항터미널업자

해설 법 제2조. ㉮항 · ㉯항 · ㉰항은 등록사업이다.

법 제8조(국내항공운송사업과 국제항공운송사업면허의 기준) ① 국내항공운송사업 또는 국제항공운송사업의 면허기준은 다음 각 호와 같다.

1. 해당 사업이 항공기안전, 운항승무원 등 인력확보계획 등을 고려 시 항공교통의 안전에 지장을 줄 염려가 없을 것
2. 항공시장의 현황 및 전망을 고려하여 해당 사업이 이용자의 편의에 적합할 것
3. 면허를 받으려는 자는 일정 기간 동안의 운영비 등 대통령령으로 정하는 기준에 따라 해당 사업을 수행할 수 있는 재무능력을 갖출 것
4. 다음 각 목의 요건에 적합할 것
   가. 자본금 50억원 이상으로서 대통령령으로 정하는 금액이상일 것
   나. 항공기 1대 이상 등 대통령령으로 정하는 기준에 적합할 것
   다. 그 밖에 사업수행에 필요한 요건으로서 국토교통부령으로 정하는 요건을 갖출 것

시행령 별표 1 국제항공운송사업 면허기준

나. 항공기성능

1) 계기비행능력을 갖출 것

2) 쌍발이상의 항공기일 것

3) 항공기의 조종실과 객실이 분리된 구조일 것

4) 항공기의 위치를 자동으로 확인할 수 있는 기능을 갖출 것

다. 승객의 좌석 수가 51석 이상일 것

국내항공운송사업과 국제항공운송사업의 면허기준 중 항공기의 성능에 관해서는 시행령 별표 1에서 구체적으로 규정하고 있다.

★ 국제항공운송사업의 면허기준 중 항공기의 성능에 관해서 2회 출제되었다. 국내항공운송사업의 면허기준도 국제항공운송사업의 면허기준과 유사하다.

문제 16 **다음 중 국제항공운송사업의 면허기준 중 항공기의 성능과 관련된 기준에 포함되지 않는 것은?**

㉮ 계기비행능력을 갖출 것

㉯ 발동기가 3개 이상의 항공기일 것

㉰ 항공기의 조종실과 객실이 분리된 구조일 것

㉱ 항공기의 위치를 자동으로 확인할 수 있는 기능을 갖출 것

해설 법 제8조 시행령 제12조 별표 1. 쌍발 이상의 항공기일 것

법 제55조(외국항공기의 유상운송) ① 외국국적을 가진 항공기(외국인 국제항공운송사업자가 해당 사업에 사용하는 항공기는 제외한다)의 사용자는 「항공안전법」 제100조 제1항 제1호 또는 제2호에 따른 항행(이러한 항행과 관련하여 행하는 국내 각 지역 간의 항행을 포함한다)을 할 때 국내에 도착하거나 국내에서 출발하는 여객 또는 화물의 유상운송을 하는 경우에는 국토교통부령으로 정하는 바에 따라 국토교통부장관의 허가를 받아야 한다.

(생략)

법 제56조(외국항공기의 유상운송허가신청) 법 제55조에 따라 외국국적을 가진 항공기를 사용하여 유상운송을 하려는 자는 운송예정일 10일 전까지(국내 및 국외의 재난으로 인한 물자 · 인

력의 수송, 국가행사지원, 긴급수출품운송 등의 경우에는 운송개시전까지로 한다) 별지 제31호 서식의 신청서에 다음 각 호의 사항을 적은 운항내용을 첨부하여 국토교통부장관 또는 지방항공청장에게 제출하여야 한다.
(생략)

★ 시행규칙 제56조에 대해서 1회 출제되었다. 운송예정일 10일 전까지 신청서를 제출하여야 한다.

문제 17 **외국국적의 항공기의 사용자가 국내에 도착하거나 출발하는 여객 또는 화물의 유상운송을 하는 경우 운송예정일 몇 일 전까지 신청서를 누구에게 제출하여야 하는가?**

㉮ 3일, 국토교통부장관
㉯ 10일, 지방항공청장
㉰ 7일, 국토교통부장관 또는 지방항공청장
㉱ 10일, 국토교통부장관 또는 지방항공청장

해설 시행규칙 제56조

Ⅳ
기타 법률

1. 항공보안법

법 제2조(정의) 이 법에서 사용하는 용어의 뜻은 다음과 같다. 다만, 이 법에 특별한 규정이 있는 것을 제외하고는 「항공사업법」·「항공안전법」·「공항시설법」에서 정하는 바에 따른다.

1. "운항중"이란 승객이 탑승한 후 항공기의 모든 문이 닫힌 때부터 내리기 위하여 문을 열 때까지를 말한다.
7. "항공기내 보안요원"이란 항공기 내의 불법방해행위를 방지하는 직무를 담당하는 사법경찰관리 또는 그 직무를 위하여 항공운송사업자가 지명하는 사람을 말한다.
9. "보안검색"이란 불법방해행위를 하는 데에 사용될 수 있는 무기 또는 폭발물 등 위험성이 있는 물건들을 탐지 및 수색하기 위한 행위를 말한다.
10. "항공보안검색요원"이란 승객, 휴대물품, 위탁수하물, 항공화물 또는 보호구역에 출입하려고 하는 사람 등에 대하여 보안검색을 하는 사람을 말한다.
11. "장비운영자"란 제15조부터 제17조까지 및 제17조의 2에 따라 보안검색을 실시하기 위하여 항공보안장비를 설치·운영하는 공항운영자, 항공운송사업자, 화물터미널운영자, 상용화주 및 그 밖에 국토교통부령으로 정하는 자를 말한다.

★ **항공기 내 보안요원의 정의에 대해 3회 출제되었다.**

문제 01 **다음 중 항공기 내 보안요원의 정의로 맞는 것은?**

㉮ 항공기 내의 불법방해행위를 방지하는 직무를 담당하는 사법경찰관리 또는 그 직무를 위하여 항공운송사업자가 지정하는 사람

㉯ 보호구역에 출입하려고 하는 사람 등에 대하여 보안검색을 하는 사람

㉰ 항공보안장비를 설치 및 운영하는 사람

㉱ 무기 또는 폭발물 등 위험성이 있는 물건들을 탐지 및 수색하는 사람

해설 법 제2조, ㉮항 제7호, ㉯항 제10호, 항공보안검색요원, ㉰항 제11호 장비운영자, ㉱항 제9호 보안검색의 정의

법 제3조(국제협약의 준수) ① 민간항공의 보안을 위하여 이 법에서 규정하는 사항 외에는 다음 각 호의 국제협약에 따른다.

1. 「항공기 내에서 범한 범죄 및 기타 행위에 관한 협약」

2. 「항공기의 불법납치억제를 위한 협약」
3. 「민간항공의 안전에 대한 불법적 행위의 억제를 위한 협약」
4. 「민간항공의 안전에 대한 불법적 행위의 억제를 위한 협약을 보충하는 국제민간항공에 사용되는 공항에서의 불법적 폭력행위의 억제를 위한 의정서」
5. 「가소성 폭약의 탐지를 위한 식별조치에 관한 협약」

② 제1항에 따른 국제협약 외에 항공보안에 관련된 다른 국제협약이 있는 경우에는 그 협약에 따른다.

민간항공의 보안을 위한 국제협약을 열거하고 있다.

★ 총 4회 출제되었다. 협약의 정확한 명칭을 암기해야 한다.

문제 02 **민간항공의 보안을 위한 국제협약에 포함되지 않는 것은?**

㉮ 항공기 내에서 범한 범죄 및 기타 행위에 관한 협약
㉯ 항공기의 불법납치억제를 위한 협약
㉰ 가소성 폭약의 탐지를 위한 식별조치에 관한 협약
㉱ 민간항공기의 안전에 관한 협약

해설 법 제3조. ㉱항 '안전에 관한 협약'이 아니고 '안전에 대한 불법적 행위의 억제를 위한 협약'이다.

문제 03 **민간항공의 보안을 위한 국제협약에 포함되지 않는 것은?**

㉮ 민간항공의 안전에 대한 불법적 행위의 억제를 위한 협약
㉯ 국제민간항공에 사용되는 공항에서의 불법적 폭력행위의 억제를 위한 의정서
㉰ 가소성 폭약의 탐지를 위한 식별조치에 관한 협약
㉱ 항공기 내에서 범한 범죄 및 기타 행위의 억제를 위한 협약

해설 법 제3조. ㉱항 '행위의 억제를 위한 협약'이 아니고 '행위에 관한 협약'이다.

문제 04 **민간항공의 보안을 위한 국제협약에 포함되는 것은?**

㉮ 항공기 내에서 범한 범죄 및 기타 행위의 억제를 위한 협약
㉯ 민간항공의 안전을 위한 협약
㉰ 가소성 폭약의 탐지를 위한 식별조치에 관한 협약
㉱ 마약 및 향정신성물질의 불법거래방지에 관한 협약

해설 법 제3조. ㉮항 '행위의 억제를 위한 협약'이 아니고 '행위에 관한 협약'이다. ㉯항 '안전을 위한 협약'이 아니고 '안전에 대한 불법적 행위의 억제를 위한 협약'이다.

법 제12조(공항시설보호구역의 지정) ① 공항운영자는 보안검색이 완료된 구역, 활주로, 계류장(繫留場) 등 공항시설의 보호를 위하여 필요한 구역을 국토교통부장관의 승인을 받아 보호구역으로 지정하여야 한다.

규칙 제4조(보호구역의 지정) 법 제12조 제1항에 따른 보호구역에는 다음 각 호의 지역이 포함되어야 한다.

1. 보안검색이 완료된 구역
2. 출입국심사장
3. 세관검사장
4. 관제탑 등 관제시설
5. 활주로 및 계류장(항공운송사업자가 관리・운영하는 정비시설에 부대하여 설치된 계류장은 제외한다)
6. 항행안전시설 설치지역
7. 화물청사
8. 제4호부터 제7호까지의 규정에 따른 지역의 부대지역

공항운영자는 공항시설의 보호를 위하여 필요한 구역을 국토교통부장관의 승인을 받아 보호구역으로 지정하여야 한다. 구체적인 보호구역은 시행규칙 제4조에서 열거하고 있다.

★ **보호구역에 포함되지 않는 곳에 대해 총 4회 출제되었다. 보안검색대 대기실은 보호구역에 포함되지 않는다.**

문제 05 다음 중 공항시설의 보호를 위해 설정된 보호구역에 포함되지 않는 곳은?

㉮ 출입국심사장 ㉯ 항행안전시설 설치구역
㉰ 화물청사 ㉱ 보안검색대 대기실

해설 법 제12조, 시행규칙 제4조

문제 06 다음 중 공항시설의 보호를 위해 설정된 보호구역에 포함되지 않는 곳은?

㉮ 활주로 및 계류장 ㉯ 세관검사장
㉰ 관제탑 등 관제시설 ㉱ 보안검색이 완료되지 않은 구역

해설 법 제12조, 시행규칙 제4조

문제 07 다음 중 공항 내 보호구역에 관한 설명 중 틀린 것은?

㉮ 공항운영자가 국토교통부장관의 승인을 받아 보호구역을 지정한다
㉯ 공항터미널은 보호구역에 포함된다.
㉰ 공항운영자는 필요한 경우 국토교통부장관의 승인을 받아 임시로 보호구역을 지정할 수 있다.
㉱ 보안검색이 완료된 구역, 활주로, 계류장은 보호구역으로 포함되어야 한다.

해설 법 제12조, 시행규칙 제4조

법 제14조(승객의 안전 및 항공기의 보안) ① 항공운송사업자는 승객의 안전 및 항공기의 보안을 위하여 필요한 조치를 하여야 한다.
② 항공운송사업자는 승객이 탑승한 항공기를 운항하는 경우 항공기내 보안요원을 탑승시켜야 한다.
③ 항공운송사업자는 국토교통부령으로 정하는 바에 따라 조종실출입문의 보안을 강화하고 운항중에는 허가받지 아니한 사람의 조종실출입을 통제하는 등 항공기에 대한 보안조치를 하여야 한다.
④ 항공운송사업자는 매 비행전에 항공기에 대한 보안점검을 하여야 한다. 이 경우 보안점검에 관한 세부사항은 국토교통부령으로 정한다.

제15조(승객 등의 검색 등) ① 항공기에 탑승하는 사람은 신체, 휴대물품 및 위탁수하물에 대한 보안검색을 받아야 한다.
② 공항운영자는 항공기에 탑승하는 사람, 휴대물품 및 위탁수하물에 대한 보안검색을 하고, 항공운송사업자는 화물에 대한 보안검색을 하여야 한다. 다만, 관할 국가경찰관서의 장은 범죄의 수사 및 공공의 위험예방을 위하여 필요한 경우 보안검색에 대하여 필요한 조치를 요구할 수 있고, 공항운영자나 항공운송사업자는 정당한 사유없이 그 요구를 거절할 수 없다.

제17조(통과승객 또는 환승승객에 대한 보안검색 등) ① 항공운송사업자는 항공기가 공항에 도착하면 통과승객이나 환승승객으로 하여금 휴대물품을 가지고 내리도록 하여야 한다.
② 공항운영자는 제1항에 따라 항공기에서 내린 통과승객, 환승승객, 휴대물품 및 위탁수하물에 대하여 보안검색을 하여야 한다.

제18조(기내식 등의 통제) ① 항공운송사업자는 제21조에 따른 위해물품이 기내식(機內食)이나 기내 저장품을 이용하여 항공기 내로 유입되는 것을 방지하기 위하여 필요한 조치를 하여야 한다.

※ 항공운송사업자의 책임 및 조치권자
- 승객의 안전 및 항공기의 보안
- 화물에 대한 보안검색
- 위험물품이 기내식이나 기내 저장품을 이용하여 항공기 내로 유입되는 것을 방지하기 위한 필요조치

※ 공항운영자의 책임 및 조치권자
- 항공기에 탑승하는 사람, 휴대물품 및 위탁수하물에 대한 보안검색
- 보호구역으로 들어가는 사람 또는 물품에 대한 보안검색
- 통과승객, 환승승객, 휴대물품 및 위탁수하물에 대한 보안검색

※ 화물터미널운영자의 책임 및 조치권자
- 화물터미널 내에 지정된 보호구역을 들어가는 사람 또는 물품에 대한 보안검색

★ 보안 및 보안검색의 책임자가 누구인지에 대해 5회 출제되었다.

문제 08 **승객의 안전 및 항공기의 보안을 위한 책임자는 누구인가?**

㉮ 항공운송사업자 ㉯ 공항운영자
㉰ 국토교통부장관 ㉱ 지방항공청장

해설 법 제14조

문제 09 **승객의 안전 및 항공기의 보안을 위해 필요한 조치를 취하여야 하는 사람은 누구인가?**

㉮ 항공운송사업자 ㉯ 공항운영자
㉰ 관할 경찰관서의 장 ㉱ 지방항공청장

해설 법 제14조

문제 10 **항공화물에 대한 보안검색을 해야 하는 자는 누구인가?**

㉮ 화물터미널 운영자 ㉯ 공항운영자
㉰ 항공운송사업자 ㉱ 지방항공청장

해설 법 제15조

문제 11 **항공기에 탑승하는 사람, 휴대물품 및 위탁수하물에 대한 보안검색의 책임자는 (　　)이고, 화물에 대한 보안검색의 책임자는 (　　)이다. 괄호 안에 알맞은 사람은?**

㉮ 항공운송사업자, 공항운영자
㉯ 항공운송사업자, 항공운송사업자

㉰ 공항운영자, 공항운영자

㉱ 공항운영자, 항공운송사업자

해설 법 제15조

문제 12 **통과승객 또는 환승승객에 대한 보안검색의 책임자는 누구인가?**

㉮ 항공운송사업자
㉯ 공항운영자
㉰ 지방항공청장
㉱ 항공기의 소유자

해설 법 제17조

문제 13 **위해물질이 기내식이나 기내저장품을 이용하여 항공기 내로 유입되는 것을 방지하여야 할 책임이 있는 자는 누구인가?**

㉮ 항공운송사업자
㉯ 공항운영자
㉰ 관할 경찰관서의 장
㉱ 화물터미널 운영자

해설 법 제18조

문제 14 **다음 중 승객 및 화물 등에 대한 보안에 관한 설명 중 틀린 것은?**

㉮ 항공운송사업자는 위해물품이 기내식(機內食)이나 기내저장품을 이용하여 항공기 내로 유입되는 것을 방지하기 위하여 필요한 조치를 하여야 한다.

㉯ 공항운영자는 항공기에서 내린 통과승객, 환승승객, 휴대물품 및 위탁수하물에 대하여 보안검색을 하여야 한다.

㉰ 공항운영자는 보호구역으로 들어가는 사람 또는 물품에 대하여도 보안검색을 하여야 한다.

㉱ 화물터미널 내에 지정된 보호구역으로 들어가는 사람 또는 물품에 대한 보안검색은 공항운영자가 하여야 한다.

해설 ㉮항 법 제18조. ㉯항 법 제17조. ㉰항 법 제16조 제1항. ㉱항 법 제16조 제2항. '공항운영자'가 아니라 '화물터미널 운영자'이다.

법 제25조(범인의 인도 · 인수) ① 기장등은 항공기 내에서 이 법에 따른 죄를 범한 범인을 직접 또는 해당 관계기관 공무원을 통하여 해당 공항을 관할하는 국가경찰관서에 통보한 후 인도하여야 한다.

② 기장등이 다른 항공기 내에서 죄를 범한 범인을 인수한 경우에 그 항공기 내에서 구금을 계속할 수 없을 때에는 직접 또는 해당 관계기관 공무원을 통하여 해당 공항을 관할하는 국가경찰관서에 지체없이 인도하여야 한다.

③ 제1항 및 제2항에 따라 범인을 인도받은 국가경찰관서의 장은 범인에 대한 처리 결과를 지체없이 해당 항공운송사업자에게 통보하여야 한다.

제26조(예비조사) ① 국가경찰관서의 장은 제25조 제1항 및 제2항에 따라 범인을 인도받은 경우에는 범행에 대한 범인의 조사, 증거물의 제출요구 또는 증인에 대한 진술확보 등 예비조사를 할 수 있다.

② 국가경찰관서의 장은 제1항에 따른 예비조사를 하는 경우에 해당 항공기의 운항을 부당하게 지연시켜서는 아니 된다.

★ 관할 경찰관서의 장의 책임에 대해서 1회 출제되었다.

문제 15 운항중인 항공기 내에서 범죄행위를 범한 범인의 인도·인수에 관한 설명 중 틀린 것은?

㉮ 기장은 항공기 내에서 범죄행위를 범한 범인을 해당 공항을 관할하는 경찰관서에 통보한 후 인도하여야 하며, 관할 경찰관서의 장은 필요한 경우 범인의 인수를 거부할 수 있다.

㉯ 범인을 인도받은 관할 경찰관서의 장은 범인에 대한 처리결과를 지체없이 해당 항공운송사업자에게 통보하여야 한다.

㉰ 범인을 인도받은 관할 경찰관서의 장은 범행에 대한 범인의 조사, 증거물의 제출요구 또는 증인에 대한 진술확보 등 예비조사를 할 수 있다.

㉱ 범인을 인도받은 관할 경찰관서의 장은 예비조사를 하는 경우에 해당 항공기의 운항을 부당하게 지연시켜서는 아니 된다.

해설 법 제25조, 제26조. ㉮항 관할 경찰관서의 장이 기장등이 인도하는 범인에 대한 인수를 거절할 수 있다는 내용의 조항은 존재하지 않는다.

법 제21조(위해물품 휴대금지 및 검색시스템 구축 · 운영) ① 누구든지 항공기에 무기[탄저균(炭疽菌), 천연두균 등의 생화학무기를 포함한다], 도검류(刀劍類), 폭발물, 독극물 또는 연소성이 높은 물건 등 국토교통부장관이 정하여 고시하는 위해물품을 가지고 들어가서는 아니 된다.

③ 제1항에도 불구하고 경호업무, 범죄인 호송업무 등 대통령령으로 정하는 특정한 직무를 수행하기 위하여 대통령령으로 정하는 무기의 경우에는 국토교통부장관의 허가를 받아 항공기에 가지고 들어갈 수 있다.

영 제19조(기내 반입무기) 법 제21조 제2항에서 "대통령령으로 정하는 무기"란 다음 각 호의 무기를 말한다.

1. 「총포 · 도검 · 화약류 등의 안전관리에 관한 법률 시행령」 제3조에 따른 권총
2. 「총포 · 도검 · 화약류 등의 안전관리에 관한 법률 시행령」 제6조의2에 따른 분사기
3. 「총포 · 도검 · 화약류 등의 안전관리에 관한 법률 시행령」 제6조의3에 따른 전자충격기
4. 국제협약 또는 외국정부와의 합의서에 의하여 휴대가 허용되는 무기

항공기에 무기(생화학무기), 도검류, 폭발물, 독극물, 연소성이 높은 물건 등 위해물품을 가지고 들어가서는 아니 된다. 다만 경호업무, 범죄인 호송업무 등 직무를 수행하기 위하여 권총, 분사기, 전기충격기는 국토교통부장관의 허가를 받아서 항공기에 가지고 들어갈 수 있다.

★ **항공기에 반입이 가능한 물건에 대해 1회 출제되었다. 절대적으로 금지되는 무기류, 도검류, 폭발물, 독극물 등은 금지되고, 예외적으로 특정 직무수행을 위해 권총, 분사기, 전기충격기는 소지가 가능하다.**

문제 16 **(경호업무, 범죄인 호송업무를 위해) 다음 중 항공기 기내에 반입할 수 있는 물건은?**

㉮ 도검류　　㉯ 무기류

㉰ 폭발물　　㉱ 전기충격기

해설 법 제21조, 시행령 제19조. 권총, 분사기, 전기충격기는 특정 직무수행시 가능하다. 문제에서는 괄호 전제가 없더라도 나머지 보기가 절대적을 반입이 금지된 위험물품이므로, 선택이 가능하다.

법 제42조(항공기 항로변경죄) 위계 또는 위력으로써 운항중인 항공기의 항로를 변경하게 하여 정상운항을 방해한 사람은 1년 이상 10년 이하의 징역에 처한다.

제47조(항공기점거 및 농성죄) 제23조 제3항을 위반하여 항공기를 점거하거나 항공기 내에서 농성한 사람은 3년 이하의 징역 또는 3천만원 이하의 벌금에 처한다.

제49조(벌칙) ② 다음 각 호의 어느 하나에 해당하는 사람은 3년 이하의 징역 또는 3천만원 이하의 벌금에 처한다.

1. 제23조 제1항 제6호를 위반하여 조종실출입을 기도한 사람
2. 제23조 제4항을 위반하여 기장등의 지시에 따르지 아니한 사람

> 第50조(벌칙) ② 운항 중인 항공기 내에서 다음 각 호의 어느 하나에 해당하는 사람은 3년 이하의 징역 또는 3천만원 이하의 벌금에 처한다.
> 1. 제23조 제1항 제1호를 위반하여 폭언, 고성방가 등 소란행위를 한 사람

★ 벌칙에 대해서 12회 출제되었다.

문제 17 **위계 또는 위력으로써 운항중인 항공기의 항로를 변경하게 하여 정상운항을 방해한 사람에 대한 형사처벌은?**

㉮ 1년 이상 10년 이하의 징역
㉯ 7년 이하의 징역
㉰ 3년 이하의 징역 또는 3,000만원 이하의 벌금
㉱ 1년 이상의 징역

해설 법 제42조 항공기항로변경죄. 사회적으로 이슈가 되었던 사건에 관한 문제이다.

문제 18 **항공기가 착륙한 후 항공기에서 내리지 아니하고 항공기를 점거하거나 항공기 내에서 농성을 한 사람에 대한 처벌은?**

㉮ 2년 이하의 징역 또는 2,000만원 이하의 벌금
㉯ 3년 이하의 징역
㉰ 3년 이하의 징역 또는 3,000만원 이하의 벌금
㉱ 1년 이하의 징역 또는 1,000만원 이하의 벌금

해설 법 제47조

문제 19 **항공기 내 항공기의 보안이나 운항을 저해하는 행위를 금지하는 기장의 정당한 직무상 지시에 따르지 않는 승객에 대한 처벌은?**

㉮ 2년 이하의 징역 또는 2,000만원 이하의 벌금
㉯ 3년 이하의 징역
㉰ 3년 이하의 징역 또는 3,000만원 이하의 벌금
㉱ 1년 이하의 징역 또는 1,000만원 이하의 벌금

해설 법 제49조

문제 20 **항공기 내에서 폭언, 고성방가 등 소란행위를 한 사람에 대한 처벌은?**

㉮ 2년 이하의 징역 또는 2,000만원 이하의 벌금

㉯ 3년 이하의 징역

㉰ 3년 이하의 징역 또는 3,000만원 이하의 벌금

㉱ 1년 이하의 징역 또는 1,000만원 이하의 벌금

해설 법 제50조

2. 항공 · 철도 사고조사에 관한 법률

법 제4조(항공 · 철도사고조사위원회의 설치) ①항공 · 철도사고등의 원인규명과 예방을 위한 사고조사를 독립적으로 수행하기 위하여 국토교통부에 항공 · 철도사고조사위원회(이하 "위원회"라 한다)를 둔다.

② 국토교통부장관은 일반적인 행정사항에 대하여는 위원회를 지휘 · 감독하되, 사고조사에 대하여는 관여하지 못한다.

제5조(위원회의 업무) 위원회는 다음 각 호의 업무를 수행한다.

1. 사고조사
2. 제25조에 따른 사고조사보고서의 작성 · 의결 및 공표
3. 제26조에 따른 안전권고 등
4. 사고조사에 필요한 조사 · 연구
5. 사고조사관련 연구 · 교육기관의 지정
6. 그 밖에 항공사고조사에 관하여 규정하고 있는 「국제민간항공조약」 및 동 조약부속서에서 정한 사항

제6조(위원회의 구성) ①위원회는 위원장 1인을 포함한 12인 이내의 위원으로 구성하되, 위원 중 대통령령으로 정하는 수의 위원은 상임으로 한다.

②위원장 및 상임위원은 대통령이 임명하며, 비상임위원은 국토교통부장관이 위촉한다.

③상임위원의 직급에 관하여는 대통령령으로 정한다.

제14조(자문위원) 위원회는 사고조사에 관련된 자문을 얻기 위하여 필요한 경우 항공 및 철도분야의 전문지식과 경험을 갖춘 전문가를 대통령령으로 정하는 바에 따라 자문위원으로 위촉할 수 있다.

제15조(직무종사의 제한) ①위원회는 항공 · 철도사고등의 원인과 관계가 있거나 있었던 자와 밀접한 관계를 갖고 있다고 인정되는 위원에 대하여는 해당 항공 · 철도사고등과 관련된 회의에 참석시켜서는 아니 된다.

②제1항의 규정에 해당되는 위원은 해당 항공 · 철도사고등과 관련한 위원회의 회의를 회피할 수 있다.

법 제17조(항공·철도사고등의 발생통보) ① 항공 · 철도사고등이 발생한 것을 알게 된 항공기의 기장, 「항공안전법」 제62조 제5항 단서에 따른 그 항공기의 소유자등, 「철도안전법」 제61조 제1항에 따른 철도운영자등, 항공 · 철도종사자, 그 밖의 관계인(이하 "항공 · 철도종사자등"이라 한다)은 지체없이 그 사실을 위원회에 통보하여야 한다. 다만, 「항공안전법」 제2조 제4호에 따른 국가기관등항공기의 경우에는 그와 관련된 항공업무에 종사하는 사람은 소관 행정기관의 장에게 보고하여야 하며, 그 보고를 받은 소관 행정기관의 장은 위원회에 통보하여야 한다.

② 제1항에 따른 항공 · 철도종사자와 관계인의 범위, 통보에 포함되어야 할 사항, 통보시기, 통보방법 및 절차 등은 국토교통부령으로 정한다.

③ 위원회는 제1항에 따라 항공 · 철도사고등을 통보한 자의 의사에 반하여 해당 통보자의 신분을 공개하여서는 아니 된다.

★ **사고조사위원회에 관한 설명으로 10회 출제되었다. 국토교통부장관은 사고조사에 대하여 관여하지 못한다. 통보자의 의사에 반해 통보자의 신분을 공개하여서는 아니된다. 위원회와 관련된 내용은 시행령에 위임된다. 위원장과 상임위원은 대통령령이 임명하지만 비상임위원은 국토교통부장관이 위촉한다.**

※ 기출문제 중에 '통보한 자의 의사에 의해 해당 통보자의 신분을 공개할 수 있다.'는 지문은 맞는 것이다. 다만 '통보한 자의 의사에 반해 해당 통보자의 신분을 공개하여서는 아니된다.'는 조항과 동일한 내용의 지문이 더 정답에 가까워서 정답으로 된 것이다.

문제 01 다음 중 항공 · 철도 조사위원회(위원회)의 설치에 관한 설명 중 틀린 것은?

㉮ 국토교통부에 항공 · 철도 사고조사위원회를 둔다.
㉯ 위원회는 위원장 1인을 포함한 12인 이내의 위원으로 구성한다.
㉰ 위원장 및 상임위원은 대통령이 임명한다.
㉱ 국토교통부장관은 위원회를 지휘 · 감독하며 사고조사에 대하여 관여할 수 있다.

해설 법 제4조, 제6조. ㉱항 제4조 제2항 국토교통부장관은 일반적인 행정사항에 대하여는 위원회를 지휘 · 감독하되, 사고조사에 대하여는 관여하지 못한다.

문제 02 다음 중 항공 · 철도 조사위원회(위원회)의 임무에 관한 설명 중 틀린 것은?

㉮ 사고조사
㉯ 사고조사에 필요한 조사 및 연구
㉰ 처벌권고
㉱ 사고조사관련 연구 및 교육기관의 지정

해설 법 제5조. ㉱항 안전권고 법 제26조 제1항 위원회는 사고조사 및 연구활동결과 필요하다고 인정되는 경우와 사고조사과정 중 또는 사고조사결과 필요하다고 인정되는 경우에는 항공·철도사고등의 재발방지를 위한 대책을 관계기관의 장에게 안전권고 또는 건의할 수 있다.

문제 03 **다음 중 항공·철도 조사위원회(위원회)에 관한 설명 중 틀린 것은?**

㉮ 위원회는 위원장 1인을 포함한 12인 이내의 위원으로 구성하되, 위원 중 대통령령으로 정하는 수의 위원은 상임으로 한다.

㉯ 위원장 및 상임위원은 대통령이 임명하며, 비상임위원은 국토교통부장관이 임명한다.

㉰ 국토교통부장관은 일반적인 행정사항에 대하여는 위원회를 지휘·감독하되, 사고조사에 대하여는 관여하지 못한다.

㉱ 상임위원의 직급에 관하여는 대통령령으로 정한다.

해설 법 제4조, 제6조. ㉯항 법 제6조 제2항 '국토교통부장관이 임명한다.'가 아니고 '국토교통부장관이 위촉한다.'이다.

문제 04 **다음 중 항공·철도 조사위원회(위원회)에 관한 설명 중 옳은 것은?**

㉮ 국토교통부장관은 일반적인 행정사항에 대하여 위원회를 지휘·감독하되, 사고조사에 대하여는 관여하지 못한다.

㉯ 위원 중 국토교통부령으로 정하는 수의 위원은 상임으로 한다.

㉰ 상임위원의 직급에 관하여는 국토교통부령으로 정한다.

㉱ 위원의 자격요건은 항공종사자자격증명을 취득하여 항공운송사업체에서 10년 이상 근무한 경력이 있는 자로서 임명·위촉일 2년 이전에 항공운송사업체에서 퇴직한 자이다.

해설 ㉮항 법 제4조 제2항. ㉯항 법 제6조 제2항 '국토교통부령'이 아니라 '대통령령'이다. ㉰항 법 제6조 제2항 '국토교통부령'이 아니고 '대통령령'이다. ㉱항 '2년 이전'이 아니고 '3년 이전'이다.
※ 법체계적으로 위원회와 관련된 내용은 대통령령에 위임하는 것이 일반적이다.

문제 05 **항공기 사고조사와 관련된 설명 중 맞는 것은?**

㉮ 위원회는 전문가를 국토교통부령으로 정하는 바에 따라 자문위원으로 위촉할 수 있다.

㉯ 위원회는 항공사고의 원인과 관계가 있다고 인정되는 위원에 대하여는 해당 항공사고와 관련된 회의에 참석시켜서는 아니 된다.

㉰ 위원회는 위원장 1인을 제외한 12인 이내의 위원으로 구성된다.

㉱ 위원회는 필요한 경우 항공사고를 통보한 자의 의사에 반하여 해당 통보자의 신분

을 공개할 수 있다.

해설 ㉮항 법 제14조 '국토교통부령'이 아니고 '대통령령'이다. ㉰항 법 제6조 '위원장 1인을 제외'가 아니고 '위원장 1인을 포함'이다. ㉱항 법 제17조 제3항 위원회는 항공사고를 통보한 자의 의사에 반하여 해당 통보자의 신분을 공개하여서는 아니 된다.

문제 06 **항공기사고조사와 관련된 설명 중 틀린 것은?**

㉮ 항공기사고가 발생한 것을 알게 된 항공기의 기장, 항공기의 소유자등, 항공종사자, 그 밖의 관계인은 지체없이 그 사실을 위원회에 통보하여야 한다.

㉯ 위원회는 항공사고등을 통보받거나 발생한 사실을 알게된 때에는 지체없이 사고조사를 개시하여야 한다.

㉰ 위원회는 항공사고를 통보한 자의 의사에 반하여 해당 통보자의 신분을 공개하여서는 아니된다.

㉱ 위원회는 사고조사 후 책임자의 처벌을 요구할 수 있다.

해설 ㉮항 법 제17조 제1항. ㉯항 법 제18조. ㉰항 법 제17조 제3항. ㉱항 법 제5조. 안전권고는 가능하다.

법 제28조(정보의 공개금지) ①위원회는 사고조사과정에서 얻은 정보가 공개됨으로써 해당 또는 장래의 정확한 사고조사에 영향을 줄 수 있거나, 국가의 안전보장 및 개인의 사생활이 침해될 우려가 있는 경우에는 이를 공개하지 아니할 수 있다. 이 경우 항공·철도사고등과 관계된 사람의 이름을 공개하여서는 아니 된다.

②제1항에 따라 공개하지 아니할 수 있는 정보의 범위는 대통령령으로 정한다.

영 제8조(공개를 금지할 수 있는 정보의 범위) 법 제28조 제2항에 따라 공개하지 아니할 수 있는 정보의 범위는 다음 각 호와 같다. 다만, 해당정보가 사고분석에 관계된 경우에는 법 제25조 제1항에 따른 사고조사보고서에 그 내용을 포함시킬 수 있다.

1. 사고조사과정에서 관계인들로부터 청취한 진술
2. 항공기운항 또는 열차운행과 관계된 자들 사이에 행하여진 통신기록
3. 항공사고등 또는 철도사고와 관계된 자들에 대한 의학적인 정보 또는 사생활 정보
4. 조종실 및 열차기관실의 음성기록 및 그 녹취록
5. 조종실의 영상기록 및 그 녹취록
6. 항공교통관제실의 기록물 및 그 녹취록
7. 비행기록장치 및 열차운행기록장치 등의 정보분석과정에서 제시된 의견

위원회는 사고조사과정에서 얻은 정보는 정확한 사고조사에 영향을 줄 수 있거나 국가안전보장 및 개인의 사생활이 침해될 우려가 있는 경우에는 이를 공개하지 않을 수 있다. 사고와 관계된 사람의 이름은 공개하여서는 아니 된다. 공개하지 아니할 수 있는 정보의 범위는 시행령 제8조에서 열거하고 있다.

★ 총 9회 출제되었다. 공개하지 아니할 수 있는 정보의 범위는 대통령령으로 정한다. 공개를 금지할 수 있는 정보가 아닌 것은 보고서의 초안이다.

문제 07 **사고조사위원회는 사고조사과정에서 얻은 정보 중 공개를 금지할 수 있는 정보의 범위를 결정하는 것은?**

㉮ 법률　　㉯ 대통령령
㉰ 국토교통부령　　㉱ 국토교통부장관의 고시

해설 법 제28조 제2항

문제 08 **사고조사위원회가 공개를 금지할 수 있는 정보에 해당되지 않는 정보는?**

㉮ 사고조사과정에서 관계인들로부터 청취한 진술
㉯ 항공기운항과 관계된 자들 사이에 행하여진 통신기록
㉰ 항공사고 등과 관계된 자들에 대한 의학적인 정보 또는 사생활정보
㉱ 사고조사보고서의 초안

해설 법 제28조 시행령 제8조

문제 09 **사고조사위원회가 공개를 금지할 수 있는 정보에 해당되지 않는 정보는?**

㉮ 조종실의 음성기록, 영상기록 및 그 녹취록
㉯ 항공교통관제실의 기록물 및 그 녹취록
㉰ 비행기록장치 등의 정보분석과정에서 제시된 의견
㉱ 사고조사보고서의 초안

해설 법 제28조 시행령 제8조

3. 공항소음방지 및 소음대책지역지원에 관한 법률

영 제2조(소음대책지역의 지정 · 고시) ① 법 제5조 제1항에 따른 소음대책지역의 구역별 예상 소음영향도 기준은 다음 각 호와 같다. 다만, 제3종 구역의 경우 국토교통부령으로 정하는 바에 따라 지구별로 세분할 수 있다.

1. 제1종 구역: 소음영향도(WECPNL) 95 이상
2. 제2종 구역: 소음영향도(WECPNL) 90 이상 95 미만
3. 제3종 구역: 소음영향도(WECPNL) 75 이상 90 미만

규칙 제2조(소음영향도의 산정방법) ① 법 제2조 제9호에 따른 소음영향도의 산정방법은 다음과 같다.

소음영향도(WECPNL)=dB(A)+10 logN−27

제3조(제3종 구역의 지구별 세분 기준 등) 시행령 제2조 제1항 단서에 따라 제3종 구역을 예상 소음영향도에 따라 다음 각 호와 같이 세분한다.

1. 가 지구: 소음영향도(WECPNL) 85 이상 90 미만
2. 나 지구: 소음영향도(WECPNL) 80 이상 85 미만
3. 다 지구: 소음영향도(WECPNL) 75 이상 80 미만

★ 총 5회 출제되었다. 소음영향도의 단위(WECPNL)에 대해 2회, 제1종 구역 소음영향도에 대해 2회 출제(95WECPNL), 제3종 다지구 소음영향도에 대해 1회(75이상 80미만 WECPNL) 출제되었다.

문제 01 항공기로부터 발생되는 소음도에 운항횟수, 운항시간대 등을 고려하여 국토교통부령으로 정하는 산정방법에 따라 산정한 값이 소음영향도이다. 법률에서 사용하는 소음영향도의 단위는?

㉮ WECPNL　㉯ DECIVEL
㉰ Lden　㉱ Pascal

해설 소음영향도(WECPNL)

문제 02 공항소음피해가 있는 지역으로서 공항소음대책사업과 주민지원사업 등을 추진하기 위하여 국토교통부장관이 지정 · 고시한 지역이 소음대책지역이다. 소음대책지역은 예상 소음영향도를 기준으로 구분하는데 제1종 구역의 예상 소음영향도는 얼마인가?

㉮ 소음영향도(WECPNL) 95 이상
㉯ 소음영향도(WECPNL) 90 이상 95 미만
㉰ 소음영향도(WECPNL) 75 이상 90 미만

㉱ 소음영향도(WECPNL) 75 미만

해설 시행령 제2조

문제 03 **소음대책지역 제3종 구역은 세분하여 '가 지구', '나 지구', '다 지구'로 구분한다. '다 지구'의 예상 소음영향도는 얼마인가?**

㉮ 소음영향도(WECPNL) 85 이상 90 미만
㉯ 소음영향도(WECPNL) 80 이상 85 미만
㉰ 소음영향도(WECPNL) 75 이상 80 미만
㉱ 소음영향도(WECPNL) 70 이상 75 미만

해설 시행령 제2조, 시행규칙 제3조

소음대책지역		예상 소음영향도
제1종 구역		95 이상
제2종 구역		90 이상 95 미만
제3종 구역	가 지구	85 이상 90 미만
	나 지구	80 이상 85 미만
	다 지구	75 이상 80 미만

4. 기타 규정

문제 01 **비행장의 유도로 중심선의 색상은?**

㉮ 흰색
㉯ 붉은색
㉰ 노란색
㉱ 녹색

해설 기타

문제 02 **비행기의 감항유별구분에 따를 때 보통(N)의 항공기의 기준은?**

㉮ 최대이륙중량 5,670kg이하, 보통비행(60도 이하의 선회 및 실속)에 적합
㉯ 최대이륙중량 5,670kg이하, 보통비행 및 60°를 넘지 않는 곡기비행에 적합
㉰ 최대이륙중량 5,670kg이하, 보통비행 및 곡기비행에 적합
㉱ 항공운송사업에 적합

해설 항공기기술기준 Part 23.

곡기(A: acrobatics)	최대이륙중량 5,670kg이하, 보통 및 곡기비행적합
실용(U: utility)	최대이륙중량 5,670kg이하, 보통 및 60도를 넘지 않는 곡기비행
보통(N: nomal)	최대이륙중량 5,670kg이하, 보통(60도를 넘지 않는 선회, 실속포함) 비행
수송(T: transportation)	항공운송사업에 적합

문제 03 비행기의 감항유별분류에서 감항유별 U의 항공기의 기준은?

㉮ 최대이륙중량 5,670kg이하, 보통비행(60도 이하의 선회 및 실속)에 적합
㉯ 최대이륙중량 5,670kg이하, 보통비행 및 60°를 넘지 않는 곡기비행에 적합
㉰ 최대이륙중량 5,670kg이하, 보통비행 및 곡기비행에 적합
㉱ 항공운송사업에 적합

해설 항공기기술기준 Part 23. ㉮항 보통(N). ㉰항 곡기(A). ㉱항 수송(T).

문제 04 계기출발시 활주로 끝단 통과시 고도는?

㉮ 20ft　㉯ 25ft
㉰ 30ft　㉱ 35ft

해설 비행절차업무기준, 표준계기출발절차(Standard Instrument Departure. SID)

문제 05 인천FIR 안에 A등급 공역의 고도범위는?

㉮ 20,000ft 초과 60,000ft 이하　㉯ 5,500ft 초과 20,000ft 이하
㉰ 18,000ft 초과 60,000ft 이하　㉱ 20,000ft 초과 40,000ft 이하

해설 공역관리규정(국토교통부 고시) 별표 5. FL200–FL600도 같이 암기한다.

문제 06 계기비행의 접근허가절차에 대한 비행정보업무 관제의 범위는 어디까지인가?

㉮ DH/MDA(결심고도/최저강하고도)　㉯ 강하시작시점
㉰ IAF(첫접근픽스)　㉱ FAF(최종접근픽스)

해설 항공교통관제절차(국토교통부 고시) 계기비행접근허가절차

문제 07 조종사가 항공기가 최소연료상태임을 알았을 경우 교통관제시설에 통보하는 용어는?

㉮ Emergency　㉯ Minimum Fuel
㉰ Am Lost　㉱ Mayday Mayday

해설 운항기술기준, ICAO, 조종사가 특정 공항에 착륙하려고 할 때 그 공항에 대한 계획된 최종예비연료보다 적은 연료로 착륙할 수 있다는 것을 알았을 때, Minimum Fuel 선언으로 최소연료상태를 교통관제시설에 알려야 한다.

문제 08 **항공업무 비상주파수가 아닌 것은?**

㉮ 121.5MHz ㉯ 243.0MHz
㉰ 406.0MHz ㉱ 123.1MHz

해설 기타

문제 09 **비행계획서에 '350kts'는 어떻게 기재하여야 하는가?**

㉮ N0350 ㉯ N035
㉰ K0350 ㉱ K035

해설 ICAO, 비행계획서의 속도에 대한 기재방법은 N(knot, 4자리), K(km/h, 4자리), M(Mach No 3자리)이다. 노트는 kt, kts, KT, kn, knot로 사용된다.

문제 10 **비행계획서는 출발예정시간 ( ) 전까지 제출하여야 한다. 괄호 안에 알맞은 말은?**

㉮ 30분 ㉯ 60분
㉰ 100분 ㉱ 120분

해설 항공정보간행물(AIP)

문제 11 **다음 중 기동지역에 관한 설명 중 맞는 것은?**

㉮ 항공기의 이·착륙 및 지상주행을 위하여 사용되는 비행장의 일부분으로서 계류장을 제외한 지역을 말한다.
㉯ 항공기의 이·착륙 및 지상이동을 위해 사용되는 비행장의 일부분으로서 계류장을 포함한 지역을 말한다.
㉰ 항공기가 이륙하여 일정고도까지 초기상승하는데 지장이 없도록 하기 위하여 활주로 종단 이후에 설정된 장방형의 구역을 말한다.
㉱ 항공기의 지상이동을 효율적으로 하기 위해 항공기를 대기시키거나 통과시키는 지정지역을 말한다.

해설 비행장시설 설치기준(국토교통부 고시). ㉯항 이동지역에 대한 정의이다. ㉰항 개방구역에 대한 정의이다. ㉱항 대기지역에 대한 정의이다.

문제 12 **항공기의 이·착륙 및 지상이동을 위해 사용되는 비행장의 일부분으로서 활주로, 유도로, 계류장을 포함한 지역은?**

㉮ 기동지역　　㉯ 이동지역
㉰ 개방구역　　㉱ 대기지역

해설 비행장시설 설치기준(국토교통부 고시). 이동지역⊃기동지역/기동지역은 계류장이 포함되지 않는다.

문제 13 **"장거리 해상비행(Extended Overwater Operation)"이란 육상단발비행기의 경우에는 비상착륙에 적합한 육지로부터 ( ) 이상의 이상의 해상을 비행하는 것을 말하며, 육상다발비행기의 경우에는 1개의 발동기가 작동하지 아니 하여도 비상착륙이 적합한 육지로부터 ( ) 이상의 해상을 비행하는 것을 말한다. 괄호 안에 알맞은 말은?**

㉮ 185km, 740km　　㉯ 370km, 740km
㉰ 185km, 925km　　㉱ 370km, 925km

해설 고정익항공기를 위한 운항기술기준(국토교통부고시). 육상단발비행기는 100해리(185킬로미터), 육상다발비행기는 400해리(740킬로미터)이다.

문제 14 **비행중요단계의 정의로 옳은 것은?**

㉮ 이륙 및 착륙
㉯ 이륙 및 착륙이후 고도 10,000피트까지 이르는 비행
㉰ 순항비행, 지상활주를 제외한 고도 10,000피트 이하에서 운항하는 모든 비행
㉱ 순항비행을 제외한 고도 10,000피트 이하에서 운항하는 모든 비행

해설 고정익 항공기를 위한 운항기술기준(국토교통부고시). "비행중요단계(Critical Phases of Flight)"라 함은 순항비행을 제외한 지상활주, 이륙 및 착륙을 포함한 고도 1만피트 이하에서 운항하는 모든 비행을 말한다.

문제 15 **항공기가 착륙을 위한 접근할 때 항공기제작사가 결정한 최대착륙중량 기준 실속속도(stall speed)의 1.3배의 속도가 160kts일 때 항공기접근범주의 등급은?**

㉮ A 등급　　㉯ B 등급
㉰ C 등급　　㉱ D 등급

해설 항공기접근범주(Approach Category) 등급 분류(ICAO)

등급	속도(kts, 노트)
A(알파)	91 미만
B(브라보)	91 – 120
C(찰리)	121 – 140
D(델타)	141 – 165
E(에코)	166 이상

문제 16 **한국교통안전공단의 설립목적은 교통사고예방을 위한 사업을 수행하게 함으로써, (　　)를/을 도모하고, (　　)에 이바지함을 목적으로 한다. 괄호 안에 알맞은 말은?**

㉮ 교통안전관리의 효율화, 국민의 생명, 신체 및 재산의 보호
㉯ 안전한 교통을 위한 방법, 교통안전기술발전
㉰ 공항, 비행장, 항행안전시설의 설치, 항행안전
㉱ 교통이용자의 편의향상, 국민의 생명, 신체 및 재산의 보호

해설 2018.1.1. '교통안전공단'이 '한국교통안전공단'으로 변경하고 한국교통안전공단법이 제정되어서 2018년도 시험에 출제된 것이다.

문제 17 **계기비행기상상태의 정의는?**

㉮ 시계비행기상상태 외의 기상상태
㉯ 가시거리 및 구름상황을 고려하여 국토교통부령으로 정하는 기상상태
㉰ 항공기에 장치된 계기에 의해 측정된 기상상태
㉱ 국토교통부령으로 정한 계기비행에 적합한 기상상태

해설 항공교통업무기준. ㉯항 시계비행 기상상태에 대한 정의이다.

문제 18 **'시계비행기상상태'란 항공기가 항행할 때의 (　), (　)을/를 고려하여 국토교통부령으로 정하는 시계상 양호한 기상상태를 의미한다. 괄호 안에 알맞은 말은?**

㉮ 비행시정, 구름상황
㉯ 바람의 방향·속도, 구름상황
㉰ 가시거리, 구름상황
㉱ 가시거리, 바람의 방향·속도

해설 항공교통업무기준.

문제 19 **항공기구조설계에 있어 승무원 및 승객 1인의 몸무게에 대한 단위중량은?**

㉮ 70kg
㉯ 72kg
㉰ 75kg
㉱ 77kg

해설 항공기 기술기준 part 1.1.3.

문제 20 고장난 경우 항공기의 성능 또는 조종특성에 가장 심각하게 영향을 미치는 엔진(발동기)은 무엇인가?

㉮ 기준엔진(Standard Engine)
㉯ 임계엔진(Critical Engine)
㉰ 중요엔진(Important Engine)
㉱ 필수엔진(Essential Engine)

해설 항공기 기술기준 part 1.1.3

문제 21 비상위치지시용 무선표지설비(ELT)의 테스트는 언제하여야 하는가?

㉮ 매시간 첫 1분
㉯ 매시간 첫 2분
㉰ 매시간 첫 3분
㉱ 매시간 첫 5분

해설 기타

V

국제법

1. 국제민간항공협약, ICAO

국제항공법의 역사 개요

국제항공법의 발달과정은 항공산업의 발달과 밀접한 관련이 있다. 항공기가 국제적으로 운항되고 문제가 발생하여야 이를 해결하기 위한 법률이나 조약이 체결하게 되는 것이다. 1783년 최초 몰골피에 형제가 열기구비행을 성공하였다. 이러한 열기구의 제작과 비행이 확산되어 국경을 넘어서까지 이루어지게 되어, 당시 유럽에서는 이에 대한 규제의 필요성이 발생하였다. 특히 열기구의 군사적 목적으로 사용되는 것에 관심이 있었고, 1899년 제1차 헤이그 국제평화회의에서 열기루로부터 총포류의 발사를 금지하는 선언을 조약으로 체택하였다. 1910년 파리회의는 러시아를 포함한 유럽 19개 국가가 국제항공과 관련된 주제에 대해 토의하였으나 좌절되었다. 외국비행기의 국내통행을 허용하는 점에 대해 합의가 이루어지지 않았으나, 협약의 주제를 정한 것에 중요한 의미가 있다.

1919년 파리 협약

1차 대전 중 항공산업이 발달하고 항공기의 숫자가 엄청나게 늘어나고 군사용뿐 아니라 다목적으로 이용하는 상황에서, 전쟁 중 영공주권에 대한 인식이 절대적으로 제고되었다. 따라서 영공의 절대적 주권을 인정하는데 합의가 되어 제1조에서 규정하였다. 체약당사국에 한정하지 않고 모든 국가를 주체로 규정하였다. 제2조는 체약당사국 간 상호 무해항행권을 부여하였다.

1944년 시카고 협약(국제민간항공협약)

2차 대전 중 항공기는 군사무기로서 효용이 크게 증가하고, 항공기는 교통수단의 관점에서 상당한 발전을 하였다. 그리고 강대국으로 부각한 미국은 이전 파리협약의 체결당사국이 아니었으나 새로운 항공질서를 규율할 상설기구의 설치를 희망하였다. 그래서 국제민간항공기구(ICAO)를 설치하는데 합의가 되었다. 그리고 항공의 자유에 있어서 미국은 온전한 자유를 주장했지만, 영국 등 유럽국가는 제한된 자유만을 보장하자는 주장이었기 때문에 합의가 이루어지지 않았다. 그래서 시카고 협약에서는 파리협약과 같이 제1조에 영토주권이 규정되었고, 정기와 비정기로 엄격히 구분하여 비정기로 운영되는 국제항공운송에 대해서는 다른 체약당사국의 영공을 통과 또는 이착륙하도록 특정한 권리를 부여하였다. 그러나 정기 국제민간항공에서는 영공통과 이착륙 특권 권리도 허용하지 않았다.

국제항공운송협정 및 국제항공업무통과협정

시카고 조약으로 상공의 자유에 관한 문제를 해결하지 못하자, 시카고 조약과는 별개의 국제항공운송협정과 국제항공업무통과협정의 2개의 조약이 시카고에서 성립되었다.

국제항공운송협정은 5개의 상공의 자유에 대한 다자간 협약이다. 미국만 참석하였고 영국을 비롯한 유럽국가들은 참석하지 않았다. 미국도 나중에 탈퇴하여 실효가 없어졌다. 이 협약의 의의는 상공의 자유를 정의한 것에 있다.

국제항공업무통과협정은 1944년 시카고 국제민간항공회의에서 채택되었다. 1, 2, 자유만 인정하고, 정기항공기의 경우에도 무착륙횡단 특권과 운수 이외 목적으로 착륙하는 기술착륙의 특권을 인정하였다. 최초 시카고협약에서는 정기항공의 경우 1, 2자유를 인정하지 않았지만 이 협정에서 인정한 것으로 발전된 것이다.

양자협정

국제정기 민간항공의 운항에 대해 다자협정으로 탄생할 가망이 없다는 것을 안 시카고 회의 참석자들은 이를 추후 양국 간 협정으로 체결하는 데 도움을 주고자 양자협정의 모델을 작성하였다, 시카고회의 최종의정서에 포함시켰다. 다자협약을 체결할 법적근거를 마련한 것이다.

버뮤다협정

1946년 2월 11일 미국과 영국 사이에 체결된 협정이다. 이후 상당한 국가가 버뮤다협정을 본떠서 항공협정을 체결하였다. 제5의 자유까지 허용한다.

항공의 자유

항공의 자유는 총 5가지이다.

제1자유(무해항공의 자유)는 체약국의 영공을 무착륙으로 횡단하는 것이다.

제2자유(기술착륙의 자유)는 운수 이외의 목적(급유, 정비 등)으로 착륙하는 것이다.

제3자유는 자국에서 싣고 간 승객과 화물을 외국에서 내리는 것이다.

제4자유는 외국에서 승객과 화물을 싣고 자국에 내리는 것이다.

제5자유는 외국에서 승객과 화물을 싣고 다른 외국에 내리는 것이다.

제1자유와 비정기 항공기의 제2자유는 파리협약과 시카고 협약에서 인정하였다. 나머지 제3,4,5자유는 시카고협약에서 합의되지 않았고 양자간 협약을 하도록 하였다.

★ **ICAO의 설명 및 조문내용에 대해서 29회 출제되었다. 관련되어 파리협약에 대해 1회 출제되었다.**

문제 01 **국가의 영공에 대한 배타적 절대적 주권을 인정한 조약은?**

㉮ 도쿄협약 ㉯ 헤이그 협약
㉰ 파리협약 ㉱ 로마협약

해설 파리협약 및 시카고 협약이 국가의 영공에 대한 절대적 권리를 인정하였다.

문제 02 **각국이 그 영역상의 공간에 있어서 완전하고 배타적인 주권을 보유한다는 것을 승인하는 조약은?**

㉮ 몬트리올 협약
㉯ 국제민간항공협약
㉰ 시카고 조약
㉱ 로마협약

해설 시카고협약=국제민간항공협약 ㉯항 ICAO 제1조

문제 03 **국제민간항공기구(ICAO)에 대한 설명 중 틀린 것은?**

㉮ ICAO의 본부는 캐나다 몬트리올에 있다.
㉯ ICAO 총회는 최고 의결기관으로 3년마다 개최된다.
㉰ 사무국은 사무총장 산하의 집행기관으로 본부와 6개의 지역사무소로 구성된다.
㉱ 우리나라는 1953년 12월 11일 국회비준을 거쳐 가입하였다.

해설 ㉰항 사무국은 본부와 7개의 지역사무소로 구성된다.

문제 04 **국제민간항공기구(ICAO)에 대한 설명 중 틀린 것은?**

㉮ ICAO의 본부는 캐나다 몬트리올에 있다.
㉯ ICAO 총회는 최고 의결기관으로 매년 개최된다.
㉰ 사무국은 사무총장 산하의 집행기관으로 본부와 7개의 지역사무소로 구성된다.
㉱ ICAO는 국제연합의 산하기관이다.

해설 ICAO 총회는 최고 의결기관으로 3년마다 개최된다.

문제 05 **ICAO의 지역사무소가 아닌 것은?**

㉮ 아시아태평양지역사무소
㉯ 중동지역사무소
㉰ 유럽지역사무소
㉱ 남미지역사무소

해설 ICAO의 7개 지역사무소는, 아시아태평양(APAC), 중동(MID), 중서부아프리카(WACAF), 남미(SAM), 북중미카리브(NACC), 동남아프리카(ESAF), 유럽북대서양(EUR/NAT) 지역사무소이다.

문제 06 **국제민간항공협약에서 국가의 정의에 맞는 것은?**

㉮ 그 나라의 주권, 종주권 보호 또는 위임통치하에 있는 육지와 그에 인접하는 영수
㉯ 그 나라의 주권이 미치는 영공
㉰ 그 나라의 주권, 종주권 보호 또는 위임통치하에 있는 육지, 영수 그리고 그 영공
㉱ 그 나라의 주권, 종주권 보호 또는 위임통치하에 있는 육지 및 영수의 영공

해설 국제민간항공협약 제2조(영역)
※ 국가의 정의에 영공이 포함되지 않는다.

문제 07 **(국제민간항공협약에서) 국가의 영역과 관련되지 않은 것은?**

㉮ 주권 ㉯ 종주권 보호
㉰ 위임통치 ㉱ 체약국

해설 국제민간항공협약 제2조(영역)

문제 08 **국제민간항공협약에 관한 설명 중 틀린 것은?**

㉮ 민간항공기에 한하여 적용되고 국가의 항공기에는 적용되지 않는다.
㉯ 군, 세관과 경찰업무에 사용하는 항공기에는 적용될 수 있다.
㉰ 체약국 국가의 항공기는 허가를 받아야 타국의 영역의 상공을 비행할 수 있다.
㉱ 자국국가의 항공기에 관한 규칙을 제정하는데는 민간항공기의 항행의 안전을 고려하여야 한다.

해설 국제민간항공협약 제2조(민간항공기 및 국가항공기) 국가의 항공기에는 적용하지 않는다. 군, 세관과 경찰업무에 사용하는 항공기는 국가의 항공기로 간주한다.

문제 09 **다음 중 국제민간항공협약의 적용을 받지 않는 항공기는?**

㉮ 소방용 항공기
㉯ 응급환자수송하는 항공기
㉰ 국내정기편 운항항공기
㉱ 범인의 수색 · 추적업무에 사용하는 항공기

해설 국제민간항공협약 제2조(민간항공기 및 국가항공기) 국가의 항공기에는 적용하지 않는다. 군, 세관과 경찰업무에 사용하는 항공기는 국가의 항공기로 간주한다.

문제 10 **시카고협약에 관한 설명 중 틀린 것은?**

㉮ 군, 세관과 경찰업무에 사용하는 항공기는 국가항공기로 간주한다.
㉯ 항공기는 등록국의 국적을 보유한다.
㉰ 항공기는 1개 이상의 국가에 유효히 등록할 수 없다.
㉱ 항공기의 국적은 변경할 수 없다.

해설 ㉮항 협약 제3조. ㉯항 제17조. ㉰항, ㉱항 제18조. 항공기는 1개 이상의 국가에 유효히 등록할 수 없다. 단 그 등록은 일국으로부터 타국으로 변경할 수 있다.

문제 11 **국제항공운송사업에 종사하는 항공기의 사고가 발생하였을 때 사고조사는 어디에서 하는가?**

㉮ 사고가 발생한 국가　　　㉯ 항공기의 등록국

㉰ 국제민간항공기구(ICAO)　　　㉱ 항공기 소유자의 국적국가

해설 협약 제26조 체약국의 항공기가 타 체약국의 영역에서 사고를 발생시키고 또 그 사고가 사망 혹은 중상을 포함하든가 또는 항공기 또는 항공보안시설의 중대한 기술적 결함을 표시하는 경우에는 사고가 발생한 국가는 자국의 법률이 허용하는 한 국제민간항공기구가 권고하는 절차에 따라 사고의 진상 조사를 개시한다. 그 항공기의 등록국에는 조사에 임석할 입회인을 파견할 기회를 준다. 조사를 하는 국가는 등록국가에 대하여 그 사항에 관한 보고와 소견을 통보하여야 한다.

문제 12 **다음 중 타국에서 항공기사고가 발생한 경우 절차에 관한 설명 중 틀린 것은?**

㉮ 사고가 발생한 국가에서 사고조사를 개시한다.

㉯ 항공기의 등록국은 사고조사에 참여할 입회인을 파견할 수 있다.

㉰ 조사가 완료된 경우에는 등록국가에 대하여 사고조사보고와 소견을 통보하여야 한다.

㉱ 사고조사는 국제민간항공기구가 권고하는 절차에 따를 의무는 없다.

해설 협약 제26조 사고가 발생한 국가는 자국의 법률이 허용하는 한 국제민간항공기구가 권고하는 절차에 따라 사고의 진상 조사를 개시한다.

문제 13 **다음 중 국제민간항공에 종사하는 모든 항공기가 휴대하여야 하는 서류가 아닌 것은?**

㉮ 항공기 등록증명서　　　㉯ 감항증명서

㉰ 항공일지　　　㉱ 운항규정

해설 협약 제29조(항공기가 휴대하는 서류) 국제항공에 종사하는 체약당사국의 모든 항공기는, 본 협약에 정한 조건에 따라 다음의 서류를 휴대하여야 한다. 등록증명서, 감항증명서, 각 승무원의 적당한 면허장, 항공일지, 무선전신장치를 장비할 때에는 항공기무선전신국면허장, 여객을 수송할 때는 그 성명 및 승지와 목적지의 표시, 화물을 운송할 때는 적하목록과 화물의 세목신고서.

※ 항공안전법 시행규칙 제113조는 협약 제29조의 탑재서류에 추가하여 운용한계지정서 및 비행교범, 운용규정, 항공운송사업의 운항증명서 사본, 소음기준적합증명서, 이전협정서 사본이 규정하고 있다.

문제 14 **다음 중 국제민간항공에 종사하는 모든 항공기가 휴대하여야 하는 서류가 아닌 것은?**

㉮ 승무원의 자격증

㉯ 소음기준적합증명서

㉰ 수송화물의 화물목록, 세부 화물신고서류

㉣ 여객의 성명, 탑승지 및 목적지

해설 협약 제29조(항공기가 휴대하는 서류). ㉣항 항공안전법 시행규칙 제113조

문제 15 **다음 중 국제민간항공에 종사하는 모든 항공기가 휴대하여야 하는 서류는?**

㉮ 소음기준적합증명서
㉯ 비행교범
㉰ 운항규정
㉱ 항공기무선전산국 면허장

해설 협약 제29조(항공기가 휴대하는 서류). ㉮항, ㉯항, ㉰항 항공안전법 시행규칙 제113조

문제 16 **국제민간항공의 군수품수송에 관한 설명 중 틀린 것은?**

㉮ 허가없이 체약국의 상공을 통과하여 군수품을 항공기로 수송할 수는 없다.
㉯ 체약국은 군수품이 무엇이라는 것은 규칙으로 결정한다.
㉰ 체약국은 군수품 이외의 물품에 관하여서는 그 상공을 통한 항공기수송을 제한할 수 없다.
㉱ 자국의 항공기와 타국의 항공기를 차별할 수는 없다.

해설 협약 제35조 체약국은 군수품 이외의 물품에 관하여서도 공중의 질서와 안전을 위하여 그 상공을 통한 항공기수송을 제한할 수 있다.

문제 17 **국제민간항공의 군수품수송에 관한 설명 중 틀린 것은?**

㉮ 허가없이 체약국의 상공을 통과하여 군수품을 항공기로 수송할 수는 없다.
㉯ 체약국은 군수품이 무엇이라는 것은 규칙으로 결정한다.
㉰ 체약국은 공중의 질서와 안전을 위하여 자국의 항공기와 타국의 항공기를 차별할 수 있다.
㉱ 체약국은 군수품 이외의 물품에 관하여서는 그 상공을 통한 항공기수송을 제한할 수 없다.

해설 협약 제35조 자국의 항공기와 타국의 항공기를 차별할 수는 없다.

문제 18 **국제민간항공기구의 설립 목적은?**

㉮ 평화적 목적을 위한 항공기의 설계 및 운항기술의 장려
㉯ 불합리한 경쟁으로 인한 경제적 낭비의 방지
㉰ 체약국권리의 반영 및 국제항공에 대한 공정한 기회부여의 보장
㉱ 국제민간항공을 위한 항행안전시설의 발달을 장려하기 위한 체약국간 차별대우

해설 협약 제44조. 국제민간항공을 위한 항공로, 공항 및 항행안전시설 발달의 장려, 체약국의 차별대우의 지양

문제 19 **국제민간항공기구의 설립목적은?**

㉮ 국제민간항공의 안전 및 건전한 발전의 확보
㉯ 항공기사고발생 시 사고조사의 효율성 및 전문성 증진
㉰ 국제항공의 비행안전의 증진도모
㉱ 국제민간항공의 모든 부분에서의 발달의 촉진

해설 협약 제44조

문제 20 **국제민간항공협정으로 규정된 국가 이외의 기타 국가는 일반적인 국제기구의 승인을 받고, 총회의 (　　) 이상의 찬성을 얻어야 협약에 참가할 수 있다. 괄호 안에 알맞은 말은?**

㉮ 과반수　　㉯ 3분의 1
㉰ 4분의 1　　㉱ 5분의 2

해설 협약 제93조

★ 국제민간항공협정의 부속서에 관해서 21회 출제되었다. 주로 부속서의 명칭과 내용에 대한 문제이다.

문제 21 **국제민간항공기구(ICAO)에 의해 채택된 부속서(Annex)는 총 몇 개인가?**

㉮ 15개　　㉯ 18개
㉰ 19개　　㉱ 21개

해설 국제민간항공협정

문제 22 **항공기상과 관련된 국제민간항공협약의 부속서는?**

㉮ 제3 부속서　　㉯ 제6 부속서
㉰ 제8 부속서　　㉱ 제10 부속서

해설 Annex 3 Meteorological Service for International Navigation

문제 23 **항공종사자의 면허기준을 정하고 있는 국제민간항공협약의 부속서는?**

㉮ 제1 부속서　　㉯ 제2 부속서
㉰ 제3 부속서　　㉱ 제4 부속서

해설 Annex 1 Personnel Licensing

문제 24 국제민간항공협약 제2부속서에서 정하고 있는 기준은?

㉮ Rules of the Air

㉯ Aeronautical Charts

㉰ Operation of Aircraft

㉱ Aircraft Accident and Incident Investigation

해설 ㉯항 Annex 4, ㉰항 Annex 6, ㉱항 Annex 13

문제 25 항공기의 운항과 관련된 국제민간항공협약의 부속서는?

㉮ 제2 부속서 ㉯ 제3 부속서

㉰ 제6 부속서 ㉱ 제10 부속서

해설 Annex 6 Operation of Aircraft

문제 26 항공기의 감항성과 관련된 국제민간항공협약의 Annex는?

㉮ Annex 6 ㉯ Annex 8

㉰ Annex 10 ㉱ Annex 13

해설 Annex 8 Airworthiness of Aircraft

문제 27 항공통신과 관련된 국제민간항공협약의 부속서는?

㉮ 제8 부속서 ㉯ 제10 부속서

㉰ 제11 부속서 ㉱ 제13 부속서

해설 Annex 10 Aeronautical Telecommunication

문제 28 다음 중 국제민간항공협약 제11 부속서가 제시하는 기준은?

㉮ 항공교통관제 ㉯ 항공기사고

㉰ 항공기의 운항 ㉱ 출입국의 간소화

해설 Annex 11 Air Traffic Services

문제 29 항공기조사와 관련된 국제민간항공협약의 Annex는?

㉮ Annex 6　　㉯ Annex 10
㉰ Annex 13　　㉱ Annex 16

해설 Annex 13 Aircraft Accident Investigation

문제 30 국제민간항공협정의 부속서와 내용으로 틀린 것은?

㉮ 제3 부속서 : 항공기상　　㉯ 제6 부속서 : 항공기의 운항
㉰ 제13 부속서 : 항공기조사　　㉱ 제11 부속서 : 항공통신

해설 제11 부속서(항공교통관제), 제10 부속서(항공통신)

문제 31 항공기소음과 관련된 국제민간항공협정의 부속서는?

㉮ 제8 부속서　　㉯ 제11 부속서
㉰ 제13 부속서　　㉱ 제16 부속서

해설 Annex 16 환경보호 Volume I 항공기소음(Aircraft Noise)

문제 32 위험물의 안전수송과 관련된 국제민간항공협정의 부속서는?

㉮ 제8 부속서　　㉯ 제13 부속서
㉰ 제16 부속서　　㉱ 제18 부속서

해설 Annex 18 The Safe Transport of Dangerous Goods by Air

문제 33 국제민간항공협약 제18 부속서에 따라 항공운송사업자는 기장에게 위험물과 그 위치에 대해서 통보하여야 한다. 그 시기 및 방법은 무엇인가?

㉮ 이륙 전 신속히 서면으로 통보한다.
㉯ 이륙 전 직접구두로 전달한다.
㉰ 적재직후 서면을 전달한다.
㉱ 적재직후 구두로 전달한다.

해설 Annex 18 9.1. 기장에게 정보제공. 위험품을 수송하는 항공기의 운용자는 항공기출발 전 가능한 한 조속히 기술지침서에 명시된 정보를 기장에게 서면으로 제공하여야 한다.

★ 버뮤다 협정에 대해 2회 출제되었다.

문제 34 **버뮤다협정에 관한 설명으로 틀린 것은?**

㉮ 1946년 버뮤다에서 서명 및 발효되었다.
㉯ 쌍무항공협정의 규제적 토대를 마련하였다.
㉰ 미국과 프랑스 간 체결한 항공협정이다.
㉱ 제5의 자유까지 허용하는 상업적 권리를 허용한다.

해설 미국과 영국 간 항공협정이다.

문제 35 **버뮤다협정에 관한 설명으로 틀린 것은?**

㉮ 시카고 협약이후 다자간 협약의 규제적 토대를 마련하였다.
㉯ 제5의 자유까지 허용하는 상업적 권리를 허용한다.
㉰ 운송지점 간 요금은 소관정부의 승인에 따라야 하며, 운항횟수와 용량은 정부 간 합의된 일정한 원칙에 따라야 한다.
㉱ 비행의 자유는 지정된 공항과 노선에서만 허용된다.

해설 미국과 영국 간 항공협정이며, 쌍무항공협정의 규제적 토대를 마련하였다.

★ **비행의 자유에 관해서 6회 출제되었다.**

문제 36 **'Air Cabotage의 금지'란 무엇을 의미하는가?**

㉮ 외국항공기가 국내의 지점 간의 운송을 금지하는 것
㉯ 외국항공기가 국내의 영공을 통과하는 것을 금지하는 것
㉰ 외국항공기가 운수목적으로 국내의 영토에 착륙하는 것을 금지하는 것
㉱ 외국항공기가 타국에서 여객 또는 화물을 싣고 국내의 영토에 내리는 것을 금지하는 것

해설 협약 제7조 체약국은 자국영역 내에서 유상으로 타지점으로 향하는 여객, 우편물, 화물을 적재하는 허가를 타체약국의 항공기에 대하여 거부하는 권리를 향유한다.

문제 37 **외국항공기가 국내의 지점 간 운송을 하는 자유에 대한 권리는?**

㉮ Air Cabotage의 자유
㉯ 제1의 자유
㉰ 제2의 자유
㉱ 제4의 자유

해설 협약 제7조는 Cabotage를 금지한다.

문제 38 운수 이외의 급유, 정비와 같은 기술적인 목적으로 허가없이 타국의 영토에 착륙할 수 있는 자유는?

㉮ 제1의 자유　　㉯ 제2의 자유
㉰ 제3의 자유　　㉱ 제4의 자유

해설 협약 제5조 타체약국의 모든 항공기로서 정기 국제항공업무에 종사하지 아니하는 항공기가 사전의 허가를 받을 필요없이 피비행국의 착륙요구권에 따를 것을 조건으로 체약국의 영역 내에의 비행 또는 그 영역을 무착륙으로 횡단비행하는 권리와 또 운수 이외의 목적으로 착륙하는 권리를 본 협약의 조항을 준수하는 것을 조건으로 향유하는 것에 동의한다(제1의 자유, 비정기 국제항공기의 제2의 자유).

문제 39 우리나라에서 여객 및 화물을 싣고 미국으로 비행하는 자유는?

㉮ 제2의 자유　　㉯ 제3의 자유
㉰ 제4의 자유　　㉱ 제5의 자유

해설 제1의 자유(무해항공의 자유), 제2의 자유(기술착륙의 자유), 제3의 자유(국내에서 국외), 제4의 자유(국외에서 국내), 제5의 자유(외국에서 다른 외국으로)

문제 40 파리에서 여객 및 화물을 싣고 인천에 하역할 수 있는 자유는?

㉮ 제2의 자유　　㉯ 제3의 자유
㉰ 제4의 자유　　㉱ 제5의 자유

해설 비행의 자유

문제 41 프랑스 파리에서 여객 및 화물을 싣고 일본 도쿄에 하역할 수 있는 자유는?

㉮ 제2의 자유　　㉯ 제3의 자유
㉰ 제4의 자유　　㉱ 제5의 자유

해설 비행의 자유

2. 항공교통안전에 관한 협약

항공교통안전에 관한 협약

동경 협약(1963년)

항공기 내에서 범한 범죄와 기타 행위에 관한 협약

비행 중 항공기 내에 발생한 범죄를 규율한다.

'비행 중'이란 이륙목적으로 엔진이 작동되는 때부터 착륙을 위한 주행이 끝날 때까지이다

기장은 항공기 내에서 항공안전을 저해하는 범죄를 일으키려는 자를 감금하고, 이를 위하여 승무원에게 요구하고 승객에게 요청할 수 있다.

헤이그 협약(1970년)

항공기의 불법납치억제를 위한 협약

몬트리올 협약(1971년)

국제항공안전에 대한 불법적 행위의 억제를 위한 협약

'비행중'이란 항공기의 출입문이 승객의 탑승 후 닫힌 때부터 착륙 후 하기를 위해 문이 열릴 때까지이다.

협약이 적용되는 범죄는, ① 운항중인 항공기를 파괴・훼손, ② 항공기상에 비행의 안전에 위해줄 가능성이 있는 물건설치, ③ 비행중인 항공기에 탑승한 자에 대한 폭력행위 or 항공시설파괴・손상 or 허위정보를 교신하여 & 비행중인 항공기의 안전에 위해를 주는 경우이다.

협약의 적용대상은, 항공기의 실제(예정된) 이착륙 장소가 항공기의 등록국가의 영토가 아닌 경우 or 범죄가 항공기등록국가 이외 국가영토 내에서 범한 경우

★ **동경 협약에 대해 7회 출제되었다.**

문제 01 **동경협약(1963년)에서 '비행 중'의 정의는?**

㉮ 이륙을 목적으로 엔진이 작동되는 때부터 착륙을 위한 주행이 끝날 때까지

㉯ 항공기의 출입문이 승객의 탑승 후 닫힌 때부터 착륙 후 하기를 위해 문이 열릴 때까지

㉰ 엔진이 작동되는 때부터 엔진을 끌 때까지

㉱ 항공기의 바퀴가 활주로를 떠날 때부터 착륙을 위해 바퀴가 활주로에 접촉할 때까지

해설 동경 협약 제1조 제3호 본 협약의 적용상 항공기는 이륙의 목적을 위하여 시동이 된 순간부터 착륙 활주가 끝난 순간까지를 비행중인 것으로 간주한다. ㉯항 몬트리올 협약

문제 02 **항공기 내에서 행한 범죄자에 대한 기장의 권한으로 틀린 것은**

㉮ 기장은 항공기 내에서 항공안전을 저해하는 범죄를 일으키려는 자를 감금할 수 있다.

㉯ 기장은 승무원에게 범죄자의 감금에 대한 도움을 요구할 수 있다.

㉰ 기장은 승객에게 범죄자의 감금에 대한 도움을 요청할 수 있다.

㉱ 기장은 범죄자를 감금할 권한을 승무원에게 부여할 수 있으나 승객에게는 부여할 수 없다.

해설 동경협약 제1조 제1항 본 협약은 다음 사항에 대하여 적용된다. a. 형사법에 위반하는 범죄 b. 범죄의 구성여부를 불문하고 항공기와 기내의 인명 및 재산의 안전을 위태롭게 할 수 있거나 하는 행위 또는 기내의 질서 및 규율을 위협하는 행위.

제6조 제1항 항공기의 기장은 항공기 내에서 어떤 자가 제1조 제1항의 범죄나 행위를 범하였거나 범하려고 한다는 것을 믿을 만한 상당한 이유가 있는 경우에는 그 자에 대하여 감금을 포함한 필요한 조치를 취할 수 있다. 제2항 항공기 기장은 자기가 감금할 권한이 있는 자를 감금하기 위하여 다른 승무원의 원조를 요구하거나 권한을 부여할 수 있으며, 승객의 원조를 요청하거나 권한을 부여할 수 있으나, 이를 요구할 수 없다. 승무원이나 승객도 누구를 막론하고 항공기와 기내의 인명 및 재산의 안전을 보호하기 위하여 합리적인 예방조치가 필요하다고 믿을 만한 상당한 이유가 있는 경우에는 기장의 권한부여가 없어도 즉각적으로 상기 조치를 취할 수 있다.

문제 03 **기장의 권한 중 항공안전을 저해하는 범죄자의 감금에 관한 설명 중 옳은 것은?**

㉮ 기장은 항공안전을 저해하는 행위를 범하려고 한다는 것을 믿을 만한 상당한 이유가 있는 경우에는 그 자에 대하여 감금을 포함한 필요한 조치를 취할 수 있다.

㉯ 기장은 범죄자를 감금하기 위하여 다른 승무원의 도움을 요구하거나 권한을 부여할 수 있다.

㉰ 기장은 범죄자를 감금하기 위하여 승객의 도움을 요청하거나 권한을 부여할 수 있다.

㉱ 승무원이나 승객은 기내의 인명을 보호하기 위하여 기장의 권한부여가 없어도 필요한 조치를 취할 수 있지만, 기내의 재산의 안전을 보호하기 위하여는 기장의 권한부여가 필요하다.

해설 동경협약 제6조 제2항 단서 기내의 인명이나 재산의 안전을 보호하기 위하여 기장의 권한부여가 없더라도 필요한 조치를 취할 수 있다.

★ **몬트리올 협약에 대해 5회 출제되었다.**

문제 04 몬트리올 협약의 목적으로 맞는 것은?

㉮ 민간항공의 안전에 대한 불법적 행위의 억제
㉯ 항공기 불법납치 억제
㉰ 가소성 폭약의 탐지를 위한 식별조치확립
㉱ 항공기 내에서 범한 범죄 및 기타 행위의 억제

해설 몬트리올 협약 목적

문제 05 민간항공의 안전에 대한 불법적 행위의 억제를 위한 협약에서 '비행중'의 정의로 맞는 것은?

㉮ 이륙을 목적으로 엔진이 작동되는 때부터 착륙을 위한 주행이 끝날 때까지
㉯ 항공기의 출입문이 승객의 탑승 후 닫힌 때부터 착륙 후 하기를 위해 문이 열릴 때까지
㉰ 엔진이 작동되는 때부터 엔진을 끌 때까지
㉱ 항공기의 바퀴가 활주로를 떠날 때부터 착륙을 위해 바퀴가 활주로에 접촉할 때까지

해설 ㉮항 동경 협약. ㉯항 몬트리올 협약 제2조 항공기는 탑승 후 모든 외부의 문이 닫힌 순간으로부터 하기를 위하여 그러한 문이 열려지는 순간까지의 어떠한 시간에도 비행 중에 있는 것으로 본다.

문제 06 몬트리올 협약에 적용되는 범죄의 유형이 아닌 것은?

㉮ 범죄가 국내에서 발생한 경우
㉯ 범죄가 공해상에서 발생한 경우
㉰ 외국에서 이륙하여 비행 중인 항공기에서 발생한 경우
㉱ 외국에 착륙예정인 비행 중인 항공기에서 발생한 경우

해설 몬트리올 협약 제4조 제2항.

문제 07 몬트리올 협약의 적용대상이 되지 않는 범죄는?

㉮ 승객에 대한 폭행　　㉯ 활주로 손상
㉰ 허위정보의 교신　　㉱ 승무원에 대한 사기

해설 몬트리올 협약 제1조. 탑승한 자에 대한 폭력, 운항중인 항공기파괴・훼손, 항공기에 위험물질 설치, 항공시설파괴・훼손, 허위정보교신

3. 국제항공운송협회(IATA)

IATA(국제항공운송협회, International Air Transport Association)

1944년 시카고회의에서 국제 상업항공의 경제적 측면에 대한 어떠한 합의에 도달하지 못하였고, 결국 경제적 측면은 쌍무 국가 간 항공협정에서 규율하고 있다. 쌍무 항공협정이 복잡한 국제항공요금체계를 정하는데 IATA의 요율을 참조한다. 따라서 IATA의 국제항공요율 책정기능을 행사하는데 주안점을 두었다. IATA 회원 항공사는 IATA가 허가한 여객 또는 화물 대리점하고만 영업을 할 수 있다. IATA의 회원은 ICAO 가맹국의 국적을 가진 항공기업만이다.

★ IATA에 대해 총 3회 출제되었다. IATA는 국제적인 기준을 설정하지 않는다(1회),

문제 01 **국제항공운송협회(IATA)에 대한 설명 중 틀린 것은?**

㉮ IATA의 주된 역할은 국제항공요금을 책정하는 것이다.

㉯ IATA의 회원은 ICAO 가맹국의 국적을 가진 항공기업이다.

㉰ 여행객이 IATA 회원항공사를 통해서 다른 항공사의 구간을 예약하고 탑승할 수 있다.

㉱ IATA 회원항공사는 카르텔을 방지하기 위해 IATA가 허가한 여객 또는 화물대리점하고만 영업을 할 수는 없다.

해설 ㉮항. 쌍무 항공협정이 복잡한 국제항공요금체계를 정하는데 IATA의 요율을 참조한다. 따라서 IATA의 국제항공요율 책정기능을 행사하는데 주안점을 두었다. ㉱항 IATA 회원 항공사는 IATA가 허가한 여객 또는 화물대리점하고만 영업을 할 수 있다.

문제 02 **국제항공운송협회(IATA)에 대한 설명 중 틀린 것은?**

㉮ IATA의 주된 역할은 국제항공요금을 책정하는 것이다.

㉯ IATA는 회원항공사에 2글자 코드를 부여하여, 상업적 목적을 위한 항공사를 식별하는데 사용한다.

㉰ IATA 회원항공사는 IATA가 허가한 여객 또는 화물대리점하고만 영업을 할 수 있다.

㉱ IATA는 공항시설, 항행안전시설 등에 대한 국제적 통일된 기준을 제정할 수 있다.

해설 ㉱항 IATA는 민간항공사의 협의체이므로 국제적인 기준을 지정할 권한이 없다.

문제 03 **국제항공운송협회(IATA)의 역할은?**

㉮ 국제민간항공의 안전성 확보 ㉯ 국제항공의 운임결정
㉰ 민간항공운송의 발달촉진 ㉱ 국제적 기준의 확립

해설 국가간 항공협정으로 복잡한 국제항공요금체계를 정하는데 IATA의 요율을 참조한다. IATA의 국제항공요율 책정기능을 행사하는데 주안점을 두었다.

문제 04 **국제항공운송협회(IATA)의 회원국이 될 수 있는 자격은?**

㉮ ICAO 가맹국의 국적을 가진 항공사
㉯ 국제항공업무에 종사하는 항공사
㉰ 정기운항을 하는 항공사
㉱ IATA 정기회의에서 인정한 항공사

해설 IATA의 회원은 ICAO 가맹국의 국적을 가진 항공기업만이다.

항공법규 정답

Ⅰ. 항공안전법

제1장 총 칙

01 가 02 다 03 라 04 라 05 다 06 가 07 나 08 라 09 라 10 나 11 나 12 다 13 다
14 가 15 라 16 나 17 라 18 다 19 라 20 가 21 다 22 라 23 나 24 다 25 가 26 나
27 가 28 가 29 가 30 다 31 가 32 다 33 가 34 다 35 가 36 다 37 라 38 다 39 가
40 라 41 라 42 나 43 라 44 나 45 라 46 가 47 나 48 라 49 다 50 가 51 가 52 라
53 나 54 가 55 라 56 가 57 나 58 라 59 가 60 다 61 다 62 라 63 가 64 다

제2장 항공기 등록

01 라 02 나 03 가 04 라 05 다 06 다 07 라 08 나 09 라 10 나 11 라 12 라 13 가
14 다 15 가 16 나 17 가 18 라 19 가 20 나 21 가 22 라 23 가 24 나 25 다 26 라
27 가 28 나 29 나 30 라 31 라 32 다 33 라 34 나 35 다 36 가 37 다 38 다 39 라
40 가 41 다 42 라 43 다 44 다 45 가 46 나 47 다

제3장 항공기기술기준 및 형식증명 등

01 가 02 다 03 다 04 가 05 다 06 가 07 다 08 가 09 다 10 라 11 가 12 나 13 라
14 라 15 다 16 라 17 가 18 라 19 다 20 라 21 가 22 다 23 라 24 라 25 나 26 가
27 라 28 나 29 라 30 다 31 라 32 다 33 라 34 라 35 가 36 라 37 다 38 라 39 가
40 가 41 라 42 라 43 ×, ○

제4장 항공종사자 등

001 × 002 ○ 003 × 004 라 005 다 006 나 007 나 008 나 009 가 010 가 011 다
012 다 013 가 014 가 015 나 016 가 017 라 018 나 019 가 020 가 021 라 022 가
023 라 024 다 025 나 026 가 027 가 028 나 029 다 030 다 031 다 032 가 033 나
034 다 035 가 036 라 037 가 038 가 039 나 040 라 041 가 042 다 043 가 044 라
045 가 046 다 047 나 048 가 049 다 050 가 051 라 052 다 053 라 054 가 055 나
056 가 057 가 058 다 059 라 060 다 061 가 062 가 063 라 064 나 065 다 066 가
067 라 068 다 069 라 070 라 071 다 072 가 073 가 074 라 075 다 076 가 077 나
078 나 079 다 080 다 081 나 082 가 083 라 084 다 085 라 086 가 087 라 088 가
089 라 090 나 091 나 092 라 093 라 094 가 095 가 096 가 097 라 098 라 099 라
100 다 101 다 102 가 103 가 104 가 105 라 106 다 107 가 108 다 109 라 110 나
111 가 112 가 113 라 114 라 115 가 116 가 117 가 118 다 119 라 120 라 121 가
122 라 123 나 124 가 125 가 126 라 127 가 128 나 129 나 130 가 131 라 132 가
133 가 134 가 135 가 136 가 137 라 138 다 139 라 140 다

제5장 항공기의 운항

001 라 002 가 003 가 004 가 005 다 006 라 007 라 008 가 009 라 010 라 011 나
012 라 013 라 014 라 015 다 016 라 017 가 018 가 019 라 020 라 021 라 022 나
023 가 024 나 025 라 026 나 027 나 028 나 029 다 030 나 031 나 032 가 033 가
034 가 035 가 036 가 037 다 038 다 039 라 040 라 041 다 042 가 043 라 044 라
045 라 046 가 047 가 048 다 049 라 050 나 051 다 052 라 053 가 054 나 055 나
056 가 057 가 058 가 059 다 060 다 061 라 062 다 063 라 064 다 065 가 066 라
067 가 068 라 069 다 070 가 071 라 072 가 073 가 074 가 075 나 076 가 077 나
078 나 079 가 080 가 081 나 082 라 083 가 084 가 085 가 086 가 087 라 088 라
089 라 090 가 091 가 092 나 093 다 094 나 095 라 096 다 097 가 098 가 099 가
100 다 101 나 102 라 103 가 104 가 105 가 106 가 107 다 108 가 109 가 110 다
111 라 112 가 113 가 114 나 115 가 116 라 117 나 118 나 119 다 120 가 121 다
122 가 123 가 124 가 125 라 126 라 127 가 128 다 129 가 130 다 131 라 132 가
133 라 134 가 135 가 136 다 137 가 138 가 139 가 140 다 141 라 142 라 143 라
144 가 145 라 146 라 147 가 148 다 149 가 150 다 151 가 152 가 153 나 154 나
155 라 156 가 157 나 158 라 159 가 160 가 161 라 162 라 163 가 164 다 165 가

166 다 167 다 168 라 169 라 170 나 171 가 172 가 173 라 174 라 175 가 176 라
177 가 178 나 179 가 180 다 181 가 182 나 183 나 184 라 185 다 186 라 187 나
188 나 189 나 190 나 191 라 192 나 193 라 194 가 195 다 196 라 197 가 198 라
199 나 200 나 201 나 202 나 203 가 204 가 205 나 206 다 207 라 208 라 209 가
210 나 211 다 212 라 213 다 214 다 215 나 216 다 217 가 218 나 219 라 220 가
221 가 222 다 223 다 224 가 225 다 226 가 227 나 228 라 229 다 230 가 231 가
232 가 233 나 234 가 235 가 236 가 237 다 238 라 239 가 240 다 241 라 242 가
243 라 244 라 245 라 246 가 247 라 248 다 249 가 250 가 251 라 252 가 253 가
254 가 255 가 256 가 257 가 258 나 259 나 260 나 261 다 262 라 263 나 264 가
265 다 266 가 267 나 268 라 269 가 270 나 271 다 272 라 273 다 274 다 275 다
276 다 277 라 278 라 279 가 280 나 281 가 282 라 283 라 284 나 285 다 286 다
287 가 288 다 289 가 290 라 291 가 292 다 293 나 294 다 295 라 296 라 297 가
298 나 299 다 300 가 301 라 302 라 303 가 304 다 305 다 306 가 307 가 308 나
309 라 310 라 311 나 312 라 313 가 314 가 315 다 316 가 317 라 318 가 319 가
320 라 321 다 322 나 323 가 324 다 325 가 326 가 327 가 328 가 329 나 330 가
331 가 332 다 333 가 334 라 335 나 336 다 337 가 338 나 339 다 340 나 341 나
342 라 343 가 344 다 345 가 346 나 347 가 348 라 349 나 350 라 351 가 352 라
353 라 354 다 355 가 356 나 357 가 358 나 359 나 360 나 361 라 362 라 363 라
364 다 365 다 366 가 367 나 368 가 369 나 370 라 371 나 372 나 373 라 374 라
375 나 376 가 377 라 378 다 379 나 380 가 381 나 382 라 383 라 384 가 385 가
386 가 387 라 388 가 389 나 390 다 391 나 392 라 393 다 394 라 395 라 396 다

제6장 공역 및 항공교통업무 등

01 다 02 라 03 라 04 가 05 다 06 가 07 다 08 다 09 라 10 라 11 가 12 다 13 라
14 라 15 라 16 라 17 나 18 라 19 라 20 라 21 라 22 다 23 라 24 라 25 라 26 나
27 다 28 가 29 라 30 라 31 라 32 라 33 다 34 라 35 가 36 다 37 라 38 나 39 나
40 라 41 가 42 다 43 가 44 라 45 다 46 가 47 나 48 다 49 라 50 나 51 나 52 라
53 라 54 라 55 다 56 다 57 다

제7장 항공운송사업자 등에 대한 안전관리

01 라 02 라 03 라 04 다 05 라 06 가 07 가 08 라 09 라

제8장 외국항공기

01 나 02 가 03 라 04 가 05 다 06 가 07 라

제9장 경량항공기

01 다 02 나

제10장 초경량비행장치

01 나 02 라 03 가 04 라 05 라 06 나 07 나 08 나 09 라

제11장 보 칙

01 가 02 라 03 라 04 라 05 다

제12장 벌 칙

01 가 02 나 03 라 04 라 05 라 06 라 07 가 08 가 09 가 10 가 11 가

Ⅱ. 공항시설법

제1장 총 칙

01 가 02 라 03 나 04 나 05 가 06 라

제2장 공항 및 비행장의 개발

01 나 02 다 03 라 04 라 05 가 06 가 07 다 08 나 09 다 10 다 11 가 12 라 13 라
14 라 15 가 16 라 17 라 18 다 19 나 20 나 21 다 22 다 23 라 24 가 25 나 26 가
27 라 28 다 29 가 30 가 31 나 32 가 33 나 34 가 35 나 36 라 37 라 38 다 39 나
40 다 41 라 42 다 43 다 44 가 45 다 46 라 47 라 48 다 49 다 50 다

제3장 공항 및 비행장의 관리 · 운영

01 나 02 다 03 가 04 다

제4장 항행안전시설

01 나 02 다 03 라 04 다 05 가 06 나 07 다 08 다 09 가 10 라 11 라 12 나 13 가
14 나

제5장 보 칙

01 라 02 라 03 다 04 가 05 가 06 라 07 가

제6장 벌 칙

01 라

Ⅲ. 항공사업법

01 나 02 가 03 라 04 나 05 라 06 라 07 라 08 라 09 가 10 라 11 라 12 라 13 라
14 다 15 라 16 나 17 라

Ⅳ. 기타 법률

1. 항공보안법

01 가 02 라 03 라 04 다 05 라 06 라 07 나 08 가 09 가 10 다 11 라 12 나 13 가
14 라 15 가 16 라 17 가 18 다 19 다 20 다

2. 항공 · 철도 사고조사에 관한 법률

01 라 02 다 03 나 04 가 05 나 06 라 07 나 08 라 09 라

3. 공항소음방지 및 소음대책지역지원에 관한 법률

01 가 02 가 03 다

4. 기타 규정

01 다 02 가 03 나 04 라 05 가 06 라 07 나 08 라 09 가 10 나 11 가 12 나 13 가
14 라 15 라 16 가 17 가 18 다 19 라 20 나 21 라

V. 국제법

1. 국제민간항공협약 ICAO

01 다 02 나 03 다 04 나 05 라 06 가 07 라 08 나 09 라 10 라 11 가 12 라 13 라
14 나 15 라 16 다 17 다 18 라 19 나 20 라 21 다 22 가 23 가 24 가 25 다 26 나
27 나 28 가 29 다 30 라 31 라 32 라 33 가 34 다 35 가 36 가 37 가 38 나 39 나
40 다 41 라

2. 항공교통안전에 관한 협약

01 가 02 라 03 라 04 가 05 나 06 가 07 라

3. 국제항공운송협회(IATA)

01 라 02 라 03 나 04 가

저자소개

■ 양창호

- 고려대학교 철학과 학사
- 미국 U.S.C. 로스쿨 LLM 석사
- 고려대학교 대학원 상법 박사과정수료
- 사법연수원 수료(군법무관 16회)
- 공군사관학교 법무실장
- 공군본부 보통검찰부장
- 방위사업청 항공사업 법제송무담당
- 현재, 양창호 법률사무소 변호사
- 현재, 가톨릭관동대학교 항공운항학과 겸임교수

■ 전승준

- Massey University 항공운항학과 학사
- 한국항공대학교 항공운항관리학과 석사
- 한국항공대학교 항공교통물류학과 박사
- 대한항공 오클랜드 공항지점 운항담당자
- 강원도 4차산업혁명추진위원
- 첨단무인항공산업 강원협의체 대표
- 현재, (사)한국항공운항학회 이사
- 현재, 가톨릭관동대학교 항공운항학과 교수/비행교육원장

■ 임재환

- 연세대학교 경영대학 경영학과 학사
- 경희대학교 경제학과 석사
- 경희대학교 경제학과 박사
- 현재, 가톨릭관동대학교 항공경영물류학과 교수

■ 정원경

- 한국항공대학교 항공운항학과 학사
- 전남대학교 환경공학과 석사
- 한국항공대학교 항공운항관리학과 박사수료
- N.C.S.항공운송부문 심의위원.
- 현재, (사)한국항공운항학회 이사
- 현재, 국토교통부 항공종사자실기시험위원
- 현재, 초당대학교 항공운항학과 교수/비행교육원장

■ 박상용

- 한국 항공대학교 항공운항학과 학사
- 한서대학교 항공운항관리학과 석사
- 국제수면비행선박 총괄
- 현재, 고용노동부 평가위원
- 현재, 중원대학교 항공운항학과 교수/비행교육원장

문제은행식 전문교재 항공법규

2021년 3월 15일 1쇄 인쇄
2021년 3월 20일 1쇄 발행

저 자 양창호 · 전승준 · 임재환
정원경 · 박상용
발행인 류재식 · 박용범
발행처 도서출판 북 넷
서울시 용산구 효창원로 70길46(대신빌딩 2층)
등 록 2010년 6월 7일(제2010-000069호)
전 화 (02)395-2341
팩 스 (02)395-2303

정가 25,000원

ISBN 979-11-86947-55-5 e-mail : book2341@naver.com